W0219349

Gelerntes sichern und überprüfen

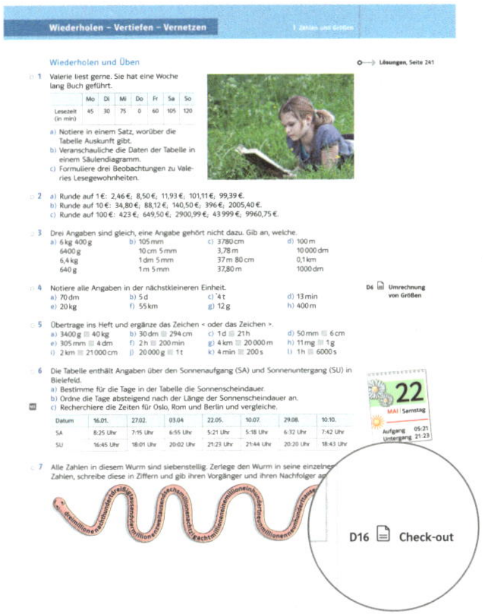

Mit **Wiederholen – Vertiefen – Vernetzen** kannst du nochmals alle Inhalte des Kapitels wiederholen und trainieren. (Mit Lösungen)
Überprüfe mit dem **Check-out**, welche Kompetenzen du in diesem Kapitel erworben hast (über Medien zum Schulbuch).

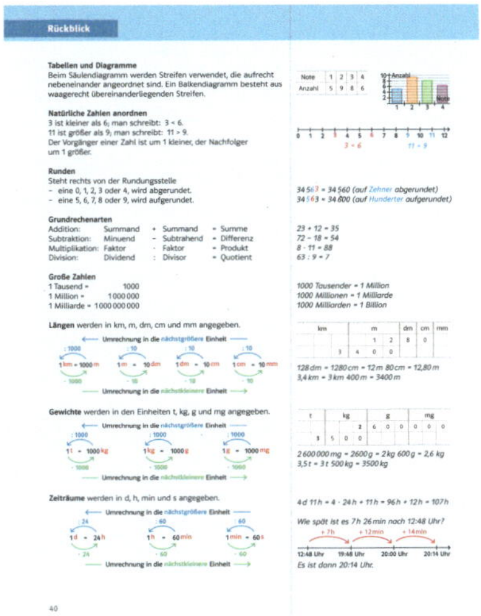

Im **Rückblick** ist zum schnellen Nachschlagen zusammengefasst, was du in dem Kapitel gelernt hast.

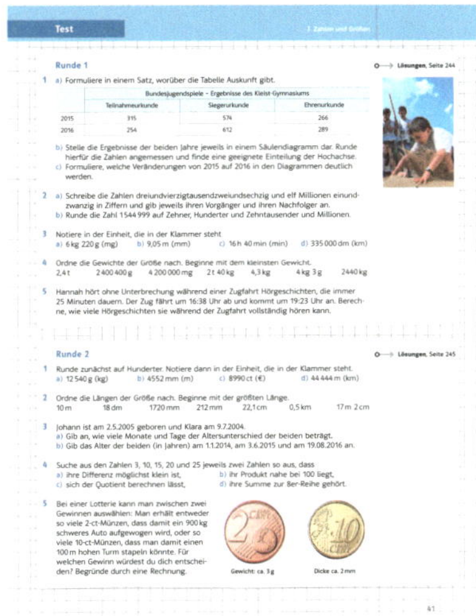

Mit dem **Test** kannst du dich auf Klassenarbeiten vorbereiten. Für jede Testrunde hast du etwa 45 Minuten Zeit. (Mit Lösungen)

Entdecken und forschen

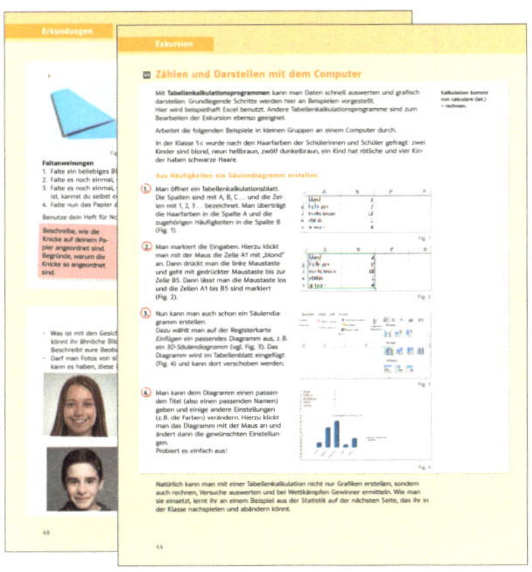

Erkundungen bieten dir Gelegenheiten, neugierig zu sein, Fragen zu stellen, zu erforschen und zu probieren. **Exkursionen** bieten Anregungen, neu Gelerntes in deine Lebenswelt zu übertragen.

Grundwissen sichern

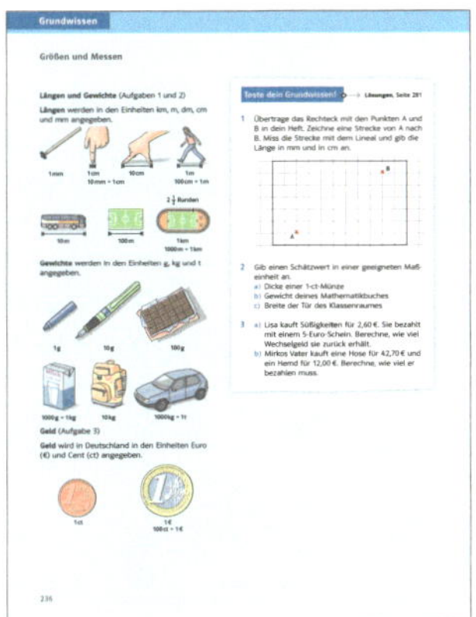

Im **Grundwissen** am Ende des Buches findest du Stoff aus früheren Klassen zum Nachschlagen und Wiederholen und weitere Aufgaben zum Üben. (Mit Lösungen)

Selbstständig lernen

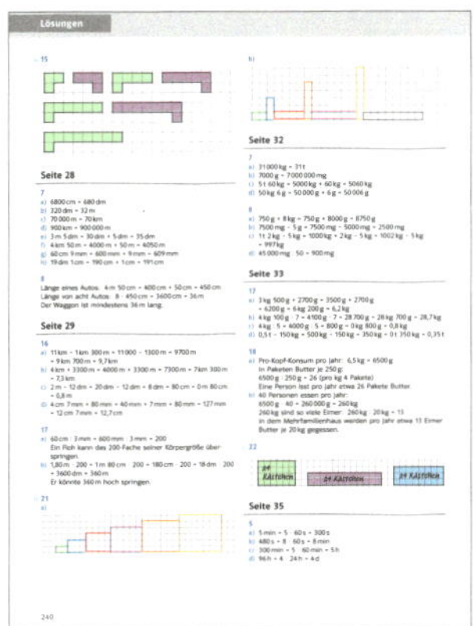

Zu zahlreichen Aufgaben findest du **Lösungen** im Buch, sodass du die Inhalte eigenständig üben und dich selbst überprüfen kannst.

Zusatzmaterialien zu diesem Band für Schülerinnen und Schüler:
- Arbeitsheft Lambacher Schweizer 5 (ISBN 978-3-12-733519-4)
- Lösungen Lambacher Schweizer 5 (ISBN 978-3-12-733518-7)

Dr. Theophil Lambacher (13.04.1899 – 14.12.1981) und **Wilhelm Schweizer** (11.11.1901 – 23.07.1990) lehrten beide Mathematik an der Schule. Theophil Lambacher wurde danach Oberschulamtspräsident und Ministerialrat am Kultusministerium, Wilhelm Schweizer arbeitete als Schulleiter, Fachleiter am Seminar und Dozent an der Universität. Der erste Band des Lambacher Schweizer erschien 1946: Lambacher Schweizer Mathematik für höhere Schulen, Mittelstufe 1. Teil enthielt auf 91 Seiten Algebra und Geometrie für die Klasse 7.

1. Auflage 1 5 4 3 2 1 | 2028 27 26 25 24

Alle Drucke dieser Auflage sind unverändert und können im Unterricht nebeneinander verwendet werden.
Die letzte Zahl bezeichnet das Jahr des Druckes.
Das Werk und seine Teile sind urheberrechtlich geschützt. Jede Nutzung in anderen als den gesetzlich zugelassenen Fällen bedarf der vorherigen schriftlichen Einwilligung des Verlages. Hinweis § 60a UrhG: Weder das Werk noch seine Teile dürfen ohne eine solche Einwilligung eingescannt und in ein Netzwerk eingestellt werden. Dies gilt auch für Intranets von Schulen und sonstigen Bildungseinrichtungen. Fotomechanische oder andere Wiedergabeverfahren nur mit Genehmigung des Verlages.
An verschiedenen Stellen dieses Werkes befinden sich Verweise (Links) auf Internet-Adressen. Haftungshinweis: Trotz sorgfältiger inhaltlicher Kontrolle wird die Haftung für die Inhalte der externen Seiten ausgeschlossen. Für den Inhalt dieser externen Seiten sind ausschließlich die Betreiber verantwortlich. Sollten Sie daher auf kostenpflichtige, illegale oder anstößige Inhalte treffen, so bedauern wir dies ausdrücklich und bitten Sie, uns umgehend per E-Mail davon in Kenntnis zu setzen, damit beim Nachdruck der Verweis gelöscht wird.

© Ernst Klett Verlag GmbH, Stuttgart 2024. Alle Rechte vorbehalten. www.klett.de
Das vorliegende Material dient ausschließlich gemäß § 60b UrhG dem Einsatz im Unterricht an Schulen.

Autorinnen und Autoren: Bärbel Barzel, Manfred Baum, Martin Bellstedt, Johannes Biburger, Matthias Blank, Boris Boor, Dr. Dieter Brandt, Anke Braun, Thomas Breitschuh, Heidi Buck (†), Gunnar Demuth, Günther Dopfer, Dr. Detlef Dornieden, Christina Drüke-Noe, Prof. Rolf Dürr, Harald Eisfeld, Mirko Elenz, Dr. Kerstin Fehn, Prof. Hans Freudigmann, Birgit Frohmader, Inga Giersemehl, Herbert Götz, Dieter Greulich, Matthias Grosche, Prof. Dr. Heiko Harborth, Dr. Frieder Haug, Manfred Herbst, Edmund Herd, Prof. Dr. Stephan Hußmann, Thomas Jörgens, Thorsten Jürgensen-Engl, Klaus-Peter Jungmann, Karen Kaps, Christine Kestler, Andreas König, Dr. Stefanie Krivsky-Velten, Prof. Dr. Timo Leuders, Prof. Dr. Detlef Lind, Judith Lohmann, Prof. Dr. Hinrich Lorenzen, Carla Menge, Dietmar Mutz, Jens Negwer, Kerstin Neubert, Peter Neumann, Dr. Johannes Novotný, Prof. Dr. Reinhard Oldenburg, Jutta Parkan, Andreas Petermann, Hekyung Reichhart, Rolf Reimer, Dr. Günther Reinelt, Kathrin Richter, Dr. Wolfgang Riemer, Guido von Saint-George, Rüdiger Sandmann, Dr. Torsten Schatz, Hartmut Schermuly (†), Reinhard Schmitt-Hartmann, Dr. Michael Schmitz, Ulrich Schönbach, Dr. Manfred Schwier (†), Raphaela Sonntag, Heike Spielmans, Michael Stanzel, Andrea Stühler, Barbara Sy, Thomas Thiessen, Oliver Thomsen, Dr. Heike Tomaschek, Rainer Topp, Dr. Hanka Weber, Prof. Dr. Hartmut Wellstein, Jan Weltzien, Dr. Peter Zimmermann

Entstanden in Zusammenarbeit mit dem Projektteam des Verlages.

Gestaltung: Petra Michel, Amberg
Umschlaggestaltung: normaldesign GbR, Schwäbisch Gmünd
Titelbild: **U1.1** stock.adobe.com, Dublin (Petr Bonek); **U1.2** 123rf Germany, c/o Inmagine GmbH, Nidderau (gonewiththewind)
Satz: CMS - Cross Media Solutions GmbH, Würzburg
Druck: PASSAVIA Druckservice GmbH & Co. KG, Passau

Printed in Germany
ISBN 978-3-12-733517-0

9 783127 335170

Lambacher Schweizer

5

Mathematik für Gymnasien

Niedersachsen

erarbeitet von

Anke Braun
Inga Giersemehl
Matthias Grosche
Thomas Jörgens
Thorsten Jürgensen-Engl
Judith Lohmann
Wolfgang Riemer
Reinhard Schmitt-Hartmann
Raphaela Sonntag
Heike Spielmans

Ernst Klett Verlag
Stuttgart · Leipzig · Dortmund

I Zahlen und Größen Check-in 4

Erkundungen 6

1 Zählen und Darstellen 8
2 Zahlen ordnen 12
3 Große Zahlen und Runden 15
4 Grundrechenarten 19
5 Rechnen mit Geld 23
6 Rechnen mit Längenangaben 26
7 Rechnen mit Gewichtsangaben 30
8 Rechnen mit Zeitangaben 34
Wiederholen – Vertiefen – Vernetzen 37
Rückblick 40
Test 41
Exkursion: Römische Zahlzeichen 42
MK Exkursion: Zählen und Darstellen mit dem Computer 44

II Symmetrie Check-in 46

Erkundungen 48

1 Senkrechte und parallele Geraden – Abstände 50
2 Koordinatensystem 55
3 Achsensymmetrische Figuren 58
4 Punktsymmetrische Figuren 63
5 Eigenschaften von Vielecken 68
Wiederholen – Vertiefen – Vernetzen 73
Rückblick 76
Test 77
MK Exkursion: DGS – Geometrie mit dem Computer 78
MK Exkursion: Erklärfilme und Stop-Motion-Tricks: Erzeugen von Symmetrien 80

III Rechnen Check-in 82

Erkundungen 84

1 Schriftliches Addieren 86
2 Schriftliches Subtrahieren 90
3 Schriftliches Multiplizieren 94
4 Schriftliches Dividieren 98
5 Terme 102
6 Rechenvorteile beim Addieren und Multiplizieren 107
7 Ausklammern und Ausmultliplizieren 110
8 Potenzieren 113
9 Sachaufgaben systematisch lösen 116
Wiederholen – Vertiefen – Vernetzen 120
Rückblick 124
Test 125
Exkursion: Zauberquadrate 126
MK Exkursion: Mit Fingern zaubern – das Dualsystem 128

IV Flächen und Körper Check-in 130

Erkundungen 132

1 Flächeninhalte vergleichen 134
2 Flächeneinheiten 137
3 Flächeninhalt eines Rechtecks 142
4 Umfang von Figuren 146
5 Schätzen und Rechnen mit Maßstäben 150
6 Körper und Netze 154
7 Quader und Würfel 158
8 Schrägbilder 162
Wiederholen – Vertiefen – Vernetzen 165
Rückblick 168
Test 169
Exkursion: Sportplätze sind auch Flächen 170

V Teilbarkeit Check-in 172

Erkundungen 174

1 Teiler und Vielfache 176
2 Teilbarkeitsregeln 180
3 Primzahlen und Primfaktorzerlegung 184
4 Größter gemeinsamer Teiler und kleinstes gemeinsames Vielfaches 188
Wiederholen – Vertiefen – Vernetzen 192
Rückblick 194
Test 195
Exkursion: Teiler, Primzahlen und gemeinsame Teiler 196

VI Brüche – das Ganze und seine Teile 198 Check-in

Erkundungen 200

1 Bruch und Anteil 202
2 Kürzen und Erweitern 207
3 Brüche vergleichen 212
4 Prozente 216
5 Brüche als Quotienten 220
6 Brüche auf dem Zahlenstrahl 223
Wiederholen – Vertiefen – Vernetzen 226
Rückblick 230
Test 231

ANHANG Nachschlagen und Überprüfen

Exkursion EXTRA: Nachgehakt und neu durchdacht 232
Grundwissen 234
Lösungen zu den Kapiteln 237
Lösungen zum Grundwissen 280
Register 282
Text- und Bildquellenverzeichnis 284
Mathematische Begriffe und Bezeichnungen

I Zahlen und Größen

Das kannst du bald

- Diagramme zeichnen und verstehen
- Große Zahlen lesen, schreiben und runden
- Fachbegriffe zu Grundrechenarten verwenden
- Größen in verschiedenen Einheiten angeben
- Mit Geld, Längen, Gewichten und Uhrzeiten rechnen

Check-in

Schätze dich ein: ☺ 😐 ☹

1. Ich kann in verschiedenen Schrittweiten zählen.
2. Ich kann Grundrechenaufgaben im Kopf lösen.
3. Ich kann Geldbeträge mit und ohne Komma schreiben.
4. Ich kann Größenangaben in einer anderen Einheit notieren.

Lerntipps

zu 1. **Grundwissen,** Seite 234
zu 2. **Grundwissen,** Seite 234
zu 3. **Grundwissen,** Seite 236
zu 4. **Grundwissen,** Seite 236

Teste dich!

Lösungen, Seite 237

1 Zählen

Zähle fünf Schritte vorwärts und fünf Schritte rückwärts.

a) in Einerschritten von 38 aus
b) in Zehnerschritten von 530 aus
c) in Hunderterschritten von 5750 aus
d) in Tausenderschritten von 27 209 aus

2 Grundrechenaufgaben im Kopf lösen

Berechne im Kopf.

a) 24 + 8
b) 24 − 8
c) 24 · 8
d) 24 : 8
e) 900 − 89
f) 9000 : 300
g) 1340 + 560
h) 300 · 40

3 € und ct – mit und ohne Komma

Übertrage in dein Heft und ergänze.

a) 2,18 € = 2 € ☐ ct = ☐ ct
b) 9,95 € = ☐ € 95 ct = ☐ ct
c) 45,70 € = ☐ € ☐ ct = ☐ ct
d) ☐ € = 159 € 27 ct = ☐ ct

4 Größenangaben in verschiedenen Einheiten

Schreibe in der Einheit, die hinter ☐ angegeben ist.

a) 1 m = ☐ cm
b) 3 cm = ☐ mm
c) 7 km = ☐ m
d) 1 kg = ☐ g
e) 7 t = ☐ kg
f) 5 t = ☐ g
g) 2 min = ☐ s
h) 6 h = ☐ min

D1 Check-in

Zahlenmauern erforschen

Lerneinheit 4
Seite 19

Wie Zahlenmauern funktionieren
Zahlenmauern haben schon in der Grundschule eine wichtige Rolle gespielt. In einer Additionsmauer erhält man die Zahl in einem oberen Stein, indem man die Zahlen in den beiden darunterliegenden Steinen zusammenzählt.

Im Heft kann man Zahlenmauern so zeichnen:

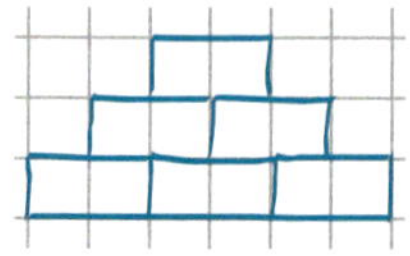

Eigene Zahlenmauern „bauen“
Denke dir eigene Zahlenmauern aus, indem du die drei unteren Steine ausfüllst und die oberen Steine berechnest. Ihr könnt auch zu zweit arbeiten und euch gegenseitig Zahlenmauern zum Ausfüllen geben.

Lücken in Zahlenmauern füllen
Diese Zahlenmauern sind schon etwas schwieriger. Versuche herauszufinden, welche Zahlen in die Lücken gehören. Warum ist das schwieriger?

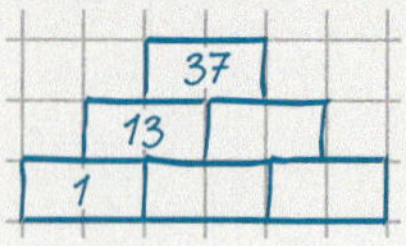

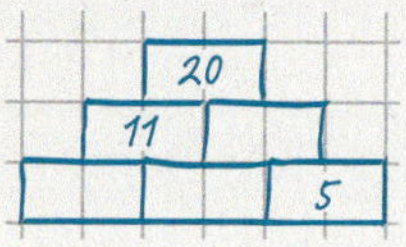

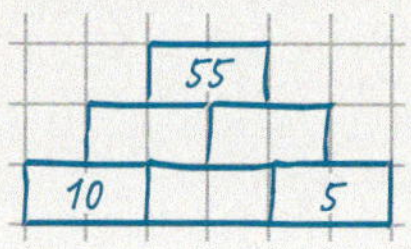

Zahlenmauern erforschen
Mit den folgenden Forschungsaufträgen kannst du einige Entdeckungen über Zahlenmauern machen. Natürlich kannst du dir auch weitere Fragen überlegen und diese untersuchen. Am besten zeichnest du für jeden Forschungsauftrag einige Zahlenmauern ins Heft.

Information:
Gerade Zahlen sind die Zahlen der Zweierreihe, also 2, 4, 6, 8 usw.
Ungerade sind die übrigen, also 1, 3, 5, 7 usw.

Forschungsauftrag 1:
Trage wie in Fig. 1 unten nur ungerade Zahlen ein (vgl. Information auf dem Rand). Was kommt an der Spitze heraus? Immer nur gerade oder nur ungerade Zahlen? Oder mal ungerade und mal gerade Zahlen? Wenn du etwas herausgefunden hast, versuche, eine Erklärung zu finden.

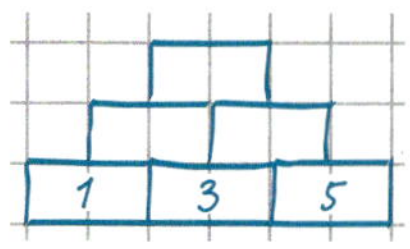

Fig. 1

Forschungsauftrag 2:
Trage in eine Zahlenmauer in der unteren Reihe drei aufeinanderfolgende Zahlen wie in Fig. 2 ein und berechne die Zahl an der Spitze. Wie kann man das Ergebnis an der Spitze direkt ausrechnen, ohne den Rest der Zahlenmauer zu berechnen? Überprüfe an Beispielen, ob das auch bei anderen Zahlenmauern dieser Form so ist. Versuche, eine Erklärung zu finden.

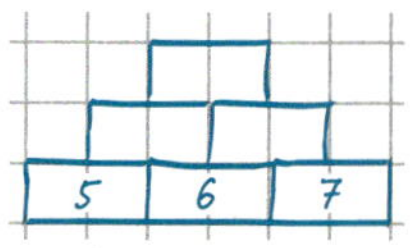

Fig. 2

Forschungsauftrag 3:
Wähle drei beliebige Zahlen, z. B. 6, 10 und 13. Diese Zahlen kannst du in verschiedener Reihenfolge unten eintragen (siehe Fig. 3), also z. B. 6, 13, 10 oder 10, 6, 13. Mal ist dann das Ergebnis größer, mal kleiner. Kannst du erklären, wie man drei vorgegebene Zahlen am besten unten einträgt, damit man oben ein möglichst kleines oder ein möglichst großes Ergebnis bekommt?

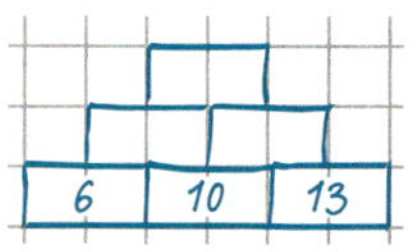

Fig. 3

Forschungsauftrag 4:
Um wie viel erhöht sich die Zahl an der Spitze, wenn man bei der Zahlenmauer in Fig. 4 in der unteren Reihe alle Zahlen um 1 erhöht? Ist das auch bei anderen Zahlenmauern so? Überprüfe an Beispielen und versuche, eine Erklärung zu finden.

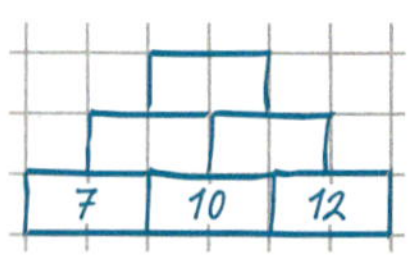

Fig. 4

Ein besonderer Geburtstagskalender

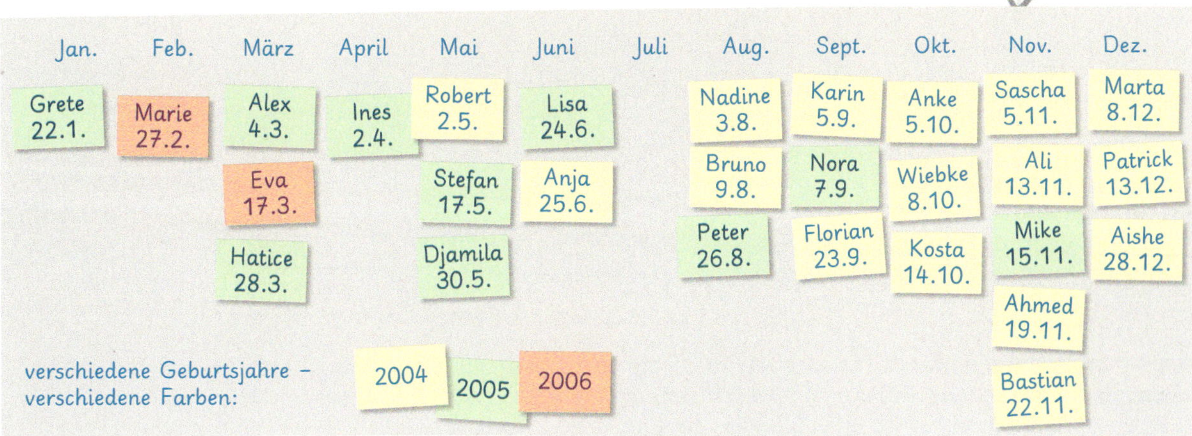

Wollt ihr für eure Klasse auch einen besonderen Geburtstagskalender zusammenstellen? Ihr nehmt dazu am besten verschiedenfarbige Klebezettel. Die ausgefüllten Zettel werden an die Tafel geklebt und geordnet. Anhand eines Geburtstagskalenders können viele Fragen gestellt und geklärt werden:

→ Lerneinheit 8 Seite 34

- Wer ist am jüngsten, wer am ältesten?
- Wer ist das jüngste Mädchen, wer der älteste Junge?
- Wessen Geburtstage liegen am nächsten zusammen, wessen Geburtstage am weitesten auseinander?
- Wie groß ist der Altersunterschied zwischen dem jüngsten und dem ältesten Kind?
- Wie viele Tage bist du jünger als das älteste Kind, wie viele Tage älter als das jüngste Kind der Klasse?

Stadt, Land, Fluss – einmal anders

Jeder benötigt eine solche Tabelle im Heft. Die folgende Zeile mit Wörtern, die alle mit A beginnen, ist nur ein Beispiel.

→ Lerneinheit 6 Seite 26

Buchstabe	Dinge, die ca. 1 cm groß sind	Dinge, die ca. 10 cm groß sind	Dinge, die ca. 1 m groß sind	Dinge, die ca. 10 m groß sind
A	Ameise 	Ahornblatt 	Affe 	Apfelbaum 

Der erste Spieler in der Runde geht im Kopf das Alphabet durch, der zweite ruft „Stopp". Mit dem Buchstaben, bei dem gestoppt wurde, wird die Runde gespielt. Jeder muss nun für jede Spalte ein Ding mit diesem Anfangsbuchstaben finden. Wer zuerst fertig ist, ruft „Stopp", dann wird gezählt. Für jedes gefundene Wort gibt es einen Punkt, wenn mehrere Mitspieler darauf gekommen sind, und zwei Punkte, wenn nur einer das Wort gefunden hat.

Wenn ihr euch nicht einig seid, ob ein Wort gelten soll, könnt ihr abstimmen. Ihr könnt die Tabelle auch erweitern oder nach anderen Dingen suchen, z. B. Dinge, die etwa 10 kg schwer sind.

1 Zählen und Darstellen

Die Stimmzettel zur Klassensprecherwahl sind abgegeben.
Wem kann man zur Klassensprecherwahl gratulieren? Wer darf Stellvertreter sein?

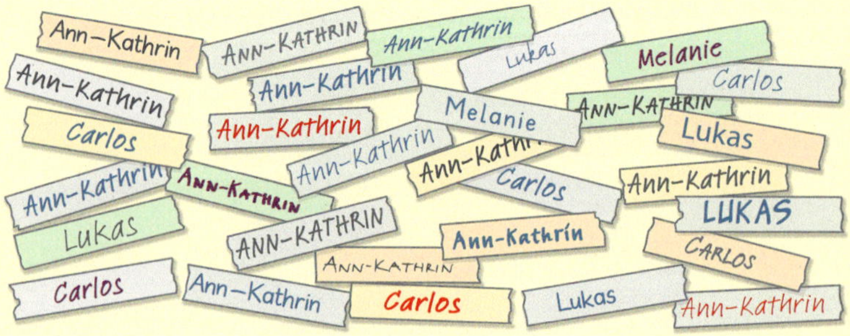

Wenn man Umfragen durchführt, ist es hilfreich, die Ergebnisse zunächst in Strichlisten auszuzählen. Wie man Strichlisten oder auch andere Daten anschaulich in Tabellen oder in Diagrammen darstellt, wird im Folgenden gezeigt.

Die Schülerinnen und Schüler der Klasse 5a stimmen darüber ab, welchen Ausflug sie auf ihrer Klassenfahrt unternehmen werden. Jeder gibt eine Stimme ab. Die Stimmen werden in einer **Strichliste** ausgezählt und dann in einer **Tabelle** festgehalten.

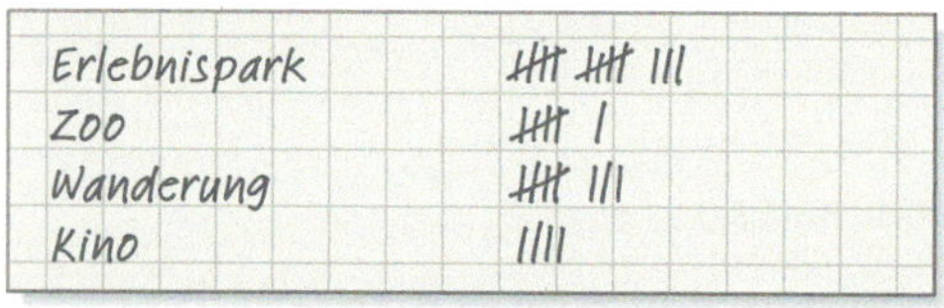

Ziel	Erlebnispark	Zoo	Wanderung	Kino
Anzahl der Stimmen	13	6	8	4

Tipp:

ist übersichtlicher als

Oft werden Umfrageergebnisse durch Diagramme dargestellt. Dabei verwendet man „Streifen". Die Streifenlänge wird jeweils so gewählt, dass sie dem Zählergebnis entspricht.

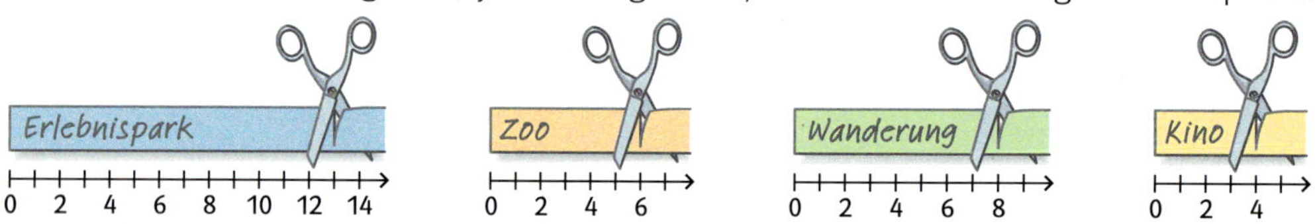

Die Streifen können untereinander zu einem **Balkendiagramm** angeordnet werden oder aufrecht nebeneinander zu einem **Säulendiagramm**.

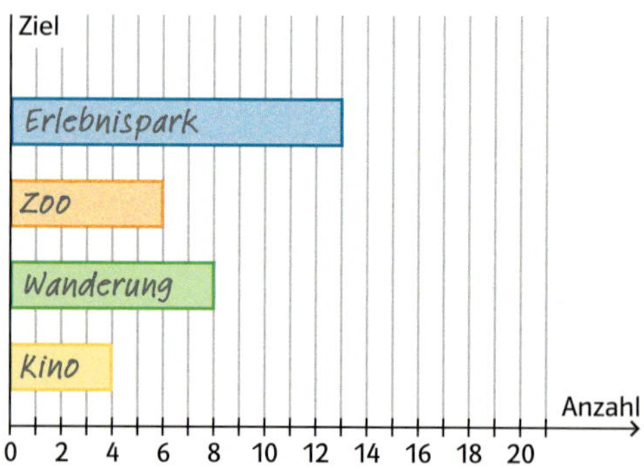

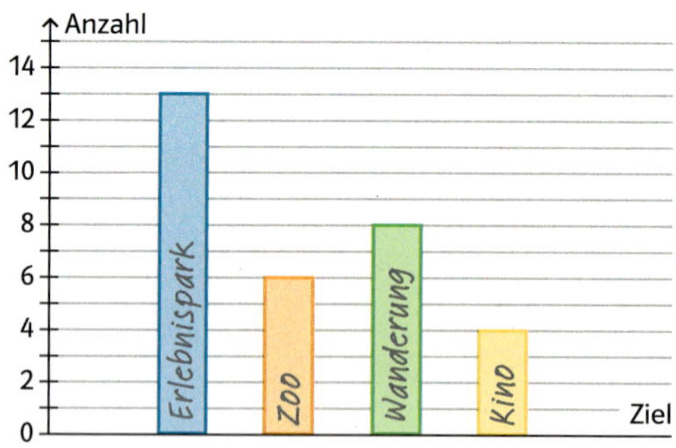

Die in Diagrammen auftretenden beschrifteten Randlinien werden als Achsen bezeichnet. Eine der Achsen ist immer ein Zahlenstrahl. Beim Säulendiagramm stehen an der Hochachse, beim Balkendiagramm an der Rechtsachse, immer Zahlen.

Die Randlinien des Diagramms heißen **Rechtsachse** und **Hochachse**.

Beim Auszählen von Ergebnissen helfen **Strichlisten**.
Tabellen und **Diagramme** helfen beim Darstellen und Vergleichen von Zählergebnissen.

Beispiel 1 Umfrageergebnisse darstellen
Die Kinder der Klasse 5c haben eine Umfrage zu ihrem Lieblingsfach durchgeführt. Stelle die Ergebnisse in einer Tabelle und in einem Säulendiagramm übersichtlich dar.

Lösung
Die Darstellungen sind übersichtlicher, wenn man sie nach der Stimmenanzahl ordnet. Im Diagramm wurde auf der Rechtsachse 1 Kästchen für 1 Stimme gewählt.

Unterrichtsfach	Anzahl der Stimmen
Sport	8
Englisch	6
Mathematik	5
Musik	5
Deutsch	4

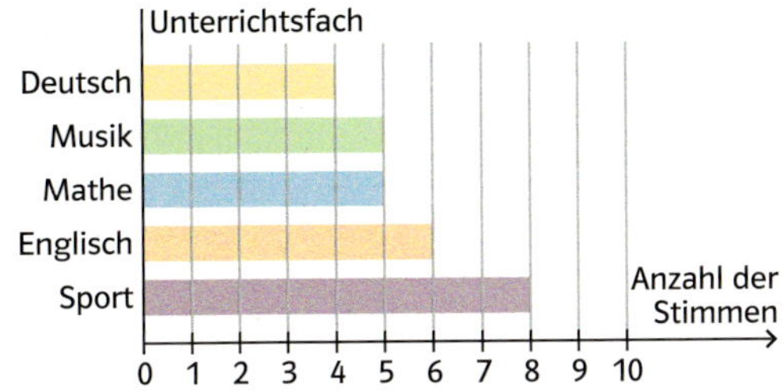

Beispiel 2 Informationen aus Diagrammen entnehmen
a) Formuliere in einem Satz, worüber das Diagramm Auskunft gibt.
b) Stelle die Daten in einer Tabelle dar.
c) Erläutere, welchen Vorteil das Diagramm gegenüber der Tabelle hat.

Schulwege der Klasse 5 d (27 Kinder)

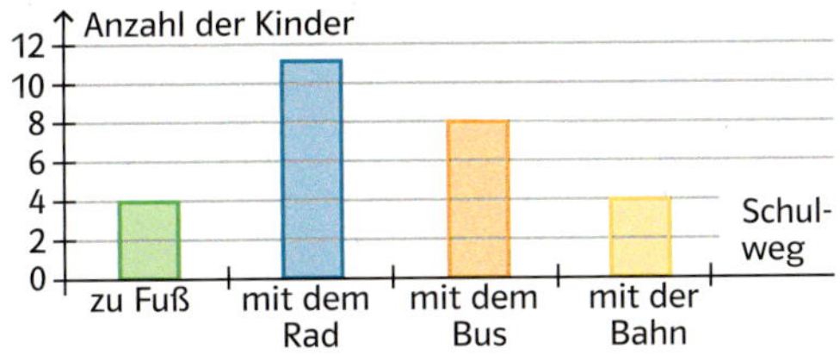

Lösung
a) Das Diagramm gibt Auskunft darüber, wie viele der 27 Kinder der Klasse 5d zu Fuß, mit dem Rad, mit dem Bus oder mit der Bahn zur Schule kommen.
b) Siehe nebenstehende Tabelle
c) Das Diagramm bietet einen besseren Überblick für den Vergleich der Anzahlen.

Schulweg	zu Fuß	mit dem Rad	mit dem Bus	mit der Bahn
Anzahl	4	11	8	4

Aufgaben

○ **1** In der Klasse 5a wurden zwei Umfragen durchgeführt. Stelle die Ergebnisse jeweils in einer Tabelle und in einem Säulendiagramm dar.

Lerntipp
Seite 9, Beispiel 1

a)

b)
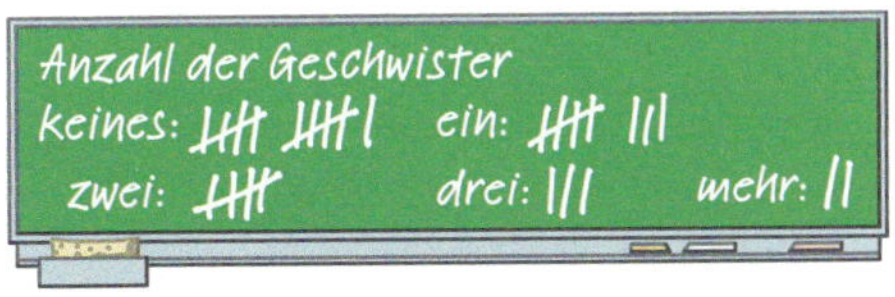

○ **2** Die Tabellen zeigen die Ergebnisse zweier Umfragen in der Klasse 5d. Formuliere, worüber die Tabellen Auskunft geben, und stelle die Daten in einem Säulendiagramm dar.

a) (1)

Sportart	Leichtathletik	Turnen	Ballsport	Sonstiges
Anzahl	6	4	12	5

(2)

Instrument	Klavier	Blasinstrument	Streichinstrument	Gitarre	Schlagzeug	kein Instrument
Anzahl	9	6	5	4	1	2

b) Führt die Umfragen aus Teilaufgabe a) auch in eurer Klasse durch und stellt die Ergebnisse in Tabellen und Diagrammen dar.

○ **3** a) Formuliere in einem Satz, worüber das nebenstehende Diagramm Auskunft gibt.
b) Lies die Angaben aus dem Diagramm ab und erstelle dazu eine Tabelle.
c) Charlie soll das Umfrageergebnis der Klasse vorstellen. Sollte sie eine Tabelle oder das Diagramm zeigen? Begründe deine Wahl.

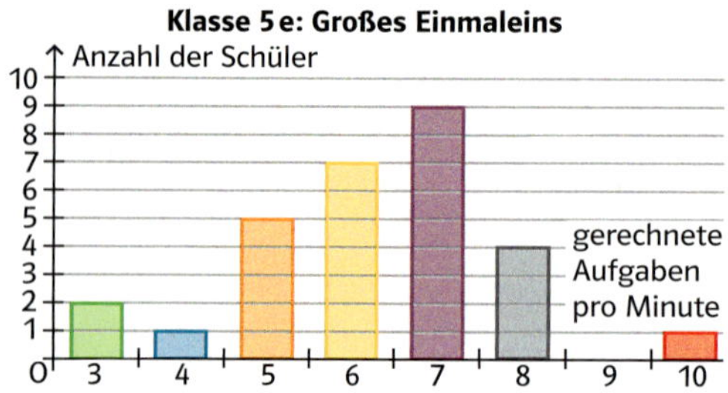

Lerntipp
Seite 9, Beispiel 2

Üben ○
Seite 37, Aufgabe 1

Teste dich!

Lösungen, Seite 237

○ **4** a) Formuliere in einem Satz, worüber das nebenstehende Diagramm Auskunft gibt.
b) Lies die Angaben aus dem Diagramm ab und erstelle dazu eine Tabelle.

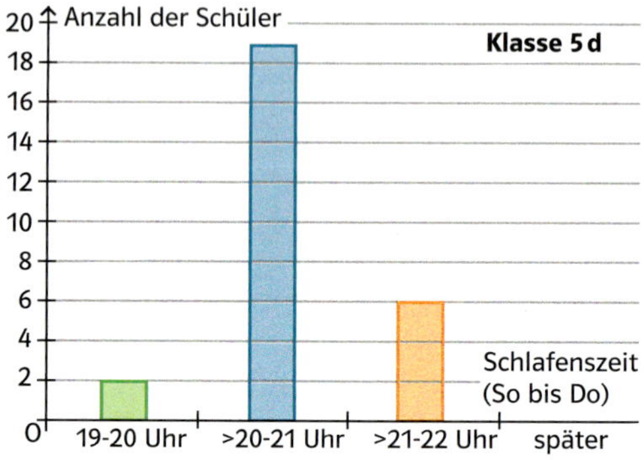

○ **5** Erstelle zu den Angaben in der Tabelle ein Säulendiagramm.

	Haarfarben in der Klasse 5 b			
	blond	rot	braun	schwarz
Anzahl	14	2	7	4

◒ **6** a) Formuliere, worüber die Tabelle Auskunft gibt, und veranschauliche die Angaben in einem Säulendiagramm. Überlege dir zunächst, wie du die Hochachse einteilst.

	Schülerinnen und Schüler der fünften Klasse				
	Nichtschwimmer	Seepferdchen	Bronze	Silber	Gold
Anzahl	18	32	44	20	6

b) Vergleicht eure Diagramme. Erläutert, wie ihr eure Hochachsen eingeteilt habt.

◒ **7** SP **Finde den Fehler!** Erkläre, was falsch gemacht wurde. Verwende hierzu geeignete Begriffe aus der Liste auf dem Rand.

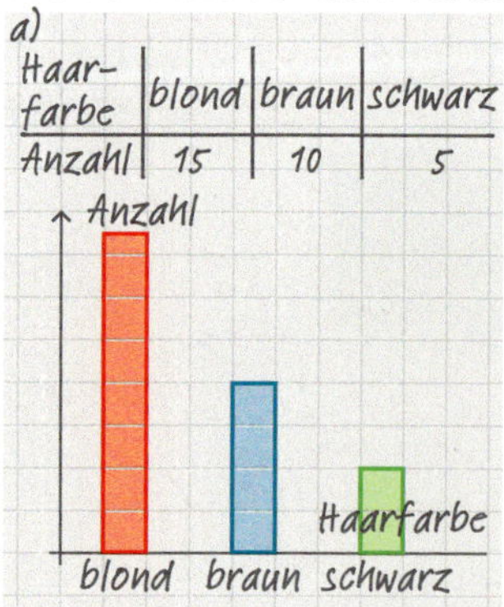

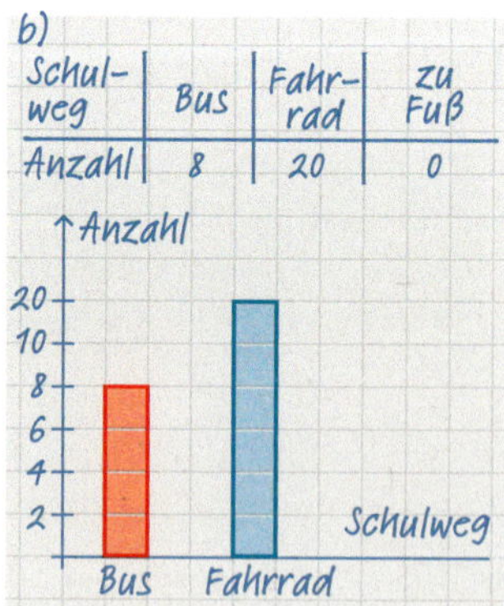

Wortliste
- der Abstand
- die Hochachse
- die Rechtsachse
- die Einteilung
- die Säule
- verwechseln

◒ **8** Führt in eurer Klasse eine Umfrage oder ein Experiment durch. Stellt das Ergebnis auf einem Blatt übersichtlich dar, um es der Klasse zu präsentieren. Hier findet ihr Anregungen.

Experiment: Wie viele Kniebeugen schaffst du in einer Minute? bis 10; bis 15; ....

Umfrage: Wie viele Milchzähne hast du noch?

Umfrage: Wie viele Buchstaben hat dein Vorname?

9 In verschiedenen Ländern sind die Sommerferien unterschiedlich lang.
a) Gib an, in welchem der Länder die Sommerferien am längsten, in welchem am kürzesten sind.
b) Lies die jeweilige Länge der Sommerferien ungefähr ab und erstelle eine Tabelle.
c) Lotta sagt: „Wie ungerecht! Die Kinder in Deutschland und der Schweiz müssen viel mehr zur Schule gehen als die in den anderen Ländern." Was meinst du zu Lottas Aussage? Erkläre.

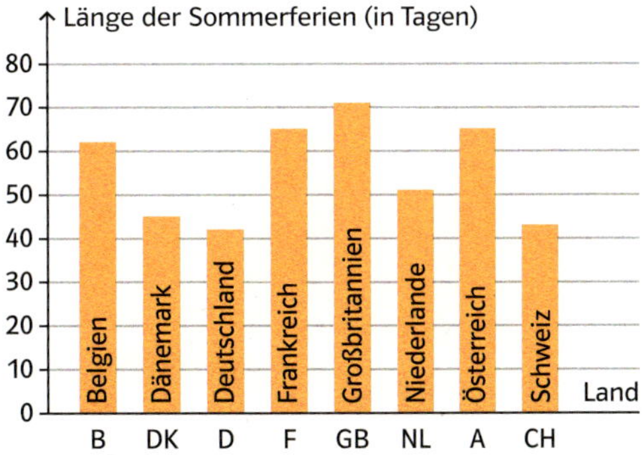

10 Lisa behauptet: „Mädchen mögen eher Katzen, Jungen eher Hunde."
a) Führt in eurer Klasse eine Umfrage durch, um zu überprüfen, ob Lisas Behauptung für eure Klasse gilt.
b) Stelle die Ergebnisse aus Teilaufgabe a) in einem Diagramm dar. Schreibe einen kleinen Bericht dazu.

Teste dich!

Lösungen, Seite 238

11 Stelle die Angaben aus der Tabelle übersichtlich in einem Säulendiagramm dar.

	Mensanutzung der Schülerinnen und Schüler des Kästner-Gymnasiums				
	täglich	nur an Langtagen	unregelmäßig	selten	nie
Anzahl	70	260	210	90	120

12 In regelmäßigen Abständen werden bei der KIM-Studie Kinder im Alter von 6 bis 13 Jahren gefragt, womit sie sich am liebsten in ihrer Freizeit beschäftigen.
a) Formuliere drei Aussagen, die du dem Diagramm entnehmen kannst.
b) Führt selbst eine solche Befragung in eurer Klasse durch. Zur Auswertung könnt ihr das Tabellenblatt aus dem Code verwenden.
c) Beschreibt Gemeinsamkeiten und Unterschiede zwischen den Ergebnissen eurer Umfrage und der KIM-Studie 2016.

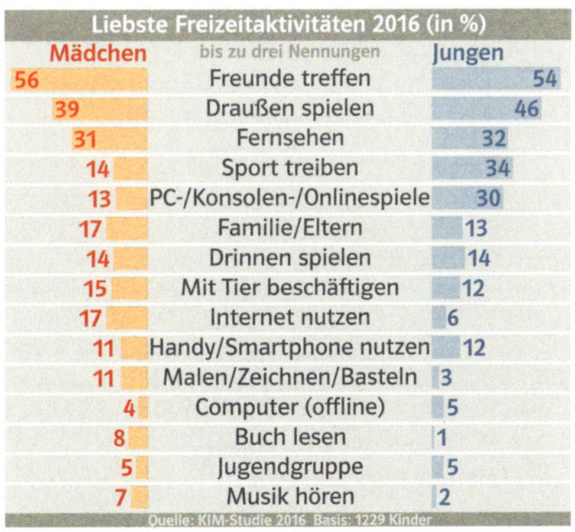

KIM steht für „Kindheit, Internet, Medien".

D2 **Tabellenblatt** Auswertung einer Umfrage

Teste dein Grundwissen! **Das Einmaleins**

Grundwissen, Seite 234
Lösungen, Seite 238

13 Berechne.

a) $7 \cdot 4$ b) $9 \cdot 5$ c) $8 \cdot 9$ d) $6 \cdot 12$ e) $7 \cdot 15$ f) $11 \cdot 18$
g) $8 \cdot 7$ h) $4 \cdot 13$ i) $12 \cdot 13$ j) $6 \cdot 16$ k) $8 \cdot 12$ l) $11 \cdot 14$

2 Zahlen ordnen

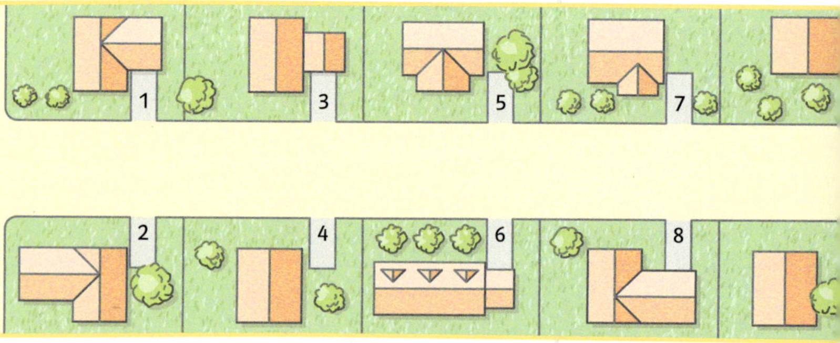

Welche Hausnummer hat das 12. Haus in der oberen Reihe?
Das wievielte Haus in dieser Reihe hat die Hausnummer 37?

Bisher wurden Zahlen in Diagrammen dargestellt. Im Folgenden wird gezeigt, wie man Zahlen am Zahlenstrahl darstellen, vergleichen und der Größe nach anordnen kann.

Beim Zählen verwendet man die **natürlichen Zahlen** 0, 1, 2, 3, 4 usw. Zu jeder natürlichen Zahl gibt es eine um 1 größere Zahl, ihren **Nachfolger**. Ebenso gibt es zu jeder natürlichen Zahl außer der 0 eine um 1 kleinere Zahl, ihren **Vorgänger**.

27
Ziffer Zahl

Die Zahl 27 besteht aus den Ziffern 2 und 7.

Natürliche Zahlen, die größer als 9 sind, setzen sich aus mehreren Ziffern zusammen. So besteht zum Beispiel die Zahl 27 aus den beiden Ziffern 2 und 7.

Die natürlichen Zahlen kann man am **Zahlenstrahl** veranschaulichen.
In Pfeilrichtung werden die Zahlen größer.

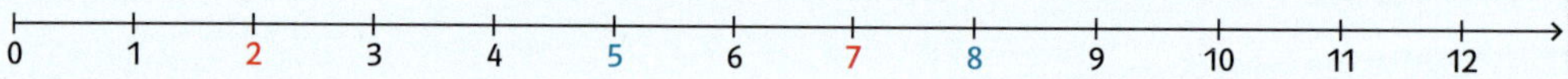

Die Zahl 2 liegt links von der Zahl 7.
2 ist **kleiner als** 7.
Man schreibt 2 < 7.

Die Zahl 8 liegt rechts von der Zahl 5.
8 ist **größer als** 5.
Man schreibt 8 > 5.

Für die Menge der natürlichen Zahlen schreibt man auch ℕ. Die Menge ℕ enthält unendlich viele Zahlen.

Auf einem Zahlenstrahl sind die Abstände zwischen aufeinanderfolgenden natürlichen Zahlen gleich groß. Möchte man auch größere Zahlen auf einem Zahlenstrahl darstellen, so muss man die Abstände zwischen allen Zahlen entsprechend verkleinern.

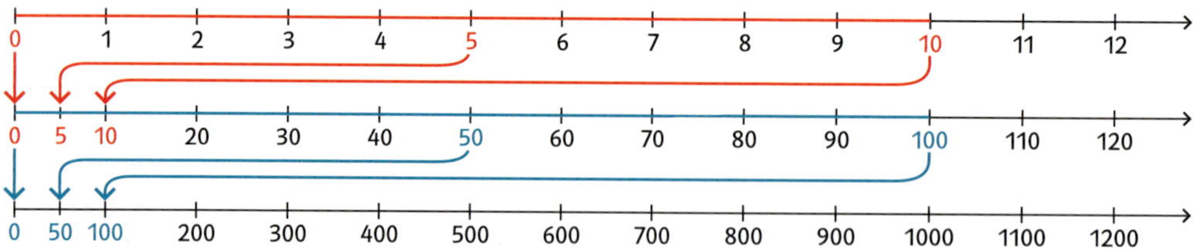

Beispiel 1 Zahlen vergleichen und anordnen

a) Setze in deinem Heft < oder > ein:
23 ▢ 32   4 ▢ 0   669 ▢ 696

b) Ordne die Zahlen 31, 29, 103, 0, 131 und 113 der Größe nach. Verwende das Zeichen <.

Lösung

a) 23 < 32   4 > 0   669 < 696

b) 0 < 29 < 31 < 103 < 113 < 131

Beispiel 2 **Zahlen auf dem Zahlenstrahl markieren**

Zeichne einen geeigneten Zahlenstrahl und markiere die gegebenen Zahlen.

a) 5, 8, 10, 12, 14

b) 210, 225, 250, 288, 302

Lösung

a) *Die Breite einer Heftseite beträgt ca. 15 cm. Da Zahlen bis 14 markiert werden sollen, ist es sinnvoll, für zwei aufeinanderfolgende Zahlen den Abstand 1 cm zu wählen.*

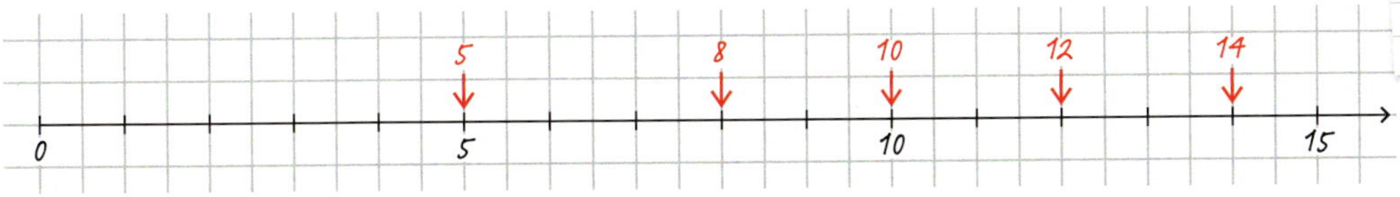

Notiere am Zahlenstrahl in regelmäßigen Abständen einige Zahlen zur besseren Orientierung.

b) *Die zu markierenden Zahlen liegen etwa im Bereich von 200 bis 300. Wenn man für diesen Bereich eine Breite von 10 cm wählt, beträgt der Abstand zwischen 190 und 200, zwischen 200 und 210 usw. jeweils 1 cm. Der Abstand zwischen zwei aufeinanderfolgenden Zahlen beträgt dann 1 mm. Man kann den Zahlenstrahl bei 190 beginnen.*

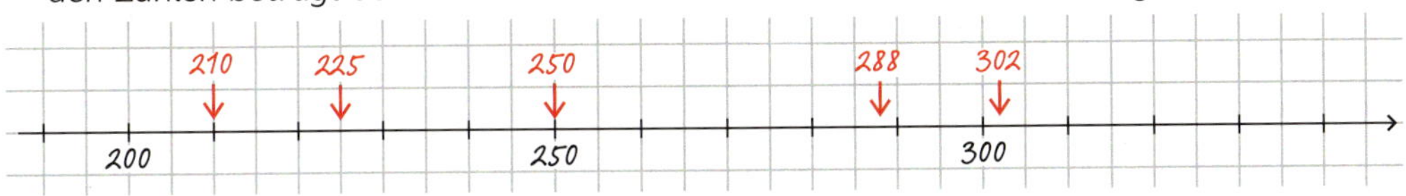

Wenn du das Heft quer nimmst, kannst du die Abstände auch doppelt so groß wählen.

Beispiel 3 **Eine Aussage mit einem Gegenbeispiel widerlegen**

Weise mithilfe eines Gegenbeispiels nach, dass die folgende Aussage falsch ist:
„Wenn eine Zahl größere Ziffern hat, ist sie größer."

Lösung

Um zu zeigen, dass eine Aussage falsch ist, reicht es aus, ein Gegenbeispiel zu finden.
Gegenbeispiel: Die Zahl 99 hat größere Ziffern als die Zahl 123, dennoch gilt: 99 < 123.
Die Aussage, dass eine Zahl mit größeren Ziffern auch größer ist, ist also falsch.

Finde ein einziges Gegenbeispiel – schon ist bewiesen, dass die Aussage falsch ist!

Aufgaben

○ **1** Gib zu jeder der natürlichen Zahlen den Vorgänger und den Nachfolger an.

a) 23, 45, 49, 51, 79, 80

b) 100, 909, 990, 999, 1009, 1999

12 < 13 < 14
Vorgänger von 13 — Nachfolger von 13

○ **2** Gib an, welche natürlichen Zahlen markiert sind.

a)

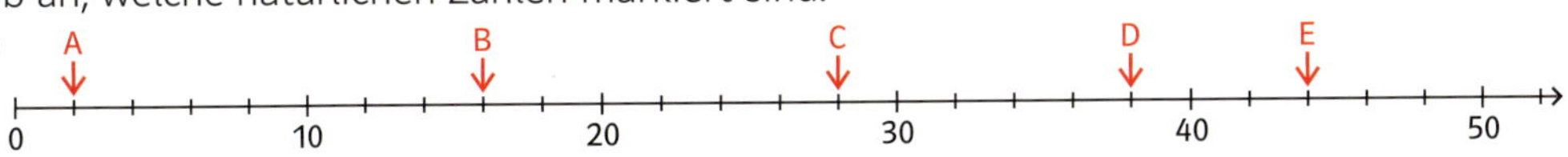

b)

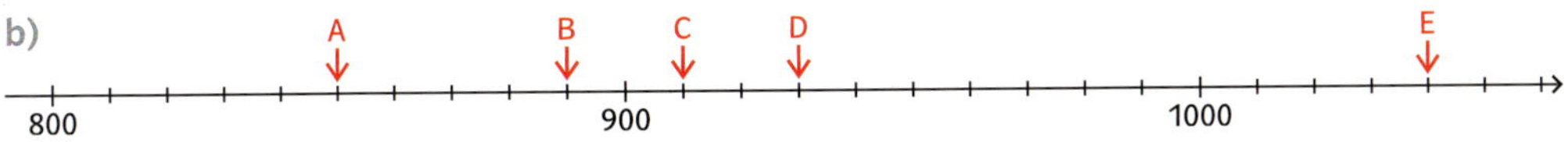

○ **3** a) Zeichne einen Zahlenstrahl von 0 bis 30. Wähle 1 cm für den Abstand von 0 bis 2. Markiere die Zahlen 1, 5, 8, 13, 15, 19, 20, 24 und 28.

b) Zeichne einen Zahlenstrahl von 100 bis 300. Wähle 1 cm für den Abstand von 100 bis 120. Markiere die Zahlen 120, 130, 150, 170, 190, 210, 240 und 290.

Lerntipp Seite 13, Beispiel 2

○ **4** Ordne der Größe nach. Verwende das Zeichen <.

a) 95 73 9 38 49 37 22 7 20 12

b) 759 293 101 399 578 400 607

c) 312 212 231 321 123 323 132

d) 9099 9009 9990 9090 9000 9909

Lerntipp Seite 12, Beispiel 1

Teste dich!

Lösungen, Seite 238

5 Zeichne einen Zahlenstrahl von 350 bis 500. Wähle 1 cm für den Abstand von 350 bis 360. Markiere die Zahlen 365, 385, 410, 445, 460, 470 und 495.

6 Ordne der Größe nach. Verwende das Zeichen <.
a) 12, 234, 38, 21, 423, 131, 404, 83 **b)** 565, 605, 55, 556, 656, 506, 655, 450

---

7 SP a) Welche Zahlen sind auf dem Zahlenstrahl markiert? Ordne das richtige Kärtchen zu.

(1)

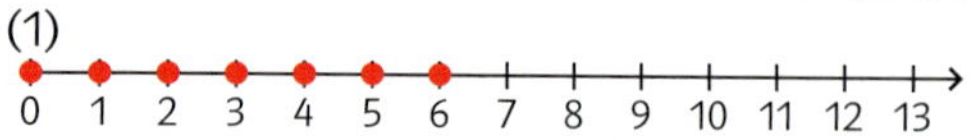

(2)

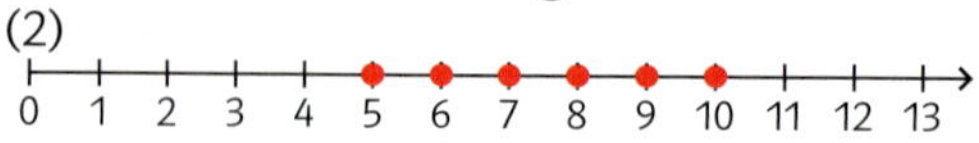

A: *Markiert sind die Zahlen, die größer als 0 und kleiner als 7 sind.*

B: *Markiert sind die Zahlen, die größer als 4 und kleiner als 11 sind.*

C: *Markiert sind die Zahlen, die kleiner als 7 sind.*

D: *Markiert sind die Zahlen, die größer als 5 und kleiner als 10 sind.*

b) Zeichne jeweils einen Zahlenstrahl von 0 bis 13 und markiere die Zahlen zu den Kärtchen, die in der Teilaufgabe a) übrig geblieben sind.

8 SP a) Gib an, welche natürliche Zahl auf dem Zahlenstrahl genau in der Mitte zwischen den angegebenen Zahlen liegt.
(1) 2 und 14 (2) 7 und 97 (3) 900 und 2000 (4) 330 und 550
b) Erkläre, wie du vorgehst. Verwende hierzu geeignete Begriffe aus der Liste auf dem Rand.

Wortliste
- der Abstand
- addieren zu
- die Hälfte
- subtrahieren von
- die kleinere Zahl
- die größere Zahl

9 **Finde den Fehler!** Erkläre, was falsch gemacht wurde, und korrigiere im Heft.

a) *3 > 7 > 19*

b) *Der Vorgänger von 250 ist 240.*

c) *Der Nachfolger von 23 000 ist 24 000.*

10 **Gegenbeispiel gesucht!**
Weise nach, dass die Aussage falsch ist, indem du ein Gegenbeispiel angibst.
a) „Wenn eine Zahl mit der Ziffer 0 endet, endet der Nachfolger ebenfalls mit der Ziffer 0."
b) „Zwischen zwei natürlichen Zahlen liegt immer eine weitere natürliche Zahl."

Lerntipp
Seite 13, Beispiel 3

Teste dich!

Lösungen, Seite 238

11 **a)** Zeichne einen Zahlenstrahl von 130 bis 160 und markiere alle natürlichen Zahlen, die größer als 135 und kleiner als 152 sind.
b) Gib an, welche natürliche Zahl genau in der Mitte von 28 und 82 liegt.

---

12 Gib an, wie viele natürliche Zahlen man für das Kästchen einsetzen kann.
a) $7 < \square < 17$ b) $5 < \square < 6$ c) $2900 \leq \square \leq 3800$ d) $250 \leq \square < 320$

Das Zeichen ≤ bedeutet „kleiner oder gleich".

13 Findet heraus, welche Zahlen man für □ und ○ einsetzen kann. Gebt Zahlenbeispiele an und beschreibt, welche Überlegungen ihr dabei angestellt habt.
a) $5 \cdot \square < 5 \cdot \bigcirc$ b) $60 : \square > 60 : \bigcirc$ c) $20 - \square < 10 + \bigcirc$ d) $2 \cdot \square - \bigcirc > \square$

Teste dein Grundwissen! Das Einmaleins

Grundwissen, Seite 23
Lösungen, Seite 238

G **14** Notiere die Reihe.
a) 7-er Reihe bis 70 **b)** 9-er Reihe bis 180 **c)** 13-er Reihe bis 260

3 Große Zahlen und Runden

Entfernungen im Weltraum sind unvorstellbar groß.
Die Sonne ist von der Erde 150 ______ Kilometer entfernt, bis zum Mond sind es „nur“ 350 ______ Kilometer.
Würde man die Entfernung bis zum nächsten Fixstern in Ziffern schreiben, würde einem vor lauter Nullen richtig schwindelig: Sie beträgt etwa 40 ______ Kilometer.
Welches Wort gehört wohl in welche Lücke?

Zahlen können mit Ziffern oder in Worten dargestellt werden: **27** oder **siebenundzwanzig**. Um sehr große Zahlen benennen zu können, braucht man weitere Zahlennamen. Es wird im Folgenden gezeigt, wie man große Zahlen liest und mit Ziffern oder in Worten schreibt. Häufig reichen für große Zahlen ungefähre Angaben aus. Deshalb wird eine Regel vorgestellt, mit deren Hilfe man eine Zahl runden kann.

Die Bedeutung einer Ziffer hängt von der Stelle ab, an der sie steht.
127 bedeutet: 1 **H**underter + 2 **Z**ehner + 7 **E**iner
1270 bedeutet: 1 **T**ausender + 2 **H**underter + 7 **Z**ehner + 0 **E**iner
Der Stellenwert der drei Ziffern 1, 2 und 7 in der Zahl 1270 hat sich gegenüber der Zahl 127 jeweils verzehnfacht, weil alle Ziffern in der Stellenwerttafel eine Stelle weiter links stehen. Deshalb nennt man unser Zahlensystem **Zehnersystem** bzw. **Dezimalsystem**.

decem (lat.): zehn

Für sehr große Zahlen muss die **Stellenwerttafel** erweitert werden.

Zahlen im Zehnersystem (Dezimalsystem)

Billionen	Milliarden			Millionen			Tausender					
…	H	Z	E	H	Z	E	H	Z	E	H	Z	E
						4	0	0	1	0	5	5
		7	0	0	2	0	1	0	0	0	0	4

4 001 055 = vier Millionen eintausendfünfundfünfzig
70 020 100 004 = siebzig Milliarden zwanzig Millionen einhunderttausendvier

Für Zahlen, die größer als Tausend sind, gibt es nach jeweils drei weiteren Stellen ein neues Zahlwort:
1 Million = 1 000 000 = 1000 Tausender (6 Nullen)
1 Milliarde = 1 000 000 000 = 1000 Millionen (9 Nullen)
1 Billion = 1 000 000 000 000 = 1000 Milliarden (12 Nullen)
1 Billiarde = 1 000 000 000 000 000 = 1000 Billionen (15 Nullen)
Es folgen: Trillion (18 Nullen), Trilliarde (21 Nullen), Quadrillion (24 Nullen) …

In Amerika heißt schon die Milliarde „one billion“.

Um große Zahlen besser lesen zu können, werden sie oft von rechts beginnend in Gruppen mit je drei Ziffern eingeteilt: **4 001 050**. Manchmal werden auch Punkte gesetzt: **4.001.050**.

Wenn die genaue Angabe einer Zahl nicht sinnvoll oder nicht wichtig ist, kann man sie runden. Dabei legt man zunächst fest, auf welche Stelle gerundet werden muss.

Zahlen runden

Rundungsstelle (z. B. Tausender)

35**7**61 ≈ **36** 000 — Steht rechts von der Rundungsstelle eine 5, 6, 7, 8 oder 9, so wird **aufgerundet**.

35**2**61 ≈ **35** 000 — Steht rechts von der Rundungsstelle eine 0, 1, 2, 3 oder 4, so wird **abgerundet**.

Gibt man ein Ergebnis gerundet an, so verwendet man anstelle von „=" das Zeichen „≈" (lies: **ist ungefähr**).

Beispiel 1 Große Zahlen im Zehnersystem

a) Schreibe die Zahl 11 176 003 150 in Worten. Nutze die Stellenwerttafel.

b) Schreibe als Zahl: fünfzehn Milliarden dreiundvierzig Millionen zweitausendeins

Lösung

a) elf Milliarden einhundertsechsundsiebzig Millionen dreitausendeinhundertfünfzig

b) 15 043 002 001

Milliarden			Millionen			Tausender					
H	Z	E	H	Z	E	H	Z	E	H	Z	E
	1	1	1	7	6	0	0	3	1	5	0
	1	5	0	4	3	0	0	2	0	0	1

Zahlen unter einer Million schreibt man klein und zusammen. Zahlen über einer Million schreibt man getrennt.

Beispiel 2 Zahlen runden

a) Runde 6472 auf Zehner.

b) Runde 14 507 auf Tausender.

Lösung

a) 6472 ≈ **6470** *Es wird abgerundet.*

b) 14 507 ≈ **15 000** *Es wird aufgerundet.*

Beispiel 3 Runden beim Erstellen von Diagrammen

Runde die Anzahlen der Sitzplätze für die einzelnen Kinos angemessen und stelle sie in einem Säulendiagramm dar.

	Kino 1	Kino 2	Kino 3	Kino 4
Sitzplätze	622	406	384	195

Lösung

Wählt man auf der Hochachse für 100 Sitzplätze 1 cm, lässt sich die längste Säule mit ca. 6 cm Höhe gut zeichnen. Da nur auf 1 mm genau gezeichnet werden kann, ist es sinnvoll, die Zahlen auf Zehner zu runden.

	gerundet	Säulenhöhe
Kino 1	620	6,2 cm
Kino 2	410	4,1 cm
Kino 3	380	3,8 cm
Kino 4	200	2,0 cm

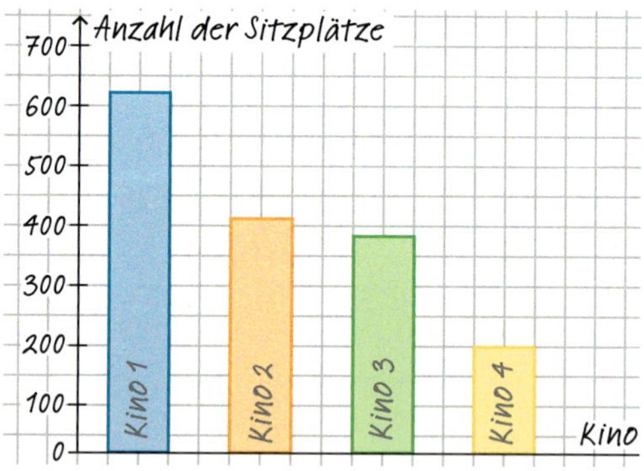

Achte beim Ablesen am Geodreieck auf die 0.

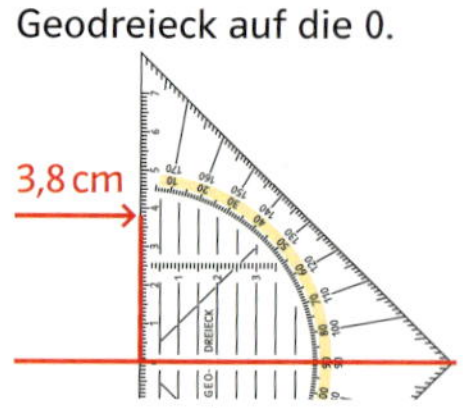

Aufgaben

○ **1** Alle Geldbeträge hatten am 16. 2. 2015 denselben Wert. Lies laut.

11 111 Euro | 8212 Britische Pfund | 16 289 Australische Dollar | 25 793 Fidschi-Dollar
1 184 690 Algerische Dinar | 96 245 Ägyptische Pfund | 109 752 Argentinische Peso
15 740 Kanadische Dollar | 98 108 Hongkong Dollar | 559 284 Philippinische Peso
11 523 000 Kongo Franc | 2 717 840 Yemen Rial | 19 479 100 Burundi-Franc

○ **2** Schreibe die Zahl in Ziffern. Notiere zunächst in einer Stellenwerttafel.
a) dreiundvierzigtausendsechshundert b) achtzigtausendzwölf
c) hunderttausendvierzehn d) sechshundertvierzigtausenddrei
e) neun Millionen fünfhundertsieben f) zehn Millionen elf

Lerntipp Seite 16, Beispiel 1

○ **3** Schreibe die Zahl in Worten.
a) 387 b) 2507 c) 6666 d) 15 003 e) 100 010 f) 5 050 001

○ **4** Runde auf Hunderter, Tausender, Zehntausender und Hunderttausender.
a) 75 499 b) 39 471 c) 75 888 d) 38 501
e) 545 444 f) 555 444 g) 500 h) 999 999
i) 749 j) 1499 k) 2050 l) 454 454

Lerntipp Seite 16, Beispiel 2

○ **5** SP a) Formuliere mithilfe der Textbausteine vier richtige Aussagen.

Wenn ich 14 357	• auf Zehner runde, dann muss ich • auf Hunderter runde, dann muss ich • auf Tausender runde, dann muss ich • auf Zehntausender runde, dann muss ich	auf	• 14 000 • 14 360 • 10 000 • 14 400	• abrunden. • aufrunden.

b) Beschreibe jeweils, wie gerundet wurde. Verwende die Formulierungen aus Teilaufgabe a).
(1) 4205 ≈ 4210 (2) 237 825 ≈ 240 000
(3) 60 831 ≈ 60 800 (4) 52 510 ≈ 52 500

Teste dich!

Lösungen, Seite 238

○ **6** Schreibe in Ziffern: zweiundzwanzig Millionen siebentausendzweihundertsiebzehn.

○ **7** Runde auf Zehner, auf Hunderter und auf Tausender.
a) 672 b) 1051 c) 4994 d) 99 500

◒ **8** Gib den Vorgänger und den Nachfolger der Zahl in Worten an.
a) 456 789 b) 750 000 c) 5 000 999 d) 8 099 000

◒ **9** a) Ordne die Städte nach ihrer Einwohnerzahl (Stand 31.12.2022).
b) Runde zunächst auf Zehntausender und erstelle anschließend ein Säulendiagramm.

Lerntipp Seite 16, Beispiel 3

Wolfsburg	Göttingen	Lüneburg	Hannover	Oldenburg	Osnabrück
127 046	118 956	76 837	545 045	173 987	167 366

Runden rückwärts

● **10** Gib die kleinste und die größte Zahl an, die auf Tausender gerundet diese Zahl ergibt.
a) 4000 b) 25 000 c) 1 000 000 d) 0

● **11** In den Aussagen wurden die Angaben gerundet. Gib an, auf welche Stelle die Angabe wohl gerundet wurde und wie groß die tatsächliche Anzahl mindestens bzw. höchstens sein könnte.

(1) An der Knobel-AG nahmen rund 40 Schüler teil.

(2) Rund 23 000 Fans besuchten das Rockkonzert.

(3) Rund 6 600 000 Menschen haben Lotto gespielt.

(4) Diesen Hit hören rund 80 Millionen Menschen täglich.

(5) In der Schüssel sind rund 4400 Erbsen.

12 **MK** **Der Mensch in Zahlen**

a) Ricki kommentiert: „Die Angaben auf dem Rand geben nur eine Größenordnung an." Erklärt, was Ricki damit meint. Begründet, wie ihr zuordnen würdet.

b) Recherchiert im Internet nach den Werten. Gebt an, auf welcher Seite ihr fündig geworden seid.

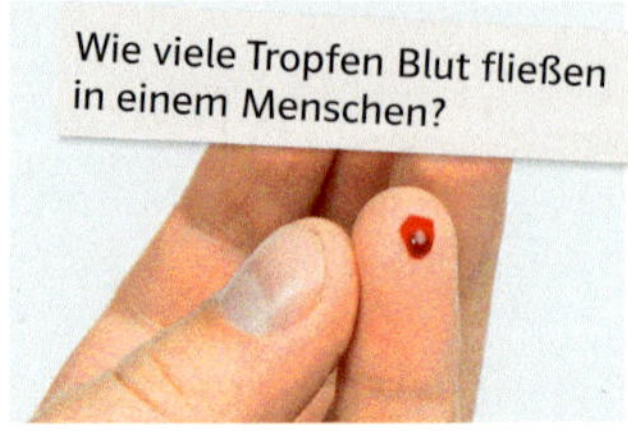

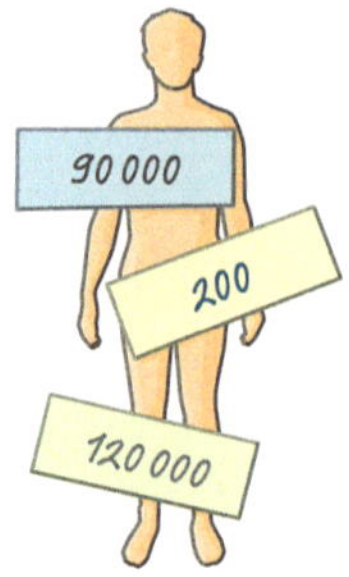

13 **Finde den Fehler!** Erkläre, was falsch gemacht wurde, und korrigiere im Heft.

a) Runde auf Zehntausender:
34 999 ≈ 35 000

b) 3743 = 3700

c) 4 Millionen
≈ 4 000 000

d) 498 888
< 489 999

e) 12 Billionen:
12 000 000 000 000

Teste dich!

Lösungen, Seite 238

14 Der Sponsorenlauf einer Schule hat auf Tausender gerundet 28 Tausend Euro eingebracht. Gib an, wie viel Euro mindestens, wie viel höchstens erlaufen worden sein könnten.

15 a) Ordne die Anzahlen der Vereinsmitglieder. Schreibe mit dem Zeichen >.

b) Runde zunächst auf Hunderter und erstelle anschließend ein Säulendiagramm.

Fußball	Handball	Leichtathletik	Reiten	Schwimmen	Tennis	Tischtennis	Turnen
5246	827	849	602	611	2250	769	4245

16 **Gegenbeispiel gesucht!** Weise nach, dass die Aussage falsch ist.

a) „Man kann bei jeder gerundeten Zahl genau angeben, auf welche Stelle sie gerundet wurde."

b) „Ist eine Zahl größer als 1000, kann sie gerundet niemals 0 ergeben."

c) „Ist eine erste Zahl größer als eine zweite Zahl, dann ist auch die gerundete erste Zahl größer als die gerundete zweite Zahl."

17 **MK** Anno möchte die Lebensdauer der Tiere aus der Tabelle in einem Diagramm veranschaulichen. Er weiß nicht, wie er vorgehen soll.

a) Formuliert, worin die Schwierigkeit besteht.

b) Überlegt, wie ihr vorgehen würdet. Führt euren Vorschlag aus und stellt das Ergebnis vor.

Honigbiene Arbeiterin	Honigbiene Königin	Eintagsfliege	Fruchtfliege	Kreuzspinne	Laubfrosch	Teichmolch	Riesensalamander
5 Monate	5 Jahre	1 Tag	45 Tage	8 Monate	9 Jahre	15 Jahre	55 Jahre

Teste dein Grundwissen! **Das Einmaleins**

Grundwissen, Seite
Lösungen, Seite 239

G **18** a) Finde die Zahlen heraus, die „aus der Reihe tanzen". Setze dann bis 280 richtig fort.

14 – 28 – 32 – 42 – 56 – 70 – 80 – 84 – 98 – 108 – 112 – 126 – 140 – 154 – 156 – 168 – 172 – 182 …

b) Gib drei Zahlen an, die sowohl zur 8er-Reihe als auch zur 12er-Reihe gehören.

4 Grundrechenarten

Oscar und Lotti haben Muffins für die Klasse gebacken.
Oscar rechnet aus, wie viele Fruchtgummis sie gebraucht haben:
„4 + 4 = 8, 8 + 4 = 12, …“
„Mensch, Oscar, du rechnest aber umständlich! Das geht doch viel flotter!“
Erkläre, was Lotti wohl damit meint.

In vielen Alltagssituationen benötigt man die vier Grundrechenarten. Es soll hier darum gehen, Grundrechenaufgaben unter Verwendung der mathematischen Fachbegriffe in Worten zu beschreiben, in Rechenausdrücken zu notieren und schließlich zu berechnen.

Bei den Grundrechenarten unterscheidet man zwischen Punkt- und Strichrechnung:

Strichrechnung:	**Addieren:**	15 + 11 = 26	**Subtrahieren:**	41 − 19 = 22
Punktrechnung:	**Multiplizieren:**	15 · 3 = 45	**Dividieren:**	36 : 12 = 3

addere (lat.): hinzufügen
subtrahere (lat.): entfernen, wegnehmen
multiplicare (lat.): vervielfachen
dividere (lat.): teilen

Addition:	15 *Summand*	+	11 *Summand*	=	26 *Summe*
Subtraktion:	41 *Minuend*	−	19 *Subtrahend*	=	22 *Differenz*
Multiplikation:	15 *Faktor*	·	3 *Faktor*	=	45 *Produkt*
Division:	36 *Dividend*	:	12 *Divisor*	=	3 *Quotient*

Umkehraufgaben
Um bei der Additionsaufgabe ▢ + 17 = 38 die Zahl im Kästchen zu finden, führt man die Subtraktion 38 − 17 = 21 aus.
Die Subtraktion kehrt die Addition um.

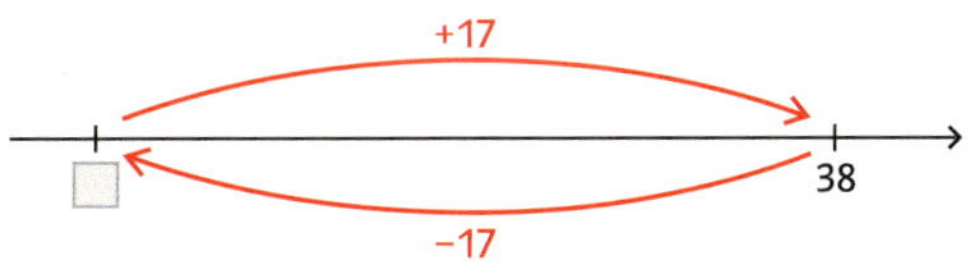

Um bei der Multiplikationsaufgabe ▢ · 11 = 77 die Zahl im Kästchen zu finden, führt man die Division 77 : 11 = 7 aus.
Die Division kehrt die Multiplikation um.

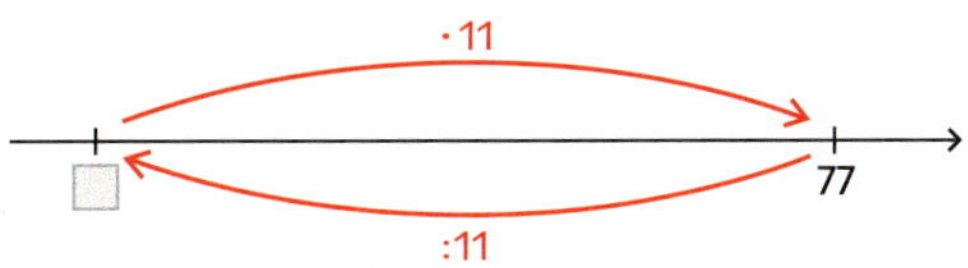

Die Zahl 0 beim Multiplizieren und Dividieren
Wenn man eine Zahl mit 0 multipliziert, so erhält man als Ergebnis immer 0.
5 · 0 = 0 0 · 5 = 0 0 · 0 = 0
Durch 0 kann man nicht dividieren. Dies erkennt man so: Die zur Divisionsaufgabe 5 : 0 = ▢ zugehörige Multiplikationsaufgabe lautet ▢ · 0 = 5.
Es gibt jedoch keine Zahl, die mit 0 multipliziert 5 ergibt.
Die Aufgabe 0 : 5 kann man jedoch berechnen: 0 : 5 = 0, denn es gilt: 0 · 5 = 0.

Beispiel 1 Rechenaufgaben in Worten

a) Berechne die Differenz aus 154 und 132. b) Berechne das Produkt aus 8 und 13.
c) Berechne den Quotienten aus 125 und 5. d) Berechne die Summe aus 5 und 5 und 5.

Lösung

a) 154 − 132 = 22 b) 8 · 13 = 104
c) 125 : 5 = 25 d) 5 + 5 + 5 = 3 · 5 = 15

Die Multiplikation ist eine Abkürzung für eine Summe mit gleichen Summanden: 5 + 5 + 5 = 3 · 5.

Beispiel 2 Umkehraufgaben

Berechne mithilfe der Umkehraufgabe, welche Zahl in das Kästchen passt.

a) □ − 34 = 71 b) 450 + □ = 725 c) □ : 12 = 8 d) □ · 4 = 500

Lösung

a) 71 + 34 = 105; 105 − 34 = 71
b) 725 − 450 = 275; 450 + 275 = 725
c) 8 · 12 = 96; 96 : 12 = 8
d) 500 : 4 = 125; 125 · 4 = 500

Aufgaben

○ **1** Notiere zunächst, welche Grundrechenart du ausführst, und wie man das Ergebnis benennt. Berechne anschließend im Kopf. Gib an, welche Zahl am Rand übrig bleibt.

a) 500 + 250 b) 20 · 10 c) 600 − 120 d) 800 : 200
e) 150 : 3 f) 8000 − 2000 g) 3 · 42 h) 78 + 88
i) 67 − 29 j) 56 + 89 k) 42 : 7 l) 345 − 55

6 290 200 126 6000 480 166 4 600 50 145 38 750

○ **2** SP Formuliere mithilfe der Textbausteine vier richtige Aussagen. Notiere die Sätze im Heft und schreibe jeweils die zugehörige Rechenaufgabe auf.

Wenn ich 20	• durch 5 • mit 5 • von 50 • zu 5	• addiere, • subtrahiere, • multipliziere, • dividiere,	dann erhalte ich	• 4. • 30. • 25. • 100.

○ **3** SP Notiere die in Worten beschriebene Rechenaufgabe und berechne.

Lerntipp Seite 20, Beispiel 1

a) Bilde die Differenz aus 18 und 11. b) Bilde den Quotienten aus 45 und 9.
c) Bilde das Produkt aus 18 und 11. d) Bilde die Summe aus 12, 24 und 48.
e) Tim hat die Rechenaufgabe in a) anders beschrieben. Formuliere die übrigen Aufgaben in ähnlicher Weise.

Tim: „Du erhältst die gesuchte Zahl, wenn du die Zahl 11 von der Zahl 18 subtrahierst."

○ **4** SP Berechne. Notiere deine Rechnung anschließend in Worten, so wie Sarah oder Sebastian.

a) 76 − 38 b) 69 : 3 c) 81 + 50 d) 1000 − 355
e) 470 + 190 f) 14 · 8 g) 1200 : 3 h) 12 · 30

Sarah: „Wenn man die Summe aus 12 und 19 bildet, erhält man die Zahl 31."

Sebastian: „Wenn man zur Zahl 12 die Zahl 19 addiert, erhält man die Zahl 31."

○ **5** **Zahlenmauern**

Berechne die fehlende Zahl und notiere in Worten, wie du diese Zahl berechnet hast.

a) Additionsmauern

(1)
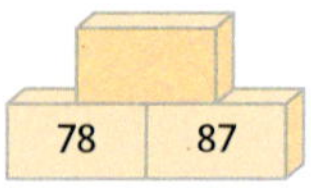

(2)
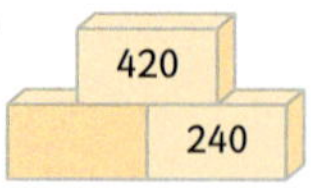

b) Multiplikationsmauern

(1)
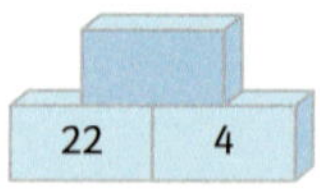

(2)
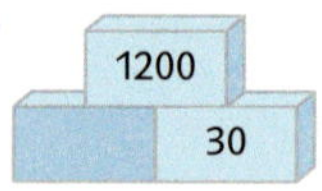

○ **6** Welche Zahl passt in das Kästchen? Kontrolliere durch Lösen einer Umkehraufgabe.

Lerntipp Seite 20, Beispiel 2

a) ▢ · 12 = 96 b) ▢ + 21 = 66 c) ▢ : 8 = 14 d) ▢ − 18 = 29
e) 20 · ▢ = 80 f) ▢ : 9 = 12 g) 54 + ▢ = 72 h) ▢ − 36 = 65
i) ▢ · 13 = 104 j) ▢ − 22 = 99 k) ▢ : 15 = 120 l) ▢ − 77 = 28
m) ▢ + 105 = 200 n) 16 · ▢ = 80 o) 88 + ▢ = 111 p) ▢ : 24 = 5

Teste dich!

Lösungen, Seite 239

○ **7** Notiere die Rechenaufgabe und berechne.
a) Bilde den Quotienten aus 161 und 7. **b)** Bilde die Summe aus 45, 45 und 45.
c) Bilde die Differenz aus 321 und 213. **d)** Bilde das Produkt aus 16 und 9.

○ **8** Welche Zahl passt an die Stelle des Kästchens? Rechne die Umkehraufgabe.
a) ▢ · 14 = 112 **b)** ▢ + 234 = 324 **c)** ▢ : 20 = 44 **d)** ▢ − 85 = 48

◒ **9** Übertrage die Zahlenmauern ins Heft und fülle sie aus.

Erforschen ● Seite 22, Aufgabe 16

a) Additionsmauern b) Multiplikationsmauern

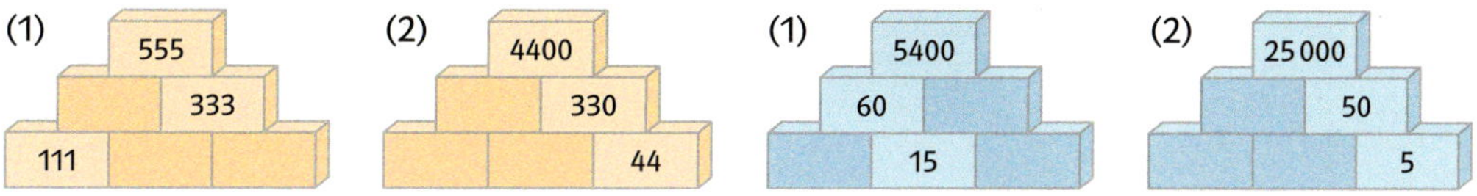

c) Entwirf für deinen Partner eigene Zahlenmauern und lass sie ihn lösen.

◒ **10** Formuliere die beschriebene Rechenaufgabe, indem du Fachbegriffe verwendest. Notiere anschließend die Aufgabe und berechne.

Vertiefen ◒ Seite 38, Aufgabe 12

a) Wie viel fehlt von 47 bis 111?

b) Um wie viel ist 87 größer als 39?

c) Wie oft passt die 7 in die 91?

d) Nimm von 125 erst 42, dann 24 weg.

e) Nimm 65 mehr als 250.

f) Wie oft geht die 12 in die 192?

g) Zähle siebenmal hintereinander die Zahl 20 zu der Zahl 0.

h) Zähle die Zahlen 246 und 354 zusammen und nimm anschließend 50 weg.

◒ **11** **Finde den Fehler!** Erkläre, was falsch gemacht wurde, und korrigiere im Heft.

a) Subtrahiere 17 von 30.
17 − 30 = 13

b) Bilde das Produkt aus 14 und 29.
14 + 29 = 43

c) 27 : 27 = 0

d) 50 : 0 = 50

e) Notiere in Worten: 120 − 85.
Subtrahiere die Zahlen 85 und 120.

f) 30 · 50 = 150

◒ **12** Ordne die gelben und die blauen Karten richtig zu.

Wenn man beim Produkt 4 · 3 einen Faktor verdoppelt,
Wenn man beim Produkt 4 · 3 beide Faktoren verdoppelt,
Wenn man beim Produkt 4 · 3 einen Faktor verdreifacht,

dann

vervierfacht sich das Produkt.
verdreifacht sich das Produkt.
verdoppelt sich das Produkt.

13 **Wahr oder falsch?**
Sind die folgenden Aussagen wahr oder falsch? Begründe deine Entscheidung.
a) „Man kann in jeder Grundrechenaufgabe die zwei Zahlen in der Rechnung vertauschen, ohne dass sich das Ergebnis dabei ändert."
b) „Die Summe aus zwei natürlichen Zahlen ist mindestens so groß wie jeder Summand."
c) „Man kann jede aus zwei Zahlen gebildete Grundrechenaufgabe lösen."
d) „Die Zahl 0 darf in einer Divisionsaufgabe nicht vorkommen."

14 a) Ordne die Weiden danach an, wie viele Tierbeine auf ihnen unterwegs sind.
b) Veranschauliche die Anzahlen der Tierbeine in einem Säulendiagramm.

Weide	Kühe	Schafe	Hühner	Gänse
A	160	250	950	250
B	220	230	900	125
C	50	550	800	120
D	10	350	1600	5

Teste dich!

Lösungen, Seite 239

15 SP Formuliere die Rechenaufgabe mit Fachbegriffen. Notiere sie und berechne dann.

a) Wie oft passt die 12 in das Doppelte von 84?

b) Nimm von 740 erst 74, dann 148 weg.

c) Zähle zu 100 fünfmal nacheinander 23 dazu.

d) Teile die Zahl 540 durch 9 und dann noch einmal durch 12.

16 Untersuche, wie sich das Produkt $3 \cdot 4 \cdot 5$ verändert, wenn man alle Faktoren verdoppelt.

17 Untersuche mithilfe von Zahlenbeispielen, wie sich die oberste Zahl in einer Zahlenmauer wie in Fig. 1 jeweils verändert, wenn man die unteren Zahlen wie beschrieben verändert.
a) In einer Additionsmauer werden alle drei unteren Zahlen verdoppelt.
b) In einer Multiplikationsmauer werden alle drei unteren Zahlen verdoppelt.
c) In einer Multiplikationsmauer wird die mittlere Zahl in der unteren Reihe verdoppelt und die äußeren beiden Zahlen werden halbiert.

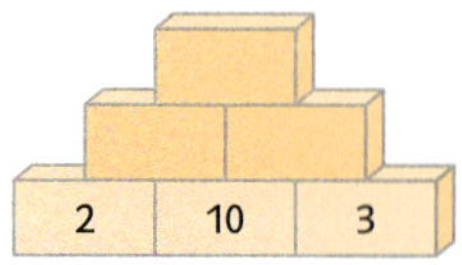

Fig. 1

18 Begründe an Zahlenbeispielen. Wie ändert sich
a) eine Summe mit vier Summanden, wenn man jeden Summanden verdoppelt?
b) eine Differenz, wenn der Minuend um 8 und der Subtrahend um 4 vergrößert wird?
c) ein Produkt, wenn der eine Faktor verdoppelt und der andere verdreifacht wird?

19 Reinhard fragt sich, warum bei der Subtraktion und der Division mehr Fachbegriffe auftreten als bei der Addition und der Multiplikation. Formuliere eine Erklärung.

Teste dein Grundwissen! **Genau zeichnen**

Grundwissen, Seite
Lösungen, Seite 239

G **20** Miss die Längen der geraden Linien. Zeichne diese Linien so in dein Heft, dass sie nicht genau auf den Kästchenlinien liegen. Achte auf die Längen und zeichne sauber.
a) b) c) d) e)

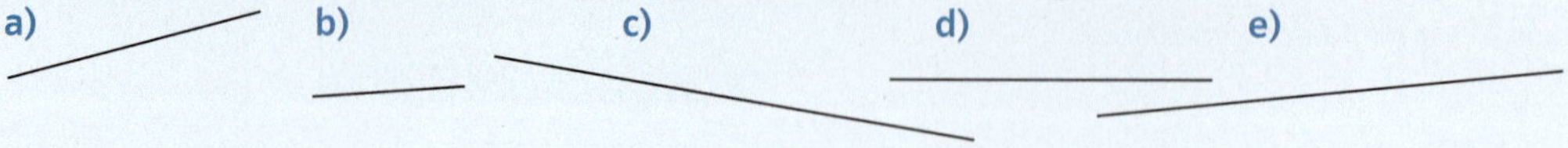

5 Rechnen mit Geld

Die Klasse 5a hat 26 Schüler und möchte mit ihrem Lehrer in die „Polar World" gehen.
Welche Karten kauft der Lehrer?

Im Alltag spielen nicht nur die Grundrechenarten eine wichtige Rolle, sondern auch der Umgang mit Größen, zum Beispiel mit Geld. Hierum wird es im Folgenden gehen.

In großen Teilen Europas gibt man Geldbeträge in den Einheiten Euro (€) und Cent (ct) an. Meist werden Geldbeträge mit einem Komma notiert. Dabei geben die Stellen vor dem Komma die Euro und die Stellen nach dem Komma die Cent an: 12,75 € = 12 € 75 ct.
1 € entspricht 100 ct, deshalb gilt: 12,75 € = 12 € 75 ct = 1200 ct + 75 ct = 1275 ct.

Eine Stellenwerttafel kann bei der Umrechnung von Euro in Cent und umgekehrt helfen.

Stellenwerttafel für Geldangaben

€				ct	
		1	2	7	5
	3	0	5	0	0
				9	8
					5

12,75 € = 12 € 75 ct = 1275 ct
305,00 € = 305 € 0 ct = 30 500 ct
98 ct = 0 € 98 ct = 0,98 €
5 ct = 0 € 5 ct = 0,05 €

1 €= 100 ct

D3 Stellenwerttafel zur Umrechnung von Geld

Lösen von Sachaufgaben
Das Rechnen mit Geldbeträgen findet meist in Sachaufgaben statt. Deshalb wird an einem Beispiel gezeigt, welche Überlegungen beim Lösen einer Sachaufgabe helfen.

Fabius geht mit 10 € zum Bäcker. Er gibt der Verkäuferin für die 10 Brötchen zu je 30 ct und das 65 ct teure Milchbrötchen 4 €. Berechne, wie viel Geld Fabius zurückbekommt.

1 Verstehen der Aufgabe Was ist gesucht? Was ist gegeben? Was ist wichtig?
Gesucht: Höhe des Rückgeldes
Gegeben:
wichtig: 10 Brötchen zu je 30 ct; Milchbrötchen: 65 ct; 4 € gegeben;
nicht wichtig: 10 € dabei

Tipp:
Markiere farbig!
wichtig
nicht wichtig
gesucht

2 Rechenweg durchführen
Preis für 10 Brötchen: 10 · 30 ct = 300 ct = 3 €
Preis für Brötchen und Milchbrötchen: 3 € + 65 ct = 300 ct + 65 ct = 365 ct = 3,65 €
Höhe des Rückgeldes: 4 € – 3,65 € = 400 ct – 365 ct = 35 ct

3 Rückschau und Antwort: Kann das Ergebnis richtig sein? Wie lautet die Antwort?
Probe: 10 · 30 ct + 65 ct + 35 ct = 300 ct + 100 ct = 400 ct = 4 €
Antwortsatz: Fabius erhält 35 ct zurück.

Lösen von Sachaufgaben

1

Verstehen der Aufgabe
Was ist gesucht?
Was ist gegeben?
Was ist wichtig?

2

Rechenweg durchführen

3

Rückschau und Antwort
Ergebnis überprüfen und Antwortsatz formulieren.

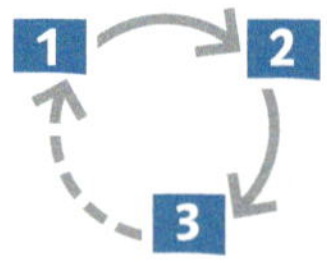

Beispiel **Geldbeträge in verschiedenen Schreibweisen angeben**
Gib den Geldbetrag in drei Schreibweisen an. Beispiel: 9,09 € = 9 € 9 ct = 909 ct
a) 20,01 € b) 186 ct

Lösung
a) 20,01 € = 20 € 1 ct = 2000 ct + 1 ct = 2001 ct b) 186 ct = 100 ct + 86 ct = 1 € 86 ct = 1,86 €

Aufgaben

○ **1** Gib den Geldbetrag in drei Schreibweisen an. Beispiel: 10,99 € = 10 € 99 ct = 1099 ct
a) 1,99 € b) 10,12 € c) 11,01 € d) 3 €
e) 5 € 10 ct f) 100 € 43 ct g) 2 € 1 ct h) 7 €
i) 150 ct j) 1053 ct k) 10 169 ct l) 1000 ct

Lerntipp Seite 24, Beispiel

○ **2** Finde heraus, auf welchen Kärtchen derselbe Geldbetrag steht.

A 88 ct + 2,56 € B 6 · 89 ct C 4,50 € : 3 D 6,88 € – 344 ct
E 2,67 € · 2 F 3 · 50 ct G 5,20 € – 176 ct H 10 € – 4,66 €

○ **3** Berechne, wie viel insgesamt gezahlt werden muss.
SP
a) Familie Onik geht ins Kino. Sie zahlt für die Eintrittskarten insgesamt 40 € und kauft fünf Getränke für je 4 €.
b) Herr und Frau Repo gehen in die Oper. Sie zahlen pro Karte 40 € und beide zusammen 4 € für die Garderobe.
c) Die 30 Schüler der 5b gehen ins Museum. Pro Schüler fallen 4 € Eintritt an, Lehrer haben freien Eintritt. Es wurde eine Führung für die Klasse zum Preis von 40 € gebucht.

Lerntipp Seite 23, Lösen von Sachaufgaben

○ **4** Bastian und Anne zahlen für ihre Kinokarten zusammen 13 €. Im Kino kaufen sie sich eine Tüte Popcorn für 4,80 € und zwei Getränke für je 2,80 €. Berechne, wie viel Geld jeder von ihnen an diesem Kinotag ausgegeben hat.

Teste dich!

Lösungen, Seite 239

○ **5** Berechne und schreibe das Ergebnis in Euro.
a) 2,55 € + 81 ct b) 3,45 € + 1,22 € c) 3 · 5,40 € d) 4,60 € – 1,95 €

○ **6** Die 30 Kinder der 5a haben für den Eintritt in den Zoo einen Gruppenpreis von 75 € und für das gemeinsame Eisessen 45 € bezahlt. Berechne, wie hoch der Beitrag für jedes Kind ist.

◒ **7** Daniels Lieblingszeitschrift erscheint alle zwei Monate und kostet pro Ausgabe 5,50 €. Wenn er die Zeitschrift abonniert, bezahlt er im Jahr 30 €. Berechne, wie viel er pro Heft spart, wenn er sich für ein Abonnement entscheidet.

8 **Finde den Fehler!**
Erkläre, was falsch gemacht wurde, und korrigiere im Heft.

a) 20 € − 12,65 € = 8,35 € b) 2,13 € + 1,9 € = 3,22 € c) 4,49 € ≈ 5 €

d) 5 · 95 ct = 5 · 1 € = 5 € − 25 ct = 4,75 € e) 0,95 € − 0,9 € = 95 ct − 9 ct = 84 ct

9 Herr Wiesenthal kauft im Getränkemarkt einen Kasten Mineralwasser und einen Kasten Bier. Gleichzeitig bringt er einen Mineralwasserkasten und einen Saftkasten mit leeren Flaschen und einen Bierkasten ohne Flaschen zurück. Berechne, wie viel er noch bezahlen muss.

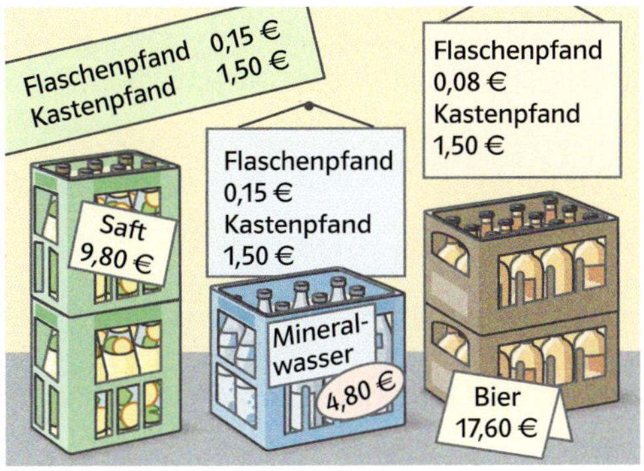

10 a) 1 Liter Diesel kostet 1,50 €. Frau Müller tankt für 91,50 €. Berechne, wie viele Liter sie getankt hat.
b) Frau Müller fährt 350 km und benötigt im Schnitt 6 Liter auf 100 km. Berechne die Kosten für ihre Fahrt.

11 **Wahr oder falsch?**
Sind die folgenden Aussagen wahr oder falsch? Begründe deine Entscheidung.
a) „Wenn man einen Geldbetrag in Euro gegeben hat, dann erhält man den entsprechenden Betrag in Cent, indem man drei Nullen anhängt."
b) „Wenn man einen Geldbetrag auf ganze Euro rundet, weicht der gerundete Betrag um höchstens 50 ct vom ursprünglichen Betrag ab."

Teste dich! **Lösungen**, Seite 239

12 Marcel möchte sich ein blaues Fahrrad für 499 € kaufen. Er hat bereits 257 € gespart. Seine Oma schenkt ihm 50 €. Jeden Monat bekommt er 16 € Taschengeld, wovon er 12 € spart. Berechne, wie lang er noch warten muss, bis er sich das Fahrrad leisten kann.

13 Zwei Erwachsene und vier Kinder fahren drei Stunden mit der Bahn. Die Fahrt kostet insgesamt 96 €. Kinder bezahlen nur den halben Fahrpreis. Berechne, wie teuer eine Fahrkarte für einen Erwachsenen ist.

14 Leon bekommt seit zwei Jahren jeden Monat das gleiche Taschengeld, das er komplett spart. Er hat seitdem sein Erspartes verdoppelt und besitzt nun 576 €.
Überprüfe durch eine Rechnung, ob die folgenden Aussagen stimmen.
a) Hätte Leon das doppelte Taschengeld bekommen, hätte er sein Erspartes verdreifacht.
b) In den nächsten zwei Jahren verdoppelt er bei gleichem Taschengeld sein Erspartes erneut.

Teste dein Grundwissen! **Muster fortsetzen** **Grundwissen**, Seite 235
Lösungen, Seite 240

G **15** Übertrage ins Heft und setze das Muster um drei weitere Figuren fort.

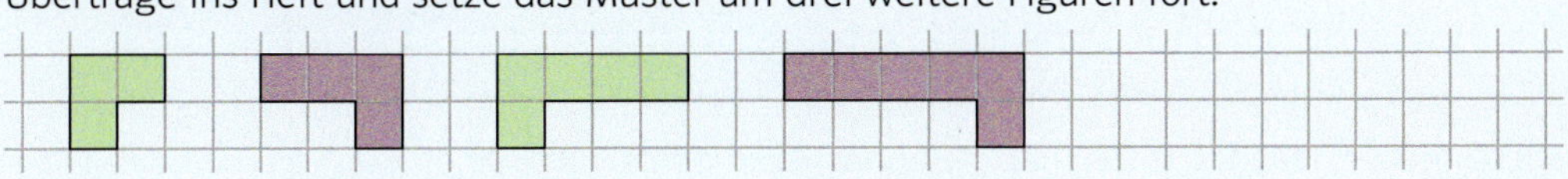

6 Rechnen mit Längenangaben

Julius, Sören und Fabian wollen im Baumarkt Leisten für ihre Drachen kaufen. Sie haben notiert, wie lang diese Leisten sein sollen.
Julius meint: „Wir sollten erst einmal herausfinden, wie viele Meter wir insgesamt brauchen …"
Kannst du helfen?

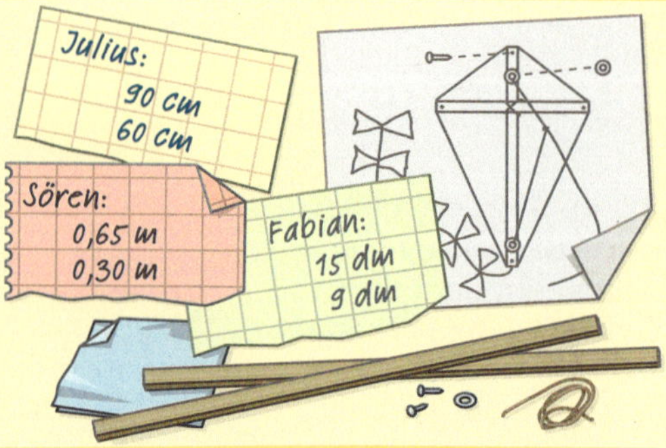

Um Längen anzugeben oder zu schätzen, verwendet man verschiedene Einheiten. Wenn man außerdem mit Längenangaben rechnen möchte, muss man diese manchmal in anderen Einheiten angeben. Wie man dabei vorgeht, wird im Folgenden vorgestellt.

Eine Längenangabe wie 51 cm besteht aus einer **Maßzahl** und einer **Maßeinheit**.

51 cm — Maßzahl: 51 — Maßeinheit: cm

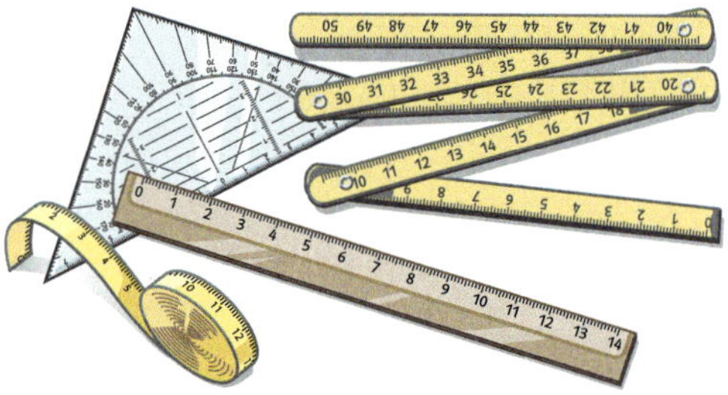

Messgeräte für Längen sind zum Beispiel ein Metermaß, ein Lineal, ein Geodreieck oder ein Maßband.

Für Längen verwendet man in der Regel die Einheiten Kilometer (km), Meter (m) Dezimeter (dm), Zentimeter (cm) und Millimeter (mm). Eine Stellenwerttafel kann dabei helfen, eine Längenangabe in verschiedenen Einheiten zu notieren.

Stellenwerttafel für Längenangaben

km			m			dm	cm	mm
				7	5	0	0	0
		7	0	0	0	0	0	
	2	3	0	0	0			
					2	5	0	0

75 m = 750 dm = 7500 cm = 75 000 mm
7 km = 7000 m = 70 000 dm = 700 000 cm
23 000 m = 23 km
2500 mm = 250 cm = 25 dm

1 km = 1000 m
1 m = 10 dm
1 dm = 10 cm
1 cm = 10 mm

← Umrechnung in die nächstgrößere Einheit

: 1000 — 1 km = 1000 m — · 1000
: 10 — 1 m = 10 dm — · 10
: 10 — 1 dm = 10 cm — · 10
: 10 — 1 cm = 10 mm — · 10

Umrechnung in die nächstkleinere Einheit →

Wenn man mit Längenangaben rechnet, muss man sie zunächst in derselben Einheit schreiben: 3 m + 120 cm = 300 cm + 120 cm = 420 cm.

Längenangaben mit Komma
Bei Längenangaben können Zahlen mit Komma auftreten. Bei der Umwandlung in Längenangaben ohne Komma hilft erneut die Stellenwerttafel:

km			m			dm	cm	mm
		1	5	0	0			
					3	6	0	
							2	6

1,5 km = 1 km 500 m = 1000 m + 500 m = 1500 m
3,60 m = 3 m 60 cm = 300 cm + 60 cm = 360 cm
2,6 cm = 2 cm 6 mm = 20 mm + 6 mm = 26 mm

D4 **Stellenwerttafel zu Längenangaben**

Schätzen von Längen
Zum Schätzen von Längen ist ein Vergleich mit bekannten Gegenständen nützlich.

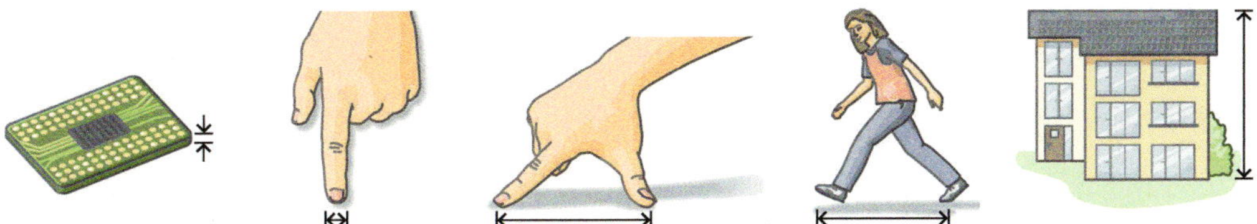
1 mm   1 cm   10 cm   1 m   10 m

Beispiel 1 Längen in anderen Einheiten notieren
Gib in der Einheit an, die in der Klammer steht.
a) 17 dm (cm)   b) 12 000 m (km)   c) 1 m 6 dm (mm)
Lösung
a) 17 dm = 170 cm   b) 12 000 m = 12 km   c) 1 m 6 dm = 100 cm + 60 cm = 160 cm
= 1600 mm

Beispiel 2 Mit Längenangaben rechnen
Berechne und gib das Ergebnis in gemischter Schreibweise an.
a) 6 m − 70 cm   b) 4 km 200 m + 1500 m
Lösung
a) 6 m − 70 cm = 600 cm − 70 cm = 530 cm = 5 m 3 dm
b) 4 km 200 m + 1500 m = 4000 m + 200 m + 1500 m = 5700 m = 5 km 700 m

Beispiel 3 Mit Längenangaben in Kommaschreibweise rechnen
Berechne und gib das Ergebnis in der größeren Einheit an.
a) 85 mm − 3,3 cm   b) 2,50 m + 66 cm
Lösung
a) 85 mm − 3,3 cm = 85 mm − 33 mm = 52 mm = 5 cm 2 mm = 5,2 cm
b) 2,50 m + 66 cm = 250 cm + 66 cm = 316 cm = 3 m 16 cm = 3,16 m

Tipp:
Notiere, bevor du rechnest, die Längenangaben ohne Komma.

Aufgaben

○ **1** Ordne den abgebildeten Gegenständen die passenden Längen zu.

○ **2** Jeder notiert zunächst seine Schätzung im Heft, ohne sie dem anderen zu verraten. Messt dann gemeinsam nach und überprüft, wer besser geschätzt hat.
a) die Breite des Schultisches   b) die Höhe einer Fensterscheibe
c) die Beinlänge des Partners   d) die Daumenlänge des Partners

○ **3** Übertrage in dein Heft und ergänze die fehlende Einheit.

a) 2 m = 20 □ b) 30 cm = 3 □ c) 46 cm = 460 □ d) 15 km = 15 000 □
e) 200 cm = 20 □ f) 1 □ = 10 mm g) 21 000 m = 21 □ h) 22 □ = 220 dm
i) 22 □ = 220 cm j) 3000 cm = 300 □ k) 2500 □ = 250 cm l) 8 □ = 8000 m

Wird die Maßeinheit kleiner, dann wird die Maßzahl größer – und umgekehrt!

○ **4** Gib in der Einheit an, die in der Klammer steht.

a) 50 cm (dm) b) 12 m (dm) c) 13 000 m (km) d) 71 cm (mm)
e) 800 mm (cm) f) 45 km (m) g) 66 dm (cm) h) 1000 dm (m)
i) 4 m 5 dm (dm) j) 5 km 750 m (m) k) 32 cm 5 mm (mm) l) 10 km 50 m (m)

Lerntipp Seite 27, Beispiel 1

○ **5** Finde heraus, auf welchen Kärtchen dieselbe Längenangabe steht.

A 1 km 150 m − 980 m | B 350 mm · 11 | C 220 mm + 28 cm | D 60 dm − 21 dm 5 cm
E 111 m 8 dm + 882 dm | F 2 m 2 dm − 17 dm | G 115 m + 550 dm | H 40 · 50 dm

○ **6** Christoph ist beim Crosslauf fünfmal die 1 km und 40 m lange Runde gelaufen.
a) Berechne die Länge der Strecke, die Christoph gelaufen ist, und gib sie in Metern an.
b) Berechne, wie viele Sportplatzrunden (400 m) er für dieselbe Strecke laufen müsste.

Lerntipp Seite 27, Beispiel 2

Teste dich!

Lösungen, Seite 240

○ **7** Gib in der Einheit an, die in der Klammer steht.

a) 6800 cm (dm) b) 320 dm (m) c) 70 000 m (km) d) 900 km (m)
e) 3 m 5 dm (dm) f) 4 km 50 m (m) g) 60 cm 9 mm (mm) h) 19 dm 1 cm (cm)

○ **8** Auf einen Waggon passen acht Autos von 4 m 50 cm Länge hintereinander. Berechne, wie lang der Waggon mindestens ist.

◒ **9** Schreibe in der nächstkleineren Einheit. Du kannst die Stellenwerttafel nutzen.

a) 5,25 m b) 8,8 cm c) 0,60 m d) 4,4 km
e) 0,91 m f) 10,1 cm g) 0,9 km h) 2,02 m

◒ **10** Ordne die Längen der Größe nach. Schreibe mit dem Zeichen >.

a) 44 dm | 4,50 m | 4 m 4 cm | 4,05 m
b) 60 mm | 6 dm | 6 cm 5 mm | 6,6 cm
c) 3 km 30 m | 3,3 km | 3003 m | 3 km 3 dm
d) 101 m | 0,1 km | 1100 dm | 100,10 m

◒ **11** **Finde den Fehler!** Erkläre, was falsch gemacht wurde, und korrigiere im Heft.

a) 55 cm + 60 dm = 115 dm
b) 200 m + 0,5 km = 250 m
c) 30 000 000 mm = 3 km
d) 1 km : 50 = 1000 : 50 = 20 km

◒ **12** Schätze zunächst. Berechne anschließend und vergleiche mit deiner Schätzung.
a) Wie viele 7 cm lange Streichhölzer benötigt man, um eine Strecke von 2,10 m zu legen?
b) Wie viele Wollknäuel à 40 m benötigt man, um eine Strecke von 3,6 km zu legen?
c) Wie viele 9 mm lange Bohnen benötigt man, um eine Strecke von 11,7 cm zu legen?

Du kannst auch deine Körpergröße, deinen Schulweg oder deine Fußlänge legen.

Lerntipp Seite 27, Beispiel 3

13 Berechne und gib das Ergebnis in der größeren Einheit an.

a) 2 km − 600 m b) 25 mm + 18 cm c) 34 cm + 4 dm d) 5 m 20 cm − 95 cm
e) 12 m + 12 dm f) 12,5 km + 700 m g) 6,50 m − 65 cm h) 5,5 cm − 39 mm

14 Moritz absolviert ein Tempo-Training auf der 400 m langen Rundbahn des 75 m breiten Sportplatzes. Berechne und gib in Kilometern an, welche Gesamtstrecke er in seinen Trainingsplan eintragen kann.

Einlaufen: 1 km
4-mal 800 m
dazwischen: je 200 m Trabpause
Auslaufen: 2 Runden

15 **Besondere Längeneinheiten**

a) Sucht euch Längen im Klassenraum, die ihr ausmesst, indem ihr angebt, wie viele Handspannen bzw. Armspannen sie lang sind. Messt dann eure Hand- bzw. Armspanne mit dem Lineal aus und rundet angemessen. Berechnet damit eure Längen in m, dm oder cm.
b) Vergleicht eure Ergebnisse. Beurteilt, wie gut eure Maße „funktionieren".

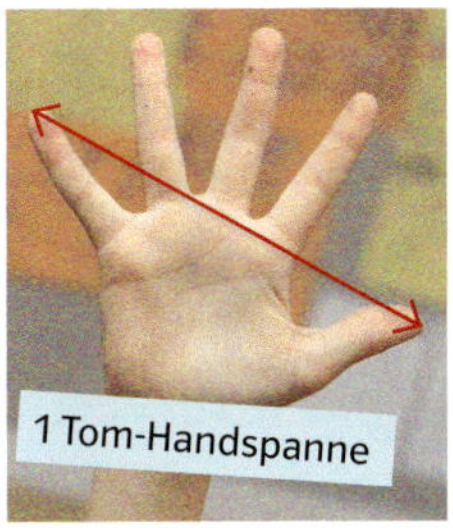

Der Flur ist 12 Laura-Armspannen lang.

Teste dich! → **Lösungen**, Seite 240

16 Berechne. Gib das Ergebnis in der größeren Einheit an.

a) 11 km − 1 km 300 m b) 4 km + 3300 m c) 2 m − 12 dm d) 4 cm 7 mm + 80 mm

17 a) Ein Floh ist ungefähr 3 mm groß und kann 60 cm hoch springen. Berechne, das Wievielfache seiner eigenen Körpergröße er überspringen kann.
b) Berechne, wie hoch ein 1,80 m großer Mensch springen könnte, wenn er eine vergleichbare Sprungkraft wie ein Floh hätte.

18 **Wahr oder falsch?**

Sind die folgenden Aussagen wahr oder falsch? Begründe deine Entscheidung.

a) „Wenn ich eine Länge durch eine Länge dividiere, ist das Ergebnis keine Länge mehr."
b) „Wenn ich eine Länge mit einem Faktor multipliziere, muss dieser auch eine Länge sein."

19 Notiere die Längenangaben in einer sinnvollen Einheit. Nutze die Stellenwerttafel.

a) längster Non-Stop-Flug: 1 575 300 000 cm b) Erdumfang: 40 074 000 000 mm
c) Fineliner-Strichbreite: 0,0003 m d) größter lebender Mensch: 0,002 51 km
e) 1 Fuß (ft): 0,000 304 8 km f) Bakterium: 0,000 000 002 km

20 Die Lichtsekunde ist eine Längeneinheit. Sie entspricht der Strecke, die das Licht in einer Sekunde zurücklegt: ca. 300 000 Kilometer. Das Licht schafft es in einer Sekunde fast achtmal um die Erde und braucht 750 Sekunden, um von der Erde zum Mars zu gelangen. Schätze den Erdumfang und die Entfernung von der Erde zum Mars ab. → **Erforschen** ● Seite 39, Aufgabe 18

Teste dein Grundwissen! **Muster fortsetzen** → **Grundwissen**, Seite 235 **Lösungen**, Seite 240

G **21** Übertrage ins Heft und ergänze die nächsten drei Rechtecke nach dem gleichen Muster.

a)
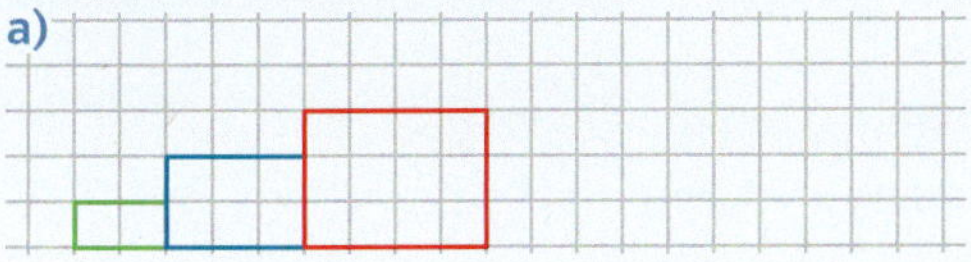

b)
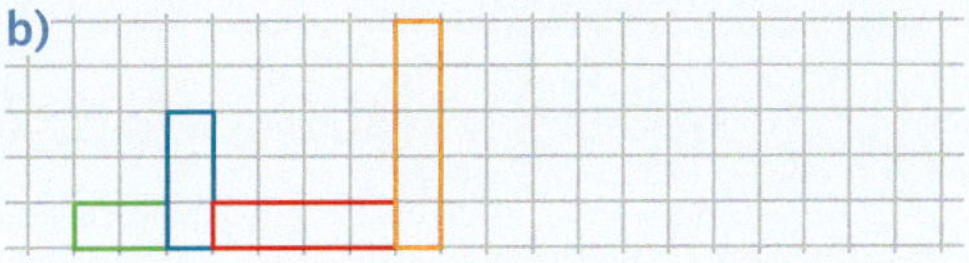

7 Rechnen mit Gewichtsangaben

Kann die Gruppe unbesorgt über die Brücke laufen?
Erläutere deine Einschätzung.

Auch für Gewichte gibt es verschiedene Einheiten. Im Folgenden wird es darum gehen, Gewichtsangaben in verschiedenen Einheiten zu schreiben und mit ihnen zu rechnen.

Das, was im Alltag als Gewicht bezeichnet und zum Beispiel in Kilogramm gemessen wird, nennt man in der Physik „Masse“.

Kilo = Tausend
Milli = Tausendstel

Für Gewichte verwendet man in der Regel die Einheiten Tonne (t), Kilogramm (kg), Gramm (g) und Milligramm (mg).

Eine Stellenwerttafel kann dabei helfen, eine Gewichtsangabe in verschiedenen Einheiten zu notieren.

Stellenwerttafel für Gewichtsangaben (Massenangaben)

t				kg			g			mg		
					1	**3**	0	0	0	0	0	0
			9	0	0	0	0	0	0			
	4	**5**	**0**	**0**	**0**	**0**						
						5	0	0	0	0	0	0

13 kg = 13 000 g = 13 000 000 mg
9 t = 9000 kg = 9 000 000 g
450 000 kg = 450 t
5 000 000 mg = 5000 g = 5 kg

1 t = 1000 kg
1 kg = 1000 g
1 g = 1000 mg

← Umrechnung in die **nächstgrößere** Einheit

1 t = 1000 kg (: 1000 / · 1000)
1 kg = 1000 g (: 1000 / · 1000)
1 g = 1000 mg (: 1000 / · 1000)

Umrechnung in die **nächstkleinere** Einheit →

Auch für Gewichtsangaben gilt: Wenn man mit ihnen rechnet, muss man sie zunächst in derselben Einheit schreiben: 1200 g + 5 kg = 1200 g + 5000 g = 6200 g = 6 kg 200 g.

Gewichtsangaben mit Komma

Bei Gewichtsangaben können Zahlen mit Komma auftreten. Bei der Umwandlung in Angaben ohne Komma hilft erneut die Stellenwerttafel:

D5 **Stellenwerttafel zu Gewichtsangaben**

t			kg			g			mg		
		9	2	0	0						
				1	6	5	0	0			

9,2 t = 9 t 200 kg = 9000 kg + 200 kg = 9200 kg
16,5 kg = 16 kg 500 g = 16 000 g + 500 g = 16 500 g

Schätzen von Gewichten
Wenn man schätzen möchte, wie schwer ein Gegenstand ist, kann man sein Gewicht mit dem anderer Gegenstände vergleichen, deren Gewicht bekannt ist.

1g 10g 100g 1kg 10kg 1t

Beispiel 1 Gewichte in anderen Einheiten notieren
Schreibe in der Einheit, die in der Klammer steht.
a) 43 kg (g) b) 55 000 kg (t) c) 45 t 500 kg (g)
Lösung
a) 43 kg = 43 000 g
b) 55 000 kg = 55 t
c) 45 t 500 kg = 45 000 kg + 500 kg = 45 500 kg = 45 500 000 g

Wird die Maßeinheit größer, dann wird die Maßzahl kleiner – und umgekehrt!

Beispiel 2 Mit Gewichtsangaben rechnen
Berechne und gib das Ergebnis in gemischter Schreibweise an.
a) 23 kg – 2800 g b) 25 g + 2500 mg
Lösung
a) 23 kg – 2800 g = 23 000 g – 2800 g = 20 200 g = 20 kg 200 g
b) 25 g + 2500 mg = 25 000 mg + 2500 mg = 27 500 mg = 27 g 500 mg

Beispiel 3 Mit Gewichtsangaben in Kommaschreibweise rechnen
Berechne und gib das Ergebnis in der größeren Einheit an.
a) 5,2 kg – 700 g b) 1 t – 850 kg
Lösung
a) 5,2 kg – 700 g = 5 kg 200 g – 700 g = 5200 g – 700 g = 4500 g = 4 kg 500 g = 4,500 kg = 4,5 kg
a) 1 t – 850 kg = 1000 kg – 850 kg = 150 kg = 0 t 150 kg = 0,150 t = 0,15 t

Für eine Angabe ohne Komma notiert man in einer kleineren Einheit.

Aufgaben

○ **1** Ordne den Gegenständen die passenden Gewichtsangaben am Rand zu.

30 g 3 kg $\frac{1}{4}$ kg 13 kg 120 mg 2 t 5 mg 650 g

○ **2** Gib an, welche Einheit für die Angabe des Gewichts sinnvoll ist.
a) Vogelei b) Nashorn c) Rucksack d) Ahornsamen
e) Schubkarre f) Luftpumpe g) Reisebus h) Luftballon

○ **3** Übertrage in dein Heft und ergänze die fehlende Einheit.

a) 2 t = 2000 □ b) 3000 g = 3 □ c) 70 000 mg = 70 □
d) 55 kg = 55 000 □ e) 6 g = 6000 □ f) 13 000 kg = 13 □
g) 220 g = 220 000 □ h) 4 kg 20 g = 4020 □ i) 6500 mg = 6 □ 500 □

Lerntipp Seite 31, Beispiel 1

○ **4** Gib in der Einheit an, die in der Klammer steht.

a) 3 kg (g) b) 95 t (kg) c) 15 000 mg (g) d) 170 kg (g)
e) 63 000 kg (t) f) 9000 mg (g) g) 66 000 g (mg) h) 66 000 g (kg)
i) 42 kg 550 g (g) j) 400 g 40 mg (mg) k) 30 t 7 kg (kg) l) 101 kg 9 g (g)

○ **5** Finde heraus, auf welchen Kärtchen dieselbe Gewichtsangabe steht.

Lerntipp Seite 31, Beispiel 2

A 300 g · 11 | B 1 t 200 kg + 900 kg | C 1 kg – 970 g | D 4 g – 400 mg
E 5 kg – 1 kg 700 g | F 1200 mg + 2 g 400 mg | G 6000 · 5 mg | H 70 · 30 kg

○ **6** In der Schulmensa essen 50 Schüler.
Man rechnet mit 120 g Nudeln pro Person.

a) Berechne, wie viele Kilogramm Nudeln für ein Mittagsessen benötigt werden.
b) An einem Tag sind nur 11 Pakete Nudeln mit je 500 g vorrätig. Berechne, wie viel Gramm Nudeln dann einer Portion entsprechen, wenn alle Portionen gleich groß sind.

Teste dich!

Lösungen, Seite 240

○ **7** Gib in der Einheit an, die in der Klammer steht.

a) 31 000 kg (t) b) 7000 g (mg) c) 5 t 60 kg (kg) d) 50 kg 6 g (g)

○ **8** Berechne. Gib das Ergebnis in der kleineren Einheit an.

a) 750 g + 8 kg b) 7500 mg – 5 g c) 1 t 2 kg – 5 kg d) 45 000 mg : 50

◒ **9** Schreibe in der nächstkleineren Einheit. Du kannst die Stellenwerttafel nutzen.

a) 1,7 kg b) 2,8 t c) 22,6 kg d) 46,5 t
e) 0,4 t f) 0,8 kg g) 100,5 kg h) 10,1 t

kg			g		
		1	1	0	0

1,1 kg
= 1,10 kg
= 1,100 kg
= 1100 g

◒ **10** Berechne.

a) Wie oft passen 500 g in 3 kg? b) Wie oft passen 300 mg in 6 g?
c) Wie oft passen 2 kg in 1 t? d) Wie oft passen 800 g in 4 kg?
e) Wie oft passen 125 mg in 20 g? f) Wie oft passen 250 kg in 1 t?

◒ **11** Ordne die Gewichte der Größe nach an. Schreibe mit dem Zeichen <.

a) 980 kg | 0,9 t | 1 t 9 kg | 1090 kg
b) 3,7 kg | 3 kg 70 g | 3007 g | 3,6 kg
c) 6505 mg | 6 g 50 mg | 7 g | 60 000 mg
d) 480 080 mg | 0,4 kg | 408 g | 400 g 8 mg

◒ **12** Berechne und gib das Ergebnis in der größeren Einheit an.

Lerntipp Seite 31, Beispiel 3

a) 200 g + 3 kg b) 52 000 mg – 43 g c) 18 000 mg + 1 g d) 3 t – 1200 kg
e) 6 kg – 2800 g f) 65 000 mg – 57 g g) 18 t + 700 000 g h) 23,5 kg – 700 g

13 Finde den Fehler!
Erkläre, was falsch gemacht wurde, und korrigiere im Heft.

a) 13 kg – 2,5 kg = 10 kg 50 g	b) 3800 g = 38 kg	c) 26 t = 26 000 000 mg	d) 90 kg : 15 kg = 90 : 15 = 6 kg

14 Janas Katze wiegt 4,5 kg und soll pro Tag 90 g Trockenfutter bekommen. Jana meint, mit einem 2,5-kg-Sack Futter kann man vier Wochen lang auskommen. Überprüfe durch eine Rechnung, ob Jana recht hat.

15 Familie Frisch kauft für ihre 8 m breite Gartenterrasse Natursteine zum Preis von 20 ct pro Kilo. Um das Gewicht der eingeladenen Steine zu ermitteln, wird der Pkw vorher und nachher gewogen. Berechne, wie viel die Familie bezahlt, wenn ihr Pkw vorher 1 t 455 kg und nachher 1,8 t wiegt.

16 Im Alltag werden manchmal die alten Einheiten Pfund (Pfd) und Zentner (Ztr) verwendet. Es gilt: 1 Pfd = 500 g und 1 Ztr = 50 kg. Bauer Schulze hat 17 Zentner Kartoffeln geerntet.
a) Der Pkw von Herrn Schulze hat eine maximale Zuladung von 700 kg. Kann Herr Schulze, der 80 kg wiegt, die gesamte Ernte im Pkw auf den Markt transportieren? Berechne.
b) Auf dem Markt verkauft Herr Schulze Kartoffelsäcke zu 5 Pfund für je 4 €. Berechne, wie viel Geld er einnehmen kann, wenn er seine gesamte Ernte verkauft.

Teste dich!

Lösungen, Seite 240

17 Berechne. Gib das Ergebnis in der größeren Einheit an.
a) 3 kg 500 g + 2700 g b) 4 kg 100 g · 7 c) 4 kg : 5 d) 0,5 t – 150 kg

18 Im Jahr 2012 betrug der Pro-Kopf-Konsum von Butter etwa 6,5 kg pro Jahr.
a) Berechne, wie viele Pakete Butter (250 g) eine Person etwa pro Jahr isst.
b) Berechne, wie viele „Eimer Butter" je 20 kg in einem Mehrfamilienhaus mit 40 Personen pro Jahr etwa gegessen werden.

19 Wahr oder falsch?
Sind die folgenden Aussagen wahr oder falsch? Begründe deine Entscheidung.
a) „Wenn man ein Gewicht durch ein anderes Gewicht dividiert, erhält man wieder ein Gewicht."
b) „Ersetzt man bei einer Gewichtsangabe die Einheit durch die nächstgrößere, erhält man das tausendfache Gewicht."

Der Mastiff – eine der schwersten Hunderassen

20 Notiere die Gewichtsangaben in einer sinnvollen Einheit. Nutze die Stellenwerttafel.
a) Kaiserpinguin: 38 000 000 mg
b) Tischtennisball: 0,000 002 7 t
c) Leergewicht der Titanic: 21 831 000 000 g
d) 1 Unze: ca. 0,028 35 kg
e) schwerste Hunderasse: 90 000 000 mg
f) Floh: 0,000 000 002 t

21 Bei einer Wildtierhilfsaktion erhielten Kinder für jedes volle Kilogramm Kastanien eine 80-g-Tafel Schokolade, maximal jedoch 5 Tafeln. Es wurden 1,2 t Schokolade verteilt.
a) Wie viele Kinder waren mindestens da, wie viele höchstens? Berechne und erkläre.
b) Kommentiere: Bei einer größeren Anzahl an Kindern kommen mehr Kastanien zusammen.

Teste dein Grundwissen! Vierecke

Grundwissen, Seite 235
Lösungen, Seite 240

22 Zeichne drei verschiedene Vierecke, die jeweils aus 24 Kästchen bestehen.

8 Rechnen mit Zeitangaben

Welche Zeiteinheiten passen zu den einzelnen Bildern?

Wenn man mit Zeitangaben zu tun hat, muss man zwischen Zeitpunkten und Zeitdauern unterscheiden. Für Zeitdauern verwendet man verschiedene Einheiten. Wie man Zeitdauern in verschiedenen Einheiten schreibt, wird im Folgenden gezeigt.

Eine Uhrzeit wie zum Beispiel 12:15 Uhr ist eine Angabe zu einem **Zeitpunkt** und damit eine Antwort auf die Frage „Wann?“. Angaben über **Zeitdauern** bzw. **Zeitspannen** sind Antworten auf die Frage „Wie lange?“.

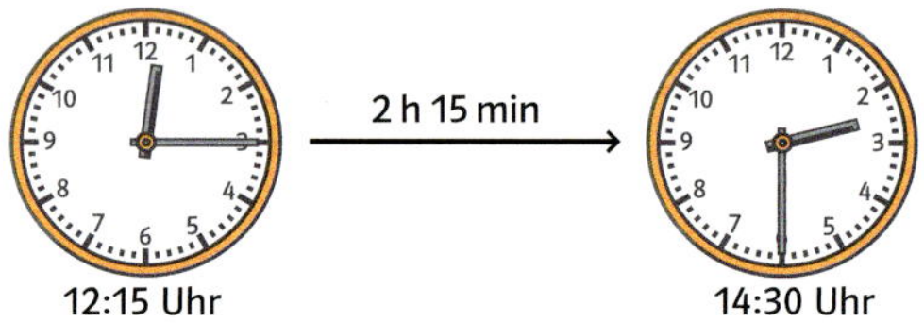

Maßeinheiten für Zeitspannen

Tag (d)	1 d = 24 h
Stunde (h)	1 h = 60 min
Minute (min)	1 min = 60 s
Sekunde (s)	1 s

← Umrechnung in die **nächstgrößere** Einheit

1 d = 24 h (: 24 / · 24)

1 h = 60 min (: 60 / · 60)

1 min = 60 s (: 60 / · 60)

Umrechnung in die **nächstkleinere** Einheit →

1 d = 24 h
1 h = 60 min
1 min = 60 s

Im Alltag werden noch weitere Zeitdauern verwendet:
Eine **Woche** umfasst immer 7 Tage.
Ein **Monat** ist zwischen 28 Tagen und 31 Tagen lang.
Ein **Jahr** besteht aus 365 Tagen, Schaltjahre sind 366 Tage lang.

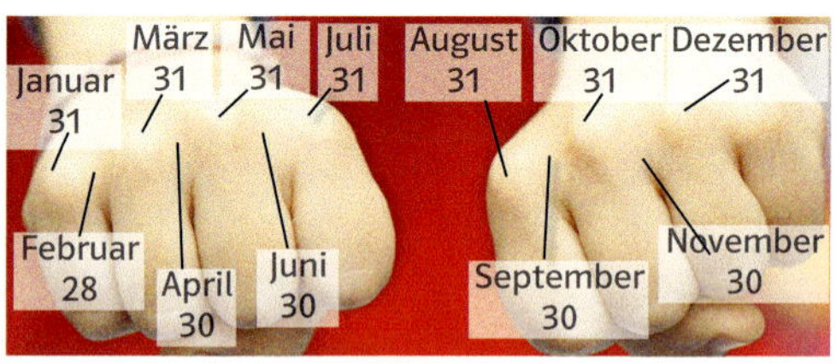

Kennst du diese Regel für die Anzahl der Tage im Monat?

Beispiel 1 Zeitdauern in verschiedenen Einheiten notieren
a) Gib 7 h 45 min in Minuten an.
b) Berechne, wie viele Stunden dreieinhalb Tage haben.

Lösung
a) 7 h 45 min = 7 h + 45 min = 7 · 60 min + 45 min = 420 min + 45 min = 465 min
b) 3 d = 3 · 24 h = 72 h; ein halber Tag hat 12 Stunden; 72 h + 12 h = 84 h;
Dreieinhalb Tage haben 84 Stunden.

Beispiel 2 Mit Zeitdauern rechnen
Berechne und gib das Ergebnis in gemischter Schreibweise an.
a) 47 min 50 s + 38 min 42 s b) 3 h 15 min – 1 h 22 min
Lösung
a) 47 min + 38 min = 85 min = 1 h + 25 min *1. Minuten addieren*
50 s + 42 s = 92 s = 1 min + 32 s *2. Sekunden addieren*
1 h + 25 min + 1 min + 32 s = 1 h 26 min 32 s *3. beide Zeitdauern addieren*
b) 3 h 15 min – 1 h = 2 h 15 min
2 h 15 min – 15 min = 2 h
2 h – 7 min = 1 h 53 min

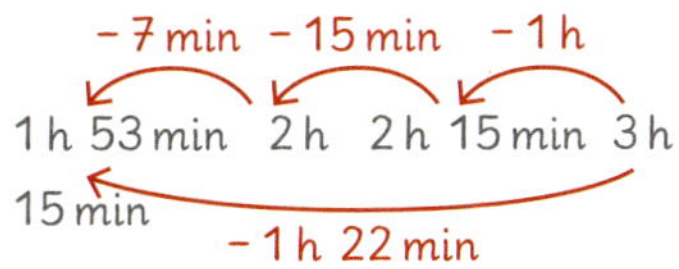

Tipp:
Gehe bei Zeitdauern schrittweise vor.

Beispiel 3 Mit Uhrzeiten rechnen
Verenas Zug fährt um 20:16 Uhr. Jetzt ist es 17:40 Uhr. Berechne, wie viel Zeit sie noch hat.
Lösung
Von 17:40 Uhr bis 18 Uhr: 20 min
Von 18 Uhr bis 20 Uhr: 2 h
Von 20 Uhr bis 20:16 Uhr: 16 min
Verena hat noch 2 h 36 min Zeit.

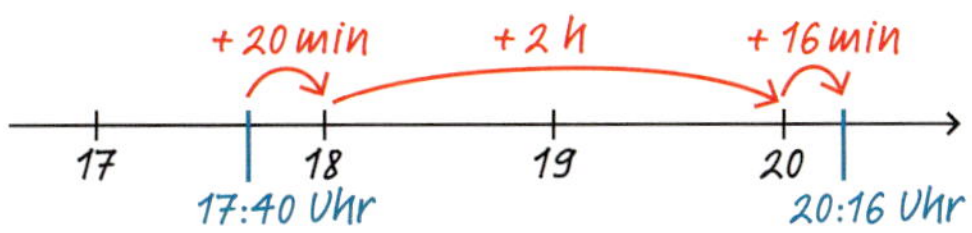

Tipp:
Nutze für das Rechnen mit Uhrzeiten den Zeitstrahl.

Aufgaben

○ **1** Gib in der Einheit an, die in der Klammer steht.
a) 4 min (s) b) 300 s (min) c) 180 min (h) d) 900 min (h)
e) 15 min (s) f) 3 d (h) g) 120 h (d) h) 2400 h (d)
i) 4 min 31 s (s) j) 3 h 6 min (min) k) 5 d 3 h (h) l) 49 min 59 s (s)
m) eineinviertel Stunde (min) n) sechseinhalb Minuten (s)

→ **Lerntipp** Seite 34, Beispiel 1

○ **2** Berechne. Gib das Ergebnis in gemischter Schreibweise an.
a) 30 min 50 s + 12 min 9 s b) 2 h 15 min + 4 h 22 min c) 42 min 32 s + 11 min 25 s
d) 2 h 43 min – 1 h 15 min e) 5 h 18 min – 4 h 13 min f) 17 min 51 s – 16 min 43 s

→ **Lerntipp** Seite 35, Beispiel 2

○ **3** Ergänze die fehlenden Uhrzeiten. Nutze den Zeitstrahl.
a)
b)

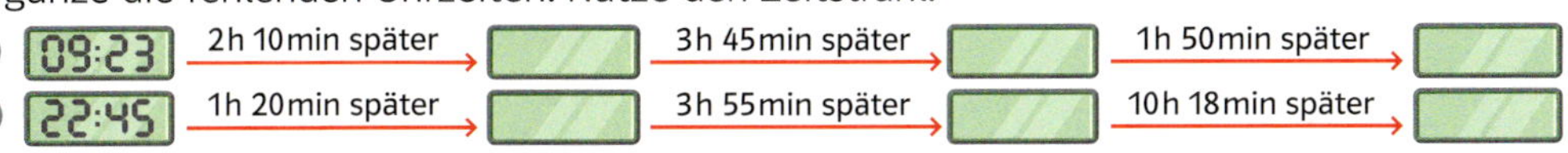

→ **Lerntipp** Seite 35, Beispiel 3

○ **4** Es ist 13:50 Uhr. Wie viel Zeit ist vergangen bis zur abgebildeten Uhrzeit am selben Tag?
a) 
b) 
c) 
d) 

→ **Üben** ○ Seite 37, Aufgabe 6

Teste dich!

→ **Lösungen**, Seite 240

○ **5** Gib in der Einheit an, die in der Klammer steht.
a) 5 min (in s) b) 480 s (in min) c) 300 min (in h) d) 96 h (in d)

○ **6** Es ist 13:15 Uhr. Bestimme die Uhrzeit, nachdem die angegebene Zeit vergangen ist.
a) 2 h 15 min b) 6 h 50 min c) 8 h 22 min d) 7 h 59 min

7 Berechne. Gib das Ergebnis sinnvoll an.
a) 43 min 16 s + 28 min 55 s b) 59 min 30 s + 28 min 55 s c) 18 h 45 min + 22 h 55 min
d) 6 h 9 min − 3 h 44 min e) 1 d 5 h − 12 h 30 min f) 5 d 15 h − 3 d 20 h 30 min

Vertiefen
Seite 39, Aufgabe 13

8 a) Ergänze die fehlenden Angaben.
b) Der Zug um 8:57 Uhr fährt in Göttingen mit 12 Minuten Verspätung ab. Berechne, wie lang die Fahrt dauert, wenn er um 10:59 Uhr in Uelzen ankommt.
c) Berechne, wie viel Zeit der Zug aus Teilaufgabe b) im Vergleich zum Fahrplan zusätzlich verloren hat.

Bahnhof/Haltestelle	Zeit	Dauer
Göttingen Hbf. Uelzen	ab 08:57 an 10:39	
Göttingen Hbf. Uelzen	ab 09:17 an	1:24
Göttingen Hbf. Uelzen	ab an 13:38	1:43

Manchmal werden die Einheiten bei Zeitdauern weggelassen, weil sie sich aus dem Zusammenhang ergeben. 2:46 bedeutet z. B. 2 h 46 min.

9 Berechne, wie viele Tage es jeweils bis zum letzten Tag des Jahres sind.
a) 25. November b) 8. September c) 20. Juni d) 15. März

10 Hanna übt jeden Tag außer sonntags 45 Minuten Geige. Mieke übt täglich 35 Minuten, Tim viermal pro Woche jeweils eineinviertel Stunden.
a) Berechne, wer pro Woche am längsten übt.
b) Mieke möchte pro Woche gleich viel üben wie bisher, aber nur noch an fünf Tagen in der Woche spielen. Berechne, wie viele Minuten sie an den fünf Tagen jeweils länger spielen muss als bisher.

Anwenden
Seite 39,
Aufgaben 14 und 15

Teste dich!

Lösungen, Seite 241

11 Johns Schulunterricht beginnt um 8:10 Uhr. Er hat montags sechs Schulstunden zu je 45 Minuten. Nach der ersten, dritten und fünften Stunde hat er 5 Minuten Pause, nach der zweiten und vierten jeweils 25 Minuten. Berechne, wann sein Schultag endet.

12 Berechne, wie viele Tage zwischen dem Frühlingsanfang (20.03.) und dem Sommeranfang (21.06.) bzw. dem Herbstanfang (22.09.) und dem Winteranfang (21.12.) liegen.

13 Bestimme, wie oft der Sekundenzeiger einer Uhr zwischen 12:00 Uhr und 13:00 Uhr über den Minutenzeiger hinweg läuft.

14 Wenn man von Frankfurt nach New York fliegt, muss man seine Uhr aufgrund der Zeitverschiebung um 6 h zurückstellen. Auf den Flugtickets sind für den Abflug und die Ankunft immer die jeweiligen Ortszeiten vermerkt. Berechne die Flugdauer für den Hin- und den Rückflug.

Teste dein Grundwissen! **Reihen fortsetzen**

Grundwissen, Seite
Lösungen, Seite 241

G **15** Setze die Zahlenreihen fort, indem du die nächsten 5 Zahlen angibst.
a) 1, 5, 4, 8, 7, 11, 10, … b) 0, 1, 3, 6, 10, 15, 21, … c) 1, 3, 4, 12, 13, 39, 40, …

Wiederholen und Üben

Lösungen, Seite 241

○ **1** Valerie liest gerne. Sie hat eine Woche lang Buch geführt.

	Mo	Di	Mi	Do	Fr	Sa	So
Lesezeit (in min)	45	30	75	0	60	105	120

a) Notiere in einem Satz, worüber die Tabelle Auskunft gibt.
b) Veranschauliche die Daten der Tabelle in einem Säulendiagramm.
c) Formuliere drei Beobachtungen zu Valeries Lesegewohnheiten.

○ **2** a) Runde auf 1 €: 2,46 €; 8,50 €; 11,93 €; 101,11 €; 99,39 €.
b) Runde auf 10 €: 34,80 €; 88,12 €; 140,50 €; 396 €; 2005,40 €.
c) Runde auf 100 €: 423 €; 649,50 €; 2900,99 €; 43 999 €; 9960,75 €.

○ **3** Drei Angaben sind gleich, eine Angabe gehört nicht dazu. Gib an, welche.

a)	b)	c)	d)
6 kg 400 g	105 mm	3780 cm	100 m
6400 g	10 cm 5 mm	3,78 m	10 000 dm
6,4 kg	1 dm 5 mm	37 m 80 cm	0,1 km
640 g	1 m 5 mm	37,80 m	1000 dm

○ **4** Notiere alle Angaben in der nächstkleineren Einheit.

D6 Umrechnung von Größen

a) 70 dm b) 5 d c) 4 t d) 13 min
e) 20 kg f) 55 km g) 12 g h) 400 m

○ **5** Übertrage ins Heft und ergänze das Zeichen < oder das Zeichen >.
a) 3400 g ☐ 40 kg b) 30 dm ☐ 294 cm c) 1 d ☐ 21 h d) 50 mm ☐ 6 cm
e) 305 mm ☐ 4 dm f) 2 h ☐ 200 min g) 4 km ☐ 20 000 m h) 11 mg ☐ 1 g
i) 2 km ☐ 21 000 cm j) 20 000 g ☐ 1 t k) 4 min ☐ 200 s l) 1 h ☐ 6000 s

○ **6** Die Tabelle enthält Angaben über den Sonnenaufgang (SA) und Sonnenuntergang (SU) in Bielefeld.
a) Bestimme für die Tage in der Tabelle die Sonnenscheindauer.
b) Ordne die Tage absteigend nach der Länge der Sonnenscheindauer an.
MK c) Recherchiere die Zeiten für Oslo, Rom und Berlin und vergleiche.

Datum	16.01.	27.02.	03.04	22.05.	10.07.	29.08.	10.10.
SA	8:25 Uhr	7:15 Uhr	6:55 Uhr	5:21 Uhr	5:18 Uhr	6:32 Uhr	7:42 Uhr
SU	16:45 Uhr	18:01 Uhr	20:02 Uhr	21:23 Uhr	21:44 Uhr	20:20 Uhr	18:43 Uhr

○ **7** Alle Zahlen in diesem Wurm sind siebenstellig. Zerlege den Wurm in seine einzelnen Zahlen, schreibe diese in Ziffern und gib ihren Vorgänger und ihren Nachfolger an.

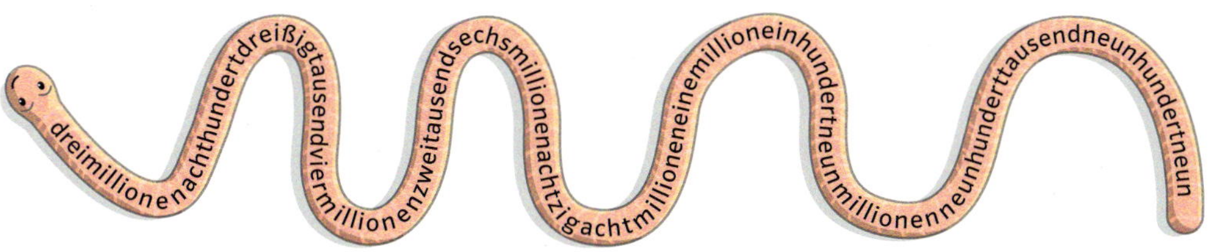

D7 Check-out

Vertiefen und Anwenden

8 a) Am Hauptbahnhof in Stuttgart ist es 12:15 Uhr. Bestimme, in wie vielen Minuten der TGV nach Paris abfährt.
b) Berechne, wie lang der TGV von Straßburg nach Paris braucht.
c) Kommt man schneller mit dem IRE nach Karlsruhe oder mit dem IC nach Ulm? Begründe.

12:55	**TGV**	**Paris Est** Karlsruhe Hbf. 13:30 – Straßburg 14:11 – Paris Est 16:35
12:57	**IC**	**Innsbruck Hbf.** Geislingen 13:37 – Ulm 14:01 – Innsbruck Hbf. 19:01
12:59	**IRE**	**Karlsruhe Hbf.** Vaihingen (Enz) 13:14 – Karlsruhe Hbf. 13:53

9 Übertrage die Tabelle in dein Heft und fülle sie aus.

	Beginn	Ende	Dauer
a)	6:15 Uhr	8:24 Uhr	
b)	5:22 Uhr	11:11 Uhr	
c)	2:51 Uhr		21 h 5 min
d)		21:23 Uhr	4 h 42 min

	Beginn	Ende	Dauer
e)	12:51 Uhr	23:14 Uhr	
f)		22:03 Uhr	10 h 14 min
g)	22:17 Uhr	5:03 Uhr	
h)	2:02 Uhr		22 h 11 min

10 Ersetze die angegebenen Zahlen durch sinnvoll gerundete Angaben. Begründe.
a) Die Entfernung (Luftlinie) zwischen New York und Münster beträgt 6 051 960 m.
b) Lou hat berechnet, dass 94 417 Heliumballons alle Schülerinnen und Schüler der Klasse hochheben können.
c) Die Klasse 5 c hat ausgerechnet, dass man mit 141 518 623 Lego-Achtern den Klassenraum vollständig ausfüllen kann.

11 Die Tabelle zeigt die Anzahl der Mitglieder in deutschen Sportvereinen im Jahr 2014 (in Tausend).

Fitness	Fußball	Handball	Leichtathletik	Reiten	Sportfischen	Tennis	Turnen
9080	6850	790	830	700	670	1450	5020

a) Gib an, wie die Zahlen in der Tabelle vermutlich gerundet sind.
b) Stelle die Daten der Größe nach absteigend angeordnet in einem Säulendiagramm dar. Überlege zuvor, wie du die Hochachse einteilst und ob du die Angaben noch einmal runden musst.

12 SP
a) Einer bearbeitet die gelben, der andere die blauen Aufgaben. Findet anschließend gemeinsam heraus, welche gelben und blauen Aufgaben jeweils ein Pärchen bilden.

A Bilde die Differenz aus 50 und der Hälfte von 46.

B Bilde das Produkt aus 46 und dem Doppelten von 50.

C Bilde den Quotienten aus der Summe und der Differenz von 50 und 46.

D Wenn ich einmal zu 50 die Zahl 46 addiere und einmal von 50 die Zahl 46 subtrahiere und beide Ergebnisse dividiere, erhalte ich meine Zahl.

E Wenn ich die Zahl 50 mit 2 multipliziere und das Ergebnis noch einmal mit 46 multipliziere, erhalte ich meine Zahl.

F Wenn ich die Zahl 46 durch 2 dividiere und das Ergebnis von 50 subtrahiere, erhalte ich meine Zahl.

b) Formuliert weitere gelbe und blaue Aufgaben. Gebt sie einem anderen Paar zum Lösen.

13 Berechne.

a) 2,3 m + 5,1 m b) 5,2 kg + 1,8 kg c) 2,5 km + 380 m d) 2,5 t − 1,2 t
e) 4,7 kg − 900 g f) 2,7 m − 6 dm g) 450 g + 1,2 kg h) 5,5 m − 120 cm
i) 3,4 cm + 11 mm j) 120 mm − 7,5 cm k) 4,3 t − 3 t 700 kg l) 43 g − 1800 mg
m) 18,8 km − 9,2 km n) 1,5 t + 2350 kg o) 30,2 cm − 3,4 cm p) 45 km − 19,8 km

D8 Grundrechenarten

14 Sortiere nach Längen, Gewichten und Zeiträumen und ordne absteigend der Größe nach.

1 h 1 min 5 s | 33 066 mm | 606,30 m | 3666 s | 66 003 mg
6603 dm | 60 g | 63 006 mg | 3606,6 cm | 63,03 m
0,6 kg | 6,3 km | 60 min 6 s | 66 g | 6,6 kg

15 **Kunterbunte Sachaufgaben**

a) Löse die Sachaufgaben. Gehe dabei systematisch vor.
b) Bereite die Lösung einer der Aufgaben so vor, dass du sie der Klasse vorstellen kannst.

A Leni hat 25,30 €. Berechne, wie oft sie davon Eis essen gehen könnte, wenn sie immer zwei Kugeln zu je 90 ct mit Sahne für 50 ct bestellt.

B Peter möchte schwimmen gehen. Die Einzelkarte kostet 2,50 €, eine Fünferkarte ist viermal so teuer. Berechne, wie viel Geld er pro Besuch im Schwimmbad sparen kann.

C Kai möchte Langlauf trainieren. Er startet mit drei Sportplatzrunden (400 m). Berechne, welche Strecke er nach einer Woche schafft, wenn er jeden Tag eine Runde mehr läuft.

D Es ist 16:35 Uhr. Berechne, wie lange Luzie Vokabeln lernen kann, wenn sie um 17:50 Uhr fertig sein muss und zweimal eine 5-minütige Pause einplant.

Vernetzen und Erforschen

16 Beurteile, ob Tims Überlegungen sinnvoll sind. Erkläre deine Einschätzungen.

A Tim lernt eine neue Vokabel in 20 Sekunden. Er meint, für die 45 neuen Vokabeln reicht eine Viertelstunde locker aus …

B Tim schafft den 100-m-Lauf in dreizehn Sekunden. Er meint, den Crosslauf über 3 km wird er in sechseinhalb Minuten bewältigen …

C Tim ist 1,40 m groß und wiegt 32 kg. Er meint, dass sein Basketballstar mit seiner Größe von 2,10 m dann ja 48 kg wiegen müsste …

„La Petite Géante" (die kleine Riesin)

17 Das Foto zeigt die riesige Marionette „La Petite Géante" der Straßentheatergruppe Royal de Luxe.

a) Schätzt, jeder für sich, die Körpergröße der Marionette.
b) Vergleicht eure Schätzungen miteinander.

18 Eine Lichtsekunde bezeichnet eine Strecke von ca. 300 000 km.

a) Bestimme die Entfernungen aus der Tabelle in km. Runde auf 10 Millionen km genau.
b) Veranschauliche die Entfernungen in einem Diagramm.

Name	Abstand von der Sonne
Venus	ca. 6 Lichtminuten
Erde	ca. 8 Lichtminuten
Mars	ca. 12 Lichtminuten
Jupiter	ca. 43 Lichtminuten

Tabellen und Diagramme

Beim Säulendiagramm werden Streifen verwendet, die aufrecht nebeneinander angeordnet sind. Ein Balkendiagramm besteht aus waagerecht übereinanderliegenden Streifen.

Note	1	2	3	4
Anzahl	5	9	8	6

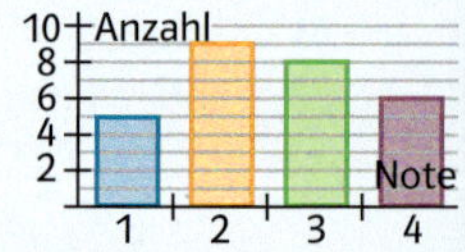

Natürliche Zahlen anordnen

3 ist kleiner als 6; man schreibt: 3 < 6.
11 ist größer als 9; man schreibt: 11 > 9.
Der Vorgänger einer Zahl ist um 1 kleiner, der Nachfolger um 1 größer.

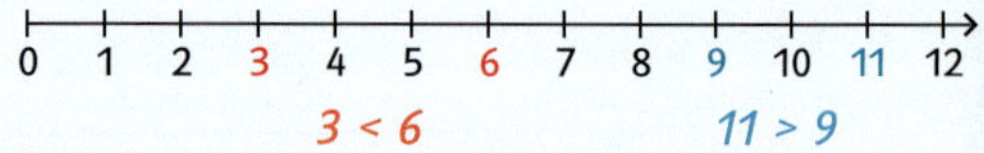

Runden

Steht rechts von der Rundungsstelle
- eine 0, 1, 2, 3 oder 4, wird abgerundet.
- eine 5, 6, 7, 8 oder 9, wird aufgerundet.

34 563 ≈ 34 560 (auf Zehner abgerundet)
34 563 ≈ 34 600 (auf Hunderter aufgerundet)

Grundrechenarten

Addition:	Summand	+	Summand	=	Summe
Subtraktion:	Minuend	−	Subtrahend	=	Differenz
Multiplikation:	Faktor	·	Faktor	=	Produkt
Division:	Dividend	:	Divisor	=	Quotient

23 + 12 = 35
72 − 18 = 54
8 · 11 = 88
63 : 9 = 7

Große Zahlen

1 Tausend = 1000
1 Million = 1 000 000
1 Milliarde = 1 000 000 000

1000 Tausender = 1 Million
1000 Millionen = 1 Milliarde
1000 Milliarden = 1 Billion

Längen werden in km, m, dm, cm und mm angegeben.

← Umrechnung in die nächstgrößere Einheit

: 1000 | : 10 | : 10 | : 10
1 km = 1000 m | 1 m = 10 dm | 1 dm = 10 cm | 1 cm = 10 mm
· 1000 | · 10 | · 10 | · 10

Umrechnung in die nächstkleinere Einheit →

km			m			dm	cm	mm
				1	2	8	0	
		3	4	0	0			

128 dm = 1280 cm = 12 m 80 cm = 12,80 m
3,4 km = 3 km 400 m = 3400 m

Gewichte werden in den Einheiten t, kg, g und mg angegeben.

← Umrechnung in die nächstgrößere Einheit

: 1000 | : 1000 | : 1000
1 t = 1000 kg | 1 kg = 1000 g | 1 g = 1000 mg
· 1000 | · 1000 | · 1000

Umrechnung in die nächstkleinere Einheit →

t		kg			g			mg		
				2	6	0	0	0	0	0
	3	5	0	0						

2 600 000 mg = 2600 g = 2 kg 600 g = 2,6 kg
3,5 t = 3 t 500 kg = 3500 kg

Zeiträume werden in d, h, min und s angegeben.

← Umrechnung in die nächstgrößere Einheit

: 24 | : 60 | : 60
1 d = 24 h | 1 h = 60 min | 1 min = 60 s
· 24 | · 60 | · 60

Umrechnung in die nächstkleinere Einheit →

4 d 11 h = 4 · 24 h + 11 h = 96 h + 12 h = 107 h

Wie spät ist es 7 h 26 min nach 12:48 Uhr?

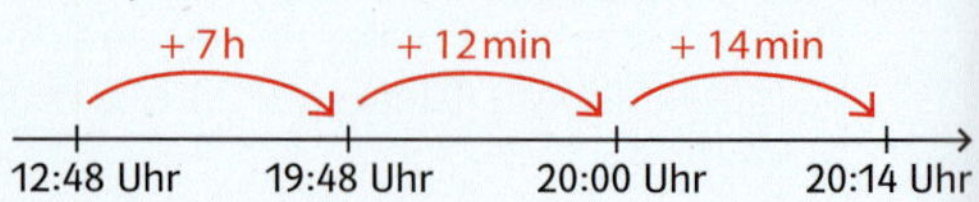

Es ist dann 20:14 Uhr.

Runde 1

Lösungen, Seite 244

1 a) Formuliere in einem Satz, worüber die Tabelle Auskunft gibt.

	Bundesjugendspiele – Ergebnisse des Kleist-Gymnasiums		
	Teilnahmeurkunde	Siegerurkunde	Ehrenurkunde
2015	315	574	266
2016	254	612	289

b) Stelle die Ergebnisse der beiden Jahre jeweils in einem Säulendiagramm dar. Runde hierfür die Zahlen angemessen und finde eine geeignete Einteilung der Hochachse.
c) Formuliere, welche Veränderungen von 2015 auf 2016 in den Diagrammen deutlich werden.

2 a) Schreibe die Zahlen dreiundvierzigtausendzweiundsechzig und elf Millionen einundzwanzig in Ziffern und gib jeweils ihren Vorgänger und ihren Nachfolger an.
b) Runde die Zahl 1544999 auf Zehner, Hunderter und Zehntausender und Millionen.

3 Notiere in der Einheit, die in der Klammer steht
a) 6 kg 220 g (mg) b) 9,05 m (mm) c) 16 h 40 min (min) d) 335 000 dm (km)

4 Ordne die Gewichte der Größe nach. Beginne mit dem kleinsten Gewicht.
2,4 t 2 400 400 g 4 200 000 mg 2 t 40 kg 4,3 kg 4 kg 3 g 2440 kg

5 Hannah hört ohne Unterbrechung während einer Zugfahrt Hörgeschichten, die immer 25 Minuten dauern. Der Zug fährt um 16:38 Uhr ab und kommt um 19:23 Uhr an. Berechne, wie viele Hörgeschichten sie während der Zugfahrt vollständig hören kann.

Runde 2

Lösungen, Seite 245

1 Runde zunächst auf Hunderter. Notiere dann in der Einheit, die in der Klammer steht.
a) 12 540 g (kg) b) 4552 mm (m) c) 8990 ct (€) d) 44 444 m (km)

2 Ordne die Längen der Größe nach. Beginne mit der größten Länge.
10 m 18 dm 1720 mm 212 mm 22,1 cm 0,5 km 17 m 2 cm

3 Johann ist am 2.5.2005 geboren und Klara am 9.7.2004.
a) Gib an, wie viele Monate und Tage der Altersunterschied der beiden beträgt.
b) Gib das Alter der beiden (in Jahren) am 1.1.2014, am 3.6.2015 und am 19.08.2016 an.

4 Suche aus den Zahlen 3, 10, 15, 20 und 25 jeweils zwei Zahlen so aus, dass
a) ihre Differenz möglichst klein ist,
b) ihr Produkt nahe bei 100 liegt,
c) sich der Quotient berechnen lässt,
d) ihre Summe zur 8er-Reihe gehört.

5 Bei einer Lotterie kann man zwischen zwei Gewinnen auswählen: Man erhält entweder so viele 2-ct-Münzen, dass damit ein 900 kg schweres Auto aufgewogen wird, oder so viele 10-ct-Münzen, dass man damit einen 100 m hohen Turm stapeln könnte. Für welchen Gewinn würdest du dich entscheiden? Begründe durch eine Rechnung.

Gewicht: ca. 3 g

Dicke ca. 2 mm

Römische Zahlzeichen

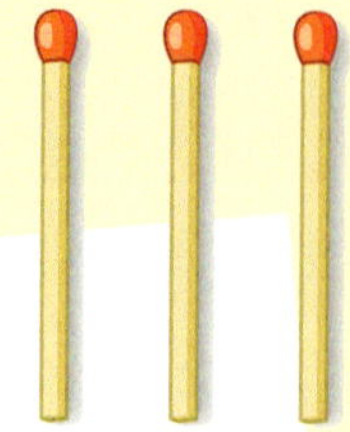

Die **römischen Zahlzeichen** wurden vor etwa 500 Jahren durch unsere heute gebräuchliche Ziffernschreibweise ersetzt. In vielen alten Inschriften und Texten treten diese römischen Zahlzeichen noch auf: beim Schreiben von Jahreszahlen, auf Zifferblättern oder Gebäuden, bei der Zählung von Königen, Kaisern und Herrschern oder wie in diesem Buch bei der Zählung von Kapiteln.

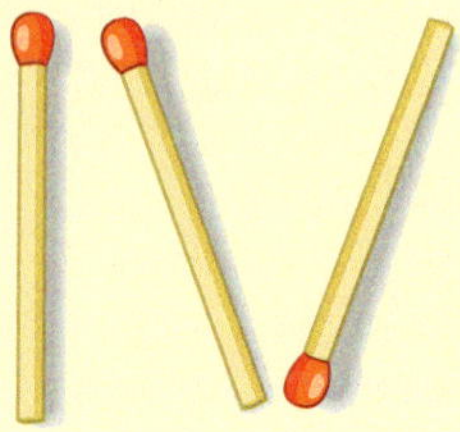

Mit den folgenden Aufgaben könnt ihr die Welt der römischen Zahlzeichen erforschen.

I a) Rechts oben auf Seite 43 seht ihr, dass das Kapitel mit einem römischen Zahlzeichen nummeriert wurde. Welche Bedeutung hat der Buchstabe I?
b) Schlagt das Inhaltsverzeichnis des Buches auf. Wie sind die weiteren Kapitel nummeriert? Welche Bedeutung hat das Zeichen V?

II a) Uhren haben wie auf dem Foto oft ein Zifferblatt mit römischen Zahlzeichen. Welche Bedeutung hat der Buchstabe X?
b) Wie werden die Zahlen 1 bis 12 dargestellt?

III Vergleicht das römische Zahlzeichen VII mit der Zahl 511. Worin unterscheiden sich römische Zahlzeichen und die Darstellung einer Zahl in einem Stellenwertsystem?

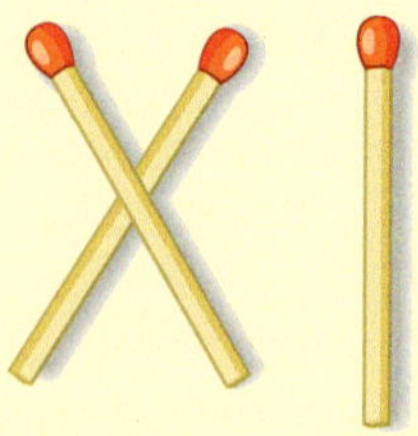

Die verschiedenen römischen Zahlzeichen haben die folgende Bedeutung:
I = 1, V = 5, X = 10, L = 50, C = 100, D = 500, M = 1000.

Weitere Zahlen schreibt man, indem man diese Zeichen aneinanderreiht.
Die Zahlzeichen V, L und D werden nie wiederholt.
Man schreibt die Zahlzeichen in absteigender Reihenfolge:
VI = V + I = 5 + 1 = 6,
XII = X + I + I = 10 + 1 + 1 = 12,
MDCXI = M + D + C + X + I = 1000 + 500 + 100 + 10 + 1 = 1611.

Steht eines der Zeichen I, X und C links von einem seiner beiden jeweils nächstgrößeren Zeichen, so zieht man die kleinere Zahl von der größeren Zahl ab:
IV = V − I = 5 − 1 = 4,
XLIX = L − X + X − I = 50 − 10 + 10 − 1 = 49,
MCMLXX = M + M − C + L + X + X = 1000 + 1000 − 100 + 50 + 10 + 10 = 1970.

Mit diesen Regeln kann man manche Zahlen auf verschiedene Weisen schreiben, zum Beispiel 9 = IX oder 9 = VIIII. Man beachtet darum meist noch eine weitere Regel: Ein Zahlzeichen kommt höchstens dreimal hintereinander vor. Man schreibt dann 9 = IX.

Völlig unabhängig davon, an welcher Stelle ein römisches Zahlzeichen steht, hat es immer den gleichen Wert. V bedeutet immer 5, C immer 100 usw. Die römische Zahlschreibweise bildet also kein Stellenwertsystem.

Welche Regel wurde hier nicht beachtet?

IV Schreibe dein Geburtsjahr mit römischen Zahlzeichen.

V Schreibe im Zehnersystem.

a) VII b) XII c) XV d) CXX
e) MCM f) MMDCC g) MMMDC h) MMMDCCX

VI Schreibe mit römischen Zahlzeichen.

a) 16 b) 40 c) 79 d) 160
e) 788 f) 1450 g) 1677 h) 1999

VII Die Freiheitsstatue im New Yorker Hafen hält in der linken Hand eine Tafel, die das Datum der amerikanischen Unabhängigkeitserklärung zeigt. Wie lautet dieses Datum?

VIII **Streichholzrechnungen**
Wenn man ein einziges Streichholz in jeder Zeile umlegt, werden die Rechnungen richtig. Notiere die richtigen Rechnungen in deinem Heft.

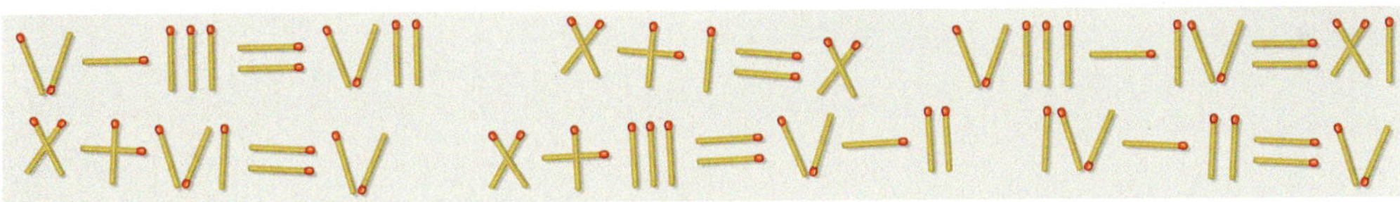

IX **Historisches**
Welche Jahreszahl gehört zu welchem Ereignis?

MCDXCII

DCCC

MDCCCLXXXIX

MCMLXIX

Der Eiffelturm wird eröffnet.

Kolumbus entdeckt Amerika.

Der erste Mensch landet auf dem Mond.

Karl der Große wird zum Kaiser gekrönt.

Zählen und Darstellen mit dem Computer

Mit **Tabellenkalkulationsprogrammen** kann man Daten schnell auswerten und grafisch darstellen. Grundlegende Schritte werden hier an Beispielen vorgestellt.
Hier wird beispielhaft Excel benutzt. Andere Tabellenkalkulationsprogramme sind zum Bearbeiten der Exkursion ebenso geeignet.

Kalkulation kommt von calculare (lat.) = rechnen.

Arbeitet die folgenden Beispiele in kleinen Gruppen an einem Computer durch.

In der Klasse 5c wurde nach den Haarfarben der Schülerinnen und Schüler gefragt: zwei Kinder sind blond, neun hellbraun, zwölf dunkelbraun, ein Kind hat rötliche und vier Kinder haben schwarze Haare.

Aus Häufigkeiten ein Säulendiagramm erstellen

1. Man öffnet ein Tabellenkalkulationsblatt. Die Spalten sind mit A, B, C… und die Zeilen mit 1, 2, 3… bezeichnet. Man überträgt die Haarfarben in die Spalte A und die zugehörigen Häufigkeiten in die Spalte B (Fig. 1).

	A	B	C	D
1	blond	2		
2	hellbraun	9		
3	dunkelbraun	12		
4	rötlich	1		
5	schwarz	4		

Fig. 1

2. Man markiert die Eingaben. Hierzu klickt man mit der Maus die Zelle A1 mit „blond“ an. Dann drückt man die linke Maustaste und geht mit gedrückter Maustaste bis zur Zelle B5. Dann lässt man die Maustaste los und die Zellen A1 bis B5 sind markiert (Fig. 2).

	A	B	C	D
1	blond	2		
2	hellbraun	9		
3	dunkelbraun	12		
4	rötlich	1		
5	schwarz	4		

Fig. 2

3. Nun kann man auch schon ein Säulendiagramm erstellen.
Dazu wählt man auf der Registerkarte *Einfügen* ein passendes Diagramm aus, z.B. ein *3D-Säulendiagramm* (vgl. Fig. 3). Das Diagramm wird im Tabellenblatt eingefügt (Fig. 4) und kann dort verschoben werden.

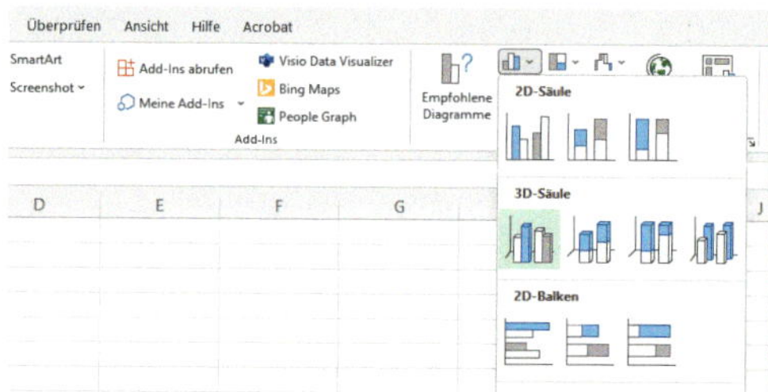

Fig. 3

4. Man kann dem Diagramm einen passenden Titel (also einen passenden Namen) geben und einige andere Einstellungen (z.B. die Farben) verändern. Hierzu klickt man das Diagramm mit der Maus an und ändert dann die gewünschten Einstellungen.
Probiert es einfach aus!

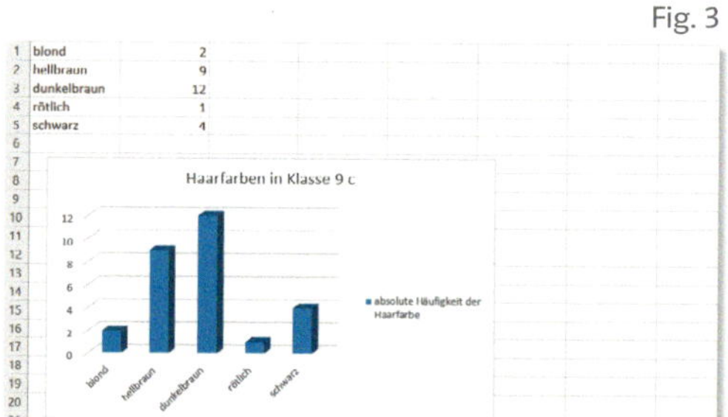

Fig. 4

Natürlich kann man mit einer Tabellenkalkulation nicht nur Grafiken erstellen, sondern auch rechnen, Versuche auswerten und bei Wettkämpfen Gewinner ermitteln. Wie man sie einsetzt, lernt ihr an einem Beispiel aus der Statistik auf der nächsten Seite, das ihr in der Klasse nachspielen und abändern könnt.

Das Perlenspiel

Löffelstichproben: Ein Versuchsleiter hat einen Pott mit 1000 roten, 500 gelben, 500 grünen Perlen gefüllt und den Inhalt sorgfältig gemischt.
Jeder von euch darf mit einem Löffel einmal in den Pott stechen (Statistiker sagen dazu „eine Stichprobe ziehen"). Jeder kippt seinen Löffel auf seinen Teller und zählt dann die drei Farben aus. Die Werte werden in einer Tabelle zusammengetragen.

Material
- 1 Pott
- 1000 rote, 500 gelbe und 500 grüne Perlen
- 1 Löffel
- 1 Teller für jedes Kind

Repräsentativität: Eine Stichprobe ist umso schöner (Statistiker sagen umso repräsentativer), je besser die Stichprobenergebnisse die Verhältnisse in dem ganzen Pott widerspiegeln. Idealerweise wären also in der Stichprobe
- genauso viele gelbe Perlen wie grüne,
- genauso viele rote Perlen wie gelbe und grüne zusammen.

Wenn Ayse 22 rote, 11 gelbe und 11 grüne gezogen hätte, wäre das ideal gewesen. Nun waren auf ihrem Löffel aber 19 rote, 9 gelbe und 7 grüne Perlen.

I2 = =SUMMME(F2:H2)

	A	B	C	D	E	F	G	H	I
1	Name	rot	gelb	grün	Anzahl	Abw. rot	Abw. gelb	Abw. grün	Ideal
2	Ayse	19	9	7	35	3	1	7	11
3	Rene	19	9	10	38	0	2	2	4
4	Rosi	23	9	7	39	7	3	11	21
5	Tilla	24	8	10	42	6	10	2	18
6	Nuri	17	14	9	40	6	16	4	26
7	Lilo	24	8	4	36	12	4	20	36
8	Roland	30	12	7	49	11	1	21	33
9	Gunnar	18	9	9	36	0	0	0	0
10	Bodi	22	7	8	37	7	9	5	21
11	Norbert	30	8	12	50	10	18	2	30
12	Lore	20	11	9	40	0	4	4	8
13	Botha	19	10	18	47	9	7	25	41
14	Nissy	22	13	9	44	0	8	8	16
15	Steffi	24	10	13	47	1	7	5	13
16	Max	22	9	15	46	2	10	14	26
17	**Summe**	333	146	147					

Gewinner: Tina findet, die Abweichung vom Ideal kann man gut messen, indem man alle Farben zusammenzählt: 19+9+7=35 (Zelle E2 mit dem Befehl *=Summe(B2:D2))* und dann den Unterschied
- zum Doppelten der roten (Unterschied zwischen 35 und 38), also 3,
- zum Vierfachen der gelben (Unterschied zwischen 35 und 36), also 1,

zum Vierfachen der grünen (Unterschied zwischen 35 und 28), also 7 addiert.
Die Summe ergibt dann die „Idealabweichung" 3+1+7=11 (Zelle I2 mit dem Befehl *=Summe(F2:H2)).*
Wer die kleinste Idealabweichung hat, hat dann die repräsentativste Stichprobe gezogen und ist der Gewinner. Das ist im Beispiel Gunnar.
Erläutere Tinas Idee am Beispiel der Zeilen 9 (Gunnar) und 13 (Botha).

Wenn etwas berechnet werden soll, muss der Eintrag in der Zelle mit einem Gleichheitszeichen beginnen. *=A2+A3* berechnet z. B. die Summe aus A2 und A3. *=Summe(A2:A4)* berechnet die Summe der Zellen A2 bis A4, führt also zum gleichen Ergebnis wie *=A2+A3+A4.*

Die Unterschiede in den Spalten F, G und H berechnet ihr im Kopf und gebt sie per Hand ein.

Zum Weiterforschen (automatische Berechnung durchführen):
Anstatt die Unterschiede in den Spalten F bis H im Kopf zu berechnen, kann man z. B. in Zelle G2 den Befehl *=Abs(4*C2-E2)* verwenden.
- Probiere aus, ob der Befehl die gleichen Ergebnisse liefert wie die Berechnung im Kopf.
- Gib an, wie die Befehle für die Zellen F2 bzw. H2 dann lauten müssen.
- Die Befehle aus der 2. Zeile kann man kopieren und jeweils auf die ganze Spalte übertragen. Probiere es aus.
- Untersuche, was passiert, wenn man in der Zelle G3 statt des Befehls *=Abs(4*C3-E3)* nur *=4*C3-E3* eingibt. Beschreibe, was der Befehl *=Abs(…)* bewirkt.

Sortieren: Wer sich bei dem „Repräsentativitätswettstreit" eine Platzierungstabelle erstellen lassen möchte, markiert den Bereich A1:I31 und wählt in Excel: *Daten-Sortieren* und dann *Ideal* als Sortierspalte. Dann steht Gunnar mit seiner Zeile am Tabellenanfang – gefolgt von Rene und Lore … und Botha steht am Tabellenende. Natürlich kann man auch nach der Spalte E sortieren. Dann gewinnt, wer die meisten Perlen auf seinem Löffel hatte.

II Symmetrie

Die zwei Parallelen

Es gingen zwei Parallelen
ins Endlose hinaus,
zwei kerzengerade Seelen
und aus solidem Haus.
Sie wollten sich nicht schneiden
bis an ihr seliges Grab:
das war nun einmal der beiden
geheimer Stolz und Stab.

Christian Morgenstern

Das kannst du bald

- Mit dem Geodreieck umgehen
- Zueinander senkrechte und parallele Geraden erkennen und zeichnen
- Punkte und Figuren durch ein Koordinatensystem beschreiben
- Symmetrien erkennen
- Figuren spiegeln
- Vielecke mithilfe ihrer Eigenschaften beschreiben

Check-in

Schätze dich ein:

1. Ich kann Punkte durch gerade Linien miteinander verbinden.
2. Ich kann einfache geometrische Figuren erkennen und beschreiben.
3. Ich kann sauber mit spitzem Bleistift und Lineal zeichnen und Muster fortsetzen.
4. Ich kann Längen von Strecken mit dem Lineal messen.

Lerntipps

zu 2. **Grundwissen**, Seite 235
zu 3. **Grundwissen**, Seite 235
zu 4. **Grundwissen**, Seite 235

Teste dich!

Lösungen, Seite 245

1 Gerade Verbindungslinien
Zeichne die fünf Punkte aus Fig. 1 ins Heft. Verbinde sie mit dem Lineal in der Reihenfolge 1-2-3-4-5-2-4-1-3.

2 Dreiecke und Vierecke
a) Übertrage die Zeichnung in Fig. 2 ins Heft. Färbe alle Dreiecke, die du erkennst, orange und alle Vierecke blau.
b) Nummeriere die Dreiecke und Vierecke und beschreibe sie.

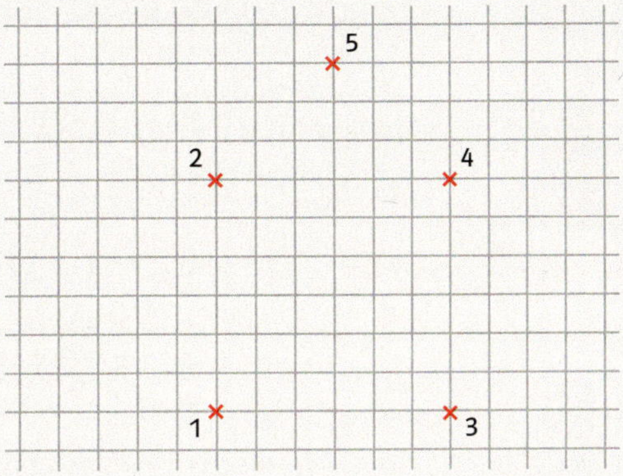

Fig. 1

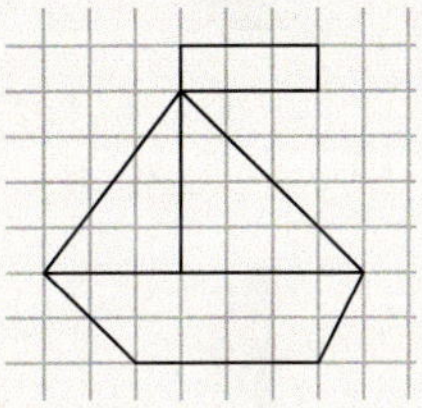

Fig. 2

3 Muster fortsetzen
Übertrage die Zeichnung in dein Heft. Setze die Bandornamente dort fort. Zeichne sauber mit spitzem Bleistift und Lineal.

a)

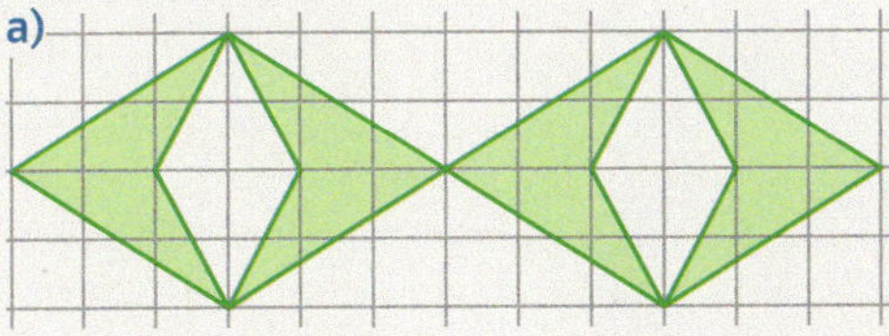

b)

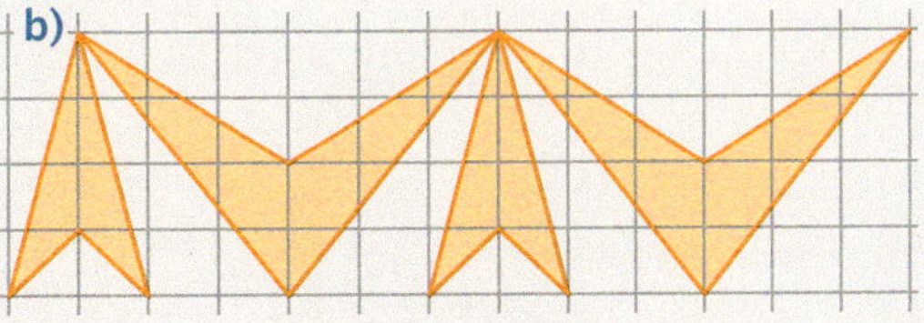

4 Längen messen
Miss mit dem Lineal die Länge des Weges von Punkt A nach Punkt B.

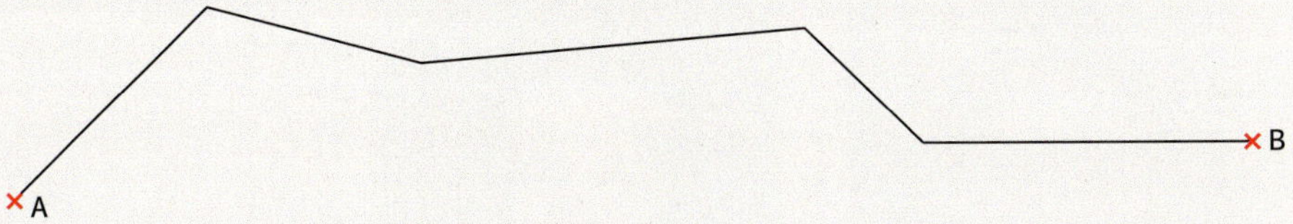

D9 Check-in

Linien falten

Lerneinheit 1
Seite 50

Fig. 1

Fig. 2

Fig. 3

Faltanweisungen

1. Falte ein beliebiges Blatt Papier einmal, z. B. wie in Fig. 1.
2. Falte es noch einmal, sodass die Faltkante übereinanderliegt wie in Fig. 2.
3. Falte es noch einmal, sodass wieder eine Faltkante übereinanderliegt; welche das ist, kannst du selbst entscheiden (Fig. 3).
4. Falte nun das Papier auseinander.

Benutze dein Heft für Notizen zu den folgenden Aufträgen:

Beschreibe, wie die Knicke auf deinem Papier angeordnet sind. Begründe, warum die Knicke so angeordnet sind.

Versuche, die Knicke auf deinem Papier ins Heft abzuzeichnen. Du kannst dein Geodreieck benutzen.

Suche nach Linien und Kanten, die so ähnlich zueinanderliegen wie die Knicke auf deinem Blatt Papier, z. B. im Klassenraum. Weißt du schon, wie man solche Anordnungen nennt?

MK „Verrückte" Gesichter

Lerneinheit 3
Seite 58

- Was ist mit den Gesichtern passiert? Mit einer Digitalkamera und einem Computer könnt ihr ähnliche Bilder erzeugen – oder ihr nehmt einfach Fotos und einen Spiegel. Beschreibt eure Beobachtungen im Heft.
- Darf man Fotos von sich und anderen einfach so bearbeiten? Welche Auswirkungen kann es haben, diese im Internet zu verbreiten?

SP Symmetrische Figuren falten und schneiden

Lerneinheit 3
Seite 58

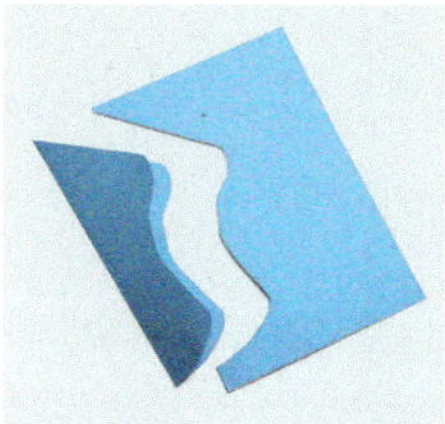
Fig. 1

Fig. 2

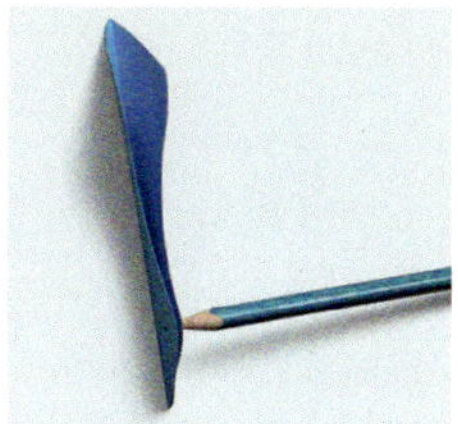
Fig. 3

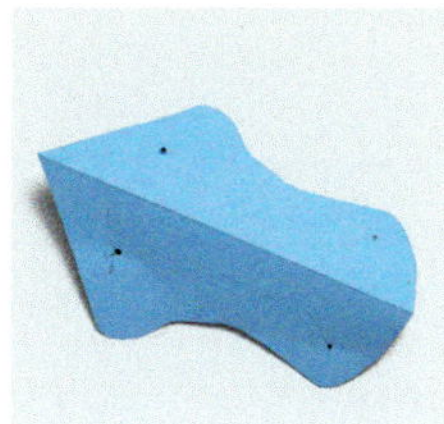
Fig. 4

1. Falte ein Blatt Papier einmal.
2. Schneide aus dem gefalteten Papier eine beliebige Figur aus (Fig. 1).
3. Falte deine Figur nun wieder auseinander (Fig. 2).

- Was ist an der auseinandergefalteten Figur besonders? Beschreibe deine Beobachtungen. Verwende hierzu geeignete Begriffe aus der Liste auf dem Rand.

4. Falte deine Figur nun erneut zusammen und stich z. B. mit einem spitzen Bleistift in die zusammengefaltete Figur (Fig. 3).
5. Öffne anschließend erneut die Figur und untersuche die Einstichstellen (Fig. 4).

- Was ist das Besondere an diesem „Punktepaar“? Untersuche gegebenenfalls auch mit dem Geodreieck und beschreibe dein Vorgehen im Heft. Verwende hierzu geeignete Begriffe aus der Liste auf dem Rand.
- Untersuche weitere Figuren und Punkte, die auf diese Weise erzeugt werden.

Wortliste
- spiegelbildlich
- das Spiegelbild
- der Abstand von
- gleich
- in der Mitte
- eine Linie
- die linke/rechte Hälfte
- die Einstichstellen
- die Verbindung
- parallel zu
- senkrecht zu
- die Mittellinie
- halbieren

MK Symmetrie entdecken mit einem Geometrieprogramm

Lerneinheit 3
Seite 58

Es soll ein symmetrischer Schmetterling erzeugt und untersucht werden. Öffne dazu ein neues Dokument deines Geometrieprogramms. Gehe dann in folgenden Schritten vor:

1. Zeichne ohne abzusetzen einen halben Schmetterling.

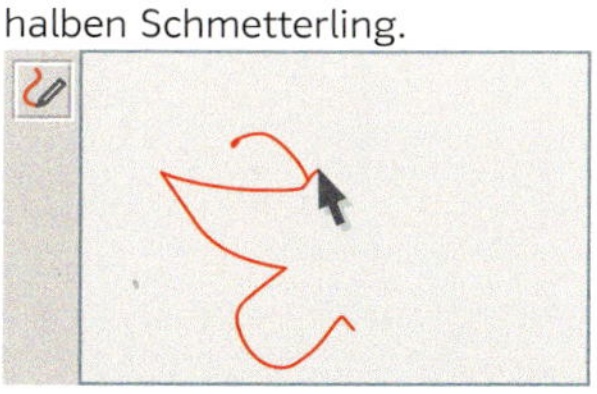

2. Zeichne durch den Anfangs- und den Endpunkt eine Gerade g.

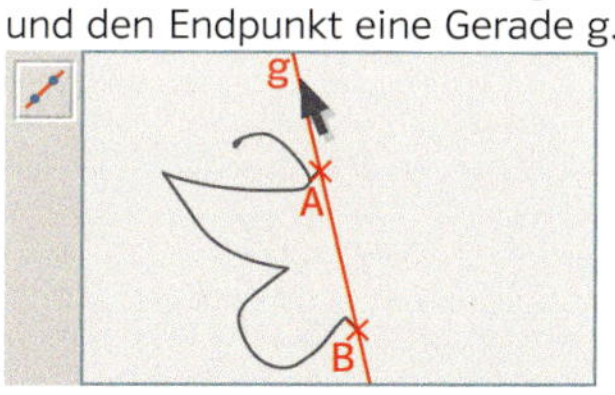

3. Spiegle deinen halben Schmetterling an der Geraden g.

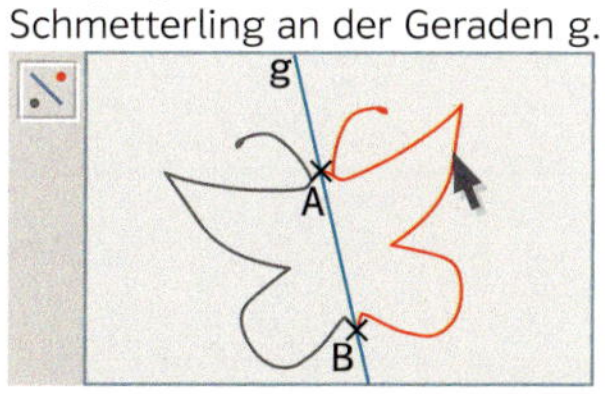

4. Setze einen Punkt P auf den Schmetterling. Spiegle P an g. Zeichne durch P und P′ eine Gerade h.

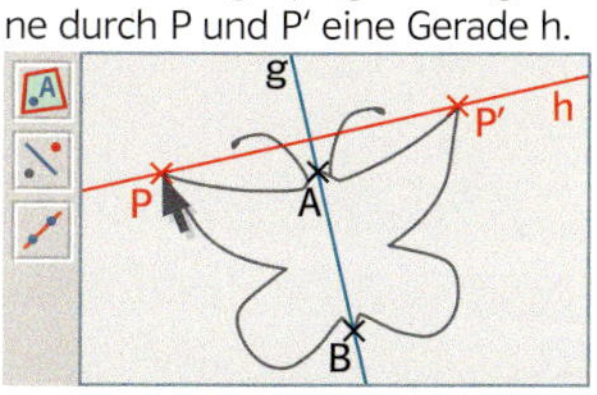

5. Bestimme den Schnittpunkt der Geraden g und h. Nenne ihn S.

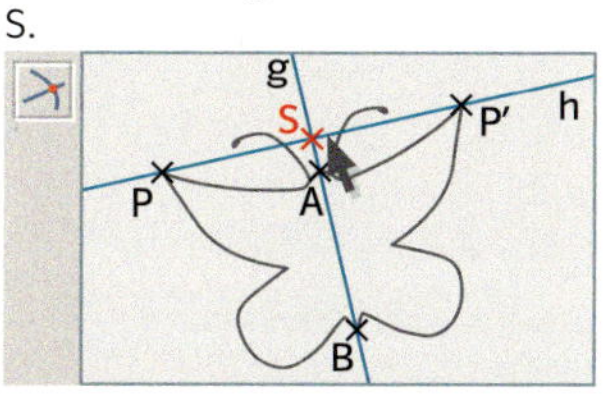

6. Miss den Abstand von P zu S und von P′ zu S. Bewege den Punkt P.

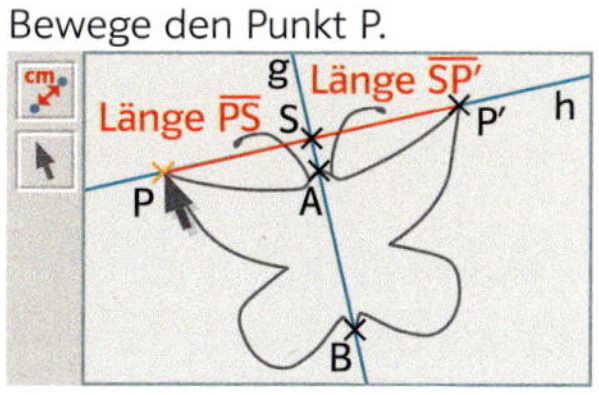

- Notiere, was du beobachtest. Achte besonders darauf, wie die Geraden g und h zueinanderliegen und was mit den Abständen passiert, wenn du P bewegst.
- Erkläre mithilfe deiner Beobachtungen, wie die Spiegelung an einer Symmetrieachse funktioniert. Erstelle weitere symmetrische Figuren.

1 Senkrechte und parallele Geraden – Abstände

Janus und Carla wollen zusammen zur Eisdiele auf der anderen Straßenseite. Janus geht gerade über die Straße, Carla geht schräg über die Straße direkt zur Eisdiele. Wer von den beiden hat richtig die Straße überquert und warum?

Auf dem Geodreieck sind verschiedene gerade Linien zu sehen. In welcher Weise diese Linien zueinanderliegen, wird im Folgenden erläutert.

Eine gerade Linie mit einem Anfangspunkt und einem Endpunkt heißt **Strecke**. Strecken bezeichnet man mithilfe ihrer Endpunkte: $\overline{AB}$.
Verlängert man eine Strecke unbegrenzt über ihre beiden Endpunkte hinaus, erhält man eine **Gerade**.

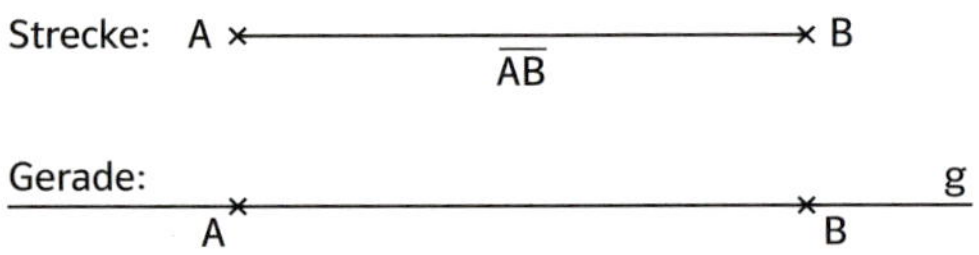

Geraden bezeichnet man mit Kleinbuchstaben. Die Gerade durch die Punkte A und B heißt z. B. Gerade g. Der Punkt, in dem sich zwei Geraden oder Strecken schneiden, heißt **Schnittpunkt**.

Liegen zwei Geraden g und h wie in der Figur zueinander, so sagt man: g und h sind **senkrecht zueinander**. Man schreibt $g \perp h$ und verdeutlicht dies in der Zeichnung durch ⊾.

Zwei Geraden, die wie g und i zueinanderliegen, sind **parallel zueinander**. Sie haben keinen Schnittpunkt. Man schreibt $g \parallel i$.

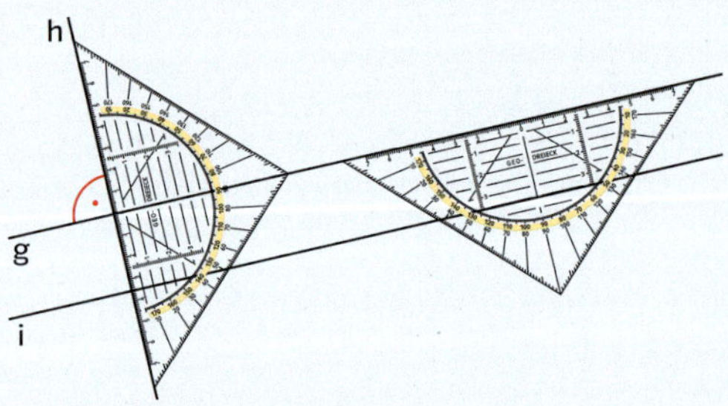

Statt senkrecht sagt man auch **orthogonal**.

Die Begriffe parallel und orthogonal kommen aus dem Griechischen.
orthos: recht bzw. richtig
gonia: Ecke, Winkel
parallel: nebeneinander laufend

Abstände

Der **Abstand zweier Punkte** P und Q ist die Länge der Verbindungsstrecke der Punkte.

Der **Abstand eines Punktes** P **von einer Geraden** g ist die Länge der kürzesten Verbindungsstrecke zwischen Punkt P und Gerade g (Strecke $\overline{PF}$ in Fig. 1).

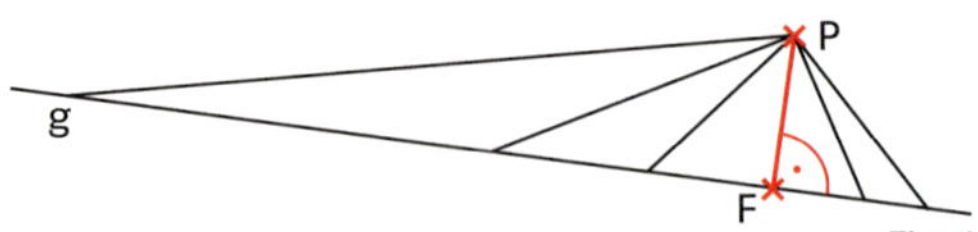

Fig. 1

Der **Abstand zwischen zwei parallelen Geraden** g und h ist die Länge der kürzesten Verbindungsstrecke zwischen den Geraden g und h (Strecke $\overline{AB}$ in Fig. 2). Er ist an jeder Stelle der Geraden gleich.

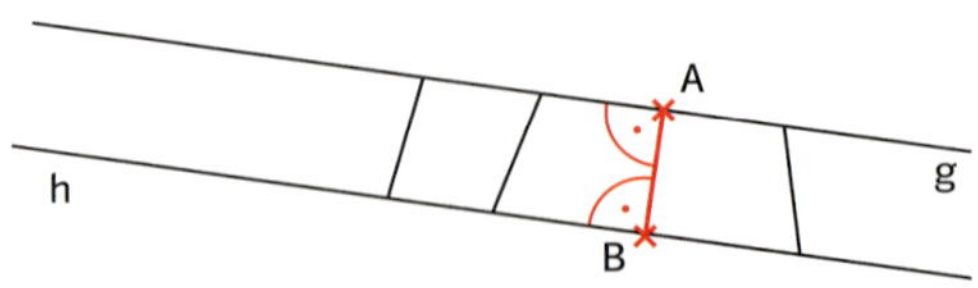

Fig. 2

Den **Abstand des Punktes** P **von der Geraden** g misst man, indem man durch P eine Senkrechte h zu g zeichnet. Der Schnittpunkt von g und h ist Q. Man misst nun den Abstand von P zu Q.

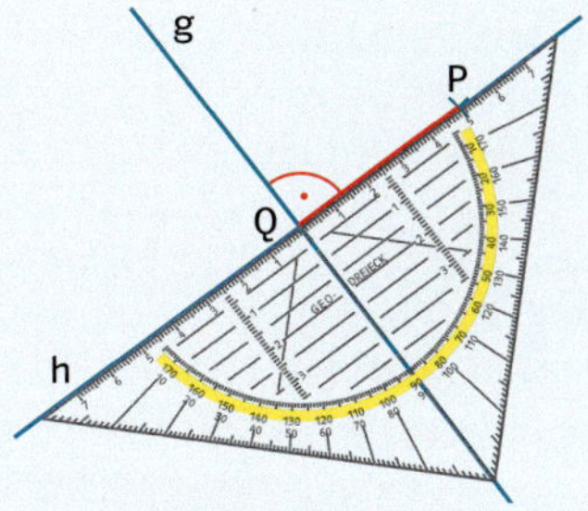

Den **Abstand zweier Parallelen** g und h misst man als Länge einer Strecke, die sowohl zu g als auch zu h senkrecht steht.

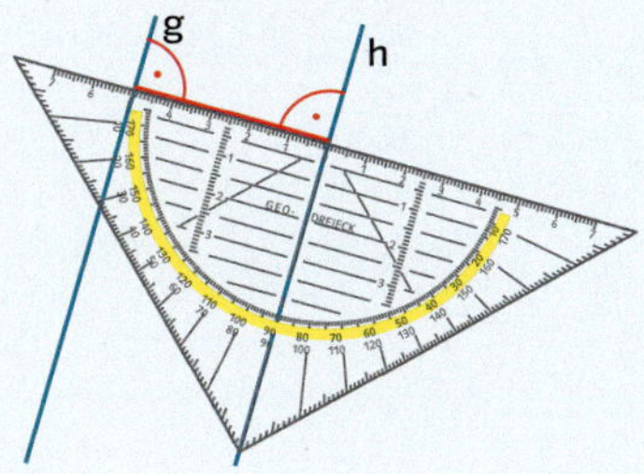

Beispiel 1 **Senkrechte und parallele Geraden erkennen**
Überprüfe mit dem Geodreieck, welche der Geraden in Fig. 1 senkrecht zueinander und welche parallel zueinander sind. Notiere.
Lösung
Die Geraden a und b sind zueinander parallel, ebenso die Geraden c und e:
a ∥ b und c ∥ e.
Man legt das Geodreieck an der Geraden e an und erkennt, dass die Gerade c parallel zu den Hilfslinien auf dem Geodreieck und damit auch zur Geraden e verläuft.

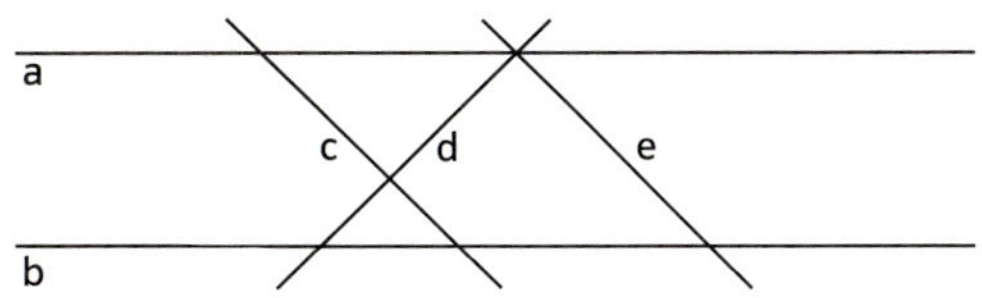

Fig. 1

Die Geraden d und e sowie d und c liegen zueinander senkrecht: d ⊥ e und d ⊥ c.
Man legt das Geodreieck so an die Gerade e an, dass die 0 am Schnittpunkt der Geraden d und e liegt. Man erkennt, dass die Gerade d genau entlang der Mittellinie (Fig. 2) des Geodreiecks verläuft.

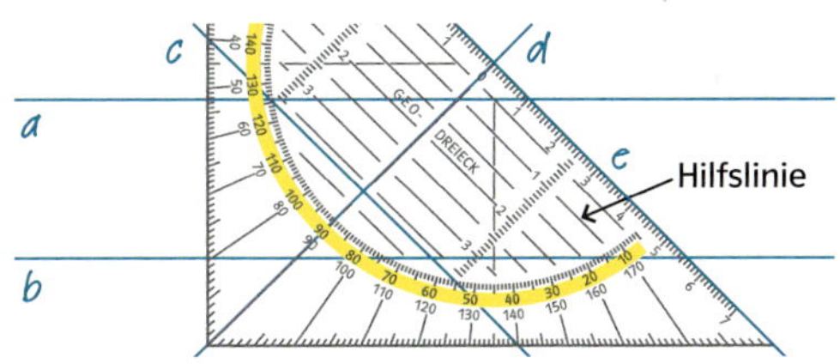

Fig. 2

Beispiel 2 **Abstand messen**
Miss den Abstand des Punktes A zur Geraden f.
Lösung
Der Abstand von Punkt A zur Geraden f beträgt 3 cm.
Man legt die Mittellinie des Geodreiecks so auf die Gerade f, dass der Punkt A auf der längsten Zeichenkante des Geodreiecks, der sogenannten Grundlinie liegt (Fig. 3). Man liest nun den Abstand ab.

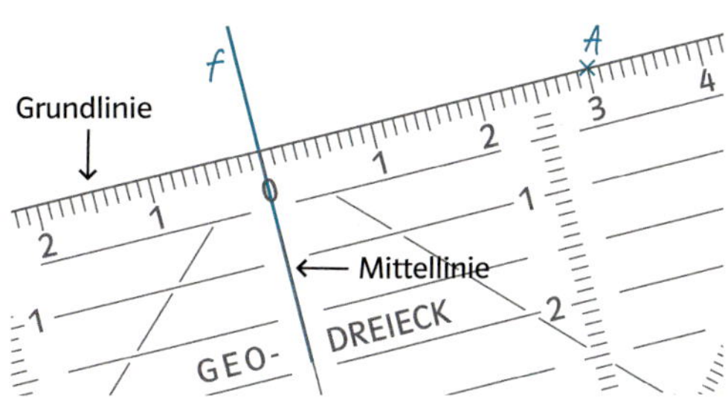

Fig. 3

Beispiel 3 **Senkrechte und parallele Geraden zeichnen**

Zeichne eine Gerade g und einen Punkt A, der nicht auf der Geraden g liegt.

a) Zeichne die Gerade h durch A, die senkrecht zur Geraden g verläuft.

b) Zeichne die Gerade k durch A, die parallel zur Geraden g verläuft.

Lösung

a) *Man legt die Mittellinie des Geodreiecks so an die Gerade g an, dass der Punkt A auf der Grundlinie liegt. Man zeichnet dann die Gerade h.*

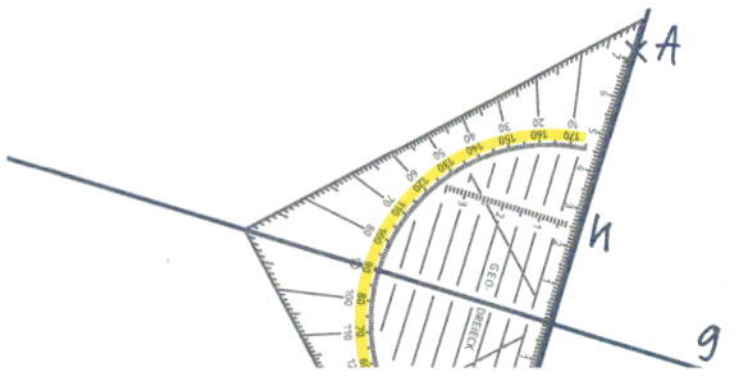

b) *Man legt das Geodreieck so an, dass der Punkt A auf der Grundlinie liegt und die Gerade g parallel zu den Hilfslinien des Geodreiecks liegt. Man zeichnet dann die Gerade k.*

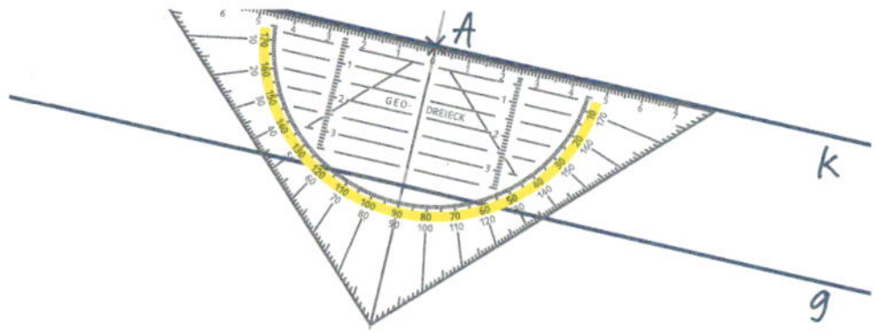

Man zeichnet mit spitzem Bleistift!

Aufgaben

○ **1** SP Untersuche mit dem Geodreieck die Lage der Straßen zueinander. Welche Straßen verlaufen parallel oder senkrecht zueinander?
Formuliere mithilfe der Textbausteine drei richtige Aussagen.

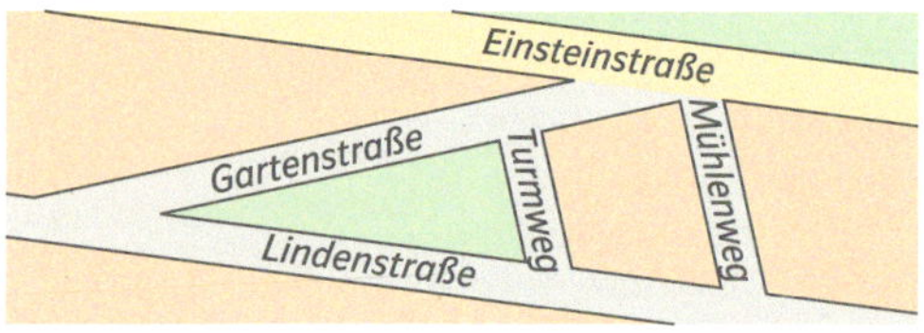

• Die Einsteinstraße • Die Gartenstraße • Die Lindenstraße • Der Turmweg • Der Mühlenweg	verläuft	• parallel • senkrecht	zu	• der Einsteinstraße. • der Gartenstraße. • der Lindenstraße. • dem Turmweg. • dem Mühlenweg.

○ **2** Wo findet ihr in eurer Umgebung Beispiele für Senkrechte und Parallelen? Nennt abwechselnd Senkrechte oder Parallelen aus einem Bereich wie z. B. Musik, Verkehr oder Gesellschaftsspiele. Wer findet die meisten Beispiele in zwei Minuten?

○ **3** Prüfe mit dem Geodreieck welche Geraden zueinander parallel bzw. senkrecht sind. Notiere.

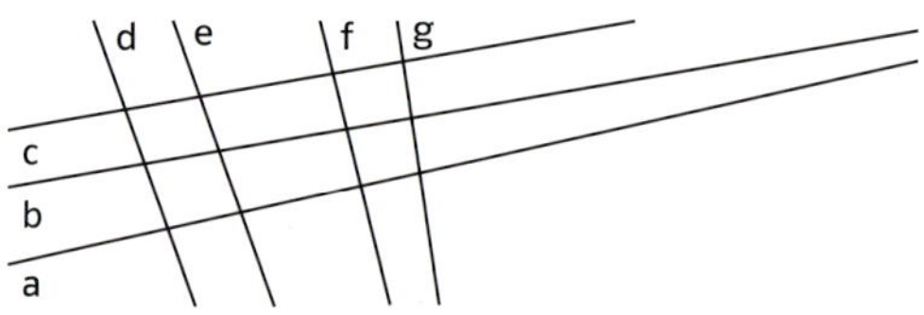

Lerntipp
Seite 51, Beispiel 1

○ **4** Prüfe mit dem Geodreieck ob die Aussagen wahr sind.

a) g ∥ h b) h ⊥ f
c) k ∥ g d) g ⊥ j
e) j ⊥ h f) g ∥ k

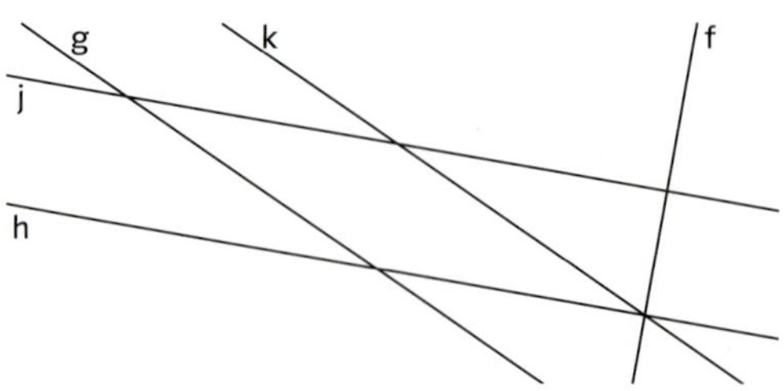

○ **5** Übertrage Fig. 1 ins Heft.
a) Zeichne eine Gerade, die durch P verläuft und senkrecht zu g ist.
b) Zeichne eine Gerade, die durch Q verläuft und parallel zu g ist.
c) Zeichne eine Gerade, die parallel zur Geraden durch die Punkte P und Q ist und durch S verläuft.
d) Bestimme einen Punkt A, der zur Geraden g den Abstand 3 cm hat.

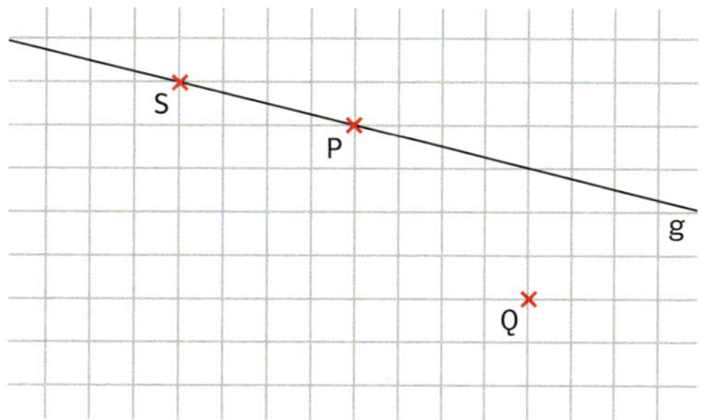

Fig. 1

Lerntipp
Seite 51, Beispiel 2
Seite 52, Beispiel 3

Zeichne mit spitzem Bleistift!

○ **6** In Fig. 2 sind die Punkte P und Q sowie die Geraden g und h gegeben. Bestimme den Abstand
a) der Punkte P und Q,
b) von P zu g, Q zu g und Q zu h,
c) zwischen g und h.

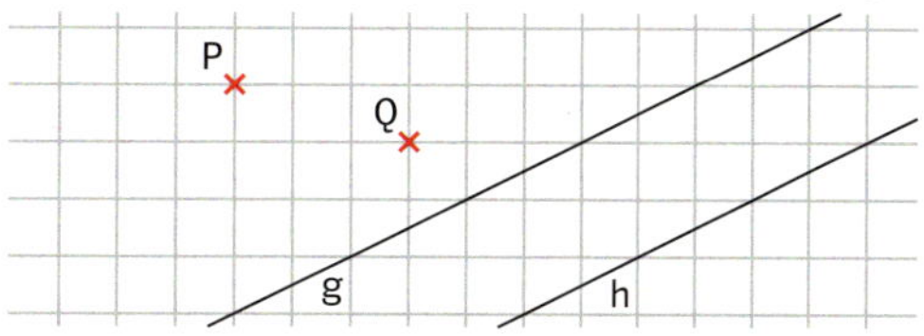

Fig. 2

Lerntipp
Seite 51, Beispiel 2

Teste dich!

Lösungen, Seite 246

○ **7** Prüfe, welche Geraden zueinander parallel bzw. senkrecht sind. Notiere.

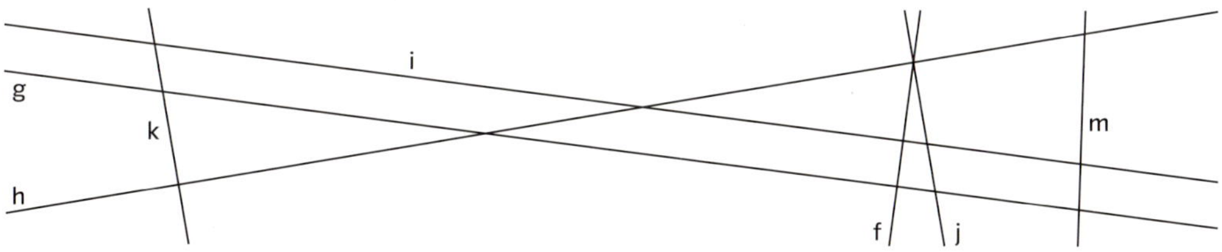

○ **8** a) Zeichne eine Gerade g und einen Punkt A, der den Abstand 2 cm von g besitzt.
b) Zeichne durch den Punkt A eine zur Geraden g senkrechte Gerade h.
c) Zeichne durch den Punkt A eine zur Geraden g parallele Gerade k.

9 Entscheide, wie die Geraden g und h zueinander liegen.
a) $g \parallel k$ und $k \parallel h$
b) $g \parallel k$ und $k \perp h$
c) $g \perp k$ und $k \parallel h$
d) $g \perp k$ und $k \perp h$
e) $g \parallel k$ und $k \perp m$ und $m \perp h$
f) $g \perp k$ und $k \parallel m$ und $m \perp h$

10 Zeichne zwei Geraden r und s, die sich schneiden.
a) Zeichne eine senkrechte Gerade zur Geraden r durch den Schnittpunkt von r und s.
b) Zeichne alle Parallelen der beiden Geraden, die zu r bzw. s 2 cm Abstand haben.
c) Markiere einen beliebigen Punkt P auf r. Bestimme den Abstand von P zu s.

11 Entscheide zunächst ohne Verwendung des Geodreiecks, ob die roten Geraden parallel zueinander sind. Prüfe anschließend mit dem Geodreieck.

a)

b)
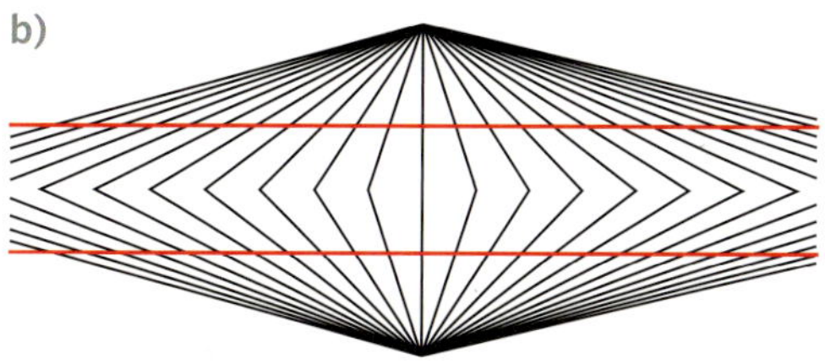

12 a) Übertragt die Figur in euer Heft und setzt das Muster fort. Die Geraden g und h verlaufen senkrecht zueinander.
b) Jeder denkt sich eine Figur aus und beschreibt in eigenen Worten Schritt für Schritt, wie diese Figur konstruiert werden soll. Der Partner fertigt nach den Anweisungen die Zeichnung an. Überprüft eure Ergebnisse.

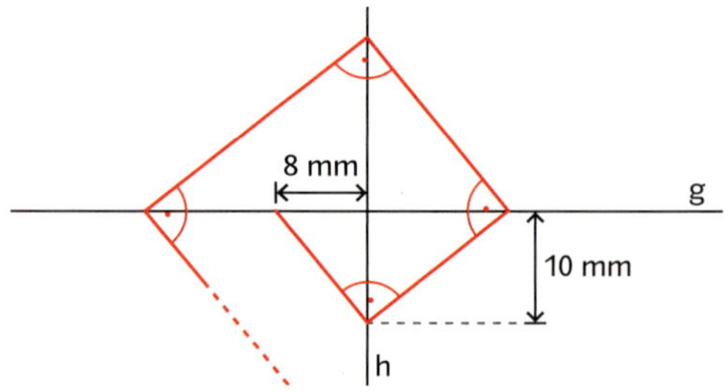

13 Nimm ein rundes Blatt Papier und falte es, sodass eine Gerade entsteht. Falte weiter, sodass verschiedene Parallelen und Senkrechten zu dieser ersten Linie entstehen. Erläutere deinem Partner dein Vorgehen.

Teste dich!

Lösungen, Seite 246

14 Entscheide, wie die Geraden g und h zueinander liegen, wenn g ∥ k, k ∥ m und m ⊥ h. Begründe deine Entscheidung.

15 Übertrage die nebenstehende Figur ins Heft. Setze das Muster um vier weitere Schritte fort.

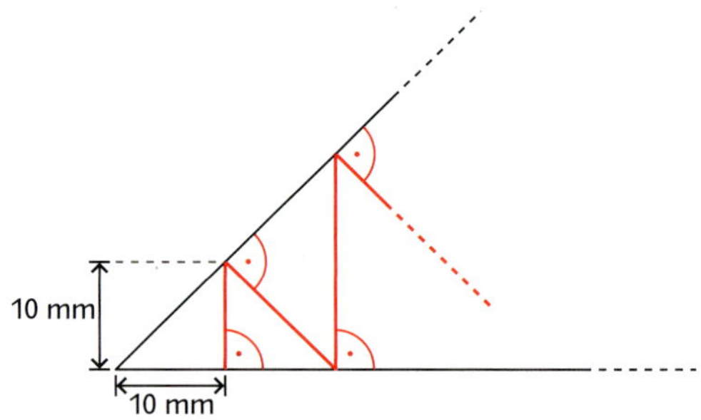

16 Zwei beliebige Geraden g und h schneiden sich. Finde einen Punkt P, der von der Geraden g den Abstand 2 cm und gleichzeitig von der Geraden h den Abstand 4 cm besitzt. Untersuche, wie viele solcher Punkte es gibt.

Aufgabe 16 kann auch mit einer DGS bearbeitet werden.

17 **Wahr oder falsch?**
Entscheide, ob die folgenden Aussagen wahr oder falsch sind. Begründe deine Antworten gegebenenfalls mithilfe einer Skizze.
a) „Ist eine Gerade g senkrecht zu der Geraden h und parallel zu der Geraden k, so sind h und k parallel zueinander."
b) „Die beiden Zeiger einer Uhr stehen innerhalb eines Tages genau 24-mal senkrecht zueinander."

18 Alex misst den Abstand zwischen der Geraden g und dem Punkt P längs der roten Strecke. Warum ist das falsch? Erläutere, wie man den Abstand richtig messen kann, ohne dabei über das Blatt hinaus zu zeichnen.

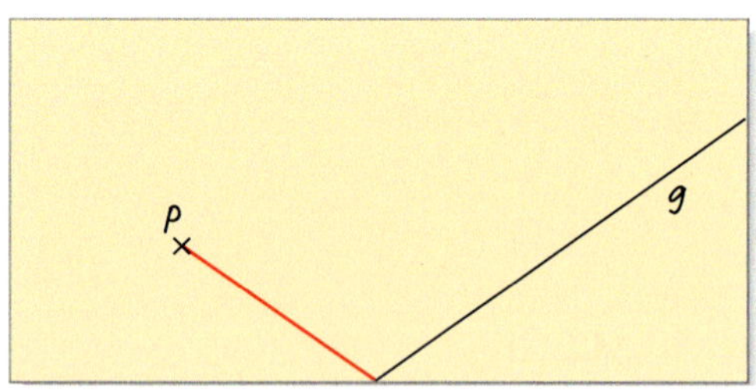

Teste dein Grundwissen! Große Zahlen

Grundwissen, Seite
Lösungen, Seite 246

G **19** a) Gib die größte fünfstellige Zahl an.
b) Gib die kleinste dreistellige Zahl mit lauter verschiedenen Ziffern an.
c) Gib die größte vierstellige Zahl mit lauter verschiedenen geraden Ziffern an.

2 Koordinatensystem

Sarah und Jens spielen „Schiffe versenken". Sarah rät (3 | 5) und Jens ärgert sich.
Erkläre das Spiel und erläutere, warum sich Jens ärgert.
Spielt anschließend selbst mit eurem Partner. Achtet darauf, die Kreuze so zu setzen, wie in der Figur rechts gezeigt.

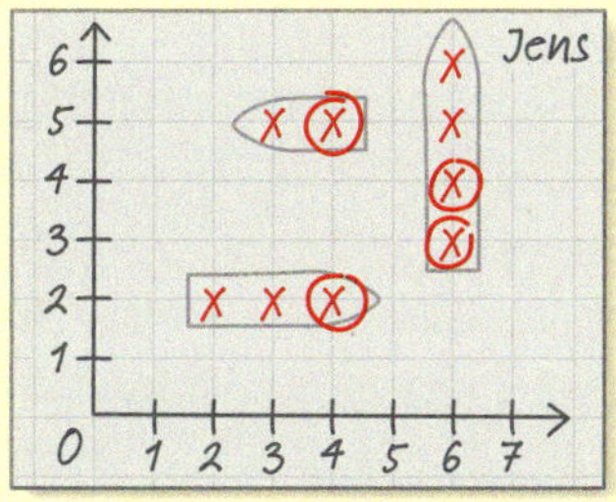

Bisher wurden Punkte, Strecken und Geraden untersucht, und Abstände gemessen. Wenn man Zeichnungen ins Heft übertragen möchte und die Lage von Punkten oder Geraden beschreiben möchte, kann ein Koordinatensystem hilfreich sein.

Mithilfe eines Gitters kann man die Lage von Punkten in der Zeichenebene mit Zahlen beschreiben. Dazu legt man einen Anfangspunkt fest, den **Koordinatenursprung** O. Von dort aus zeichnet man zwei zueinander senkrechte Zahlenstrahlen, die **x-Achse** und die **y-Achse**. Diese Koordinatenachsen werden eingeteilt, nachdem eine Längeneinheit festgelegt wurde.

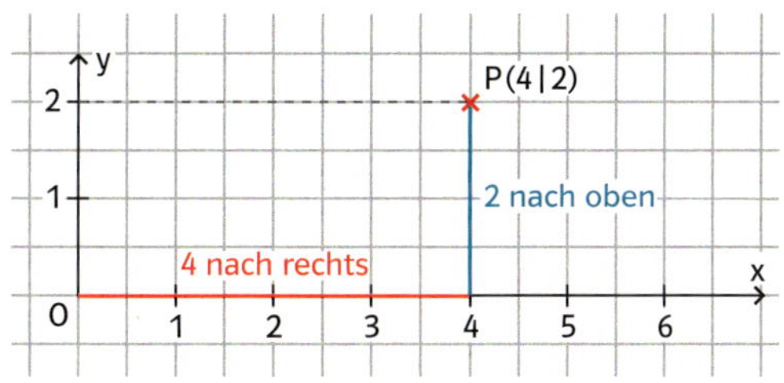

Fig. 1

Als Längeneinheit wählt man meistens 1 cm oder 1 Kästchen.

In einem Koordinatensystem lässt sich ein Punkt durch zwei Zahlen beschreiben.
Die erste Zahl heißt **x-Koordinate** und die zweite Zahl **y-Koordinate** des Punktes.

Erst x, dann y, wie im Alphabet!

Um vom Koordinatenursprung O aus zum Punkt P zu gelangen, geht man 4 Längeneinheiten nach rechts und 2 Längeneinheiten nach oben.

Man schreibt dafür: **P (4 | 2)**

x-Koordinate y-Koordinate

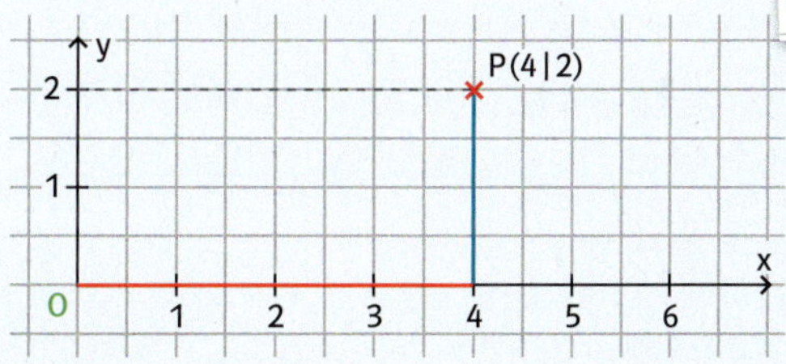

Beispiel Punkte im Koordinatensystem

a) Zeichne die folgenden Punkte in ein Koordinatensytem (1 cm = 1 Längeneinheit) und verbinde sie der Reihe nach: A (1 | 2), B (3 | 1), C (5 | 2) und D (3 | 3).

b) Gib die Koordinaten zweier Punkte an, die innerhalb der Figur liegen.

Lösung

a) *Die x-Achse sollte bis mindestens 6 und die y-Achse bis mindestens 4 gewählt werden, da der größte x-Wert der vorgegebenen Punkte 5 ist und der größte y-Wert der Punkte 3 ist.*

b) individuelle Lösung, z. B. (2 | 2), (3 | 2) und (4 | 2) liegen innerhalb der Figur.

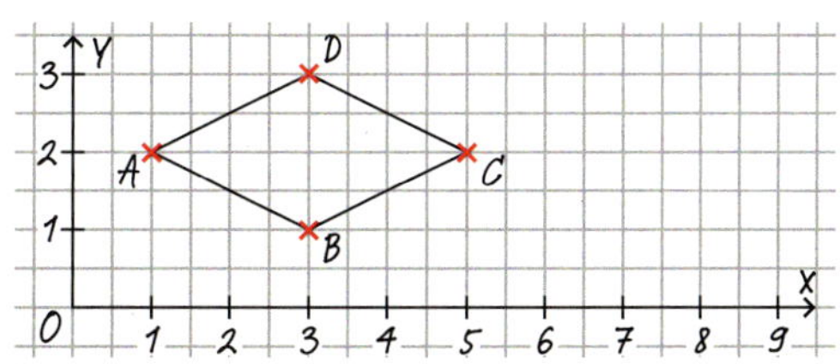

Aufgaben

○ **1** Trage die Punkte in ein Koordinatensystem (1 cm = 1 Längeneinheit) ein und verbinde sie der Reihe nach. Was für eine Figur ergibt sich?
a) A(2 | 1), B(3 | 2), C(2 | 3), D(1 | 2). Verbinde zusätzlich A und D.
b) A(1 | 1), B(2 | 4), C(3 | 1), D(0 | 3), E(4 | 3). Verbinde zusätzlich A und E.
c) A(4 | 4), B(7 | 6), C(4 | 8), D(4 | 3), E(2 | 3), F(3 | 1), G(7 | 1), H(8 | 3). Verbinde zusätzlich H und D.

Lerntipp Seite 55, Beispiel
Üben ○ Seite 73, Aufgabe 1

○ **2** Das Foto des Rotmilans wurde vereinfacht in ein Koordinatensystem übertragen.
a) Gib die Koordinaten der zwei Schwanzspitzen und der sechs Flügelspitzen an.
b) Welcher Teil des Vogels besitzt die x-Koordinate 10 und die y-Koordinate 5?
c) Entwirf ein eigenes Bild und bestimme die Koordinaten der Eckpunkte. Diktiere diese deinem Partner, sodass er das Bild zeichnen kann.

Lerntipp Seite 55, Beispiel
Üben ○ Seite 73, Aufgabe 2 a)

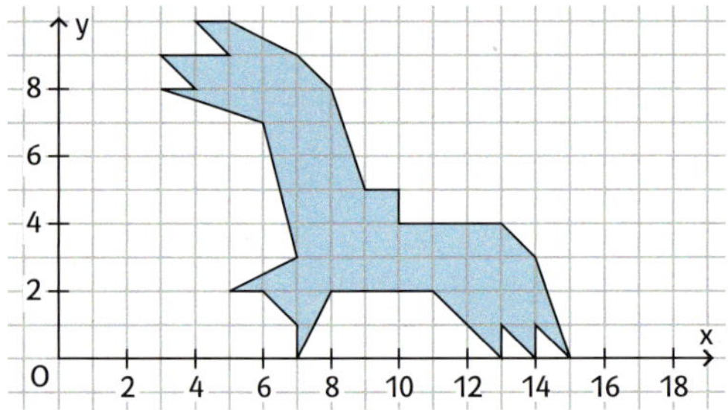

D10 Koordinatensystem

○ **3** Zeichne die Punkte A, B, C und D in ein Koordinatensystem und prüfe, ob die Gerade durch die Punkte A und B parallel zur Geraden durch die Punkte C und D ist.
a) A(0 | 0), B(6 | 2), C(1 | 3), D(4 | 4)
b) A(1 | 0), B(1 | 5), C(3 | 0), D(2 | 5)

○ **4** Zeichne die Punkte A(1 | 3), B(5 | 1) und C(4 | 5) in ein Koordinatensystem.
a) Zeichne eine Gerade g durch die Punkte A und B und eine Senkrechte h zu dieser Geraden durch Punkt C.
b) Die Gerade g, die Senkrechte h und die x-Achse schließen ein Dreieck ein. Gib alle Punkte mit natürlichen Koordinaten an, die innerhalb dieses Dreiecks liegen.

Teste dich!

Lösungen, Seite 246

○ **5** Übertrage die Figur in dein Heft. Zeichne die Strecken $\overline{AC}$ und $\overline{BD}$ ein und gib die Koordinaten ihres Schnittpunktes an.

○ **6** Zeichne die Punkte A(2 | 0), B(4 | 1) und C(3 | 3) in ein Koordinatensystem. Verbinde die Punkte A, B und C. Gib die Punkte an, die innerhalb des Dreiecks ABC liegen und natürliche Koordinaten haben.

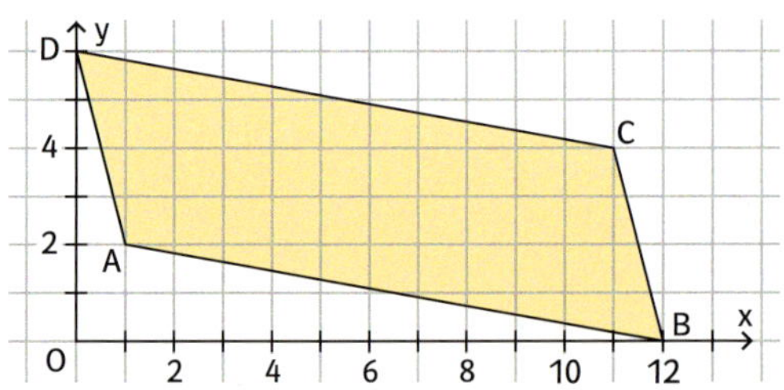

Fig. 1

◐ **7** Nach dem Werfen des gelben und des roten Würfels wird das Ergebnis in einem Koordinatensystem veranschaulicht. Markiere farbig alle Punkte, bei denen
a) der rote Würfel eine kleinere Zahl als der gelbe Würfel zeigt,
b) die Augensumme 8 ist.

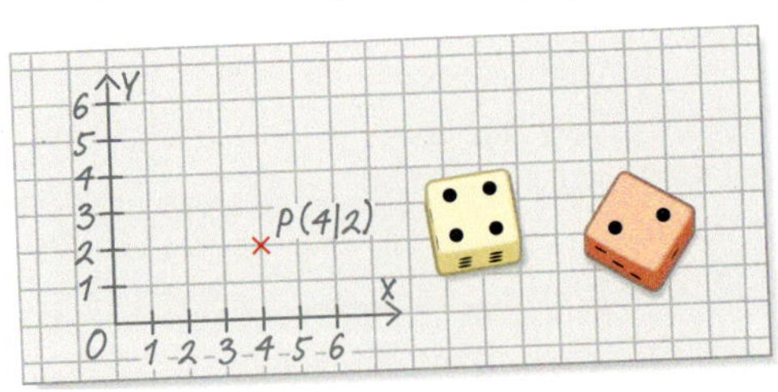

8 Finde den Schatz!

1. Starte im Punkt A(2 | 1). Gehe nun von A aus drei Einheiten in x-Richtung und eine Einheit in y-Richtung. Gib die Koordinaten deines neuen Punktes B an.
2. Zeichne nun eine Gerade g durch A und B und anschließend eine Parallele h zu g durch den Punkt C(3 | 4).
3. Beschrifte den Schnittpunkt der Parallelen h mit der y-Achse mit D.
4. Gehe nun von D aus immer weiter auf einer Senkrechten zur y-Achse, bis du auf die Gerade g triffst, dann findest du den Schatz! Gib die Koordinaten des Schatzes an.

Vertiefen Seite 74, Aufgabe 6

Aufgabe 8 kann auch mit einer DGS bearbeitet werden.

9 SP **Finde den Fehler!**
Anton und Emmi haben die Punkte A(1 | 3) und E(4 | 2) in ein Koordinatensystem eingezeichnet. Beiden ist ein Fehler unterlaufen. Beschreibe die Fehler. Verwende hierzu geeignete Begriffe aus der Liste auf dem Rand. Zeichne anschließend im Heft die richtige Lösung.

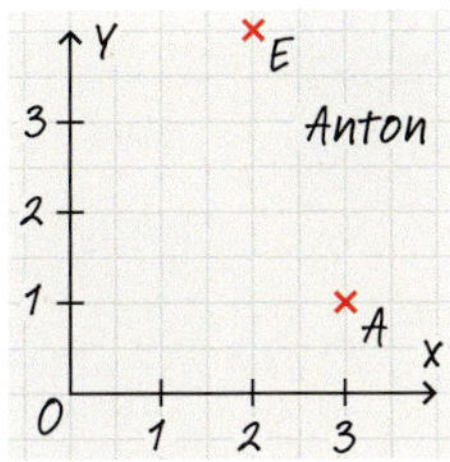

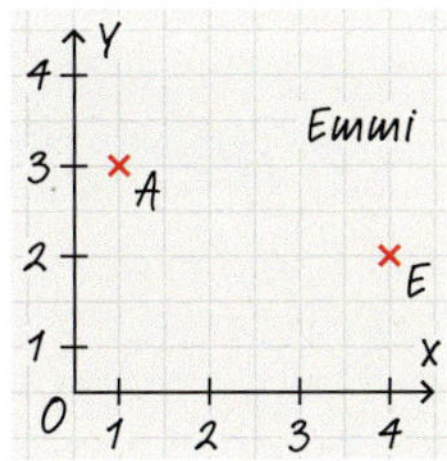

Wortliste
- die x-Koordinate
- die y-Koordinate
- die Koordinaten-achsen
- die x-Achse
- die y-Achse
- der Ursprung
- die Einteilung
- der Abstand

10 Wahr oder falsch?
Entscheide, ob die folgenden Aussagen wahr oder falsch sind und begründe deine Entscheidung mithilfe von Beispielen und Skizzen.
a) „Alle Punkte, deren y-Koordinate 0 ist, liegen auf der y-Achse."
b) „Geraden, die senkrecht zur x-Achse sind, sind parallel zur y-Achse."
c) „Alle Punkte, deren x-Koordinate gleich der y-Koordinate ist, liegen auf einer Geraden."

11 Von einer Strecke kennst du den Endpunkt E(1 | 25) und den Mittelpunkt M(5 | 23). Bestimme die Koordinaten des Anfangspunktes.

Teste dich!

Lösungen, Seite 247

12 a) Zeichne die Punkte A(2 | 0), B(4 | 6), C(3 | 3) und D(6 | 2) in ein Koordinatensystem ein.
b) Prüfe, ob die Gerade durch die Punkte C und D senkrecht zur Strecke $\overline{AB}$ ist.
c) Prüfe, ob der Punkt P(5 | 0) auf der Parallelen zur Strecke $\overline{AB}$ liegt, die durch den Punkt D geht.

13 Schilder wie in Fig. 1 weisen auf eine wichtige Stelle hin und geben dazu die genaue Lage an. Das erste Schild weist zum Beispiel auf einen in der Straße eingelassenen Hydranten hin. Ein Hydrant ist eine Armatur zur Entnahme von Wasser. H150 bedeutet hierbei, dass der Innendurchmesser der Leitung 150 mm beträgt. Wenn der Boden als Koordinatensystem betrachtet wird und sich das Schild in Punkt P(13 | 9) befindet, dann liegt der Hydrant in Punkt Q(1,2 | 2,9) (alle Angaben in Metern).
a) Skizziert in einem Koordinatensystem die oben beschriebene Situation und erläutert die Angaben auf dem ersten Schild.
b) Das Schild für die Abwasserleitung befindet sich in Punkt R(5 | 11). Wo befindet sich die Abwasserleitung?
c) Beschreibt in Worten, wie ihr laufen müsstet, um zur Gasleitung oder Kabelleitung zu kommen, wenn ihr direkt vor dem Schild stehen würdet.

Fig. 1

Teste dein Grundwissen! Runden

Merkkasten, Seite 16
Lösungen, Seite 247

G **14** a) Welche der Zahlen ergeben auf Hunderter gerundet 4500?
b) Welche der Zahlen ergeben auf Tausender gerundet 5000?
(1) 4599 (2) 4449 (3) 4451 (4) 4551

3 Achsensymmetrische Figuren

Viele Dinge in der Natur und in der Technik sind anscheinend aus zwei spiegelbildlichen Hälften zusammengesetzt. Vervollständige die Bilder mithilfe von Pergamentpapier so, dass sie zwei spiegelbildliche Hälften besitzen.

Dinge, die aus zwei spiegelbildlichen Hälften bestehen, sehen oft faszinierend aus. Im Folgenden wird gezeigt, wie man erkennen kann, ob etwas tatsächlich zwei spiegelbildliche Hälften besitzt und wie man eine solche Figur selbst zeichnen kann.

Ein Blatt Papier wird einmal gefaltet und danach mit der Schere eine Figur ausgeschnitten (Fig. 1 und 2). Die zwei Hälften der Figur passen genau aufeinander. Sie verhalten sich spiegelbildlich zueinander. Solche Figuren heißen **achsensymmetrisch**, die Faltlinie heißt **Symmetrieachse**.

Das Wort Symmetrie kommt aus dem Griechischen und bedeutet Ebenmaß.

Fig. 1

Fig. 2

Zu jedem Punkt des einen Teils gibt es einen dazugehörigen Punkt des anderen Teils, den **Spiegelpunkt**. Dieses Punktepaar kann man z. B. mithilfe einer Nadel bestimmen (Fig. 3). In Fig. 5 ist ein solches Punktepaar mit seiner Verbindungsstrecke eingezeichnet. Diese Verbindungsstrecke liegt senkrecht zur Symmetrieachse. Die zusammengehörigen Punkte besitzen denselben Abstand von der Symmetrieachse (vgl. Fig. 5).

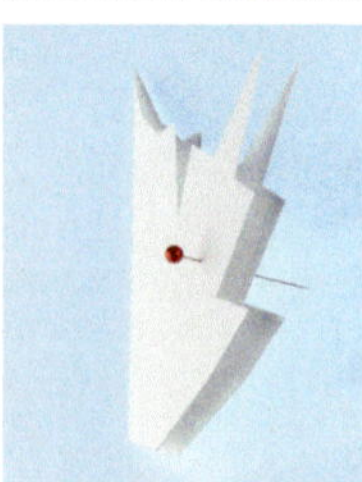

Fig. 3

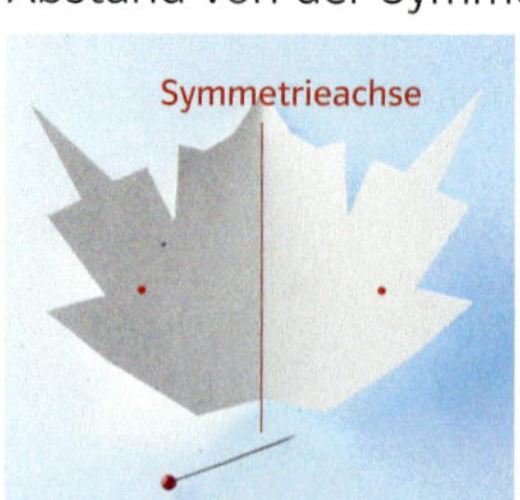

Fig. 4

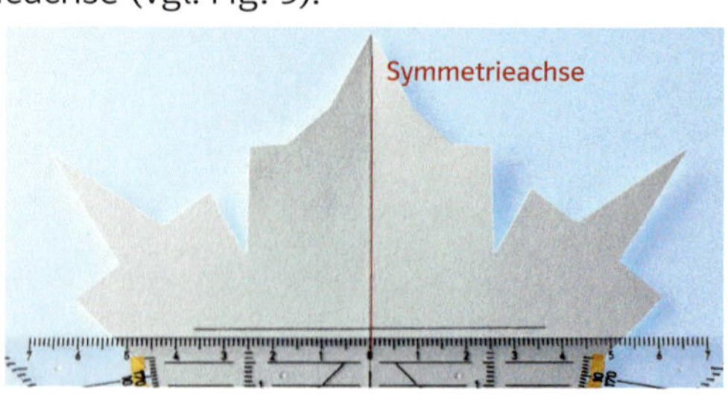

Fig. 5

Eine Figur, die man so falten kann, dass die beiden Teile genau aufeinanderliegen, heißt **achsensymmetrisch**. Die Faltlinie nennt man **Symmetrieachse**.
Für Figuren, die zu einer Achse symmetrisch sind, gilt:
- Zu jedem Punkt der einen Hälfte gibt es einen Punkt der anderen Hälfte, den Spiegelpunkt.
- Die Verbindungsstrecke beider Punkte verläuft senkrecht zur Symmetrieachse.
- Die Symmetrieachse halbiert die Verbindungsstrecke der beiden Punkte.

Die Eigenschaften einer achsensymmetrischen Figur kann man nutzen, um solche Figuren zu konstruieren. Diesen Vorgang nennt man **Spiegeln** an einer **Spiegelachse**. Dabei geht man folgendermaßen vor:

In Fig. 1 wird die Figur an der roten Achse gespiegelt.
1. Man zeichnet durch einen Eckpunkt A der Figur eine Hilfslinie, die senkrecht zur Spiegelachse verläuft. Als Hilfslinie kann auch eine Kästchenlinie dienen.
2. Man legt den Spiegelpunkt A′ so auf der Hilfslinie fest, dass der Punkt A und der Spiegelpunkt A′ gleich weit von der Spiegelachse entfernt sind.
3. Nun wiederholt man 1. und 2. für alle weiteren Eckpunkte der Figur.
4. Zum Schluss verbindet man die Spiegelpunkte in der richtigen Reihenfolge.

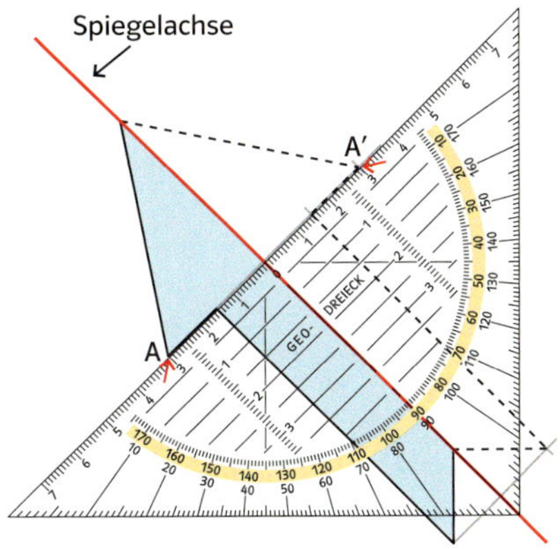

Fig. 1

Beispiel 1 Symmetrieachsen zeichnen
Übertrage Fig. 2 in dein Heft und zeichne alle Symmetrieachsen ein.
Lösung
Es gibt vier Symmetrieachsen (vgl. Fig. 3). Sie verlaufen jeweils durch zwei gegenüberliegende Eckpunkte der Figur.

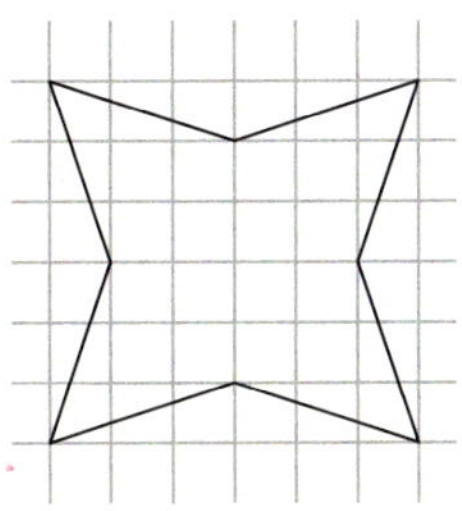

Fig. 2

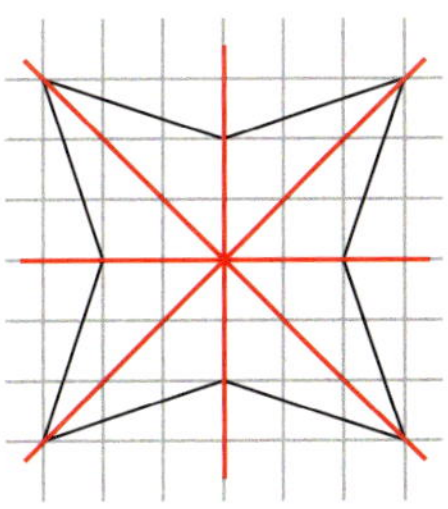

Fig. 3

Beispiel 2 An einer Achse spiegeln
Prüfe mit dem Geodreieck, ob die Punkte A, B und C in Fig. 4 richtig an der Spiegelachse g gespiegelt sind. Begründe, falls dies nicht der Fall ist. Erläutere ggf. den Fehler, der gemacht wurde.
Lösung
Der Punkt A′ ist falsch gezeichnet, da die Gerade durch die Punkte A und A′ nicht senkrecht zur Geraden g ist.
Der Punkt B′ ist richtig gezeichnet.
Der Punkt C′ ist falsch gezeichnet, da die Punkte C und C′ nicht denselben Abstand von der Spiegelachse g haben.

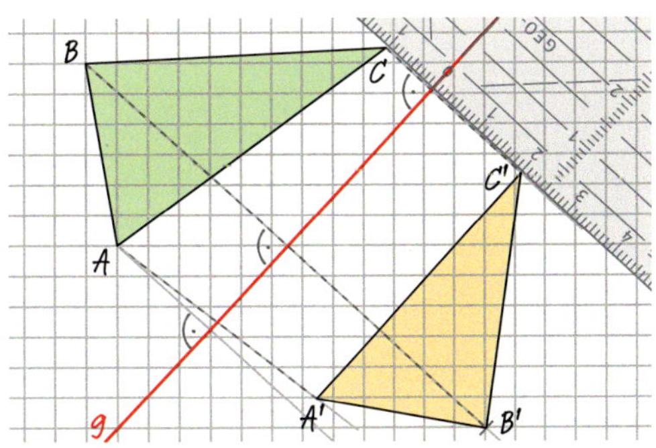

Fig. 4

Aufgaben

○ **1** Entscheide, ob die Verkehrszeichen achsensymmetrisch sind. Beschreibe gegebenenfalls, wo die Symmetrieachsen liegen.

○ **2** Notiere möglichst viele achsensymmetrische Dinge, die du täglich benutzt. Wer findet in der Klasse die meisten innerhalb von zwei Minuten?

○ **3** Notiere alle Druckbuchstaben des Alphabets, die eine Symmetrieachse haben. Welche Buchstaben haben mehr als eine Symmetrieachse? Findest du achsensymmetrische Wörter?

ABCDEFGHIJKLMNOPQRSTUVWXYZ

D11 Achsensymmetrie

○ **4** Übertrage die Figur in dein Heft und zeichne alle Symmetrieachsen ein.

Lerntipp
Seite 59, Beispiel 1

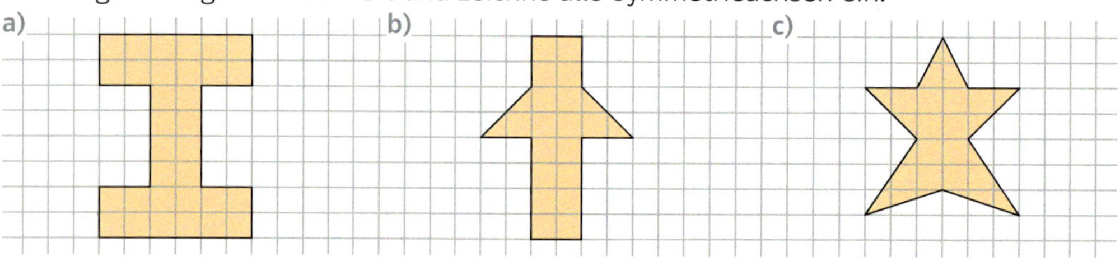

○ **5** Übertrage die Figur in dein Heft und spiegle die Figur an der Geraden g.

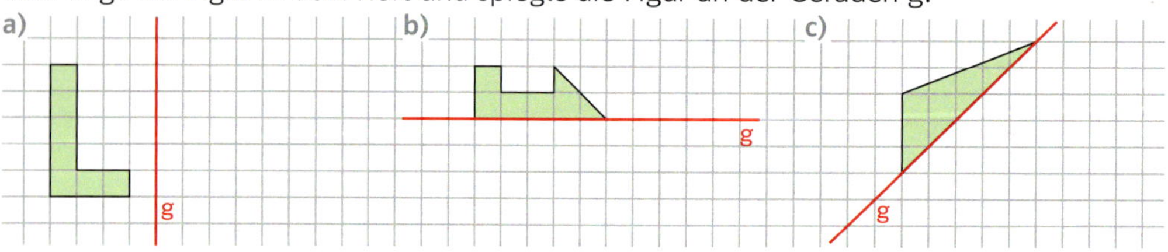

○ **6** Übertrage die Figur in dein Heft und spiegle die Figur an der Geraden h.

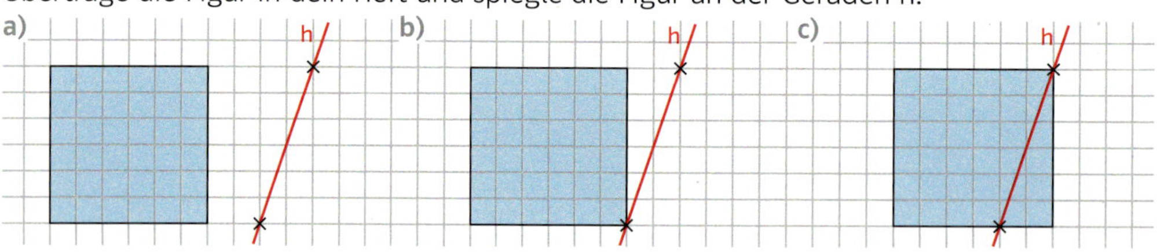

○ **7** a) Zeichne die folgenden Punkte in ein Koordinatensystem ein: A(2 | 0), B(4 | 2), C(2 | 4) und D(0 | 2). Verbinde sie der Reihenfolge nach. Verbinde zusätzlich A und D.
b) Entscheide, ob die Figur achsensymmetrisch ist und zeichne ggf. alle Symmetrieachsen ein. Gib jeweils den Schnittpunkt der Symmetrieachsen mit einer Koordinatenachse an.
c) Spiegle die Figur aus Teilaufgabe a) an einer Parallelen zur y-Achse durch den Punkt (5 | 2). Gib die Koordinaten der Spiegelpunkte an.

Üben ○
Seite 73, Aufgabe 5

Teste dich!

Lösungen, Seite 247

○ **8** Übertrage Fig. 1 in dein Heft und zeichne alle Symmetrieachsen ein.

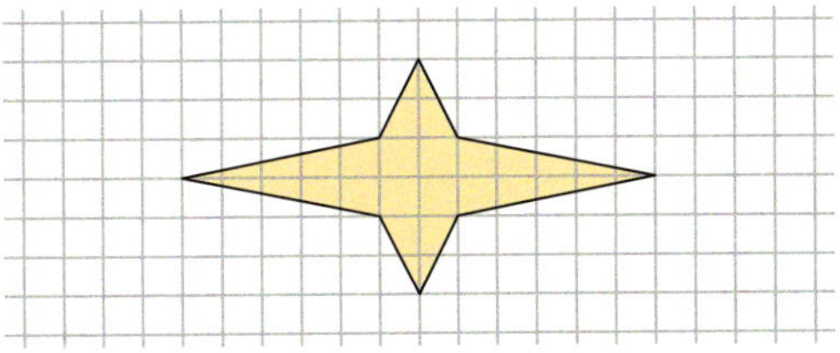

Fig. 1

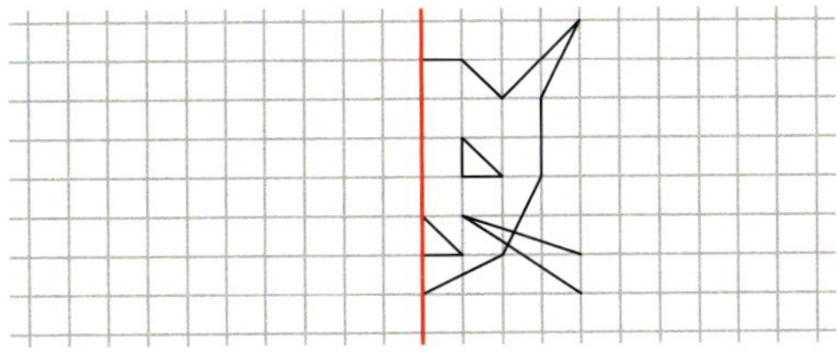

Fig. 2

○ **9** Übertrage Fig. 2 in dein Heft und spiegle an der roten Achse.

10 **Finde den Fehler!**
Prüfe mit dem Geodreieck, ob die Punkte P und Q richtig an der Spiegelachse g gespiegelt sind. Erläutere ggf. den Fehler, der gemacht wurde.

Lerntipp
Seite 59, Beispiel 2

Üben ○
Seite 73, Aufgabe 4

a)
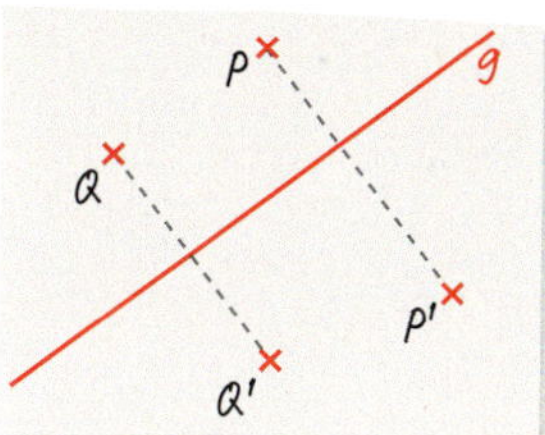

b)
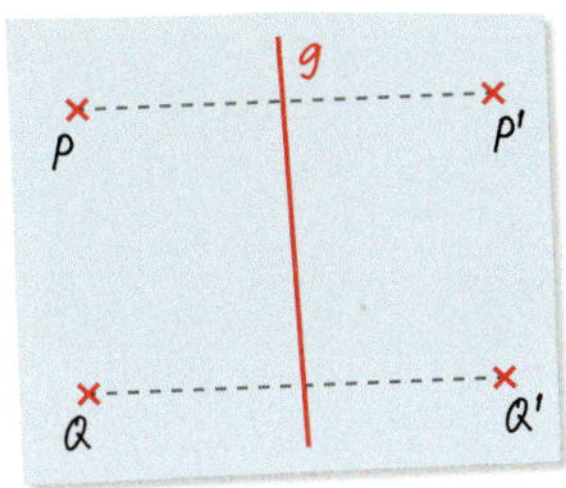

c)
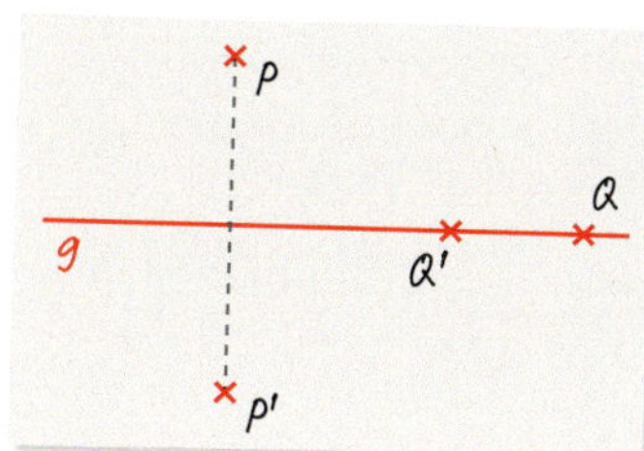

11 **Finde den Schatz!**

1. Zeichne die folgenden Punkte in ein geeignetes Koordinatensystem ein: A(2 | 6), B(1 | 3), C(2 | 4) und D(4 | 4). Verbinde sie der Reihenfolge nach. Verbinde auch die Punkte A und D.
2. Zeichne eine Gerade g durch die Punkte E(5 | 5) und F(1 | 1).
3. Spiegle die Figur aus der 1. Anweisung an der Geraden g und bezeichne die Spiegelpunkte mit A', B', C' und D'.
4. Zeichne eine Senkrechte h zur Geraden g durch den Punkt D.
5. Spiegle nun die erhaltene Figur an h und bezeichne die Spiegelpunkte mit A'', B'', C'' und D''.
6. Bei Punkt B'' findest du den Schatz. Gib die Koordinaten von B'' an.

Aufgabe 11 kann auch mit einer DGS bearbeitet werden.

12 Falte ein Blatt Papier einmal und schneide anschließend eine Figur an der Faltkante aus. Wiederhole dies, nachdem du das Blatt zweimal gefaltet hast bzw. dreimal gefaltet hast. Achte bei jedem Falten darauf, dass die Faltkanten genau übereinanderliegen. Was lässt sich entdecken?

13 a) Übertrage Fig. 3 in dein Heft.
b) Spiegle den Buchstaben A an der Geraden g. Gib die Koordinaten der „Eckpunkte" des gespiegelten A an.
c) Zeichne eine Spiegelachse im Koordinatensystem ein, sodass das gespiegelte A „aufrecht" steht.

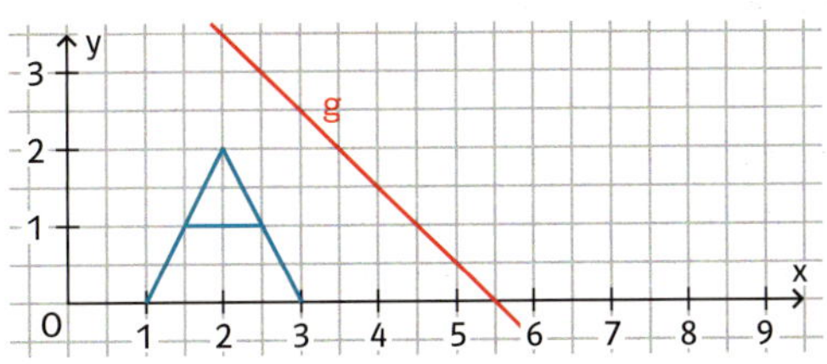

Fig. 3

14 a) Übertrage Fig. 1 in dein Heft und ergänze sie zu einer achsensymmetrischen Figur.
b) Zeichne eine Figur, die nur aus Strecken zusammengesetzt ist, auf ein leeres, weißes Papier. Zeichne eine Spiegelachse ein und lass deinen Partner die Figur spiegeln.

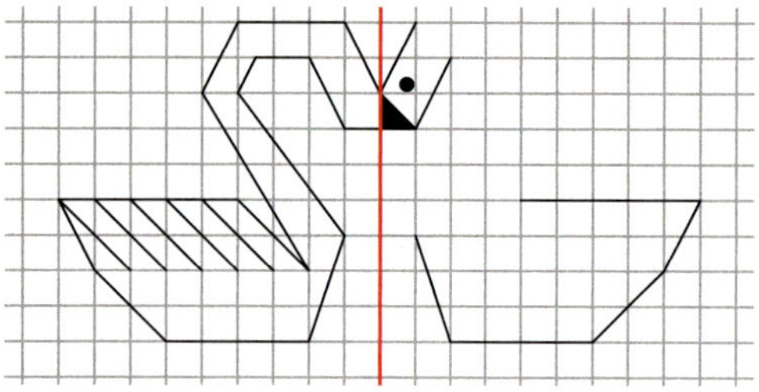

Fig. 1

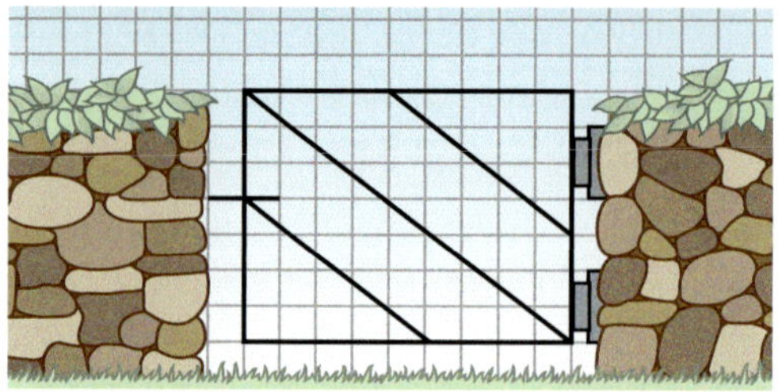

Fig. 2

15 Das Gartentor in Fig. 2 ist so gezeichnet, wie es Besucher von außen sehen würden. Zeichne das Tor so in dein Heft, wie man es sieht, wenn man aus dem Haus kommt.

Teste dich!

Lösungen, Seite 247

16 Der Buchstabe R wird an den Geraden g, h und k nacheinander gespiegelt. Ordne jedem Tier das richtig gespiegelte R zu.

(1) (2) (3) (4) (5) (6)

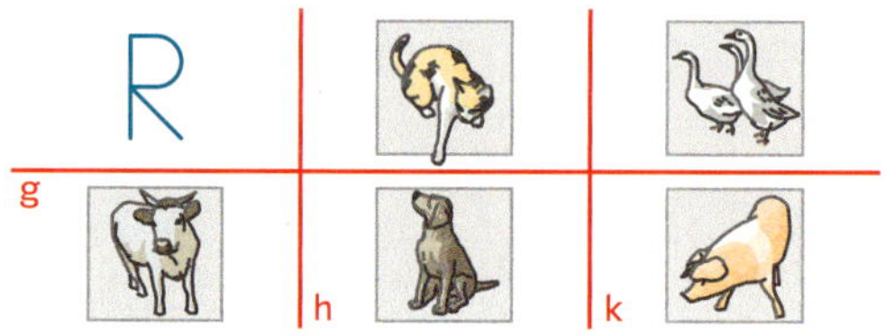

17 a) Zeichne die Punkte A(1|2), B(5|2) und C(3|5) in ein Koordinatensystem und verbinde sie zu einem Dreieck.
b) Spiegle das Dreieck aus a) an der Parallelen zur x-Achse durch den Punkt P(0|3).
c) Beschreibe die Figur, die sich insgesamt ergibt, und zeichne alle Symmetrieachsen der Figur ein. Beschreibe die Lage der Symmetrieachsen durch geeignete Koordinaten.

18 **Wahr oder falsch?**
Entscheide bei den folgenden Aussagen, ob sie wahr oder falsch sind. Begründe z. B. mit Beispielen bzw. Gegenbeispielen.
a) „Es gibt keine Figur mit genau drei Symmetrieachsen."
b) „Spiegelt man eine Figur an einer Achse und anschließend an einer Parallelen zu dieser Achse, so erhält man dieselbe Figur in derselben Position wie am Anfang."
c) „Es gibt Figuren mit unendlich vielen Symmetrieachsen."

19 a) Übertrage Fig. 3 in dein Heft.
b) Zeichne Spiegelachsen ein, sodass das eine F in das andere überführt wird.
c) Verändere die Position eines F. Wie ändern sich die Positionen der Spiegelachsen? Beschreibe den Zusammenhang.

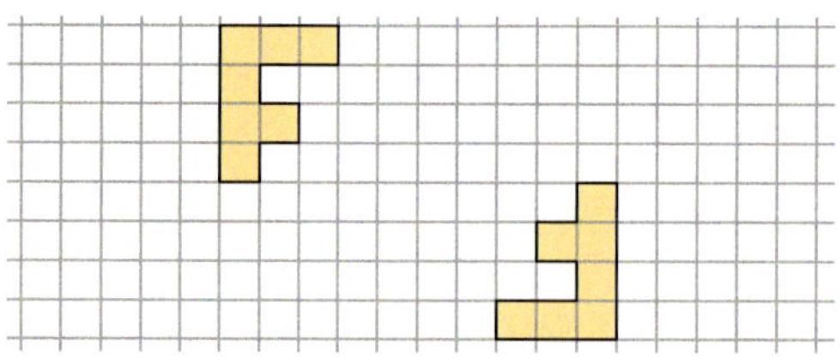

Fig. 3

Vertiefen
Seite 74, Aufgabe 10 a)

Vernetzen
Seite 75, Aufgabe 14

Teste dein Grundwissen! Umrechnen von Längenangaben

Merkkasten, Seite 26
Lösungen, Seite 247

G **20** Übertrage in dein Heft und ergänze.

a) 5 m = ▢ cm b) 2 km = ▢ m c) ▢ mm = 8 dm d) ▢ cm = 20 dm
e) 30 dm = 300 ▢ f) 400 mm = 4 ▢ g) 20 ▢ = 20 000 m h) ▢ mm = 1 m

4 Punktsymmetrische Figuren

Die linke Figur ist die „Dame" eines Kartenspiels.
Übertrage die rechte Figur in dein Heft und ergänze sie zu einer Spielkarte.

Neben der Achsensymmetrie gibt es noch eine andere Form der Symmetrie, die sogenannte Punktsymmetrie. Woran man sie erkennt, wird im Folgenden vorgestellt.

Obwohl die Windmühlenflügel auf dem Foto regelmäßig angeordnet sind, ist keine Symmetrieachse zu finden. Verbindet man je zwei gegenüberliegende Punkte, so schneiden sich die Verbindungsstrecken alle in einem Punkt Z. Eine solche Figur heißt **punktsymmetrisch**. Der Schnittpunkt der Verbindungsstrecken ist das **Symmetriezentrum**. Es halbiert die Verbindungsstrecken zwischen zwei gegenüberliegenden Punkten. In der Grafik nennt man A und A' z. B. Punkt und Spiegelpunkt.

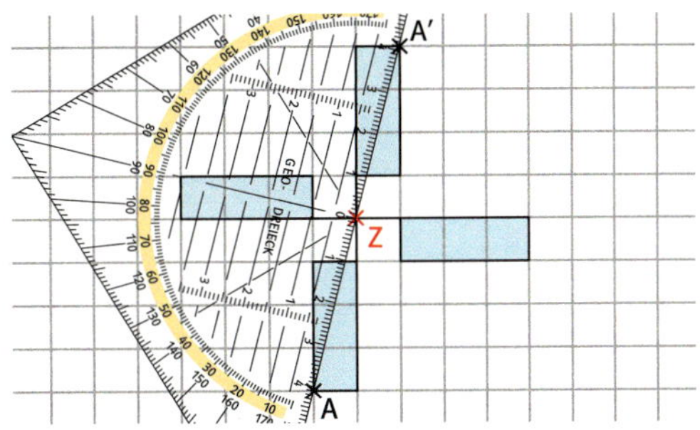

Für Figuren, die ein **Symmetriezentrum** Z besitzen, gilt:
- Jeder Punkt der Figur besitzt auf der gegenüberliegenden Seite einen Spiegelpunkt.
- Die Verbindungsstrecke der beiden Punkte verläuft durch den Punkt Z.
- Der Punkt Z halbiert die Verbindungsstrecke der beiden Punkte.

Die Eigenschaften einer punktsymmetrischen Figur kann man nutzen, um solche Figuren zu konstruieren. Diesen Vorgang nennt man **Spiegeln an einem Punkt**. Dabei geht man folgendermaßen vor:
In Fig. 1 wird das Dreieck an Punkt Z gespiegelt.
1. Man zeichnet durch einen Eckpunkt A der Figur eine Hilfslinie, die durch den Punkt Z verläuft.
2. Man legt den Spiegelpunkt A' so auf der Hilfslinie fest, dass er vom Punkt Z gleich weit entfernt ist wie Punkt A von Z.
3. Nun wiederholt man 1. und 2. für alle weiteren Eckpunkte der Figur.
4. Zum Schluss verbindet man die Spiegelpunkte in der richtigen Reihenfolge.

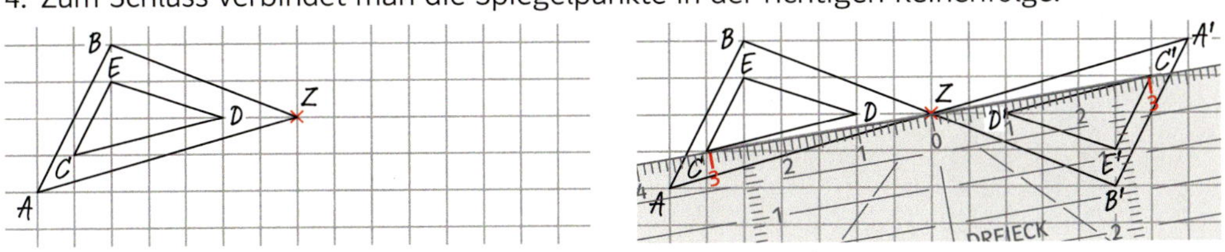

Fig. 1

Beispiel 1 **Punktsymmetrie überprüfen**

Prüfe, ob die Vierecke in Fig. 1 und 2 punktsymmetrisch sind.

Lösung

Das Viereck in Fig. 1 ist punktsymmetrisch zum Punkt Z (vgl. Fig. 3).
Man verbindet jeweils zwei sich gegenüberliegende Punkte. Der Schnittpunkt der Verbindungslinien ist das Symmetriezentrum Z. Man überprüft die Abstände von Punkt und Spiegelpunkt, also z. B. A und C zum Symmetriezentrum Z. Da sowohl A und C als auch B und D denselben Abstand zu Punkt Z haben, ist das Viereck punktsymmetrisch.

Das Viereck in Fig. 2 ist nicht punktsymmetrisch (vgl. Fig. 4).
Die sich gegenüberliegenden Punkte A und C oder auch D und B haben nicht denselben Abstand vom Schnittpunkt der Verbindungslinien, also ist das Viereck nicht punktsymmetrisch.

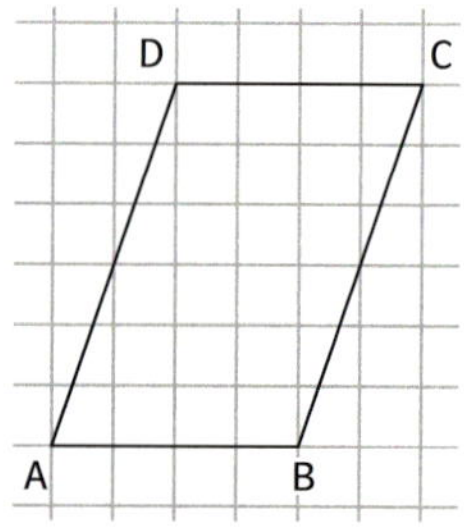

Fig. 1

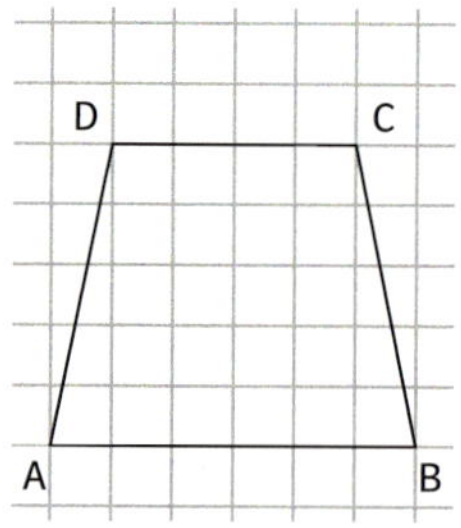

Fig. 2

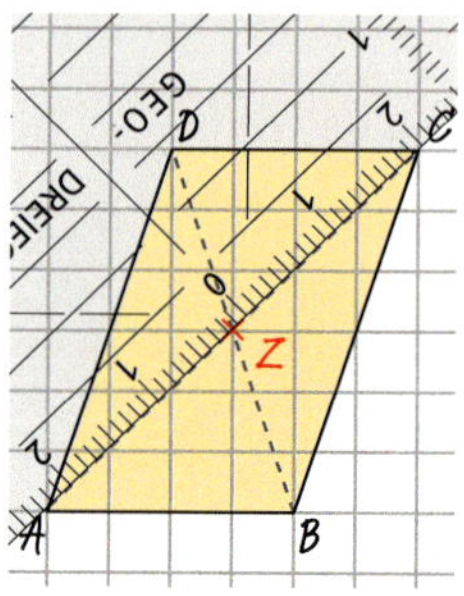

Fig. 3

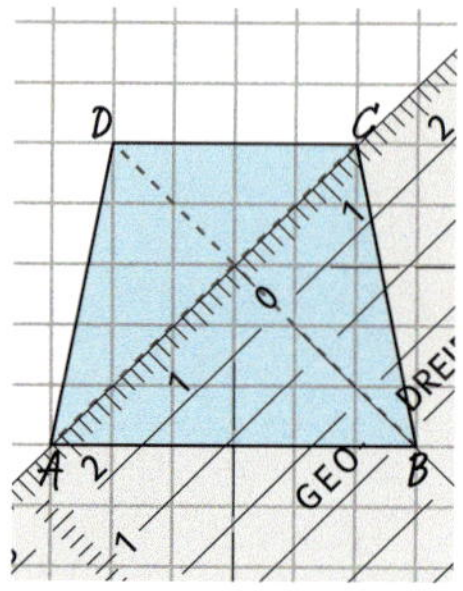

Fig. 4

Beispiel 2 **An einem Punkt spiegeln**

Zeichne das Viereck in Fig. 5 mit den Eckpunkten A, B, C und D sowie den Punkt Z ins Heft. Spiegle das Viereck am Punkt Z.

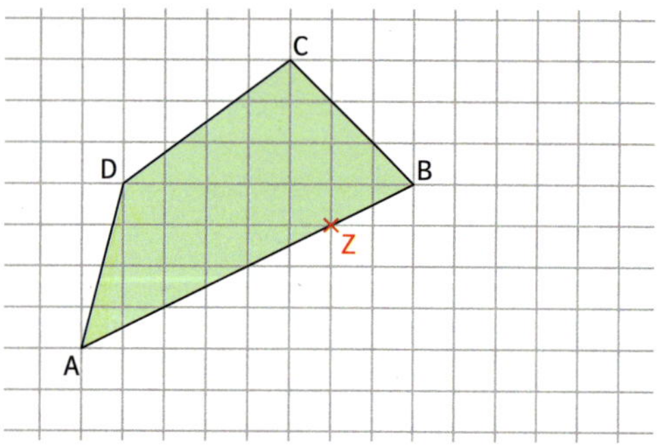

Fig. 5

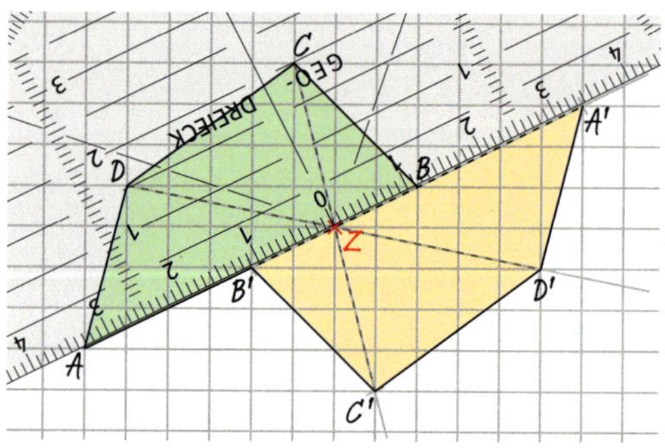

Fig. 6

Lösung

Man zeichnet durch einen Eckpunkt A der Figur eine Hilfslinie, die durch den Punkt Z verläuft. Nun legt man den Spiegelpunkt A' so auf der Hilfslinie fest, dass er vom Punkt Z gleich weit entfernt ist wie Punkt A vom Punkt Z. Mit den anderen Punkten verfährt man entsprechend (s. Fig. 6).

Aufgaben

○ **1** Entscheide, ob die folgenden Verkehrsschilder punktsymmetrisch sind. Beschreibe gegebenenfalls die Lage des Symmetriezentrums.

Lerntipp
Seite 64, Beispiel 1

a) 

b) 

c) 

d) 

○ **2** Notiere möglichst viele punktsymmetrische Dinge, die du aus dem Alltag kennst. Wer findet in der Klasse die meisten innerhalb von zwei Minuten?

○ **3** Übertrage die Figur in dein Heft und zeichne das Symmetriezentrum Z ein.

Lernttipp Seite 64, Beispiel 1

a) b) c)
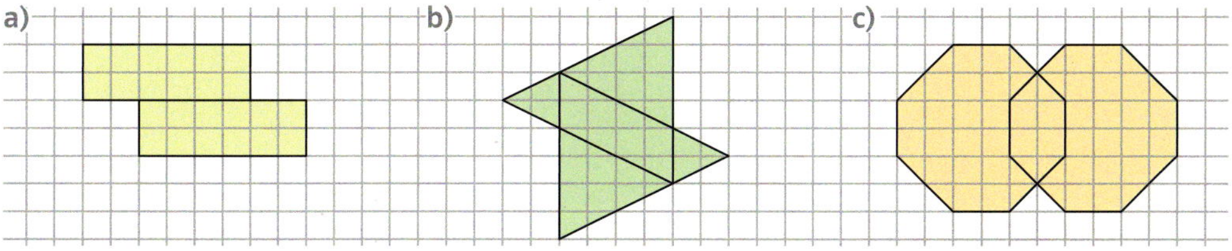

D12 **Punktsymmetrie**

○ **4** Übertrage die Figur in dein Heft und spiegle am Punkt Z.

Lerntipp Seite 64, Beispiel 2

a) b) c)
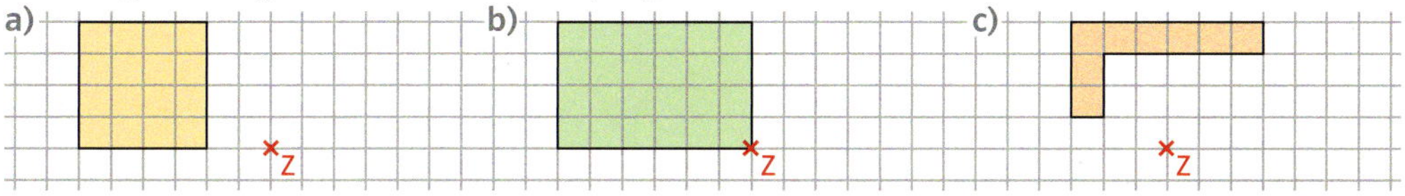

○ **5** Zeichne das Viereck mit den Eckpunkten A, B, C und D in ein Koordinatensystem. Spiegle es am Punkt Z(4 | 3). Gib die Koordinaten der Spiegelpunkte A′, B′, C′ und D′ an.
a) A(0 | 0), B(3 | 0), C(3 | 1), D(0 | 1)
b) A(0 | 1), B(4 | 2), C(4 | 3), D(0 | 2)
c) A(4 | 0), B(7 | 0), C(7 | 2), D(6 | 2)
d) A(1 | 1), B(3 | 3), C(3 | 4), D(1 | 5)

○ **6** a) Faltet ein quadratisches Papier zweimal und schneidet eine Figur ähnlich wie in Fig. 1 aus. Notiert die Eigenschaften der Figur, die nach dem Aufklappen des Blattes entsteht. Skizziert sie.
b) Entscheidet, ob man dieselben Ergebnisse wie in Teilaufgabe a) erhält, wenn man das Quadrat entlang der Diagonalen faltet. Probiert es gemeinsam aus.

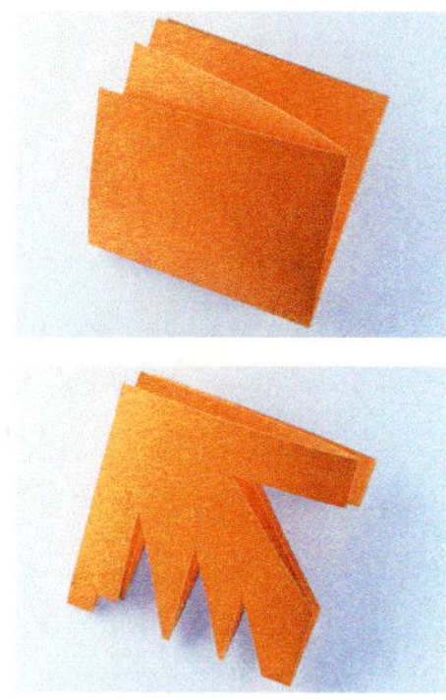
Fig. 1

Teste dich!

Lösungen, Seite 248

○ **7** Prüfe, ob die Flechtmuster punktsymmetrisch sind. Trage bei Punktsymmetrie das Symmetriezentrum ein.

(1)
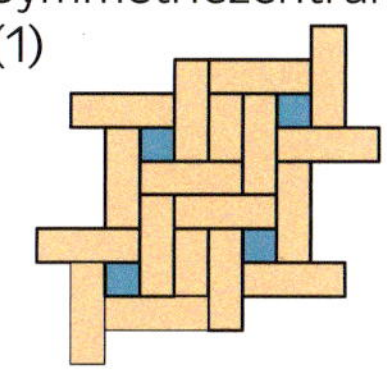
(2)
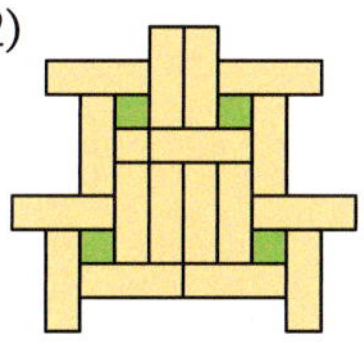
(3)
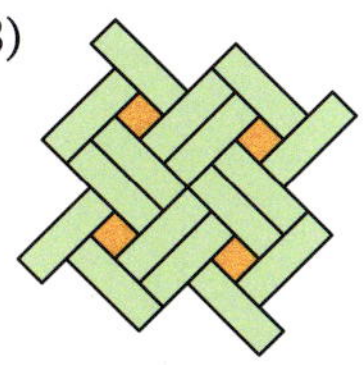
(4)

○ **8** Zeichne das Viereck mit den Eckpunkten A, B, C und D in ein Koordinatensystem. Spiegle es am Punkt Z(3 | 3). Gib die Koordinaten der Spiegelpunkte A′, B′, C′ und D′ an.
a) A(0 | 0), B(2 | 0), C(4 | 2), D(2 | 2)
b) A(3 | 4), B(6 | 4), C(5 | 5), D(4 | 5)

◒ **9** Prüfe, ob die Punkte richtig am Punkt Z gespiegelt sind. Erläutere ggf. den Fehler.

a)

b)

10 a) Prüfe, ob die folgenden Dinge punkt- bzw. achsensymmetrisch sind. Beschreibe gegebenenfalls die Lage der Symmetrieachse bzw. des Symmetriezentrums.
b) Erstelle selbst punktsymmetrische Ornamente.

(1)
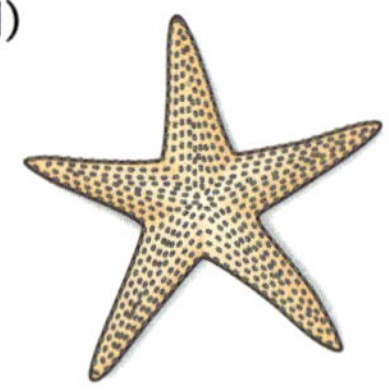
Seestern

(2)
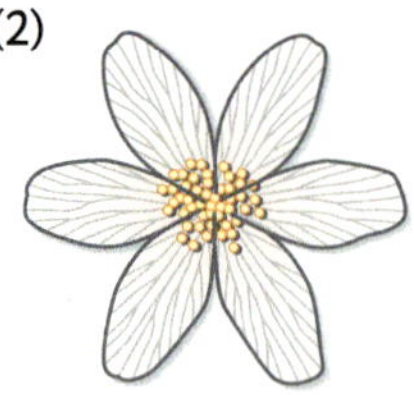
Buschwindröschen

(3)

Ornament

(4)
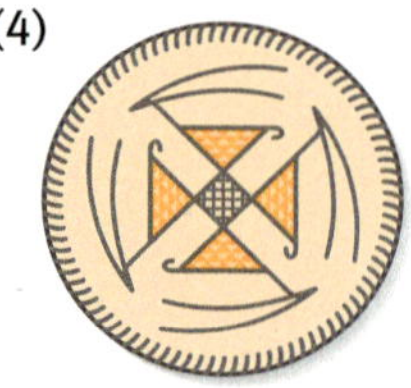
Ornament

11 Übertrage das Fünfeck und den Punkt Z in dein Heft.
a) Spiegle das Fünfeck am Punkt Z.
b) Spiegle das Fünfeck am Punkt B.
c) Spiegle das Fünfeck am Punkt E.
d) Beschreibe, wie in den Teilaufgaben a), b) und c) die Figur und ihre Spiegelung zueinanderliegen. Erläutere, wie die Unterschiede zu erklären sind.

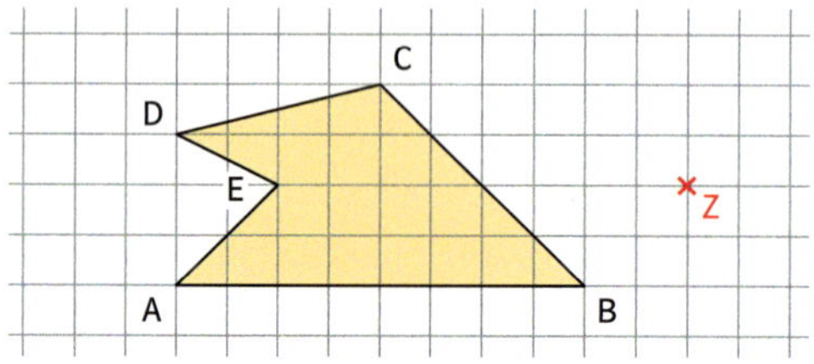

12 **Finde den Fehler!**
Luis hat in der nebenstehenden Figur die Farben falsch am Punkt Z gespiegelt. Gib an, welche Quadrate in der rechten Figur die falsche Farbe haben.
Übertrage die linke Figur und den Punkt Z in dein Heft und führe die Punktspiegelung korrekt durch.

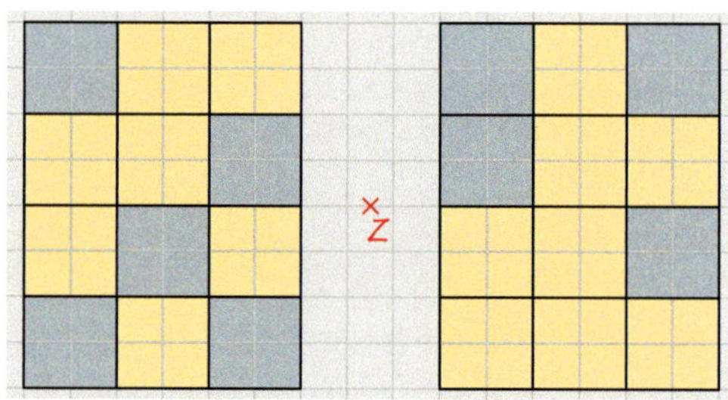

13 a) Prüfe bei jedem Viereck, ob es achsen- bzw. punktsymmetrisch ist. Gib gegebenenfalls zwei Punkte der Symmetrieachse bzw. das Symmetriezentrum mithilfe von Koordinaten an.
b) Zeichne eine Figur ins Koordinatensystem, die mindestens 6 Eckpunkte hat, sowie einen weiteren Punkt Z. Dein Partner soll nun die Figur am Punkt Z spiegeln.

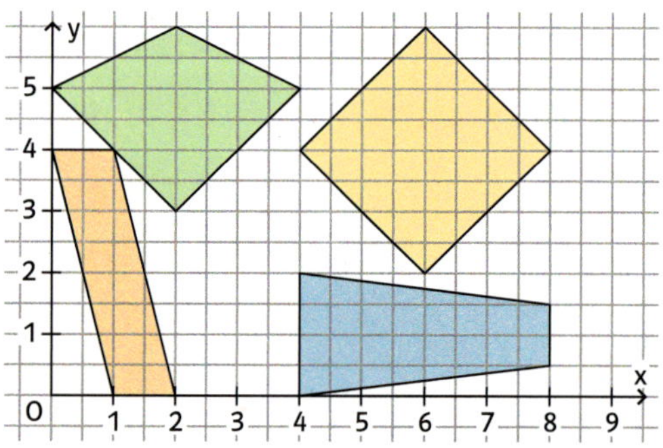

14 **Finde den Schatz!**
1. Zeichne die folgenden Punkte in ein geeignetes Koordinatensystem ein: A(7 | 2), B(6 | 4) und C(5 | 2). Verbinde sie zu einem Dreieck.
2. Zeichne die Symmetrieachse des Dreiecks aus 1. ein und bezeichne sie mit g.
3. Zeichne eine senkrechte Gerade h zur Symmetrieachse g durch den Punkt P(3 | 5).
4. Spiegle das Dreieck an der Geraden h. Bezeichne die Spiegelpunkte mit A′, B′ und C′.
5. Spiegle das erhaltene Dreieck nun am Punkt Z(4 | 4) und bezeichne die Spiegelpunkte mit A″, B″ und C″.
6. Bei Punkt A″ findest du den Schatz. Gib die Koordinaten von A″ an.

Aufgabe 14 kann auch mit einer DGS bearbeitet werden.

15 Übertrage die Figur in dein Heft. Färbe die Karos so, dass eine Figur entsteht, die
a) punktsymmetrisch, aber nicht achsensymmetrisch ist,
b) achsensymmetrisch, aber nicht punktsymmetrisch ist,
c) weder punktsymmetrisch noch achsensymmetrisch ist,
d) punkt- und achsensymmetrisch ist.

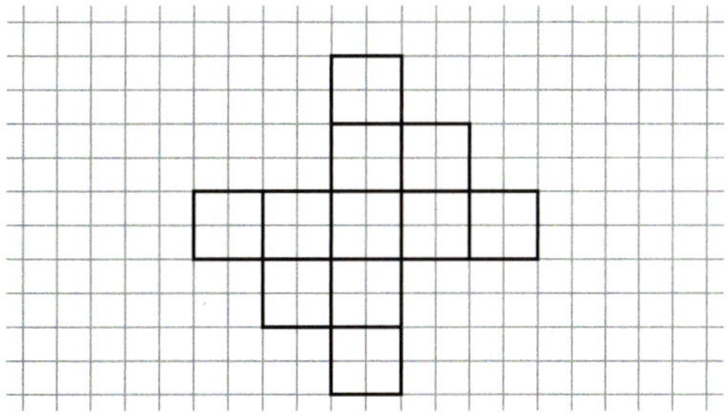

Teste dich!

→ **Lösungen**, Seite 248

16 Übertrage die Figur in dein Heft und zeichne das Symmetriezentrum Z ein.

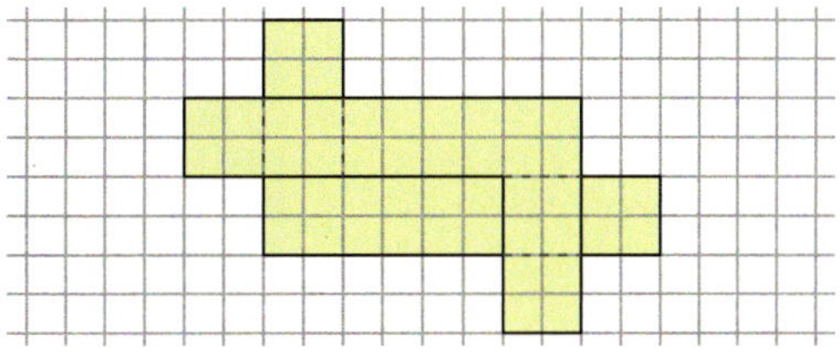

17 a) Zeichne ein Fünfeck mit den Eckpunkten A(1 | 0), B(3 | 0), C(3 | 2), D(2 | 3) und E(1 | 2) in ein Koordinatensystem.
b) Spiegle das Fünfeck aus a) an Punkt C.

18 **Wahr oder falsch?**
Entscheide bei den folgenden Aussagen, ob sie wahr oder falsch sind. Begründe deine Entscheidung z. B. mithilfe von Skizzen, Beispielen oder Gegenbeispielen.
a) „Eine punktsymmetrische Figur ist auch immer achsensymmetrisch."
b) „Wenn eine Figur mindestens zwei Symmetrieachsen besitzt, dann ist sie auch punktsymmetrisch."
c) „Durch das Spiegeln an einem Punkt Z erhält man dieselbe Figur wie durch eine halbe Drehung der Figur um den Punkt Z."

19 Übertrage die Figur in dein Heft und ergänze so wenig wie möglich, sodass
a) eine punktsymmetrische Figur entsteht,
b) eine achsensymmetrische Figur entsteht,
c) eine Figur entsteht, die sowohl punkt- als auch achsensymmetrisch ist.
d) Erläutere jeweils dein Vorgehen.

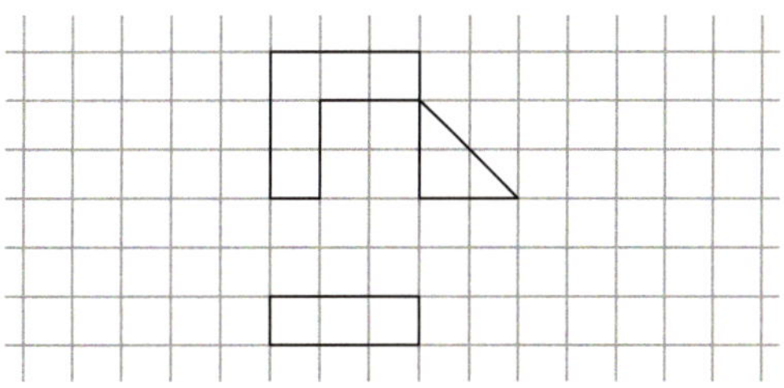

→ **Vertiefen** Seite 74, Aufgabe 10

20 a) Übertrage die Figur in dein Heft und führe eine Achsenspiegelung an der Geraden g durch. Spiegle die erhaltene Figur noch einmal an der Achse h.
b) Vergleiche die Ausgangsfigur mit der zuletzt gezeichneten Figur. Was fällt auf?
c) Entscheide, ob die Beobachtung von Teilaufgabe b) auch für andere Figuren gilt. Begründe deine Entscheidung.

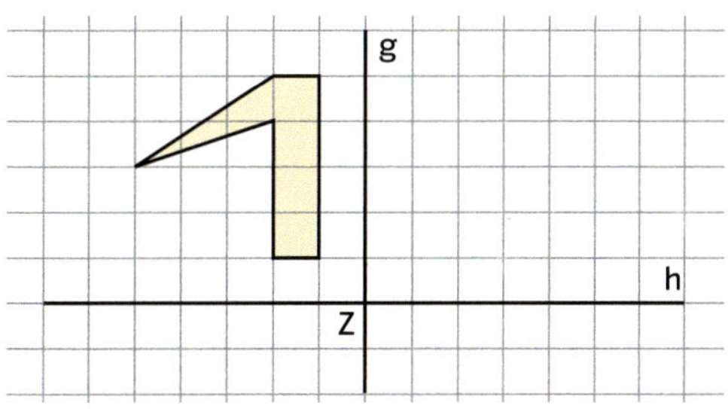

Teste dein Grundwissen! **Umrechnen von Gewichtsangaben**

→ **Merkkasten**, Seite 30
Lösungen, Seite 248

21 Übertrage in dein Heft und ergänze.
a) 8 kg = ▢ g b) 80 t = 80 000 ▢ c) ▢ mg = 20 g d) 5000 ▢ = 5 kg
e) 10 g = 10 000 ▢ f) 30 000 g = ▢ kg g) 95 kg = 95 000 ▢ h) ▢ kg = 260 t

5 Eigenschaften von Vielecken

Im Foto der Schwebebahn in Wuppertal erkennt man einige bekannte Figuren. Beschreibe und benenne sie. Welche anderen Beispiele aus der Umwelt fallen dir noch ein?

Im Alltag begegnen einem viele Vielecke mit besonderen Eigenschaften. Einige von ihnen werden im Folgenden vorgestellt.

Figuren, die nur von Strecken begrenzt werden, nennt man **Vielecke**. Beispiele sind:

Dreieck	Viereck	Fünfeck	Sechseck
	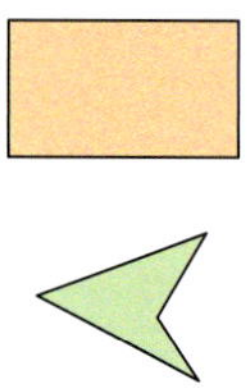		

Dreiecke und Vierecke können Besonderheiten aufweisen.

Besondere Dreiecke

Ein Dreieck mit **zwei gleich langen Seiten** heißt **gleichschenkliges Dreieck**.

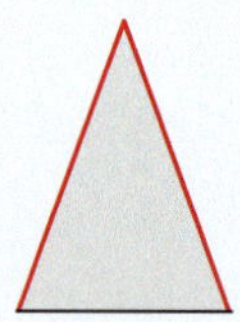

Ein Dreieck mit **drei gleich langen Seiten** heißt **gleichseitiges Dreieck**.

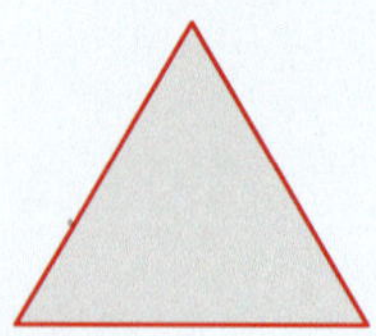

Ein Dreieck mit **zwei aufeinander senkrecht stehenden Seiten** heißt **rechtwinkliges Dreieck**.

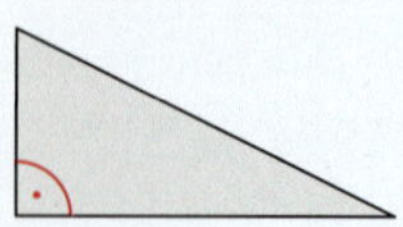

Besondere Vierecke

	Beispiel	Weitere Eigenschaften
Wenn in einem Viereck zwei **gegenüberliegende Seiten parallel** zueinander sind, heißt es **Trapez**.	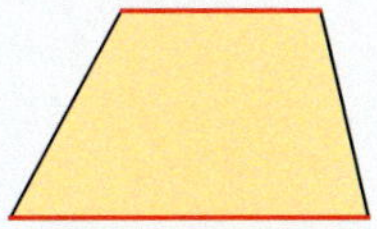	
Wenn in einem Viereck **jeweils die gegenüberliegenden Seiten parallel** zueinander sind, heißt es **Parallelogramm**.		- gegenüberliegende Seiten sind gleich lang - punktsymmetrisch
Wenn ein Viereck **vier gleich lange Seiten** besitzt, heißt es **Raute**.	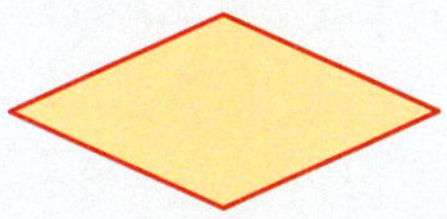	- gegenüberliegende Seiten sind parallel zueinander - achsensymmetrisch zu zwei Symmetrieachsen - punktsymmetrisch
Wenn in einem Viereck die **benachbarten Seiten jeweils senkrecht** zueinander stehen, heißt es **Rechteck**.	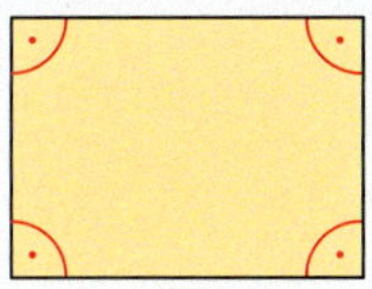	- die jeweils gegenüberliegenden Seiten sind parallel zueinander - gegenüberliegende Seiten sind gleich lang - achsensymmetrisch zu zwei Symmetrieachsen - punktsymmetrisch
Wenn ein Viereck **vier gleich lange Seiten** besitzt und **benachbarte Seiten jeweils senkrecht** zueinander stehen, heißt es **Quadrat**.	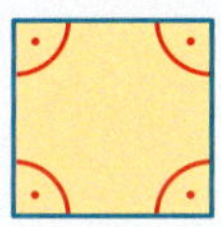	- gegenüberliegende Seiten sind parallel zueinander - achsensymmetrisch zu vier Symmetrieachsen - punktsymmetrisch

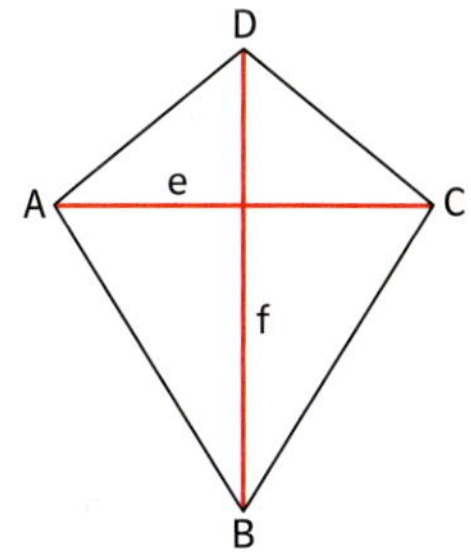

Ein Drachen hat zwei Paar gleich lange Seiten und besitzt eine Symmetrieachse. Die Diagonalen sind senkrecht zueinander.

Bei Vierecken beschriftet man die Ecken mit Großbuchstaben und die Seiten mit Kleinbuchstaben. Häufig beschriftet man die Ecken und die Seiten eines Vierecks gegen den Uhrzeigersinn (siehe Fig. 1). Die Strecke von einem Eckpunkt zum gegenüberliegenden Eckpunkt bezeichnet man als **Diagonale** des Vierecks.

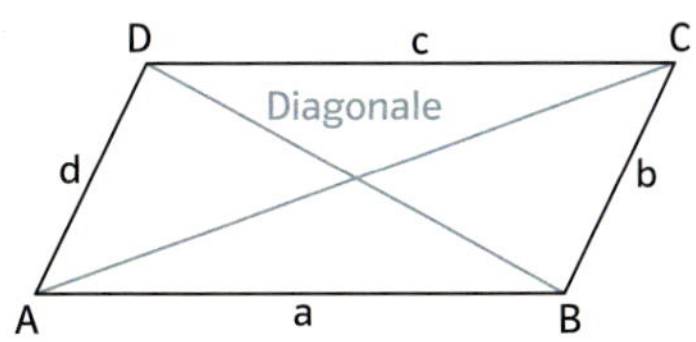

Fig. 1

Beispiel 1 Vierecke unterscheiden

Gib an, um welches besondere Viereck es sich handelt. Begründe mithilfe seiner Eigenschaften.

Lösung

Das Viereck ist ein Rechteck, denn die jeweils gegenüberliegenden Seiten sind parallel und gleich lang und die jeweils benachbarten Seiten stehen senkrecht zueinander.
Das Viereck ist auch ein Trapez, da es zwei gegenüberliegende, parallele Seiten hat.
Das Viereck ist auch ein Parallelogramm, weil die gegenüberliegenden Seiten jeweils parallel zueinander sind.
Da die vier Seiten nicht alle gleich lang sind, ist das Viereck keine Raute und kein Quadrat.

Beispiel 2 **Parallelogramme zeichnen**
Zeichne zwei verschiedene Parallelogramme mit den Seitenlängen a = 5 cm und b = 3 cm.
Lösung
Erstes Parallelogramm

Zeichne $\overline{AB}$. *Zeichne $\overline{BC}$.* *Zeichne die Parallelen zu $\overline{AB}$ und $\overline{BC}$.*

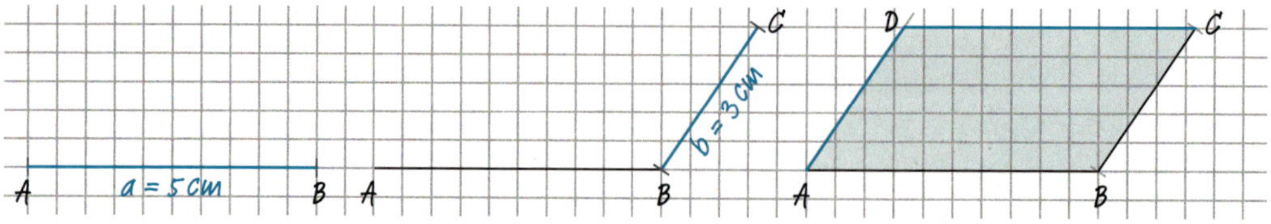

Zweites Parallelogramm

Zeichne $\overline{AB}$. *Zeichne $\overline{BC}$.* *Zeichne die Parallelen zu $\overline{AB}$ und $\overline{BC}$.*

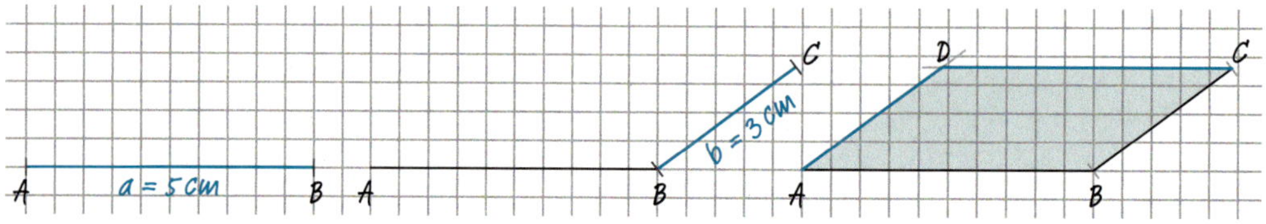

Gegen den Uhrzeigersinn

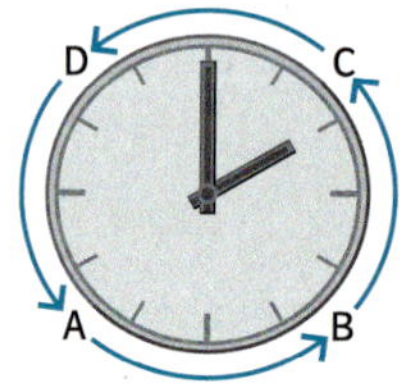

Aufgaben

○ **1** Gib zu allen besonderen Dreiecken und Vierecken der Übersicht auf den Seiten 68 und 69 mindestens zwei Dinge aus dem Alltag an. Wer aus der Klasse findet die meisten in zwei Minuten?

○ **2** Gib an, welche der abgebildeten Dreiecke besondere Dreiecke sind.

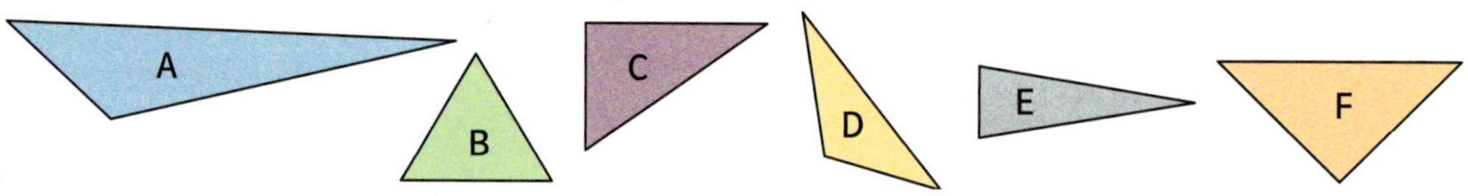

○ **3** Gib an, welche der abgebildeten Vierecke
a) Parallelogramme sind, **b)** Trapeze sind.

Lerntipp
Seite 69, Beispiel 1

○ **4** Zeichne ein Quadrat mit der Seitenlänge a.
a) a = 4 cm **b)** a = 7 cm **c)** a = 45 mm

○ **5** Zeichne ein Rechteck mit den Seitenlängen a und b.
a) a = 2 cm, b = 4 cm **b)** a = 5 cm, b = 3 cm **c)** a = 25 mm, b = 6 cm

○ **6** Übertrage die Figur in dein Heft und ergänze sie zu einem Parallelogramm.

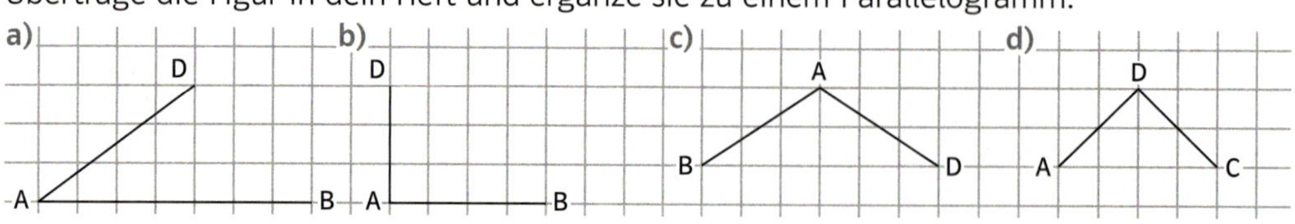

○ **7** a) Zeichne jeweils zwei verschiedene Parallelogramme mit den Seitenlängen a und b.
(1) a = 6 cm, b = 4 cm (2) a = 8 cm, b = 2 cm (3) a = 35 mm, b = 4 cm
b) Zeichne jeweils ein Rechteck mit den Seitenlängen a und b. Handelt es sich ebenfalls um Parallelogramme? Begründe.
c) Zeichne jeweils eine Diagonale in die Rechtecke aus Teilaufgabe b). Entscheide, ob es sich bei den entstandenen Dreiecken um besondere Dreiecke handelt. Begründe.

Lerntipp
Seite 70, Beispiel 2

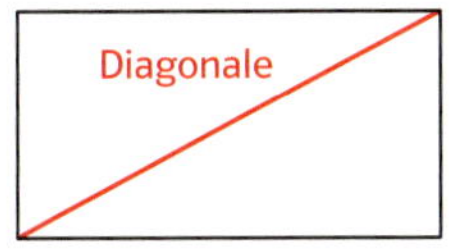

○ **8** SP Notiere die verschiedenen Namen der folgenden Vierecke. Begründe mithilfe der Eigenschaften der Vierecke.

Lerntipp
Seite 69, Beispiel 1

Üben ○
Seite 73, Aufgabe 3

Teste dich!

Lösungen, Seite 249

○ **9** a) Übertrage die Figur in dein Heft.
b) Entscheide, ob es sich um ein besonderes Viereck handelt. Begründe mithilfe der Eigenschaften.
c) Zeichne eine Diagonale ein. Entscheide, ob es sich bei den beiden entstandenen Dreiecken um besondere Dreiecke handelt. Begründe.

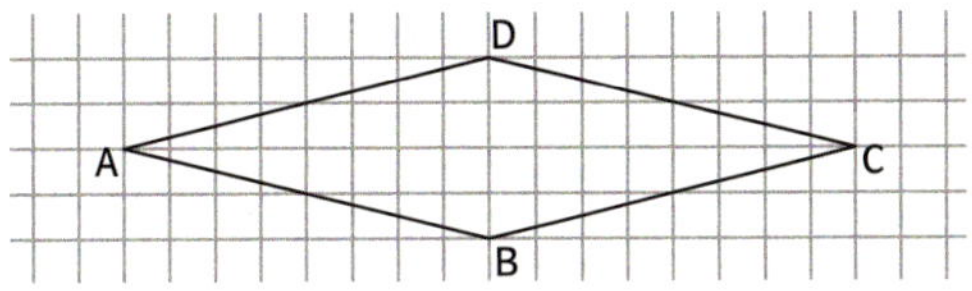

○ **10** a) Zeichne ein Rechteck mit den Seitenlängen a = 7 cm und b = 45 mm.
b) Zeichne ein Quadrat mit der Seitenlänge a = 35 mm.
c) Zeichne ein Parallelogramm mit den Seitenlängen a = 4 cm und b = 4 cm, in dem zwei benachbarte Seiten senkrecht aufeinanderstehen. Gib weitere Namen für das entstandene Viereck an.

11 a) Carla sagt: „Ich zähle sechs Trapeze und auch sechs Parallelogramme." Marlene erkennt gar kein Trapez und ist verwirrt. Wer hat recht?
b) Zähle selbst Trapeze, Parallelogramme, Rauten, Rechtecke und Quadrate.

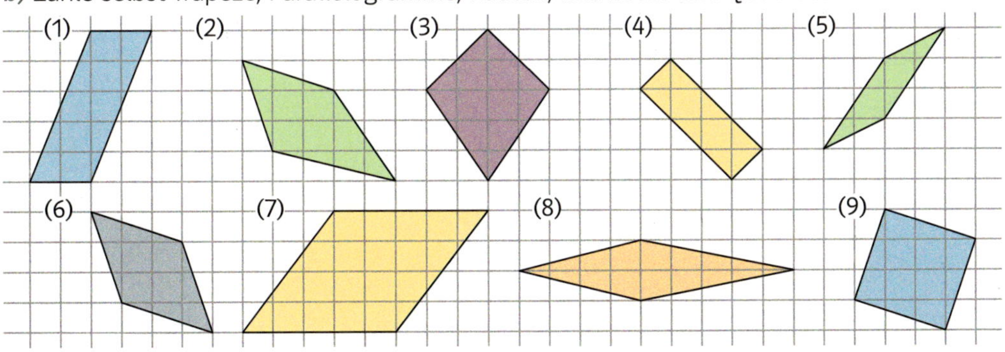

12 Zeichne die Punkte A(3 | 2), B(5 | 6) und C(3 | 4) in ein Koordinatensystem. Ergänze einen Punkt D so, dass ein Parallelogramm entsteht. Gib die Koordinaten des Punktes an. Gib an, wie viele unterschiedliche Lösungen es gibt.

13 a) Zeichne auf weißem Papier ein Parallelogramm, das auch ein Rechteck ist.
b) Zeichne auf weißem Papier ein Parallelogramm, das kein Rechteck ist.
c) Zeichne auf weißem Papier ein Viereck, das ein Trapez, aber kein Parallelogramm ist.

14 a) Übertrage Fig. 1 in dein Heft und gib die Koordinaten der Eckpunkte an.
b) Handelt es sich um ein besonderes Dreieck? Begründe.
c) Spiegle das Dreieck an der Achse durch die Punkte B und C und an der Achse durch die Punkte A und C. Gib jeweils die Koordinaten der Spiegelpunkte an. Gib an, welche besonderen Figuren beim Spiegeln entstehen.

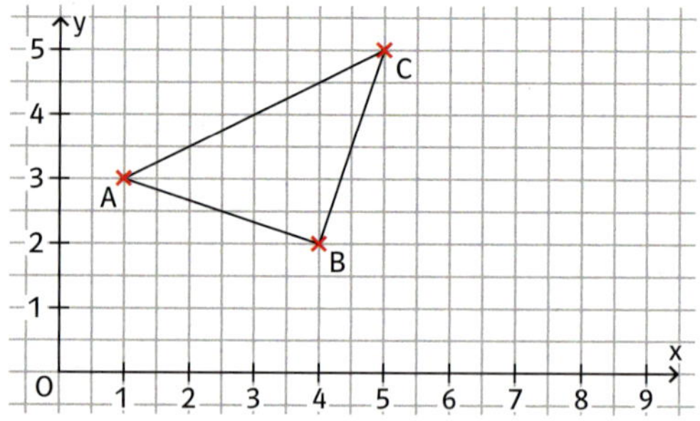

Fig. 1

15 **Gegenbeispiel gesucht!**
Zeige, dass die Aussage falsch ist. Zeichne hierzu ein passendes Gegenbeispiel.
a) „Jede Raute ist ein Quadrat."
b) „Jedes gleichschenklige Dreieck ist gleichseitig."
c) „Jedes Trapez ist ein Parallelogramm."

16 SP Antonia begründet, dass jedes gleichseitige Dreieck auch gleichschenklig ist: „Bei einem gleichseitigen Dreieck sind alle drei Seiten gleich lang. Bei einem gleichschenkligen Dreieck müssen nur zwei Seiten gleich lang sein. Also ist ein gleichseitiges Dreieck automatisch auch gleichschenklig."
Begründe in ähnlicher Form, dass die folgenden Aussagen richtig sind.
a) Jedes Quadrat ist eine Raute.
b) Jedes Parallelogramm ist ein Trapez.
c) Jedes Quadrat ist ein Rechteck.

Vertiefen Seite 74, Aufgabe 8
Erforschen Seite 75, Aufgabe 15

Teste dich!

Lösungen, Seite 249

17 a) Zeichne auf weißem Papier eine Raute, die kein Quadrat ist.
b) Zeichne auf weißem Papier ein Trapez, das auch ein Rechteck ist.

18 **Wahr oder falsch?**
Entscheide, ob die Aussage wahr oder falsch ist. Begründe.
a) „Jedes Parallelogramm ist ein Rechteck."
b) „Jedes Rechteck ist ein Parallelogramm."

19 a) Nimm zwei Hölzer in Fig. 2 weg, sodass zwei unterschiedliche Quadrate entstehen.
b) Lege drei Hölzer so um, dass drei gleich große Quadrate entstehen.
c) Welche besonderen Vierecke lassen sich aus vier bzw. sechs Streichhölzern legen, welche nicht? Begründe.

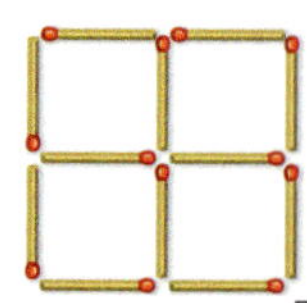
Fig. 2

20 a) Zeichne drei verschiedene Vierecke. Markiere bei jeder Seite die Mitte und verbinde diese Punkte zu einem neuen Viereck. Welche Art von Viereck entsteht? Vergleiche mit deinem Partner. Formuliert eure Entdeckung im Heft.
b) Zeichne in verschiedene besondere Vierecke jeweils die beiden Diagonalen. Was lässt sich entdecken? Dokumentiere in deinem Heft.

Erforschen Seite 75, Aufgabe 13

Teste dein Grundwissen! **Zeitdauern bestimmen**

Merkkasten, Seite 34
Lösungen, Seite 249

G **21** Wie viel Zeit vergeht
a) von 9:30 Uhr bis 11:15 Uhr,
b) von 5:45 Uhr bis 22:10?

Wiederholen und Üben

Lösungen, Seite 250

Die Aufgaben 1 und 5 können auch mit einer DGS bearbeitet werden.

○ **1** Trage die Punkte in ein Koordinatensystem ein und verbinde sie der Reihe nach. Welches Bild entsteht? A(4 | 8), B(2 | 6), C(3 | 6), D(1 | 4), E(3 | 4), F(0 | 1), G(3 | 1), H(3 | 0), K(5 | 0), L(5 | 1), M(8 | 1), N(5 | 4), P(7 | 4), Q(5 | 6), R(6 | 6). Verbinde zusätzlich die Punkte R und A.

○ **2** **a)** Bestimme die Koordinaten der angegebenen Punkte.
b) Bestimme die Strecken, die senkrecht bzw. parallel zueinander sind.
c) Finde und benenne besondere Dreiecke und Vierecke.
d) Denke dir selbst ein Bild im Koordinatensystem und eine Spiegelachse g aus. Dein Partner soll nun dein Bild an der Achse g spiegeln. Kontrolliert gegenseitig eure Ergebnisse.

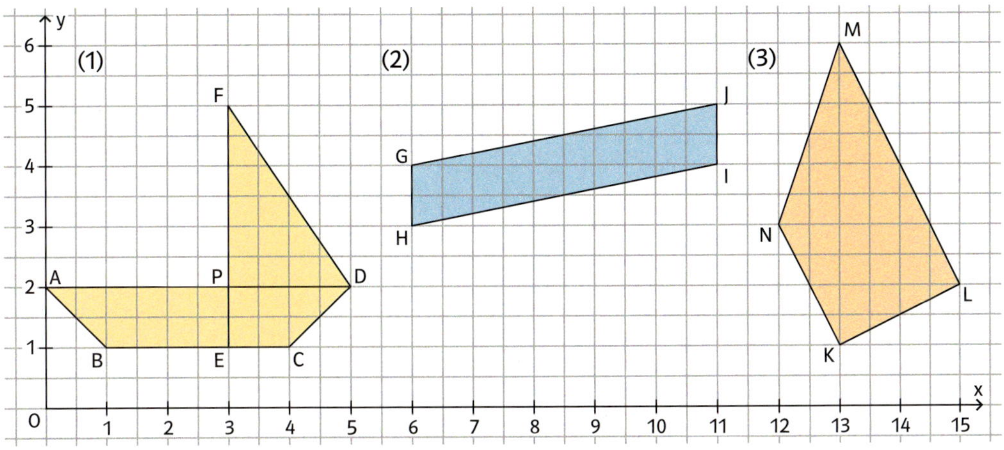

○ **3** Benenne die folgenden Vierecke und untersuche sie auf Achsen- und Punktsymmetrie. Gib an, ob mehrere Namen für ein Viereck möglich sind und begründe mithilfe der Eigenschaften.

a)
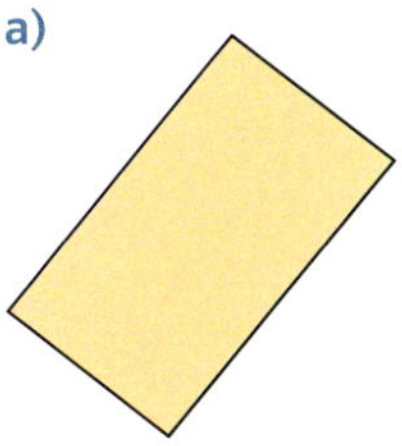

b)

c)
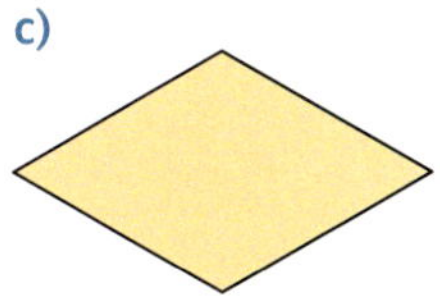

d)
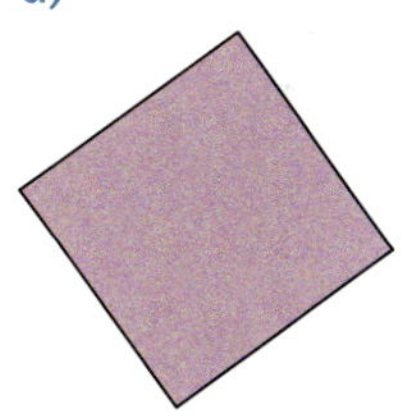

○ **4** Prüfe, ob die Punkte richtig gespiegelt sind. Erkläre gegebenenfalls, was falsch gemacht wurde und korrigiere im Heft.

a)
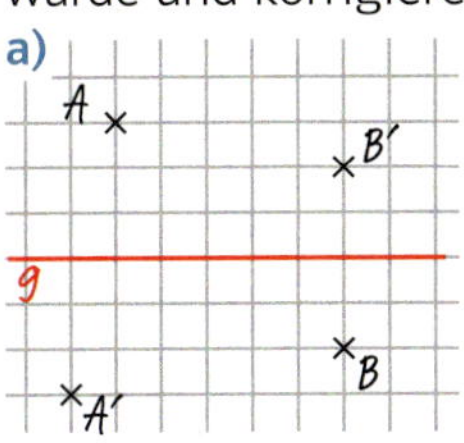

b)
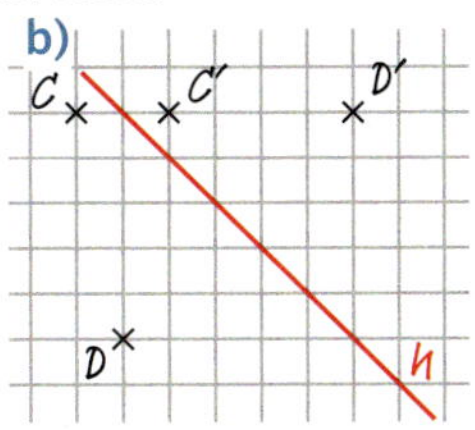

c)
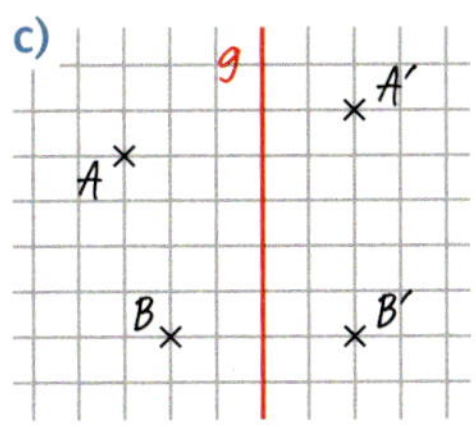

d)
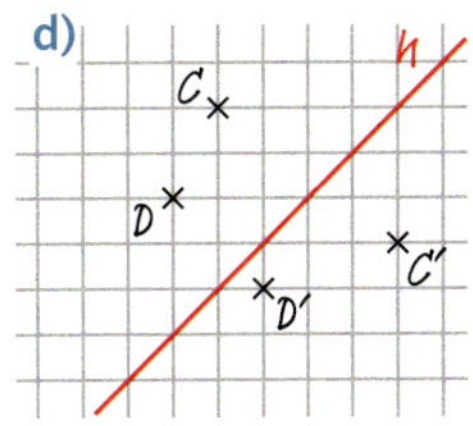

○ **5** **a)** Zeichne ein Fünfeck mit den Eckpunkten A(1 | 2), B(3 | 2), C(3 | 3), D(2 | 4) und E(1 | 3) in ein Koordinatensystem.
b) Die Spiegelachse g verläuft durch die Punkte P(2 | 1) und Q(5 | 4). Führe eine Achsenspiegelung an der Geraden g aus und gib die Koordinaten der Spiegelpunkte an.

D13 Check-out

Vertiefen und Anwenden

6 c) Zeichne eine Gerade g durch die Punkte A (0 | 3) und B (3 | 0) in ein Koordinatensystem.
d) Ein Punkt C hat die y-Koordinate 5. Wähle die x-Koordinate von Punkt C so aus, dass die Gerade h durch die Punkte A und C senkrecht zur Geraden g verläuft.
e) Bestimme den Abstand von Punkt C zur Geraden g.
f) Zeichne eine Parallele p zur Geraden g durch den Punkt C.

Aufgabe 6 kann auch mit einer DGS bearbeitet werden.

7 In Fig. 1 siehst du etwas ungewöhnliche Würfelbilder. Ordne die Würfelbilder nach der Anzahl ihrer Symmetrieachsen. Erzeuge für jede Zahl zwischen 1 und 6 selbst Würfelbilder mit ein, zwei oder vier Symmetrieachsen.

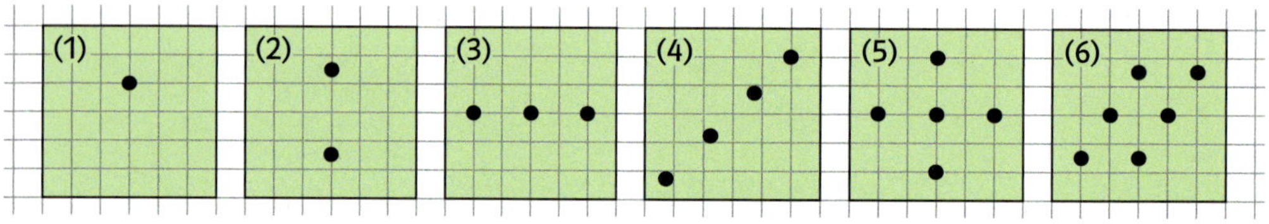

Fig. 1

8 **Wer bin ich?**
SP
Gib an, um welche besondere Figur es sich handelt.
a) Ich habe drei Ecken und drei Seiten und eine Symmetrieachse.
b) Ich habe drei Ecken und drei Seiten und drei Symmetrieachsen.
c) Ich bin ein Viereck und meine gegenüberliegenden Seiten sind jeweils parallel.
d) Meine benachbarten Seiten stehen alle senkrecht aufeinander.
e) Meine Diagonalen stehen senkrecht aufeinander und sind gleich lang.

9 In diesem Spiel soll mit Strecken ein Weg vom Start zum Ziel gesucht werden. Der Weg darf, außer bei Start und Ziel, weder den Spielfeldrand noch eine Figur berühren. Die Endpunkte der einzelnen Strecken müssen immer natürliche Koordinaten haben. Welche Gruppe findet den Weg mit den wenigsten Punktangaben? Gebt die Koordinaten der Punkte an.

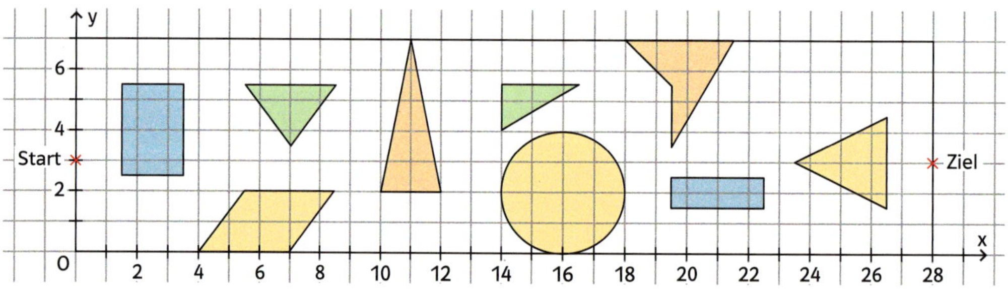

10 a) In Fig. 2 sind Ausschnitte der Geraden g und h gezeichnet. Übertrage sie in dein Heft. Zeichne eine Symmetrieachse s so ein, dass g und h zusammen eine achsensymmetrische Figur mit der Symmetrieachse s bilden.
b) Wähle einen beliebigen Punkt Z auf der Symmetrieachse s aus. Ergänze die Figur so, dass du eine punktsymmetrische Figur mit dem Symmetriezentrum Z erhältst.

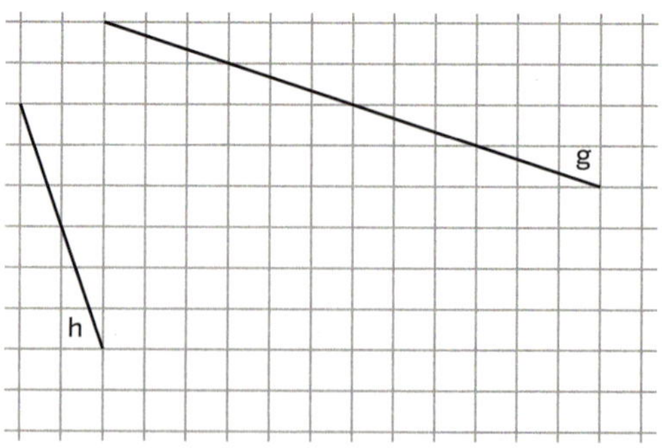

Fig. 2

11 Finde den Fehler!
Claudia hat versucht, die linke Figur am Punkt Z zu spiegeln. Dabei sind ihr Fehler unterlaufen. Gib an, welche Quadrate in der rechten Figur die falsche Farbe haben. Übertrage die linke Figur und den Punkt Z in dein Heft und führe die Punktspiegelung korrekt durch.

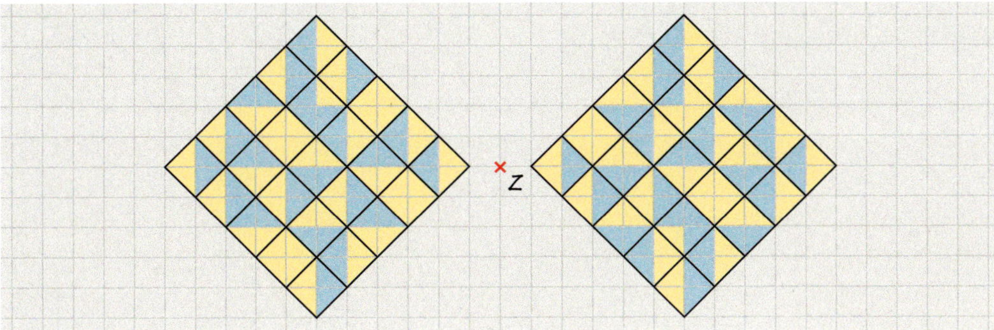

Vernetzen und Erforschen

12 Paula behauptet: „Beim Zeichnen von drei verschiedenen Geraden entstehen genau drei Schnittpunkte. Bei vier Geraden sind es dann vier Schnittpunkte.“
Stimmt das? Experimentiert und haltet eure Ergebnisse übersichtlich fest. Erklärt, was ihr herausgefunden habt.

Die Aufgaben 12 und 14 können auch mit einer DGS bearbeitet werden.

13 a) Schneide in Gedanken mit einem geraden Schnitt ein Stück eines Sechsecks ab, welches sechs gleich lange Seiten hat. Gib an, welche besonderen Vielecke sich auf diese Weise herstellen lassen. Begründe mithilfe einer Skizze.
b) Gib an, welche besonderen Vielecke sich auf dieselbe Weise aus einem gleichseitigen Dreieck, einem Quadrat oder einem Fünfeck mit fünf gleich langen Seiten herstellen lassen. Begründe.
c) Stelle deine Ergebnisse übersichtlich im Heft dar.

14 Zeichne die Bilder in dein Heft. Ergänze die Figuren so, dass eine Figur mit den Symmetrieachsen g und h entsteht.

a)
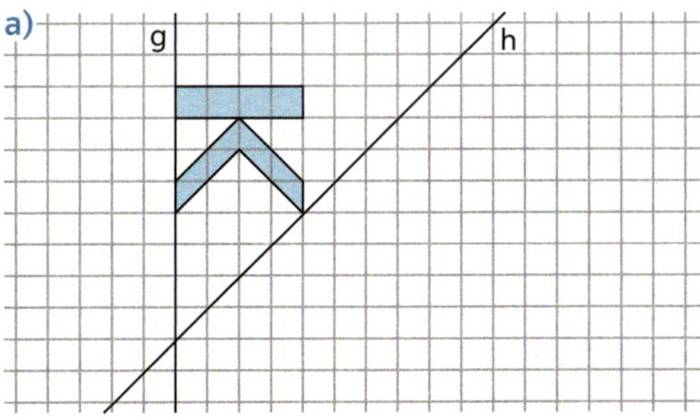

b)
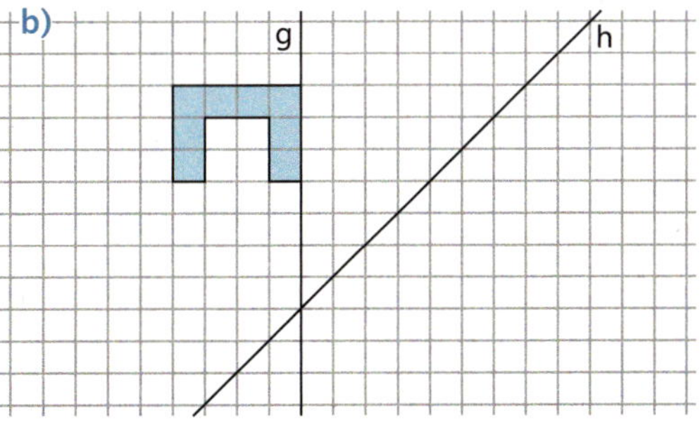

15 Gilt immer – gilt nie – es kommt darauf an
Entscheide bei den folgenden Aussagen, ob sie immer, nie oder nur unter bestimmten Bedingungen gelten. Begründe deine Entscheidung und gib die Bedingungen gegebenenfalls mit an.
a) „Ein Dreieck kann nicht gleichseitig und rechtwinklig sein.“
b) „Spiegelt man ein Viereck an einer seiner Seiten, erhält man wieder ein Viereck.“
c) „Spiegelt man ein gleichseitiges Dreieck an einer seiner Seiten, erhält man eine Raute.“
d) „Zu zwei parallelen Geraden g und h gibt es eine Gerade a, die denselben Abstand zu g und h besitzt.“

Besondere Lage von Geraden
g und k stehen senkrecht aufeinander. Kurz: $g \perp k$.
h und k sind parallel zueinander. Kurz: $h \parallel k$.

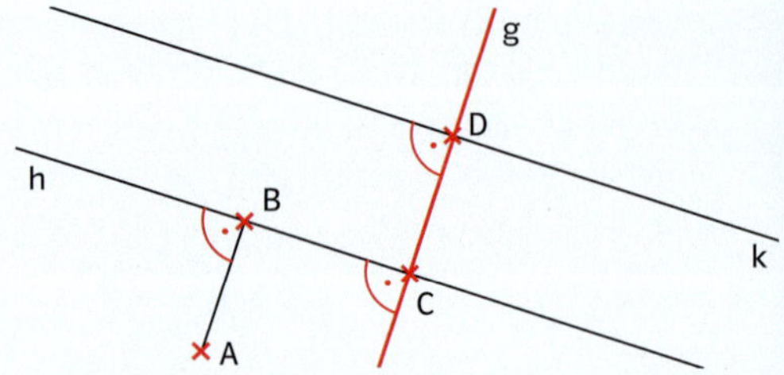

Abstand
Der Abstand der Geraden h und k entspricht der Länge der Strecke $\overline{CD}$.
Der Abstand des Punktes A zur Geraden h entspricht der Länge der Strecke $\overline{AB}$.

Koordinatensytem
Die Lage eines Punktes in einem Koordinatensystem lässt sich durch eine x-Koordinate und eine y-Koordinate beschreiben.

P(5 | 2)

x-Koordinate (5 nach rechts) — y-Koordinate (2 nach oben)

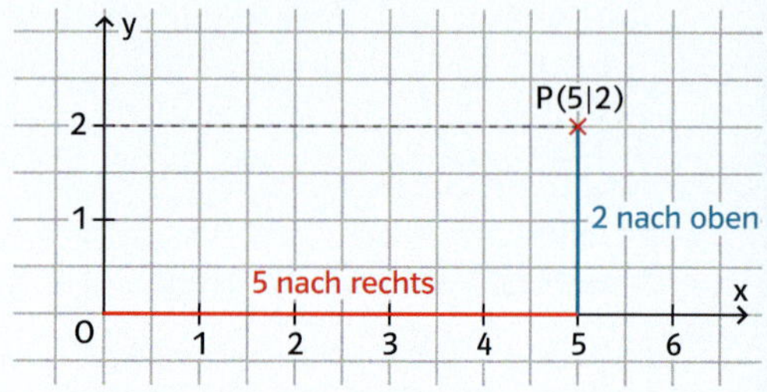

Achsensymmetrische Figuren
Eine Figur, die man so falten kann, dass die beiden Teile genau aufeinanderliegen, heißt achsensymmetrisch. Die Faltlinie nennt man Symmetrieachse.
Die Verbindungsstrecke von Punkt und Spiegelpunkt verläuft senkrecht zur Symmetrieachse.
Die Symmetrieachse halbiert die Verbindungsstrecke von Punkt und Spiegelpunkt.

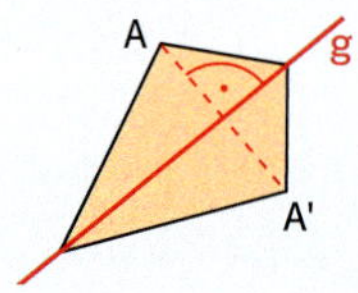

Punktsymmetrische Figuren
Es gibt ein Symmetriezentrum Z.
Die Verbindungsstrecke von Punkt und Spiegelpunkt verläuft durch Z.
Z halbiert die Verbindungsstrecke der beiden Punkte.

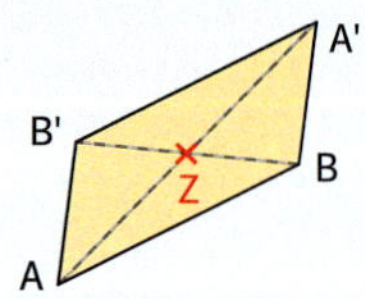

Besondere Dreiecke
Ein Dreieck mit zwei gleich langen Seiten heißt gleichschenkliges Dreieck.
Ein Dreieck mit drei gleich langen Seiten heißt gleichseitiges Dreieck.
Ein Dreieck mit zwei aufeinander senkrecht stehenden Seiten heißt rechtwinkliges Dreieck.

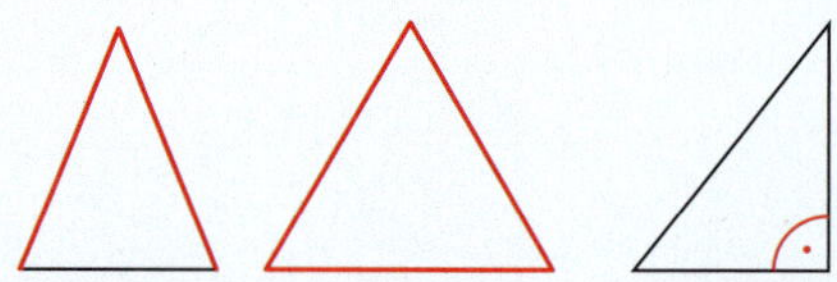

Besondere Vierecke
Wenn in einem Viereck zwei gegenüberliegende Seiten parallel zueinander sind, heißt es Trapez.
Wenn in einem Viereck jeweils die gegenüberliegenden Seiten parallel zueinander sind, heißt es Parallelogramm.
Wenn ein Viereck vier gleich lange Seiten besitzt, heißt es Raute.
Wenn in einem Viereck die benachbarten Seiten jeweils senkrecht zueinander stehen, heißt es Rechteck.
Wenn ein Viereck vier gleich lange Seiten besitzt und benachbarte Seiten jeweils senkrecht zueinander stehen, heißt es Quadrat.

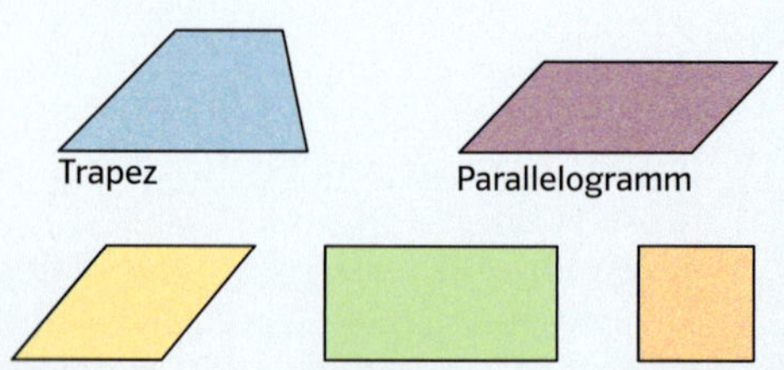

Runde 1

Lösungen, Seite 253

1 a) Zeichne in ein Koordinatensystem die Punkte A(0|1), B(2|4), C(8|0), D(7|2), E(9|5), F(16|1) und G(3|1).
b) Zeichne Geraden durch die Punkte A und B, B und C, D und E sowie E und F. Prüfe, ob sie parallel oder senkrecht zueinander sind.
c) Bestimme den Abstand des Punktes G zu der Geraden durch die Punkte A und B.

2 Untersuche die Figuren auf Symmetrie. Gib gegebenenfalls je zwei Punkte der Symmetrieachsen bzw. das Symmetriezentrum mithilfe von Koordinaten an.

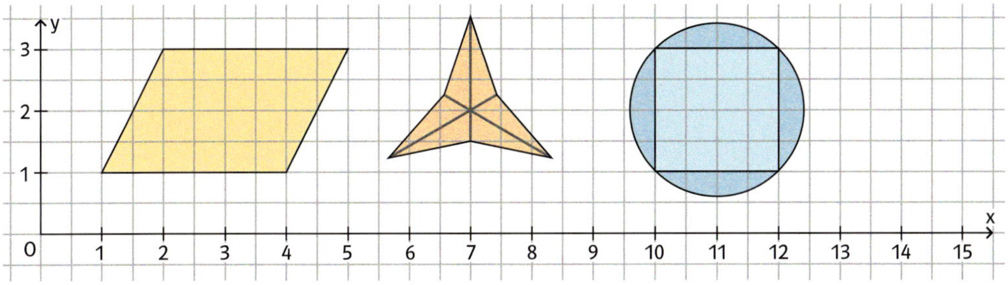

3 a) Zeichne ein Rechteck mit den Seitenlängen 45 mm und 3 cm.
b) Zeichne ein Parallelogramm mit den Seitenlängen aus Teilaufgabe a), das kein Rechteck ist.

4 **Wahr oder falsch?**
Entscheide, ob die folgenden Aussagen wahr oder falsch sind und begründe.
„Ein Parallelogramm, bei dem alle Seiten die Länge 3 cm haben,
a) muss ein Quadrat sein, b) ist eine Raute, c) kann ein Quadrat sein."

5 Gib jeweils zwei Unterschiede und zwei Gemeinsamkeiten von Parallelogrammen und Quadraten an.

Runde 2

Lösungen, Seite 254

1 a) Übertrage Fig. 1 in dein Heft und untersuche sie auf Symmetrie. Gib ggf. zwei Punkte der Symmetrieachsen bzw. das Symmetriezentrum mithilfe von Koordinaten an.
b) Spiegle das Viereck an der Geraden durch die Punkte A(5|0) und B(2|3).
c) Spiegle das Viereck am Punkt Z(3|2).

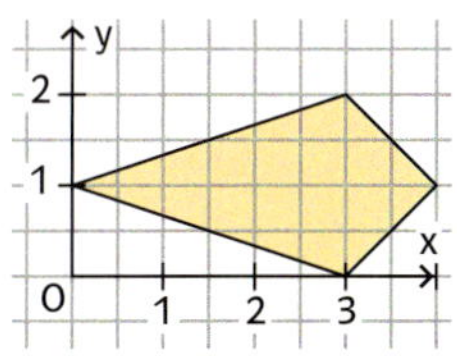

Fig. 1

2 a) Untersuche, welche Geraden in Fig. 2 zueinander senkrecht und welche zueinander parallel sind. Notiere.
b) Bestimme jeweils den Abstand der zueinander parallelen Geraden.

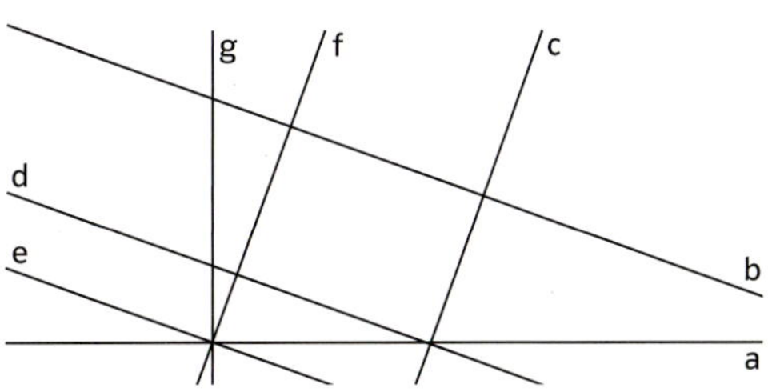

Fig. 2

3 Entscheide, ob die folgenden Dinge achsen- bzw. punktsymmetrisch sind. Gib ggf. die Anzahl der Symmetrieachsen an.
a) Geodreieck b) leere Heftseite c) der Buchstabe „O" d) Parallelogramm

4 Gib alle möglichen Namen an, die das beschriebene Viereck haben kann.
a) Die benachbarten Seiten sind senkrecht zueinander und alle Seiten sind gleich lang.
b) Die Diagonalen halbieren einander.

MK DGS – Geometrie mit dem Computer

Mit einem dynamischen Geometrieprogramm kann man z. B. Figuren zeichnen oder Spiegelungen durchführen. Hierzu wählt man aus einer Werkzeugleiste Befehle aus, die durch Icons (kleine Bildchen) dargestellt werden. Man kann mithilfe solcher Programme die gezeichneten Figuren auch verändern, indem man die eingezeichneten Punkte verschiebt. Die Punkte oder Figuren, die z. B. durch Spiegelungen entstanden sind, werden dann automatisch so verändert, dass die Spiegeleigenschaften erhalten bleiben. Eine kleine Auswahl von Befehlen eines dynamischen Geometrieprogramms wird hier vorgestellt.

Geometrieprogramme werden auch oft „Dynamische Geometrie Software" kurz **DGS** genannnt.

Punkte in ein Koordinatensystem einzeichnen

Man kann im dynamischen Geometrieprogramm entscheiden, ob ein Koordinatensystem oder Gitterlinien angezeigt werden. Punkte im Koordinatensystem können eingetragen werden, indem man den entsprechenden Befehl aktiviert und die passende Stelle im Koordinatensystem markiert. Man kann aber auch die Koordinaten als Zahlen eingeben (vgl. Fig. 1).

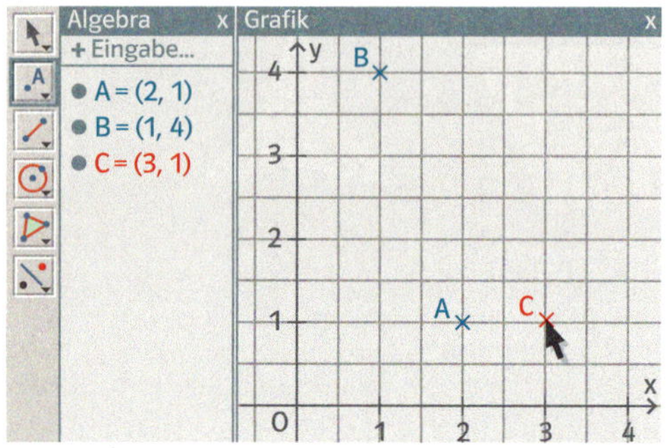

Fig. 1

Besondere Figuren zeichnen

Um z. B. ein Quadrat zu zeichnen, aktiviert man den Befehl *Regelmäßiges Vieleck* und markiert dann die Positionen, an denen diese Figur gezeichnet werden soll. In Fig. 2 hat das Programm zu den eingezeichneten Punkten A und B die Punkte C und D automatisch so ergänzt, dass ein Quadrat entsteht. Wenn man nun A oder B verschiebt, werden C und D automatisch so verschoben, dass ABCD ein Quadrat bleibt.

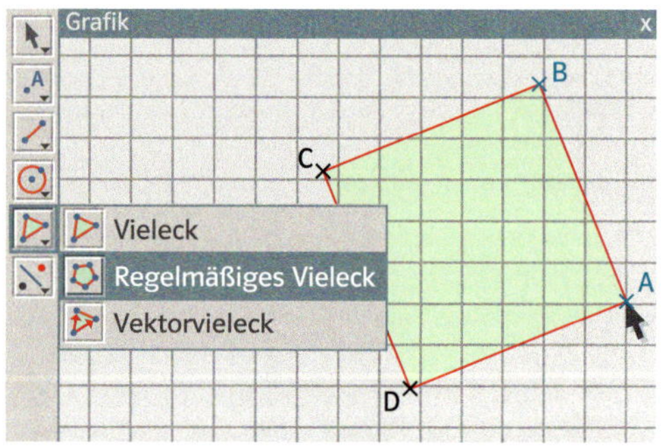

Fig. 2

Spiegelungen durchführen

Mithilfe von dynamischen Geometrieprogrammen kann man auch Punkt- und Achsenspiegelungen durchführen. Hierzu aktiviert man den passenden Befehl und wählt dann aus, welche Figur an welchem Punkt bzw. an welcher Geraden gespiegelt werden soll. In Fig. 3 wurde das Dreieck ABC am Punkt Z gespiegelt. Wenn man die Punkte A, B, C oder Z verschiebt, verschiebt das Programm automatisch die Spiegelpunkte, sodass die Spiegeleigenschaften erhalten bleiben.

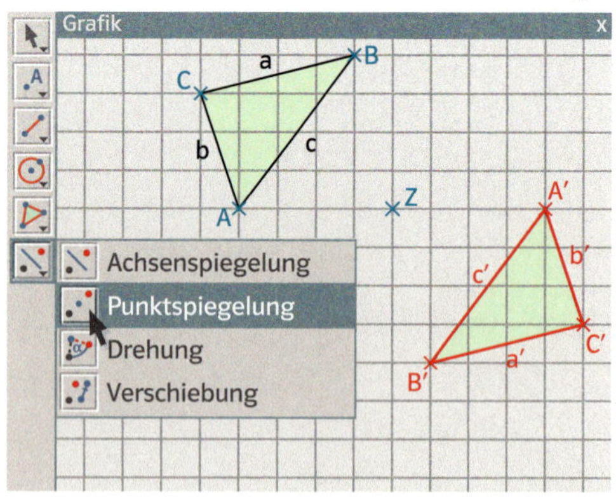

Fig. 3

Einen Kreis zeichnen

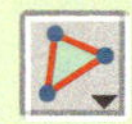

Ein Vieleck zeichnen

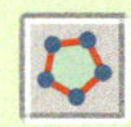

Regelmäßiges Vieleck zeichnen

Achsenspiegelung

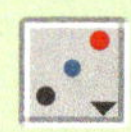

Punktspiegelung

Pfeil zum Bewegen von Objekten

Jetzt kannst du selbst mit einem Geometrieprogramm arbeiten.

1 a) Zeichne mit einem Geometrieprogramm die in Fig. 1 abgebildeten Figuren.
b) Zeichne mit einem Geometrieprogramm ein Objekt (Person, Auto, Haus, Baum) deiner Wahl.
Probiere hierzu verschiedene Befehle des Programms aus.

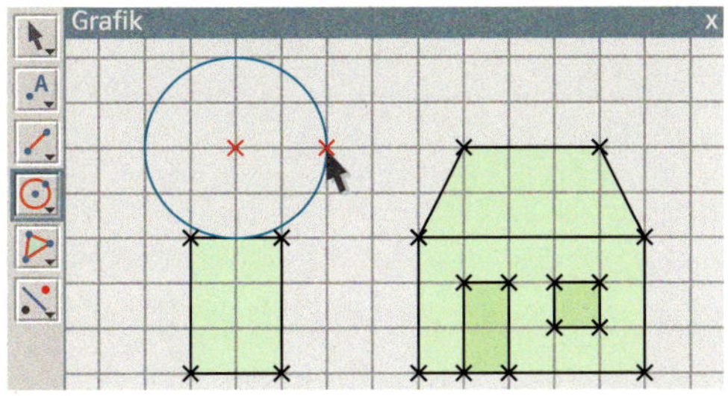

Fig. 1

Wenn du einen Punkt oder eine Figur mit der rechten Maustaste anklickst, öffnet sich ein Menü, in dem man die Eigenschaften (z. B. die Farbe und die Größe) verändern kann.

2 a) Zeichne das Dreieck mit den Eckpunkten A(1|1), B(2|1) und C(1|4) mithilfe eines Geometrieprogramms in ein Koordinatensystem.
b) Spiegle das Dreieck ABC an der Geraden durch die Punkte D(5|1) und E(4|4). Gib die Koordinaten der Spiegelpunkte A', B' und C' an.
c) Spiegle das Dreieck ABC am Punkt F(6|6).
d) Untersuche, ob die Spiegelungen aus den Teilaufgaben a) und b) weiterhin richtig angezeigt werden, wenn man die eingegebenen Punkte verschiebt.

Wenn durch das Verschieben eines Ausgangspunktes die Vorgaben in der Aufgabe nicht mehr erfüllt sind, dann hast du die Zeichnung vorher nicht mit den richtigen Befehlen durchgeführt.

3 a) Zeichne ein Dreieck ABC sowie zwei zueinander senkrechte Geraden g und h.
b) Spiegle das Dreieck ABC zuerst an g und dann das Spiegelbild nochmals an h. Verschiebe die Punkte A, B, C oder die Geraden g und h. Untersuche, ob die Geraden weiterhin senkrecht zueinander sind und ob deine Spiegelungen von dem Programm weiterhin richtig angezeigt werden.
c) Bestimme den Schnittpunkt S der Geraden g und h. Untersuche, ob man durch eine Punktspiegelung des Ausgangsdreiecks am Punkt S das gleiche Ergebnis erhält wie durch die doppelte Achsenspiegelung in Teilaufgabe b).

4 In Geometrieprogrammen kann man sich ein Protokoll anzeigen lassen, in dem man nachlesen kann, wie die Zeichnung entstanden ist.
a) Das Protokoll in Fig. 3 gibt an, wie Fig. 2 entstanden ist. Beschreibe mithilfe des Protokolls in eigenen Worten, wie die Zeichnung in Fig. 2 entstanden ist.
b) Erstelle selbst mit einem Geometrieprogramm eine Zeichnung wie in Fig. 2. Untersuche dann, ob es möglich ist, den Punkt E so zu verschieben, dass die beiden Vierecke auf der rechten Seite genau übereinstimmen.
c) Stelle eine Vermutung auf, warum nur die Punkte A, B, E und F in Fig. 2 und Fig. 3 blau dargestellt wurden.

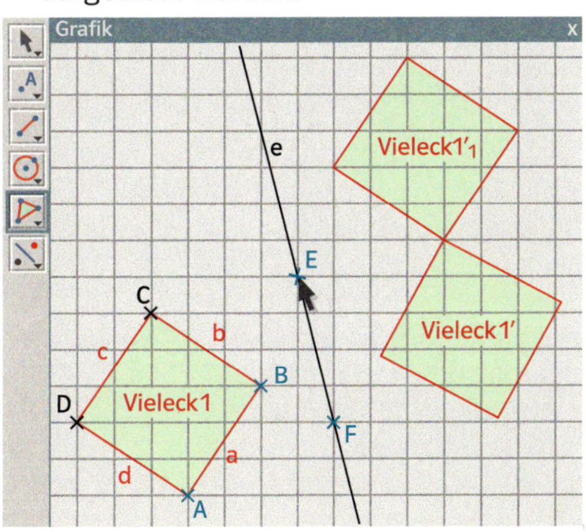

Fig. 2

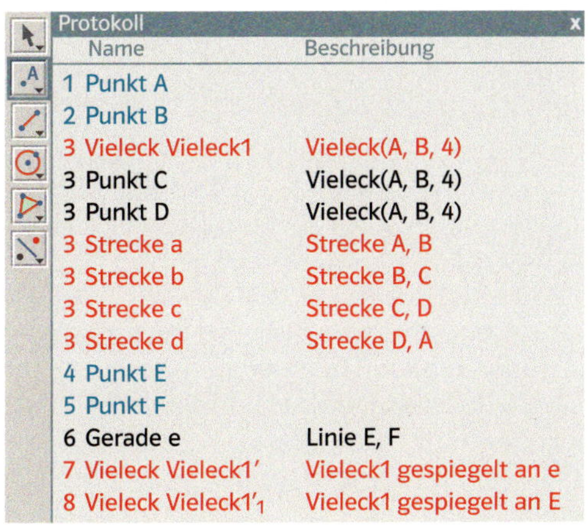

Protokoll

Name	Beschreibung
1 Punkt A	
2 Punkt B	
3 Vieleck Vieleck1	Vieleck(A, B, 4)
3 Punkt C	Vieleck(A, B, 4)
3 Punkt D	Vieleck(A, B, 4)
3 Strecke a	Strecke A, B
3 Strecke b	Strecke B, C
3 Strecke c	Strecke C, D
3 Strecke d	Strecke D, A
4 Punkt E	
5 Punkt F	
6 Gerade e	Linie E, F
7 Vieleck Vieleck1'	Vieleck1 gespiegelt an e
8 Vieleck Vieleck1'$_1$	Vieleck1 gespiegelt an E

Fig. 3

MK Erklärfilme und Stop-Motion-Tricks: Erzeugen von Symmetrien

Das Erstellen von Filmen eignet sich sehr gut, um beim Erklären Dinge selbst noch beser zu verstehen oder verständlich darzustellen.
Dazu muss man zuerst einen guten Plan entwickeln.

Vorarbeiten für einen Erklärfilm
- Stellt heraus: Worum geht es? Was möchte euer Film erklären?
- Macht euch klar: Was ist (euch) bei eurem Thema besonders wichtig?
- Plant eure Aufnahme: Welche Bilder und Einstellungen braucht ihr auf jeden Fall? Welche Reihenfolge wollt ihr einhalten?
- Was möchtet ihr genau sagen? Überlegt euch einen Text mit den genauen Formulierungen.

Vorbereitungen für die Aufnahmen
Wenn ihr z.B. das Spiegeln einer Figur filmen oder fotografieren möchtet, ist es wichtig, dass die Kamera
- immer genau an derselben Stelle steht,
- fest steht und nicht wackelt,
- immer die gleiche Auflösung hat und
- keinen Schatten auf euer Blatt wirft.

Wählt nach diesen Vorgaben einen gut beleuchteten Ort für eure Aufnahmen aus. Fig. 1 zeigt einen Bücherturm als Stativ mit einem Smartphone als Kamera.

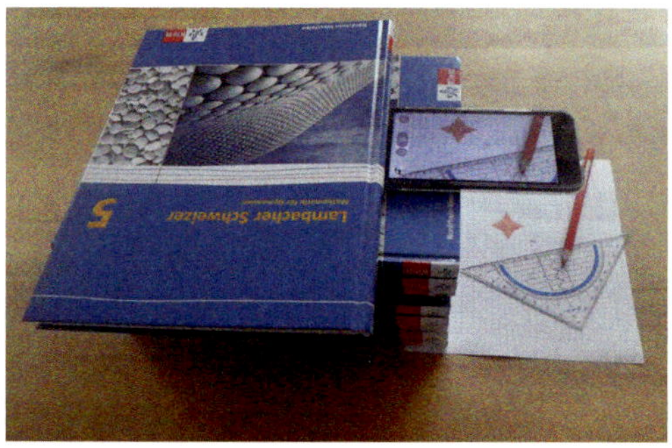

Fig. 1

Anhand der Spiegelung eines Sterns wird das weitere Vorgehen erklärt.

1 Figur auswählen
- Sucht euch eine Figur aus, die ihr spiegeln wollt.
- Entscheidet, ob ihr eine Achsenspiegelung oder eine Punktspiegelung durchführen wollt.
- Zeichnet die Figur auf Kästchenpapier und ergänzt die Symmetrieachse oder das Symmetriezentrum.

Im Beispiel soll der Stern am Punkt Z gespiegelt werden (Fig. 2).

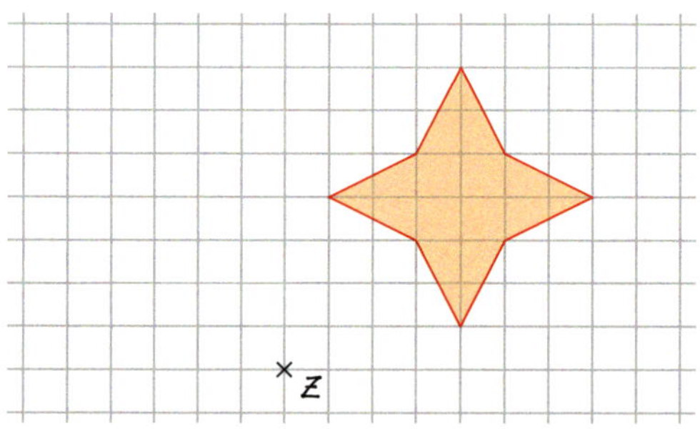

Fig. 2

Jetzt könnt ihr loslegen und eurer Vorgehen mit der Kamera filmen. Sprecht euren Text langsam und deutlich dazu.

Statt einen durchgehenden Film zu drehen, kann man in **Stop-Motion-Filmen** besonders gut Bilder mit verschieden langen Einstellungen zu einer Animation zusammensetzen. Dabei wird die Illusion einer Bewegung erzeugt. Man nimmt dazu viele einzelne Fotos auf und spielt sie anschließend mithilfe eines Computerprogramms hintereinander ab.
Auf diese Weise lassen sich Schwerpunkte bei der Erklärung setzen, wenn z.B. einige Bilder länger zu sehen sind, andere aber schneller ablaufen (etwa wie im Zeitraffer).

Film in Stop-Motion-Technik erstellen

2 Spiegelung durchführen und Fotos machen

- Je mehr Fotos man macht, desto echter sieht die Bewegung in der Animation aus.
- Zuerst spiegelt man die Eckpunkte des Sterns: einen nach dem anderen. Für diesen Schritt der Spiegelung sollten mindestens ein bis zwei Fotos für das Anlegen des Geodreiecks gemacht werden und eins beim Zeichnen des Punktes (vgl. Fig. 1 und Fig. 2).
- Wenn die Eckpunkte gespiegelt sind, müssen sie verbunden werden. Dazu macht man je ein Bild,
  - wenn man das Geodreieck anlegt,
  - wenn man den Stift an das Geodreieck anlegt (vgl. Fig. 3) und
  - wenn man die Strecke zum nächsten Punkt gezeichnet hat (vgl. Fig. 4).
- Zum Schluss kann die Figur ausgemalt werden (je nach Vorlage).
- Beim Ausmalen des Sterns können pro Zacke drei Fotos während des Malens genügen.

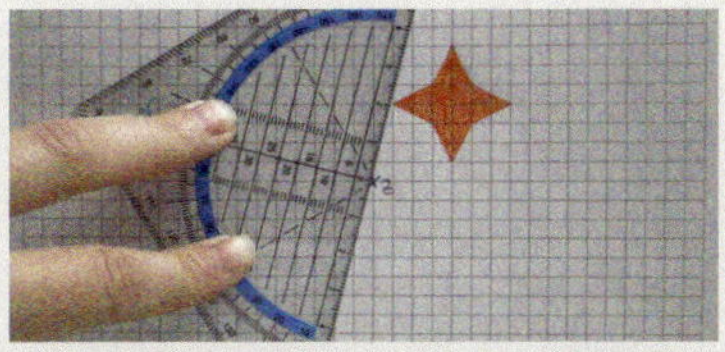

Fig. 1

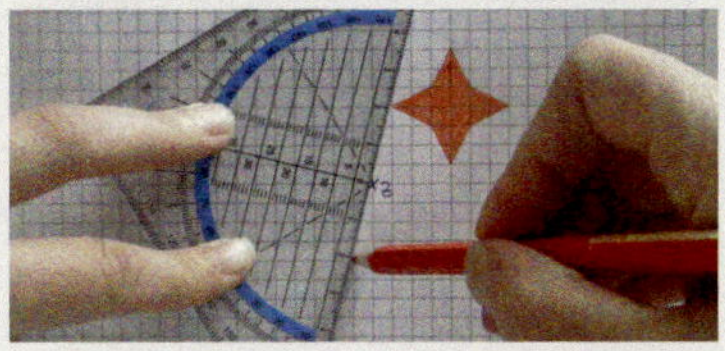

Fig. 2

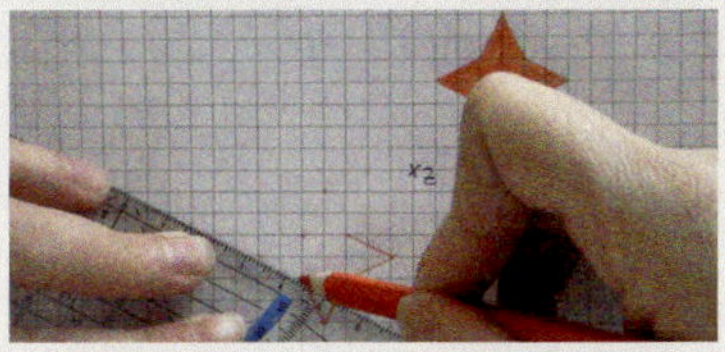

Fig. 3

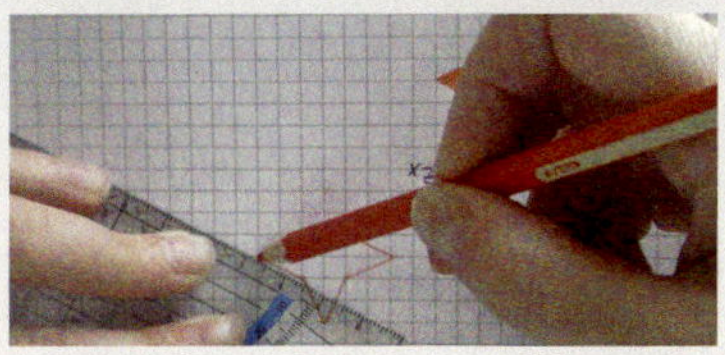

Fig. 4

Macht lieber ein Foto zu viel, als eines zu wenig: Um nachträglich noch ein Foto zu machen, müsstet ihr von vorne anfangen.

3 Fotos übertragen und Animation erstellen

Wenn ihr genügend Fotos gemacht habt, übertragt ihr die Fotos in ein Schnittprogramm. Hier reiht ihr die Fotos aneinander.
Damit die Animation möglichst flüssig abläuft, darf jedes Bild nur kurz gezeigt werden. Die Dauer pro Bild kann bei animierten Filmen z. B. auf 0,12 Sekunden eingestellt werden. Bei einer Animation wie dieser kann man auch verschiedene Längen für die Bilder wählen, wenn man z. B. einen Schritt der Spiegelung ausführlicher zeigen möchte.

Es gibt zahlreiche Apps, mit denen man Filme aus Fotos und einer Audio-Datei erstellen kann.

4 Animation gestalten

Zusätzlich zu den Fotos solltet ihr
- einen Vorspann und / oder einen Abspann einfügen,
- eure Animation kommentieren. Dabei müsst ihr langsam und deutlich sprechen.

Gegebenenfalls muss die Textlänge oder die Anzeigedauer der Bilder verändert werden.

5 Animationen präsentieren und reflektieren

Wenn eure Animation fertig ist, speichert ihr sie ab. Ihr könnt sie dann in der Klasse präsentieren. Spannend ist es, wenn es mehrere Animationen gibt. Sprecht dann darüber, welche euch am besten gefällt und warum.
Seht euch z. B. im Internet auch andere Erklärfilme zu eurem Thema an. Besprecht, welche Gemeinsamkeiten und Unterschiede, Vor- oder Nachteile es bei den verschiedenen Filmen gibt.

V1 ▷ **Erklärfilm** Punktsymmetrie

III Rechnen

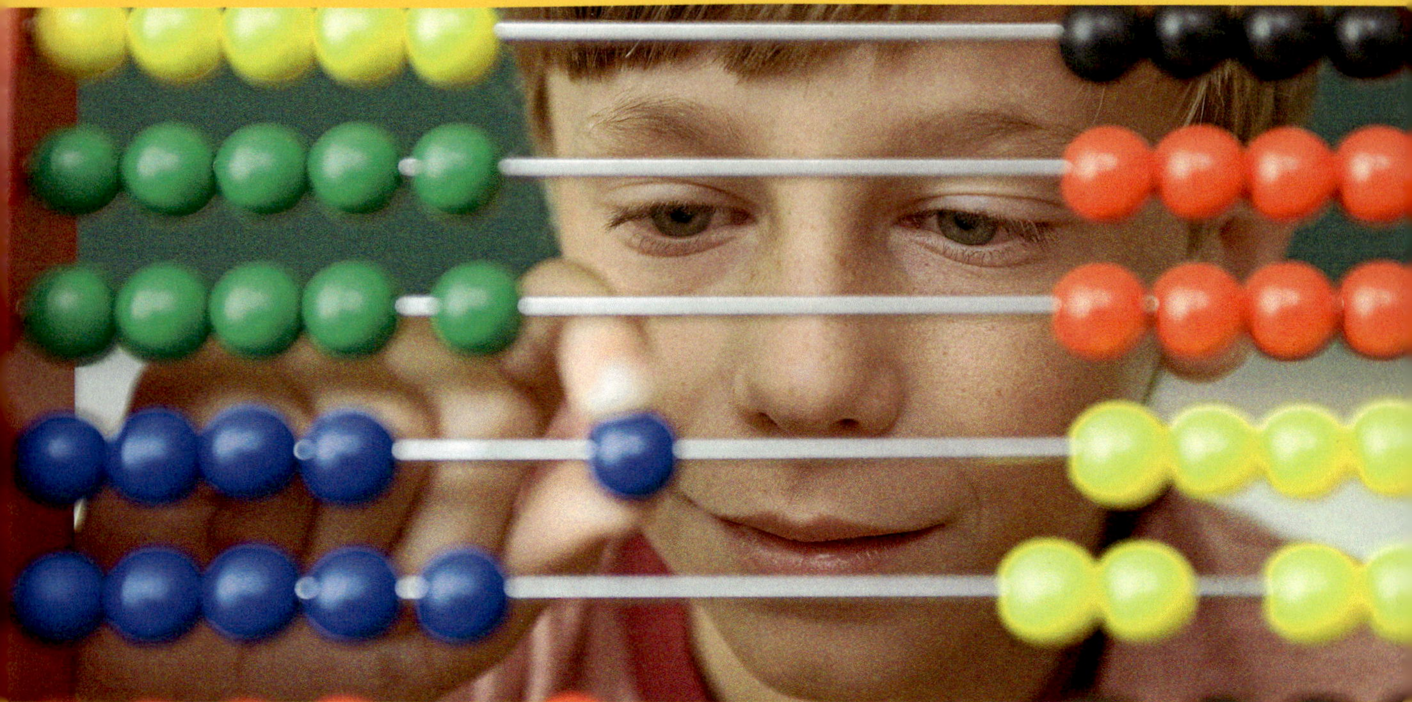

Eine Zahl hab ich gewählt,
107 dazugezählt,
dann durch 100 dividiert
und mit 4 multipliziert,
und zuletzt ist mir geblieben
als Resultat die Primzahl 7.

Das kannst du bald

- Schriftlich addieren, subtrahieren, multiplizieren und dividieren
- Terme berechnen
- Rechengesetze und Rechenvorteile nutzen
- Potenzen berechnen
- Sachaufgaben systematisch lösen

Check-in

Schätze dich ein:

	☺	😐	☹
1. Ich kann Zahlen auf verschiedene Stellen runden.	☐	☐	☐
2. Ich kenne die mathematischen Fachbegriffe zu den vier Grundrechenarten (+, −, ·, :).	☐	☐	☐
3. Ich kann Größen schätzen und mit passender Einheit angeben.	☐	☐	☐
4. Ich kann Größenangaben in eine andere Einheit umwandeln.	☐	☐	☐
5. Ich kann fehlende Einheiten ergänzen.	☐	☐	☐

Lerntipps

zu 1. **Merkkasten,** Seite 16
zu 2. **Grundwissen,** Seite 234
zu 3. **Grundwissen,** Seite 236
zu 4. **Merkkästen,** Seite 26, Seite 30, Seite 34
zu 5. **Merkkästen,** Seite 26, Seite 30, Seite 34

Teste dich!

Lösungen, Seite 255

1 Runden

a) Runde auf Zehner: 743
b) Runde auf Hunderter: 541 257
c) Runde auf Tausender: 54 489
d) Runde auf Zehntausender: 627 417

2 Mathematische Fachbegriffe verwenden

a) Berechne.
(1) die Differenz von 38 und 9
(2) das Produkt von 7 und 12
(3) die Summe von 23 und 14
(4) den Quotienten von 42 und 8

b) Ordne den Rechenarten die passenden Teilaufgaben (1) bis (4) zu.

Addition | Subtraktion | Multiplikation | Division

3 Längen, Gewichte und Zeitspannen schätzen

Gib einen Schätzwert an.

a) Dicke eines Bleistiftes
b) Fahrzeit für eine Fahrradtour von 36 km
c) Gewicht eines Motorrades
d) Höhe eines viergeschossigen Hauses

4 Längen-, Gewichts- und Zeitangaben in eine andere Einheit umwandeln

Wandle um.

a) 8 km in m
b) 4 min in s
c) 12 t in kg
d) 180 mm in cm
e) 4200 g in kg
f) 11,5 km in m
g) 29,3 g in mg
h) 2,9 dm in m

5 Welche Einheit ist passend?

Ergänze.

a) 24 cm = 2,4 ☐
b) 5,2 ☐ = 5200 g
c) 1 ☐ 8 ☐ = 68 s
d) 8,7 cm = 0,087 ☐
e) 2,8 ☐ = 2800 kg
f) 0,3 m = 300 ☐
g) 5 km = 50 000 ☐
h) 5 ☐ 85 ☐ = 5,085 t

D14 Check-in

Rechnen leicht gemacht – mit Linien und Steinen

Linienbrett

Seit jeher haben Menschen versucht, sich das Rechnen zu vereinfachen. Etwa 500 Jahre bevor es den ersten Taschenrechner gab, haben Händler und Kaufleute auf einem Brett mit Linien gerechnet. Dabei wurden Zahlen mit Steinen oder Münzen auf ein Linienbrett gelegt.

Auf die unterste Linie werden die Einer, auf die Linie darüber die Zehner und auf die folgende Linie die Hunderter gelegt. Die Linie darüber, die Tausenderlinie, erhält zur besseren Orientierung ein Kreuz. Ein Stein zwischen zwei Linien hat einen fünfmal so hohen Wert wie ein Stein auf der Linie darunter. Welche Zahlen sind rechts dargestellt?

Das Linienbrett erleichtert das Addieren und Subtrahieren. Zeichne dir ein eigenes Linienbrett ins Heft. Dann kannst du das Rechnen mit Spielsteinen oder Münzen selbst ausprobieren.

Lerneinheit 1 Seite 86

Lerneinheit 2 Seite 90

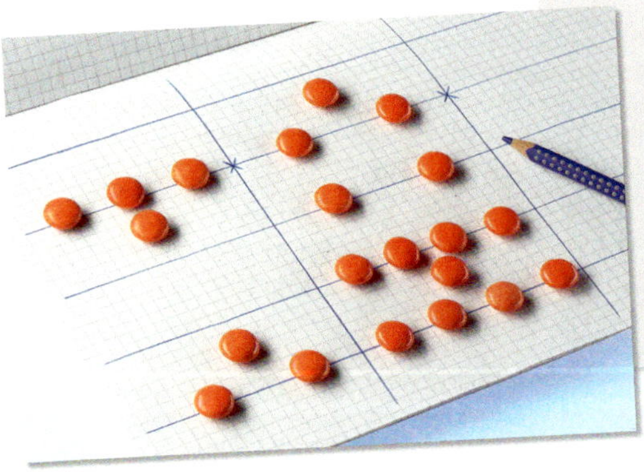

Forschungsauftrag 1: Addieren
Das Foto zeigt eine Additionsaufgabe. Gib die Summanden an. Finde mithilfe der Spielsteine das Ergebnis der Summe. Löse die Additionsaufgabe.
Probiere das Verfahren selbst an weiteren Beispielen wie 134 + 342, 1456 + 789 und 1356 + 4778 aus.

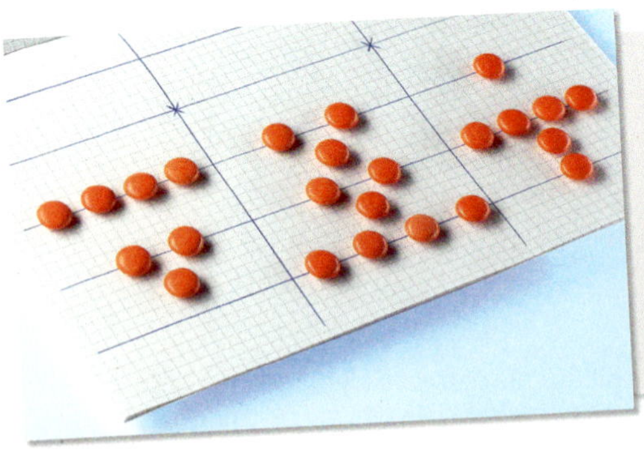

Forschungsauftrag 2: Subtrahieren
Das Foto zeigt, wie mit dem Linienbrett auch subtrahiert werden kann. Versuche, auf deinem Linienbrett zum gezeigten Ergebnis zu kommen.
Probiere das Verfahren selbst an weiteren Beispielen wie 367 – 134, 2736 – 357 und 5812 – 316 aus.

Beschreibt auf einem Poster an einem Beispiel, wie man mit dem Linienbrett addiert oder subtrahiert. Hierzu könnt ihr die Klasse in zwei Gruppen teilen: Die eine Hälfte erstellt in Dreier- oder Vierergruppen ein Poster zur Addition, die andere zur Subtraktion.

Schätzen, Überlegen, Recherchieren … – Fermi-Fragen

Wie viele Klavierstimmer gibt es in Chicago?

Fragen wie diese nennt man **Fermi-Fragen**. Die Bezeichnung geht auf den Physiker und Nobelpreisträger Enrico Fermi zurück. Er war weltweit dafür bekannt, dass er zu Problemen, für die zunächst so gut wie keine Daten zur Verfügung stehen, sehr gute Abschätzungen machte.

Enrico Fermi (1901 – 1954)

Die Bearbeitung einer Fermi-Frage erfordert mehrere Bearbeitungsschritte. Meist sind verschiedene Vorgehensweisen möglich. In der Regel kann man die Ergebnisse nicht exakt bestimmen, sondern muss Näherungen verwenden. Diese ermittelt man durch Schätzen oder Überschlagsrechnungen.
Bearbeitet Fermi-Fragen möglichst in einer Gruppe, denn sinnvolle Lösungsstrategien lassen sich in der Gruppe leichter finden als alleine.

Lerneinheit 9 Seite 116

Oft hat man zu Beginn keine Idee, wie man die Frage beantworten könnte. Es ist nicht einmal sicher, ob alle Informationen zur Beantwortung der Frage vorliegen oder ob man sie überhaupt irgendwo erhalten kann. Oft kommt man mit Hilfsfragen weiter. Dies wird anhand eines Beispiels erläutert:

Wie viel Kreide wird von allen nordrhein-westfälischen Gymnasien zusammen innerhalb eines Schuljahres verbraucht?

Folgende Hilfsfragen können weiterhelfen:
- Wie viel Kreide wird in deiner Klasse in einer Mathe-Stunde verbraucht, wie viel in einer Sportstunde, wie viel an einem Tag?
- Wie viele Schultage hat ein Schuljahr?
- Wie viele Klassen gibt es an deiner Schule?
- Wie oft wird Kreide geholt?
- Wie viele Gymnasien gibt es in Niedersachsen?
- … ?

Wie viele Briefträger gibt es in deiner Stadt, wie viele in ganz Nordrhein-Westfalen?

Wie viele Fünftklässler gibt es in deiner Stadt, wie viele in Deutschland?

Wie viele Pflanzen gibt es auf eurem Schulgelände?

Wie viele Bücher werden täglich in Deutschland verkauft?

Forschungsauftrag
Denkt euch selbst solche Fragen aus. Einigt euch auf eine der Fermi-Fragen und bearbeitet sie in Kleingruppen. Stellt euch gegenseitig eure Ergebnisse vor und diskutiert sie. Überlegt, woran man erkennen kann, ob eine Lösung sinnvoll ist.

1 Schriftliches Addieren

Anne, Nils und Lina addieren drei Zahlen 224, 132 und 442 im Team und erhalten in wenigen Augenblicken 798 als Ergebnis.

Leider gelingt das Teamrechnen nicht mehr, wenn man statt der ersten Zahl 226 nimmt. Wie kann man das Teamrechnen so anpassen, dass man auch bei solchen Zahlen das richtige Ergebnis erhält?

Wenn das Rechnen im Kopf schwierig wird, überschlägt man die Rechnung oder man wendet schriftliche Verfahren an. Beim schriftlichen Addieren schreibt man die Summanden **stellengerecht** untereinander. Das bedeutet, dass Einer unter Einern stehen, Zehner unter Zehnern, Hunderter unter Hundertern usw. Dann wird von rechts beginnend stellenweise addiert. Dabei können Überträge entstehen.

Schriftliches Addieren

		T	H	Z	E
		8	4	6	3
+		5	2	7	2
	1		1		
	1	3	7	3	5

Einer (E):	2 + 3 =	5	schreibe 5
Zehner (Z):	7 + 6 =	13	schreibe 3, übertrage 1
Hunderter (H):	1 + 2 + 4 =	7	schreibe 7
Tausender (T):	5 + 8 =	13	schreibe 3, übertrage 1
Zehntausender:	1 + 0 + 0 =	1	schreibe 1

Schreibe zum schriftlichen Rechnen die Zahlen stellengerecht untereinander.
Nutze für die einzelnen Stellen die Kästchen in deinem Heft.

Beispiel 1 **Schriftliches Addieren**
Berechne.
a) 5113 + 362 b) 1213 + 142 + 562 c) 4807 + 100 700 + 904
Lösung

a)

```
   5113
 +  362
   5475
```

b)

```
   1213
 +  142
 +  562
     1
   1917
```

c)

```
      4807
 +  100700
 +     904
       2 1
    106411
```

Beim **Überschlagen** musst du die Zahlen so runden, dass du im Kopf rechnen kannst.
5113 + 362
≈ 5100 + 400 = 5500

Beispiel 2 **Addieren von Größen**
Addiere die beiden Größen. a) 4 t 74 kg und 1610 kg b) 4,37 m und 2,89 m
Lösung
Man wandelt die Summanden so in eine gemeinsame kleinere Einheit um, dass man beide ohne Komma schreiben kann.

a) 4 t 74 kg = 4000 kg + 74 kg = 4074 kg

```
   4074
 + 1610
   5684
```

4 t 74 kg + 1610 kg = 5684 kg

b) 4,37 m = 437 cm und 2,89 m = 289 cm

```
   437
 + 289
   726
```

4,37 m + 2,89 m = 726 cm

Zur Vereinfachung schreiben wir die Rechnung meist ohne Einheiten. Im Ergebnis wird die Einheit dann wieder geschrieben.

Aufgaben

1 Übertrage in dein Heft, überschlage zunächst und berechne dann.

Lerntipp Seite 86, Beispiel 1 a)

a) 245 + 122

b) 2724 + 215

c) 31 006 + 60 060

d) 210 415 + 468 574

e) 37 563 + 80 040

f) 60 521 + 42 731

g) 98 876 + 87 948

h) 879 467 + 935 559

2 a) 9901 + 234 + 7755

b) 6438 + 22 156 + 109 + 2012

c) 92 033 + 167 + 6902 + 15 422 + 5432

d) 500 500 500 + 7740 + 80 099 900 + 100 000 623 + 90 417 870

3 Berechne und suche das Kontrollergebnis.

a) 3456 + 183 + 4044 + 30 167

b) 77 848 + 2 056 101 + 582 000

c) 9 + 9009 + 90 009 + 900 009

d) 89 + 17 843 + 60 320 + 4855

e) 44 999 + 9999 + 9100 + 5005

f) 1001 + 1111 + 9999 + 800 112

2 715 949
69 103
37 850
83 107
812 223
999 036

4 **Große Zahlen im Kopf berechnen**

a) Erklärt euch gegenseitig das Verfahren.

b) Berechnet ebenso.

580 + 375 748 + 380
1345 + 805 2586 + 309
1836 + 1112 3898 + 2463

Berechne: 273 + 148
273 + 148
= 273 + 100 + 48
= 373 + 40 + 8
= 413 + 8 = 421

D15 Schriftliches Addieren

5 Berechnet die fehlenden Zahlen. Teilt euch den Rechenaufwand auf und überlegt eine geeignete Kontrollmöglichkeit.

a)

999	+	888	+	777	=	▢
+		+		+		+
666	+	555	+	444	=	▢
+		+		+		+
333	+	222	+	111	=	▢
▢	+	▢	+	▢	=	▢

b)

612	+	589	+	878	=	▢
+		+		+		+
1286	+	2463	+	1619	=	▢
+		+		+		+
637	+	842	+	2185	=	▢
▢	+	▢	+	▢	=	▢

6 Übertrage in dein Heft und ergänze die fehlenden Ziffern in den Kästchen.

a) ▢ 4 2 + 3 ▢ 1 + 1 3 ▢ = 9 9 9

b) 1 ▢ 7 2 + 6 3 0 ▢ + ▢ 4 2 3 = 9 9 9 9

c) 6 7 ▢ + 7 ▢ 9 + ▢ 4 7 = 2 1 8 9

d) ▢ 6 9 ▢ + 3 ▢ 7 2 + 7 ▢ 9 = 5 8 6 5

7 In der Zahlenmauer ergibt sich die Zahl für einen Stein, indem die direkt darunterliegenden Zahlen addiert werden. Übertrage ins Heft und berechne die fehlenden Zahlen.

a)

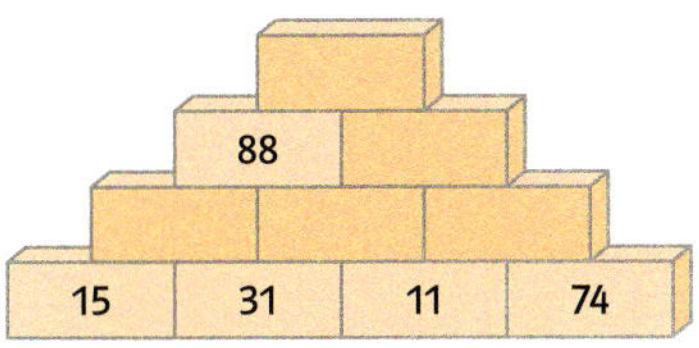

b)

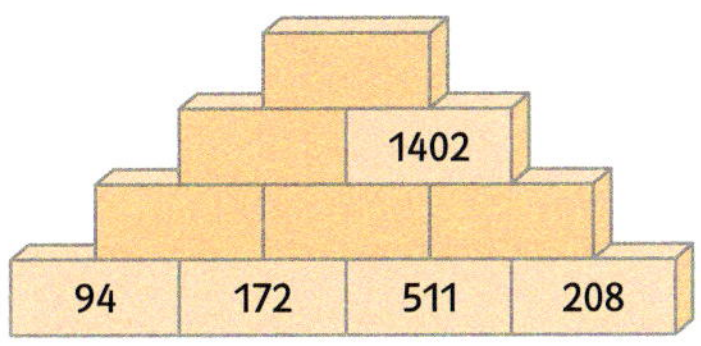

8 Schreibe die Zahlen in Worten und addiere sie.

a) 92, 76, 54

b) 271, 438, 298

c) 822, 647, 531

d) 2012, 3563, 1214

○ **9** Berechne. Achte auf die Einheiten.
a) 83 kg + 172 kg + 88 kg
b) 40,66 € + 12,90 € + 328,11 €
c) 46,3 km + 105,6 km + 15,9 km
d) 2,59 m + 70,02 m + 0,64 m + 18,53 m

Teste dich!

Lösungen, Seite 255

○ **10** Überschlage zunächst und berechne dann.
a) 72 132 + 24 557
b) 3674 + 8287
c) 27 128 + 895
d) 32 m + 82 dm
e) 3 t + 284 kg
f) 2 h 4 min + 57 min

○ **11** Das Stadion in Köln hat 41 825 Sitzplätze und 8175 Stehplätze. Wie viele Eintrittskarten können bei einem Fußballspiel höchstens verkauft werden? Überschlage zur Kontrolle.

◐ **12** Berechne die Summe der Größen.
a) 4,5 kg und 3 kg 200 g
b) 7 km 50 m und 3500 m
c) 45 min, 2 h 20 min und 32 min
d) 3,8 t, 2 t 200 kg und 120 kg

◐ **13** Die Berechnung der Summe 13 + 65 + 28 + 18 ist nicht korrekt notiert.
Was wurde falsch gemacht? Erläutere und notiere richtig.

13 + 65
= 78 + 28
= 106 + 18
= 124

◐ **14** Schreibe die Zahlen in Ziffern und addiere sie.
a) Siebenhundertsechs, dreiundachtzig, eintausendeinhunderteins
b) Viertausendundsechzig, zwei Millionen einhunderttausendvierundsiebzig, achthundertachtunddreißigtausendfünfhundertfünf
c) Sechshundertdrei, sechs Millionen eintausendneunundachtzig, dreihundertsiebenundzwanzigtausendneunhundertdreiundachtzig

◐ **15** Berechne schriftlich. Führe zunächst eine Überschlagsrechnung durch.
a) 345 + 287 + 506
b) 1252 + 3200 + 4280
c) 165 + 8524 + 754 + 23
d) 514 + 784 + 4063 + 2149

◐ **16** Aus der Tabelle lässt sich ablesen, wie viele Autobahnkilometer man im günstigsten Fall zurücklegen muss, um zum Beispiel von Hannover nach Stuttgart zu gelangen.
a) Familie Weit aus Stuttgart plant eine Fünf-Städte-Tour: Frankfurt/Main – Dortmund – Kassel – Hannover – Hamburg. Wie viele Autobahnkilometer müssen zurückgelegt werden?
b) Plant mithilfe der Tabelle eine eigene Städtetour. Berechnet die Länge der Gesamtstrecke und schätzt die Fahrzeit.

Autobahnentfernungen (in km)	Stuttgart	Frankfurt/Main	Dortmund	Hamburg	Hannover	Kassel
Stuttgart		217	451	668	526	366
Frankfurt/Main	217		264	495	352	193
Dortmund	451	264		343	208	165
Hamburg	668	495	343		154	307
Hannover	526	352	208	154		164
Kassel	366	193	165	307	164	

◐ **17** Eine Banane hat eine weite Reise hinter sich: von der Plantage bis zum Hafen 123 km, mit dem Schiff 12 968 km von Südamerika nach Hamburg, im Lkw 507 km von Hamburg zum Großhändler nach Essen, vom Großhändler 172 km zum Supermarkt und vom Supermarkt 3 km bis in den Obstkorb. Wie weit ist die Banane insgesamt gereist?

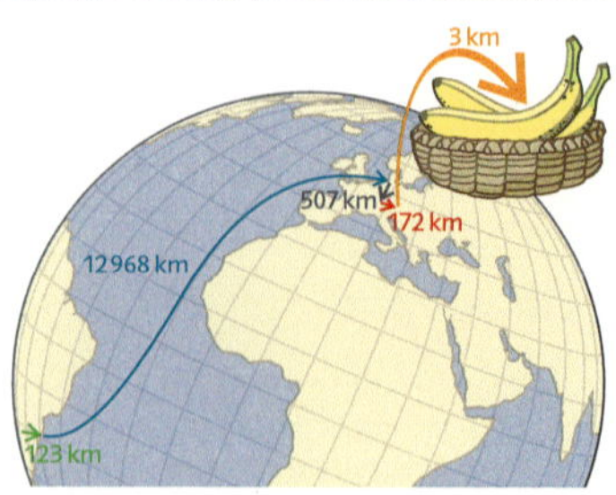

18 Finde den Fehler!
Beschreibe, was falsch gemacht wurde. Verwende Fachbegriffe. Die Begriffe auf dem Rand können helfen. Berechne anschließend im Heft die richtige Lösung.

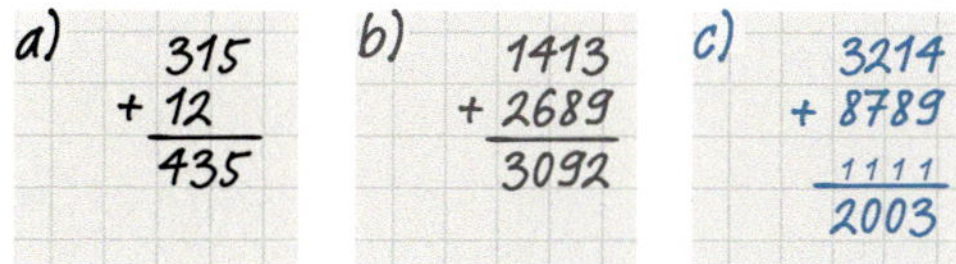

Wortliste
- der Zehner
- die Summe von
- der Übertrag
- stellengerecht
- der Hunderter
- übertragen
- der Einer
- die Stelle
- der Tausender
- addieren zu

19 Sarah kauft zwei Bücher zu je 4,50 €, eine Wasserflasche für 2 €, fünf Tafeln Schokolade zu je 1,20 € und einen Kamm für 2,80 €. Beim Flaschenpreis sind 15 ct Pfand enthalten. An der Kasse zahlt sie mit einem 20-€-Schein und erhält 1,20 € zurück. Sarah ist skeptisch und kontrolliert, ob die Höhe des Rückgeldes richtig war. Führe Sarahs Kontrolle durch.

20 Die Läufer Nils und John haben notiert, welche Strecken sie beim Training jeweils gelaufen sind und welche Zeiten sie dafür benötigt haben.
a) Einer von euch berechnet, welche Gesamtstrecke Nils gelaufen ist und welche Zeit er dafür benötigt hat. Der andere rechnet entsprechend für John.
b) Überlegt, wer von beiden der bessere Läufer ist. Begründet eure Antwort.

Nils

Länge	Zeit
2 km 550 m	11 min 37 s
4 km 950 m	22 min 55 s
2400 m	11 min 8 s
5 km 25 m	23 min 2 s
7550 m	34 min 56 s

John

Länge	Zeit
10 km 10 m	47 min 40 s
12 km 50 m	60 min 41 s
10 050 m	48 min 2 s
15 km 75 m	72 min 42 s
14 950 m	72 min 8 s

Teste dich!

→ **Lösungen**, Seite 255

21 Berechne und kontrolliere das Ergebnis mit einem Überschlag.
a) 26 842 + 78 189 + 37 501
b) 278 143 + 7518 + 2 184 674
c) 70 354 + 41 214 + 9204
d) 21 km + 5174 m + 3714 m

22 Der Minivan von Familie Lustig wiegt unbeladen 1640 kg und hat ein zulässiges Gesamtgewicht von 2,1 t. Die Familie hat für den Segelurlaub außer ihren Koffern (zusammen 98 kg) noch Segelkleidung (28 kg), Proviant für zwei Wochen (135 kg), einen Kinderbuggy (7500 g) und Handgepäck (14,5 kg) eingeladen. Ist das Auto überladen? Begründe.

23 Bilde aus den Ziffern 1, 2, 3, 6, 7 und 8 zwei dreistellige Zahlen. Jede der Ziffern soll dabei genau einmal verwendet werden. Wie musst du die Zahlen wählen, damit die Summe
a) möglichst groß wird,
b) möglichst klein wird,
c) genau 900 beträgt?

24 Zerlege jede der beiden „Zahlenschlangen" so in fünf einzelne Glieder mit drei- oder vierstelligen Zahlen, dass die Summe der fünf Glieder genau 15 000 ergibt.

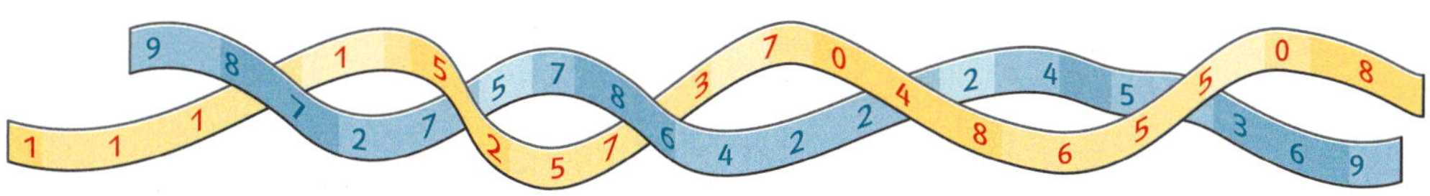

Teste dein Grundwissen!

Senkrechte und parallele Geraden zeichnen

→ **Merkkasten**, Seite 50
Lösungen, Seite 255

25 Übertrage die Figur ins Heft und zeichne
a) eine Gerade h durch den Punkt P, die senkrecht zur Geraden g ist.
b) eine Gerade k, die durch den Punkt Q verläuft und parallel zur Geraden g ist.

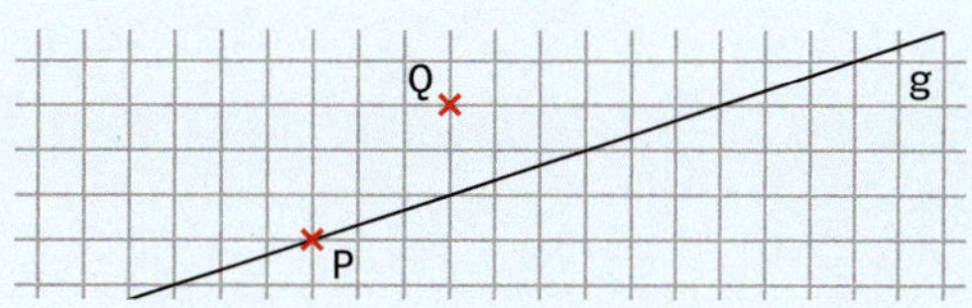

2 Schriftliches Subtrahieren

Entlang der Donau wird auf Schildern angegeben, wie weit es noch bis zur Mündung ins Schwarze Meer ist.
Auch an der Isar sind Schilder mit Entfernungsangaben aufgestellt.
Julia und Tobias sind uneinig, wessen Paddeltour nach Passau länger gewesen ist.
Julia ist in Landshut gestartet, Tobias in Regensburg.

Von 87 € werden bei einem Einkauf 34 € ausgegeben. Will man wissen, wie viel noch übrig ist, so überlegt man, welche Zahl man zu 34 addieren muss, um 87 zu erhalten.

87 €	–	34 €	=	53 €		34 €	+	▭	= 87 €
Minuend		Subtrahend		Differenz					

34 plus wie viel ergibt 87?

Um die Differenz 87 € – 34 € zu berechnen, schreibt man die Zahlen stellengerecht untereinander und bestimmt die Differenz ziffernweise. Man beginnt dabei von rechts.

87 €	Einerziffer:	4 um 3 ergänzen, um 7 zu erhalten
– 34 €	Zehnerziffer:	3 um 5 ergänzen, um 8 zu erhalten
53 €		

Bei der Differenz 87 € – 29 € lässt sich 9 nicht zu 7 ergänzen. Daher wird zu 17 ergänzt. Dazu wird „1 Zehner geliehen", was durch Übertragen einer 1 bei der Bestimmung der Zehnerziffer berücksichtigt wird.

87 €	Einerziffer:	9 um 8 ergänzen, um 17 zu erhalten
– 29 €	Zehnerziffer:	1 + 2 um 5 ergänzen, um 8 zu erhalten
1		
58 €		

Bei der Zehnerziffer wird nicht 2, sondern 1 + 2 zu 8 ergänzt. So wird der „geliehene Zehner" zurückgegeben.

Schriftliches Subtrahieren (Ergänzungsverfahren)

	T	H	Z	E
	6	0	3	5
–	2	0	8	4
	1	1		
	3	9	5	1

Einer: 4 + 1 = 5; schreibe 1
Zehner: 8 + 5 = 13; schreibe 5, übertrage 1
Hunderter: 1 + 0 + 9 = 10; schreibe 9, übertrage 1
Tausender: 1 + 2 + 3 = 6; schreibe 3

Schreibe zum schriftlichen Subtrahieren den Subtrahenden stellengerecht unter den Minuenden. Nutze für die einzelnen Stellen die Kästchen in deinem Heft.

Beispiel 1 **Schriftliches Subtrahieren**
Berechne.
a) 1089 – 725 b) 4388 – 1689 c) 500 € – 319,29 €

Lösung

a)

	1	0	8	9
–		7	2	5
	1			
		3	6	4

b)

	4	3	8	8
–	1	6	8	9
	1	1	1	
	2	6	9	9

c)

	5	0	0,	0	0	€
–	3	1	9,	2	9	€
	1	1	1	1		
	1	8	0,	7	1	€

Beim **Überschlagen** musst du die Zahlen so runden, dass du im Kopf rechnen kannst.
1089 – 725
≈ 1100 – 700
= 400

Beispiel 2 **Subtrahieren von Größen**

Subtrahiere die beiden Größen voneinander.

a) 5,7 km und 895 m b) 4 kg 300 g und 189 g

Lösung

Man wandelt Minuend und Subtrahend so in eine gemeinsame kleinere Einheit um, dass man beide ohne Komma schreiben kann.

a) 5,7 km = 5700 m

```
  5700
-  895
   111
------
  4805
```

5,7 km − 895 m = 4805 m

b) 4 kg 300 g = 4000 kg + 300 g = 4300 g

```
  4300
-  189
    11
------
  4111
```

4 kg 300 g − 189 g = 4111 g

Aufgaben

○ **1** Übertrage in dein Heft, überschlage zunächst und berechne dann.

a) 241 − 121 b) 987 − 53 c) 385 − 243 d) 4792 − 3032

e) 2578 − 435 f) 3006 − 2463 g) 23 866 − 11 688 h) 345 635 − 38 477

Lerntipp Seite 90, Beispiel 1 a)

◐ **2** Berechne schriftlich.

a) 836 − 588 b) 8206 − 7210 c) 4792 − 3023 d) 70 007 − 69 008

e) 345 635 − 38 477 f) 23 866 − 11 688 g) 99 365 − 57 605 h) 100 047 − 57 008

D16 Schriftliches Subtrahieren

◐ **3** **Große Zahlen im Kopf berechnen**

a) Erklärt euch gegenseitig das Verfahren.

b) Berechnet ebenso.

348 − 72 426 − 68

536 − 244 526 − 389

1836 − 412 2434 − 567

Berechne: 436 − 257

436 − 257

= 436 − 200 − 57

= 236 − 50 − 7

= 186 − 7 = 179

◐ **4** a) Zu welcher Zahl muss man 11 006 addieren, um 20 060 zu erhalten?

b) Wie viel muss man zu 23 470 addieren, um 70 122 zu erhalten?

c) Welche Zahl muss von 132 571 subtrahiert werden, um 687 zu erhalten?

◐ **5** Einige Ziffern an der Tafel wurden in der Pause ausgewischt. Wie lauten die Ziffern?

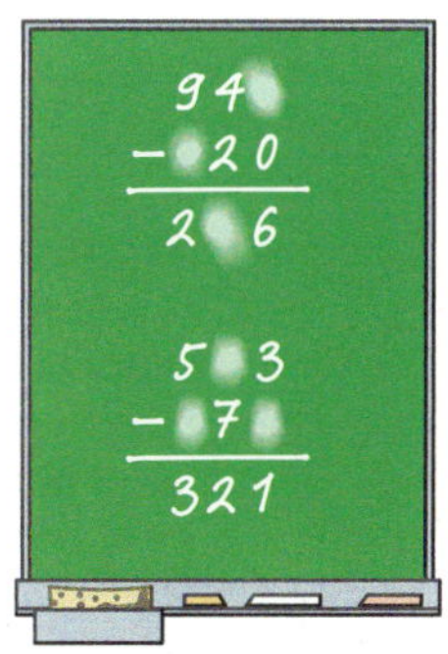

◐ **6** Bestimme die fehlende Zahl.

a) ● + 1513 = 2292 b) 4788 − 2605 = ● c) 45 972 + ● = 81 760

d) ● − 78 027 = 16 202 e) 222 006 − ● = 17 391 f) ● + 145 772 = 791 330

◐ **7** Übertrage in dein Heft und ergänze die fehlenden Zahlen.

a)

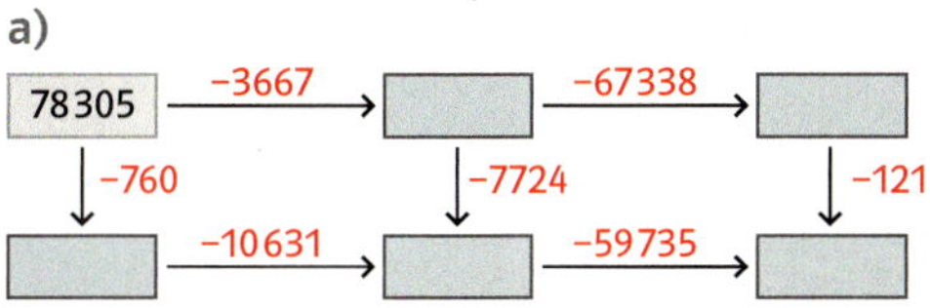

b)

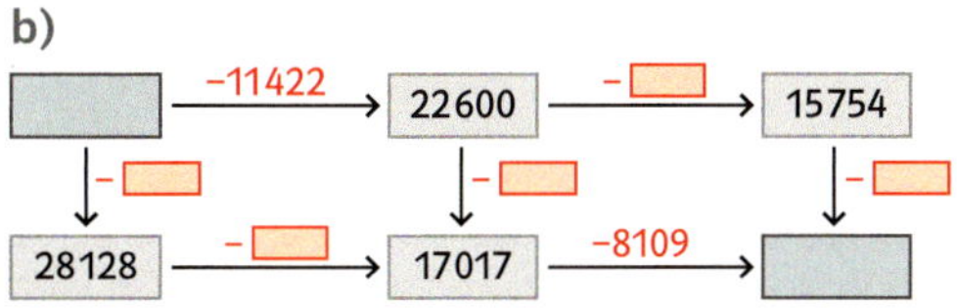

◐ **8** Übertrage in dein Heft und ergänze die fehlenden Ziffern.

a)
```
  ■3
− 4■
----
  42
```

b)
```
  9■5
− 62■
-----
  374
```

c)
```
  8■
− ■9
----
  54
```

d)
```
  ■■6
− 27■
-----
  287
```

○ **9** Berechne. Achte auf die Einheiten.

a) 6788 kg - 3089 kg
b) 246,88 € - 198,12 €
c) 41316 km - 20658 km
d) 92,5 l - 77,8 l
e) 80,25 t - 23,7 t
f) 25 m - 9,56 m

○ **10** Berechne das Gewicht der zulässigen Ladung. Ordne die Ergebnisse der Größe nach.

Fahrzeug	zulässiges Gesamtgewicht	Leergewicht
Auto	1465 kg	975 kg
Kleinbus	2390 kg	1412 kg
Linienbus	17200 kg	10536 kg
Kleinlaster	7500 kg	3534 kg

Fahrzeug	zulässiges Gesamtgewicht	Leergewicht
Segelflugzeug	459 kg	243 kg
Tankwagen	40 t	16 t
Jumbojet	363 t	304 t
Mondrakete	2837 t	2831 t

Teste dich!

Lösungen, Seite 255

○ **11** Berechne.

a) 6745 - 1234
b) 330167 - 41163
c) 50 € - 18,79 €
d) 2,5 km - 760 m

○ **12** Wie viel hat jeder Anhänger geladen?

◒ **13** Berechne die Differenz der Größen.

a) 20 € und 7,89 €
b) 5 min 28 s und 3 min 45 s
c) 4,25 kg und 770 g
d) 12,5 t und 6 t 860 kg
e) 27,80 m und 889 cm
f) 4 dm 7 mm und 33 cm

◒ **14** Malte berechnet Differenzen auf seine Weise (Fig. 1).

a) Überprüft, ob Maltes Ergebnis richtig ist. Überlegt, warum bei ihm kein Übertrag auftaucht, obwohl die Einerziffer des Subtrahenden größer ist als die des Minuenden.

b) Berechnet 427 - 159. Einer verwendet Maltes Methode, der andere rechnet wie gewohnt. Löst auch eigene Subtraktionsaufgaben mit Maltes Methode.

c) Berechnet 205 - 138 mit Maltes Methode und erklärt, wie ihr dabei vorgeht.

Fig. 1

◒ **15** SP **Finde den Fehler!**
Beschreibe, was falsch gemacht wurde. Verwende Fachbegriffe. Die Begriffe auf dem Rand können helfen. Berechne anschließend im Heft die richtige Lösung.

a)
```
  946
- 352
  614
```

b)
```
  813
- 282
  631
```

◒ **16** Jule hat sich einige Schreibwarenartikel gekauft. Leider ist ihr Kaufbeleg zerrissen. Sie weiß noch, dass sie mit einem 10-Euro-schein bezahlt hatte und dass sie 1,87 € als Wechselgeld erhalten hatte. Berechne, wie teuer ein Heftumschlag war.

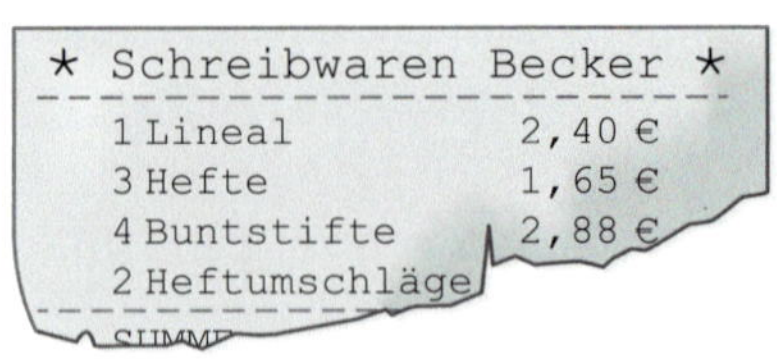

Wortliste
- der Zehner
- die Differenz aus
- der Übertrag
- stellengerecht
- der Hunderter
- übertragen
- der Einer
- die Stelle
- der Tausender
- subtrahieren von
- der Summand

Info

Mehrere Subtrahenden zugleich subtrahieren (Aufgabe 17)

Bei einer dreitägigen Radtour, die insgesamt 181 km lang ist, werden am ersten Tag 67 km und am zweiten Tag 65 km zurückgelegt. Um herauszufinden, wie viele Kilometer am dritten Tag noch zu fahren sind, kann man schrittweise vorgehen:

```
   67 km        181 km    oder    181 km       114 km
+  65 km     -  132 km         -   67 km    -   65 km
  11              1                 1          11
-------      --------          --------     --------
  132 km        49 km             114 km       49 km
```

Am dritten Tag müssen also noch 49 km geradelt werden.

Zum gleichen Ergebnis kann man auch völlig ohne Zwischenschritt gelangen:

```
   181 km   Einer (E):      5 + 7 = 12;  12 + 9 = 21;   schreibe 9, übertrage 2
-   67 km   Zehner (Z):     2 + 6 + 6 = 14;  14 + 4 = 18;   schreibe 4, übertrage 1
-   65 km   Hunderter (H):  1 + 0 = 1  (Das Ergebnis hat keine Hunderterziffer.)
   12
--------
    49 km
```

17 Übertrage in dein Heft und berechne.

```
a)   888     b)  3527     c)  10 000 €     d)  120,0 km
   -  229      -  624       -  2990 €        -  12,5 km
   -  336      -  377       -   998 €        -  47,5 km
               - 1513       -  5495 €        -  32,2 km
```

18 Ina hat eine 50-m-Rolle mit Geschenkband. Sie hat bereits Stücke der Länge 18,5 m, 10 m 60 cm und 95 dm verbraucht. Jetzt benötigt sie noch ein 12 m langes Stück.

Teste dich! → **Lösungen**, Seite 256

19 Berechne und kontrolliere das Ergebnis mit einem Überschlag.

a) 278 143 − 7518 − 84 674   b) 70 354 − 41 214 − 9204   c) 21 km − 5174 m − 3714 m

20 a) Eine Gondel der Zugspitzbahn wiegt 11 t 800 kg. Das Gesamtgewicht von Gondel und Ladung darf 21 t 400 kg nicht überschreiten. Wie viel darf die Ladung wiegen?

b) Vier Maschinen, die 6 t, 4100 kg, 3600 kg und 2650 kg wiegen, müssen auf den Berg transportiert werden. Überprüfe, ob die vier Maschinen zusammen mit vier Monteuren (je 80 kg) in zwei Gondeln geladen werden können.

21 Bestimme die Entfernungsangaben, die auf den Schildern fehlen.

Teste dein Grundwissen! **Punktspiegelung** → **Merkkasten**, Seite 63 **Lösungen**, Seite 256

22 Zeichne das Dreieck mit den Eckpunkten A(3|2), B(1|4) und C(1|1) in ein Koordinatensystem und spiegle es am Punkt P(4|4).

3 Schriftliches Multiplizieren

Ein Frosch aus Ulm
plant eine Reise,
und fragt Frau Meise:

Beim Multiplizieren von großen Zahlen kann man zunächst überschlagen, zum Beispiel
$489 \cdot 7 \approx 500 \cdot 7 = 3500$.
Für ein genaues Ergebnis bei einer Multiplikation mit großen Zahlen benötigt man oft die schriftliche Multiplikation. Hierbei wird die Zerlegung eines Faktors in Einer, Zehner, Hunderter usw. ausgenutzt.
Bei der Multiplikation mit einem einstelligen Faktor sieht das Verfahren so aus:
Um 489 mit 7 zu multiplizieren, kann man auch $(400 + 80 + 9) \cdot 7$ oder
$400 \cdot 7 + 80 \cdot 7 + 9 \cdot 7$ rechnen.

$489 \cdot 7 = (400 + 80 + 9) \cdot 7$

63	⟵	$9 \cdot 7$
+ 560	⟵	$80 \cdot 7$
+ 2800	⟵	$400 \cdot 7$
1 1		
3423		

Kurzform:

$489 \cdot 7$		
3423	$9 \cdot 7 = 63$	schreibe 3, merke 6
	$8 \cdot 7 = 56$, $56 + 6 = 62$	schreibe 2, merke 6
	$4 \cdot 7 = 28$, $28 + 6 = 34$	schreibe 34

Beim Multiplizieren einer Zahl mit einem mehrstelligen Faktor wird dieses Verfahren mehrfach durchgeführt. Dabei müssen die Teilergebnisse stellenweise untereinandergeschrieben und addiert werden.

Schriftliches Multiplizieren

5	2	7	·	3	6	1
	1	5	8	1	↓	
+		3	1	6	2	↓
+				5	2	7
		1	1			
	1	9	0	2	4	7

Multipliziere den ersten Faktor 527 nacheinander mit der Hunderterziffer 3, der Zehnerziffer 6 und der Einerziffer 1 des zweiten Faktors. Schreibe die Teilergebnisse versetzt untereinander und addiere.

Beispiel 1 **Die Ziffer 0 beim Multiplizieren**
Berechne.
a) $2406 \cdot 3002$ b) $4052 \cdot 2300$
Lösung

a)	
	$2406 \cdot 3002$
	721 800
+	4812
	7 222 812

b)	
	$4052 \cdot 2300$
	8 104 000
+	1 215 600
	9 319 600

Bei Nullen im 2. Faktor kann man anstelle einer Zeile mit lauter Nullen diese an das vorherige Teilergebnis anhängen.

Beispiel 2 **Schriftlich multiplizieren**
Überschlage zunächst und berechne dann.
a) Multipliziere die Zahlen 34 und 4136. b) 3105 · 4003

Lösung
a) Überschlag: 30 · 4000 = 120 000
Beim Multiplizieren gibt es zwei Möglichkeiten:

b) Überschlag:
3000 · 4000 = 12 000 000

```
  34·4136
   136
+    34
+    102
+     204
    1
   140624
```

```
4136·34
 12408
+ 16544
  1  1
 140624
```

```
 3105·4003
  12420
       0
        0
+      9315
  12429315
```

Die berechneten Ergebnisse stimmen etwa mit den Überschlägen überein.

Beispiel 3 **Sachaufgabe lösen**
Berechne, wie viele Umdrehungen der Stundenzeiger einer Uhr pro Jahr macht.

Lösung
Umdrehungen pro Tag: 24
Anzahl der Tage im Jahr: 365
Berechnung der Anzahl der Umdrehungen pro Jahr:

```
365·24
  730
  1460
  8760
```

Antwort: Der Stundenzeiger einer Uhr dreht sich pro Jahr 8760-mal.

Aufgaben

○ **1** Welche Rechnungen haben dasselbe Ergebnis?

A 200 · 40 | B 2 · 400 | C 400 · 20 | D 200 · 400 | E 40 · 20 | F 4 · 2000

○ **2** Führe eine Überschlagsrechnung durch und suche das richtige Ergebnis auf den Kärtchen.
a) 195 · 73 b) 52 · 3195 c) 92 · 2379
d) 475 · 2219 e) 999 · 5223 f) 5213 · 42 890

32 145 | 218 868 | 5 217 777 | 166 140 | 1 054 025 | 223 585 570 | 14 235 | 442 233

Lerntipp Seite 95, Beispiel 2

○ **3** Multipliziere.
a) 36 · 5 b) 33 · 8 c) 7 · 93 d) 6 · 78
e) 231 · 5 f) 2 · 385 g) 822 · 6 h) 3 · 749
i) 4 · 1321 j) 3219 · 3 k) 5 · 5152 l) 3874 · 7

Lerntipp Seite 95, Beispiel 3

○ **4** Multipliziere und führe zur Kontrolle eine Überschlagsrechnung durch.
a) 23 · 29 b) 42 · 17 c) 98 · 67 d) 68 · 87
e) 142 · 12 f) 420 · 170 g) 96 · 957 h) 680 · 870
i) 142 · 1200 j) 948 · 618 k) 960 · 9570 l) 928 · 468
m) 2301 · 409 n) 2031 · 409 o) 2031 · 490 p) 8007 · 130

D17 **Schriftliches Multiplizieren**

○ **5** Überschlage zuerst. Berechne dann.
a) 194 m · 25 b) 135 kg · 48 c) 10,25 € · 65 d) 0,75 l · 108
e) 9,8 km · 45 f) 0,79 € · 2207 g) 2,35 t · 16 h) 7,75 m · 270

D18 Interaktives Üben Bauernmethode

○ **6** Die Klasse 5 c plant einen Tagesausflug. Um den Bus bezahlen zu können, werden von jedem der 29 Kinder 7,50 € eingesammelt. Berechne, ob mit diesem Geld die Buskosten in Höhe von 220 € bezahlt werden können.

○ **7** Die Hafentreppe von Odessa mit ihren 192 Stufen ist weltberühmt. Jede Stufe ist 18 cm hoch und führt 33 cm nach vorne. Berechne, wie hoch die Treppe insgesamt ist.

Teste dich!

Lösungen, Seite 256

○ **8** Berechne und überschlage zur Kontrolle.
a) 153 · 805 b) 707 707 · 6008 c) 38 · 2,79 € d) 4265 m · 24

○ **9** Im Festsaal der Schule gibt es 27 Reihen mit 16 Plätzen. Berechne, wie viele Sitzplätze der Festsaal hat.

◒ **10** Übertrage in dein Heft und fülle aus.

a)
157 —·2→ □ —·12→ □
157 ↓·4 □ ; rechts oben □ ↓·5 □
□ —·15→ □ —·□→ □

b)
25 —·23→ □ —·14→ □
25 ↓·9 □ ; rechts oben □ ↓·□ □
□ —·4→ □ —·161→ □

◒ **11** Übertrage in dein Heft und ergänze die fehlenden Ziffern.

```
a)  5 8 4 · 6 □     b)  □ 4 □ · 1 □     c)  6 □ 8 · □ □     d)  □ 8 · 3 □
    □ □ □ □               7 □ 6             3 1 4 0              8 □
 +    □ □ 5 □        +  □ □ 2 2          +  □ □ 1 2          +   1 □ 6
    □ □ □ □ 6           1 □ □ 8 2           □ □ □ 1 2          □ □ □ □
```

◒ **12** a) Berechne das Produkt der Zahlen 6093 und 87.
b) Multipliziere die Zahl 23 mit sich selbst.
c) Multipliziere den Vorgänger mit dem Nachfolger von 23. Vergleiche mit Teilaufgabe b).

◒ **13** a) Messt mit einer Uhr mit Sekundenzeiger, wie viele Atemzüge ihr pro Minute macht. Bestimmt mit dem Messwert, wie viele Atemzüge ihr vermutlich in einer Stunde macht.
b) Messt mit einer Uhr mit Sekundenzeiger, wie viele Herzschläge ihr pro Minute macht. Bestimmt mit dem Messwert, wie viele Herzschläge ihr vermutlich in einer Stunde macht.

14 Kinder lachen bis zu 400-mal am Tag, Erwachsene nur etwa 15-mal.

a) Schätze, wie oft du möglicherweise bisher in deinem Leben schon gelacht hast. Begründe deine Schätzung.

b) Überschlage, wie oft du vielleicht noch bis zu deinem 70. Geburtstag lachen wirst.

Teste dich!

Lösungen, Seite 256

15 Eine 1-Liter-Flasche Cola enthält ungefähr 107 g Zucker, das sind etwa 36 Zuckerwürfel. Man müsste ungefähr 50 Minuten joggen, um die Kalorien, die in einem Liter Cola enthalten sind, wieder abzubauen.

a) Klaus trinkt täglich etwa zwei Liter Cola. Wie viel Kilogramm Zucker bzw. wie viele Zuckerwürfel „trinkt" Klaus innerhalb eines Jahres? Was wiegt genauso viel wie diese Menge Zucker?

b) Klaus nimmt sich vor, seine Cola-Kalorien wieder abzuarbeiten. Wie viele Stunden müsste er täglich, in der Woche, im Monat bzw. im Jahr joggen? Wie viele Kilometer wären dies in einem Jahr, wenn er in der Stunde 11 Kilometer läuft?

16 a) Multipliziere die Zahl 100 mit sich selbst. Vergleiche mit dem Produkt, das sich ergibt, wenn man den Vorgänger von 100 mit dem Nachfolger von 100 multipliziert.

b) Untersuche, welche Produkte sich ergeben, wenn man den ersten Faktor immer weiter verringert und den zweiten entsprechend vergrößert:
$100 \cdot 100$; $99 \cdot 101$; $98 \cdot 102$; $97 \cdot 103$; …
Beschreibe das Zahlenmuster, das man bei den Ergebnissen feststellen kann.

c) Untersuche in gleicher Form die Produkte $100 \cdot 100$; $98 \cdot 102$; $96 \cdot 104$; …

d) Untersuche, was man bei den Teilaufgaben b) und c) erhält, wenn man statt 100 andere Startzahlen verwendet, z. B. 50: $50 \cdot 50$; $49 \cdot 51$; $48 \cdot 52$; $47 \cdot 53$; …

17 Der Mond bewegt sich um die Erde und legt dabei in einer Stunde 3672 km zurück.

a) Berechne die Strecke, die der Mond an einem Tag zurücklegt.

b) Für einen vollen Umlauf um die Erde braucht er 27 Tage und 8 Stunden. Berechne die Wegstrecke, die er in dieser Zeit zurücklegt.

c) Die etwa 50-mal größere Erde „rast" mit einer Geschwindigkeit von 1788 km pro Minute um die Sonne. Untersuche, welchen Weg die Erde in einer Stunde zurücklegt.

d) Berechne den Weg, den die Erde bei einem ganzen Umlauf zurücklegt.

Teste dein Grundwissen! **Spiegeln an einer Geraden**

Merkkasten, Seite 59
Lösungen, Seite 256

18 Übertrage die Figur in dein Heft und ergänze das Spiegelbild.

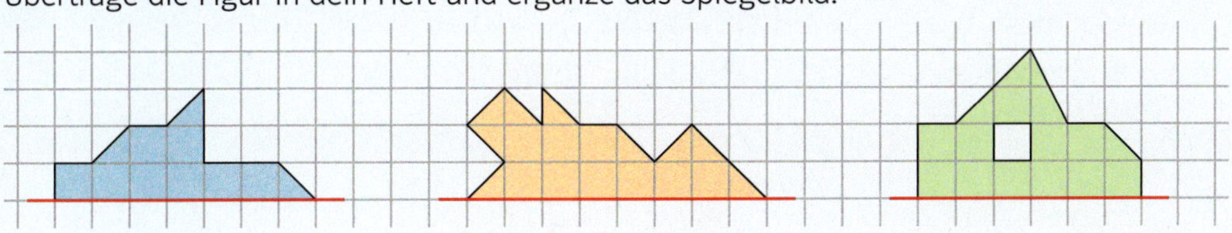

4 Schriftliches Dividieren

Der Tagesausflug von Frau Herzigs Kindergruppe kostet insgesamt 378 €. Wie hoch sind die Kosten für jedes Kind, wenn die Kosten gleichmäßig auf die 28 Kinder aufgeteilt werden? Wie hoch wären die Kosten für jedes Kind, wenn sich auch die beiden erwachsenen Begleiter an den Kosten beteiligen würden?

Kann eine Divisionsaufgabe nicht mehr im Kopf gelöst werden, so kann man durch eine Überschlagsrechnung eine Näherungslösung bestimmen:
4154 : 7 ≈ 4200 : 7 = 600. Man „rundet" 4154 auf ein einfaches Vielfaches von 7. Dabei ist Schnelligkeit wichtiger als Genauigkeit.
Für ein genaues Ergebnis bei einer Division mit großen Zahlen benötigt man oft die schriftliche Division.

Schriftliches Dividieren

	4	1	5	4	:	7	=	5	9	3	Rest 3
−	3	5	↓								
	1										
		6	5								
	−	6	3								
			2	4							
		−	2	1							
				3							↑

7 passt nicht in 4.
7 passt 5-mal in 41. Rechne 5 · 7 = 35 und dann 41 − 35 = 6. Ergänze die nächste Ziffer 5 zur 6, man erhält 65.

Setze das Verfahren so lange fort, bis die Division ohne Rest aufgeht oder ein Rest bleibt, der nicht durch 7 teilbar ist.

Beispiel 1 Schriftlich dividieren
Berechne 2298 : 21 und kontrolliere durch eine Überschlagsrechnung.
Führe die Probe durch.
Lösung
Rechnung:

	2	2	9	8	:	2	1	=	1	0	9	Rest 9
−	2	1										
		1	9									
	−		0									
		1	9	8								
	−	1	8	9								
			1									
				9								

Überschlag:
2298 : 21 ≈ 2100 : 21 = 100

Probe: 109 · 21
218
\+ 109
2289

2289 + 9 = 2298

Bei der Probe darf man den Rest nicht vergessen.

Beispiel 2 Sachaufgabe lösen
Ein leerer 40-Fuß-Standardcontainer mit einem Eigengewicht von 4,74 t soll auf vier Stützbeine gestellt werden. Bestimme das Gewicht, das dabei auf jedem Stützbein lastet.

Lösung
4,74 t = 4740 kg
Umrechnung der Einheit

Berechnung des Gewichtes für ein Stützbein.

```
 4740 : 4 = 1185
-4
 07
- 4
  34
 -32
   20
  -20
    0
```

Antwort:
Auf jedem Stützbein lastet ein Gewicht von 1185 kg.

Aufgaben

1 Berechne und mache die Probe.

a) 104 : 2   b) 148 : 2   c) 184 : 4   d) 105 : 5   e) 147 : 7
f) 342 : 2   g) 2744 : 4   h) 1650 : 5   i) 3647 : 7   j) 4568 : 8

Bei den Aufgaben 1 und 2 gibt es garantiert keinen Rest.

2 Überschlage erst und berechne dann. Wenn man die Buchstaben nach den Lösungen ordnet, erhält man ein Lösungswort.

a) 3801 : 7   b) 47 652 : 6   c) 48 915 : 9   d) 74 184 : 8
e) 61 299 : 9   f) 58 947 : 7   g) 44 454 : 6   h) 50 296 : 8
i) 62 262 : 9   j) 64 944 : 12   k) 30 624 : 11   l) 728 432 : 8

5435 L | 7409 S | 6918 A | 8421 E | 7942 N | 9273 I
6287 K | 91 054 R | 543 I | 2784 E | 6811 N | 5412 T

Lerntipp Seite 98, Beispiel 1

3 Berechne und kontrolliere das Ergebnis durch eine Überschlagsrechnung. Bei den Aufgaben erhält man die Reste 1 bis 8 jeweils einmal.

a) 29 528 : 7   b) 41 414 : 8   c) 35 509 : 6   d) 73 286 : 9
e) 198 067 : 4   f) 38 414 : 7   g) 54 796 : 6   h) 26 119 : 8

Vertiefen Seite 100, Aufgabe 11

4 a) Dividiere 4384 durch 8.
b) Berechne den Quotienten aus 5929 und 7.
c) Welche Zahl muss man mit 9 multiplizieren, um 4383 zu erhalten?
d) Wie oft passt 6 in die 5784?
e) Berechne den Quotienten aus 23 588 und 4.

Vertiefen Seite 100, Aufgabe 15

5 Frau Schulz ist im letzten Jahr insgesamt 29 892 km mit ihrem Auto gefahren. Berechne, wie viele Kilometer Frau Schulz durchschnittlich pro Monat gefahren ist. Überschlage und berechne genau.

D19 **Schriftliches Dividieren**

○ **6** a) Auf einer Palette können 12 Kisten gestapelt werden. Berechne, wie viele Paletten benötigt werden, um 7044 Kisten zu stapeln.
b) Berechne, wie viele Paletten man benötigt, wenn auf eine Palette 9 Kisten passen.

Teste dich!

Lösungen, Seite 256

○ **7** Überschlage erst und berechne dann. Mache eine Probe.

a) 9668 : 4 b) 46 116 : 9 c) 34 395 : 5 d) 54 360 : 12

○ **8** Eine Molkerei liefert Milchflaschen in Sechserkästen aus. Wie viele Kästen können gefüllt werden, wenn 1000 Flaschen zur Verfügung stehen? Wie viele Flaschen bleiben übrig?

◒ **9** Für welche Zahl steht ▢? Ergänze im Heft.

a) 3776 : 59 = ▢
▢ · 572 = 7436

b) 54 · ▢ = 2754
▢ : 37 = 5772

c) 6768 : ▢ = 752
▢ · 257 = 17 219

◒ **10** Überschlage erst und berechne dann.

a) 243 : 11 b) 815 : 19 c) 2398 : 74 d) 2636 : 26
e) 41 396 : 55 f) 87 521 : 36 g) 78 492 : 28 h) 59 804 : 51

◒ **11** SP **Finde den Fehler!** Peter und Pauline haben 8235 durch 27 dividiert.

a) Zeige mithilfe einer Überschlagsrechnung, dass weder das Ergebnis von Peter noch das von Pauline richtig sein kann.
b) Beschreibe, was falsch gemacht wurde. Verwende Fachbegriffe. Die Begriffe auf dem Rand können helfen. Berechne anschließend im Heft die richtige Lösung.

Peter:
8235 : 27 = 35
− 81
135
− 135
0

Pauline:
8235 : 27 = 3041
− 81
13
− 0
135
− 108
27
− 27
0

Wortliste
- die Division
- der Rest
- subtrahieren von
- hineinpassen
- die Ziffer
- das Produkt
- ergänzen

◒ **12** Ordne den gelben Karten die blauen Karten richtig zu. Finde jeweils eine Beispielaufgabe.

Wenn man bei einer Division den Dividenden verdoppelt,	Wenn man bei einer Division den Divisor verdoppelt,	Wenn man bei einer Division den Dividenden und den Divisor verdoppelt,

dann halbiert sich der Quotient.	dann ändert sich der Quotient nicht.	dann vervierfacht sich der Quotient.	dann verdoppelt sich der Quotient.

Zur Erinnerung:
Dividend ↘ 21 : 7 = 3 ↙ Divisor
Quotient ↗ 3

◒ **13** SP a) Berechne den Quotienten der Zahlen 3108 und 37.
b) Dividiere die Summe der Zahlen 87 und 810 durch 13.
c) Dividiere das Produkt von 38 und 49 durch die Summe der Zahlen 65 und 68.

◒ **14** Teile durch 12. Finde zu der Rechnung eine geeignete Textaufgabe.

a) 928,8 kg b) 5940 € c) 54,6 km d) 8,4 l

◒ **15** a) Untersuche, ob du mit 1000 Tagen schon laufen konntest.
b) Untersuche, ob du schon 1000 Wochen alt bist.
c) Untersuche, ob du jemanden kennst, der schon 1000 Monate alt ist.

◒ **16** In Deutschland verbraucht jede Person durchschnittlich etwa 45 000 l Wasser im Jahr. Berechne, wie viele Liter Wasser eine Person in einem Monat, in einer Woche bzw. an einem Tag im Durchschnitt verbraucht.

17 a) Die Eier sollen in Sechserpackungen abgepackt werden. Berechne, wie viele Packungen das ergibt.
b) Berechne, in wie viele Zwölferpackungen sich die Eier verpacken lassen. Gib an, ob Eier übrig bleiben.
c) 63 Sechserpackungen sind bereits gepackt. Berechne, in wie viele Zehnerpackungen der Rest der Eier geht. Gib an, wie viele Eier übrig bleiben.

Teste dich!

Lösungen, Seite 256

18 Mache zuerst einen Überschlag, berechne dann und mache die Probe.
a) 325 : 25 b) 8910 : 135
c) 33 661 : 382 d) 27 531 : 253

19 Eine gesunde, hundertjährige Buche produziert pro Stunde etwa 2 kg Sauerstoff. Ein Düsenflugzeug „frisst" je Minute Flugzeit 600 kg Sauerstoff. Berechne, wie viele Buchen nötig sind, um den von einem Flugzeug verbrauchten Sauerstoff genauso schnell wieder zu erzeugen.

20 Das Containerschiff MSC Pamela hat eine Fracht von 102 102 Tonnen in jeweils 14 000 kg schweren Containern geladen.
a) Überschlage, wie viele Container auf dem Schiff sind. Berechne dann die genaue Anzahl.
b) Auf dem Schiff stehen jeweils 17 Container nebeneinander in Reihen mit je 33 Containern. Berechne, wie viele Container übereinanderstehen, wenn alle Etagen gleich hoch sind. Verwende das Ergebnis aus Teilaufgabe a).
c) Tom meint: „Runden und Überschlagen haben viel miteinander zu tun, aber beim Überschlagen geht man oft auch anders vor." Erläutere, was Tom meint.

21 Eine Honigmelone wiegt so viel wie zwei Orangen und zwei Äpfel zusammen. Eine Orange wiederum wiegt so viel wie fünf Kiwis, und drei Kiwis wiegen so viel wie ein Apfel. Wie viel wiegen die Früchte jeweils, wenn die Melone 720 g wiegt?

Teste dein Grundwissen! **Große Zahlen – Runden**

Merkkasten, Seite 15
Lösungen, Seite 257

22 a) Schreibe in Ziffern: einhundertsechsunddreißig Millionen achthundertzweiundsiebzigtausendvierundfünfzig.
b) Runde die Zahl aus Teilaufgabe a) auf Zehntausender.
c) Gib die größte Zahl an, die auf Zehntausender gerundet die Zahl aus Teilaufgabe b) ergibt.

5 Terme

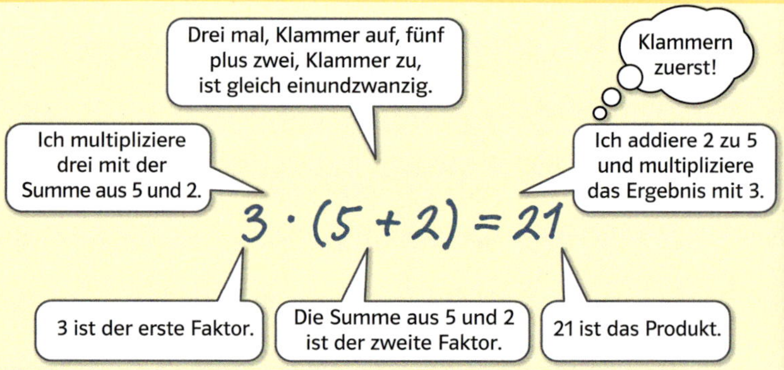

Finde passende Sprech- und Denkblasen zu dem Term $8 + (7 - 3 \cdot 2) = 9$.

Bisher hast du gelernt, wie man Zahlen addiert, subtrahiert, multipliziert und dividiert. In vielen Fällen treten dabei Rechnungen aber nicht einzeln auf, sondern sind miteinander verknüpft. Im Folgenden wird gezeigt, wie man das Ergebnis solcher verknüpfter Rechnungen bestimmen kann.

Rechenausdrücke wie $3 + 15$ oder $33 \cdot 4 - (12 + 8)$ nennt man **Terme**.
Wenn in einem Term mehr als zwei Zahlen durch Rechenzeichen verknüpft werden, dann rechnet man nach folgenden Vereinbarungen.

Kommen nur **Strichrechnungen** oder nur **Punktrechnungen** vor, so rechnet man von links nach rechts.

$23 - 13 + 12 = 10 + 12 = 22$ $\qquad$ $3 \cdot 12 : 4 = 36 : 4 = 9$

Strichrechnungen:
+ und −

Punktrechnungen:
· und :

Kommen in einem Term sowohl Punktrechnungen als auch Strichrechnungen vor, so müssen die Punktrechnungen zuerst durchgeführt werden.

$23 + 4 \cdot 3 = 23 + 12 = 35$ $\qquad$ $88 - 56 : 2 = 88 - 28 = 60$

Diese Rechenreihenfolge kann man durch Setzen von **Klammern** verändern.
Kommen in einem Term Klammern vor, so muss der Inhalt der Klammern zuerst ausgerechnet werden, danach die Punktrechnungen und zum Schluss die Strichrechnungen.

$(23 + 4) \cdot 3 = 27 \cdot 3 = 81$ $\qquad$ $(88 - 56) : 2 = 32 : 2 = 16$

Bei dem Term $40 + [20 - (12 - 9)]$ sind zwei Klammern ineinandergeschachtelt. Es wird festgesetzt: Die innere Klammer wird zuerst berechnet.

$$\begin{aligned} & 40 + [20 - \underbrace{(12 - 9)}] \\ = \; & 40 + \underbrace{[20 - \quad 3]} \\ = \; & \underbrace{40 + \quad 17} \\ = \; & \quad 57 \end{aligned}$$

Die Klammer $(12 - 9)$ ist die innere Klammer; sie wird zuerst berechnet.

Regeln für das Berechnen von Termen
1. Bei Termen mit Klammern berechnet man zuerst das, was in der Klammer steht.
2. Treten in einem Term mehrere Klammern auf, rechnet man von innen nach außen.
3. Punktrechnungen (· und :) werden vor Strichrechnungen (+ und −) ausgeführt.
4. Treten in einem Term nur Addition und Subtraktion (Strichrechnung) oder nur Multiplikation und Division (Punktrechnung) auf, so rechnet man von links nach rechts.

- Klammern zuerst
- Punkt- vor Strichrechnung
- Von links nach rech

Mithilfe von Rechenbäumen lässt sich die Berechnung eines Terms übersichtlich darstellen:
$(2 + 5) \cdot 4$
$= 7 \cdot 4$
$= 28$

$(2 + 5) \cdot 4$

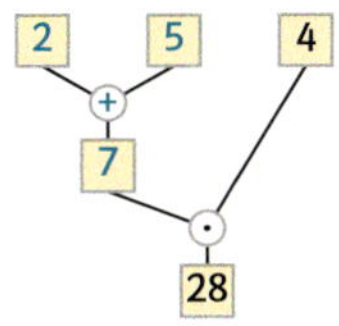

Beispiel 1 **Punktrechnung vor Strichrechnung**
Berechne.
a) $42 - 2 \cdot 12$ b) $6 \cdot 3 + 2 \cdot 7$ c) $2 \cdot 15 - 7 + 4 \cdot 6$
Lösung
a) $42 - 2 \cdot 12$
$= 42 - 24$
$= 18$

b) $6 \cdot 3 + 2 \cdot 7$
$= 18 + 14$
$= 32$

c) $2 \cdot 15 - 7 + 4 \cdot 6$
$= 30 - 7 + 24$
$= 23 + 24 = 47$

Beispiel 2 **Klammer zuerst ausrechnen**
Berechne.
a) $5 \cdot (4 + 12)$ b) $18 : (5 + 4)$ c) $(4 + 3) \cdot (12 - 3)$
Lösung
a) $5 \cdot (4 + 12)$
$= 5 \cdot 16$
$= 80$

b) $18 : (5 + 4)$
$= 18 : 9$
$= 2$

c) $(4 + 3) \cdot (12 - 3)$
$= 7 \cdot 9$
$= 63$

Beispiel 3 **Klammern innerhalb von Klammern**
Berechne $[7 + 2 \cdot (6 + 3)] : 5$ und notiere jeweils, welche Regel du angewendet hast.
Lösung
$[7 + 2 \cdot (6 + 3)] : 5$ Die innere Klammer wird zuerst berechnet.
$= [7 + 2 \cdot 9] : 5$ Innerhalb der Klammer wird die Punktrechnung zuerst ausgeführt.
$= [7 + 18] : 5$ Klammern werden zuerst berechnet.
$= 25 : 5 = 5$

Aufgaben

○ **1** Berechne. Achte auf die Regel „von links nach rechts“
a) $16 + 2 - 3 - 10$ b) $41 - 5 - 7 + 13$ c) $21 - 10 + 2 - 4$ d) $34 + 7 - 12 - 13 + 9$
e) $4 : 2 \cdot 7 : 2$ f) $54 : 2 : 3 : 3$ g) $5 \cdot 8 : 2 : 2 \cdot 3$ h) $50 : 5 : 2 \cdot 4 \cdot 3$

Lösungskontrolle:
Jedes Ergebnis in den Aufgaben 1 bis 3 kommt zweimal vor.

○ **2** Berechne. Achte auf die Regel „Punkt-vor-Strichrechnung“.
a) $36 + 2 \cdot 3$ b) $15 - 77 : 11$ c) $10 \cdot 2 - 8$ d) $42 - 12 : 3 - 7$
e) $20 + 20 : 2 : 2$ f) $54 - 8 - 10 : 2 \cdot 3$ g) $7 \cdot 2 + 30 : 15 - 4$ h) $37 - 16 : 4 \cdot 2 - 20$

Lerntipp
Seite 103, Beispiel 1

○ **3** Berechne. Achte auf die Klammern. Ein Rechenbaum kann helfen.
a) $12 - (7 - 2)$ b) $33 - (10 + 3)$ c) $13 - (10 - (2 + 3))$ d) $25 + [9 : (12 - 9)] + 2$
e) $7 \cdot (8 : 2)$ f) $120 : (4 \cdot 15)$ g) $4 \cdot (25 : (15 : 3))$ h) $22 : [33 : (5 - 2)]$
i) $(3 + 9) \cdot (16 - 11)$ j) $(25 - 13) : (11 - 7)$ k) $[10 - (1 + 5)] \cdot 7$ l) $50 : [30 - (25 - 5)]$

Lerntipp
Seite 103,
Beispiele 2 und 3

○ **4** Übertrage den Rechenbaum in dein Heft. Berechne den Term mithilfe des Rechenbaumes.
a) $(16 + 8) \cdot 10$

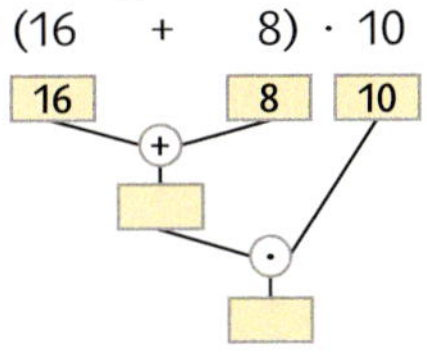

b) $(16 - 10) \cdot 8$

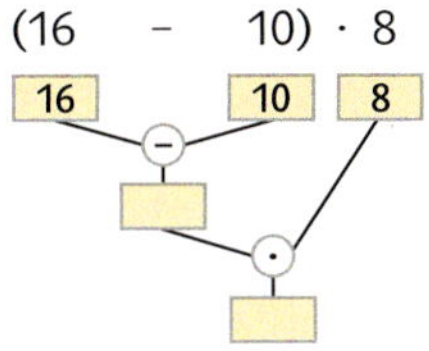

c) $(16 : 8) + 10$

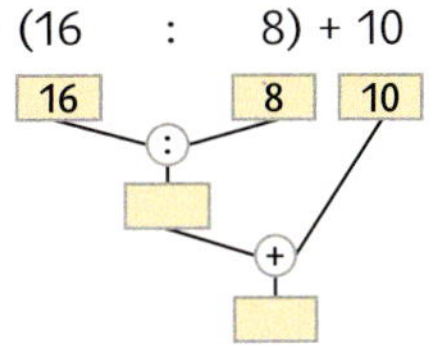

○ **5** SP Schreibst du die Ergebnisse der folgenden Aufgaben mit Buchstaben statt mit Ziffern, so ergeben die Anfangs- oder Endbuchstaben das „Lösungswort". Ein Rechenbaum kann helfen. Notiere für mindestens vier Terme jeweils die angewandte Regel wie in Beispiel 3 auf Seite 87.

17 **siebzehn**
18 **achtzehn**
100 **hundert**
9 **neun**
11 **elf**

a) Nimm die Anfangsbuchstaben.
$4 \cdot (15 - 3) + 2 \cdot 8 + 11$
$19 + 4 \cdot 9 + 11 + 2 \cdot 7$
$80 - (11 + 2) \cdot 3 + 4 \cdot 4$
$(7 + 11) \cdot 3 - 6 \cdot (34 - 28)$
$25 + 9 \cdot 17 - 11 \cdot (14 - 6)$

b) Nimm die Endbuchstaben.
$(24 - 9) \cdot 13 + 18 - (14 + 7 - 9)$
$(35 - 19 - 3) \cdot 28 - 7 \cdot 8$
$15 + 9 \cdot (12 + 29) - 9 \cdot 9$
$619 - 9 \cdot (43 - 28) \cdot 4 + 26$
$78 + (4 + 112 - 10) \cdot 5$

○ **6** Berechne den Term von jedem Kärtchen. Füge dann eine Klammer so ein, dass du ein neues Ergebnis erhältst. Versuche auf diese Art möglichst viele verschiedene Ergebnisse zu erhalten.

$2 \cdot 25 - 3 \cdot 5$ | $17 \cdot 2 + 2 - 1$ | $80 - 2 \cdot 5 + 3 \cdot 5$ | $2 \cdot 3 + 4 \cdot 6$ | $5 \cdot 12 - 2 \cdot 3 + 15$ | $5 + 3 \cdot 5 + 12$

Vertiefen ◒ Seite 105, Aufgabe 1

○ **7** SP Ordne jeder Aufgabe einen Term zu und berechne dann.
a) Addiere 33 zur Differenz von 30 und 20.
b) Multipliziere die Differenz von 33 und 30 mit 20.
c) Subtrahiere die Differenz von 30 und 20 von der Zahl 33.
d) Addiere 33 zum Produkt von 30 und 20.

A $(33 - 30) \cdot 20$
B $33 - (30 - 20)$
C $(30 \cdot 20) + 33$
D $(30 - 20) + 33$

○ **8** a) Jonas Vater möchte sich ein Smartphone mit Vertrag für Telefonie und Internet kaufen. Er muss 10 € direkt zahlen und dann noch 24 Monate je 13 €. Stelle einen Term auf und berechne, wie viel Geld er nach Ablauf der 2 Jahre insgesamt bezahlen muss.
b) Das gleiche Smartphone gibt es auch für 120 € ohne Vertrag. Mit einer SIM-Karte kann man sich die gleichen Einheiten für Telefonie und Internet monatlich für 8 € kaufen. Stelle einen Term für die Kosten nach 2 Jahren auf und berechne sie. Vergleiche die Angebote.

Vertiefen ◒ Seite 105, Aufgabe 1

Teste dich!

Lösungen, Seite 257

○ **9** Berechne mit und ohne Rechenbaum.
a) $(24 - 19) \cdot 7$ b) $(13 + 11) + (13 - 11)$ c) $39 - [30 - (7 + 15)]$

○ **10** Kim spart von ihrem Taschengeld jeden Monat 9 €. Zu Weihnachten, zu ihrem Geburtstag und für ihr Zeugnis erhält sie je 12 €, die sie ebenfalls spart. Stelle einen Term auf und berechne, wie viel Geld Kim in einem Jahr spart.

◒ **11** Berechne und vergleiche.

a)	b)	c)	d)
$3 \cdot 4 + 5 \cdot 6$	$5 + 2 \cdot 3 - 2$	$3 \cdot 9 - 8 + 12$	$5 \cdot 7 + 5 \cdot 9 - 8$
$(3 \cdot 4 + 5) \cdot 6$	$(5 + 2) \cdot 3 - 2$	$3 \cdot (9 - 8) + 12$	$5 \cdot (7 + 5 \cdot 9) - 8$
$3 \cdot (4 + 5) \cdot 6$	$5 + 2 \cdot (3 - 2)$	$3 \cdot 9 - (8 + 12)$	$5 \cdot 7 + 5 \cdot (9 - 8)$
$3 \cdot (4 + 5 \cdot 6)$	$(5 + 2) \cdot (3 - 2)$	$3 \cdot (9 - 8 + 12)$	$5 \cdot (7 + 5) \cdot 9 - 8$

◒ **12** Setze Klammern so, dass du das angegebene Ergebnis erhältst. Mache eine Probe mit dem Rechenbaum.
a) $4 \cdot 5 + 9 \cdot 3$ Ergebnis: 168 b) $2 \cdot 3 + 11 \cdot 5$ Ergebnis: 85
c) $5 \cdot 26 - 3 \cdot 6$ Ergebnis: 40 d) $8 + 2 \cdot 14 - 7$ Ergebnis: 70

13 a) Ordne die Terme den Geschichten zu.
b) Berechne die Terme und beantworte die Fragen.
c) Denke dir mit deinem Partner weitere Geschichten aus und schreibe sie auf Zettel. Schreibt anschließend die dazugehörigen Terme auf andere Zettel. Tauscht die Zettel mit einer anderen Zweiergruppe und bearbeitet sie wie in den Teilaufgaben a) und b).

Die Klasse 5 b besteht aus 17 Mädchen und 14 Jungen, von denen jeder 3 € in die Klassenkasse einzahlt. Wie viel Geld ist dann in der Klassenkasse, wenn vorher 54 € darin waren?

Claras Rucksack wiegt 17 kg. Der Rucksack ihrer Freundin Sarah nur 14 kg. Wie schwer wäre das Gepäck, das Clara ihrer Freundin geben müsste, damit beide Rucksäcke gleich schwer sind?

Sven und Nils fahren am ersten Tag ihrer Fahrradtour 14 km. Am zweiten Tag fahren sie nur noch die Hälfte vom ersten Tag. Wie weit sind sie an beiden Tagen zusammen gefahren?

Herr Schulz kauft sich zwei Bretter für 14 € sowie eines für 17 €. Wie viel Geld hat er nach dem Bezahlen noch in seinem Portemonnaie, wenn er davor 54 € hatte?

(17 − 14) : 2 | 54 − (2 · 14 + 17) | 54 + 3 · (17 + 14) | 14 + 14 : 2

14 Berechne und vergleiche.
a) 50 € − 6 € · 7
(50 € − 6 €) · 7
b) 8,70 € + 1,50 € · 4
(8,70 € + 1,50 €) · 4
c) 2 · 7 km + 15 km · 5
2 · (7 km + 15 km) · 5
d) 4,8 m − 0,3 m · 9
(4,8 m − 0,3 m) · 9

15 a) Zu Termen, in denen Größen auftreten, kann man passende Rechengeschichten erfinden. Welcher Term verbirgt sich hinter der Rechengeschichte auf dem Rand?
b) Wähle von den Termen in Aufgabe 14 einen Term ohne Klammern aus. Überlege dir eine passende Rechengeschichte und stelle sie deinem Partner vor.
c) Betrachtet nun gemeinsam den zugehörigen Term mit Klammern. Ändert die Rechengeschichten aus Teilaufgabe b) so ab, dass sie zu diesem Term passt.

Auf dem Markt wird 1 kg Spargel für 6 € angeboten. Du kaufst 3 kg und zahlst mit einem 20-€-Schein.

16 Setze mit den Bausteinen Terme zusammen. Verwende jeden Baustein genau einmal. Welcher Term liefert das kleinste, welcher das größte Ergebnis?

a)
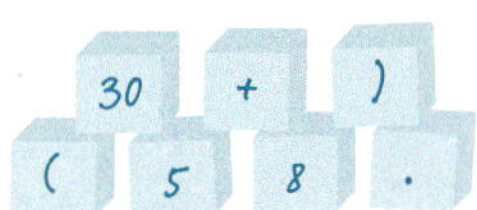

b)

c)

17 Übertrage ins Heft und setze dabei für ▢ die richtige Zahl ein.
a) 5 · (4 + ▢) = 30
b) 7 · (▢ − 16) = 14
c) 2 · (▢ + 11) = 26
d) ▢ · (4 + 7) = 55
e) (4 + 5) · ▢ = 45
f) (▢ − 4) · 7 = 63

Erforschen ●
Seite 106, Aufgabe 26

18 **Finde den Fehler!**
Beschreibe, was falsch gemacht wurde. Verwende Fachbegriffe. Die Begriffe auf dem Rand können helfen. Berechne anschließend im Heft die richtige Lösung.

a) 25 − 5 · 4 : 2
= 20 · 2
= 40

b) 45 − 15 − 7 − 2
= 45 − 15 − 5
= 45 − 10 = 35

c) 7 · (2 + 23) − 13
= 14 + 10
= 24

d) 32 : 4 : 2
= 32 : 2
= 16

Wortliste
- vertauschen
- die Punktrechnung
- die Strichrechnung
- subtrahieren von
- dividieren durch
- multiplizieren mit
- addieren zu

19 Am Schiller-Gymnasium möchte die Sekretärin für die Schülerinnen und Schüler der 5. Jahrgangsstufe je drei Informationsblätter der Schulleitung und zwei Blätter des Fördervereins kopieren (5 a: 31 Kinder; 5 b: 28 Kinder; 5 c: 31 Kinder).
Untersuche mithilfe eines Terms, ob die 450 Blätter hierzu reichen.

20 Ein Computer kostet bei Barzahlung 722 €, bei Ratenzahlung muss man 18 Monatsraten zu 45 € bezahlen. Die erste Rate wird erst nach drei Monaten fällig.
Stelle einen Term auf und berechne, wie viel man bei Barzahlung spart.

21 **Wahr oder falsch?**
Ist die Aussage zur Reihenfolge der Rechnungen wahr oder falsch? Begründe.
Berechne den Term.

A B C D
(120 − 56) − [(19 − 10) − 7]

a) Die zuletzt ausgeführte Rechnung muss B sein.
b) Man darf als erste Rechnung A ausführen.
c) Die Rechnung C muss nach der Rechnung D ausgeführt werden.

Teste dich!

Lösungen, Seite 257

22 a) Berechne den Term $(4 \cdot 4 - [3 + 7]) \cdot (12 : 3) - (4 + 2)$.
b) Berechne den Term, den man erhält, wenn man im Term aus Teilaufgabe a) die Klammern ganz weglässt.

23 Eine Schnecke kriecht pro Tag einen Meter hoch und rutscht in der Nacht wieder 75 cm herunter.
Berechne, nach wie vielen Tagen die Schnecke oben ankommt, wenn die Mauer 5 Meter hoch ist.

24 In der Grundschule wurden häufig Kettenaufgaben gestellt wie „5 mal 7 plus 9 geteilt durch 2 minus 12."
Notiere den zugehörigen Term und berechne
a) mit einem Rechenbaum,
b) mit einer Folge aus Gleichungen zeilenweise.

25 Welche Zahl muss man für □ einsetzen? Berechne im Heft.
a) (□ + □) − (□ − □) = 1000
b) [(□ + □) · 2] − □ = 300
c) [(□ + 5) · □] − □ = 5
d) 2 · □ − (2 · □ − □) = 2

26 a) Wie lauten die Terme der Aufgabennummern 5 und 6?
b) Welche Aufgabennummer hat der Term mit dem Wert 92?
c) Untersuche, ob bei einer Aufgabennummer der Wert 999 vorkommen kann.

1. 2 + 2
2. (2 + 2) · 2
3. ((2 + 2) · 2) + 2
4. (((2 + 2) · 2) + 2) · 2
5. …

Teste dein Grundwissen! Einheiten umrechnen

Merkkästen, Seiten 30, 34 und 36
Lösungen, Seite 257

G **27** Schreibe in der Einheit, die in der Klammer angegeben ist.
a) 23 km (m)
b) 42 000 mg (g)
c) 2 h (s)
d) 230 dm (m)
e) 4,5 kg (g)
f) 180 min (h)

6 Rechenvorteile beim Addieren und Multiplizieren

Die fünften und sechsten Klassen des Albert-Einstein-Gymnasiums haben einen Flohmarkt durchgeführt. Die Einnahmen sollen an die Partnerschule in Sierra Leone gehen.
Die beiden Unterstufensprecher Josua und Mathilda haben von den Klassensprechern die Einnahmen erhalten. Mathilda glaubt, dass man die Gesamteinnahmen im Kopf berechnen kann, wenn man geschickt vorgeht. Wie könnte sie vorgehen?

Klasse 6 c: 21 €
Klasse 5 c: 34 €
Klasse 6 a: 45 €
Klasse 5 b: 49 €
Klasse 5 a: 57 €
Klasse 6 d: 33 €
Klasse 6 b: 16 €
Klasse 5 d: 65 €

Die Berechnung von Termen mit vielen Verknüpfungen ist manchmal kompliziert. Um Terme zu vereinfachen, können Rechengesetze genutzt werden. Im Folgenden werden zwei Rechengesetze vorgestellt, die man bei Termen mit Summen und Produkten anwenden kann.

Vertauschen von Summanden oder Faktoren (Kommutativgesetz)
In einer Summe kann man die Summanden vertauschen, ohne dass sich das Ergebnis ändert:
$24 + 388 + 76 = 24 + 76 + 388 = 100 + 388 = 488$.
Gleiches gilt für das Vertauschen von Faktoren in einem Produkt:
$8 \cdot 13 \cdot 25 = 8 \cdot 25 \cdot 13 = 200 \cdot 13 = 2600$.
Durch das Vertauschen kann die Berechnung des Terms einfacher werden.

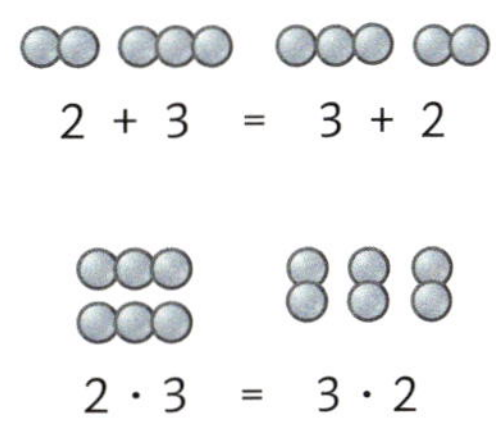

Klammern setzen oder weglassen (Assoziativgesetz)
In einer Summe oder einem Produkt kann man Klammern setzen oder weglassen, ohne dass sich das Ergebnis ändert:
1. Klammern setzen:
$338 + 34 + 66 = 338 + (34 + 66) = 338 + 100 = 438$
$13 \cdot 25 \cdot 8 = 13 \cdot (25 \cdot 8) = 13 \cdot 200 = 2600$
2. Klammern weglassen:
$34 + (66 + 338) = 34 + 66 + 338 = 100 + 338 = 438$
$25 \cdot (8 \cdot 13) = 25 \cdot 8 \cdot 13 = 200 \cdot 13 = 2600$
Durch das Setzen oder Weglassen von Klammern kann die Berechnung eines Terms einfacher werden.

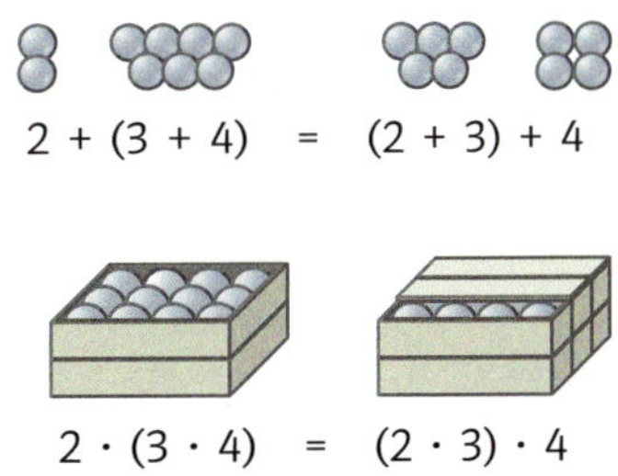

Kommutativgesetz der Addition und Multiplikation
Die Summanden einer Summe oder die Faktoren eines Produktes darf man beliebig vertauschen. Für zwei Zahlen a und b gilt $a + b = b + a$ bzw. $a \cdot b = b \cdot a$.
$2 + 3 + 4 = 3 + 4 + 2$ $\quad$ $2 \cdot 3 \cdot 4 = 3 \cdot 4 \cdot 2$

Assoziativgesetz der Addition und Multiplikation
Bei Summen oder Produkten dürfen Klammern beliebig gesetzt oder weggelassen werden. Für drei Zahlen a, b und c gilt $(a + b) + c = a + (b + c)$ bzw. $(a \cdot b) \cdot c = a \cdot (b \cdot c)$.
$(2 + 3) + 4 = 2 + 3 + 4 = 2 + (3 + 4)$ $\quad$ $(2 \cdot 3) \cdot 4 = 2 \cdot 3 \cdot 4 = 2 \cdot (3 \cdot 4)$

commutare (lat.): vertauschen
associare (lat.): verbinden

Beispiel **Rechenvorteile durch Rechenregeln**

Berechne geschickt.

a) 338 + 489 + 162 b) 48 + 178 + 122 c) $4 \cdot 35 \cdot 2 \cdot 25$

Lösung

Zueinander passende Summanden und Faktoren finden.

a) 338 + 489 + 162
= 338 + 162 + 489
= 500 + 489
= 989

b) 48 + 178 + 122
= 48 + (178 + 122)
= 48 + 300
= 348

c) $4 \cdot 35 \cdot 2 \cdot 25$
$= 4 \cdot 25 \cdot 2 \cdot 35$
$= (4 \cdot 25) \cdot (2 \cdot 35)$
$= 100 \cdot 70 = 7000$

Aufgaben

○ **1** Berechne möglichst geschickt.

Lerntipp Seite 108, Beispiel

a) 22 + 17 + 13 b) 46 + 14 + 27 c) 28 + 35 + 55
d) 83 + 37 + 46 e) 21 + 54 + 36 f) 64 + 36 + 76
g) 36 + 22 + 8 h) 488 + 188 + 12 i) 109 + 111 + 63

○ **2** SP Begründe die Richtigkeit jeder Umformung mit den Kärtchen und rechne zu Ende.

a) 344 + (65 + 156) + 28 (1)
= 344 + 65 + 156 + 28 (2)
= 344 + 156 + 65 + 28 (3)
= (344 + 156) + 65 + 28

b) $25 \cdot 8 \cdot 4 \cdot 125$ (1)
$= 25 \cdot 4 \cdot 8 \cdot 125$ (2)
$= (25 \cdot 4) \cdot (8 \cdot 125)$

Klammer setzen | Klammer setzen und berechnen | Klammer weglassen | Summanden vertauschen | Faktoren vertauschen

○ **3** Berechne geschickt. Setze eventuell Klammern.

a) $2 \cdot 5 \cdot 17$ b) $7 \cdot 25 \cdot 4$ c) $4 \cdot 250 \cdot 3$
d) $9 \cdot 5 \cdot 2 \cdot 7$ e) $125 \cdot 8 \cdot 10 \cdot 3$ f) $200 \cdot 5 \cdot 4 \cdot 250$
g) $8 \cdot 3 \cdot 25 \cdot 3$ h) $4 \cdot 7 \cdot 25 \cdot 5$ i) $1250 \cdot 6 \cdot 8$

Teste dich!

Lösungen, Seite 257

○ **4** Berechne geschickt.

a) 34 + 20 + 56 + 80 b) 890 + 190 + 110 c) (820 + 37) + (80 + 163)
d) $25 \cdot 2 \cdot 8 \cdot 2$ e) $3 \cdot 25 \cdot 7 \cdot 4$ f) $8 \cdot 7 \cdot 250$

Gilt immer – gilt nie – es kommt darauf an

◒ **5** Begründe bei jeder Aussage, ob sie wahr oder falsch ist, oder gib an, worauf es ankommt.

a) "In dem Term $3 \cdot 4 \cdot 5$ darf man eine Klammer beliebig setzen, ohne dass sich der Wert ändert."
b) "In dem Term $3 \cdot 4 + 5$ darf man eine Klammer beliebig setzen, ohne dass sich der Wert ändert."

Wortliste
- die Division
- die Addition
- vertauschen
- das Kommutativgesetz
- die Punktrechnung
- die Strichrechnung
- die Multiplikation
- das Assoziativgesetz
- die Subtraktion

◒ **6** SP **Finde den Fehler!**

Beschreibe, was falsch gemacht wurde. Verwende Fachbegriffe. Die Begriffe auf dem Rand können helfen. Berechne anschließend im Heft die richtige Lösung.

a) $4 \cdot 3 + 25 = 4 \cdot 25 + 3$
$= 100 + 3 = 103$

b) $16 : 2 : 4 = 16 \cdot 4 : 2$
$= 16 \cdot 2 = 32$

c) $9 - (2 + 6) = 9 - 2 + 6$
$= 9 + 6 = 15$

7 Hanna möchte in den Osterferien mit ihrer Freundin eine Fahrradtour machen. Am ersten Tag wollen sie 42 km, am zweiten Tag 57 km und am dritten Tag 48 km fahren. Am vierten Tag wollen sie eine Pause einlegen und am fünften Tag sind noch einmal 43 km geplant. Die letzten 10 km am dritten Tag waren besonders anstrengend. Berechne, wie lang die gesamte Strecke der Fahrradtour ist.

8 Berechne geschickt.
a) $(77 + 25 + 23) \cdot 7 \cdot 8$ b) $5 \cdot (50 + 125 + 75) \cdot 4$ c) $5 \cdot 50 + (125 + 75) \cdot 4$
d) $(4 \cdot 3 \cdot 25) + 3900 + 700$ e) $7300 + (125 \cdot 5 \cdot 8) + 15\,000 + 2100$

D20 Rechenregeln und Rechenvorteile

9 Schreibe den beschriebenen Term auf und berechne möglichst geschickt seinen Wert.
a) Addiere die Zahl 54 zur Summe der Zahlen 88 und 46.
b) Addiere die Summe der Zahlen 517 und 150 zur Zahl 233.
c) Multipliziere das Produkt aus 7 und 125 mit 4.

Teste dich!

→ **Lösungen**, Seite 257

10 Berechne geschickt.
a) $76 + 845 + 774 + 345$ b) $(17 + 150 + 33) \cdot 4 \cdot 5$ c) $511 + (3 \cdot 8 \cdot 125) + 7000$

11 Schreibe den beschriebenen Term auf und berechne möglichst geschickt seinen Wert.
a) Addiere die Summe der Zahlen 271 und 283 zur Zahl 99.
b) Multipliziere das Produkt aus 25 und 17 mit 8.

12 Erläutere an Beispielen.
a) Wie ändert sich der Wert einer Summe von vier Zahlen, wenn man jeden Summanden um 4 vergrößert?
b) Wie ändert sich der Wert einer Summe von vier Zahlen, wenn man zwei davon um 3 verkleinert und zwei davon um 5 vergrößert?
c) Wie ändert sich der Wert eines Produktes von drei Zahlen, wenn man jeden Faktor verdoppelt?
d) Wie verändert sich der Wert eines Produktes von 6 Zahlen, wenn man 3 Faktoren verdoppelt und 3 halbiert?

13 Zeige jeweils an einem Gegenbeispiel, dass bei Subtraktionen und Divisionen weder das Assoziativ- noch das Kommutativgesetz gilt.

14 Carl Friedrich Gauß, der später „Fürst der Mathematiker“ genannt wurde, addierte als 7-Jähriger die ersten hundert natürlichen Zahlen durch geschicktes Zusammenfassen so:

$$1 + 2 + 3 + 4 + \ldots + 98 + 99 + 100 = (1 + 100) + (2 + 99) + \ldots + (49 + 52) + (50 + 51)$$
$$= 101 + 101 + \ldots + 101 + 101$$

Rechne zu Ende. Addiere auf entsprechende Weise die Zahlen von 1 bis 200.

Carl Friedrich Gauß (1777–1855)

Teste dein Grundwissen! Runden – Diagramme

→ **Merkkasten**, Seite 16
Lösungen, Seite 257

15 a) Stelle die Längen der vier längsten Flüsse der Welt in einem Diagramm dar.
b) Gib an, wie du gerundet hast und welche Flusslänge im Diagramm 1 cm entspricht.

Fluss	Länge	Kontinent
Nil	6852 km	Afrika
Amazonas	6448 km	Südamerika
Jangtsekiang	6380 km	Asien
Mississippi	6051 km	Nordamerika

7 Ausklammern und Ausmultiplizieren

Die Gallier zählen die ankommenden römischen Truppen, jeder auf seine Art.
Mathix: „Es sind 12 mal 6 Römer."
Rechnix: „Es sind 6 mal 12 Römer."
Maline: „Es sind 3 Gruppen mit je 20 plus 4 Römern."
Multix: „Es sind 3 Gruppen mit 20 und 3 Gruppen mit 4 Römern."
Plusmine: „Es sind 3 Gruppen mit 6 mal 4 Römern."
Zählnix: „Es sind 3 mal 6 Reihen mit je 4 Römern."
Untersuche, ob alle Überlegungen das gleiche Ergebnis liefern.

Im Folgenden wird eine weitere Regel vorgestellt, die man bei Termen nutzen kann, bei denen multipliziert und addiert wird.

Um eine Aufgabe wie $5 \cdot 13$ geschickt im Kopf zu lösen, kann man die Zahl 13 zunächst in die Summe $10 + 3$ zerlegen; man multipliziert nun die Zahl 5 mit jedem Summanden und addiert anschließend die Werte dieser Produkte.
Bei Anwendung des **Distributivgesetzes** wird die Klammer nicht zuerst ausgerechnet.
Man sagt: Die Klammer wird aufgelöst.
Dieses Auflösen einer Klammer nennt man **Ausmultiplizieren**.

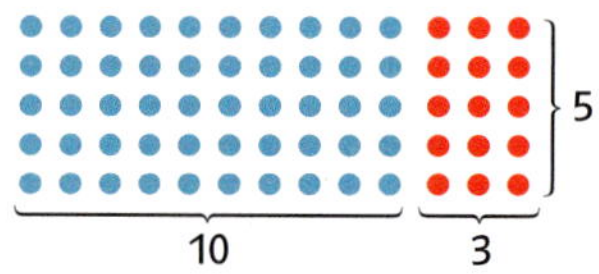

$$5 \cdot 13 = 5 \cdot (10 + 3) = 5 \cdot 10 + 5 \cdot 3 = 50 + 15 = 65$$

Manchmal kann man auch Rechenvorteile erhalten, wenn man umgekehrt vorgeht:
$17 \cdot 174 + 17 \cdot 26 = 17 \cdot (174 + 26) = 17 \cdot 200 = 3400$
Die Terme $17 \cdot 174$ und $17 \cdot 26$ haben den gemeinsamen Faktor 17. Das **Ausklammern** dieses Faktors vereinfacht hier die Rechnung.

Distributivgesetz der Multiplikation
1. Ausmultiplizieren: Für drei Zahlen a, b und c gilt $a \cdot (b + c) = a \cdot b + a \cdot c$.
Anstatt zuerst die Klammer zu berechnen, multipliziert man b und c jeweils mit a. Dann berechnet man die Summe aus $a \cdot b$ und $a \cdot c$. Entsprechend gilt $a \cdot (b - c) = a \cdot b - a \cdot c$.

$$25 \cdot (30 + 5) = 25 \cdot 30 + 25 \cdot 5 = 750 + 125 = 875$$
$$25 \cdot (30 - 5) = 25 \cdot 30 - 25 \cdot 5 = 750 - 125 = 625$$

2. Ausklammern: Für drei Zahlen a, b und c gilt $a \cdot b + a \cdot c = a \cdot (b + c)$.
Anstatt zuerst die Produkte zu berechnen, schreibt man den gemeinsamen Faktor a vor die Klammer. Dann berechnet man die Klammer und multipliziert.
Entsprechend gilt $a \cdot b - a \cdot c = a \cdot (b - c)$.

$$8 \cdot 7 + 8 \cdot 3 = 8 \cdot (7 + 3) = 8 \cdot 10 = 80$$
$$8 \cdot 7 - 8 \cdot 2 = 8 \cdot (7 - 2) = 8 \cdot 5 = 40$$

distribuere (lat.): verteilen

In Aufgabe 17 auf Seite 112 wird ein Distributivgesetz der Division behandelt.

Beim Multiplizieren gilt das Kommutativgesetz. Deshalb sind Ausmultiplizieren und Ausklammern auch erlaubt, wenn der gemeinsame Faktor rechts steht.
$(3 + 4) \cdot 7 = 3 \cdot 7 + 4 \cdot 7$; $12 \cdot 4 + 3 \cdot 4 = (12 + 3) \cdot 4$

Beispiel Ausmultiplizieren und Ausklammern
Berechne. Nutze Rechenvorteile.
a) $8 \cdot (60 + 3)$ b) $8 \cdot 67 - 8 \cdot 27$ c) $17 \cdot 6 + 51 \cdot 6 - 6$

Lösung

a) $8 \cdot (60 + 3)$
$= 8 \cdot 60 + 8 \cdot 3$
$= 480 + 24$
$= 504$

b) $8 \cdot 67 - 8 \cdot 27$
$= 8 \cdot (67 - 27)$
$= 8 \cdot 40$
$= 320$

c) $17 \cdot 6 + 51 \cdot 6 - 6 \cdot 1$
$= (17 + 51 - 1) \cdot 6$
$= (17 + 50) \cdot 6 = 67 \cdot 6$
$= (60 + 7) \cdot 6$
$= 60 \cdot 6 + 7 \cdot 6$
$= 360 + 42 = 402$

Aufgaben

○ **1** Multipliziere aus und berechne.
a) $5 \cdot (10 + 8)$ b) $7 \cdot (20 + 4)$ c) $3 \cdot (60 - 6)$
d) $(70 + 3) \cdot 4$ e) $(40 - 2) \cdot 3$ f) $(20 - 2) \cdot 11$
g) $12 \cdot (50 + 2)$ h) $9 \cdot (50 - 3)$ i) $6 \cdot (40 - 1)$

Lerntipp
Seite 111, Beispiel

○ **2** Klammere aus und berechne.
a) $6 \cdot 7 + 6 \cdot 13$ b) $9 \cdot 34 - 9 \cdot 4$ c) $7 \cdot 23 + 7 \cdot 7$
d) $11 \cdot 32 - 11 \cdot 2$ e) $8 \cdot 86 + 8 \cdot 14$ f) $12 \cdot 107 - 12 \cdot 7$

Üben ○
Seite 120, Aufgabe 6

○ **3** Rechne einmal mit Ausklammern und einmal ohne. Welcher Weg ist einfacher? Begründe.
a) $11 \cdot 80 + 11 \cdot 30$ b) $8 \cdot 30 - 8 \cdot 4$ c) $7 \cdot 91 - 7$

○ **4** Berechne geschickt. Beispiel: $9 \cdot 31 = 9 \cdot (30 + 1) = 9 \cdot 30 + 9 \cdot 1 = 270 + 9 = 279$
a) $6 \cdot 22$ b) $8 \cdot 51$ c) $71 \cdot 7$ d) $31 \cdot 8$ e) $102 \cdot 3$ f) $5 \cdot 505$

○ **5** Berechne geschickt. Beispiel: $7 \cdot 28 = 7 \cdot (30 - 2) = 7 \cdot 30 - 7 \cdot 2 = 210 - 14 = 196$
a) $4 \cdot 29$ b) $3 \cdot 59$ c) $9 \cdot 98$ d) $78 \cdot 2$ e) $199 \cdot 4$ f) $990 \cdot 4$

○ **6** Die Drillinge der Familie Schäfer brauchen neue Hosen, Jacken und Schuhe. Auf Wunsch der Kinder kauft Frau Schäfer dreimal die gleichen Kleidungsstücke. Berechne, wie teuer die Kinderkleidung insgesamt ist (Fig. 1).

Fig. 1

Teste dich!

Lösungen, Seite 257

○ **7** Multipliziere aus und berechne.
a) $8 \cdot (20 + 3)$ b) $(30 - 4) \cdot 11$ c) $3 \cdot (200 - 20 - 1)$

○ **8** Klammere aus und berechne.
a) $9 \cdot 27 + 9 \cdot 3$ b) $44 \cdot 7 - 4 \cdot 7$ c) $12 \cdot 56 - 6 \cdot 12$

○ **9** Berechne geschickt.
a) $75 \cdot 99$ b) $102 \cdot 17$ c) $198 \cdot 42$ d) $39 \cdot 41$

10 Achte auf Rechenvorteile und berechne.

a) $(20 + 4) \cdot 7 - 7 \cdot 20 - 7 \cdot 4$ b) $13 \cdot 5 + 13 \cdot (16 - 5)$
c) $(30 - 6) \cdot 6 + 36$ d) $22 \cdot 11 + 22 \cdot 9 - 11 \cdot 2 \cdot 11$

11 a) Judith sagt: Bei der Aufgabe $3 \cdot 16 + 3 \cdot (20 - 16)$ sieht man schnell, dass das Ergebnis 60 ist. Beschreibe, wie Judith darauf kommt.
b) Berechne ebenso geschickt.

A $17 \cdot (33 + 2) - 17 \cdot 33$ B $(20 - 7) \cdot 11 + 7 \cdot 11$ C $9 \cdot (100 - 17) + 17 \cdot 9$

12 SP **Finde den Fehler!**
Beschreibe, was falsch gemacht wurde. Verwende Fachbegriffe. Die Begriffe auf dem Rand können helfen. Berechne anschließend im Heft die richtige Lösung.

a) $5 \cdot 76 - 6 \cdot 5 = 5 \cdot (76 - 5)$ b) $16 \cdot 9 - 9 = 9 \cdot (16 - 9)$ c) $7 \cdot (3 \cdot 6) = 7 \cdot 3 \cdot 7 \cdot 6$ d) $2 \cdot 19 + 2 \cdot 5 \cdot 11 = 2 \cdot (19 + 11)$

Wortliste
- ausklammern
- verteilen
- vertauschen
- ausmultiplizieren
- das Assoziativgesetz
- der Summand
- der Faktor

13 Die Lokomotive eines Modellbahnzuges ist 16 cm lang. Sie zieht vier je 21 cm lange Waggons und zwei Waggons mit einer Länge von 19 cm. Berechne die Länge des Zuges.

14 Welche Zahl muss für □ und für △ stehen?

a) $9 \cdot 8 + 9 \cdot 11 = \square \cdot (8 + \triangle)$ b) $56 \cdot 7 - 6 \cdot 7 = (\square - 6) \cdot \triangle$
c) $(\triangle + 33) \cdot 6 = 17 \cdot 6 + 33 \cdot \square$ d) $\triangle \cdot 11 - 8 \cdot 8 = 8 \cdot (11 - \square)$

Teste dich!

Lösungen, Seite 257

15 **Finde den Fehler!**
Der Term wurde falsch umgeformt bzw. falsch berechnet. Beschreibe den Fehler und berechne beide Terme.

a) $61 \cdot 8 - 8 \cdot 8 + 8 = (61 - 8) \cdot 8$ b) $4 \cdot 2 \cdot (12 + 18) = 4 \cdot 12 + 4 \cdot 18$

16 Achte auf Rechenvorteile und berechne.

a) $20 \cdot (19 - 12) + 20 \cdot 12$ b) $28 \cdot 8 + 7 \cdot 28 - 7 \cdot 2 \cdot 28$

17 a) 48 Murmeln sollen gerecht auf vier Freunde aufgeteilt werden. Ole meint, dass das gut aufgeht: „Man teilt 40 durch 4 und dann 8 durch 4. So erhält man insgesamt 10 + 2 = 12“. Schreibe Oles Rechnung auf.

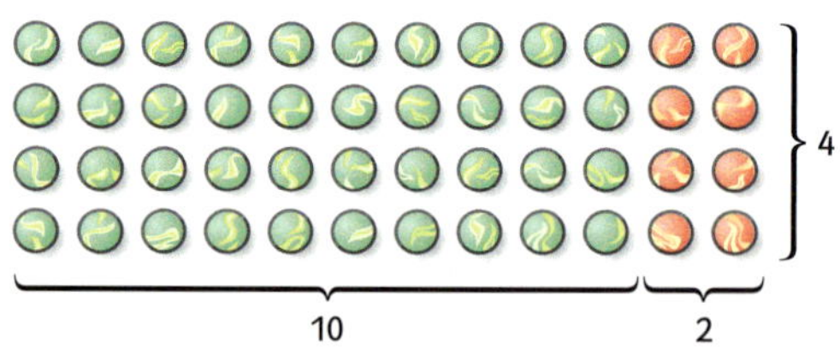

b) Berechne in gleicher Form 309 : 3 und 1050 : 5.
c) Untersuche, bei welchen der folgenden Terme das Distributivgesetz angewendet werden kann.

A) $(9 + 6) : 3$ B) $(18 + 2) : 4$ C) $20 : (4 + 5)$ D) $(30 - 3) : 3$

Teste dein Grundwissen! Punkte im Koordinatensystem

Merkkästen, Seiten 55 und 69
Lösungen, Seite 258

G **18** a) Zeichne in ein Koordinatensystem die Punkte A(1|1), B(4|1) und C(4|4) ein.
b) Zu den Punkten A, B und C soll ein Punkt D so ergänzt werden, dass ein Quadrat entsteht. Wie lauten die Koordinaten des Punktes D?

8 Potenzieren

Für die Erfindung des Schachspiels durfte sich Sissa ben Dahir vom König eine Belohnung wünschen. Er sagte zum König: „Lege mir auf das erste Feld eines Schachbrettes ein Reiskorn, auf das zweite zwei, auf das dritte vier und setze so die Verdopplung bis zum letzten Feld fort.“
Der König lächelte über so viel Bescheidenheit und stimmte zu.
Auch Sissa ben Dahir lächelte. Erkläre, warum.

Im Folgenden wird gezeigt, wie man Produkte mit gleichen Faktoren oft einfacher und übersichtlicher darstellen kann.

Das Produkt $3 \cdot 3 \cdot 3 \cdot 3$ enthält lauter gleiche Faktoren. Für ein solches Produkt, bei dem alle Faktoren gleich sind, gibt es eine Kurzschreibweise:

$3 \cdot 3 \cdot 3 \cdot 3 = 3^4$ (sprich: 3 hoch 4).

Man nennt die Schreibweise 3^4 eine **Potenz**, die Zahl 3 die **Grundzahl** und die Zahl 4 die **Hochzahl**.

Beachte den Unterschied zu $3 \cdot 4 = 12$.

Beachte: Bei der Potenzschreibweise darf man die Grundzahl nicht mit der Hochzahl vertauschen: $3^4 = 3 \cdot 3 \cdot 3 \cdot 3 = 81$, aber $4^3 = 4 \cdot 4 \cdot 4 = 64$.

Für das Rechnen mit Potenzen hat man vereinbart: Potenzen werden vor allen anderen Rechenarten berechnet, also z. B.

$5 \cdot 2^3 = 5 \cdot 8 = 40$ oder $12 + 3^2 = 12 + 9 = 21$.

Eine **Potenz** wie 5^3 ist eine Kurzschreibweise für ein Produkt mit lauter **gleichen Faktoren**.

$5^3 = 5 \cdot 5 \cdot 5 = 125$ (sprich: 5 hoch 3)

Die Zahl 5 heißt **Grundzahl** oder Basis, die Zahl 3 heißt **Hochzahl** oder Exponent.

Potenzen werden vor allen anderen Rechenarten ausgeführt, sofern Klammern keine andere Reihenfolge vorschreiben.

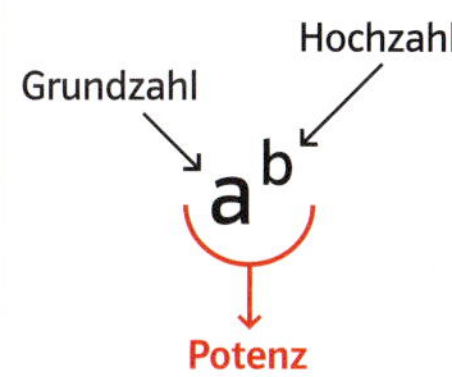

Ergebnisse von Potenzen mit der Hochzahl 2 heißen **Quadratzahlen**.
Quadratzahlen sind 1, 4, 9, 25, 36 …

Zehnerpotenzen kennst du bereits aus Kapitel I. Da bei diesen nur der Faktor 10 auftritt, ist jede Zehnerpotenz eine 1 mit anhängenden Nullen. Der jeweilige Exponent gibt an, wie viele Nullen angehängt sind. Die Stellenwerte des Dezimalsystems können als Zehnerpotenzen geschrieben werden:

·10 ·10 ·10 ·10 ·10 ·10 ·10

10 000 000	1 000 000	100 000	10 000	1000	100	10	1
10^7	10^6	10^5	10^4	10^3	10^2	10^1	

Beispiel 1 Produkt in Potenz umwandeln
Schreibe als Produkt von Potenzen.
$7 \cdot 3 \cdot 3 \cdot 7 \cdot 7 \cdot 3 \cdot 3 \cdot 3$
Lösung
$7 \cdot 3 \cdot 3 \cdot 7 \cdot 7 \cdot 3 \cdot 3 \cdot 3$
$= 3 \cdot 3 \cdot 3 \cdot 3 \cdot 3 \cdot 7 \cdot 7 \cdot 7$
$= 3^5 \cdot 7^3$

Die Faktoren werden zunächst geordnet und dann als Potenzen geschrieben.

Beispiel 2 Potenzen berechnen
Schreibe die Potenz als Produkt und berechne.
a) 4^3 b) $2 \cdot 3^3$ c) $(2 \cdot 3)^3$ d) $7 + 2^4$
Lösung
a) $4^3 = 4 \cdot 4 \cdot 4 = 64$
b) $2 \cdot 3^3 = 2 \cdot 3 \cdot 3 \cdot 3 = 54$
c) $(2 \cdot 3)^3 = 6^3 = 6 \cdot 6 \cdot 6 = 216$
d) $7 + 2^4 = 7 + 2 \cdot 2 \cdot 2 \cdot 2 = 7 + 16 = 23$

Bei b) wird erst die Potenz berechnet, dann multipliziert.
Bei c) wird wegen der Klammer erst multipliziert und dann die Potenz berechnet.

Potenzieren vor Punktrechnung, Punkt- vor Strichrechnung

Aufgaben

○ **1** Schreibe kürzer als Potenz.
a) $5 \cdot 5 \cdot 5 \cdot 5 \cdot 5$ b) $7 \cdot 7 \cdot 7 \cdot 7 \cdot 7$ c) $4 \cdot 4 \cdot 4$ d) $13 \cdot 13$

Lerntipp Seite 114, Beispiel 1

○ **2** Schreibe die Potenzen als Produkt und berechne.
a) $2^3, 3^4, 4^3, 8^2, 2^6, 5^3, 1^9, 3^3$ b) $4^2, 3^5, 7^3, 5^3, 11^2, 12^2, 2^7, 6^2$

○ **3** Schreibe als Produkt von Potenzen.
a) $3 \cdot 3 \cdot 4 \cdot 4 \cdot 4$ b) $2 \cdot 2 \cdot 2 \cdot 7 \cdot 7 \cdot 7$ c) $9 \cdot 2 \cdot 9 \cdot 2 \cdot 2 \cdot 2$ d) $4 \cdot 10 \cdot 10 \cdot 4 \cdot 4$

○ **4** Für welche Zahl steht ■?
a) $2^{■} = 64$ b) $■^3 = 1000$ c) $5^3 = ■$ d) $3^{■} = 27$

○ **5** Berechne.
a) $2 \cdot 2^3$ b) $(2 \cdot 2)^3$ c) $2 + 2^3$ d) $(2 + 2)^3$
e) $(2 \cdot 7)^2$ f) $7 \cdot 2^2$ g) $2^3 \cdot 2$ h) $2^5 : 2$

Lerntipp Seite 114, Beispiel 2

○ **6** Berechne.
a) $2^1 + 2^2$ b) $2^3 + 2^4$ c) $3^2 + 4^2$ d) $3^4 + 2^3$
e) $5^3 - 4^2$ f) $7^2 + 5^2$ g) $10^3 - 5^2$ h) $10^4 - 10^2$

○ **7** Berechne und vergleiche.
a) $2 + 3,\ 3 + 2,\ 2 \cdot 3,\ 3 \cdot 2,\ 2^3,\ 3^2$
b) $2 + 2,\ 2 \cdot 2,\ 2^2,\ 2 + 2 + 2,\ 2 \cdot 2 \cdot 2,\ 2^3$
c) $3 + 3,\ 3 \cdot 3,\ 3^3,\ 3 \cdot 3^3,\ (3 \cdot 3)^3$
d) $(3 + 5)^2,\ 3^2 + 5^2,\ (4 - 1)^3,\ 4^3 - 1^3$

Teste dich!

Lösungen, Seite 258

○ **8** Schreibe die Potenzen als Produkt und berechne.
a) 2^5 b) 10^4 c) $3 \cdot 5^2$ d) $5 \cdot 3^2$

○ **9** Schreibe kürzer mithilfe von Potenzen.
a) $4 \cdot 4 \cdot 4 \cdot 4 \cdot 4$ b) $5 \cdot 5 \cdot 2 \cdot 2 \cdot 5 \cdot 2$ c) $11 \cdot 13 \cdot 11 \cdot 11$ d) $7 \cdot 7^2 \cdot 3 \cdot 7 \cdot 3^2$

10 Potenzen mit der Hochzahl 2 nennt man auch Quadratzahlen.
a) Setze die Folge $1^2 = 1$, $2^2 = 4$, $3^2 = 9$ … fort bis $20^2 = 400$.
b) Welche Quadratzahl fehlt jeweils?
$3^2 + 4^2 = \triangle^2$ $\quad$ $5^2 + \triangle^2 = 13^2$ $\quad$ $\triangle^2 + 8^2 = 17^2$ $\quad$ $7^2 + 24^2 = \triangle^2$

11 **Finde den Fehler!**
Beschreibe, was falsch gemacht wurde. Verwende Fachbegriffe. Die Begriffe auf dem Rand können helfen. Berechne anschließend im Heft die richtige Lösung.

a) $5 \cdot 5 - 2 \cdot 2 \cdot 2$
$= 5^2 - 3^2$

b) $8 + 2^3$
$= 10^3$

c) $9^2 - 2 \cdot 2 \cdot 2 \cdot 2$
$= 18 - 8$

d) $2 \cdot 3^2$
$= 6^2$
$= 36$

Wortliste
- die Potenz
- das Produkt von
- addieren zu
- die Grundzahl
- die Hochzahl
- der Faktor
- multiplizieren mit

12 Berechne.
a) $5 \cdot 2^3 - 2^3$ $\quad$ b) $2 \cdot 4^2 : 8 : 2$ $\quad$ c) $3^4 - 4^3$
d) $2^2 \cdot (2^3 - 7)$ $\quad$ e) $(3^2 - 5) \cdot (4^3 - 60)$ $\quad$ f) $2 \cdot [10^2 - (5^2 + 5)]$

13 Potenzen mit der Grundzahl 10 heißen Zehnerpotenzen. Schreibe als Zehnerpotenz.
a) 100 $\quad$ b) 10 000 $\quad$ c) 100 000 $\quad$ d) Hunderttausend
e) 1 000 000 $\quad$ f) 1 Million $\quad$ g) Einhundert $\quad$ h) Zehntausend
i) Eintausend $\quad$ j) 10 $\quad$ k) 1 Milliarde $\quad$ l) 1 Billion

Erinnerung:
1 Billion =
1 000 000 000 000

14 Erläutere, wie man Zehnerpotenzen wie 10^3 oder 10^{10} ohne weitere Rechnung als Zahl schreiben kann.

Teste dich!

Lösungen, Seite 258

15 Berechne.
a) $7 \cdot 3^2 - 3^3 + 7$ $\quad$ b) $5 + 4 \cdot 5^2 : 5 : 2$ $\quad$ c) $2 + 3 \cdot 4^4 - 2 \cdot (14 - 3^2)$

16 Ein großes Blatt einer Zeitung wird einmal gefaltet, dann ein zweites Mal, ein drittes Mal, ein viertes Mal und ein fünftes Mal. Berechne, wie viele Lagen Papier beim Falten entstanden sind.

17 Berechne und vergleiche. Was stellst du fest? Formuliere eine Merkregel und überprüfe sie an weiteren selbst gewählten Beispielen.
a) $3^2 \cdot 5^2$, $(3 \cdot 5)^2$ $\quad$ b) $(5 \cdot 2)^3$, $5^3 \cdot 2^3$ $\quad$ c) $12^2 : 3^2$, $(12 : 3)^2$ $\quad$ d) $(9 : 3)^3$, $9^3 : 3^3$

18 a) Übertrage die nebenstehende Tabelle in dein Heft.
b) Überlege, wie man in der untersten Zeile jeweils die benachbarten Zahlen bestimmen kann. Formuliere eine Regel.

2	3	4	5
10^2	10^3	10^4	10^5
100	1000		

c) Bestimme mit der Regel aus Teilaufgabe b), was 10^1 und 10^0 sein müsste.
d) Überlege wie in den Teilaufgaben b) und c), was 2^1, 3^1, 4^1 … und 2^0, 3^0, 4^0 … sein müsste. Schreibe eine allgemeine Regel in eigenen Worten.
e) Bereite deine Ergebnisse so vor, dass du sie der Klasse vorstellen kannst.

Teste dein Grundwissen! Mit Größen rechnen

Merkkästen,
Seiten 26, 30 und 34
Lösungen, Seite 258

19 Berechne.
a) 4200 kg + 2,5 t $\quad$ b) 4 g − 750 mg + 250 mg $\quad$ c) 1,5 km + 300 m
d) 3,2 m − 20 dm − 120 cm $\quad$ e) 5 min + 60 s $\quad$ f) 3 h − 120 min

9 Sachaufgaben systematisch lösen

Der Mädchenvierer legt um 11 Uhr vom Steg ab, Meike steuert. Es geht 32 Kilometer die Lahn abwärts.
Mithilfe ihrer Uhr und der Schilder am Ufer, die alle 500 Meter die Entfernung bis Limburg angeben, hat Meike die Fahrzeiten für drei 500-m-Abschnitte bestimmt:
2 min 34 s, 2 min 28 s und 2 min 37 s.
Wann werden sie vermutlich ankommen?

Sachaufgaben lassen sich häufig nicht mit einer einzigen Rechnung lösen. Deshalb ist es hier besonders wichtig, dass man systematisch und schrittweise vorgeht.

Das folgende Beispiel zeigt eine mögliche Vorgehensweise.
Durch den Umbau des Stadions des FC Neuhof verringert sich die Anzahl der Sitzplätze um 20, da unter anderem die Fluchtwege breiter werden sollen. Der Vorstand hat beschlossen, dass nach dem Umbau für alle Sitzplätze der gleiche Eintrittspreis verlangt werden soll. Außerdem wurde festgelegt, dass bei voll besetzter Tribüne die gleiche Einnahme wie vor dem Umbau erzielt werden soll. Um zu berechnen, welcher Eintrittspreis verlangt werden muss, kann man wie folgt vorgehen:

Fig. 1

1 Verstehen der Aufgabe

Was ist gesucht?
Der Eintrittspreis für einen Tribünenplatz, wenn es 20 Plätze weniger gibt und alle Plätze gleich viel kosten.

Welche Informationen sind wichtig?
100 Plätze zu 13 €; 200 Plätze zu 10 € und 200 Plätze zu 7,50 €.

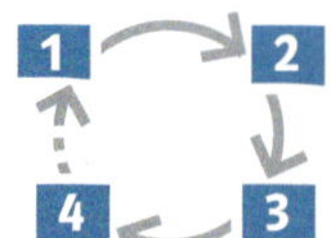

2 Zerlegen in Teilprobleme

Rechenweg erstellen
1. Anzahl der Sitzplätze vor dem Umbau.
2. Gesamteinnahmen für die Sitzplätze vor dem Umbau.
3. Anzahl der Sitzplätze nach dem Umbau.
4. Eintrittspreis pro Sitzplatz nach Umbau.

3 Rechenweg durchführen

Teilaufgaben ausrechnen und Zwischenergebnisse notieren
1. Sitzplätze vor dem Umbau:
   $100 + 200 + 200 = 500$
2. Einnahmen für die Sitzplätze vor dem Umbau:
   $100 \cdot 13\,€ + 200 \cdot 10\,€ + 200 \cdot 7{,}50\,€$
   $= 1300\,€ + 2000\,€ + 1500\,€ = 4800\,€$
3. Sitzplätze nach dem Umbau:
   $500 - 20 = 480$
4. Preis pro Sitzplatz nach dem Umbau:
   $4800\,€ : 480 = 10\,€$

4 Rückschau und Antwort

Kann das Ergebnis richtig sein?
10 € liegt zwischen 13 € und 7,50 €. Die Anzahl der Plätze ist nicht wesentlich kleiner geworden. Das Ergebnis ist realistisch.

Antwortsatz
Nach dem Umbau wird für alle Sitzplätze einheitlich 10 € verlangt.

Oft sind in der Aufgabe noch mehr Informationen enthalten, die aber zur Lösung des Problems nicht beitragen. Auf der Anzeigetafel ist zum Beispiel der Preis für einen Stehplatz angegeben. Dieser spielt aber im Zusammenhang mit den Umbaumaßnahmen keine Rolle.

Schrittweise Lösung von Sachaufgaben:

1	2	3	4
Verstehen der Aufgabe Was ist gesucht? Welche Informationen sind wichtig?	**Zerlegen in Teilprobleme** Rechenweg planen.	**Rechenweg durchführen** Teilaufgaben ausrechnen und Zwischenergebnisse aufschreiben.	**Rückschau und Antwort** Ergebnis überprüfen und Antwortsatz formulieren.

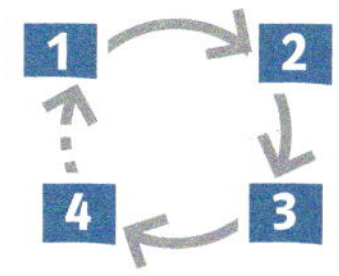

Beispiel **Sachaufgaben mithilfe von Schätzungen lösen**
Dürfen zwei Erwachsene und drei Kinder mit Gepäck mit einem gewöhnlichen Pkw fahren?
Lösung
1. Es gibt in der Aufgabenstellung keine Zahlenangaben. Man muss die benötigten Angaben selbst herausfinden oder schätzen.
Beispielsweise: Zuladung eines Pkw (aus dem Fahrzeugschein): 490 kg; Gewicht der Personen (geschätzt): Erwachsene je 80 kg, Kinder je 50 kg.
Gesucht: Wie viele Kilogramm Gepäck dürfen mitgenommen werden?
2. Zuerst muss man das Gesamtgewicht der Personen bestimmen. Dann berechnet man, wie viel noch zugeladen werden darf und verteilt dieses Gewicht auf die Personen.
3. $2 \cdot 80\,\text{kg} + 3 \cdot 50\,\text{kg} = 310\,\text{kg}$. Die Personen wiegen zusammen 310 kg.
$490\,\text{kg} - 310\,\text{kg} = 180\,\text{kg}$; $180\,\text{kg} : 5 = 36\,\text{kg}$. Jeder darf etwa 36 kg Gepäck mitnehmen.
4. Die Zahl ist realistisch.
Antwort: Zwei Erwachsene und drei Kinder dürfen mit Gepäck mit dem Pkw fahren. Dabei darf jeder etwa 36 kg Gepäck mitnehmen.

Aufgaben

○ **1** Clara hat die Lösung einer Aufgabe auf Kärtchen geschrieben. Sortiere die Kärtchen in die richtige Reihenfolge. Ordne sie den vier Schritten zur Lösung von Sachaufgaben zu.

Aufgabe: Die 30 Schüler der Klasse 5 d möchten mit ihrer Lehrerin einen Zoo besuchen. Die Eintrittskarten kosten pro Schüler 6,50 €. Der Eintritt für die begleitende Lehrerin ist frei. In der Klassenkasse sind 141 €. Berechne, wie viel jeder Schüler noch in die Klassenkasse bezahlen muss, damit das Geld für den Eintritt ausreicht.

A Gesamtkosten:

B Jeder Schüler muss noch 1,80 € in die Klassenkasse zahlen.

D 30 Schüler Eintrittspreis: 6,50 € Klassenkasse 141,00 €

E Wie viel Geld muss jeder Schüler noch in die Klassenkasse zahlen?

H 195 € − 141 € = 54 €

I Gesamtkosten minus Guthaben in der Klassenkasse:

C 54 € : 30 = 5400 ct : 30 = 180 ct = 1,80 €

J Erst berechnen, wie viel der gesamte Eintritt kostet. Dann das Guthaben in der Klassenkasse abziehen und die Differenz auf die 30 Schüler aufteilen.

F Zusatzkosten pro Schüler:

G 6,50 € · 30 = 650 ct · 30 = 19 500 ct = 195,00 €

○ **2** Die Wohnzimmeruhr von Familie Scheuer schlägt zu jeder Viertelstunde einmal, zu jeder halben Stunde zweimal, zu jeder Dreiviertelstunde dreimal, zu jeder vollen Stunde viermal.
a) Wie oft schlägt die Uhr an einem Tag?
b) Wie oft schlägt die Uhr in einem Monat?
c) Wie oft schlägt die Uhr in einem Jahr?
d) Letzten Sonntag ist die Uhr um 12 Uhr 12 stehen geblieben. Wie oft hat Scheuers Uhr seit Montag 0 Uhr geschlagen?

Vertiefen ◒
Seite 121, Aufgabe 14

○ **3** Der Vereinsvorstand hat für ein Essen der Fußballer 300 € zur Verfügung gestellt. Die Sportler können unter drei verschiedenen Menüs wählen und dazu Getränke bestellen (Fig. 1). Fünf Spieler bestellen Menü I, 17 Menü II und vier Menü III. Es werden acht Gläser Cola, 15 Gläser Mineralwasser und zwölf Gläser Fruchtsaft getrunken.
Untersuche, ob die 300 € ausreichen oder ob die Spieler etwas zuzahlen müssen.

Fig. 1

○ **4** Die Klassen 5 a (27 Kinder) und 5 c (30 Kinder) stehen vor einem Aussichtsturm. Es gibt zwei Fahrstühle zur Aussichtsplattform. Der eine kann zwölf, der andere neun Personen gleichzeitig befördern. Berechne, wie oft die Fahrstühle mindestens fahren müssen, bis alle Kinder oben sind. Berücksichtige, dass die Fahrstühle gemeinsam fahren können oder jeweils nur einer. Diskutiert die Ergebnisse.

○ **5** An der Kasse eines Kinos hängt ein Schild (Fig. 2). Jede Reihe hat 30 Plätze. Für den nächsten Film möchte der Kinobesitzer für alle Plätze den gleichen Preis verlangen. Berechne den Preis einer Eintrittskarte, wenn bei voll besetztem Kino die Einnahmen genauso hoch sein sollen, wie bei den alten unterschiedlichen Preisen.

Fig. 2

Teste dich!

Lösungen, Seite 258

○ **6** Aus einem undichten Wasserhahn tropft in jeder Sekunde ein Wassertropfen. 30 000 Wassertropfen ergeben ungefähr einen Liter Wasser. Berechne, wie viele Literflaschen mit dem Waser gefüllt werden können, das aus diesem Wasserhahn in einem Jahr tropt.

◒ **7** Im Getränkemarkt kostet ein Kasten Mineralwasser mit 12 Flaschen 3,49 €. Hinzu kommen 15 ct Pfand pro Flasche und 1,50 € Pfand für den Kasten.
Herr Putz kauft fünf Kästen Mineralwasser. Gleichzeitig bringt er drei Kästen mit Leergut zurück. Zwei der Kästen sind vollständig, im dritten fehlen vier Flaschen.
Er bezahlt mit einem 50-Euro-Schein. Berechne, wie viel Geld er zurückbekommt.

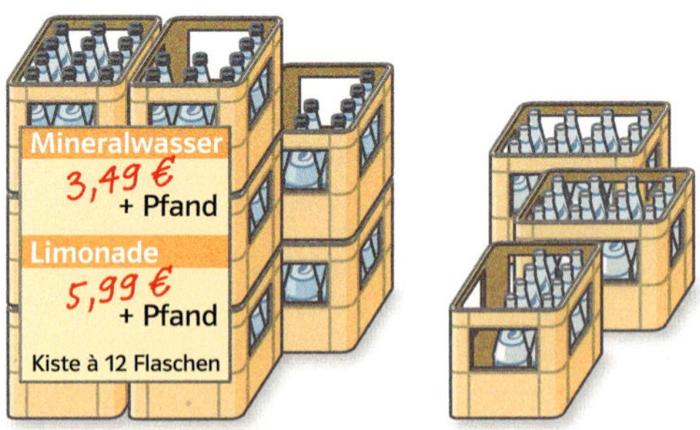

◒ **8** Zum Bau von Holzkisten mit den angegebenen Maßen ist noch folgender Holzvorrat vorhanden: 75 Böden, 18 Dreikantholzlatten zu je 4 m, 57 Holzlatten zu je 5 m.
Berechne, für wie viele Kisten der Vorrat reicht.

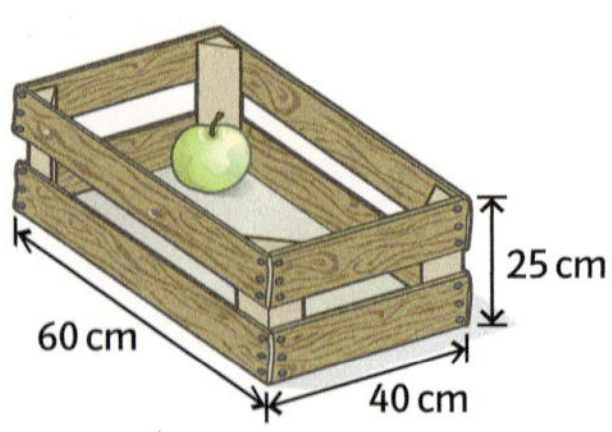

9 a) Schätze, wie viel Euro die Fahrräder, die in deiner Schule stehen, gekostet haben.
b) Schätze das Gesamtgewicht aller Schülerinnen und Schüler deiner Schule.

10 a) Schätze die Anzahl der Autos in der Stadt Köln.
b) Diese Autos werden hintereinandergestellt. Berechne die Länge dieser Autoschlange.

Die Aufgaben 9 und 10 nennt man Fermi-Fragen. In der Erkundung auf Seite 85 erfährst du, wie man geschickt mit Fermi-Fragen umgeht.

11 Von 1200 Sitzplätzen in einer Konzerthalle werden maximal 800 Karten im Vorverkauf vergeben. Die Karten kosten 30, 25 bzw. 20 €. An der Abendkasse sind alle Plätze 1 € günstiger. Im Vorverkauf wurden für ein Konzert 402 Karten abgegeben, je gleich viele zu 30, 25 und 20 Euro. An der Abendkasse wurden 122 der teuersten und jeweils doppelt so viele der anderen Plätze verkauft. Vor dem Konzert gingen 27 Karten zurück. Das Geld wurde erstattet.
a) Überschlage, wie viel Geld nach dem Vorverkauf in der Kasse war.
b) Berechne, wie viele Sitzplätze nicht besetzt waren.
c) Welche Zusatzinformationen bräuchte man, um die Gesamteinnahmen zu berechnen? Begründe. Überschlage, wie hoch die Gesamteinnahmen ohne diese Information sein könnte.

Teste dich!

Lösungen, Seite 258

12 In einem großen Bürogebäude arbeiten im Erdgeschoss in 7 Büros je 3 Personen, im ersten Obergeschoss in 3 Büros je 4, in 6 Büros je 5 und in 5 Büros je 6 Angestellte. Im zweiten Obergeschoss arbeiten in 15 Büros je 2 Sachbearbeiter und im dritten Obergeschoss in 4 Büros je ein Firmenangehöriger.
Das Bürogebäude soll durch ein neues ersetzt werden, das 4 Büros hat, in denen jeweils eine Person arbeitet, und sonst nur Büros für maximal 3 Personen. Berechne, wie viele Büros in dem neuen Gebäude mindestens eingerichtet werden müssen.

13 Bei den folgenden Aufgaben werden für eine möglichst gute Berechnung Schätzwerte benötigt. Überlegt, welche Werte man abschätzen kann und bestimmt dann die gesuchte Anzahl durch eine Rechnung. Präsentiert anschließend eure Ergebnisse.
a) Sucht euch eine Wiese aus eurer Umgebung aus und schätzt, wie viele Grashalme auf der Wiese stehen.
b) Sucht euch einen großen Baum in eurer Umgebung aus und schätzt, wie viele Blätter der Baum hat.
c) Schätzt, wie viele Haare eine Schülerin auf dem Kopf hat.

Teste dein Grundwissen! Besondere Vierecke

Merkkästen, Seiten 59, 63 und 69
Lösungen, Seite 258

14 a) Gib an, wie viele Trapeze, Parallelogramme, Rauten, Rechtecke und Quadrate in Fig. 1 abgebildet sind.
b) Übertrage die Figuren in dein Heft und zeichne alle Symmetrieachsen ein.
c) Prüfe, welche der Figuren punktsymmetrisch sind. Zeichne gegebenenfalls das Symmetriezentrum ein.

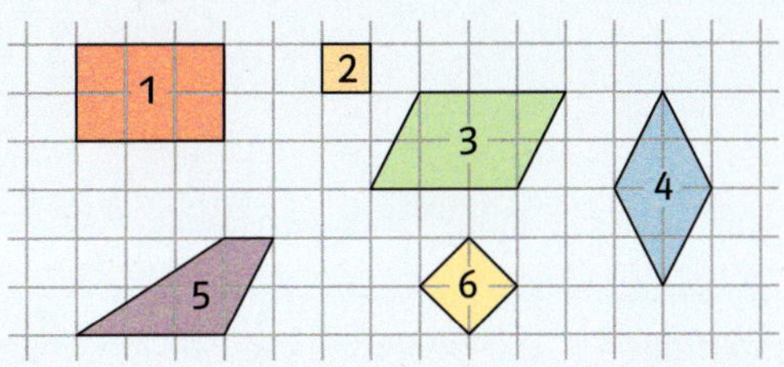

Fig. 1

Wiederholen und Üben

Lösungen, Seite 258

○ **1** Überschlage zunächst und berechne dann.

a) 541 + 144 b) 5215 + 4571 c) 13 210 + 66 437 d) 40 146 + 14 975
e) 751 – 520 f) 87 543 – 23 201 g) 3421 – 1984 h) 40 141 – 14 275
i) 452 · 4 j) 1452 · 7 k) 7452 · 9 l) 39 415 · 12
m) 1623 : 3 n) 38 268 : 6 o) 5175 : 5 p) 487 840 : 8

○ **2** Lina kauft in einer Bäckerei Brötchen für 4,20 €, ein Brot für 2,70 € einen Kuchen zu 7,50 € und eine Brezel für 75 ct. Überschlage, wie viel Geld sie herausbekommt, wenn sie mit einem 20-€-Schein bezahlt, und berechne dann genau.

○ **3** Berechne, wie viele Bienen insgesamt genauso viele Beine wie 27 Spinnen, 206 Eintagsfliegen und sechs Frösche zusammen haben.

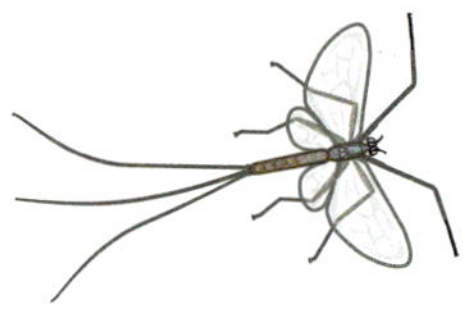

○ **4** Insekten bewegen ihre Flügel sehr schnell: Arbeitsbienen 245-mal in einer Sekunde, Hummeln 3600-mal in 20 Sekunden.

a) Welches der beiden Insekten bewegt seine Flügel schneller?
b) Wie viele Flügelschläge machen sie jeweils während eines Fluges, der 10 min dauert?

○ **5** Eine Banane erzählt: „Ich bin weit gereist: Von der Plantage bis zum Hafen 123 km. Mit dem Schiff von Südamerika nach Hamburg 12 968 km. Von Hamburg zum Großhändler nach Essen 507 km. Vom Großhändler zum Supermarkt 172 km. Vom Supermarkt zu dir nach Hause 3 km."
Berechne, wie weit die Banane gereist ist.
Erfinde selbst eine Geschichte.

○ **6** Berechne. Ein Rechenbaum kann helfen.

a) 3 · (92 + 8) + 2 b) 3 · 4 – (4 + 2) c) 36 – [10 – (16 – 12)]
d) 20 + [9 · (2 + 3)] e) 2 · [300 – (40 + 250)] f) 20 · 20 – 20 · 3 · 2

○ **7** Berechne geschickt.

a) 134 + 15 + 16 + 85 b) 4 · 7 · 25 c) 331 + 29 + 55 + 145
d) 50 · 2 · 125 · 8 e) 7 · 102 f) 99 · 13

○ **8** Ein Fernfahrer fährt bei einer dreitägigen Tour am ersten Tag 754 km, am zweiten Tag 688 km und am dritten Tag 547 km. Berechne die Gesamtstrecke der Tour.

○ **9** Flora macht einen Radausflug und besucht ihre Tante. Als sie losfährt, zeigt ihr Kilometerzähler 2978 km und 800 m an, am Abend zu Hause liest sie einen Kilometerstand von 3056 km und 200 m ab. Berechne, wie weit die Tante entfernt wohnt.

D21 Check-out

Vertiefen und Anwenden

10 Schreibe als Term und berechne. Welche Vereinbarungen für das Berechnen von Termen hast du verwendet?

a) 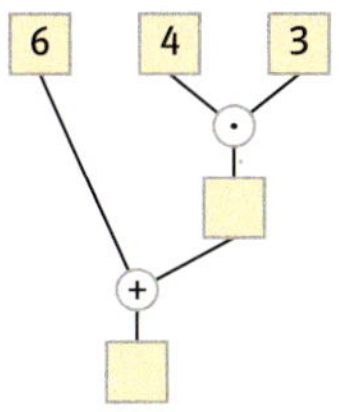

b) 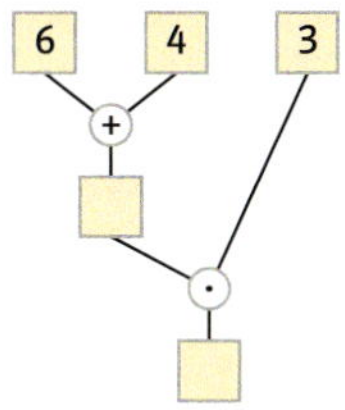

c) 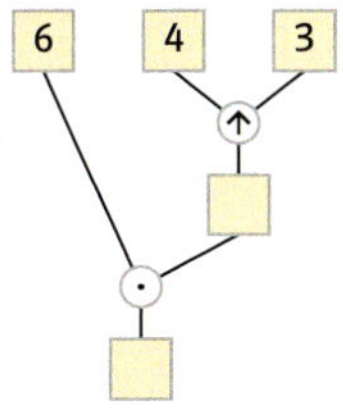

d) 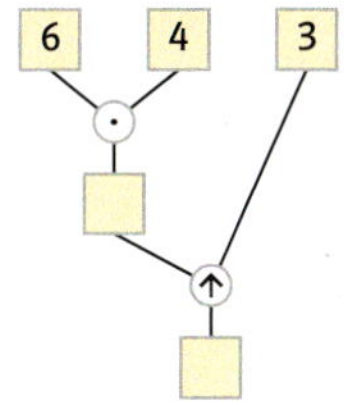

Für das Potenzieren verwenden wir das Zeichen ↑:

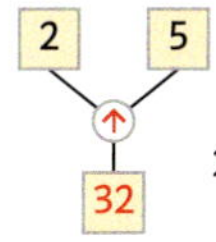

$2^5 = 32$.

11 Berechne und suche das richtige Ergebnis auf dem Rand.

a) $7 \cdot (14 - 3) \cdot (4 + 2 \cdot 6 - 13)$
b) $120 : (14 - 9) + 8 \cdot 7 - 8$
c) $53 \cdot 3 + (7 + 72 : 9) \cdot (40 - 2^5)$
d) $43 - 12 \cdot (3^2 - 2^3) + 60 : 5$
e) $(393 - 9 \cdot 2^5 + 2 \cdot 3^2) : (7 \cdot 6 + 3^4) - 1$
f) $(21 + 2400 : 80 - 7^2)^6 - 7 \cdot 3^2$

279 43 1 231 72 0

12 Berechne.

a) 34^2
b) 334^2
c) 3334^2
d) $33\,334^2$

Welches Ergebnis erwartest du bei $333\,334^2$?

13 **Finde den Fehler!**
Wer hat mit seiner Rechnung bzw. seiner Aussage zum Term $9 \cdot (14 + 56)$ recht, wer macht Fehler? Beschreibe, was falsch gemacht wurde.

Yvonne:
Ich rechne zuerst 14 + 56, dann das Ergebnis mal 9.

Arkan:
Man könnte zwar ausmultiplizieren, das wäre aber hier ungeschickt.

Carlo:
Ich rechne zuerst 9 · 14 und addiere zum Ergebnis 56.

Moritz:
Man darf nicht die Klammer zuerst rechnen, sondern muss ausmultiplizieren.

14 Die Energie für 5 Minuten Haareföhnen kostet ca. 2 Cent.
Frau Meier föhnt sich 3-mal in der Woche jeweils 15 Minuten. Ihre Tochter föhnt sich alle 5 Tage jeweils 20 Minuten, ihr Sohn jeden Monat 20-mal jeweils 10 Minuten lang. Herr Meier hat eine Glatze. Berechne die jährlichen Energiekosten fürs Haareföhnen.

15 Elisabeths Großvater hat sieben Enkel, mit denen er den Zoo im 70 Kilometer entfernten Hannover besuchen möchte. Dafür mietet er einen Kleinbus. Es gibt zwei Angebote: 63 € am Tag und 50 ct für jeden gefahrenen Kilometer oder 149 € ohne Kilometerbegrenzung. Elisabeth meint: „Wenn wir die günstigere Möglichkeit nehmen, können wir vom gesparten Geld noch ein Eis zusammen essen." Untersuche, ob Elisabeth recht hat.

16 Fügst du zwischen die Zahlen 1, 3, 5, 7 und 9 beliebig Rechenzeichen und Klammern ein, ohne die Reihenfolge der Zahlen zu verändern, so kannst du ganz unterschiedliche natürliche Zahlen erhalten. Es ist zum Beispiel $(1 + 3) \cdot 5 - 7 - 9 = 4$.

a) Finde einen Term, für den sich die Zahl 3 (6, 7, 10) ergibt.
b) Wenn die Reihenfolge der Zahlen vertauscht werden darf, findest du noch viele weitere Möglichkeiten. Finde einen Term, für den sich die Zahl 1 (2, 5, 8, 9) ergibt.

17 Der Klassenlehrer und die Mathelehrerin laden ihre Klasse zum Pizzaessen ein. Acht Schüler nehmen eine kleine Pizza mit drei Zutaten, fünf eine kleine mit zwei Zutaten und zehn eine große mit zwei Zutaten. Die beiden Lehrkräfte haben jeder eine große Pizza mit vier Zutaten gegessen und wollen die Gesamtrechnung gleichmäßig unter sich aufteilen. Wie viel muss jeder zahlen?

Pizza klein 4,40 €
Pizza groß 5,90 €
Jede Zutat 70 ct

Vernetzen und Erforschen

• **18** b) Hier wird an der Tafel erklärt, wie man mit einem Trick eine zweistellige Zahl schnell mit 11 multipliziert.
Gib ohne Rechnung das Ergebnis an.
11 · 42 11 · 16 11 · 80
b) Erkläre, warum der Trick funktioniert.
c) Bei diesen Rechnungen muss man den Trick aus Teilaufgabe a) verändern.
Gib ohne Rechnung das Ergebnis an.
11 · 79 11 · 48 11 · 77

• **19** Die Theaterkarten kosten im Vorverkauf 21,90 € und an der Abendkasse 24 €.
Wie hoch sind die Einnahmen, wenn 88 Plätze leer bleiben und 415 Karten im Vorverkauf, 277 Karten an der Abendkasse verkauft werden?
Wie hoch ist die Gesamteinnahme bei einer ausverkauften Vorstellung, zu der jede dritte Karte an der Abendkasse und der Rest im Vorverkauf erworben wurde?
Das Theater möchte auf den Vorverkauf verzichten und die Karten ausschließlich an der Abendkasse zu einem Einheitspreis verkaufen. Bei ausverkaufter Vorstellung soll die berechnete Gesamteinnahme erzielt werden.

• **20** Tom hat in einem Mathebuch eine Methode für das Multiplizieren aus dem Mittelalter entdeckt. Er behauptet: „Das ist ja wie beim schriftlichen Multiplizieren!"
a) Berechne 421 · 634 schriftlich in der gewohnten Weise. Vergleiche. Findest du Teile deiner Rechnung dort wieder? Erläutere.
b) Versucht gemeinsam, die Methode nachzuvollziehen. Berechnet in der gleichen Weise weitere Produkte wie zum Beispiel 532 · 981. Stimmt Toms Behauptung?

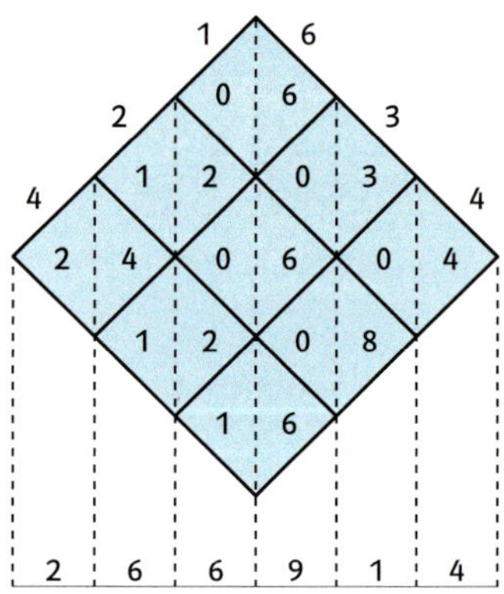

Rätselhaftes

• **21** Wie viele Schülerinnen und Schüler könnten auf dem Foto zu sehen sein? Ein Lehrer gibt Hilfestellung: „Stellt man alle in 3er-Reihen auf, so bleibt eine Person übrig. Bei 4er-, 5er- und 6er-Reihen bleibt genauso jeweils eine Person übrig. Aber bei 7er-Reihen geht es auf."

Zu manchen Rätseln gibt es mehr als eine mögliche Antwort.

• **22** Annika sagt zu ihrer Freundin Julia: „Denke dir eine Zahl. Addiere 5, multipliziere das Ergebnis mit 4, subtrahiere nun 20 und dividiere zum Schluss durch 2."
a) Zu welcher Zahl gelangt Julia, wenn sie sich die Zahl 6 (7, 8, 10) gedacht hat?
b) Julia gelangt am Schluss zur Zahl 42. Welche Zahl hat sie sich gedacht?
c) Versuche eine eigene Rechenanweisung aufzustellen, mit der man jeweils zum Dreifachen der gedachten Zahl gelangt.

23 Mit vier Steinen soll die untere Reihe einer Additions-Zahlenmauer erstellt werden. Die Zahlen der darüberliegenden Steine erhält man, indem man die direkt darunterliegenden Zahlen addiert.

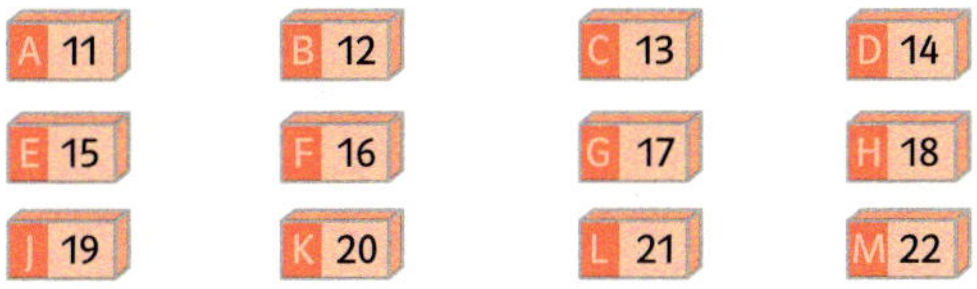

Additions-Zahlenmauer

a) Wähle vier Steine aus, sodass die Berechnung der Zahlen möglichst einfach ist.
b) Wähle vier Steine aus, sodass das Ergebnis im obersten Stein möglichst groß ist.
c) Wähle vier Steine aus, sodass das Ergebnis im obersten Stein möglichst klein ist.
d) Wähle vier Steine aus, sodass das Ergebnis im obersten Stein möglichst nahe an 100 liegt.

24 Mit vier Steinen soll die untere Reihe einer Multiplikations-Zahlenmauer erstellt werden. Die Zahlen der darüberliegenden Steine erhält man, indem man die direkt darunterliegenden Zahlen multipliziert.

Multiplikations-Zahlenmauer

a) Wähle vier Steine aus, sodass das Ergebnis im obersten Stein möglichst groß ist.
b) Wähle vier Steine aus, sodass das Ergebnis im obersten Stein möglichst klein ist.
c) Wähle vier Steine aus, sodass das Ergebnis im obersten Stein möglichst nahe an 500 liegt.
d) Wähle vier Steine mit Primzahlen aus und bestimme die Primfaktorzerlegung des oberen Steins. Beschreibe, was dir auffällt.

25 Beschreibe, wie man die nächsten Zahlen der Kette findet und gib die nächsten zwei Zahlen der Kette an.

a) 100 → 87 → 74 → 61 → …
b) 7 → 10 → 9 → 12 → …
c) 1 → 5 → 13 → 29 → …
d) 1 → 2 → 5 → 26 → …

26 Lisa freut sich auf den nächsten Band ihrer Lieblingsreihe. Den letzten Band der Reihe, mit 360 Seiten, hat sie in genau 24 Stunden durchgelesen.

a) Wie viele Stunden wird sie wohl für den nächsten Band brauchen? Wie viele Stunden würdest du benötigen?
b) Lisa meint: „Den habe ich bestimmt in zwei Wochen fertig gelesen." Berechne, wie lang sie dafür jeden Abend gelesen haben müsste.
c) Wie lang könnte ein Roman sein, den Lisa in einer einzigen Nacht liest, wenn sie die ganze Nacht durchliest?

Rückblick

Schriftliches Addieren und schriftliches Subtrahieren
Man schreibt die Zahlen stellengerecht untereinander. Dann wird von rechts beginnend ziffernweise gerechnet. Überträge berücksichtigt man bei der nächsten Stelle.

```
   34572         95748
 + 59349       -  9739
   1 11          1  1
 -------       -------
   93921         86009
```

Schriftliches Multiplizieren
Man multipliziert den ersten Faktor nacheinander mit jeder Ziffer des zweiten Faktors und schreibt die Teilergebnisse versetzt untereinander. Danach werden die Teilergebnisse addiert.

```
 421 · 219         395 · 7090
 ---------         ----------
   842              27650
 +  421           +   35550
 +  3789              11
    11             ----------
 ---------          2800550
    92199
```

Schriftliches Dividieren
Der Quotient wird schrittweise Ziffer für Ziffer bestimmt. Man beginnt von links und überlegt, wie oft der Teiler hierin enthalten ist. In jedem Schritt holt man die nächste Stelle zum Rest hinzu, bis alle Stellen abgearbeitet sind. Jeder Rest ist kleiner als der Teiler.

```
  256 : 19 = 13   Rest 9
 -19
 ---
   66
  -57
  ---
    9
```

Terme
Bei Termen mit Klammern berechnet man zuerst das, was in der Klammer steht. Wenn keine Klammern gesetzt sind, werden Potenzen zuerst berechnet.

$7 \cdot (12 - 8) = 7 \cdot 4 = 28$

Punktrechnungen werden vor Strichrechnungen ausgeführt. Treten in einem Term nur Addition und Subtraktion (Strichrechnung) oder nur Multiplikation und Division (Punktrechnung) auf, so rechnet man von links nach rechts.

$23 - (4 + 5 \cdot 8) : 11 = 23 - (4 + 40) : 11$
$= 23 - 44 : 11 = 23 - 4 = 19$

Kommutativgesetz
Beim Addieren darf man die Reihenfolge der Summanden, beim Multiplizieren die Reihenfolge der Faktoren vertauschen.

$3 + 5 = 5 + 3$
$2 \cdot 7 = 7 \cdot 2$

Assoziativgesetz
Bei einer Summe von mehr als zwei Summanden und bei einem Produkt von mehr als zwei Faktoren darf man Klammern beliebig setzen.

$3 + 5 + 4 = (3 + 5) + 4 = 3 + (5 + 4)$
$2 \cdot 7 \cdot 6 = (2 \cdot 7) \cdot 6 = 2 \cdot (7 \cdot 6)$

Distributivgesetz
Man kann einen Faktor mit einer Summe multiplizieren, indem man zuerst den Faktor mit jedem der Summanden multipliziert und dann die Ergebnisse addiert. Entsprechend kann man bei einer Differenz vorgehen. Das Distributivgesetz ermöglicht umgekehrt das Ausklammern von gemeinsamen Faktoren.

$3 \cdot (5 + 4) = 3 \cdot 5 + 3 \cdot 4 = 15 + 12 = 27$
$(7 - 2) \cdot 8 = 7 \cdot 8 - 2 \cdot 8 = 56 - 16 = 40$
$6 \cdot (20 - 3) = 6 \cdot 20 - 6 \cdot 3 = 120 - 18 = 102$
$11 \cdot 6 + 4 \cdot 11 = 11 \cdot (6 + 4) = 11 \cdot 10 = 110$

Potenzieren
Ein Produkt aus gleichen Faktoren kann als Potenz geschrieben werden. Die Hochzahl gibt an, wie oft die Basis als Faktor auftritt.

$5^3 = 5 \cdot 5 \cdot 5 = 125$
$4 \cdot 3^2 = 4 \cdot 9 = 36$ von $(4 \cdot 3)^2 = 12 \cdot 12 = 144$
(Fehlen Klammern, so wird erst potenziert.)

Runde 1

Lösungen, Seite 261

1 Berechne und kontrolliere durch einen Überschlag.
a) $12\,457 + 45\,784 + 4517$ b) $514\,214 - 91\,478$
c) $264\,184 \cdot 27$ d) $734\,481 : 9$

2 Ein Lkw wiegt leer 2,8 t und hat ein zulässiges Gesamtgewicht von 7,5 t. Der Fahrer wiegt 75 kg und der Beifahrer 88 kg. Berechne, wie viele Steinplatten von jeweils 25 kg geladen werden können.

3 Zu Hansis Geburtstag kommen acht Kinder. Seine Mutter sagt, er soll für jedes Kind als Mitbringsel einen Leuchtstab zu je 1,50 € und einen Notizblock zu je 0,90 € mit einem Stift zu je 0,50 € kaufen. Untersuche, ob Hansi auch etwas für sich kaufen kann, wenn er für diesen Einkauf 25 € erhält.

4 Berechne.
a) $78 - 19 \cdot 3 - 3$ b) $100 - 54 - 12 : 3 \cdot 5$ c) $[88 - (76 - 30)] - 30$

5 a) Multipliziere den Term $9 \cdot (200 - 30)$ zuerst aus. Berechne dann.
b) Klammere beim Term $7 \cdot 188 + 12 \cdot 7$ zuerst aus. Berechne dann.

6 Bestimme die fehlende Zahl.
a) $6 \cdot 5 + \square = 40$ b) $\square - 3 \cdot 10 = 20$ c) $6 \cdot \square - 12 : 3 = 8$ d) $75 - 3 \cdot \square = 27$

Runde 2

Lösungen, Seite 261

1 Überschlage zunächst und berechne dann schriftlich.
a) $8210 + 7141$ b) $9241 - 3457$ c) $5421 \cdot 7$ d) $320\,864 : 8$

2 Die Klasse 5 b fährt mit der Bahn in den Naturpark Eggegebirge. Die Klassenlehrerin kauft Fahrkarten für die 32 Kinder der Klasse und sich selbst. Eine Einzelkarte (Hin- und Rückfahrt) kostet 2,80 €, eine Tageskarte, mit der fünf Personen gemeinsam reisen können, kostet 9,60 €.
a) Begründe, welche Karten die Klassenlehrerin kaufen sollte.
b) Berechne, wie viel jeder bezahlen muss, wenn der Gesamtpreis gleichmäßig auf alle Kinder und die Lehrerin aufgeteilt wird.

HÖHENPROFIL DER LAUFSTRECKE

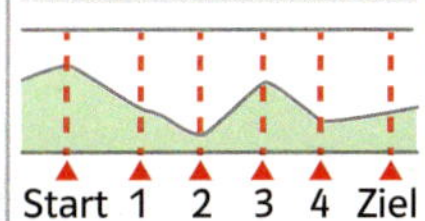

(KP Kontrollpunkt)

Start in 520 m Höhe	
Start – KP 1	– 18 m
KP 1 – KP 2	– 7 m
KP 2 – KP 3	+ 11 m
KP 3 – KP 4	– 9 m
KP 4 – Ziel	+ 3 m

3 Berechne den Term. Beschreibe, was mit dem Term bei der Laufstrecke berechnet wird (vgl. nebenstehende Grafik).
a) $18 + 7 + 9$ b) $520 - 18 - 7 + 11 - 9 + 3$ c) $520 + 11 + 3 - (18 + 7 + 9)$

4 Berechne geschickt im Kopf und notiere, wie du gerechnet hast.
a) $29 + 17 + 21$ b) $8 \cdot 13 \cdot 125$ c) $41 + 18 + (22 + 5)$ d) $2 \cdot 3 \cdot 4 \cdot 5 \cdot 25$

5 Berechne das Produkt $6 \cdot 2998$ geschickt.

6 Schreibe den Term in Wortform und berechne.
a) $(31 - 6) \cdot (20 : 5)$ b) $64 - [2 \cdot (3 + 19)]$ c) $2 \cdot 3 + (4 + 5 \cdot 6)$ d) $29 - [5 \cdot (9 - 5)]$

7 Berechne möglichst geschickt. Erkläre, welche Regel du anwendest.
a) $32 + (25 + 68)$ b) $4 \cdot (17 \cdot 25)$
c) $478\,€ \cdot 7 + 478\,€ \cdot 8 + 478\,€ \cdot 5$ d) $(365\,m + 110\,m - 275\,m) \cdot 6$

Zauberquadrate

Das älteste überlieferte Zauberquadrat wird in einem über 2000 Jahre alten chinesischen Rechenbuch erwähnt. Dieses Buch entstand in der Zeit, in der die berühmte Chinesische Mauer erbaut wurde.
Die „magische" Zahl dieses Quadrats ist 15. Die natürlichen Zahlen von 1 bis 9 sind nämlich so angeordnet, dass die Summe der Zahlen in einer Zeile, einer Spalte oder einer Diagonalen auf „magische" Weise immer 15 ergibt.
Man muss sehr viel rechnen und lange überlegen, um die Zahlen für ein solches Zauberquadrat zu finden. Da damals nur sehr wenige Menschen in der Lage waren, solche Quadrate zu bilden, nahm man an, dass vielleicht Zauberei im Spiel sein könnte.

4	9	2
3	5	7
8	1	6

15

Ein Zauberquadrat muss nicht unbedingt aus verschiedenen Zahlen bestehen. Anstelle der natürlichen Zahlen von 1 bis 9 können auch andere Zahlen verwendet werden.

3	2	4
4	3	2
2	4	3

9

Aber wenn man die Zahlen einer Zeile, einer Spalte oder einer Diagonalen addiert, muss jedes Mal dasselbe Ergebnis herauskommen. Sonst wäre es kein Zauberquadrat.

111	104	109
106	108	110
107	112	105

324

1 Findest du die magische Zahl des Zauberquadrats? Beschreibe, wie du vorgehst.

a)

4	11	6
9	7	5
8	3	10

?

b)

18	3	24
21	15	9
6	27	12

?

2 Ergänze auf „magische" Weise, sodass ein Zauberquadrat entsteht.

a)

		10
13	9	5
	7	

? ? ?

b)

24		
	20	14
		16

? ? ?

3 Die vier Zauberquadrate sind miteinander „verwandt".

12	22	8
10	14	18
20	6	16

17	27	13
15	19	23
25	11	21

9	19	5
7	11	15
17	3	13

36	66	24
30	42	54
60	18	48

a) Wie ist das grüne (gelbe, blaue) Zauberquadrat aus dem roten entstanden? Was folgt daraus für die magische Zahl des entstehenden Quadrats?
b) Findest du heraus, wie das rote Quadrat aus dem „chinesischen" Quadrat mit der magischen Zahl 15 entstanden ist? Erläutere, was du dir dazu überlegt hast.
c) Versuche, aus den vorliegenden Zauberquadraten weitere zu „zaubern". Beschreibe, wie du vorgehst, und sage die jeweilige „magische" Zahl voraus.

4 Du kannst einfache Zauberquadrate selbst finden, zum Beispiel eins mit den natürlichen Zahlen von 1 bis 9. Finde entsprechend ein Zauberquadrat mit den natürlichen Zahlen
a) 3, 4, 5, 6, 7, 8, 9, 10 und 11,
b) 10, 11, 12, 13, 14, 15, 16, 17 und 18,
c) 5, 7, 9, 11, 13, 15, 17, 19 und 21,
d) 1, 2, 3, 4, 5, … , 25.

Zahlen in der gezeigten Form notieren.

		1		
	2		4	
3		5		7
	6		8	
		9		

Quadrat einzeichnen, dessen Lücken noch gefüllt werden müssen.

		1		
	2		4	
3		5		7
	6		8	
		9		

Außen liegende Zahlen in die jeweils gegenüberliegende Lücke setzen.

		1		
	2	9	4	
3	7	5	3	7
	6	1	8	
		9		

Noch eine Idee:
Ordnet man die Zahlen im „chinesischen" Zauberquadrat durch Spiegeln an allen vier Symmetrieachsen um, so erhält man vier weitere Quadrate. Legt man diese zu einem großen Quadrat mit 36 Feldern zusammen, so entsteht ein neues Zauberquadrat.

Könnte man eines der vier kleinen Quadrate auch durch das ursprüngliche ersetzen? Lässt sich entsprechend aus jedem kleinen Quadrat ein großes mit viermal so vielen Kästchen erzeugen oder geht das nur mit dem „chinesischen" Zauberquadrat?

8	1	6
3	5	7
4	9	2

4	3	8
9	5	1
2	7	6

6	7	2
1	5	9
8	3	4

2	9	4
7	5	3
6	1	8

MK Mit Fingern zaubern – das Dualsystem

Lina: „In Klasse 1 konnte ich mit einer Hand nur bis 5 zählen.
Jetzt in Klasse 5 komme ich bis 31. Schau mal, das geht so:

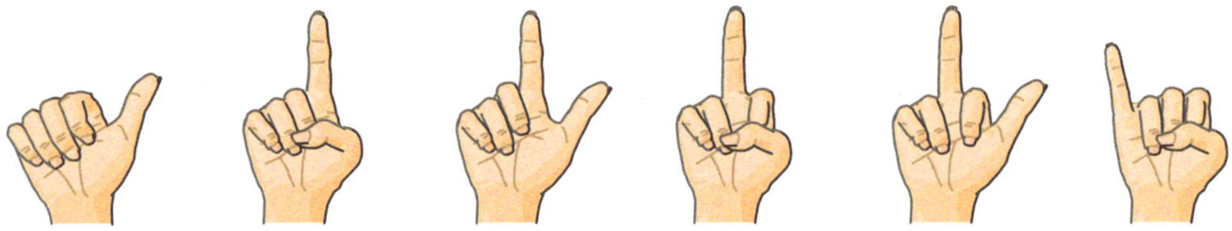

1 2 3 4 5 16

Fig. 1

Heiko: „Das versteh ich nicht, für drei und fünf brauchst du nur zwei Finger und für vier und 16 sogar nur einen. Ich möchte nicht wissen, wie weit du in Klasse 6 mit zwei Händen kommst …“
Lina: „Bis 1023! Aber dafür muss ich nicht bis zur sechsten Klasse warten!“

1 Setzt euch in Gruppen zusammen, erklärt einander, wie Linas „geniales Zählsystem“ funktionieren könnte und zeigt mit einer Hand die Zahlen 6, 7 und 8.

Wenn man einen ausgestreckten Finger durch eine 1 und einen eingerollten durch eine 0 darstellt, lassen sich die sechs in Fig. 1 dargestellten Zahlen so schreiben:

Kleiner Finger — 00001 ≙ 1 — Daumen
00010 ≙ 2
00011 ≙ 3
00100 ≙ 4
00101 ≙ 5
10000 ≙ 16

Da man bei jedem der fünf Finger nur zwei Zustände unterscheidet, entweder ausgestreckt (1) oder eingerollt (0), spricht man vom Zweiersystem. 00101 nennt man die Dualdarstellung der Zahl 5. Man schreibt $(00101)_2 = 5$.
Wie bei den Zahlen im Dezimalsystem kann man die Nullen weglassen, die links vor der ersten Ziffer stehen, die keine Null ist, also $(101)_2 = 5$.

Dualzahlen sind Computerzahlen
Die Speicherbausteine eines Computers können ebenfalls nur zwei Zustände unterscheiden, entweder eingeschaltet oder ausgeschaltet. Das Dualsystem ist also die Grundlage der Informationsdarstellung in Computern. Die kleinste Informationseinheit, das Bit, gibt an, ob ein Zustand (1) oder (0) vorliegt. Mit 8 Bit (einem Byte) kann man 256, mit 10 Bit kann man 1024 Zahlen (zwischen 0 und 1023) darstellen. Daher steht K (Kilo) in der Informatik nicht für 1000, sondern für 1024.

2 Niko hat herausgefunden, wie man berechnen kann, welche Zahl hinter einer Dualdarstellung steckt und in Fig. 2 (gleich für 10 Dualziffern, also für zwei Hände) veranschaulicht. Er rechnet
$0 \cdot 16 + 0 \cdot 8 \cdot + 1 \cdot 4 + 0 \cdot 2 + 1 \cdot 1 = 5$

a) Erkläre, wie das Schema funktioniert.
b) Erläutere, wie Lina 31, 32, 33, 34 darstellen müsste. Prüfe mit Nikos Rechnung.
c) Rechne nach: Die Zahl, die durch zwei volle Hände dargestellt wird, ist 1023.

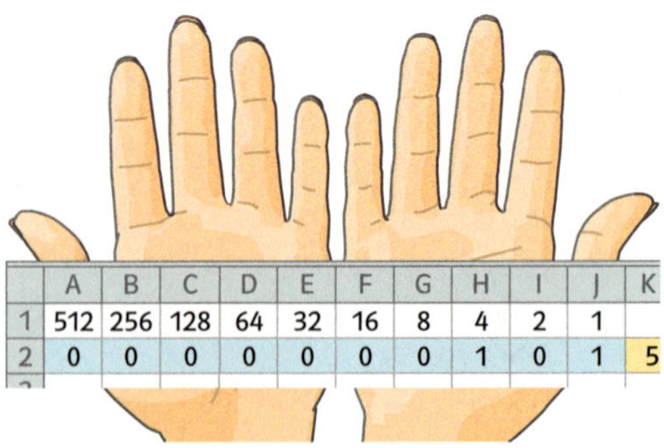

	A	B	C	D	E	F	G	H	I	J	K
1	512	256	128	64	32	16	8	4	2	1	
2	0	0	0	0	0	0	0	1	0	1	5

Fig. 2

d) Niko hat das Schema aus Fig. 2 in einer Tabellenkalkulation eingegeben und in der gelb unterlegten Zelle die „lange“ Formel = *A1*A2+B1*B2+C1*C2+ … +J1*J2* notiert. Erstelle in deiner Tabellenkalkulation einen solchen „Decodierer“ und prüfe, ob man damit die Dualdarstellungen entschlüsseln („decodieren“) kann.
Prüfe insbesondere auch die Lösungen zu den Teilaufgaben a) – c).

3 Berechne die Zahlen, die zur folgenden Dualdarstellung gehören.

a) $(10)_2$, $(101)_2$, $(1101)_2$, $(11111)_2$
b) $(110)_2$, $(1110)_2$, $(1001)_2$, $(10001)_2$
c) $(11)_2$, $(1)_2$, $(1000)_2$, $(10101)_2$
d) $(111)_2$, $(1011)_2$, $(11000)_2$, $(10000)_2$
e) $(10)_2$, $(1111)_2$, $(10111)_2$, $(110011)_2$

D22 Interaktives Üben - (De)codierer

4 Schreibe die folgenden Zahlen dual.

a) 6, 9, 14, 32
b) 4, 10, 12, 40
c) 8, 11, 20, 33
d) 5, 16, 30, 34
e) 3, 7, 17, 50

5 Zähle ohne abzulesen laut im Zweiersystem von eins bis zwanzig (oder noch weiter): eins, eins null, eins eins, eins null null …

6 Schreibe die nächstkleinere und die nächstgrößere Zahl im Zweiersystem.

a) $(11)_2$ b) $(111)_2$ c) $(10)_2$ d) $(100)_2$ e) $(1010)_2$

7 Untersuche, wie viele Zahlen man mit 2 Bit, 3 Bit, …, einem Byte, 9 Bit darstellen kann.

8 Beantwortet folgende Forscherfragen. Der Decodierer kann bei der Kontrolle helfen.
- Was passiert, wenn man an eine Zahl im Zweiersystem eine Null hängt?
- Woran erkennt man, ob eine Zahl im Zweiersystem gerade oder ungerade ist?
- Was ist die höchste Zahl, die man im Zweiersystem mit zwei Einsen und zwei Nullen schreiben kann?

9 **Ein Codier-Algorithmus bis 1023 (für das Heft und die Tabellenkalkulation)**
Nina bestimmt die Dualdarstellung von 331 systematisch „wie ein Computer" so:
331 : 512 = 0 Rest 331. Sie notiert 0 in der Zelle B2 und 331 in B3 (vgl. Fig. 1)
331 : 256 = 1 Rest 75. Sie notiert 1 in der Zelle C2 und 75 in C3. (vgl. Fig. 1) usw.
Wenn man 331 in A3 als Input und 0101001011 in den Zellen B2 bis K2 als Output deutet, hat man einen Codierer, der die Arbeit des Decodierers umdreht

a) Übertrage 16, 17, 256, 257, 513 und 1023 nach Ninas Algorithmus in Dualdarstellung.
b) Programmiere den Codierer mithilfe einer Tabellenkalkulation. Verwende hierzu die unten angegebenen Befehle, die in die Zelle B2 bzw. B3 eingetragen werden und sich dann mit der Maus nach rechts kopieren lassen. Kontrolliere damit die Ergebnisse von Teilaufgabe a).

Eindeutige Handlungsanweisungen, nach denen man auch Computer programmieren kann, nennt man **Algorithmen**.

Info

Tabellenkalkulations-Befehle für die Division mit Rest
Um in einer Tabellenkalkulation eine Division mit Rest durchzuführen, kann man folgende Befehle verwenden.
= *Ganzzahl(A3/B1)* (in Zelle B2)
gibt die ganze Zahl an, die bei der Division mit Rest herauskommt, wenn man die Zahl in A3 durch die Zahl in B1 teilt.
= *Rest(A3;B1)* (in Zelle B3)
gibt den Rest an, den man erhält, wenn man die Zahl in A3 durch die Zahl in B1 teilt.

B3 = =REST(A3;B1)

	A	B	C	D	E	F	G	H	I	J	K
1		512	256	128	64	32	16	8	4	2	1
2	dual	0	1	0	1	0	0	1	0	1	1
3	331	331	75	75	11	11	11	3	3	1	0
4	dezimal				Divisionsreste						
5											
6											

Fig. 1

IV Flächen und Körper

Das kannst du bald

- Flächeninhalte mit verschiedenen Einheiten angeben und ineinander umrechnen
- Flächeninhalte von Rechtecken berechnen
- Streckenlängen auf Karten messen und mithilfe des Maßstabs die Längen in der Wirklichkeit berechnen
- Eigenschaften von Körpern benennen sowie ihre Netze zeichnen
- Schrägbilder von Quadern zeichnen

Check-in

Schätze dich ein:

1. Ich kann zueinander parallele und zueinander senkrechte Geraden zeichnen.
2. Ich kann geometrische Figuren erkennen und beschreiben.
3. Ich kann mit dem Koordinatensystem umgehen.
4. Ich kann Strecken mit dem Geodreieck messen.
5. Ich kann Längen mit verschiedenen Einheiten angeben.

Lerntipps

zu 1. **Merkkasten,** Seite 50
zu 2. **Grundwissen,** Seite 235
zu 3. **Merkkasten,** Seite 55
zu 4. **Merkkasten,** Seite 50
zu 5. **Merkkasten,** Seite 26

Teste dich!

Lösungen, Seite 262

1 Parallele und senkrechte Geraden
Zeichne drei Geraden, die zu der schwarzen Geraden parallel sind, und drei Geraden, die zu der schwarzen Geraden senkrecht sind, in dein Heft.

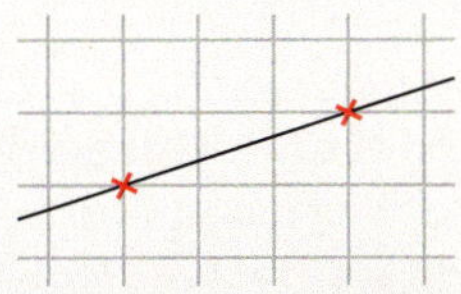

2 Geometrische Figuren erkennen
Das Foto zeigt zwei Fachwerkhäuser. Welche geometrischen Figuren erkennst du auf den Hauswänden?

3 Koordinatensystem
a) Zeichne das Dreieck mit den Eckpunkten $A(3|2)$, $B(7|6)$ und $C(1|8)$ in ein Koordinatensystem. Ergänze eine Parallele zu $\overline{BC}$, die durch den Punkt A verläuft.
b) In welchen Punkten schneidet die Parallele die Koordinatenachsen? Gib die Koordinaten der Schnittpunkte an.

4 Messen
a) Zeichne das Viereck ABCD ins Heft. Bezeichne die Mittelpunkte der vier Seiten mit P, Q, R und S und zeichne das Viereck PQRS.
b) Wie lang sind die Seiten des Vierecks PQRS?

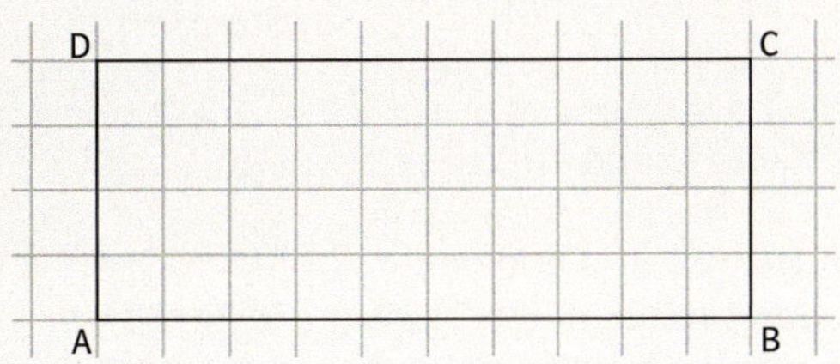

5 Andere Längeneinheit, andere Maßzahl
Ergänze die fehlenden Maßzahlen.
a) 420 mm = ▢ cm = ▢ dm = ▢ m
b) ▢ km = 850 m = ▢ dm = ▢ cm

D23 Check-in

Flächeninhalte schätzen und messen

Lerneinheit 1 Seite 134
Lerneinheit 2 Seite 137

Forschungsauftrag 1: Messgeräte für Flächen testen
Zum Messen von Längen verwendet man meist ein Lineal oder einen Zollstock. Früher hat man Längen häufig in Fuß oder in Ellen angegeben. Aber wie misst man, wie groß der Inhalt einer Fläche ist? Welches Messgerät ist dafür geeignet und warum?

- Testet die in der Tabelle angegebenen Messgeräte, indem ihr damit den Flächeninhalt eures Schultisches bestimmt.
- Überlegt euch mindestens drei weitere Messgeräte, mit deren Hilfe ihr den Flächeninhalt des Tisches messt. Tragt in der Tabelle auch ein, welche Vor- und Nachteile die einzelnen Messgeräte haben.

Messgerät	Ergebnis der Messung	Vorteile des Messgerätes	Nachteile des Messgerätes
Handfläche			
Euromünze			
Etui			
...			

- Vergleicht eure Ergebnisse in der Klasse. Habt ihr die gleichen Messwerte? Habt ihr ähnliche Vor- und Nachteile notiert?
- Welches ist eurer Meinung nach das beste Messgerät. Warum? Notiert eure Begründung für den Testsieger schriftlich im Heft.

Forschungsauftrag 2: Messen mit Quadraten
Um Flächeninhalte anzugeben, kann man auch Quadrate mit den Seitenlängen 1 mm, 1 cm, 1 dm oder 1 m verwenden.

- Zeichne ein Quadrat mit der Seitenlänge 1 dm und schneide es aus. Wie oft passt dieses Quadrat auf deinen Schultisch?
- Welchen Vorteil hat dieses Quadrat für das Messen des Flächeninhalts des Tisches gegenüber den Messgeräten in Forschungsauftrag 1? Gibt es auch Nachteile? Notiere deine Einschätzung im Heft.
- Mit welchen Quadraten würdest du den Flächeninhalt eures Klassenraums ausmessen? Notiere im Heft und begründe.

Forschungsauftrag 3: Quadrate vergleichen

- Schneidet aus verschiedenfarbigen Papieren so viele Quadrate mit der Seitenlänge 1 dm aus, dass man damit ein Quadrat mit der Seitenlänge 1 m legen kann.
- Legt die kleinen Quadrate so aneinander, dass ein Quadrat mit der Seitenlänge 1 m entsteht. Wie viele der kleinen Quadrate habt ihr hierfür benötigt? Wie kann man das erklären? Notiere im Heft.
- Beschreibt, was die Schülerinnen und Schüler auf dem Foto gemacht haben.

Zusammenhänge zwischen Flächeninhalten untersuchen

Lerneinheit 1
Seite 134

D24 Figuren zum Ausschneiden

Forschungsauftrag: Figuren mit gleichem Flächeninhalt

- Zeichne ein Quadrat mit einer Seitenlänge von 5 cm. Zerschneide es in drei Teile wie in Fig. 1. Zeige durch geeignetes Zusammenlegen der drei Teile, dass die Figuren 2 – 6 denselben Flächeninhalt haben wie Fig. 1.

Fig. 1

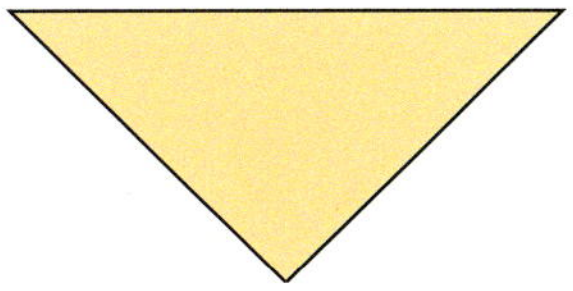
Fig. 2

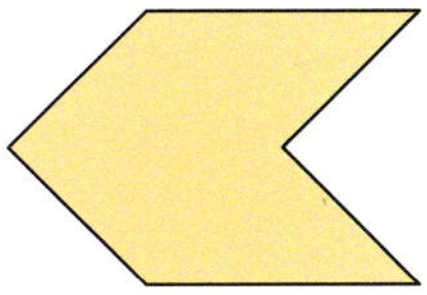
Fig. 3

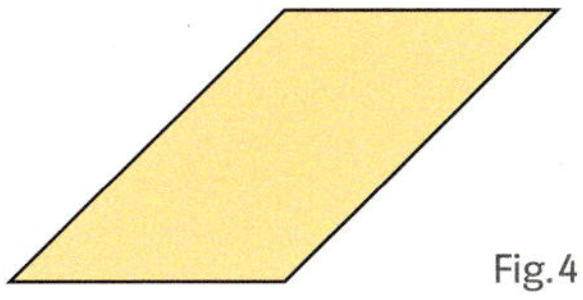
Fig. 4

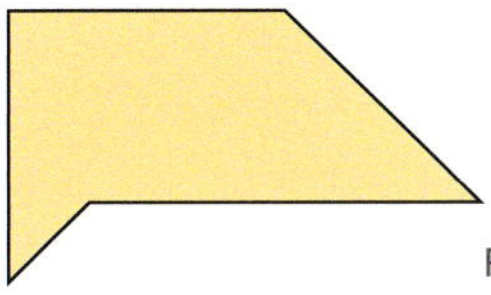
Fig. 5

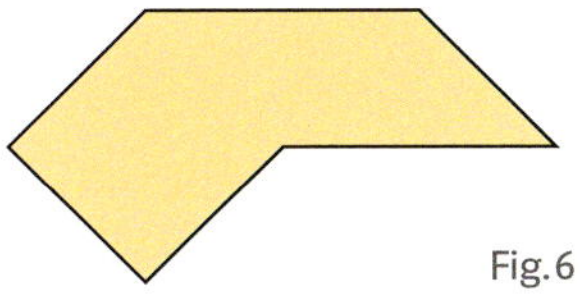
Fig. 6

- Zeichne weitere Figuren, die genauso groß sind wie das Quadrat in Fig. 1. Verwende hierzu die drei Teile als Schablone.

Hexominos – verschiedene Wettbewerbe

Lerneinheit 2
Seite 137

Hexominos sind Figuren, die man aus sechs gleich großen Quadraten erstellen kann. Die einzelnen Quadrate müssen über die Seiten miteinander verbunden sein.

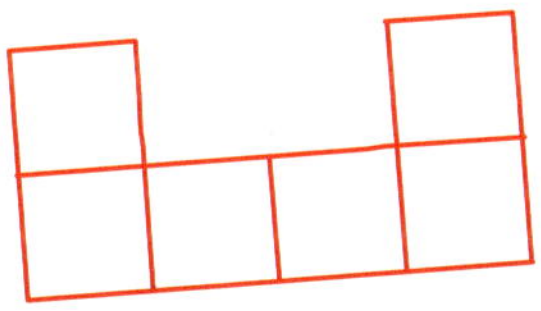

Sucht euch einen Wettbewerb aus, den ihr spielen wollt.

Wettbewerb „Möglichst viele“
Zeichnet möglichst viele verschiedene Hexominos.

Wettbewerb „Symmetrien“
Zeichnet möglichst viele verschiedene Hexominos, die symmetrisch (achsen- oder punktsymmetrisch) sind.

Wettbewerb „Würfel“
Zeichnet möglichst viele verschiedene Hexominos, aus denen man Würfel erstellen kann, ohne das Hexomino durchzuschneiden.

Zusatz: Beschriftet alle Hexominos wie Spielwürfel mit den Augenzahlen von eins bis sechs. Beachtet dabei, dass die Augenzahlen auf gegenüberliegenden Flächen zusammen immer den gleichen Wert ergeben.

Verschieden sind Hexominos dann, wenn sie nach dem Ausschneiden durch Drehen bzw. Umklappen nicht deckungsgleich sind.

Hinweise:
1. Bei allen Wettbewerben sollte man eine feste Zeitvorgabe geben.
2. Zum Vergleich der Hexominos können diese auf Papier gezeichnet, ausgeschnitten und auf den Overhead-Projektor gelegt werden.

1 Flächeninhalte vergleichen

Vergleiche die Flächeninhalte der Katzenfiguren.

Im Alltag spielen Flächen eine wichtige Rolle. Wenn man zum Beispiel wissen möchte, welches das größte Zimmer in einer Wohnung ist, muss man die Größe der Bodenflächen vergleichen. Wie man hierbei vorgehen kann, wird im Folgenden erläutert.

Wenn man Flächen mit Pflastersteinen gleicher Größe auslegt, kann man die Flächen gleicher Farbe durch Abzählen der Pflastersteine vergleichen. Die gelbe Fläche besteht aus 5, die dunkelblaue aus 4 Steinen: die gelbe Fläche ist größer.

Wenn man zwei Figuren auf Kästchenpapier zeichnet, kann man deren Größe vergleichen, indem man die Anzahl der Kästchen zählt, aus denen die Figuren bestehen.

Den Inhalt zweier Flächen kann man vergleichen, indem man beide Flächen mit gleich großen Plättchen auslegt, und die Anzahl der Plättchen vergleicht. Wenn man zum Auslegen von zwei Flächen die gleiche Anzahl von Plättchen benötigt, so sagt man, dass die Flächen den gleichen **Flächeninhalt** haben.

Statt Plättchen kann man auch die Kästchen auf kariertem Papier nutzen.

Für den Vergleich von Flächeninhalten eignen sich verschiedenste Gegenstände. Um die Flächeninhalte von Tischen zu vergleichen, könnte man zum Beispiel prüfen, wie viele DIN-A4-Blätter auf den Tisch passen. Bei kleineren Flächen wie zum Beispiel einem Briefumschlag könnte man prüfen, wie viele Radiergummis man braucht, um die Fläche vollständig auszulegen.

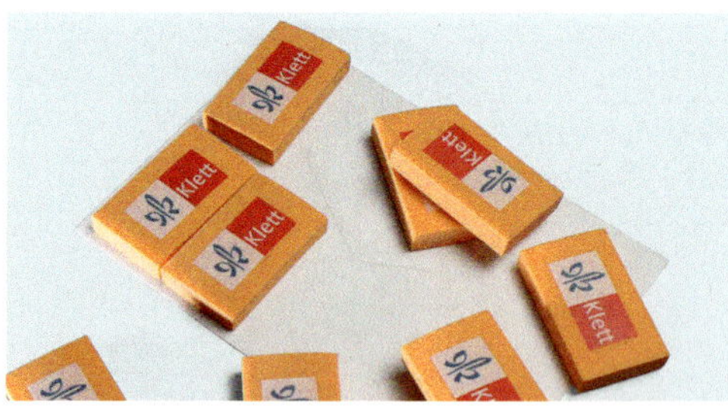

Beispiel 1 Vergleich von Flächeninhalten
Überprüfe, ob die Flächeninhalte gleich groß sind.

Lösung
Das gelbe L und das blaue T bestehen jeweils aus 16 Kästchen. Die Flächeninhalte sind gleich groß. Die rote Fläche besteht aus 20 Kästchen, ihr Flächeninhalt ist größer.

Beispiel 2 Vergleich von Flächeninhalten durch Zerlegung

Zeige, dass die beiden Flächeninhalte in Fig. 1 gleich groß sind.

Lösung

1. Möglichkeit:
Wenn man wie in Fig. 2 an der Spitze des großen Dreiecks ein kleines Dreieck abschneidet und an der rechten Seite anlegt, erhält man das Trapez aus Fig. 1. Die Flächeninhalte des Dreiecks und des Trapezes in Fig. 1 sind also gleich groß.

2. Möglichkeit:
Legt man die beiden Figuren mit gleichen Dreiecken aus, so sieht man, dass man für jede der Figuren vier Dreiecke benötigt (vgl. Fig. 3).

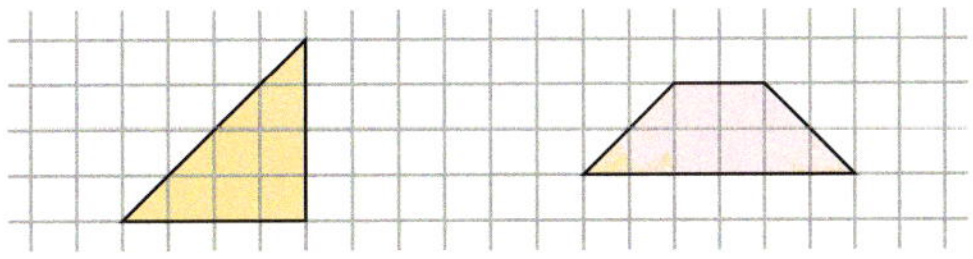
Fig. 1

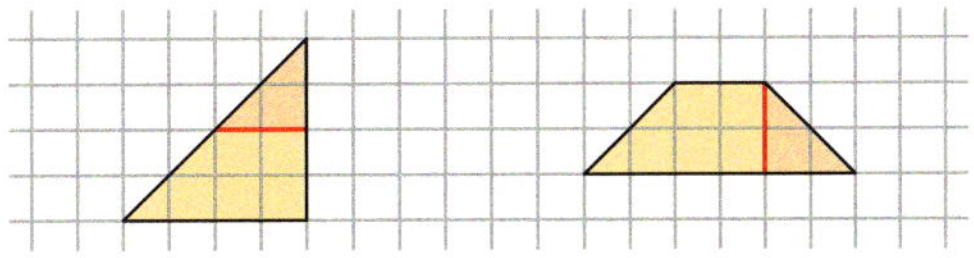
Fig. 2

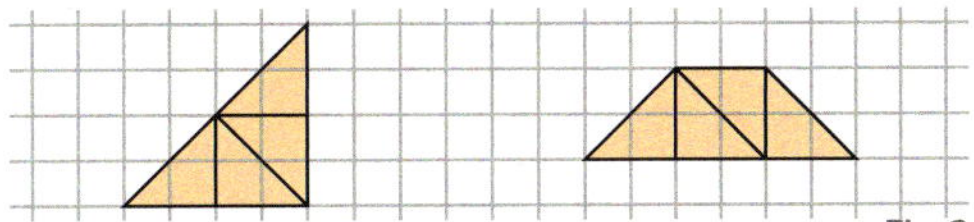
Fig. 3

Aufgaben

1 Die hellgelben Zellen der Bienenwabe sind mit Honig gefüllt. Ist mehr als die Hälfte der Wabe mit Honig gefüllt? Schätze zuerst und zähle dann.

2 a) Welches der beiden abgebildeten Zimmer ist größer? Begründe.

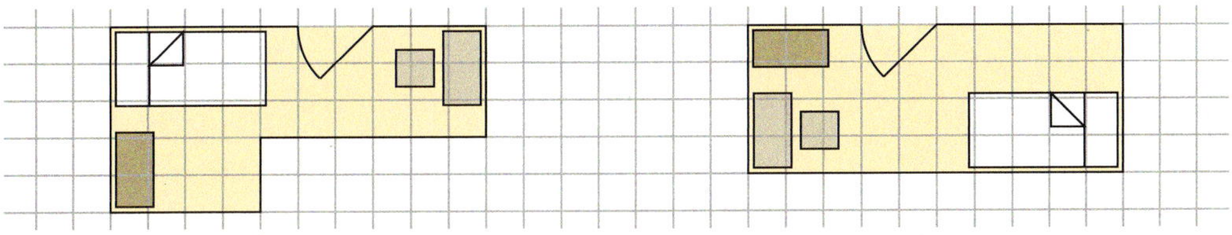

b) Zeichne zwei Zimmer und lass deinen Partner prüfen, ob sie gleich groß sind.

3 Bestimme, aus wie vielen Kästchen die Fläche jeweils besteht.

Lerntipp Seite 134, Beispiel 1

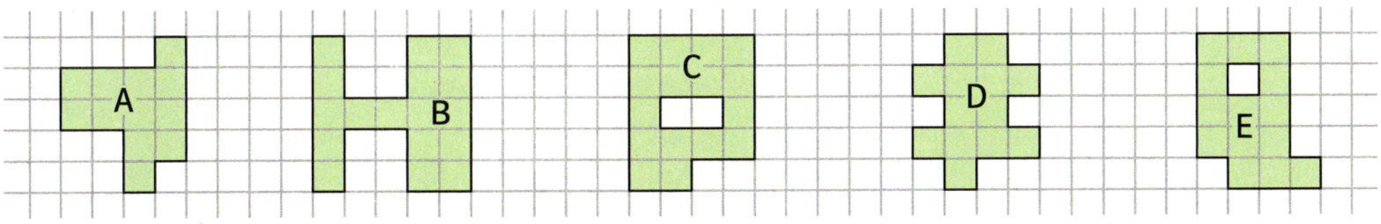

4 Ordne die Figuren nach der Größe ihrer Flächeninhalte.

Lerntipp Seite 135, Beispiel 2

Üben ○ Seite 165, Aufgabe 1

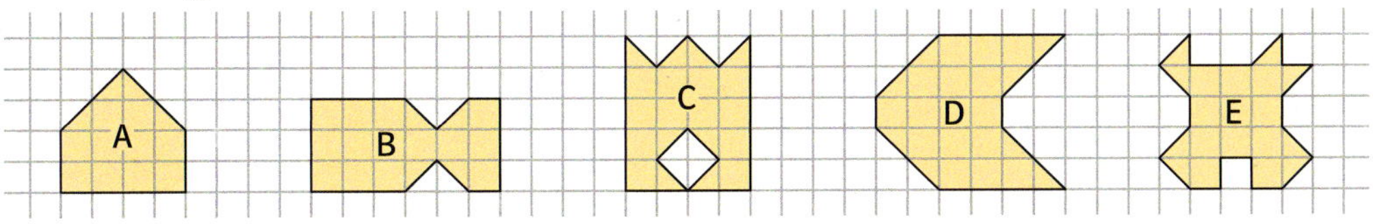

5 a) Untersucht, wie viele DIN-A4-Blätter man benötigt, um einen Schultisch vollständig abzudecken. Bestimmt auch, wie viele Blätter man für das Lehrerpult benötigt.
b) Untersucht mithilfe eurer Handflächen die Größe eures Schultisches. Vergleicht die Ergebnisse mit denen eurer Mitschüler. Womit lassen sich die Flächen der Tische besser messen, mit DIN-A4-Blättern oder mit euren Händen? Begründet eure Einschätzung.

Weitere Messungen werden in der Erkundung auf Seite 132 untersucht.

Teste dich! → **Lösungen**, Seite 26

○ **6** Ordne die Figuren A bis D nach der Größe ihrer Flächeninhalte.

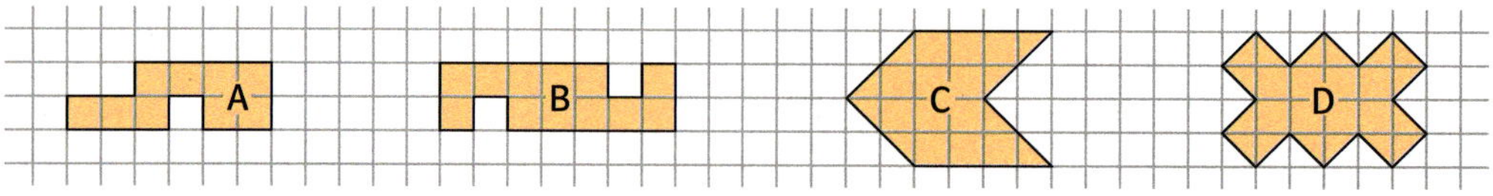

◒ **7** Untersuche, ob die gezeichneten Flächen gleich groß sind. Erkläre dein Vorgehen.

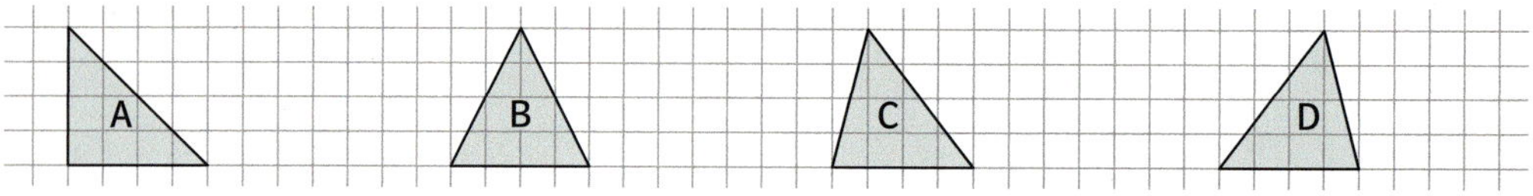

◒ **8** a) Überlege dir mit deinem Partner eine Zahl zwischen 10 und 50. Anschließend zeichnet jeder möglichst schnell eine Figur mit genau dieser Anzahl von Kästchen. Vergleicht eure Lösungen und besprecht, wie man am besten vorgehen sollte. Hängt das geschickteste Vorgehen oder die Anzahl der Möglichkeiten von der gewählten Zahl ab?
b) Zeichnet jeweils eine Figur in der Form eines Tannenbaums, deren Flächeninhalt so groß ist wie 30 Kästchen. Vergleicht eure Lösungen und besprecht dann, wie man hierbei am besten vorgeht.

◒ **9** **Wahr oder falsch?**
Sind die folgenden Aussagen wahr oder falsch? Begründe.
a) „Wenn zwei Flächen den gleichen Flächeninhalt haben, so haben sie dieselbe Form."
b) „Zu jedem Rechteck kann man ein Dreieck zeichnen, das denselben Flächeninhalt hat."
c) „Wenn man bei einem Rechteck eine Seitenlänge verdoppelt, dann verdoppelt sich der Flächeninhalt."

Teste dich! → **Lösungen**, Seite 26

◒ **10** a) Ordne die Baugrundstücke in Fig. 1 nach der Größe ihrer Flächeninhalte.
b) Zeichne ein rechteckiges Grundstück mit dem gleichen Flächeninhalt wie Grundstück 1.
c) Zeichne ein dreieckiges Grundstück mit dem gleichen Flächeninhalt wie Grundstück 2.

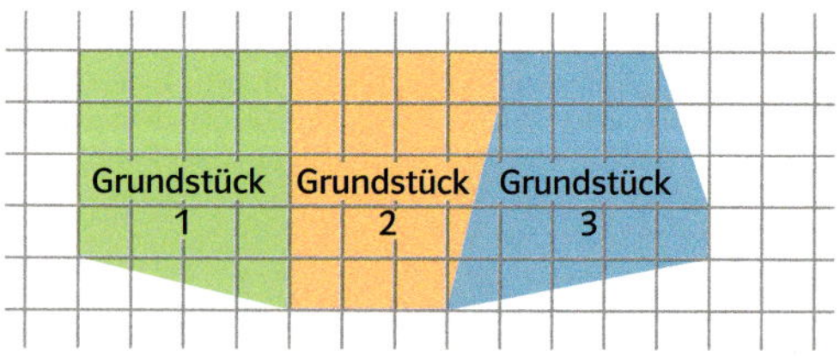

Fig. 1

● **11** Übertrage das Quadrat aus Fig. 2 mehrfach in dein Heft.
In dem Quadrat soll ein Rechteck mit 4 Kästchen eingefärbt werden. Es dürfen keine Kästchen geteilt werden. Untersuche, wie viele solcher Rechtecke es gibt.

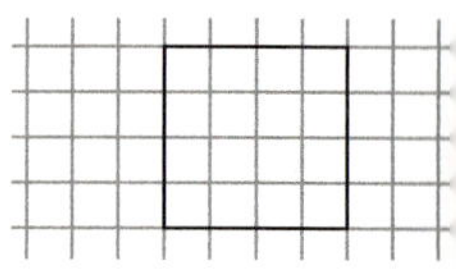
Fig. 2

● **12** a) Das Rechteck in Fig. 3 soll so in drei Teile zerlegt werden, dass man diese Teile zu einem Quadrat zusammensetzen kann. Zeichne eine solche Zerlegung im Heft.
b) Zeichne ein weiteres Rechteck, bei dem eine Zerlegung wie in a) möglich ist.
c) Zeichne ein Rechteck, bei dem eine Zerlegung wie in a) nicht möglich ist.

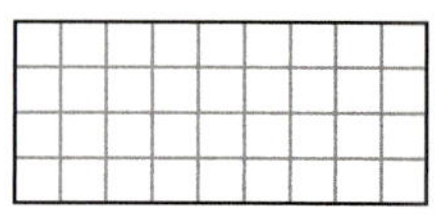
Fig. 3

Teste dein Grundwissen! **Rechenvorteile nutzen** → **Merkkasten**, Seite 1 **Lösungen**, Seite 26

G **13** Berechne möglichst geschickt.
a) $48 + 169 + 52 + 31$ b) $4 \cdot 23 \cdot 25$ c) $11 \cdot 12 + 11 \cdot 34 + 11 \cdot 54$

2 Flächeneinheiten

Reicht die Farbe, um die Decke in eurem Klassenraum zu streichen?
Wie viele solcher Farbtöpfe braucht man vermutlich, um alle Decken in eurer Schule weiß anzustreichen?

Bisher wurden Flächeninhalte zum Beispiel durch Abzählen von Kästchen verglichen, die die Fläche ausfüllen. Um einen Flächeninhalt allgemein verständlich anzugeben, verwendet man Flächeneinheiten. Diese Einheiten sind quadratische Flächen, deren Seitenlängen den bekannten Längeneinheiten 1 mm, 1 cm usw. entsprechen. Im Folgenden wird vorgestellt, wie diese Flächeneinheiten heißen und wie man mit ihnen rechnen kann.

Den Flächeninhalt eines Zimmers gibt man in **Quadratmetern** an. Ein Quadrat mit der Seitenlänge 1 m hat den Flächeninhalt $1\,m^2$ (ein Quadratmeter). Eine Fläche, die man mit fünf solchen Quadraten auslegen kann, hat den Flächeninhalt $5\,m^2$.
Zu jeder Längeneinheit gibt es eine zugehörige **Flächeneinheit**.

Seitenlänge des Quadrats	1 mm	1 cm	1 dm	1 m	10 m	100 m	1 km
Flächeninhalt	$1\,mm^2$	$1\,cm^2$	$1\,dm^2$	$1\,m^2$	1 a	1 ha	$1\,km^2$
Name	Quadratmillimeter	Quadratzentimeter	Quadratdezimeter	Quadratmeter	Ar	Hektar	Quadratkilometer
Beispiel	Filzstiftpunkt	Seitenfläche eines Würfels	Handfläche	Flügel einer Wandtafel	halber Tennisplatz	Sportplatz mit Laufbahn	Helgoland (Hauptinsel)
			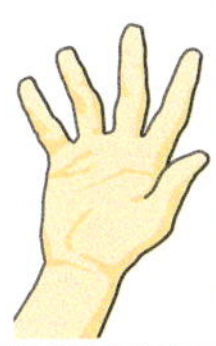	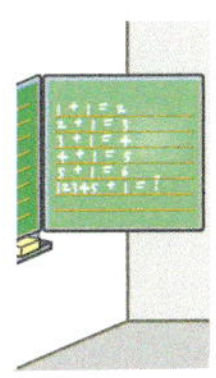	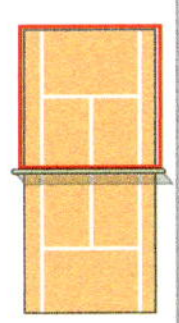	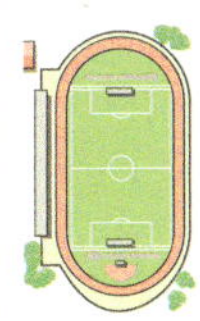	

Wie viele Quadrate von $1\,dm^2$ passen in ein Quadrat mit dem Flächeninhalt $1\,m^2$?
Fig. 1 zeigt, dass in die untere Reihe 10 kleine Quadrate passen: $10 \cdot 1\,dm^2$.
Um $1\,m^2$ vollständig auszulegen, braucht man 10 solcher Reihen.
Also ist $1\,m^2 = 10 \cdot 10 \cdot 1\,dm^2 = 100\,dm^2$.
Wenn man also einen Quadratmeter in der nächstkleineren Maßeinheit dm^2 notieren will, muss man die Maßzahl mit 100 multiplizieren. Es gilt: $1\,m^2 = 100\,dm^2$.
Dieser Zusammenhang lässt sich auf die anderen Flächeneinheiten aus der Tabelle übertragen.

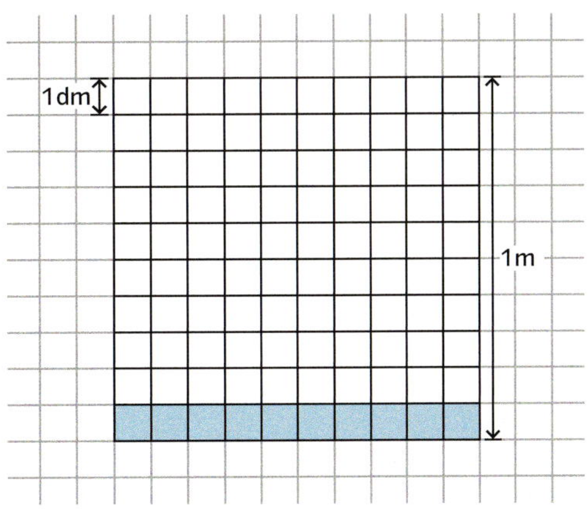

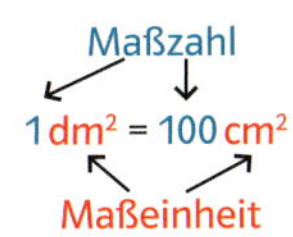

Flächeninhalte in verschiedenen Einheiten angeben

⟵ Umrechnung in die **nächstgrößere** Einheit

$1\,km^2 = 100\,ha$ (: 100 / · 100) $1\,ha = 100\,a$ (: 100 / · 100) $1\,a = 100\,m^2$ (: 100 / · 100) $1\,m^2 = 100\,dm^2$ (: 100 / · 100) $1\,dm^2 = 100\,cm^2$ (: 100 / · 100) $1\,cm^2 = 100\,mm^2$ (: 100 / · 100)

Umrechnung in die **nächstkleinere** Einheit ⟶

Umrechnen in die nächstgrößere Einheit: Maßzahl durch 100 dividieren

Umrechnen in die nächstkleinere Einheit: Maßzahl mit 100 multiplizieren

Wenn man einen Flächeninhalt in einer anderen Einheit angeben will, kann eine Stellenwerttafel nützlich sein.

D25 Stellenwerttafel Vorlage

km^2		ha		a		m^2		dm^2		cm^2		mm^2	
Z	E	Z	E	Z	E	Z	E	Z	E	Z	E	Z	E
		1	2	0	0	0	0						
							6	3	5				
5	3	0	9										
									2	0	0	5	0

$12\,ha = 1200\,a = 120\,000\,m^2$

$6\,m^2\ 35\,dm^2 = 635\,dm^2$

$53\,km^2\ 9\,ha = 5309\,ha$

$20\,050\,mm^2 = 2\,dm^2\ 50\,mm^2$

Beispiel 1 Flächeninhalte in anderen Einheiten angeben

Gib in den Einheiten an, die in der Klammer stehen.

a) $4\,dm^2$ (cm^2, mm^2) b) $2\,ha$ (a, m^2) c) $60\,000\,a$ (ha, km^2)

Lösung

a) $4\,dm^2 = 400\,cm^2 = 40\,000\,mm^2$

b) $2\,ha = 200\,a = 20\,000\,m^2$

c) $60\,000\,a = 600\,ha = 6\,km^2$

1 km² = 100 ha = 10 000 a = 1 000 000 m² = 100 000 000 dm²

Beispiel 2 Gemischte Schreibweise

Gib in der Einheit an, die in der Klammer steht.

a) $7\,a\,50\,m^2$ (in m^2) b) $2\,m^2\,5\,dm^2$ (in cm^2) c) $1\,km^2\,90\,a$ (in a)

Lösung

a) $7\,a\,50\,m^2 = 7\,a + 50\,m^2 = 700\,m^2 + 50\,m^2 = 750\,m^2$

b) $2\,m^2\,5\,dm^2 = 2\,m^2 + 5\,dm^2 = 200\,dm^2 + 5\,dm^2 = 205\,dm^2 = 20\,500\,cm^2$

c) $1\,km^2\,90\,a = 1\,km^2 + 90\,a = 100\,ha + 90\,a = 10\,000\,a + 90\,a = 10\,090\,a$

Beispiel 3 Rechnen mit Flächeneinheiten

Ein Bauer verkauft seine Grundstücke. Sie sind 4 ha, 2 ha, 134 a und 52 a groß.

a) Berechne, wie groß der Flächeninhalt aller verkauften Grundstücke zusammen ist.

b) Für einen Quadratmeter erhält er 2 €. Berechne, wie viel Geld er insgesamt erhält.

Lösung

a) 4 ha + 2 ha + 134 a + 52 a = 400 a + 200 a + 134 a + 52 a = 786 a = 7 ha 86 a
Die Fläche ist insgesamt 7 ha 86 a groß.

b) $786\,a = 78\,600\,m^2$ $78\,600 \cdot 2\,€ = 157\,200\,€$
Er bekommt 157 200 €.

Rechne immer mit Größen in derselben Einheit.

Aufgaben

○ **1** Gib an, welche Flächeneinheit für die Angabe des Flächeninhalts sinnvoll ist.

a) Kinderzimmer b) Fußballplatz c) Teller d) Schulgelände
e) Foto f) Teppich g) NRW h) Briefmarke

○ **2** Nenne zwei Flächen, deren Inhalt ungefähr $1\,m^2$, $1\,cm^2$, 1 ha, 1 a bzw. $1\,km^2$ beträgt.

D26 Anwendungen zu Flächeneinheiten

○ **3** Hier stimmt etwas nicht. Ordne die Flächeninhalte richtig zu.

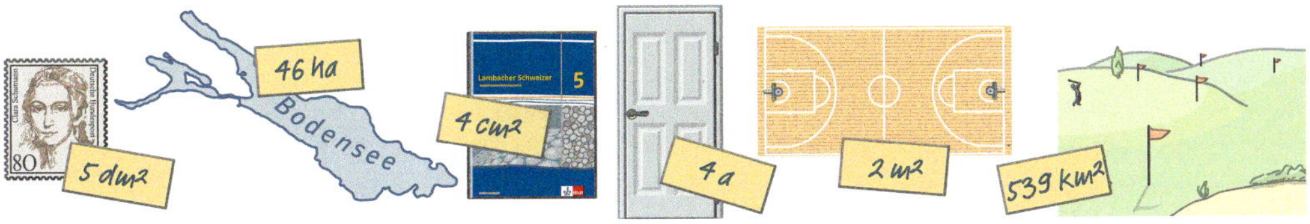

○ **4** SP

> Mouna: „Wenn man eine Flächenangabe von cm^2 in mm^2 umrechnen möchte, dann muss man die Maßzahl mit 100 multiplizieren. Denn ein Quadratmillimeter passt 100-mal in einen Quadratzentimeter. Es gilt z. B. $2\,cm^2 = 200\,mm^2$."

Formuliere in ähnlicher Form Regeln mit einer Begründung für die Umrechnung.

a) von m^2 in dm^2
b) von mm^2 in cm^2
c) von ha in a
d) von m^2 in cm^2

○ **5** a) Zeichne in deinem Heft eine quadratische Fläche mit einem Flächeninhalt von $1\,dm^2$.
b) Zeichne in das Quadrat aus Teilaufgabe a) kleine Quadrate mit dem Flächeninhalt $1\,cm^2$. Wie viele dieser kleinen Quadrate passen in das Quadrat aus Teilaufgabe a)?
c) Gib jeweils in cm^2 an.
(1) $2\,dm^2$ (2) $21\,dm^2$ (3) $400\,dm^2$ (4) $7000\,dm^2$
d) Zeichnet an der Tafel ein Quadrat der Größe $1\,m^2$. Beantwortet nun folgende Fragen.
(1) Wie viele Quadrate mit dem Flächeninhalt $1\,dm^2$ passen in das große Quadrat an der Tafel?
(2) Wie viele Quadrate mit dem Flächeninhalt $1\,cm^2$ passen in das große Quadrat?
(3) Wie viele Quadrate mit dem Flächeninhalt $1\,mm^2$ passen in das große Quadrat?

○ **6** Schreibe in der nächstkleineren Einheit.

a) $6\,m^2$ b) 15 ha c) 83 a d) $13\,cm^2$
e) $5\,cm^2$ f) $50\,m^2$ g) $25\,km^2$ h) $145\,dm^2$
i) $105\,cm^2$ j) $500\,dm^2$ k) $15\,000\,km^2$ l) 300 ha

Lerntipp Seite 138, Beispiel 1

○ **7** Schreibe in der nächstgrößeren Einheit.

a) $500\,cm^2$ b) $400\,m^2$ c) 1500 ha d) $100\,dm^2$
e) $5000\,mm^2$ f) $500\,m^2$ g) 7000 a h) $200\,m^2$
i) $10\,500\,mm^2$ j) $700\,dm^2$ k) 1000 ha l) 50 000 a

Wird die Maßeinheit kleiner, wird die Maßzahl größer und umgekehrt.

○ **8** Übertrage in dein Heft und ergänze die fehlende Angabe.

a) 32 ▢ = $3200\,cm^2$ b) $49\,m^2$ = ▢ dm^2 c) 4200 a = 42 ▢
d) ▢ ha = 17 000 a e) 4700 ▢ = $47\,m^2$ f) 230 000 ▢ = $2300\,km^2$

Üben ○ Seite 165, Aufgaben 2 und 3

○ **9** Gib in den Einheiten an, die in der Klammer stehen.

a) $12\,dm^2$ (cm^2, mm^2) b) 31 ha (a, m^2) c) $81\,m^2$ (dm^2, cm^2)
d) $7\,km^2$ (ha, a) e) 820 000 a (ha, km^2) f) $20\,000\,cm^2$ (dm^2, m^2)

10 Finde heraus, auf welchen Kärtchen derselbe Flächeninhalt angegeben wird.

1 $500\,dm^2$ | 2 5000 a | 3 $50\,000\,mm^2$ | 4 50 ha | 5 $5\,dm^2$ | 6 $5\,m^2$

Vertiefen ◒ Seite 166, Aufgabe 13

Teste dich!

Lösungen, Seite 263

○ **11** Schätze den Flächeninhalt und gib ihn in einer sinnvollen Einheit an.
a) Basketballfeld **b)** Spielkarte **c)** Tischtennisplatte **d)** Schachbrett

○ **12** Gib in den Einheiten an, die in der Klammer stehen.
a) $5\,m^2$ (dm^2, cm^2) **b)** $170\,000\,m^2$ (a, ha) **c)** 30 000 ha (a, m^2)
d) $3\,dm^2$ (cm^2, mm^2) **e)** $10\,000\,mm^2$ (cm^2, dm^2) **f)** 30 000 a (ha, km^2)

◒ **13** a) Wie groß wäre eine Fläche mit dem Inhalt „ein Quadratfuß" in cm^2? Schätze zuerst und berechne dann.
b) Denke dir weitere solcher Flächeneinheiten aus und untersuche, wie groß sie sind.

◒ **14** Übertrage in dein Heft und ergänze die fehlende Angabe.
a) 18 ▢ = $180\,000\,m^2$ b) $27\,m^2$ = ▢ cm^2 c) ▢ km^2 = 2 500 000 a
d) 230 000 a = 23 ▢ e) 350 000 ▢ = $35\,m^2$ f) $45\,000\,000\,dm^2$ = 45 ▢

◒ **15** **Finde die Fehler!**
Erkläre jeweils, was falsch gemacht wurde und korrigiere die Fehler im Heft.
a) $5\,m^2 = 500\,cm^2$ b) 15 ha = 150 a c) $1\,km^2 = 1000\,m^2$

◒ **16** Gib in der Einheit an, die in der Klammer steht.
a) $8\,dm^2$ (in mm^2) b) 28 ha (in m^2) c) $810\,000\,m^2$ (in ha)
d) $700\,000\,mm^2$ (in dm^2) e) $8\,m^2$ (in mm^2) f) $4\,000\,000\,m^2$ (in km^2)

Lerntipp
Seite 138, Beispiel 2

◒ **17** Es ist $4\,m^2\,25\,dm^2 = 425\,dm^2$. Schreibe in der kleineren Einheit.
a) $5\,m^2\,12\,dm^2$ b) $6\,km^2\,52$ ha c) 5 ha 12 a
d) $6\,km^2\,6$ ha e) $12\,a\,50\,m^2$ f) $8\,m^2\,40\,cm^2$

◒ **18** Es ist $735\,m^2 = 7\,a\,35\,m^2$. Schreibe in gemischter Schreibweise.
a) $232\,m^2$ b) 153 ha c) $793\,dm^2$ d) $3940\,cm^2$ e) $1010\,mm^2$ f) 1235 a

◒ **19** Eine Kleinstadt möchte eine 3 Hektar große Fläche als Neubausiedlung für Einfamilienhäuser nutzen. Der Bürgermeister schlägt vor, die Fläche in 50 gleich große Grundstücke aufzuteilen.
a) Berechne, wie groß ein Grundstück ist.
b) Berechne, wie viel die Stadt einnimmt, wenn der Preis 150 € pro m^2 beträgt.

Anwenden ◒
Seite 166,
Aufgaben 15 und 16

◒ **20** Ordne der Größe nach. Beginne mit der kleinsten Flächeneinheit. Verwende das Zeichen <.
1 $200\,m^2\,22\,dm^2$ 2 $2\,a\,21\,m^2$ 3 $999\,dm^2\,22\,cm^2$ 4 $20\,020\,m^2$
5 $200\,a\,70\,m^2$ 6 2 ha 2 a

◒ **21** Berechne und gib das Ergebnis in der Einheit an, die in der Klammer steht.
a) $16\,m^2 + 24\,dm^2$ (in dm^2) b) $4\,dm^2 - 4\,cm^2$ (in cm^2) c) $10\,m^2 + 900\,dm^2$ (in dm^2)
d) $98\,cm^2 + 600\,mm^2$ (in cm^2) e) $25\,cm^2 \cdot 8$ (in dm^2) f) $4\,dm^2 : 80$ (in cm^2)
g) $78\,dm^2 + 2200\,cm^2$ (in m^2) h) 5 ha + 100 a (in ha) i) 4 ha + 105 a (in a)

Lerntipp
Seite 138, Beispiel 3

22 Jürgen sagt: „Um die Umrechnungen in die unterschiedlichen Flächeneinheiten fehlerfrei durchführen zu können, muss man sich zwei Dinge merken:
(1) Die vollständige Reihe der Flächeneinheiten: mm^2 - cm^2 - dm^2 - m^2 - a - ha - km^2
(2) Beim Umrechnen in die nächstkleinere Einheit multipliziert man die Maßzahl mit 100. Beim Umrechnen in die nächstgrößere Einheit teilt man die Maßzahl durch 100."
a) Erläutere Jürgens Regel an mehreren Beispielen.
b) Erkläre, was Jürgen mit „vollständige Reihe" meint und warum es wichtig ist, sich die vollständige Reihe der Flächeneinheiten zu merken.

Teste dich! → **Lösungen**, Seite 263

23 Berechne.
a) $5\,dm^2 + 205\,cm^2$ b) $3\,ha - 125\,a$ c) $125\,cm^2 + 2\,m^2$ d) $5\,ha\,20\,m^2 + 230\,m^2$

24 Eine Holzplatte mit einer Größe von $2\,m^2$ soll in 40 Bretter der gleichen Größe zersägt werden. Berechne den Flächeninhalt eines solchen Brettes.

25 Das Steinhuder Meer hat eine Wasseroberfläche von ungefähr 29 000 ha. Stelle dir vor, der See würde lückenlos mit $18\,m^2$ großen Holzflößen bedeckt, auf denen sich jeweils ein Mensch aufhalten könnte. Untersuche, ob die knapp 8 Millionen Einwohner Niedersachsens dann auf dem See Platz hätten.

26 **Flächen im und am Körper**
a) Wusstest du schon, dass die Hautoberfläche eines erwachsenen Menschen ungefähr $2\,m^2$ beträgt? Auf einem cm^2 befinden sich durchschnittlich 500 Nervenzellen. Wie viele Nervenzellen sind auf der gesamtem Hautoberfläche?
b) Wusstest du schon, dass die menschliche Lunge aus ungefähr 100 Millionen Lungenbläschen besteht? Jedes Lungenbläschen hat eine Oberfläche von etwa $1\,mm^2$. Berechne mit diesen Angaben die gesamte Oberfläche der Lunge.

Unter der Oberfläche der Lunge versteht man die Gesamtoberfläche aller Lungenbläschen. Wähle für die Lösung bei Teilaufgabe b) eine sinnvolle Einheit!

27 Der brasilianische Regenwald wird immer kleiner. Forscher haben herausgefunden, dass in den Jahren 1995 bis 2000 pro Jahr ungefähr zwei Millionen Hektar Wald vernichtet wurden.
a) Berechne, wie viele Fußballfelder Wald pro Minute vernichtet wurden, wenn die Angaben der Forscher stimmen.
b) 💻 Recherchiere aktuelle Zahlen sowie mögliche Folgen der Zerstörung des Regenwaldes. Informiere dich auch über Umweltinitiativen, die sich für den Erhalt des Regenwaldes einsetzen.

Teste dein Grundwissen! **Mit Größen rechnen** → **Merkkasten**, Seite 23
Lösungen, Seite 263

28 Herr Meirer kauft für 249,99 Euro ein GPS-Gerät, für 1199,99 Euro ein Klapprad, für 89,99 Euro Fahrradtaschen und für 99,99 Euro Bleistifte. Wie viel gibt er insgesamt aus? Überschlage zuerst und berechne dann möglichst geschickt.

3 Flächeninhalt eines Rechtecks

Reicht der Plattenvorrat, um die Terrasse mit Platten zu belegen?

Bisher wurden Flächeninhalte von Quadraten mit der Seitenlänge 1 mm, 1 cm, 1 dm usw. betrachtet. Wenn man Rechtecke systematisch in solche Quadrate aufteilt, erhält man eine Formel zur Berechnung des Flächeninhalts von Rechtecken. Man kann Flächeninhalte berechnen und braucht diese nicht mehr durch Abzählen zu bestimmen.

Das Rechteck in Fig. 1 hat die Seitenlängen 4 cm und 3 cm. Um den Flächeninhalt dieses Rechtecks zu bestimmen, kann man es mit Quadraten der Seitenlänge 1 cm auslegen. Hierbei gibt es zwei Möglichkeiten, um eine Formel für den Flächeninhalt zu erhalten.

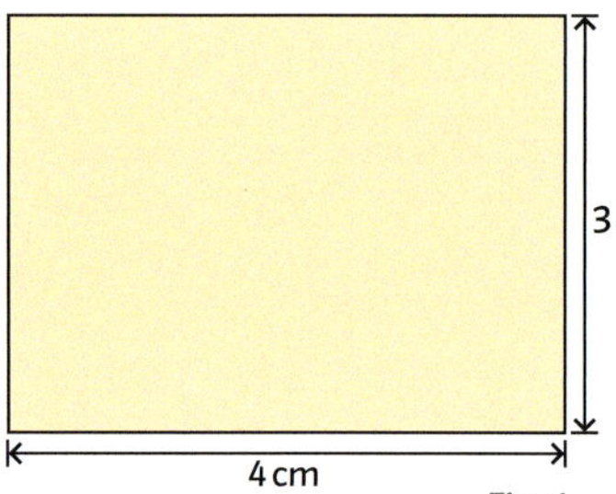

Fig. 1

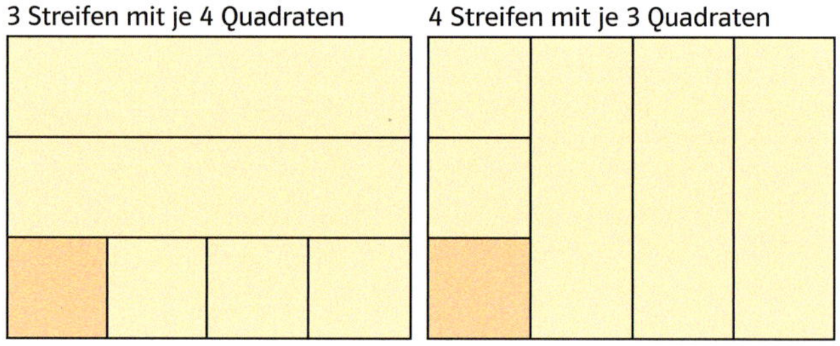

Fig. 2 Fig. 3

Man kann das Quadrat in drei Streifen mit jeweils vier Quadraten (vgl. Fig. 2) oder in vier Streifen mit jeweils drei Quadraten (vgl. Fig. 3) aufteilen. Es passen also 4-mal 3 Quadrate bzw. 3-mal 4 Quadrate, also insgesamt 12 Quadrate in das Rechteck. Deshalb beträgt der Flächeninhalt $3 \cdot 4\,cm^2 = 4 \cdot 3\,cm^2 = 12\,cm^2$.
Man darf $3 \cdot 4\,cm^2$ bzw. $4 \cdot 3\,cm^2$ auch schreiben als $3\,cm \cdot 4\,cm$ bzw. $4\,cm \cdot 3\,cm$ und erhält $3\,cm \cdot 4\,cm = 12\,cm^2$ bzw. $4\,cm \cdot 3\,cm = 12\,cm^2$. Der Flächeninhalt eines Rechtecks lässt sich somit berechnen, indem man seine Länge mit seiner Breite multipliziert.

Den **Flächeninhalt A** eines **Rechtecks** kann man aus den Seitenlängen a und b berechnen.
Es gilt $A = a \cdot b$.
Für den **Flächeninhalt A** eines **Quadrats** mit der Seitenlänge a gilt $A = a \cdot a = a^2$.

area (lat.): Fläche

Flächeninhalt eines Rechtecks: Länge mal Breite.

Beispiel 1 Flächeninhalte berechnen
a) Berechne den Flächeninhalt einer rechteckigen 40 m langen und 25 m breiten Wiese.
b) Eine quadratische Fliese hat die Seitenlänge 20 cm. Berechne ihren Flächeninhalt.
c) Bestimme den Flächeninhalt eines 2 m langen und 2 dm breiten Bretts.

Lösung
a) $A = 40\,m \cdot 25\,m = 1000\,m^2 = 10\,a$ Die Wiese hat einen Flächeninhalt von 10 a.
b) $A = 20\,cm \cdot 20\,cm = 400\,cm^2 = 4\,dm^2$ Der Flächeninhalt der Fliese beträgt $4\,dm^2$.
c) $2\,m = 20\,dm$, $A = 20\,dm \cdot 2\,dm = 40\,dm^2$ Das Brett hat einen Flächeninhalt von $40\,dm^2$.

Zum Rechnen mit Größen müssen die Maßeinheiten übereinstimmen.

Beispiel 2 Seitenlängen berechnen

Ein 5 a großer rechteckiger Bauplatz ist 25 m lang. Berechne, wie breit er ist. Fertige eine Skizze an.

Lösung

Eine Seitenlänge ist in m angegeben. Daher rechnet man den Flächeninhalt in m^2 *um.*
Es gilt: $5\,a = 500\,m^2$.
Mit der Formel zur Berechnung des Flächeninhalts eines Rechtecks und den Angaben aus der Aufgabenstellung erhält man: $500\,m^2 = 25\,m \cdot b$.
Man erhält b durch das Berechnen der Umkehraufgabe: $500 : 25 = 20$. Es gilt $b = 20\,m$, denn $25\,m \cdot 20\,m = 500\,m^2$.
Der Bauplatz ist also 20 m breit.

Mögliche Skizze:

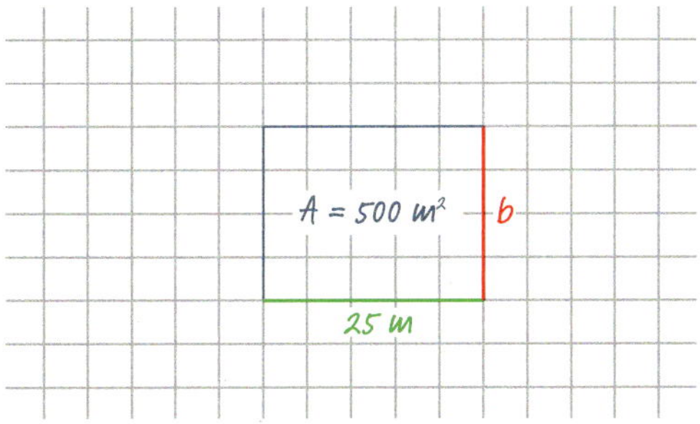

Zum Rechnen mit Größen müssen die Maßeinheiten stimmen.

Beispiel 3 Zusammengesetzte Figuren

Bestimme den Flächeninhalt der abgebildeten Figur.

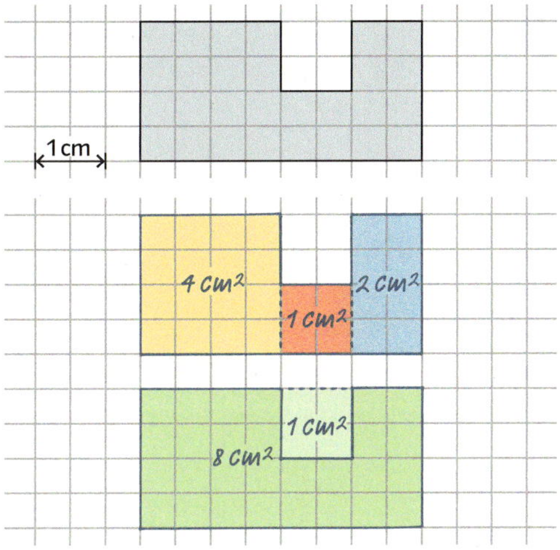

Lösung

1. Möglichkeit: Die Figur lässt sich in drei Rechtecke zerlegen:
Gelbes Rechteck: $A_{gelb} = 2\,cm \cdot 2\,cm = 4\,cm^2$
Rotes Rechteck: $A_{rot} = 1\,cm \cdot 1\,cm = 1\,cm^2$
Blaues Rechteck: $A_{blau} = 1\,cm \cdot 2\,cm = 2\,cm^2$
Flächeninhalt der ganzen Figur: $A = 7\,cm^2$

2. Möglichkeit: Die Figur lässt sich zu einem großen Rechteck ergänzen.
Großes Rechteck: $A_{groß} = 2\,cm \cdot 4\,cm = 8\,cm^2$
Kleines Rechteck: $A_{klein} = 1\,cm \cdot 1\,cm = 1\,cm^2$
Flächeninhalt der ganzen Figur: $A = 7\,cm^2$

Aufgaben

○ **1** Berechne den Flächeninhalt.

○ **2** Berechne den Flächeninhalt des Rechtecks mit den gegebenen Seitenlängen.
a) 2 cm, 8 cm b) 4 mm, 6 mm c) 10 km, 30 km d) 9 dm, 11 dm
e) 12 m, 8 m f) 14 cm, 14 cm g) 14 dm, 13 dm h) 14 m, 15 m

Lerntipp
Seite 142, Beispiel 1

○ **3** Berechne den Flächeninhalt A des Rechtecks mit den Seitenlängen a und b.
a) a = 5 cm, b = 2 mm b) a = 3 m, b = 2 dm c) a = 7 dm, b = 5 cm d) a = 4 mm, b = 7 cm
e) a = 9 cm, b = 6 dm f) a = 3 dm, b = 12 m g) a = 3 km, b = 250 m h) a = 2 mm, b = 3 dm

○ **4** Ein Quadrat hat die Seitenlänge 8 cm. Berechne seinen Flächeninhalt.

○ **5** Zeichne drei Rechtecke mit dem Flächeninhalt $12\,cm^2$. Erläutere, wie du vorgehst.

○ **6** Miss die Seitenlängen und berechne den Flächeninhalt.

a)

b)

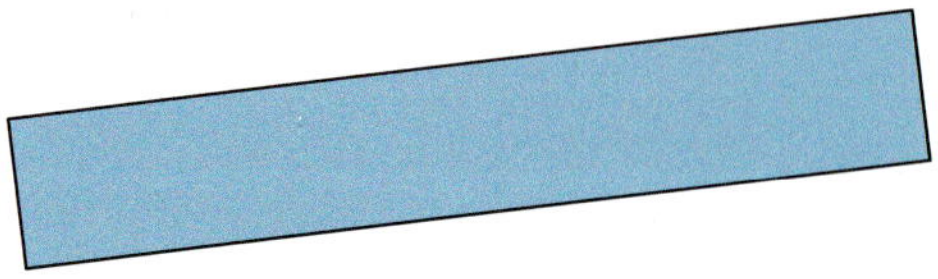

c)

○ **7** Ein Zimmer ist 5 m lang und 4 m breit.
a) Überprüfe, ob das Parkett aus dem Angebot für das Zimmer ausreicht.
b) Berechne, wie teuer das Parkett für das Zimmer ist.

Üben ○
Seite 165, Aufgabe 5;
Seite 166, Aufgabe 11

Anwenden ◒
Seite 166, Aufgabe 17

○ **8** Ein Glaser bestellt Glas für ein Schaufenster mit den Maßen $4\,m \times 3\,m$. Das Glas kostet 32 € pro Quadratmeter. Berechne den Preis des Glases.

Teste dich!

Lösungen, Seite 263

○ **9** Berechne den Flächeninhalt A des Rechtecks mit den Seitenlängen a und b.
a) $a = 120\,dm$, $b = 4\,dm$ b) $a = 7\,cm$, $b = 5\,mm$ c) $a = 8\,cm$, $b = 3\,dm$

○ **10** Ein 32 m langer und 15 m breiter Bauplatz wird für 225 € pro Quadratmeter angeboten. Berechne, wie teuer der Bauplatz ist.

◒ **11** Bestimme näherungsweise den Flächeninhalt. Miss hierzu die Seitenlängen. Runde sie vor der Berechnung. Längere Seitenlängen kannst du gegebenenfalls auch schätzen.
a) Mathematikheft b) Schülerausweis c) Schultisch d) Lehrerpult
e) Tafel f) Klassenraum g) Fenster h) Tür

◒ **12** a) Miss die Seitenlängen dieser Buchseite, runde auf cm und berechne den Flächeninhalt.
b) Schätze, ob man mit den Seiten deines Mathematikbuches euer Klassenzimmer tapezieren kann. Kontrolliere durch eine Rechnung.

◒ **13** Übertrage die Tabelle in dein Heft und ergänze die fehlende Angabe des Rechtecks.

Lerntipp
Seite 143, Beispiel 2

	a)	b)	c)	d)	e)
Länge	4 cm		25 m		4000 m
Breite	25 dm	6 cm		100 m	
Flächeninhalt		$72\,cm^2$	10 a	3 ha	$20\,km^2$

◒ **14** Berechne, wie breit ein 8 cm langes Rechteck mit dem angegebenen Flächeninhalt ist.
a) $80\,cm^2$ b) $240\,cm^2$ c) $80\,mm^2$ d) $32\,dm^2$

◒ **15** Jule behauptet: „Mit der Formel $A = a \cdot b$ kann ich mir gut merken, wie man Flächeneinheiten umwandelt, z. B.: $1\,m^2 = 1\,m \cdot 1\,m = 100\,cm \cdot 100\,cm = 10\,000\,cm^2$. Also ist $1\,m^2$ das Gleiche wie $10\,000\,cm^2$." Überprüfe Jules Überlegung anhand von weiteren Beispielen.

◒ **16** Hans möchte eine Wand streichen. Sie ist 3 m hoch und 4 m breit. Das Fenster ist 2,50 m breit und 80 cm hoch. Wie groß ist der Inhalt der Fläche, für die er Farbe benötigt?

17 Eine 25 km lange und 36 m breite Autobahn soll innerhalb von 6 Monaten gebaut werden. Man rechnet damit, dass pro Tag etwa 25 000 Autos über diese Autobahn fahren werden.
a) Berechne die für die Autobahn benötigte Gesamtfläche in Hektar.
b) Berechne, wie viele 500 m^2 große Baugrundstücke auf dieser Fläche Platz hätten.

18 Berechne den Flächeninhalt.

Lerntipp Seite 143, Beispiel 3

a)
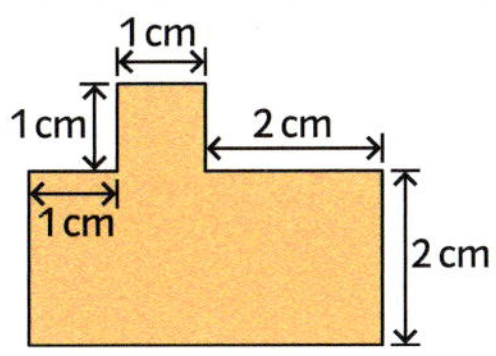

b)
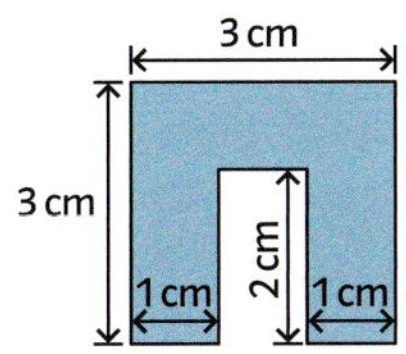

c)
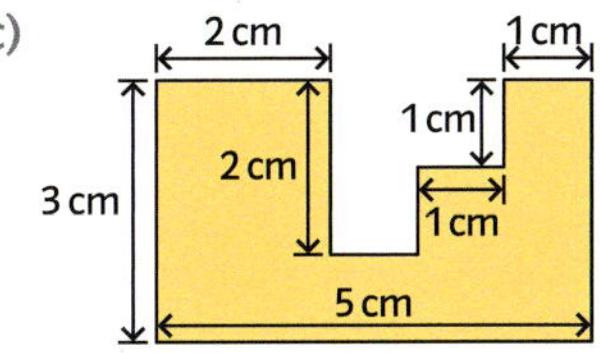

19 **Finde den Fehler!**
Beschreibe, was falsch gemacht wurde. Verwende Fachbegriffe. Die Begriffe auf dem Rand können helfen. Berechne anschließend im Heft die richtige Lösung.

a) $A = 3\,cm \cdot 4\,dm = 12\,cm^2$ b) $A = 7\,cm \cdot 10\,cm = 70\,cm^2 = 7\,dm^2$ c) $A = 2\,m \cdot 2 = 4\,m^2$

Wortliste
- die Maßeinheit
- die Maßzahl
- anpassen
- die Streckenlänge
- der Flächeninhalt
- Nullen ergänzen
- dividieren durch
- teilen durch
- multiplizieren mit

Teste dich!

Lösungen, Seite 263

20 Berechne den Flächeninhalt der Figur.

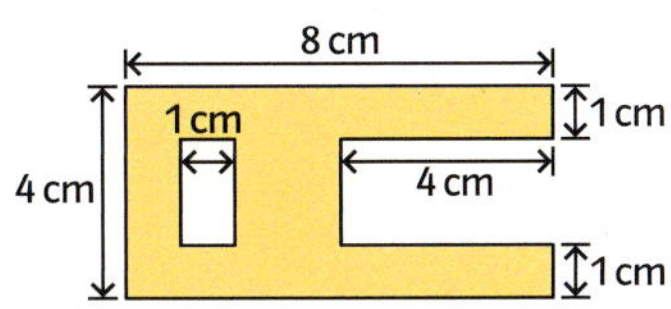

21 a) Hannah möchte einen 2 m^2 großen Tisch mit Mosaiksteinchen der Größe 2 cm × 2 cm belegen. Berechne, wie viele Steine sie benötigt.
b) Eine Seite des Tisches ist 80 cm lang. Berechne, wie lang die andere Seite ist.

22 Ein Park wird neu angelegt. Um eine rechteckige Wiese mit der Länge 50 m und der Breite 20 m soll ein 1,50 m breiter Weg führen.
a) Erstelle eine Skizze. Schätze und berechne dann den Flächeninhalt des Weges.
b) Der Weg soll mit Pflastersteinen der Größe 10 cm × 20 cm gepflastert werden. Berechne, wie viele dieser Steine man benötigt.

23 Untersuche an Beispielen, wie sich der Flächeninhalt eines Rechtecks ändert, wenn man
a) die Länge verdoppelt,
b) die Breite halbiert,
c) die Länge und die Breite verdoppelt,
d) die Länge vervierfacht und die Breite halbiert.

24 **Gilt immer – gilt nie – es kommt darauf an**
Überprüfe, ob die folgenden Aussagen immer gelten, nie stimmen oder nur in bestimmten Fällen richtig sind. Begründe.
a) „Wenn man alle Seitenlängen eines Quadrats verdoppelt, dann verdoppelt sich der Flächeninhalt."
b) „Wenn man eine Seite eines Rechtecks um 2 cm verlängert, dann verdoppelt sich der Flächeninhalt."
c) „Wenn man in einem Quadrat die Länge um 1 cm verlängert und die Breite um 1 cm verkürzt, dann erhält man ein Rechteck, das genauso groß ist wie das Quadrat."

Teste dein Grundwissen! Runden

Merkkasten, Seite 16
Lösungen, Seite 264

25 Berechne und runde das Ergebnis auf Hunderter.
a) 5612 + 1489 + 951   b) 5879 + 1578 + 55 555   c) 597 · 562

4 Umfang von Figuren

Die Klasse 5 c plant eine Wanderung.
Tom: „Ich habe auf der Karte nachgemessen, dass der Stille See etwa 4 km^2 groß ist. Der Wildsee ist um 1 km^2 kleiner. Wir sollten also um den Wildsee wandern."
Tanja: „Da bin ich aber nicht einverstanden!"
Erkläre, wie Tanja ihre Äußerung begründen könnte.

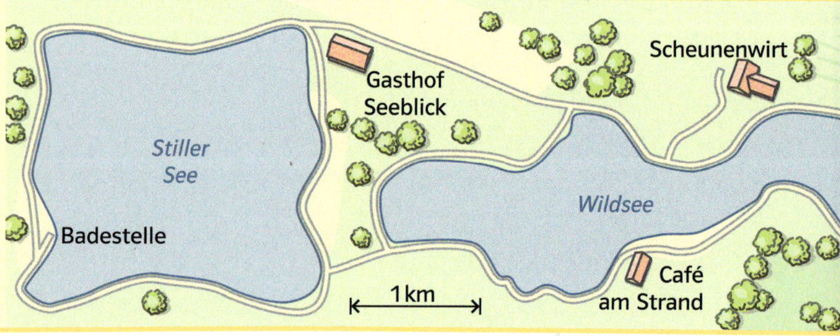

Bisher wurden Flächeninhalte von Rechtecken und rechtwinkligen Dreiecken sowie daraus zusammengesetzten Figuren berechnet. Neben der Fläche ist oft auch der Umfang einer Figur von Bedeutung. Was man darunter versteht und wie man ihn berechnet, wird im Folgenden erläutert.

Will man ein Bild einrahmen, so ist der Flächeninhalt des Bildes unwichtig. Um die Rahmenleisten einkaufen zu können, muss man wissen, wie lang der Rand des Bildes insgesamt ist.
Man nennt diese Länge den Umfang des Bildes. Besonders einfach kann man den Umfang bestimmen, wenn das Bild rechteckig ist.

Den **Umfang** eines **Vielecks** erhält man, indem man die Längen aller Randstrecken addiert.

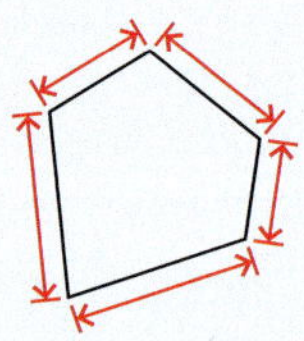

Für den **Umfang U** eines **Rechtecks** mit den Seitenlängen a und b gilt
$U = 2 \cdot a + 2 \cdot b = 2 \cdot (a + b)$.

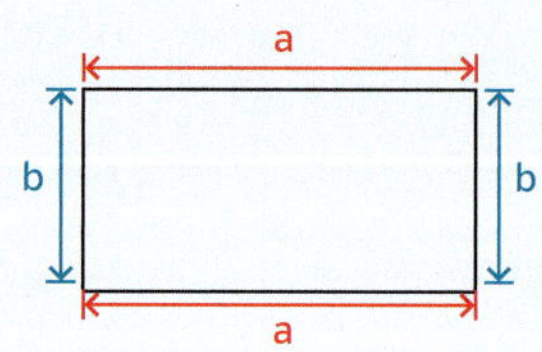

Für den **Umfang U** eines **Quadrats** mit der Seitenlänge a gilt $U = 4 \cdot a$.

Umfang eines Rechtecks:
2-mal (Länge + Breite)

oder:
2-mal Länge +
2-mal Breite

Beispiel 1 **Umfang bestimmen**
Bestimme den Umfang der Flächen.

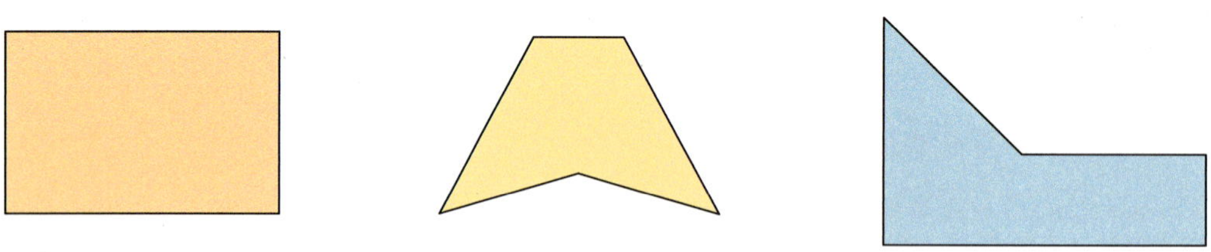

Lösung
Gemessene Seitenlängen der orangen Fläche: 3 cm und 2 cm
$U_{orange} = 2 \cdot (3\,cm + 2\,cm) = 10\,cm$
Gemessene Seitenlängen der gelben Fläche: 1 cm; 2,2 cm; 1,6 cm
$U_{gelb} = 2 \cdot (22\,mm + 16\,mm) + 10\,mm = 86\,mm$
Gemessene Seitenlängen der blauen Fläche: 1 cm; 2 cm; 2,1 cm; 2,5 cm; 3,5 cm
$U_{blau} = 10\,mm + 20\,mm + 21\,mm + 25\,mm + 35\,mm = 111\,mm$

Beispiel 2 Seitenlängen berechnen
Eine rechteckige, 25 m lange Wiese mit dem Flächeninhalt 4 a soll vollständig eingezäunt werden. Berechne, wie lang der Zaun wird.
Lösung
Es gilt $4\,a = 400\,m^2$.
Eine Seitenlänge ist in m angegeben. Daher rechnet man den Flächeninhalt in m^2 um.
Da die Wiese rechteckig ist und eine Seite 25 m lang ist, gilt also $A = 400\,m^2 = 25\,m \cdot b$.
Es gilt $b = 16\,m$, denn $25\,m \cdot 16\,m = 400\,m^2$. Die Wiese ist also 16 m breit.
(Den Wert für b kann man durch die Umkehrrechnung 400 : 25 = 16 bestimmen.)
Für den Umfang U gilt dann: $U = 2 \cdot 25\,m + 2 \cdot 16\,m = 82\,m$. Der Zaun wird 82 m lang.

Rechne immer mit Größen in derselben Einheit.

Aufgaben

○ **1** Bestimme den Umfang des Rechtecks mit den Seitenlängen a und b.
a) a = 4 cm, b = 12 cm b) a = 2 dm, b = 11 dm c) a = 3 mm, b = 15 mm d) a = 2 km, b = 19 km

○ **2** Berechne den Umfang und den Flächeninhalt des Rechtecks mit den Seitenlängen a und b.
a) a = 8 mm, b = 4 cm b) a = 2 dm, b = 9 cm c) a = 4 m, b = 17 dm d) a = 3 km, b = 450 m

○ **3** Miss die Seitenlängen und berechne den Umfang sowie den Flächeninhalt.

D27 Anwendungen zum Umfang

a) 
b) 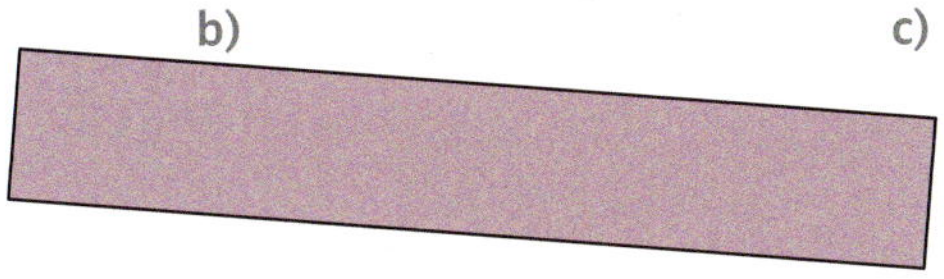
c) 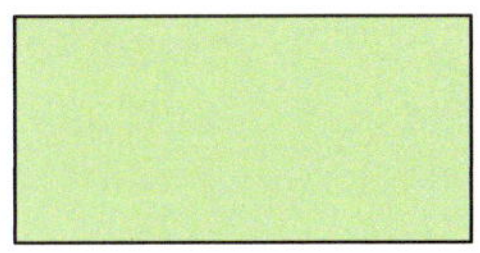

○ **4** Bestimme den Umfang jeder Figur und vergleiche.

Lerntipp Seite 146, Beispiel 1

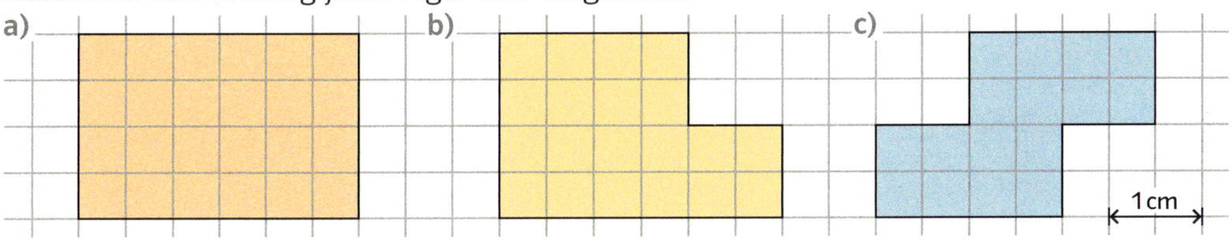

◐ **5** Zeichne das Viereck ABCD in ein Koordinatensystem mit der Einheit 1 cm. Bestimme seinen Umfang.
a) A(1|1), B(7|1), C(7|5), D(4|5) b) A(0|3), B(3|5), C(4|9), D(1|7)

Üben ○ Seite 165, Aufgabe 4

◐ **6** Ein 4 m langes und 5 m breites Zimmer soll mit Fußleisten ausgestattet werden. Die Tür ist 1 m breit.
a) Berechne, wie viele Meter Fußleisten gebraucht werden.
b) Berechne, wie viel man für die Fußleisten insgesamt zahlen muss, wenn ein laufender Meter 6 € kostet.

◐ **7** Ein quadratisches Grundstück hat eine Seitenlänge von 30 m.
a) Berechne den Flächeninhalt des Grundstücks.
b) Das Grundstück soll umzäunt werden. Berechne, wie lang der Zaun wird.

◐ **8** Zeichne drei verschiedene Rechtecke, die alle den gleichen Umfang von 24 cm haben. Untersuche, welches der Rechtecke den größten Flächeninhalt hat.

Vertiefen ◐ Seite 166, Aufgabe 14

Teste dich!

Lösungen, Seite 264

○ **9** Die Wiese (vgl. Fig. 1) soll eingezäunt werden. Berechne die benötigte Zaunlänge.

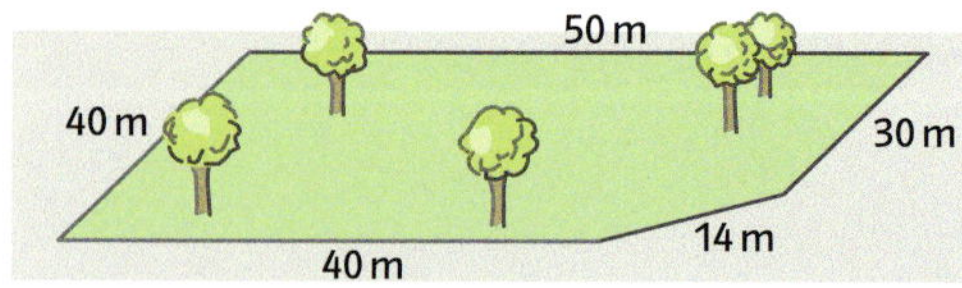

Fig. 1

○ **10** Bestimme den Umfang und den Flächeninhalt eines Rechtecks mit den Seitenlängen 5 dm und 3 m.

Lerntipp
Seite 147, Beispiel 2

◒ **11** Es sind eine Seitenlänge und der Flächeninhalt eines Rechtecks bekannt. Berechne die Länge der zweiten Seite sowie den Umfang des Rechtecks.

a) $3\,cm \cdot ■ = 6\,cm^2$ b) $■ \cdot 5\,dm = 60\,dm^2$ c) $6\,m \cdot ■ = 300\,m^2$ d) $■ \cdot 12\,km = 96\,km^2$

e) Hans: „Da muss man ja nur rückwärts rechnen!" Was meint er wohl damit? Erläutere.

◒ **12** Ein Rechteck mit den Seitenlängen a und b hat den Flächeninhalt A und den Umfang U. Berechne die fehlenden Größen.

a) a = 4 cm, b = 3 mm b) a = 30 cm, U = 80 cm c) b = 25 m, A = 10 a
d) a = 15 mm, b = 7 mm e) a = 127 km, b = 57 km f) a = 1,1 km, b = 200 m

◒ **13** Ein Rechteck hat die Maße a = 16 cm und b = 10 cm.

a) Berechne seinen Flächeninhalt und seinen Umfang.
b) Berechne, welche Breite ein flächengleiches Rechteck mit der Länge 20 cm hat.
c) Berechne, welche Breite ein umfanggleiches Rechteck mit der Länge 20 cm hat.

◒ **14** Übertrage die Tabelle in dein Heft und ergänze die fehlenden Angaben des Rechtecks.

	a)	b)	c)	d)
Länge	12 cm	25 dm	8 mm	
Breite	6 cm			20 m
Flächeninhalt		$275\,dm^2$		20 a
Umfang			26 mm	

◒ **15** Zwei Zimmer sollen renoviert werden. Das erste Zimmer ist 5 m lang und 4 m breit, das zweite Zimmer ist 6 m lang und 3 m breit. Vergleiche den Materialbedarf für die beiden Zimmer (Teppichboden, Fußbodenleisten, Tapeten, Farbe für die Decke).
Gehe davon aus, dass beide Zimmer 2,50 m hoch sind und eine 2 m hohe und 1 m breite Tür sowie ein $1\,m^2$ großes Fenster besitzen.

◒ **16** Familie Berzen aus Hürth möchte für 140 000 Euro ein rechteckiges Grundstück kaufen, das $375\,m^2$ groß ist und mit einer Breite von 15 m direkt an der Straße liegt. Auf dem Grundstück soll ein Reihenhaus mit einer Wohnfläche von $120\,m^2$ entstehen.

a) Berechne, wie weit sich das Grundstück nach hinten erstreckt.
b) Berechne den Umfang des Grundstücks.

◒ **17** Ein Fußballfeld, 98 m lang und 58 m breit, soll zur Pflege des Rasens durch eine Absperrung gesichert werden. Die Absperrung verläuft in 1 m Abstand vom Spielfeldrand.

a) Wie viele Meter Band werden benötigt? Schätze zunächst und berechne dann.
b) Das Band muss alle 5 Meter durch einen Pfosten geführt werden. Bestimme, wie viele Pfosten erforderlich sind.

18 **Finde den Fehler!**
Beschreibe, was falsch gemacht wurde. Verwende Fachbegriffe. Die Begriffe auf dem Rand können helfen. Berechne anschließend im Heft die richtige Lösung.

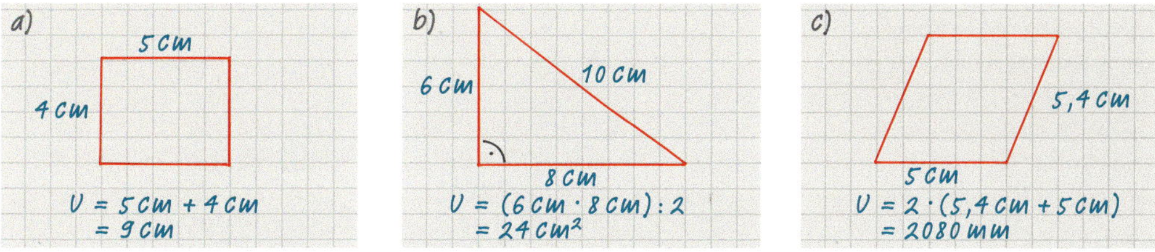

Wortliste
- multiplizieren mit
- dividieren durch
- teilen durch
- die Formel
- der Flächeninhalt
- der Umfang
- die Maßeinheit
- die Maßzahl
- das Komma

19 **Wahr oder falsch?**
Sind die folgenden Aussagen wahr oder falsch? Begründe.
a) „Wenn man bei einem Rechteck eine Seitenlänge verdoppelt, dann verdoppelt sich der Umfang."
b) „Wenn man den Umfang eines Quadrats verdoppelt, dann verdoppelt sich auch der Flächeninhalt."
c) „Wenn man bei einem rechtwinkligen Dreieck alle Seitenlängen verdoppelt, dann vervierfacht sich der Flächeninhalt."

Teste dich!

Lösungen, Seite 264

20 Ein Rechteck hat eine Länge von $a = 13\,cm$ und einen Umfang von $U = 9\,dm$. Bestimme die Länge der Seite b und berechne den Flächeninhalt des Rechtecks.

21 Ein 120 m breiter und 150 m langer rechteckiger eingezäunter Parkplatz wird an einer Seite um 30 m verlängert. Berechne, wie viele Meter zusätzlicher Zaun benötigt werden.

22 a) Bei einem Rechteck werden alle Seitenlängen verdreifacht. Untersuche, wie sich der Umfang und der Flächeninhalt des Rechtecks dann verändern.
b) Untersuche zeichnerisch und rechnerisch, wie sich der Umfang eines Quadrats verändert, wenn sein Flächeninhalt viermal so groß wird.

23 Max behauptet: „Das rote Dreieck ist praktisch gleich groß wie die gelbe Treppenfigur. Daher haben beide den gleichen Flächeninhalt und den gleichen Umfang." Hat Max recht? Begründe.

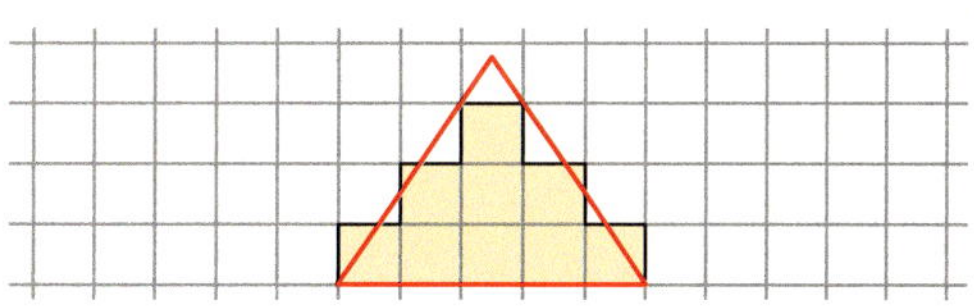

24 Bei den Figuren kommt immer ein Quadrat dazu. Jedes Quadrat hat die Seitenlänge 1 cm.

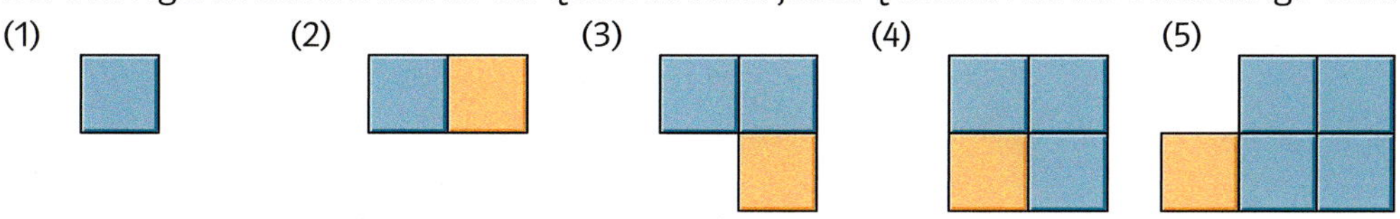

a) Bestimme den Umfang der 10. Figur.
b) Eine Figur hat den Umfang 14 cm. Welche Nummern kommen hierfür infrage?

Teste dein Grundwissen! **Große Zahlen**

Merkkästen, Seiten 12 und 15
Lösungen, Seite 264

25 Schreibe die Zahl in Worten und gib jeweils den Vorgänger und den Nachfolger an.
a) 1500 b) 190 000 c) 5 000 000 d) 26 000 000 000

5 Schätzen und Rechnen mit Maßstäben

Auf dem Foto sieht man den Taj Mahal. Außerdem sieht man eine Nachbildung aus Kunststoff. Die Nachbildung ist ungefähr 800-mal kleiner als das Original. Schätze, wie hoch der nachgebildete Taj Mahal ist und berechne, wie hoch der Taj Mahal ungefähr in Wirklichkeit ist.

Bisher wurden der Flächeninhalt und der Umfang von Figuren betrachtet, deren Seitenlängen man messen konnte. Häufig sind Strecken aber nicht gradlinig und man muss Seitenlängen abschätzen. Um Entfernungen zwischen zwei Orten zu bestimmen, ist man zudem häufig auf Landkarten angewiesen. Diese bilden die Wirklichkeit verkleinert ab.

Die Karte zeigt den Unterbacher See im Südosten von Düsseldorf im Maßstab 1:50 000. Dies bedeutet, dass eine Strecke, die auf der Karte 1 cm lang ist, in Wirklichkeit 50 000 cm bzw. 500 m lang ist. Die Strecken in der Wirklichkeit sind also 50 000-mal größer als auf der Karte. Auf der Karte kann man zum Beispiel messen, wie lang ungefähr der Radweg ist, der um den See herumführt.

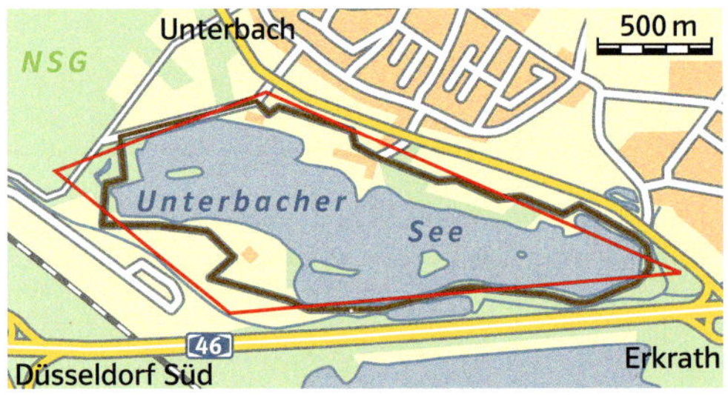

Unterbacher See in Düsseldorf (Maßstab 1:50 000)

Das auf der Karte eingezeichnete Viereck hat ungefähr den gleichen Umfang wie die braun gekennzeichnete Radstrecke um den See. Die Seiten des Vierecks sind ca. 4 cm, 4 cm, 2 cm und 2 cm lang. Der Umfang des Vierecks beträgt also 4 cm + 4 cm + 2 cm + 2 cm = 12 cm. Wenn man die auf der Karte gemessenen 12 cm mit 50 000 multipliziert, erhält man die tatsächliche Länge des Wegs. 12 cm · 50 000 = 600 000 cm = 6000 m = 6 km. Der Rundweg ist also ca. 6 km lang.

Ein **Maßstab** gibt an, wie sich eine Länge in einer Abbildung zu der Länge in der Wirklichkeit verhält.
Der **Maßstab 1:100** („1 zu 100") bedeutet: 1 cm in der Abbildung entspricht 100 cm in der Wirklichkeit. Man muss also eine Länge in der Abbildung mit dem Faktor 100 multiplizieren, um die Länge in der Wirklichkeit zu erhalten.

Die folgende Tabelle zeigt eine Übersicht wichtiger Maßstäbe auf Landkarten:

Maßstab	Auf der Karte	In der Wirklichkeit	Kartentyp
1:25 000	1 cm	250 m	Wanderkarte
1:50 000	1 cm	500 m	Fahrradkarte
1:100 000	1 cm	1 km	Straßenkarte für Autos
1:1 000 000	1 cm	10 km	Karte von NI im Atlas

Auf Landkarten wird oft eine Strecke so beschriftet, dass man sieht, wie lang sie in der Wirklichkeit ist. Bei einem Maßstab von 1:50 000 würde zum Beispiel 1 cm auf der Karte in der Wirklichkeit 500 m entsprechen und könnte wie auf der Karte des Unterbacher Sees in in der Grafik oben entsprechend gekennzeichnet werden.

D28 Schätzen

Beispiel 1 Mit Maßstäben rechnen

Ein Stadtplan hat den Maßstab 1:5000.

a) Tim misst mit dem Lineal auf dem Stadtplan zwischen seinem Haus und der Schule eine Entfernung von 12 cm. Berechne, wie viele Meter Tims Haus ungefähr von der Schule entfernt ist.

b) Die Entfernung vom Hauptbahnhof bis zum Fußballstadion beträgt ungefähr 3 km. Berechne, wie groß diese Entfernung auf dem Stadtplan sein muss.

Lösung

a) *Der Maßstab beträgt 1:5000. Also entspricht 1 cm auf der Karte 5000 cm in der Wirklichkeit. Um die Entfernung in der Wirklichkeit zu bestimmen, muss man die gemessene Streckenlänge mit 5000 multiplizieren:*

$12\,\text{cm} \cdot 5000 = 60\,000\,\text{cm} = 600\,\text{m}$.

Tims Haus liegt also ca. 600 m Luftlinie von der Schule entfernt.

b) *Die Karte zeigt Entfernungen 5000-mal kleiner, als sie in Wirklichkeit sind. Daher muss man die Entfernung von 3 km durch 5000 dividieren, um die Länge der Strecke auf der Karte zu erhalten.*

$3\,\text{km} : 5000 = 3000\,\text{m} : 5000 = 300\,000\,\text{cm} : 5000 = 60\,\text{cm}$

Auf der Karte liegt das Fußballstadion 60 cm vom Hauptbahnhof entfernt.

Beispiel 2 Flächeninhalte auf Landkarten

Bestimme näherungsweise den Flächeninhalt der abgebildeten Nordseeinsel Borkum.

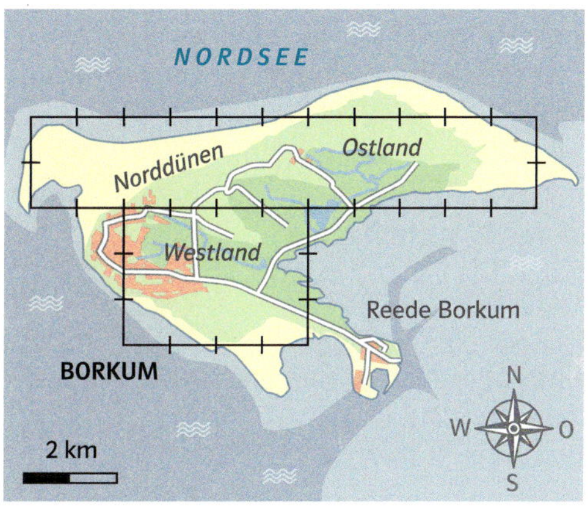

Lösung

Der Flächeninhalt der Insel ist ungefähr so groß wie die beiden eingezeichneten Rechtecke.

Um den Flächeninhalt zu berechnen, bestimmt man zunächst die für die Rechnung benötigten Seitenlängen in der Wirklichkeit. Hierfür misst man nach, wie oft die angegebene 2 km lange Strecke jeweils in diese Seiten passt.

Für den Flächeninhalt des oberen Rechtecks gilt

$A_{oben} = 11\,\text{km} \cdot 2\,\text{km} = 22\,\text{km}^2$.

Für den Flächeninhalt des unteren Rechtecks gilt

$A_{unten} = 3\,\text{km} \cdot 4\,\text{km} = 12\,\text{km}^2$.

Der Flächeninhalt der Insel beträgt also ungefähr $34\,\text{km}^2$ ($= 22\,\text{km}^2 + 12\,\text{km}^2$).

Beachte:
Mit dem Maßstab rechnet man Kartenlängen in tatsächliche Längen um. Wenn man Flächeninhalte berechnen will, muss man erst die tatsächlichen Längen bestimmen und dann damit den Flächeninhalt berechnen.
(vgl. Aufgabe 15)

Aufgaben

1 Thomas hat eine Radfahrkarte im Maßstab 1:50 000. Er misst auf der Karte folgende Strecken. Berechne, wie groß die Entfernungen in Wirklichkeit sind.

a) Von zu Hause bis zur Schule: 3 cm
b) Von der Schule bis zum Freibad: 1 cm
c) Von zu Hause bis zu Oma: 12 cm
d) Von zu Hause bis zum Stadion: 25 cm

Lerntipp
Seite 150, Tabelle

2 Die Tabelle zeigt Längen auf der Karte und in der Wirklichkeit für eine Karte im Maßstab 1:10 000. Fülle sie aus und verwende dabei sinnvolle Einheiten.

Lerntipp
Seite 151, Beispiel 1

Länge auf der Karte	1 cm	30 cm			20 cm	
Länge in der Wirklichkeit			500 m	1 km		20 km

○ **3** Wenn man über die Autobahn von Dortmund nach Köln fährt, dann ist diese Strecke ca. 100 km lang. Berechne, wie lang diese Strecke jeweils auf den folgenden Landkarten wäre.
a) Straßenkarte im Maßstab 1 : 100 000
b) Fahrradkarte im Maßstab 1 : 50 000
c) Wanderkarte im Maßstab 1 : 25 000

Üben ○
Seite 165, Aufgabe

○ **4** Das abgebildete Modell ist im Maßstab 1 : 43 gefertigt.
a) Berechne, wie lang und wie breit das Auto in Wirklichkeit ist.
b) Berechne, wie lang und breit ein Modell im Maßstab 1 : 10 wäre.

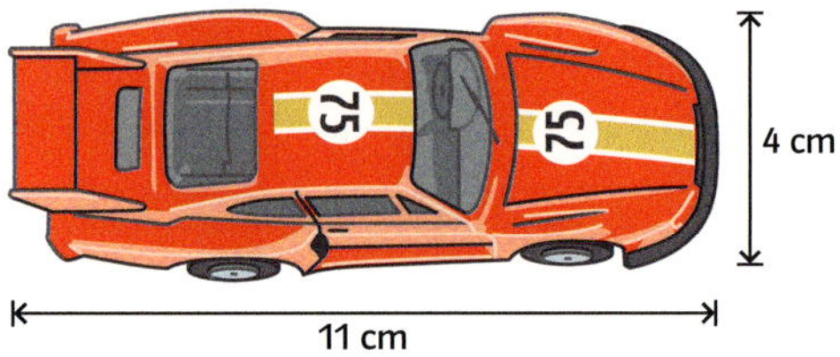

Erforschen ●
Seite 167, Aufgabe

Teste dich!

Lösungen, Seite 264

○ **5** Auf einer Straßenkarte im Maßstab 1 : 100 000 ist Hildesheim von Braunschweig etwa 42 cm entfernt. Berechne, wie weit die Städte in Wirklichkeit voneinander entfernt sind.

○ **6** Die Spitze des Kahlen Astens liegt etwa 3,5 km vom Stadtzentrum von Winterberg entfernt. Berechne, wie lang diese Strecke auf einer Wanderkarte im Maßstab 1 : 25 000 ist.

◒ **7** Die Karte zeigt einen Ausschnitt im Maßstab 1 : 550 000.
a) Bestimme näherungsweise, wie groß die kürzeste Entfernung (Luftlinie) von der Wewelsburg bis zum Schloss Holte-Stukenbrock in Wirklichkeit ist.
b) Bestimme näherungsweise, wie weit der Weg von der Wewelsburg bis zum Schloss Holte-Stukenbrock über die eingezeichneten Straßen in Wirklichkeit ist.

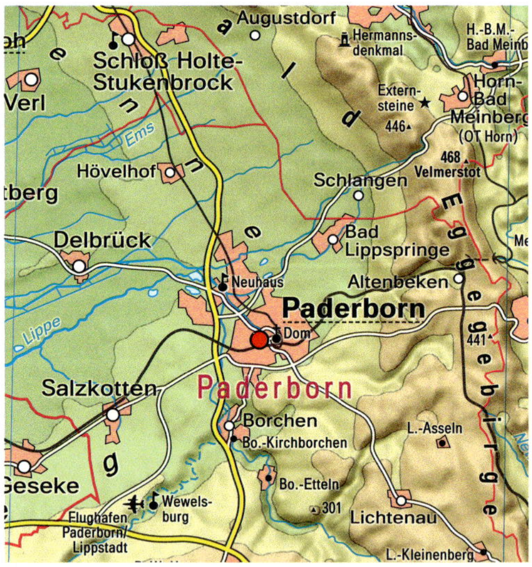

◒ **8** a) Auf einer Karte im Maßstab 1 : 5000 ist ein Sportplatz 5 cm lang und 3,6 cm breit. Berechne die tatsächlichen Maße sowie den Flächeninhalt des Platzes.
b) Ein rechteckiger Parkplatz ist 50 m lang und 40 m breit. Zeichne den Parkplatz im Maßstab 1 : 1000 in dein Heft.

◒ **9** Die Karte zeigt die zu Italien gehörende Insel Sizilien im Maßstab 1 : 5 000 000.
a) Untersuche, wie weit die Orte Palermo und Messina auf der Karte und in Wirklichkeit voneinander entfernt sind.
b) Bestimme näherungsweise die Länge der Straße (in km), die am Küstenrand einmal um Sizilien herumführt.
c) Bestimme näherungsweise den Flächeninhalt der Insel.

Lerntipp
Seite 151, Beispiel 2

10 a) Bestimme näherungsweise die Entfernung von Wyk nach Dunsum sowie von Wittdünn nach Norddorf.
b) Bestimme näherungsweise den Flächeninhalt der Inseln Föhr und Amrum.
c) Lea schlägt vor, einen Spaziergang rund um Föhr zu machen. Untersuche, wie lang dieser ungefähr wäre. Berechne, wie lange man bräuchte, wenn man pro Stunde 5 km läuft.

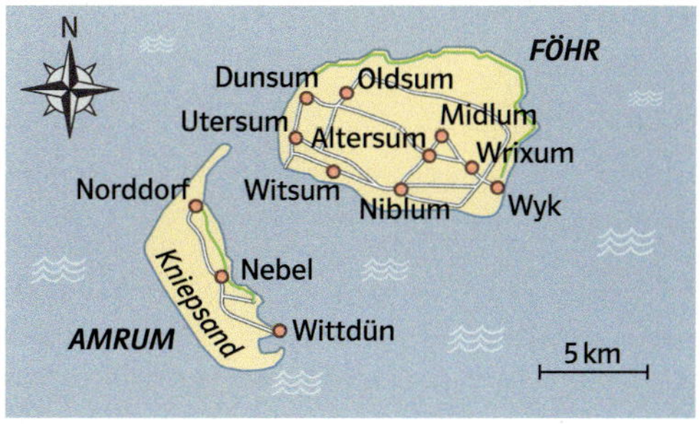

11 **Wahr oder falsch?**
Sind die Aussagen wahr oder falsch? Begründe.
a) „Eine Weltkarte im Maßstab 1:100 000 könnte man im Klassenzimmer nicht ausbreiten."
b) „Für eine Karte einer Insel im Maßstab 1:25 000 braucht man doppelt so viel Papier wie für eine Karte im Maßstab 1:50 000."

12 a) Zeichne ein Zimmer (z. B. von einer Wohnung oder das Klassenzimmer) im Maßstab 1:100 in dein Heft. Zeichne auch Möbel und andere Dinge im gleichen Maßstab ein.
b) Ein Schulhof soll neu gestaltet werden. Hierfür steht eine rechteckige Fläche von 90 m × 70 m zur Verfügung. Entwirf einen Schulhof, so wie du ihn gerne hättest. Zeichne ihn in einem geeigneten Maßstab. Zeichne dort auch Sport- und Spielmöglichkeiten sowie Bäume, Sträucher und andere Dinge in dem gleichen Maßstab ein.

Teste dich!

Lösungen, Seite 264

13 Im April 2010 explodierte im Golf von Mexiko die Ölbohrplattform „Deepwater Horizon". Erst nach mehreren Versuchen konnte im Juli 2010 das Bohrloch abgedichtet werden. Bis dahin waren etwa 700 Mio. Liter Öl ins Meer geflossen. Das Satellitenfoto vom 17. Mai 2010 zeigt einen der dabei entstandenen Ölteppiche. Wie groß ist er? Vergleiche mit der Fläche eines Fußballplatzes.

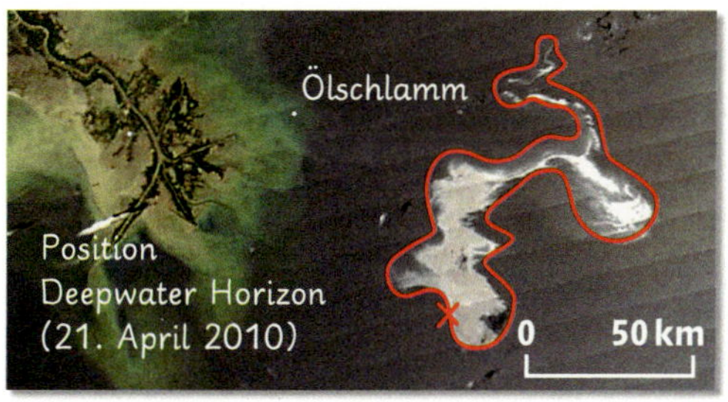

14 Die Orte Puttgarten und Burg auf der Insel Fehmarn sind etwa 6 km voneinander entfernt.
a) Bestimme den Maßstab, in dem die Karte gezeichnet wurde.
b) Berechne näherungsweise den Flächeninhalt der Insel Fehmarn.

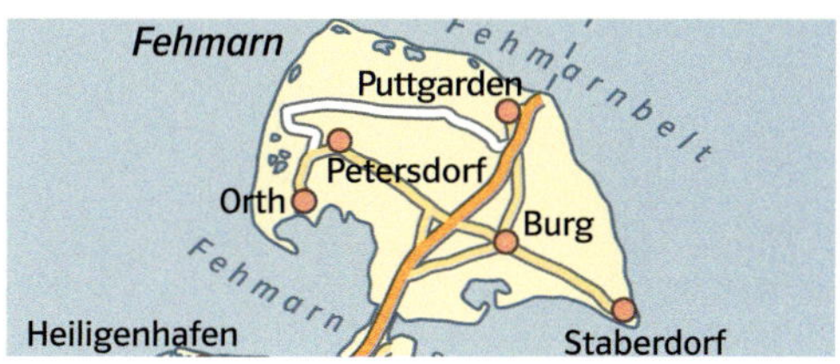

15 Hannah misst auf einer Karte im Maßstab 1:10 000 die Fläche eines Sportplatzes. Er ist auf der Karte 3 cm breit und 4 cm lang, also 12 cm^2 groß. Hannah multipliziert 12 cm^2 mit 10 000 und erhält als Ergebnis einen Flächeninhalt von 120 000 cm^2 bzw. 12 m^2. Clara sagt, dass das nicht stimmen kann und dass der Sportplatz eine Oberfläche von ca. 12 Hektar hat. Wie könnte Clara gerechnet haben? Erläutere den Fehler, den Hannah gemacht hat.

Teste dein Grundwissen! **Rechenregeln anwenden**

Merkkasten,
Seiten 110 und 113
Lösungen, Seite 264

16 Berechne. Erkläre, welche Rechenregeln du dabei beachten musst.
a) $4 + 3 \cdot (2 + 5)$ b) $4 + 3 \cdot (4 + 3) \cdot (10 + 5)$ c) $4 \cdot 2^3 + 2 \cdot 3^2$

6 Körper und Netze

Sammelt verschiedene Verpackungen, sortiert diese in Gruppen und erläutert euer Vorgehen.
Beschreibt die Eigenschaften der verschiedenen Verpackungen.

Bisher wurden ebene Figuren betrachtet. Nun werden dreidimensionale geometrische Formen, die man allgemein Körper nennt, untersucht.

Bei Gegenständen, die uns im Alltag oder in der Natur begegnen, können wir unterschiedliche Eigenschaften, wie Größe, Gewicht, Farbe, Geruch oder Form, feststellen.
In der Geometrie spielt die Form der Gegenstände eine zentrale Rolle. Diese hat verschiedene Merkmale, zum Beispiel haben Körper eine Spitze, andere haben als Begrenzungsfläche einen Kreis.

Geometrische Grundkörper

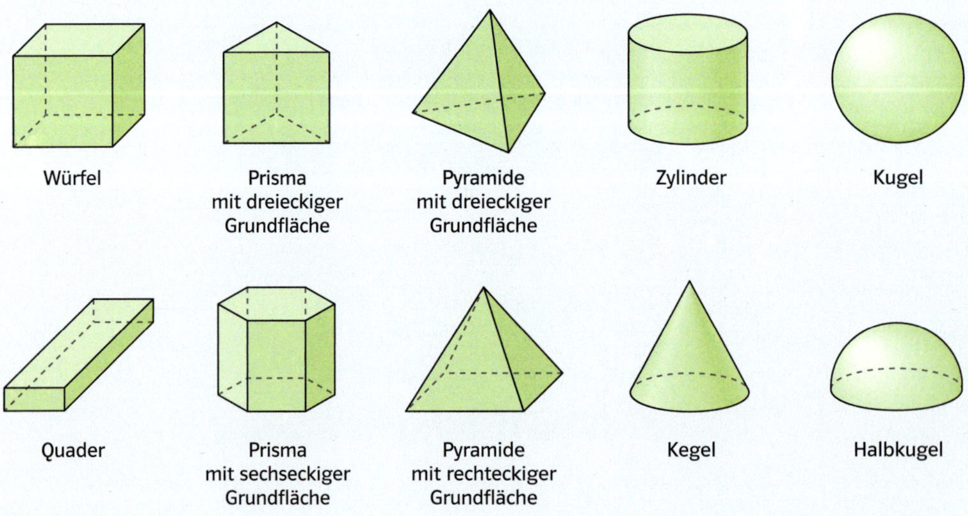

Flächen begrenzen den Körper.
Kanten entstehen dort, wo zwei Flächen zusammenstoßen.
Eine **Ecke** ergibt sich, wenn mindestens drei Kanten aneinanderstoßen.

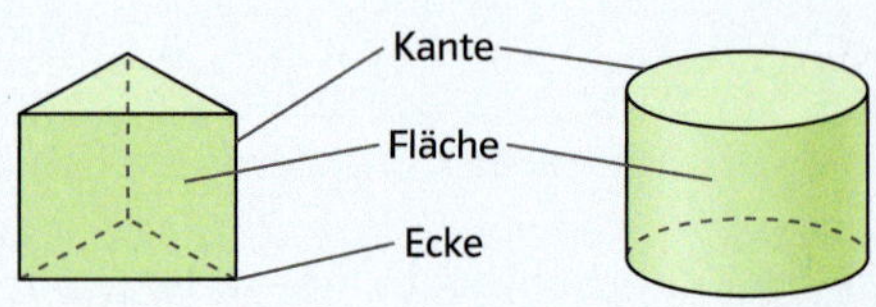

Würfel sind besondere Quader.

Quader sind besondere Prismen.

Tetraeder sind besondere Dreieckspyramiden: Alle vier Flächen sind gleich bzw. alle Seitenlängen sind gleich lang.

Manche geometrischen Körper kann man so aufschneiden, dass man sie anschließend auf dem Tisch ausbreiten kann. Es entsteht eine ebene Figur: das **Netz** des Körpers.
Einen Körper kann man basteln, indem man sein Netz aufzeichnet, Klebeflächen hinzufügt, ausschneidet, entlang der Kanten faltet und zusammenklebt.

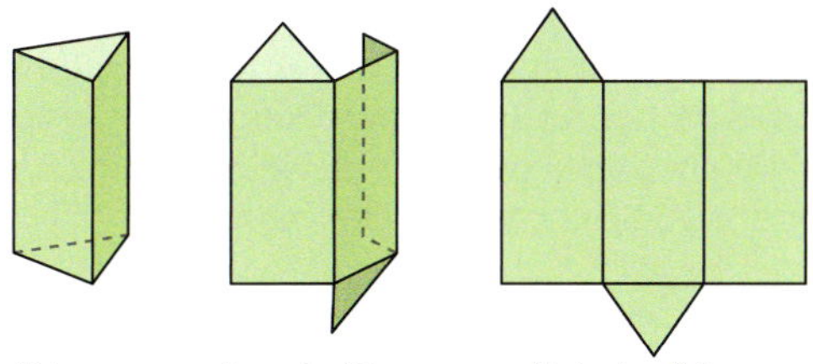

Prisma — aufgeschnittenes Prisma — Netz des Prismas

Beispiel 1 Zusammengesetzte Körper untersuchen

a) Gib an, aus welchen Grundkörpern der „Keil" zusammengesetzt ist.
b) Gib an, wie viele Flächen, Kanten und Ecken dieser Körper hat.

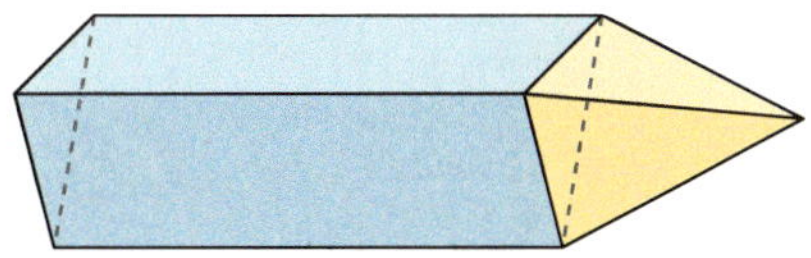

Lösung

a) Der „Keil" ist aus einem Prisma mit dreieckiger Grundfläche und einer Pyramide mit der gleichen Grundfläche zusammengesetzt.
b) Der Körper wird durch sieben Flächen begrenzt. Er hat zwölf Kanten und sieben Ecken.

Beispiel 2 Netz einer Pyramide

Rechts siehst du das Netz eines Körpers. Beschreibe diesen Körper.

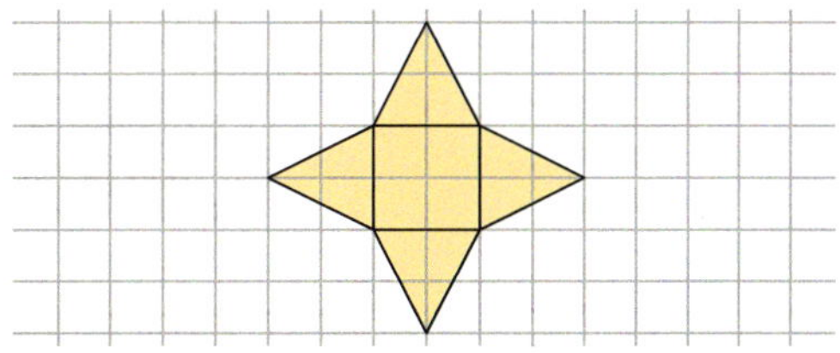

Lösung

Die Figur ist das Netz einer Pyramide. Die Grundfläche der Pyramide ist ein Quadrat.

Aufgaben

○ **1** Gib an, welche Körper am besten zu den Motiven auf den Fotos passen.

○ **2** a) Gib an, aus welchen Grundkörpern die Körper zusammengesetzt sind.

Lerntipp Seite 155, Beispiel 1

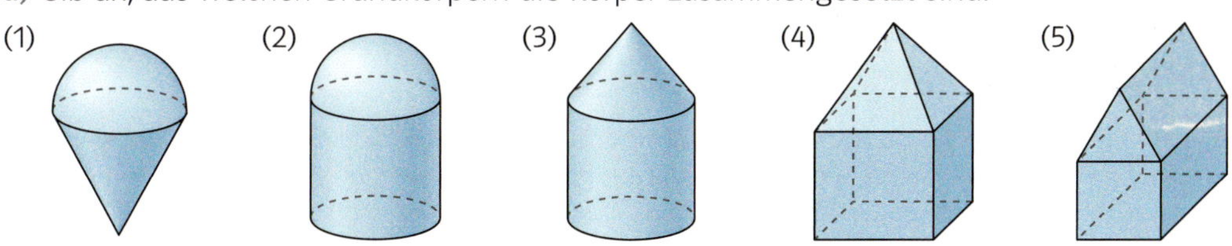

b) Gib Gegenstände oder Bauwerke an, die entsprechend aufgebaut sind.
c) Bastle weitere zusammengesetzte Körper. Du kannst dazu Verpackungen, Papprollen, Korken oder ähnliche Gegenstände verwenden.

○ **3** Schreibe mindestens zehn Gegenstände auf, die man in einem Supermarkt oder in einem Spielwarengeschäft kaufen kann, und ordne sie den Grundkörpern zu. Lege eine Tabelle an.

Gegenstand	Grundkörper
Orange	Kugel
Dose	…

○ **4** **Zum Basteln und Experimentieren**
Mit Knetmasse und Strohhalmen kannst du Kantenmodelle wie in Fig. 1 basteln.
a) Zu welchen geometrischen Grundkörpern kann man Kantenmodelle aus lauter gleich langen Strohhalmen basteln? Gib an, wie viele Strohhalme jeweils gebraucht werden.
b) Baut Kantenmodelle von mindestens drei Körpern.

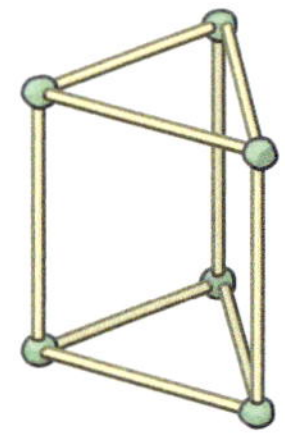
Fig. 1

○ **5** Gib an, zu welchem geometrischen Grundkörper das Netz gehört und wie viele Ecken, Kanten und Flächen der Körper hat.

a)
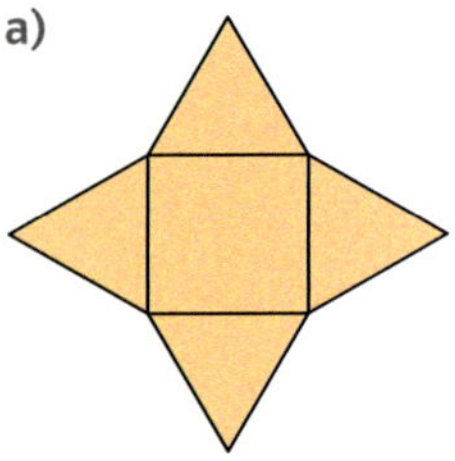
b)
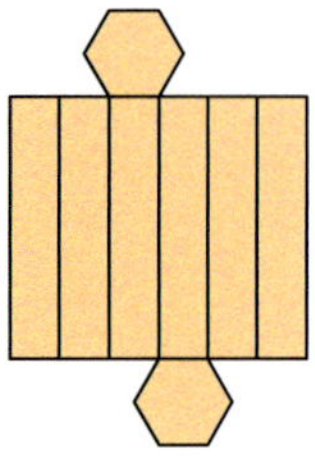
c)
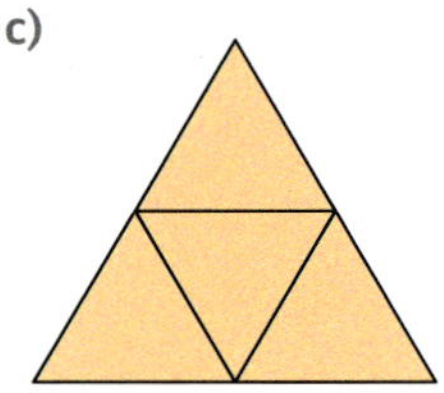
d)
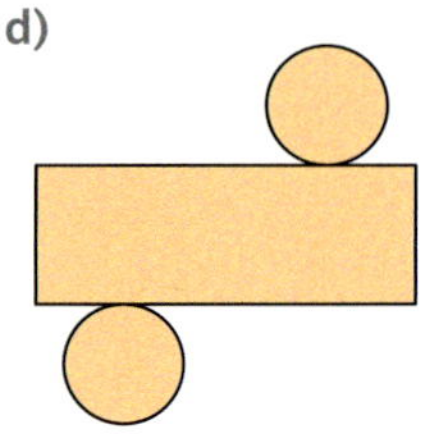

Teste dich! → **Lösungen**, Seite 264

○ **6** Beschreibe die Körper aus denen das Gebäude in Fig. 2 zusammengesetzt ist.

○ **7** Gib an, welcher Grundkörper sich aus dem Netz in Fig. 3 falten lässt. Gib an, wie viele Ecken, Kanten und Flächen dieser Körper hat.

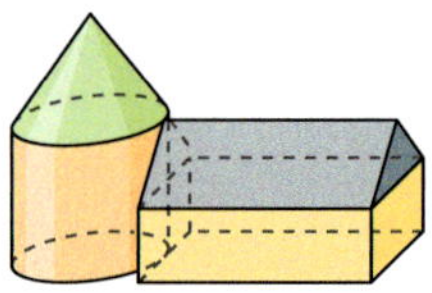
Fig. 2

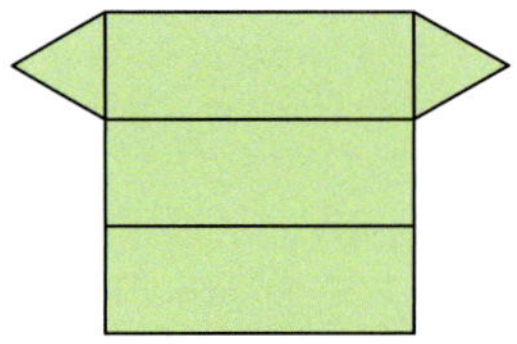
Fig. 3

◒ **8** Begründe, dass die Aussage falsch ist.
a) „Die Seitenflächen jeder Pyramide bestehen aus vier Dreiecken."
b) „Die Seitenflächen eines Prismas können auch Dreiecke sein."
c) „Bei Kegeln und Zylindern ist die Grund- und die Deckfläche ein Kreis."

◒ **9** **Wer bin ich?**
SP
Gib an, um welchen geometrischen Grundkörper es sich handelt.
a) Ich habe sechs quadratische Flächen, von denen jeweils zwei parallel zueinander liegen.
b) Ich habe zwei sechseckige Flächen, die parallel zueinander sind, und sechs rechteckige Flächen, von denen jeweils zwei parallel zueinander sind.
c) Ich bestehe aus einem Quadrat und vier gleich großen Dreiecken.
d) Ich habe neun Kanten, von denen drei parallel zueinander sind. Von den anderen sechs Kanten sind jeweils zwei parallel zueinander.

◒ **10** **a)** Gib an, welche Körper keine Ecken, keine Kanten und weniger als vier Flächen haben.
b) Skizziere einen Körper, der aus zwei Grundkörpern zusammengesetzt ist und genau eine Ecke, zwei Kanten und drei Flächen besitzt.

◒ **11** **a)** Rechts siehst du Steckbriefe von zwei geometrischen Grundkörpern. Gib den Namen der beschriebenen Körper an.
b) Schreibe Steckbriefe zu den anderen Grundkörpern und lass deine Mitschülerinnen und Mitschüler raten, welche Körper du beschrieben hast.

Steckbrief:
- 4 dreieckige Flächen
- 1 quadratische Fläche
- 8 gleich lange Kanten
- 5 Ecken

Körper gesucht!
Merkmale:
- 8 Flächen, davon 6 Rechtecke
- 12 Ecken
- 18 Kanten mit 2 verschiedenen Längen

12 **Finde den Fehler!**
Das Netz ist fehlerhaft gezeichnet. Warum lässt sich daraus kein Körper falten? Wandle geeignet ab, sodass das Netz eines Prismas entsteht.

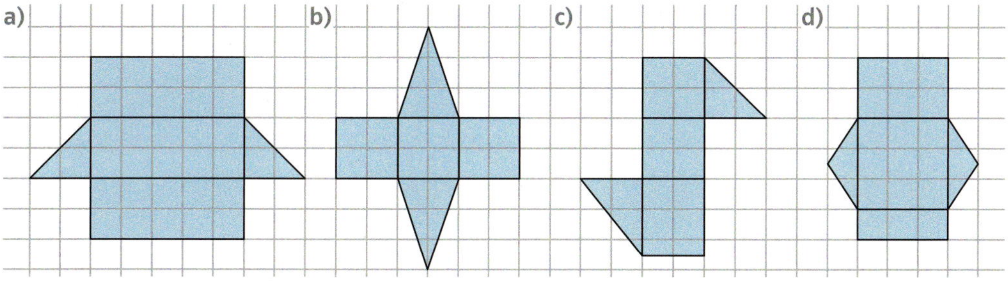

Teste dich!

Lösungen, Seite 264

13 Zeichne das Netz einer Pyramide, die ein Quadrat mit der Seitenlänge 3 cm als Grundfläche hat.

14 Die nebenstehenden Figuren sollen Netze sein. Erkläre, warum man aus den Figuren keinen Körper bilden kann, und zeichne das richtige Netz in dein Heft.

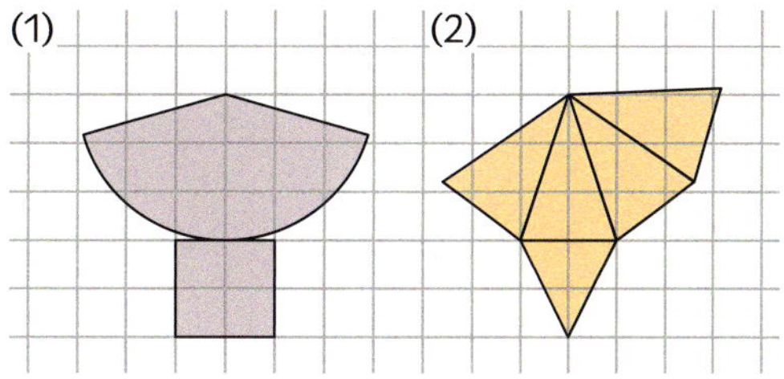

15 Beschreibe den Körper, der aus dem Netz hergestellt werden kann. Baue ihn nach.

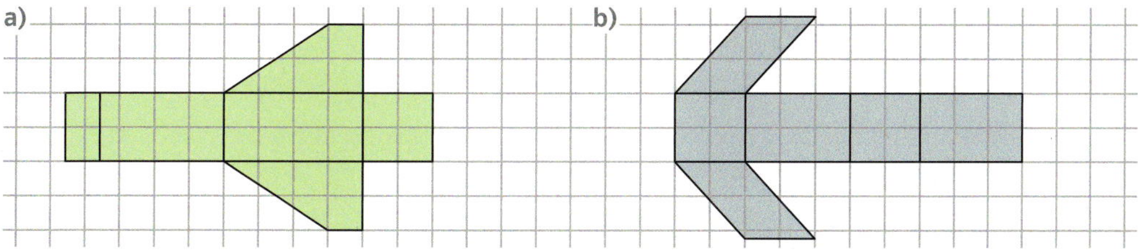

16 Zeichne die Schnittflächen, die entstehen können, wenn man
a) einen Zylinder, b) einen Kegel, c) eine Kugel, d) eine Halbkugel
in zwei gleiche Teile zerschneidet.

17 a) Fig. 1 zeigt eine Pyramide von der Seite. Sie hat ein Quadrat als Grundfläche. Die Pyramide wird entlang der roten Linie parallel zur Grundfläche durchgeschnitten. Die Spitze wird weggenommen, die Schnittfläche rot gefärbt. Zeichne, wie der Körper jetzt von oben aussieht.
b) Verfahre genauso bei der Kugel (Fig. 2).

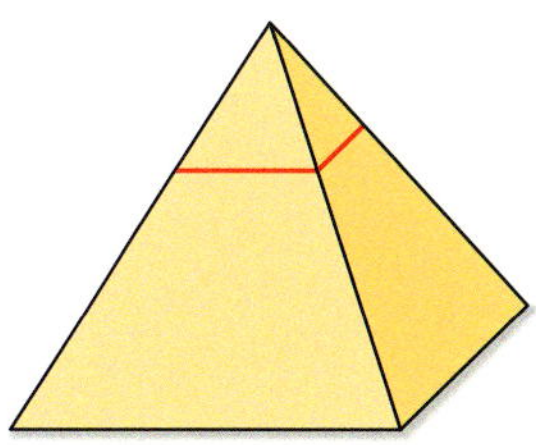
Fig. 1

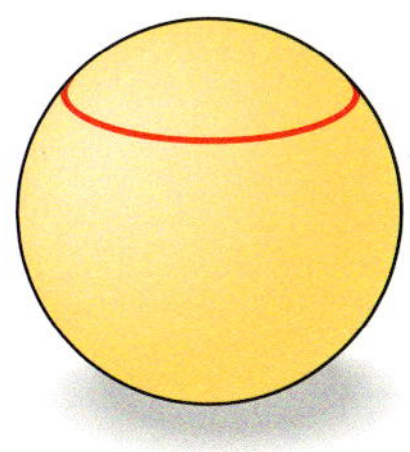
Fig. 2

Teste dein Grundwissen! **Mit Klammern rechnen**

Merkkasten, Seite 102
Lösungen, Seite 265

18 Berechne.
a) 8 + (12 − 5) b) (25 − 12) − 9 c) [21 − (17 − 8)] · 3 d) (24 : 8) · 15
e) 60 : (48 : 12) f) (23 + 27) : 5 g) (36 − 27) · (25 : 5) h) 44 : [19 − (13 − 5)]
i) 52 − [20 − (4 + 5)] j) [21 − (17 − 8)] : 3 k) 42 : [29 − (30 − 3)] l) [21 − (5 + 8)] : 8

7 Quader und Würfel

Erstelle aus einem DIN-A4-Blatt eine Schachtel ohne Deckel. Vergleicht eure Schachteln – welche Maße haben sie?

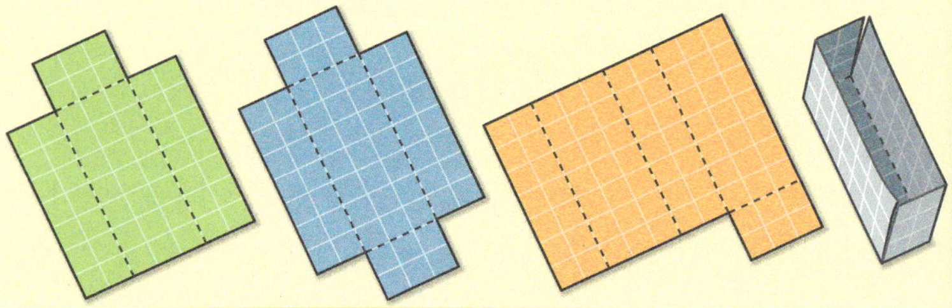

Bisher wurden die Eigenschaften verschiedener Grundkörper betrachtet. Auf den folgenden Seiten werden Würfel und Quader näher untersucht.

Die Form der abgebildeten Gegenstände nennt man in der Mathematik **Quader**.

Er besteht aus 8 Ecken, 12 Kanten und 6 Seitenflächen (Rechtecken).

Ein Quader ist durch seine Länge, seine Breite und seine Höhe festgelegt. Die in den Ecken aufeinanderstoßenden Kanten sind zueinander orthogonal.

Ein **Würfel** ist ein Quader, bei dem die Länge, die Breite und die Höhe gleich groß sind.

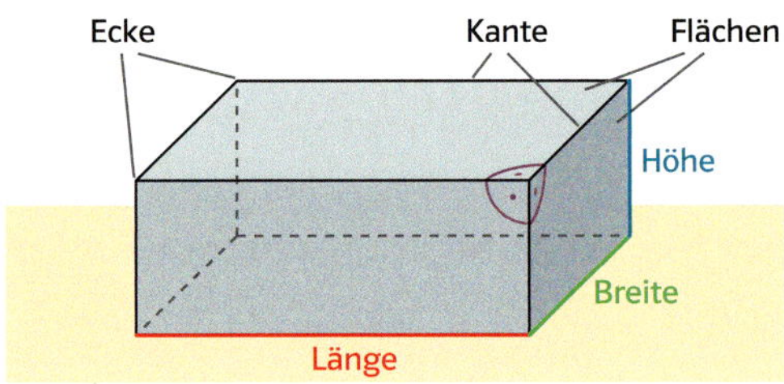

Einen Quader aus Papier kann man entlang der Kanten aufschneiden und das Papier auf dem Tisch ausbreiten. Es entsteht eine ebene Figur, das **Netz des Quaders**.

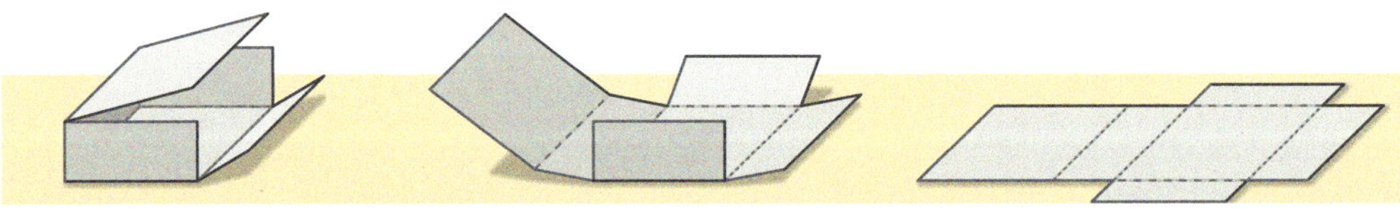

Quader

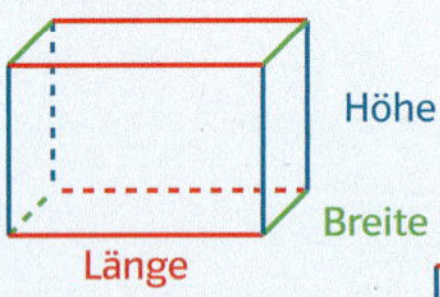

Netz eines Quaders

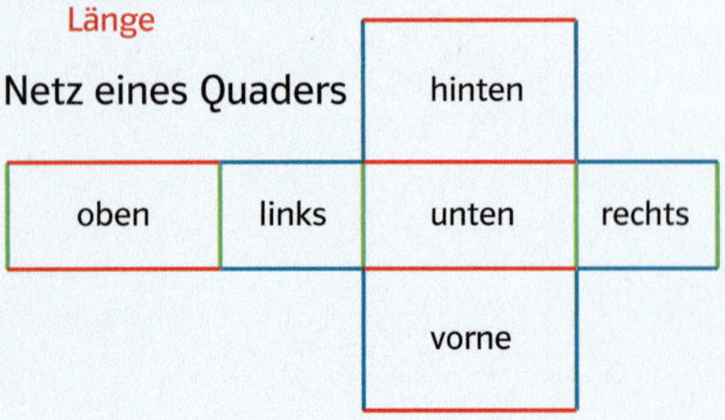

Würfel

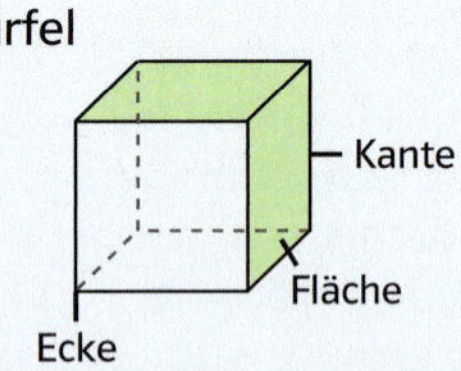

Netz eines Würfels

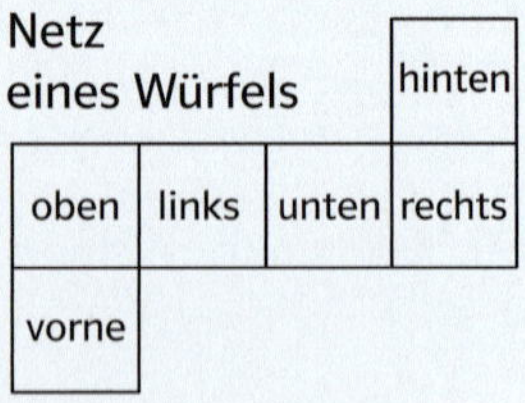

Welche Seiten man als Länge, Breite bzw. Höhe bezeichnet, ist frei wählbar.

Beispiel Ein Quadernetz untersuchen
Ein Quader hat die Länge 3 cm, die Breite 2 cm und die Höhe 1 cm.
a) Zeichne zwei verschiedene Netze des Quaders. Kennzeichne mit verschiedenen Farben, welche Strecken beim Falten zusammentreffen.
b) Berechne, wie lang ein Draht sein muss, um damit ein Kantenmodell des Quaders zu basteln.

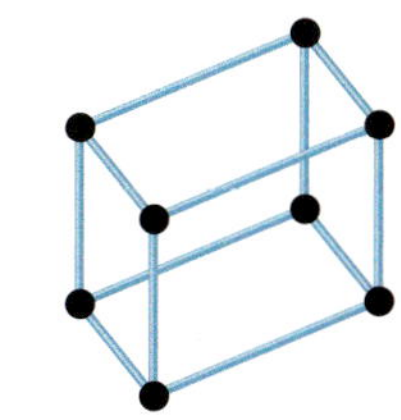

Kantenmodell eines Quaders

Lösung
a)

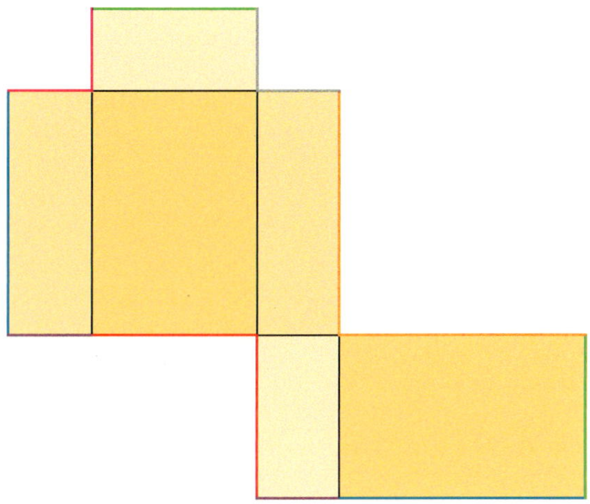

Es gibt verschiedene Möglichkeiten, das Netz eines Quaders zu zeichnen. Hier sind zwei gezeigt.

Beide Netze haben 14 Außenstrecken, von denen je zwei beim Falten zusammentreffen.
b) *Jede Kante des Quaders kommt viermal vor.*
Gesamtlänge der Kanten des Quaders: $4 \cdot 3\,\text{cm} + 4 \cdot 2\,\text{cm} + 4 \cdot 1\,\text{cm} = 24\,\text{cm}$
Für ein Kantenmodell des Quaders benötigt man also einen 24 cm langen Draht.

Aufgaben

1 a) Schreibe mindestens zehn Gegenstände auf, die man in einem Supermarkt oder in einem Spielwarengeschäft kaufen kann und die die Form eines Quaders bzw. Würfels haben.
b) Wer findet in zwei Minuten die meisten quader- bzw. würfelförmigen Gegenstände aus deiner Umgebung?

2 a) Übertrage die Quadernetze auf Karopapier. Zeichne die Strecken in derselben Farbe, die beim Falten zusammentreffen.
b) Ergänze geeignete Klebeflächen und schneide die Netze aus. Falte die Netze jeweils zu einem Quader und klebe diesen zusammen.

Lerntipp
Seite 159, Beispiel

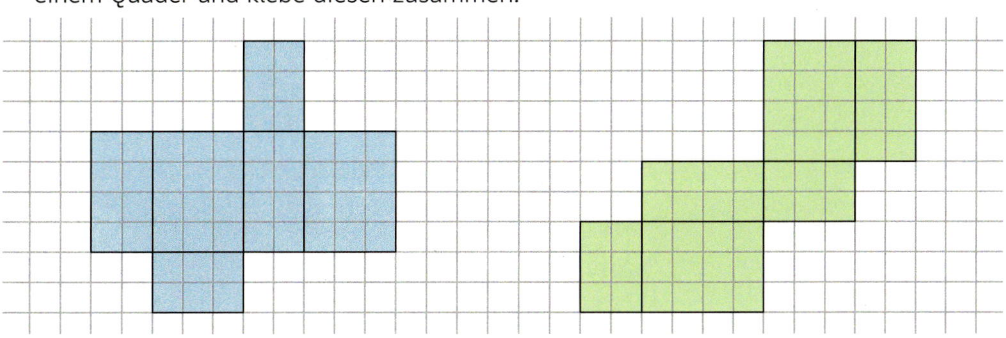

○ **3** **a)** Ein Würfel hat die Kantenlänge 2,5 cm. Zeichne drei verschiedene Netze dieses Würfels. Kennzeichne dabei, welche Kanten beim Falten zusammentreffen.
b) Berechne, wie lang ein Draht für ein Kantenmodell des Würfels sein muss.

→ **Lerntipp** Seite 159, Beispiel

○ **4** **a)** Zeichne zu den vier Quadern aus der Tabelle jeweils zwei verschiedene Netze.
b) Berechne, wie lang ein Draht mindestens sein muss, um damit ein Kantenmodell des Quaders zu basteln.

	1	2	3	4
Länge	5 cm	2 cm	6 cm	4 cm
Breite	3 cm	2 cm	1 cm	1 cm
Höhe	2 cm	5 cm	1 cm	4 cm

→ **Lerntipp** Seite 159, Beispiel

Teste dich!

→ **Lösungen**, Seite 265

○ **5** Der blaue Quader ist 6 cm lang, 3 cm breit und 2 cm hoch.
a) Zeichne ein Netz des blauen Quaders. Markiere die Kanten farbig, die beim Falten zusammentreffen.
b) Berechne, wie lang alle Kanten des blauen Quaders zusammen sind.

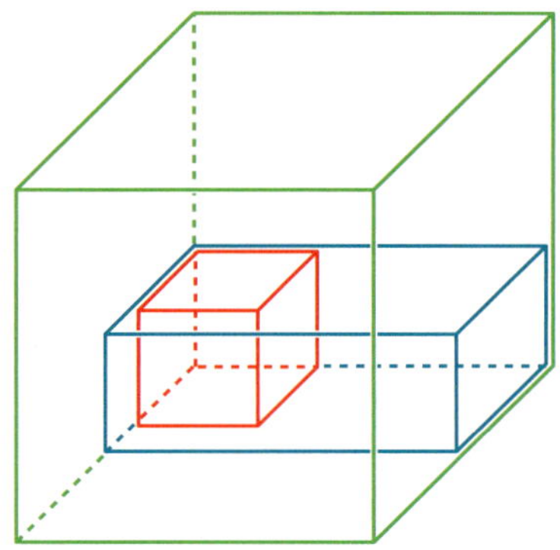

○ **6** **a)** Berechne die Kantenlängen der beiden Würfel, die zum Quader aus Aufgabe 5 farbig hinzugezeichnet wurden.
b) Zeichne ein Netz des roten Würfels.

◒ **7** **Finde den Fehler!**
Das Netz ist fehlerhaft gezeichnet. Begründe, warum sich daraus kein Quader basteln lässt. Zeichne ein korrigiertes Netz in dein Heft.

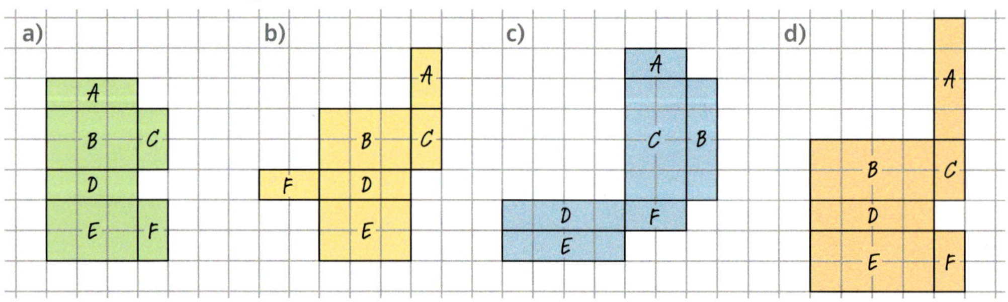

◒ **8** **a)** Übertrage die Netze zum Würfel aus Fig. 1 in dein Heft und ergänze die fehlenden Dreiecke.
b) Zeichne ein weiteres Netz in dein Heft, ergänze ein oranges Dreieck und lass deinen Partner den Rest ergänzen. Vergleicht eure Lösungen.

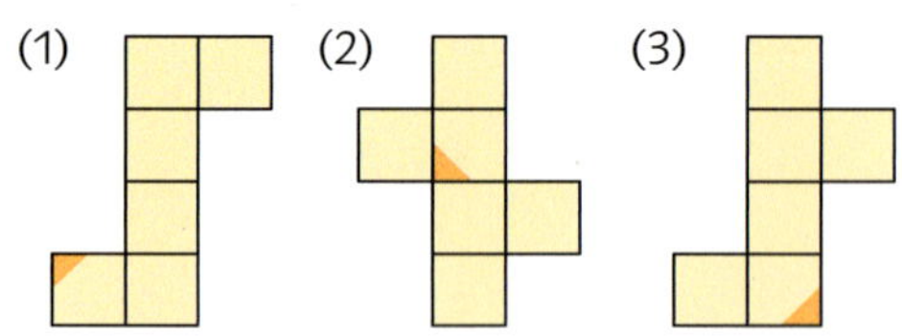

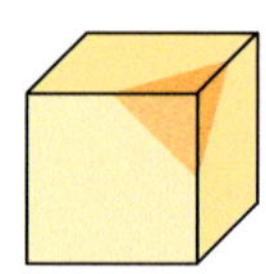

Fig. 1

→ **Üben** ○ Seite 165, Aufgabe 8

◒ **9** Die Figur zeigt einen Quader und zwei verschiedene Netze. Im Quader sind die Eckpunkte A, B, P, Q und S markiert. Zeichne die Netze in dein Heft und beschrifte sie an allen zutreffenden Stellen mit den Buchstaben P, Q und S.

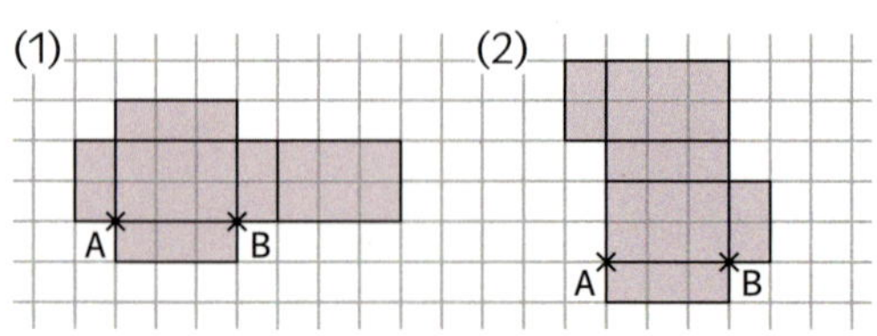

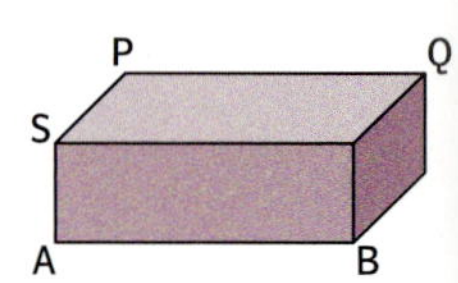

10 Bei einem Spielwürfel haben Augenzahlen von gegenüberliegenden Flächen immer die Summe 7.
Übertrage die Würfelnetze in dein Heft. Ergänze die fehlenden Würfelaugen. Gib an, wie viele Möglichkeiten es gibt.

(1)

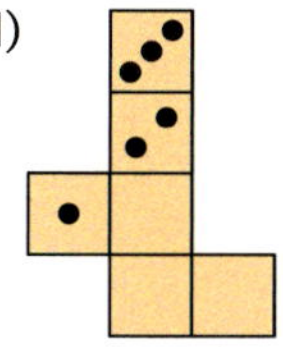

(2)

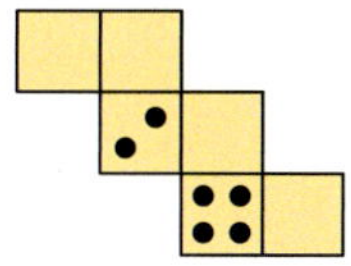

11 Ein Quader ist 8 cm lang, 4 cm breit und 1 cm hoch.
a) Zeichne ein Netz des Quaders, das auf ein quadratisches Stück Papier mit 10 cm Seitenlänge passt.
b) Untersuche, wie groß ein quadratisches Papier mindestens sein muss, damit ein Netz des Quaders darauf passt.

12 Der abgebildete Quader ist 4 cm lang, 25 mm breit und 15 mm hoch.
Zeichne ein Netz des Quaders in dein Heft und beschrifte das Netz mit den Eckpunkten. Zeichne in das Netz die Diagonalen $\overline{DB}$, $\overline{EG}$ und $\overline{CF}$ ein.

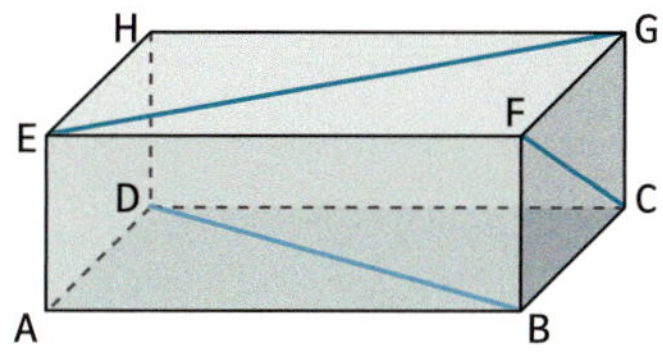

Anwenden Seite 167, Aufgabe 18

Teste dich!

Lösungen, Seite 265

13 Zeichne das abgebildete Netz eines Würfels mit der Kantenlänge 3 cm in dein Heft. Beschrifte das Netz an allen passenden Stellen mit den Buchstaben B, E, F und G.

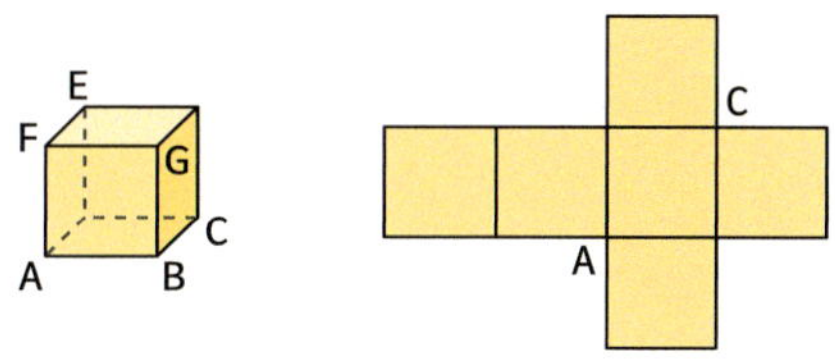

14 In der Abbildung sind drei verschiedene Lagen desselben Würfels dargestellt. Welcher Buchstabe liegt gegenüber vom Buchstaben H? Begründe deine Antwort.

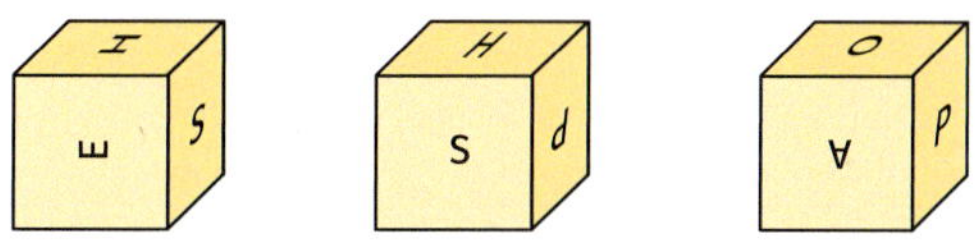

15 Bei Spielwürfeln haben gegenüberliegende Seiten immer die Augensumme 7.
Beschreibe, wo die anderen Augenzahlen liegen können, wenn der Würfel oben eine 1 und vorne eine 3 zeigt.

16 In einem Intelligenz-Test findet man folgende Aufgabe: „In der oberen Reihe sind drei verschiedene Abbildungen eines Würfels, wobei eine vierte Abbildung dieses Würfels fehlt. In der unteren Reihe sind hierfür vier Vorschläge. Welcher der unteren Würfel fehlt in der oberen Reihe?“ Begründe deine Antwort.

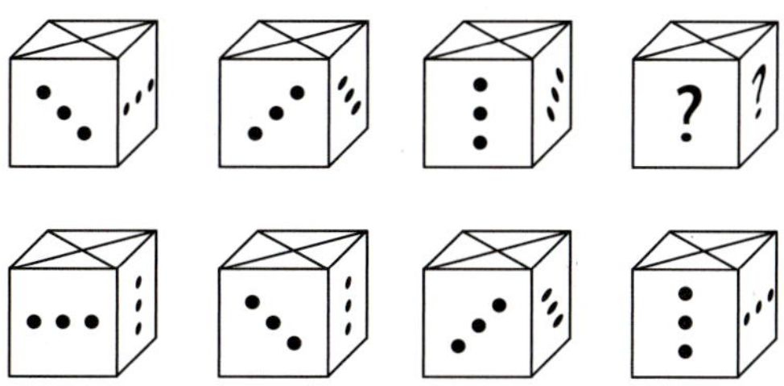

(1) (2) (3) (4)

Teste dein Grundwissen! **Schriftliches Addieren und Subtrahieren**

Merkkästen, Seiten 86 und 90
Lösungen, Seite 265

17 Führe eine Überschlagsrechnung durch und berechne anschließend exakt.
a) 3478 + 4055 + 42 787 + 66 666
b) 308 + 34 000 + 12 000 + 55 789
c) 860 860 − 850 849
d) 357 909 − 16 999

8 Schrägbilder

Julian hat eine Milchpackung aus verschiedenen Blickrichtungen gezeichnet. Sarah hat an diesen Zeichnungen noch einiges auszusetzen. Wie könnte man die Zeichnungen verbessern?

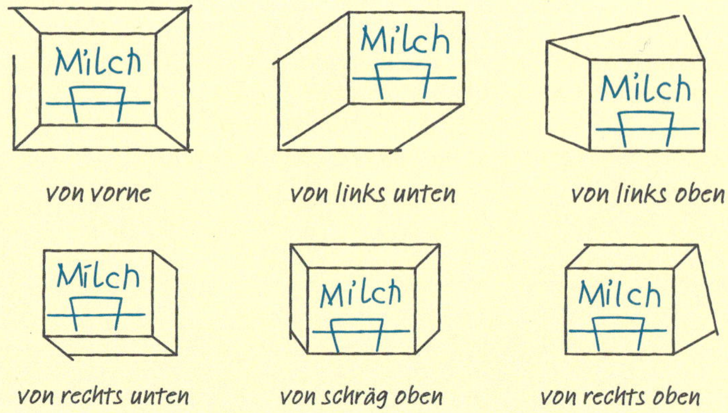

Um von Körpern, wie z.B. einem Quader, eine räumliche Vorstellung zu erhalten, kann man ein Schrägbild zeichnen. Wie man dabei vorgeht, wird nun beschrieben.

Je nach Blickrichtung auf den Körper ergeben sich unterschiedliche Schrägbilder. Damit die Zeichnung einen guten räumlichen Eindruck vermittelt, zeichnet man nach hinten verlaufende Kanten schräg, verkürzt und parallel zueinander. Nicht sichtbare Kanten werden gestrichelt gezeichnet. Die folgenden Schritte zeigen, wie man mithilfe der Kästchenlinien im Heft Schrägbilder zeichnen kann.

Schrägbild eines Quaders
Um einen Quader mit der Länge 3,5 cm, der Breite 2 cm und der Höhe 1,5 cm zu zeichnen, kann man wie folgt vorgehen:

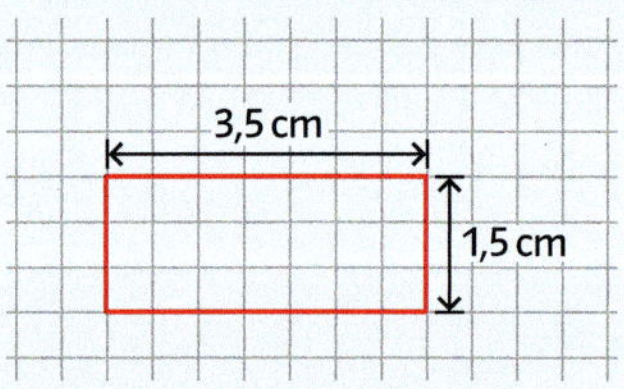

1. Man zeichnet eine geeignete vordere Fläche in wahrer Größe, zum Beispiel das Rechteck mit den Seitenlängen 3,5 cm und 1,5 cm.

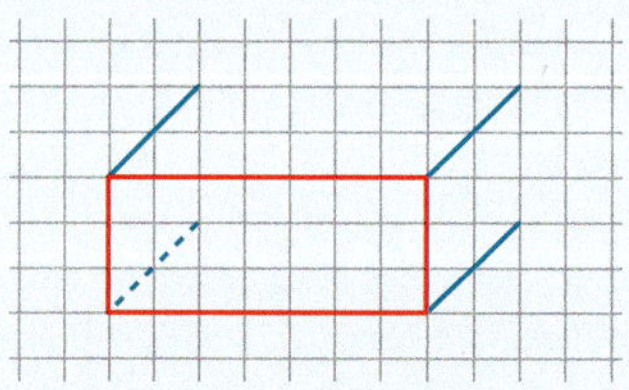

2. Man zeichnet die Kanten, die nach hinten verlaufen, schräg und verkürzt. Für 1 cm zeichnet man eine Kästchendiagonale. Die nicht sichtbare Kante wird gestrichelt gezeichnet.

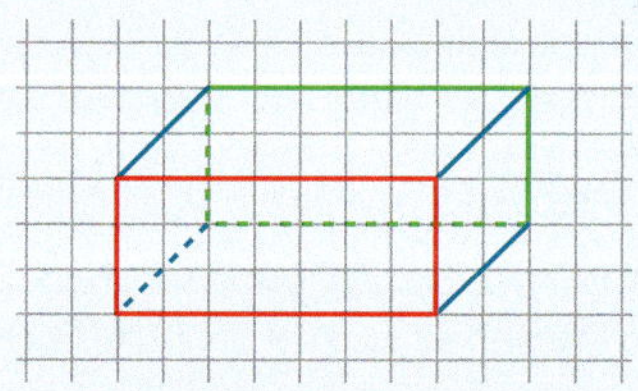

3. Zum Zeichnen der hinteren Fläche werden die Endpunkte der schräg nach hinten verlaufenden Kanten verbunden. Die nicht sichtbaren Kanten werden gestrichelt gezeichnet.

Kanten, die in Wirklichkeit parallel zueinander sind, sind auch im Schrägbild parallel zueinander.

Beispiel 1 Schrägbild eines Körpers zeichnen
Der Körper in Fig. 1 sieht ähnlich wie ein „L" aus. Zeichne ein Schrägbild des „L" mit der dunklen Fläche als vorderer Fläche.
Lösung
Kästchenpapier wählen und entsprechend vorgehen wie bei einem Quader (vgl. Fig. 2)

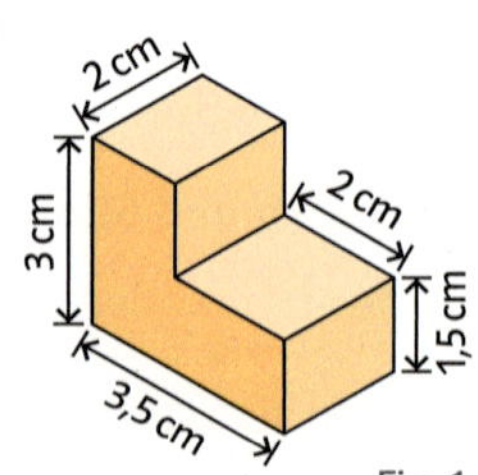

Fig. 1

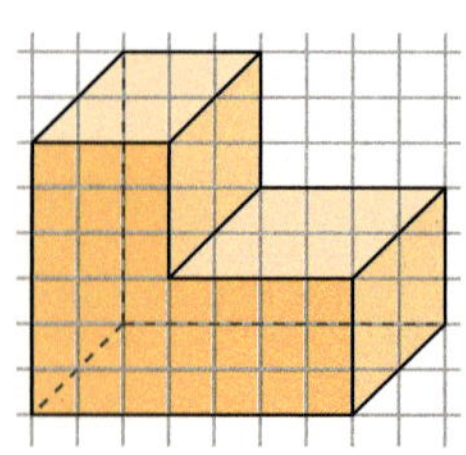

Fig. 2

Beispiel 2 Verschiedene Schrägbilder

Ein Quader hat die Kantenlängen a = 4 cm, b = 2 cm und c = 1 cm.

a) Begründe, warum das Schrägbild aus Fig. 1 falsch ist.

b) Zeichne zwei verschiedene Schrägbilder.

Lösung

a) Das Schrägbild in Fig. 1 ist falsch, da neben den Kanten der Vorderfläche auch die schrägen Kanten in wahrer Größe gezeichnet wurden. Diese sind verkürzt zu zeichnen.

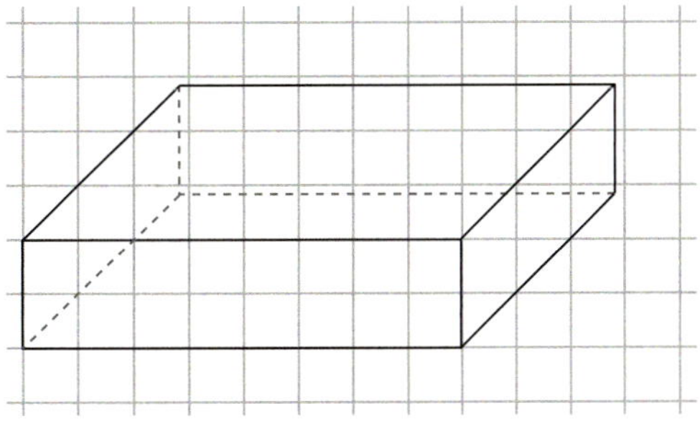

Fig. 1

b)

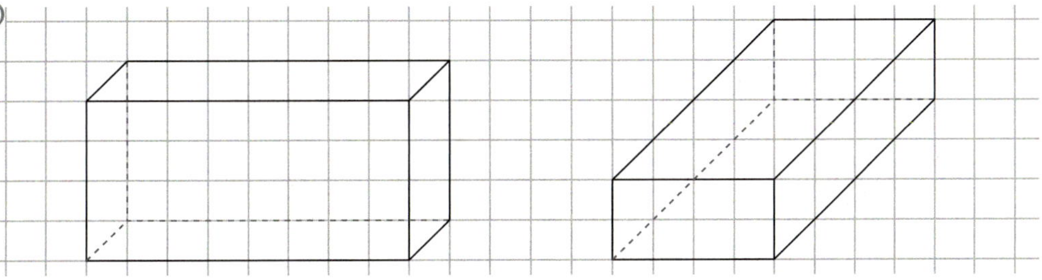

Aufgaben

○ **1** Zeichne ein Schrägbild eines Würfels mit folgender Kantenlänge.
a) 4 cm b) 3 cm c) 50 mm

Lerntipp Seite 162, Beispiel 1

○ **2** Zeichne ein Schrägbild eines Quaders mit den folgenden Kantenlängen.
a) 5 cm, 4 cm und 3 cm b) 1 cm, 8 cm und 6 cm c) 5 cm, 7 cm und 1 cm

Teste dich!

Lösungen, Seite 265

○ **3** Zeichne ein Schrägbild
a) eines Würfels mit der Kantenlänge 2 cm,
b) eines Quaders mit den Kantenlängen 6 cm, 5 cm und 2 cm.

◒ **4** a) Übertrage ins Heft und vervollständige die Zeichnung, sodass ein Schrägbild entsteht.
b) Notiere, welche Maße der Quader haben könnte.

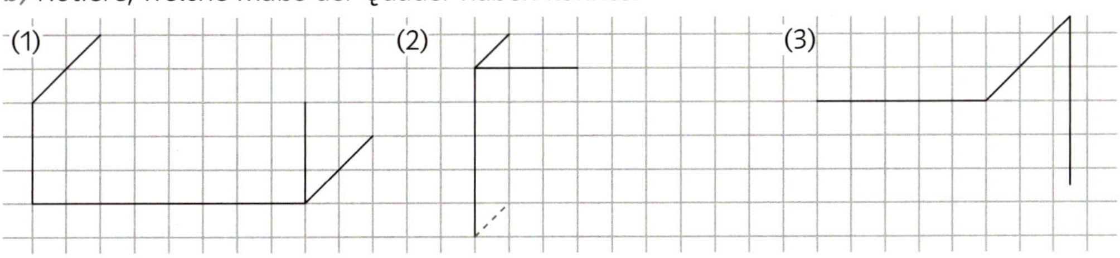

◒ **5** Ein Quader hat die Kantenlängen a = 5 cm, b = 14 mm und c = 1 cm.
a) Begründe, warum das Schrägbild in der Abbildung falsch ist.
b) Zeichne zwei verschiedene Schrägbilder.

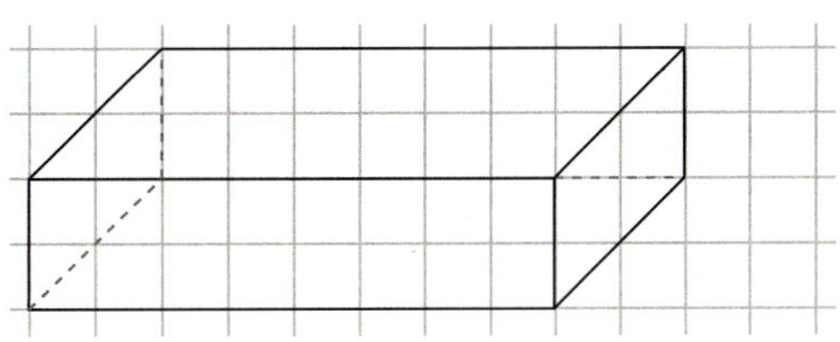

Lerntipp Seite 163, Beispiel 2

D29 Anwendungen zu Schrägbildern

◒ **6** Zeichne ein Schrägbild des Körpers. Wähle dazu die dunkle Fläche als Vorderfläche.

a)

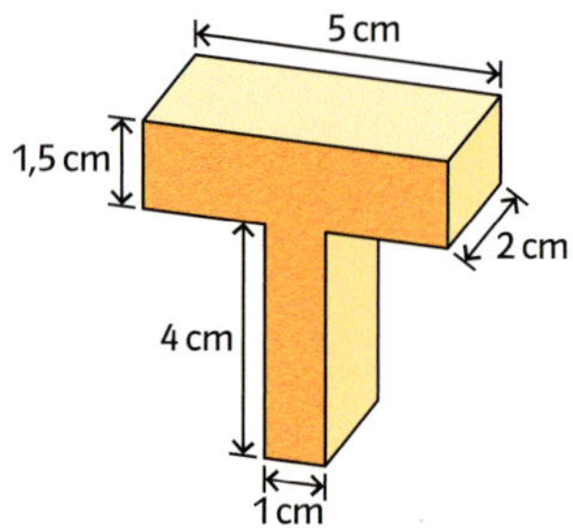

b)

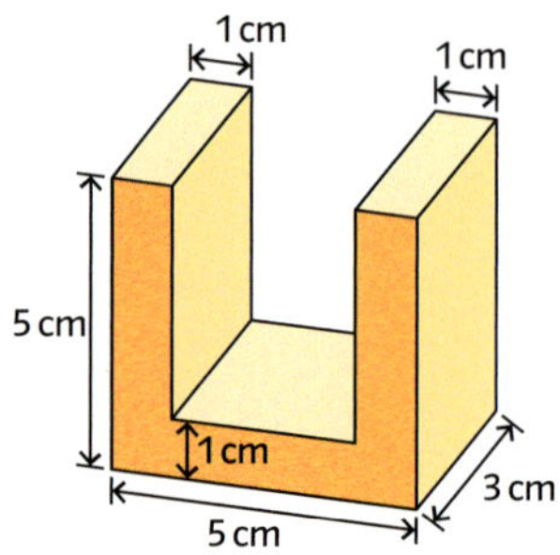

c)

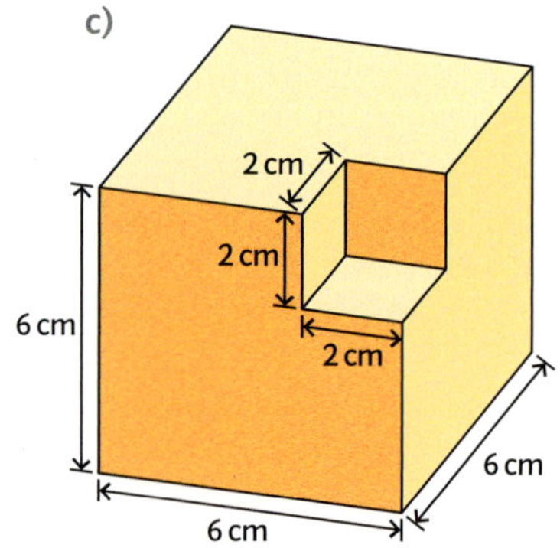

Lerntipp Seite 162, Beispiel 1
Üben ○ Seite 166, Aufgabe 9
Anwenden ◒ Seite 167, Aufgabe 19
Erforschen ● Seite 167, Aufgabe 23

◒ **7** Aus einer 1 cm dicken Holzplatte werden die Buchstaben „F" und „E" angefertigt. Zeichne Schrägbilder

a) der aufrecht stehenden Buchstaben „E" und „F",
b) der liegenden Buchstaben „E" und „F",
c) frei gewählter Buchstaben, zum Beispiel der Buchstaben deines Namens oder Haustiers.

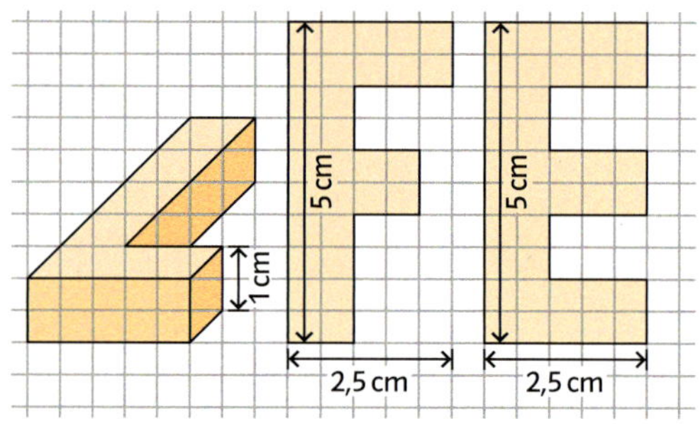

Teste dich!

Lösungen, Seite 266

◒ **8** Der Buchstabe „H" wird wie in Aufgabe 7 aus einer 1 cm dicken Holzplatte angefertigt. Zeichne ein Schrägbild, wenn er 5 cm hoch und 3 cm breit ist.

● **9** Ein dreidimensionaler Buchstabe kann so gedreht werden, dass jeweils eine andere von seinen 6 Seiten nach vorne zeigt. Zeichne zu den Buchstaben „L" bzw. „F" mit den Maßen aus Aufgabe 7 die Schrägbilder jeweils zu allen 6 Positionen.

● **10** a) Die Netze eines Quaders mit den Kantenlängen 4 cm, 3 cm und 2 cm enthalten farbige Teile. Zeichne jeweils ein Schrägbild des Quaders, bei dem die Kanten mit der kürzesten Länge schräg nach hinten verlaufen. Überlegt gemeinsam, wie die Färbung in das Schrägbild übertragen werden kann.

(1)

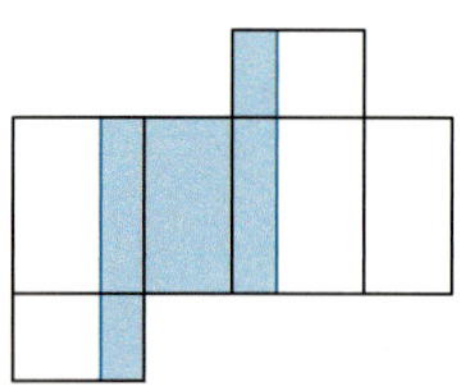

(2)

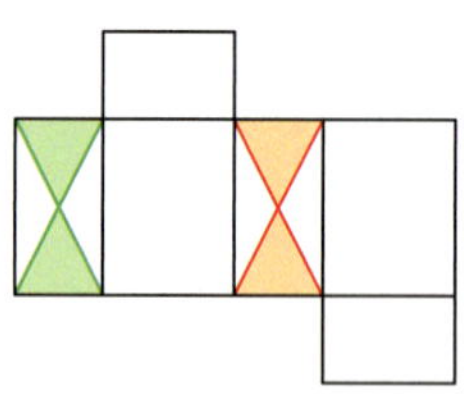

(3)

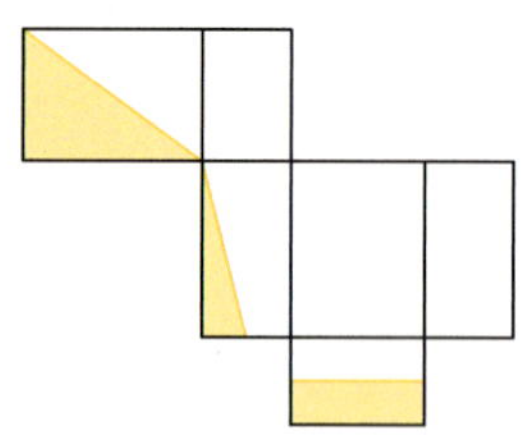

b) Einer von euch zeichnet das Netz eines Quaders mit einer selbst gewählten Färbung. Der andere erstellt dazu ein Schrägbild.

Teste dein Grundwissen! **Schriftliches Multiplizieren und Dividieren**

Merkkästen, Seiten 94 und 98
Lösungen, Seite 266

G **11** Überschlage zuerst und berechne dann.

a) 234 · 3567 b) 3456 · 2034 c) 13 858 : 13 d) 20 362 734 : 49

Wiederholen und Üben

Lösungen, Seite 266

1 Untersuche, welche der Vierecke aus den vier roten Dreiecken zusammengesetzt werden können.

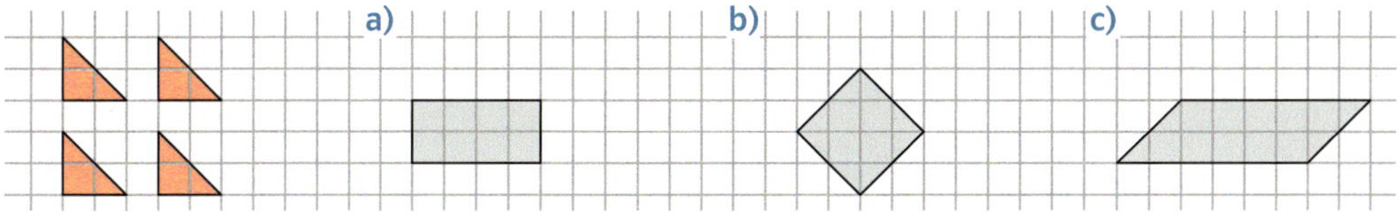

2 Gib in den Einheiten an, die in der Klammer stehen.
a) $200\,dm^2$ (m^2, cm^2) b) $500\,ha$ (km^2, a) c) $1900\,cm^2$ (mm^2, dm^2)
d) $7\,m^2$ (dm^2, cm^2) e) $1200\,m^2$ (a, dm^2) f) 1700 a (ha, m^2)

3 Übertrage in dein Heft und ergänze die fehlende Angabe.
a) $7\,dm^2 = \square\,cm^2$ b) $29\,ha = 2900\,\square$ c) $3000\,mm^2 = \square\,cm^2$
d) $500\,\square = 50\,000\,ha$ e) $34\,m^2\,\square\,dm^2 = 3402\,dm^2$ f) $97\,\square\,12\,a = 970\,012\,a$
g) $99\,m^2 = 990\,000\,\square$ h) $70\,\square = 700\,000\,cm^2$ i) $\square\,a = 9\,700\,000\,dm^2$

4 Bestimme den Flächeninhalt der abgebildeten Figuren.

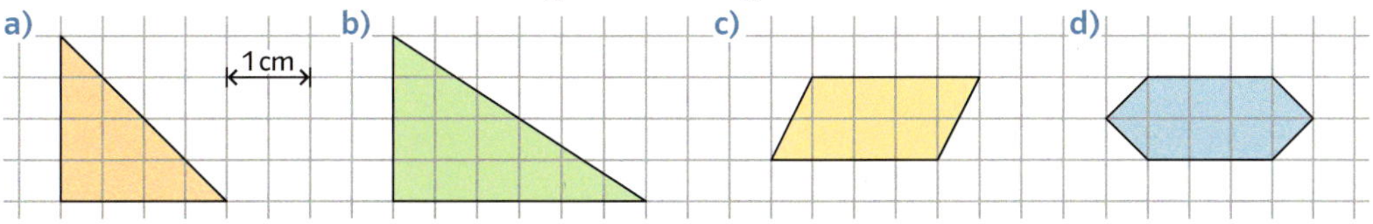

5 Berechne den Flächeninhalt der in Fig. 1 abgebildeten Zimmer.

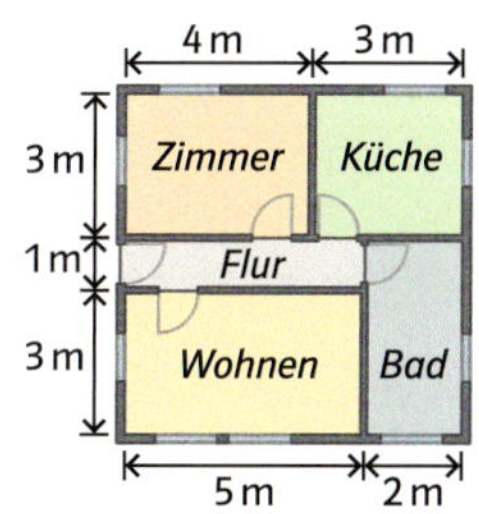

Fig. 1

6 Auf einer Karte im Maßstab 1:2500 hat ein rechteckiger Parkplatz eine Länge von 5 cm und eine Breite von 6 cm.
a) Berechne die tatsächlichen Maße des Parkplatzes.
b) Berechne den tatsächlichen Flächeninhalt des Parkplatzes.

7 Bestimme, aus wie vielen Würfeln der Körper besteht.

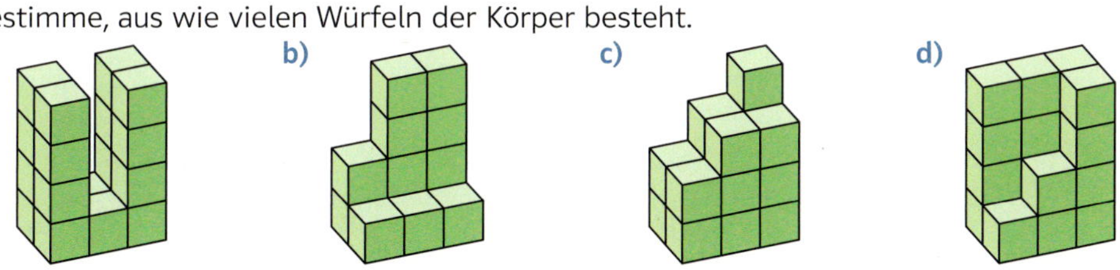

8 a) Bestimme, wie viele abgeknickte H's beim Zusammenfalten des Netzes entstehen.
b) Zeichne das Netz in dein Heft und markiere die Seiten in der gleichen Farbe, die jeweils ein H ergeben.
c) Erstelle zwei Netze des Würfels aus Fig. 2 und zeichne die zwei H's ein.
d) Zeichne ein Schrägbild des Würfels aus Fig. 2, bei dem die obere Fläche nach vorne zeigt.

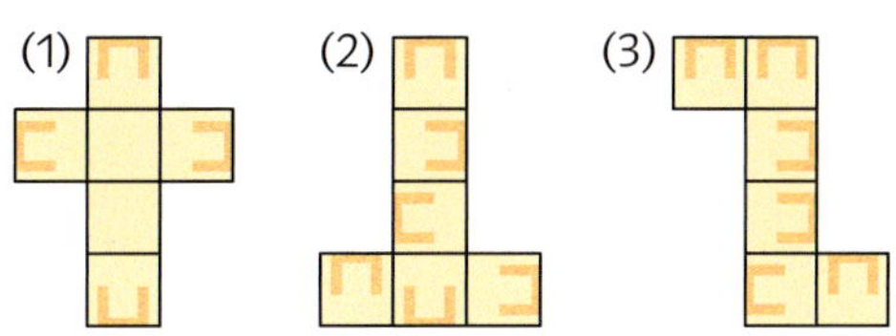

Fig. 2

D30 Check-out

○ **9** a) Zeichne ein Schrägbild des Körpers. Wähle die dunkle Fläche als vordere Fläche.
b) Zeichne weitere Schrägbilder des Kör-pers: Wähle einmal die untere Fläche als Vorderfläche und ein anderes Mal die hintere Fläche (Höhe 3 cm und Breite 2 cm) als Vorderfläche.

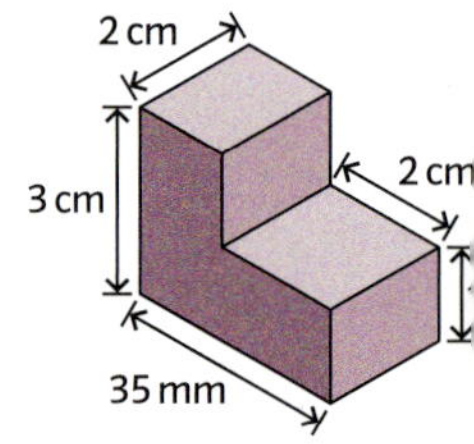

○ **10** SP Ein Begriff in der Aufzählung passt nicht zu den anderen. Notiere den Begriff und erläutere deine Antwort.
a) Breite, Ecke, Höhe, Länge
b) Netz, Quader, Würfel

○ **11** Zum 800. Geburtstag des Hamburger Hafens bemalte eine Künstlergruppe eine 15 m hohe und 260 m lange Außenwand eines Docks.
a) Wie groß ist der Flächeninhalt des Gemäldes? Schätze zunächst und berechne dann.
b) Pro m^2 des Gemäldes wurden durchschnittlich 1,5 l Farbe benötigt. Berechne, wie viel Farbe man insgesamt für das Gemälde verwendet hat.

Vertiefen und Anwenden

◒ **12** Bestimme den Flächeninhalt der Figuren in cm^2.

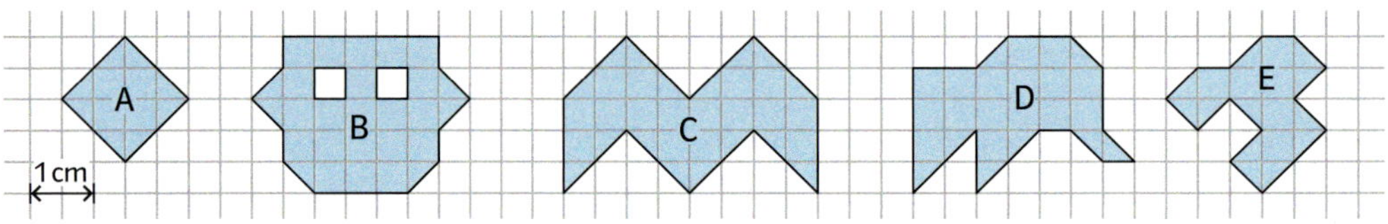

◒ **13** Gib an, wie viel zu einem Hektar fehlt.
a) 1 a b) 95 a c) $800\,m^2$ d) $8000\,m^2$ e) 24 a $40\,m^2$ f) $1\,m^2$

◒ **14** Ein Fernseher mit der Auflösung UHD stellt 3840 × 2160 Pixel dar.
a) Wie viele Pixel werden auf einem Bildschirm mit der Auflösung UHD dargestellt? Überschlage zunächst und berechne dann exakt.
b) Ein 55-Zoll-Bildschirm mit der Auflösung UHD hat die Abmessung 121 cm × 68 cm. Wie viele Pixel werden auf diesem Bildschirm pro Quadratzentimeter angezeigt? Überschlage zunächst und berechne dann exakt.

Als Pixel oder Bildpunkte bezeichnet man die kleinsten dargestellten Punkte, aus denen ein digitales Bild besteht.

◒ **15** Auf einem 10 a großen Grundstück stehen ein Gebäude mit $64\,m^2$, eine Garage mit $15\,m^2$ und ein Schuppen mit $25\,m^2$ Grundfläche. Berechne, wie groß der Inhalt der Fläche ist, die für den Garten bleibt.

◒ **16** Herr Barth rasiert sich einmal täglich seit seinem 17. Geburtstag. Berechne, wie alt Herr Barth sein wird, wenn er eine Fläche rasiert hat, die genauso groß ist wie sein 15 m langer und 8 m breiter Rasen.

◒ **17** Ein Fußballfeld muss mindestens 90 m lang und 45 m breit sein. Es darf höchstens 120 m lang und 90 m breit sein. Peter sagt: „Dann gibt es ja Fußballfelder, die doppelt so groß sind wie andere!“ Beurteile, ob Peter mit seiner Aussage recht hat.

18 Im Schrägbild eines Quaders mit den Kantenlängen 4 cm, 1,5 cm und 2 cm sind Teile einiger Flächen farbig eingezeichnet. Zeichne ein Netz des Quaders. Überlegt gemeinsam, wie die Färbung in das Netz übertragen werden kann.

a)

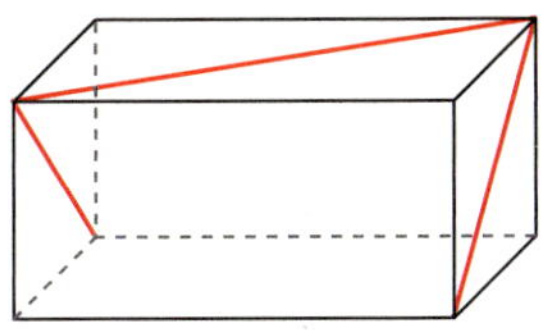

b)

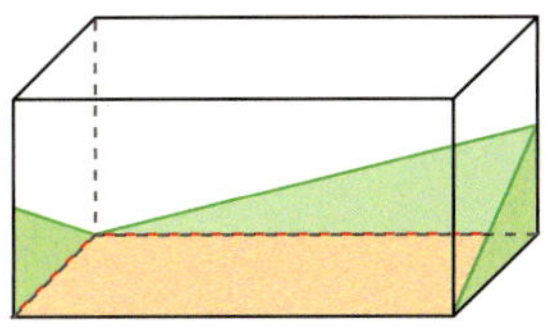

c)

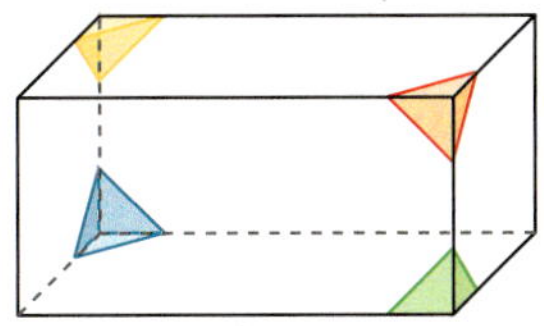

19 Der Quader in Fig. 1 ist in drei Teilkörper zerlegt. Füge die Teilkörper neu zusammen und zeichne ein Schrägbild. Es gibt mehrere Möglichkeiten.

20 Begründe: Der große, gelbe Teilkörper in Fig. 1 ist 4-mal so groß wie jeder der beiden kleinen, roten Teilkörper.

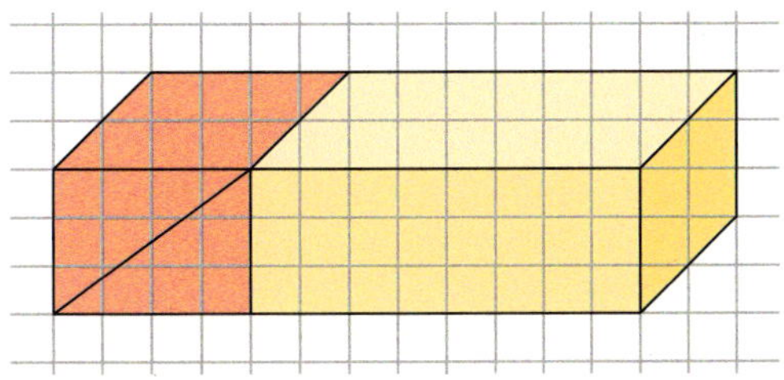

Fig. 1

21 Aus gleichen Würfeln kann man Würfelbauwerke zusammensetzen.

a) Übertrage die Schrägbilder ins Heft und zeichne die verdeckten Kanten gestrichelt ein.

b) Das Schrägbild (2) zeigt ein liegendes „L". Zeichne ein entsprechendes Schrägbild für ein liegendes und aus Würfeln zusammengesetztes „F".

c) Denkt euch eigene Würfelbauwerke aus fünf Würfeln aus. Zeichnet die zugehörigen Schrägbilder.

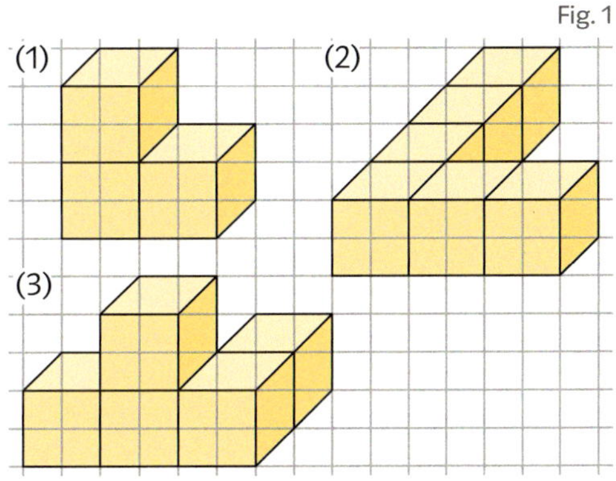

Vernetzen und Erforschen

22 **Maßstäbliche Vergrößerung**

Die Abbildung zeigt eine Regenbremse, deren Körper in Wirklichkeit 8 mm lang ist.

a) Miss ihre Länge in der Abbildung und bestimme den Maßstab.

b) Die Bremse soll in einem Modell 64 cm groß werden. Berechne, welcher Maßstab hierzu gewählt werden muss.

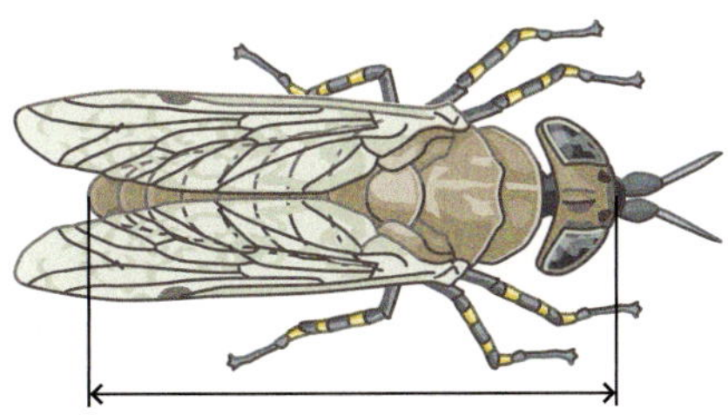

23 Vier gleich große Würfel lassen sich auf verschiedene Arten zu Vierlingen zusammensetzen:

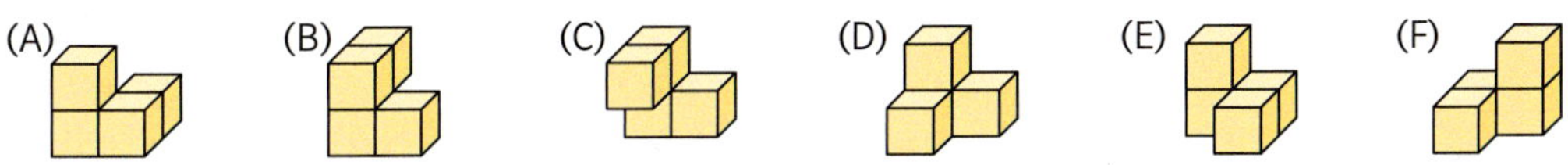

a) Gib an, welche der abgebildeten Körper denselben Vierling darstellen.

b) Zeichne jeweils ein Schrägbild von zwei anderen Vierlingen.

c) Es gibt vier Möglichkeiten, aus je zwei Vierlingen einen größeren Würfel zusammenzusetzen. Beschreibe diese vier Möglichkeiten.

Umfang

Den Umfang einer Fläche erhält man, indem man die Längen aller Randstrecken addiert.

Umfang
U = 8 cm

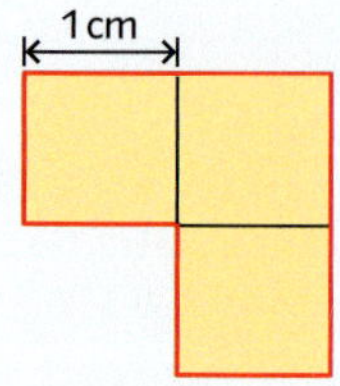

Flächeninhalt

Eine Fläche hat den Flächeninhalt $3\,cm^2$, wenn sie so groß ist wie drei Zentimeterquadrate zusammen.

Flächeninhalt
$A = 3\,cm^2$

Flächeneinheiten

Flächeninhalte kann man in den Einheiten mm^2, cm^2, dm^2, m^2, a, ha und km^2 messen. Wenn man einen Flächeninhalt in der nächstgrößeren Flächeneinheit angeben möchte, muss man die Maßzahl durch 100 teilen. Möchte man den Flächeninhalt in der nächstkleineren Flächeneinheit angeben, multipliziert man die Maßzahl mit 100.

$1\,km^2 = 100\,ha$	$1\,ha = 100\,a$	$1\,a = 100\,m^2$
$1\,m^2 = 100\,dm^2$	$1\,dm^2 = 100\,cm^2$	$1\,cm^2 = 100\,mm^2$

$1\,km^2 = 100\,ha$
$1\,ha = 100\,a$
$1\,a = 100\,m^2$
$1\,m^2 = 100\,dm^2$
$1\,dm^2 = 100\,cm^2$
$1\,cm^2 = 100\,mm^2$

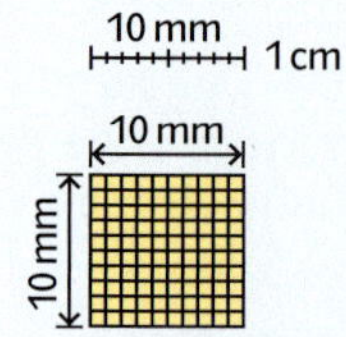

$10\,mm \cdot 10\,mm$
$= 100\,mm^2$
$= 1\,cm^2$

Flächeninhalt und Umfang eines Rechtecks

Flächeninhalt: Länge mal Breite
Formel: $A = a \cdot b$
Umfang: 2-mal Länge + 2-mal Breite
Formel: $U = 2 \cdot a + 2 \cdot b = 2 \cdot (a + b)$

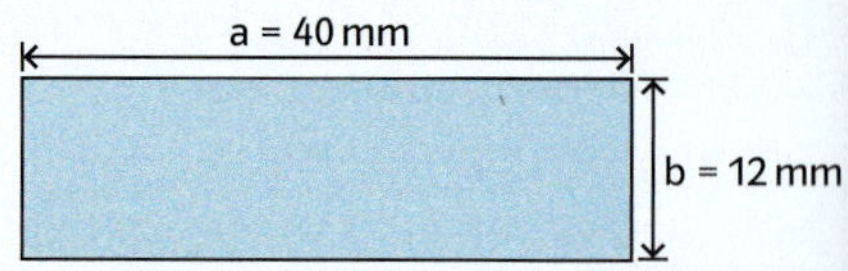

Flächeninhalt
$A = 40\,mm \cdot 12\,mm = 480\,mm^2$
Umfang
$U = 2 \cdot (40\,mm + 12\,mm) = 104\,mm$

Maßstab

Ein Maßstab gibt an, wie sich eine Länge in einer Abbildung zu der Länge in der Wirklichkeit verhält.
Der Maßstab 1:100 („1 zu 100") bedeutet: 1 cm in der Abbildung entspricht 100 cm in der Wirklichkeit. Man muss also eine Länge in der Abbildung mit dem Faktor 100 multiplizieren, um die Länge in der Wirklichkeit zu erhalten.

Auf einer Karte im Maßstab 1:100 000 sind zwei Orte 3 cm voneinander entfernt. In der Wirklichkeit sind sie dann 3 km voneinander entfernt, denn
3 cm · 100 000 = 300 000 cm = 3000 m
= 3 km.

Geometrische Grundkörper

Auch für andere geometrische Grundkörper gibt es Namen. Jeder Körper hat eine bestimmte Anzahl von Ecken, Flächen und Kanten.
Körper mit geraden Kanten und Flächen sind Würfel, Quader, Pyramide und Prisma.
Körper mit gekrümmten Kanten oder Flächen sind Kegel, Kugel und Zylinder.

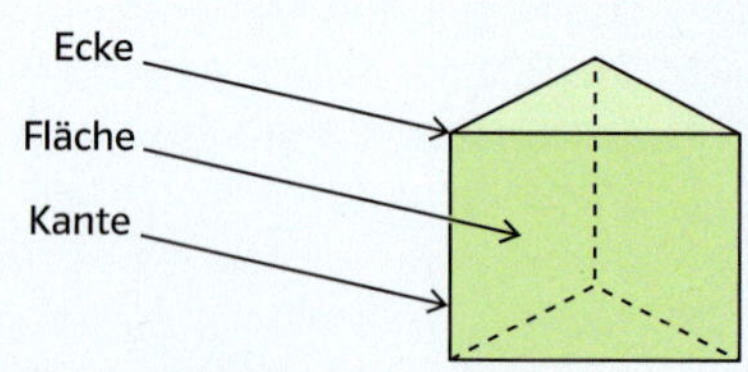

Prisma mit dreieckiger Grundfläche
5 Flächen, 9 Kanten, 6 Ecken

Runde 1

Lösungen, Seite 269

1 Gib in der Einheit an, die in der Klammer steht.
a) $7\,cm^2$ (in mm^2) b) $3\,m^2\;5\,dm^2$ (in dm^2) c) $12\,km^2$ (in ha) d) $3\,km^2$ (in a)

2 Berechne.
a) $7\,m^2 - 5\,dm^2$ b) $7\,m - 5\,dm$ c) $2\,km^2 + 260\,ha$ d) $4 \cdot 50\,a + 2\,ha$

3 Ein Rechteck hat eine 4 cm lange Seite und den Flächeninhalt $10\,cm^2$.
Berechne die Länge der anderen Seite und zeichne das Rechteck.

4 Ein rechteckiger Marktplatz mit den Maßen 60 m × 40 m soll neu gepflastert werden.
Ein Pflasterstein ist 10 cm lang und 10 cm breit. Er wiegt 1,5 kg.
a) Berechne, wie viele Pflastersteine benötigt werden.
b) Berechne, wie viele Lkw-Ladungen Steine nötig sind, wenn ein Lkw 20 t laden darf.
c) Berechne die Maße des Platzes auf einer Karte im Maßstab 1:1000.

5 Lässt sich aus dem Netz ein Würfel basteln? Begründe.

a) 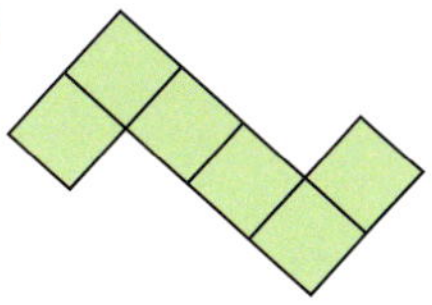

b) 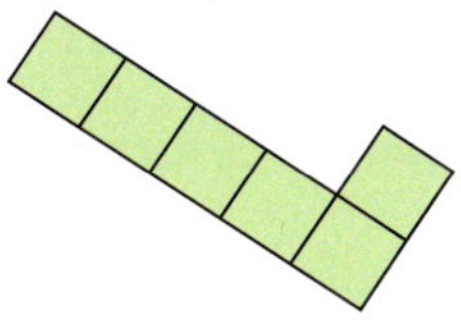

c) 

d) 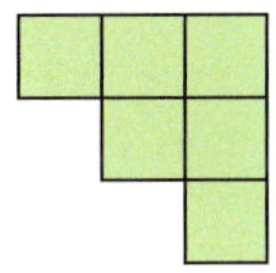

Runde 2

Lösungen, Seite 269

1 Berechne.
a) $6\,m^2 + 48\,dm^2$ b) $6\,m^2 - 48\,dm^2$ c) $6\,m - 48\,dm$ d) $5\,ha + 9\,a$

2 Zeichne die Figuren mit den angegebenen Eckpunkten in ein gemeinsames Koordinatensystem (Längeneinheit 1 cm) und bestimme jeweils den Flächeninhalt und den Umfang.
a) A(5|2), B(9|2), C(9|3) b) P(1|1), Q(4|1), R(4|2), S(1|6)

3 a) Zeichne drei verschiedene Rechtecke mit einem Flächeninhalt von $36\,cm^2$.
b) Untersuche, welches der Rechtecke aus Teilaufgabe a) den kleinsten Umfang hat.
c) Zeichne ein Rechteck mit einem Umfang von 16 cm und einem Flächeninhalt von $16\,cm^2$.

4 Leon will sechs Türen seiner Wohnung streichen. Sie sind 2 m hoch und 82 cm breit.
a) Berechne, welchen Flächeninhalt alle Türen (innen und außen) zusammen haben.
b) Eine Farbdose reicht für ca. $12\,m^2$. Berechne, wie viele Farbdosen benötigt werden.

5 Ein Rechteck ist 15 m lang und 8 m breit.
a) Berechne seinen Flächeninhalt und seinen Umfang.
b) Die längere Seite des Rechtecks wird nun so verlängert, dass sein Flächeninhalt um $40\,m^2$ größer wird. Berechne, um wie viele Meter sich der Umfang dadurch vergrößert.

6 **Wahr oder falsch?**
Entscheide, ob die folgenden Aussagen wahr oder falsch sind. Begründe.
a) „Verzehnfacht man bei einem Rechteck alle Seitenlängen, so verzehnfacht sich auch der Flächeninhalt."
b) „Für eine Karte einer Nordseeinsel im Maßstab 1:1000 benötigt man doppelt so viel Papier wie für eine Karte im Maßstab 1:2000."

Sportplätze sind auch Flächen

In den Bestimmungen des internationalen Fußballverbandes findet man genaue Angaben, wie ein Fußballfeld aussehen muss:

Abmessung und Abgrenzung
Ein Fußballfeld muss mindestens 90 m lang und 45 m breit sein. Seine größte zugelassene Länge bzw. Breite ist 120 m bzw. 90 m.
Die Mittellinie ist parallel zu den Torlinien und teilt das Spielfeld in zwei Hälften. Um den Mittelpunkt der Mittellinie ist ein Kreis mit Radius 9,15 m zu ziehen.

Eckraum
An jeder Ecke wird eine Fahne an einer Stange, die mindestens 1,50 m hoch sein muss, angebracht. Um jede Eckfahne ist ein Viertelkreis mit 1 m Radius im Spielfeld zu ziehen.

Tore
In der Mitte jeder Torlinie sind die Tore aufzustellen. Sie bestehen aus zwei senkrechten Pfosten, die in gleichem Abstand zu den Eckfahnen stehen und durch eine Querlatte verbunden sind. Der Abstand zwischen den Innenkanten der Pfosten beträgt 7,32 m.
Die Unterkante der Querlatte ist 2,44 m vom Boden entfernt. Die Torpfosten und die Querlatte dürfen höchstens 12 cm breit sein.

Torraum
Rechtwinklig zu jeder Torlinie sind im Abstand von 5,50 m von der Innenkante der Torpfosten zwei Linien zu ziehen. Diese Linien müssen sich 5,50 m in das Spielfeld hinein erstrecken und durch eine zur Torlinie parallele Linie miteinander verbunden werden.
Der von diesen Linien und der Torlinie umschlossene Raum wird Torraum genannt.

Strafraum
Rechtwinklig zu jeder Torlinie sind im Abstand von 16,50 m von der Innenkante der Torpfosten zwei Linien zu ziehen. Diese Linien müssen sich 16,50 m in das Spielfeld hinein erstrecken und durch eine zur Torlinie parallele Linie miteinander verbunden werden.
Der von diesen Linien und der Torlinie umschlossene Raum wird Strafraum genannt.
In jedem Strafraum, 11 m vom Mittelpunkt der Torlinie und gleich weit von beiden Pfosten entfernt, ist die Strafstoßmarke als sichtbares Zeichen anzubringen. Von jeder Strafstoßmarke aus ist ein Teilkreis mit 9,15 m Radius außerhalb des Strafraums zu ziehen.

1 Zeichne ein Spielfeld, das den Regeln entspricht. Wähle für 1 m in der Wirklichkeit 1 mm in der Zeichnung.

2 Vergleiche die Flächeninhalte des kleinstmöglichen und des größtmöglichen Fußballfeldes.

3 Wie groß ist die Spielfläche, die jedem Spieler rechnerisch zur Verfügung steht?

4 Was ist mit Strafraum und Torraum gemeint?

Ein Fußball darf einen Durchmesser von 22 bis 23 cm haben. Er muss mindestens 396 g und darf höchstens 453 g schwer sein. Das Fußballfeld im Stadion Camp Nou in Barcelona ist 105 m lang und 68 m breit.

5 a) Wie viele Fußbälle hätten darauf ungefähr Platz, wenn man das gesamte Feld damit auslegen würde?
b) Wie schwer wären diese Bälle zusammen?
c) Wie hoch wäre die Säule, die man erhalten würde, wenn man alle diese Bälle aufeinanderstapeln könnte?

Ein Tennisplatz hat die in der Zeichnung angegebenen Maße. Die rote Fläche ist das Spielfeld für ein Doppel. Hier spielen jeweils zwei Spieler gegeneinander. Bei einem Einzel ist das Spielfeld nur 8,23 m breit.

6 Versuche, deinem Partner den Tennisplatz so in Worten zu beschreiben, dass er ihn nur aufgrund deiner Angaben zeichnen kann. Er sollte dabei für einen Meter in der Wirklichkeit eine Kästchenlänge im Heft wählen.

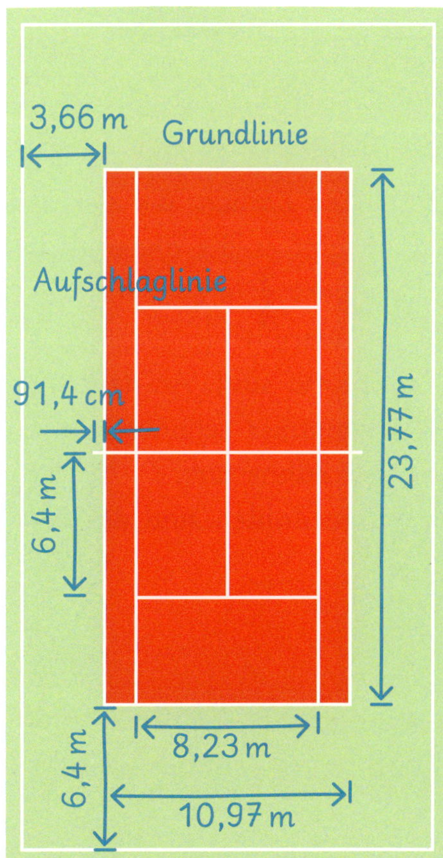

7 Du hast dich sicher über die „krummen" Längenangaben gewundert. Diese stammen noch aus der Zeit, als die ersten Tennisregeln aufgestellt wurden. Dies geschah im Jahr 1874 durch den Engländer Walter Clopton Wingfield. Er verwendete die damals übliche Längeneinheit 1 Yard. Sie ist heute noch in vielen englischsprachigen Ländern weitverbreitet. Ein Yard ist ungefähr 91,44 cm lang. Mithilfe eines Taschenrechners kannst du alle Längenangaben in Yards umrechnen. Sehen jetzt die Längenangaben in Yards nicht „schöner" aus?

8 Zur Erweiterung seiner Tennisanlage hat ein Verein eine 80 m lange und 60 m breite Wiese gekauft. Wie viele neue Plätze kann der Verein darauf anlegen? Erstelle verschiedene Vorschläge, wie man diese Plätze anordnen könnte.

9 Berechne aus den Längenangaben in der Zeichnung weitere Eigenschaften eines Tennisplatzes.
a) Länge, Breite, Umfang und Gesamtlänge aller Linien des Spielfelds
b) Flächeninhalte des gesamten Platzes und der Spielfelder für Einzel und Doppel
c) Spielfläche, die rechnerisch jedem Spieler im Einzel bzw. im Doppel zur Verfügung steht
d) Netzfläche (Höhe an den Seiten 1,07 m)

V Teilbarkeit

Du musst wissen, es gibt da diese hundsgewöhnlichen Zahlen, die sich teilen lassen, und dann gibt es die anderen, bei denen das nicht geht. Die sind mir lieber.
Weißt du, warum?
Weil sie prima sind. An denen beißen sich die Mathematiker schon seit über tausend Jahren die Zähne aus.
Wunderbare Zahlen sind das.

Hans Magnus Enzensberger

Das kannst du bald

- Zahlen auf ihre Teiler untersuchen
- Teilbarkeitsregeln anwenden
- Primzahlen ermitteln
- Gemeinsame Teiler und Vielfache bestimmen

Check-in

Schätze dich ein:

1. Ich kann Zahlen der Größe nach ordnen.
2. Ich kann Grundrechenaufgaben im Kopf lösen.
3. Ich kann Klammern ausmultiplizieren.
4. Ich kann Faktoren ausklammern.
5. Ich kann mit Potenzen rechnen.

☺	😐	☹
☐	☐	☐
☐	☐	☐
☐	☐	☐
☐	☐	☐
☐	☐	☐

Lerntipps

zu 1. **Merkkasten,** Seite 12
zu 2. **Merkkasten,** Seite 19
zu 3. **Merkkasten,** Seite 110
zu 4. **Merkkasten,** Seite 110
zu 5. **Merkkasten,** Seite 113

Teste dich!

Lösungen, Seite 270

1 Zahlen der Größe nach ordnen
Ordne die folgenden Zahlen der Größe nach. Beginne mit der kleinsten.
24 893, 28 439, 23 984, 24 883, 249 843, 2394, 2493, 249 834, 28 394, 3249

2 Grundrechenaufgaben im Kopf lösen
Berechne vorteilhaft.
a) $24 \cdot 5$ b) $16 \cdot 8$ c) $245 : 7$ d) $42 \cdot 12$
e) $812 : 4$ f) $540 : 15$ g) $5742 : 3$ h) $62 \cdot 7$

3 Klammern ausmultiplizieren
Multipliziere aus und berechne.
a) $4 \cdot (30 + 6)$ b) $(40 - 6) \cdot 8$ c) $3 \cdot (400 + 20 + 7)$
d) $11 \cdot (50 - 3)$ e) $(60 + 7) \cdot 6$ f) $(500 + 8) \cdot 9$

4 Faktoren ausklammern
Klammere aus und berechne.
a) $6 \cdot 26 + 6 \cdot 4$ b) $36 \cdot 7 - 6 \cdot 7$ c) $112 : 5 - 12 : 5$
d) $47 \cdot 8 - 8 \cdot 7$ e) $36 \cdot 8 + 14 \cdot 8$ f) $234 : 7 - 24 : 7$

5 Mit Potenzen rechnen
Berechne im Kopf.
a) $2^3 \cdot 3^2$ b) $5^2 \cdot 2^2$ c) $3^2 \cdot 5^2$ d) $4^3 \cdot 2^4$

D31 Check-in

1 x 1

Lerneinheit 1
Seite 176

Das kleine 1x1 kann man als Multiplikationstafel aufschreiben. Weil die Multiplikation mit 1 ganz einfach ist, wurde der Faktor 1 in der folgenden Tabelle weggelassen.

	2	3	4	5	6	7	8	9	10
2	4	6	8	10	12	14	16	18	20
3	6	...							
4	8								
5									
6									
7									
8									
9									
10									

- Findet heraus, wo man in der Tabelle Vielfache von 2, von 3 und von 5 findet. Wo stehen Quadratzahlen?
- In den Feldern stehen Zahlen bis 100. Einige Zahlen kommen dabei mehrfach vor. Findet dafür Beispiele. Welche Zahlen kommen besonders häufig vor?
- Andere Zahlen kommen gar nicht vor. Sucht auch dafür Beispiele.

Rechteckzahlen

Lerneinheit 1
Seite 176

Rechteckmuster sieht man ganz häufig. In einem 6er-Eierkarton sind die sechs Eier in einem 2x3-Rechteck angeordnet. Auch bei der Arbeit am Computer kann man Rechteckmuster antreffen, wenn man zum Beispiel eine Tabelle in einen Text einfügt. Die Größe der Tabelle kann man auswählen, indem man mit der Maus ein farbiges Rechteck auswählt (Fig. 1).

Wie sehen Tabellen aus, die mit 15, 17 und 27 Feldern erzeugt werden?

Man kann natürliche Zahlen auch als Rechtecke aus Punkten darstellen – deswegen nennt man sie Rechteckzahlen (Fig. 2).

Auf wie viele Arten lassen sich 12, 15 und 17 als Rechteckzahlen darstellen? Findet Zahlen, die kleiner als 200 sind und die man auf möglichst viele verschiedene Arten als Rechteck darstellen kann. Sucht auch solche Zahlen, die sich nur auf eine oder gar keine Art als Rechteck darstellen lassen.

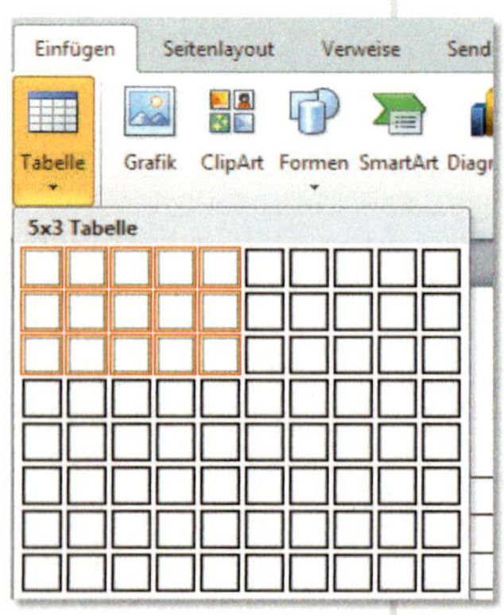

Fig. 1

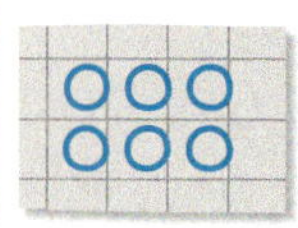

Fig. 2

Multiplikationsbäume wachsen lassen

Multiplikationsbäume sind Rechenbäume, bei denen nur multipliziert wird. Aus einer Zahl kann man einen solchen Baum wachsen lassen, indem man sich Multiplikationsaufgaben überlegt, die die Zahl als Ergebnis haben. Die Abbildung zeigt zwei Beispiele, wie Multiplikationsbäume aus der Zahl 48 wachsen können.

Lerneinheit 3
Seite 184

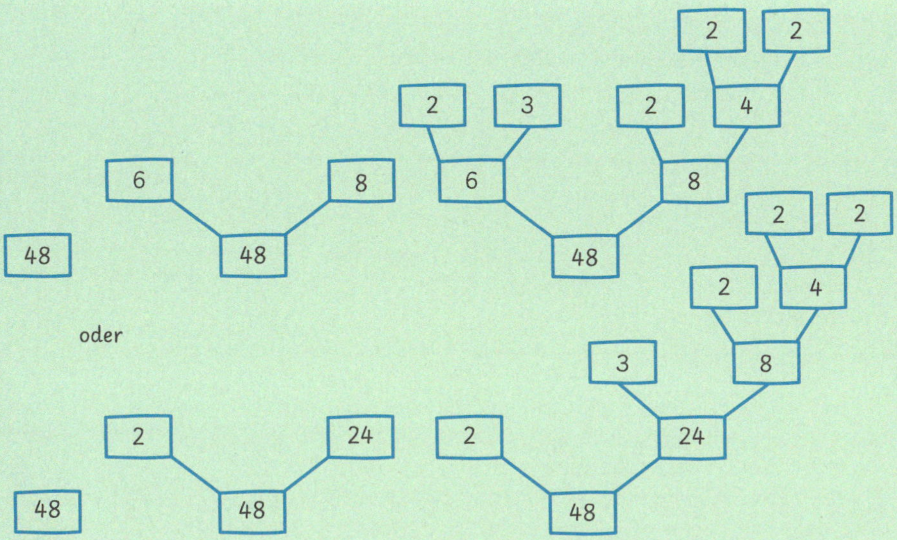

So sieht ein möglicher Multiplikationsbaum für die Zahl 100 aus:

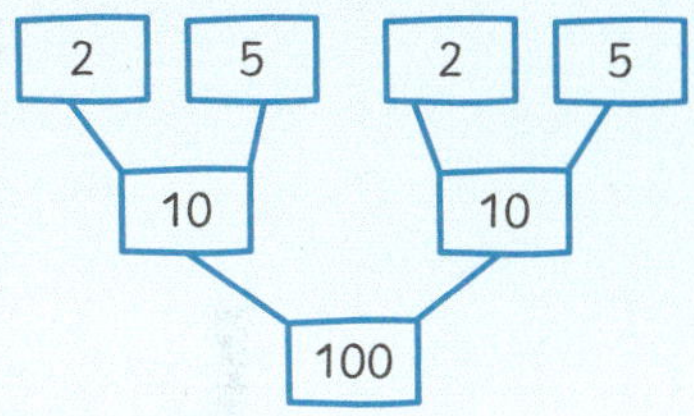

- Zeichnet Multiplikationsbäume zu 52, 720, 900 und 3375. Worin unterscheiden sich eure Bäume? Was haben sie gemeinsam?
- Zeichnet Multiplikationsbäume zu 128, 81 und 125. Wie sehen die letzten Zweige aus? Was ist das Gemeinsame an diesen Zahlen? Findet ihr noch mehr solcher Zahlen?
- Findet Zahlen, die viele verschiedene und stark verästelte Multiplikationsbäume haben. Gibt es auch Bäume, aus denen nicht viel wächst?

1 Teiler und Vielfache

Ein Skat-Spiel besteht aus 32 Karten.
Lene wundert sich, dass man es zu dritt spielen kann. Vier wären doch besser, oder?

Eine Klasse von 28 Schülerinnen und Schülern kann man in vier gleich große Gruppen einteilen, aber nicht in fünf gleich große Gruppen. Die Division 28 durch 4 geht ohne Rest auf, während bei der Division 28 durch 5 ein Rest übrig bleibt.

Bei der Division 28 : 4 bleibt kein Rest. Dafür sagt man auch:

	28 ist **teilbar** durch 4	Diese vier Aussagen bedeuten alle dasselbe.
oder	4 **teilt** 28	
oder	4 ist ein **Teiler** von 28	
oder	28 ist ein **Vielfaches** von 4.	

Für „4 teilt 28“ schreibt man kurz:
$4 \mid 28$.

Entsprechend bedeutet
$4 \nmid 30$:
„4 ist kein Teiler von 30“.

Die Teiler von 28 sind 1, 2, 4, 7, 14 und 28. Diese lassen sich zu einer Menge zusammenfassen, die **Teilermenge** T_{28} heißt. Kurz: $T_{28} = \{1; 2; 4; 7; 14; 28\}$. Hierbei bezeichnet man 1 und 28 als **unechte Teiler**, alle anderen Zahlen als **echte Teiler.**
Ebenso kann man die Vielfachen einer Zahl zu einer Menge zusammenfassen. Diese Menge heißt **Vielfachenmenge**. Die Vielfachen von 5 werden zum Beispiel zur Menge $V_5 = \{5; 10; 15; \ldots\}$ zusammengefasst.

Will man eine Menge von Zahlen aufschreiben, so schreibt man die Zahlen in Mengenklammern: {...}.

Wenn man feststellen will, ob eine Zahl z. B. durch 8 teilbar ist oder nicht, ist es besonders bei großen Zahlen hilfreich, wenn man sie in eine Summe oder eine Differenz zerlegt. Sind alle Teile der Zerlegung durch 8 teilbar, dann ist auch die ursprüngliche Zahl durch 8 teilbar. Ist genau ein Teil nicht durch 8 teilbar, dann ist es auch die ursprüngliche Zahl nicht.
Die Zahl 3304 ist in $3304 = 3200 + 80 + 24$ zerlegbar. Bei allen drei Summanden kann man leicht sehen, dass sie durch 8 teilbar sind. Folglich ist auch die Zahl 3304 durch 8 teilbar und es ergibt sich
$3304 : 8 = (3200 + 80 + 24) : 8 = 3200 : 8 + 80 : 8 + 24 : 8 = 400 + 10 + 3 = 413$.

Beispiel 1 Teilbarkeit einer Zahl untersuchen
Untersuche die Teilbarkeit.
a) Ist 117 durch 7 teilbar?
b) Teilt 3 die Zahl 111?
c) Ist 36 ein Vielfaches von 3?

Lösung
a) $117 : 7 = 16$ Rest 5, also ist 117 nicht durch 7 teilbar.
b) $111 : 3 = 37$, also teilt 3 die Zahl 111.
c) $36 : 3 = 12$, also ist 36 ein Vielfaches von 3.

Beispiel 2 Teilermenge bestimmen
Bestimme alle Teiler von 20 und gib die Teilermenge an.

Lösung
Die Zahl 20 kann als Produkt von zwei Zahlen geschrieben werden. Bis auf die Reihenfolge sind dies alle möglichen Produkte:
$20 = 1 \cdot 20$; $20 = 2 \cdot 10$; $20 = 4 \cdot 5$
$T_{20} = \{1; 2; 4; 5; 10; 20\}$

Die beiden Faktoren eines jeden Produktes sind Teiler von 20.

Beispiel 3 **Teilbarkeit durch Zerlegen untersuchen**
Untersuche, ob 714 durch 21 teilbar ist. Begründe.
Lösung

1. Möglichkeit (Summe):
Zerlege 714 so, dass du an den Summanden die Teilbarkeit leicht ablesen kannst. Der erste Summand wird als Vielfaches von 21 gewählt: 21 · 30 = 630.
714 = 630 + 84
630 und 84 sind durch 21 teilbar. Also ist auch 714 durch 21 teilbar.

2. Möglichkeit (Differenz):
Schreibe 714 als Differenz von zwei Zahlen, bei denen du die Teilbarkeit leichter bestimmen kannst. Der Minuend wird als Vielfaches von 21 gewählt: 21 · 40 = 840.
714 = 840 − 126
840 und 126 sind durch 21 teilbar. Also ist auch 714 durch 21 teilbar.

Aufgaben

○ **1** Entscheide, welches der blauen Kärtchen auf dem Rand zwischen die beiden Zahlen zu legen ist.

A 6 □ 84 B 15 □ 125 C 40 □ 220 D 14 □ 154

| ∤

○ **2** Gib die Teilermenge der Zahl an.
a) 12 **b)** 40 **c)** 81 **d)** 23 **e)** 55 **f)** 56

Lerntipp
Seite 176, Beispiel 2

○ **3** Gib die ersten fünf Zahlen der Vielfachenmenge an.
a) V_2 **b)** V_6 **c)** V_7 **d)** V_{17} **e)** V_{12} **f)** V_{22}

○ **4** Untersuche die Teilbarkeit der Summe bzw. Differenz.
a) Ist 35 ein Teiler von 70 + 355?
b) Ist 8 ein Teiler von 48 + 800 + 160?
c) Ist 25 ein Teiler von 7800 − 75?
d) Ist 7 ein Teiler von 420 − 35 − 12?
e) Ist 7 ein Teiler von 21 · 153 + 14?
f) Ist 16 ein Teiler von 32 · 11 − 64?

○ **5** Prüfe die Behauptung, ohne den Wert der Summe oder Differenz auszurechnen.
a) 38 teilt 3800 − 190.
b) 45 teilt 90 + 450.
c) 31 teilt 620 − 91.
d) 25 teilt 4300 + 75.

Lerntipp
Seite 177, Beispiel 3

○ **6** Untersuche auf Teilbarkeit.
a) Ist 12 ein Teiler von 144 · 36?
b) Ist 16 ein Teiler von 32 · 11?
c) Ist 7 ein Teiler von 21 · 153 + 14?
d) Ist 11 ein Teiler von 243 · 66 − 121?

○ **7** Gib die Lösung an.
a) Welche der Zahlen 4, 8, 28, 32, 60, 64, 80, 400, 500 und 1000 sind Vielfache von 8?
b) Welche der Zahlen 1, 2, 3, 4, 5, 6, 7, 10, 70, 210 und 420 sind Teiler von 210?
c) Welche Zahl ist der größte, welche Zahl ist der kleinste echte Teiler von 50?
d) Bestimme den größten und den kleinsten echten Teiler von 2024.

Teste dich!

Lösungen, Seite 270

○ **8** Setze in deinem Heft für □ passend „teilt“ oder „teilt nicht“ ein.
a) 6 □ 30; 4 □ 30; 8 □ 30
b) 30 □ 90; 9 □ 30; 90 □ 30
c) 1 □ 8; 18 □ 18; 1 □ 1
d) 8 □ 46; 48 □ 8; 8 □ 18

○ **9** Beantworte die Frage mit möglichst wenig Rechenaufwand.
a) Welche der Zahlen 756, 757, 758 und 759 ist durch 9 teilbar?
b) Welche der Zahlen 333, 343, 353 und 363 ist durch 37 teilbar?

10 Untersuche, ob die Zahl mehr als vier Vielfache hat, die kleiner als 100 sind. Gib sie an.
a) 20 b) 9 c) 15 d) 25 e) 19 f) 35

11 Entscheide und begründe deine Antwort.
a) Welche der Zahlen 6030, 12 096 und 17 996 sind durch 6 teilbar?
b) Welche der Zahlen 4933, 35 140 und 76 993 sind durch 7 teilbar?
c) Welche der Zahlen 7376, 15 950 und 20 056 sind durch 8 teilbar?
d) Welche der Zahlen 9089, 10 000 und 18 072 sind durch 9 teilbar?

12 Prüfe,
a) ob 28 die Zahl 1316 teilt,
b) ob 576 durch 12 teilbar ist,
c) ob $17 \mid 952$ stimmt,
d) ob 1982 ein Vielfaches von 9 ist.

13 Tanja hat Behauptungen zur Teilbarkeit aufgestellt. Prüfe sie, ohne dabei den Wert der vorkommenden Rechenausdrücke auszurechnen.
a) 15 teilt $767 \cdot 45$.
b) $18 + 12 \cdot 343$ ist ein Vielfaches von 12.
c) 11 ist kein Teiler von $33 \cdot 123 - 9$.
d) 13 teilt $39 \cdot 151 + 15$.
e) $112 \cdot 1745$ ist ein Vielfaches von 56.
f) 35 ist kein Teiler von $105 \cdot 754$.

14 Zerlege zuerst geschickt in eine Summe oder eine Differenz. Beantworte dann die Frage.
a) Ist 23 060 durch 20 teilbar?
b) Ist 47 920 durch 40 teilbar?
c) Ist 11 155 durch 11 teilbar?
d) Ist 370 370 durch 37 teilbar?
e) Ist 260 255 durch 13 teilbar?
f) Ist 2560 durch 60 teilbar?

15 Prüfe, ob die Aussagen von Meron und Kaja wahr sind. Begründe deine Entscheidung.

Meron: „Wenn eine Zahl durch 8 teilbar ist, dann ist sie auch durch 4 teilbar."

Kaja: „Alle Zahlen, die durch 4 teilbar sind, sind auch durch 8 teilbar."

16 Für einen Kanalbau stehen Rohre mit einer Länge von 1,20 m zur Verfügung. Der Kanal wird in zwei Abschnitten verlegt: erster Abschnitt 20,40 m und zweiter Abschnitt 25,20 m. Ermittle, ob jeder Abschnitt (das gesamte Kanalrohr) mit dem vorhandenen Rohrmaterial gebaut werden kann.

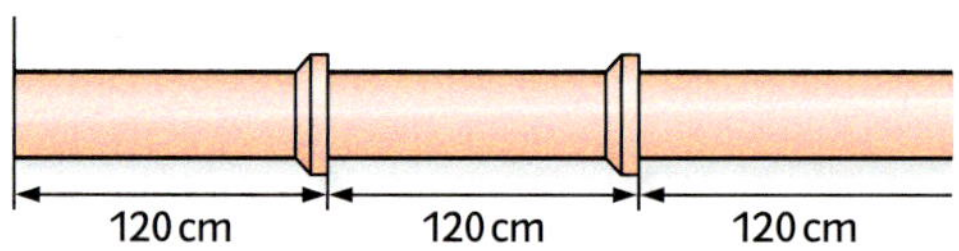

Teste dich!

Lösungen, Seite 271

17 Alexa sammelt Geld für den Klassenausflug ein. Jeder muss 15 € zahlen. Sie hat insgesamt 467 € eingesammelt. Kann das stimmen? Gib eine begründete Antwort auf die Frage.

18 a) Bestimme die kleinste Zahl, die durch 2, 3, 4, 5 und 6 teilbar ist.
b) Wie muss die Lösung von Teilaufgabe a) verändert werden, wenn die Zahl auch durch 24 teilbar sein soll?
c) Suche eine möglichst kleine Zahl, die neben 2, 3, 4, 5 und 6 auch durch 9 teilbar ist.

19 Untersuche, ob die Aussage wahr ist. Begründe deine Entscheidung.
a) „Wenn eine Zahl durch 6 teilbar ist, dann ist sie auch durch 2 und 3 teilbar."
b) „Alle Zahlen, die durch 2 und 3 teilbar sind, sind auch durch 6 teilbar."
c) „Wenn eine Zahl nicht durch 6 teilbar ist, dann ist sie auch nicht durch 2 oder 3 teilbar."
d) „Alle Zahlen, die nicht durch 2 oder 3 teilbar sind, sind auch nicht durch 6 teilbar."

20 Untersuche, wie der Betrag von 2 € mit nur einer Münzsorte (mit zwei Münzsorten) ausgezahlt werden kann. Stelle die Ergebnisse auf einem Poster dar.

21 Ein Start-up-Unternehmen möchte Schokolade in verschiedenen Tafelformen anbieten, die beim gerechten Teilen für möglichst viele unterschiedliche Personenanzahlen passen. Die ersten Vorschläge werden in der Abbildung vorgestellt. Beratet die Jungunternehmer und gebt ihnen Tipps.

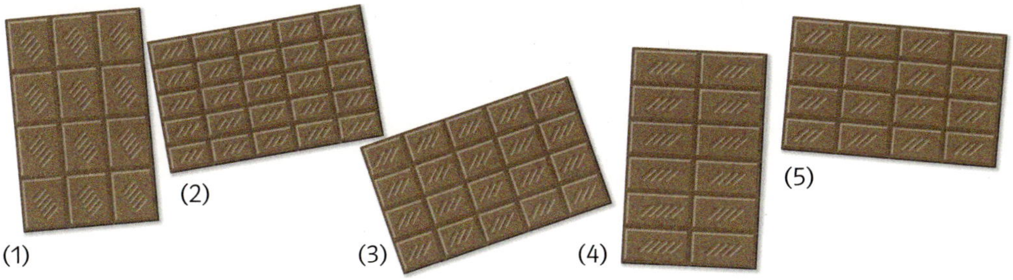

22 **Wahr oder falsch?**
Begründe, ob die folgenden Aussagen wahr oder falsch sind.
a) „Von zwei aufeinanderfolgenden Zahlen ist eine durch 2 teilbar."
b) „Von vier aufeinanderfolgenden Zahlen sind zwei durch 2 teilbar."
c) „Von drei aufeinanderfolgenden Zahlen ist eine durch 3 teilbar."
d) „Von vier aufeinanderfolgenden Zahlen sind zwei durch 3 teilbar."
e) „Von zwei aufeinanderfolgenden Zahlen ist keine durch 3 teilbar."

23 Prüft die Behauptungen.
a) 245 kann wie folgt in Summanden zerlegt werden: 245 = 210 + 20 + 15. Da nur 210 durch 7 teilbar ist, ist 245 nicht durch 7 teilbar.
b) Wenn bei einer Summe mit drei Summanden nur einer durch 7 teilbar ist, dann ist die Summe nicht durch 7 teilbar.
c) Wenn bei einem Produkt mit zwei Faktoren beide durch 5 teilbar sind, dann ist das Produkt durch 25 teilbar.
d) Wenn bei einem Produkt mit zwei Faktoren beide nicht durch 6 teilbar sind, dann ist auch das Produkt nicht durch 6 teilbar.

24 Nachdem die Räuber verjagt waren, lebten die Bremer Stadtmusikanten zufrieden miteinander im Haus. Ab und an musizierten sie und da jeder einen anderen Rhythmus beim Üben hatte, ergab es sich, dass nach einigen Tagen alle vier gemeinsam zu hören waren. Der Hahn sang jeden zweiten Tag. Die Katze musizierte an jedem 3. Tag. Der Hund hatte nur jeden 4. Tag Lust auf ein Ständchen und der Esel sogar nur jeden 6. Tag. Untersuche, nach wie vielen Tagen die Bremer Stadtmusikanten das nächste Mal zusammen musizierten.

Teste dein Grundwissen! **Zahlen ordnen und vergleichen**

Merkkasten, Seite 12
Lösungen, Seite 271

25 Ordne die Zahlen der Größe nach.
10 Millionen, 10^6, 1 Milliarde, 10^8, 1000, 10^5

26 Entscheide, welche Aussagen wahr sind. Begründe deine Überlegung.
Wenn man bei einer vierstelligen Zahl links die Ziffer 2 hinzufügt, dann
a) verdoppelt sich die Zahl,
b) vergrößert sich die Zahl um 20 000,
c) vergrößert sich die Zahl um 2000.

2 Teilbarkeitsregeln

Mira: „Das ist eine gute Idee, immer 4 Lose auf einmal zu verkaufen."
Sina: „Klar, aber das geht doch gar nicht auf!"
Mira: „Du kannst aber schnell durch 4 teilen."
Sina: „Das sieht man auch, ohne zu teilen."

Ob eine Divisionsaufgabe aufgeht oder einen Rest lässt, kann man in vielen Fällen schon vor dem Rechnen erkennen. Dazu nutzt man **Teilbarkeitsregeln.**

Endstellenregeln für die Teilbarkeit durch 2, 5 und 10
Die Zahl 17 586 kann man zerlegen in $17586 = 17580 + 6$.
10 und alle Vielfachen von 10 sind durch 2, 5 und 10 teilbar. Die Teilbarkeit von 17 586 durch 2, 5 und 10 hängt also nur von der Einerziffer 6 ab.
Da 6 durch 2, aber nicht durch 5 oder 10 teilbar ist, ist auch 17 586 durch 2, aber nicht durch 5 oder 10 teilbar.

Endstellenregel für die Teilbarkeit durch 4
Um die Teilbarkeit durch 4 zu prüfen, reicht es nicht aus, die Einerziffer zu betrachten. Dies liegt daran, dass nicht alle Vielfachen von 10 durch 4 teilbar sind. So ist z. B. 20 durch 4 teilbar, aber 30 ist nicht durch 4 teilbar. Da aber 100, 1000, 10 000 und alle Vielfachen davon durch 4 teilbar sind, kann man die Teilbarkeit durch 4 prüfen, indem man die letzten beiden Ziffern der Zahl betrachtet. So ist z. B. 17 586 nicht durch 4 teilbar, da 86 nicht durch 4 teilbar ist.

Endstellenregeln:
Eine Zahl ist
durch 2 teilbar, wenn ihre letzte Ziffer eine 0, 2, 4, 6 oder 8 ist,
durch 5 teilbar, wenn ihre letzte Ziffer eine 0 oder eine 5 ist,
durch 10 teilbar, wenn ihre letzte Ziffer eine 0 ist und
durch 4 teilbar, wenn die aus ihren letzten beiden Ziffern gebildete Zahl durch 4 teilbar ist.

Quersummenregel für die Teilbarkeit durch 3 und 9
Die Zahl 426 kann zerlegt werden in
$426 = 400 + 20 + 6 = 4 \cdot 99 + 4 + 2 \cdot 9 + 2 + 6 = 4 \cdot 99 + 2 \cdot 9 + 4 + 2 + 6$.
99 und 9 sind durch 3 teilbar, somit auch $4 \cdot 99$ und $2 \cdot 9$. Ob 426 durch 3 teilbar ist, hängt also nur davon ab, ob $4 + 2 + 6$ durch 3 teilbar ist.
$4 + 2 + 6$ ist die Summe aller Ziffern von 426 und heißt **Quersumme** von 426.
Da $4 + 2 + 6 = 12$ durch 3 teilbar ist, ist auch 426 durch 3 teilbar.

Die Zahlen 99 und 9 sind auch durch 9 teilbar. Deshalb hängt auch die Teilbarkeit durch 9 nur davon ab, ob die Quersumme durch 9 teilbar ist oder nicht.
Da $4 + 2 + 6 = 12$ nicht durch 9 teilbar ist, ist auch 426 nicht durch 9 teilbar.

Quersummenregel:
Eine Zahl ist
durch 3 teilbar, wenn ihre Quersumme durch 3 teilbar ist,
durch 9 teilbar, wenn ihre Quersumme durch 9 teilbar ist.

Ist eine Zahl durch 2 und durch 3 teilbar, so ist sie auch durch 6 teilbar.

Beispiel 1 Endstellenregel
Prüfe 4576 mit den Teilbarkeitsregeln auf Teilbarkeit durch 2, 4, 5 und 10.
Lösung
4576 hat die Endziffer 6. Daher ist 4576 durch 2 teilbar, aber nicht durch 5 oder 10.
Für die Teilbarkeit durch 4 betrachtet man die aus den letzten beiden Ziffern gebildete Zahl, hier ist das 76. Da 76 durch 4 teilbar ist, ist auch 4576 durch 4 teilbar.

Beispiel 2 Quersummenregel
Prüfe 3942 und 7323 auf eine Teilbarkeit durch 3 und 9.
Lösung
Die Quersumme von 3942 ist $3 + 9 + 4 + 2 = 18$. Die Zahl 18 ist durch 3 und durch 9 teilbar, also ist 3942 durch 3 und durch 9 teilbar.
Die Quersumme von 7323 ist $7 + 3 + 2 + 3 = 15$. Die Zahl 15 ist durch 3, aber nicht durch 9 teilbar. Damit ist 7323 durch 3 teilbar, aber nicht durch 9.

Beispiel 3 Teilbarkeitsregeln
a) Prüfe die Zahl 74 952 auf eine Teilbarkeit durch 6.
b) Vervollständige das Kästchen so, dass die Zahl 53□72 durch 9 teilbar ist.
Lösung
a) Die Endziffer von 74 952 ist 2. Damit ist 74 952 durch 2 teilbar.
Die Quersumme von 74 952 ist $7 + 4 + 9 + 5 + 2 = 27$. Da 27 durch 3 teilbar ist, ist auch 74 952 durch 3 teilbar. Aus der Teilbarkeit durch 2 und 3 folgt, 74 952 ist auch durch 6 teilbar.
b) Die Quersumme von 53□72 ist $5 + 3 + \square + 7 + 2 = 17 + \square$. Da die Quersumme durch 9 teilbar sein muss, ergibt sich als fehlende Ziffer 1. Die Zahl lautet also 53 172.

Aufgaben

○ **1** Schreibe aus der Liste diejenigen Zahlen heraus, die
a) durch 2 teilbar sind,
b) durch 3 teilbar sind.

117	56	254	4445	3990	1112	7878	388

○ **2** Schreibe aus der Liste diejenigen Zahlen heraus, die
a) durch 5 teilbar sind,
b) durch 10 teilbar sind.

645	5150	9504	1000	555	10	1	1 Million

Lerntipp
Seite 181, Beispiel 1

○ **3** Untersuche, welche Zahlen durch 4 teilbar sind. Die Karten mit den Zahlen, die nicht durch 4 teilbar sind, lassen sich zu einem Lösungswort zusammensetzen.

2512 A	8758 B	6664 C	7896 D	5938 E	5000 F
2533 G	11 136 H	192 I	3844 J	2424 K	9998 L

D32 **Anwendungen zu Teilbarkeitsregeln**

○ **4** Untersuche, welche Zahlen durch 3 und welche durch 3 und 9 teilbar sind. Die Kärtchen mit den Zahlen, die nicht durch 3 oder 9 teilbar sind, ergeben ein Lösungswort.

Lerntipp
Seite 181, Beispiel 2

2594 A	1341 M	735 B	9000 J	939 S	265 T
76 L	1033 T	1242 S	2424 A	2000 H	4321 E

○ **5** Formuliere mithilfe der Textbausteine mindestens sechs wahre Aussagen.

SP

Die Zahl	• 975 • 6060 • 123 • 2468	ist durch	• 2 teilbar, • 3 teilbar, • 5 teilbar, • 10 teilbar,	• weil ihre letzte Ziffer • weil ihre Quersumme	• 0 ist. • durch 3 teilbar ist. • gerade ist. • 5 ist.

○ **6** a) Oliver hat mit seinen drei Freunden beim Karneval insgesamt 1092 Bonbons gesammelt. Überprüfe, ob die Freunde die Bonbons gerecht aufteilen können.
b) Olivers Schwester möchte 558 gesammelte Bonbons mit ihren beiden Freundinnen gerecht aufteilen. Untersuche, ob das möglich ist.

Teste dich!

Lösungen, Seite 271

○ **7** Schreibe aus der Liste diejenigen Zahlen heraus, die
a) durch 2 teilbar sind,
b) durch 3 teilbar sind,
c) durch 4 teilbar sind,
d) durch 5 teilbar sind.

450	709	6516	101010	321000	22222

○ **8** Die Eintrittskarten für ein Schülertheater kosten jeweils 3 €. Nach der Vorstellung sind 1107 € in der Kasse. Überprüfe, ob diese Einnahme stimmen kann.

◒ **9** Begründe, welche Ziffern man für ▢ einsetzen kann, damit die Zahl durch 3 teilbar ist.
a) 6▢ b) 14▢ c) 4▢3 d) 60▢1 e) ▢95 f) 100▢

◒ **10** Begründe, welche Ziffern man für ▢ einsetzen kann, damit die Zahl durch 6 teilbar ist.
a) 45▢ b) 55▢ c) ▢450 d) 211▢ e) ▢955 f) 100▢

◒ **11** Untersuche, ob es unter den Geldbeträgen einen gibt, den man ohne Rest
a) in 10, b) in 2,
c) in 5, d) in 4
gleiche ganze Eurobeträge teilen kann.

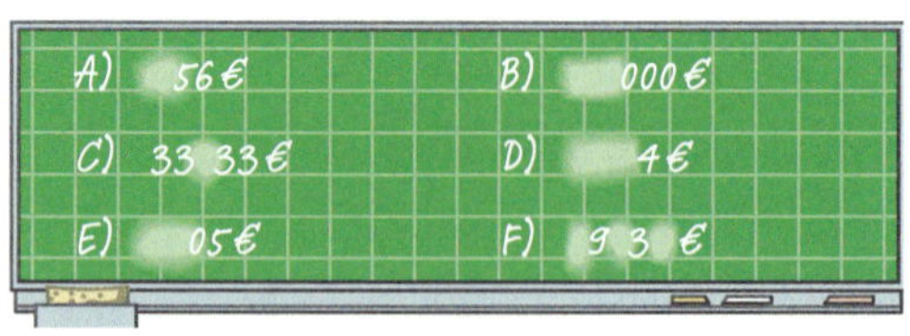

◒ **12** a) Gib zwei Zahlen zwischen 5070 und 5080 an, die durch 4 teilbar sind.
b) Gib drei Zahlen zwischen 6200 und 6210 an, die durch 3 teilbar sind.
c) Notiere alle Zahlen zwischen 1500 und 1550, die sowohl durch 4 als auch durch 3 teilbar sind.
d) Gib die kleinste sechsstellige Zahl an, die durch 3 teilbar ist, aber nicht durch 2.

13 Untersuche mithilfe der Teilbarkeitsregeln, ob die Zahl durch 6 bzw. durch 9 teilbar ist.
a) 188 712 b) 248 319 c) 842 184 d) 742 122

14 Die Lücke zwischen den Türmen in der Stadtmauer soll mit einem Drahtzaun geschlossen werden. Dabei sollen alle Pfosten den gleichen Abstand haben und an den Türmen soll kein Pfosten stehen. Berechne, wie viel der Zaun mit den Pfosten mindestens kostet, wenn man das Angebot der Baufirma zugrunde legt.

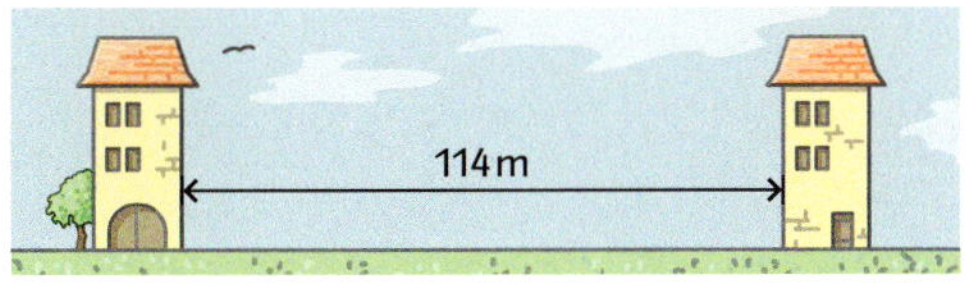

Angebot der Baufirma: Pfostenabstand 3 m oder 4 m oder 5 m oder 6 m. Ein Pfosten kostet 22 €, ein laufender Meter des Drahtzauns 12 €.

15 **Wahr oder falsch?**
Überprüfe, ob die Aussage wahr oder falsch ist. Begründe.
a) „Wenn eine Zahl durch 2 teilbar ist, dann ist sie auch durch 4 teilbar."
b) „Wenn eine Zahl durch 10 teilbar ist, dann ist sie auch durch 2 und 5 teilbar."
c) „Eine Zahl ist durch 7 teilbar, wenn ihre Quersumme durch 7 teilbar ist."

Teste dich!

Lösungen, Seite 271

16 Zwei Stockwerke liegen 2 m 40 cm übereinander. Die Treppenstufen können entweder 16 cm, 17 cm, 18 cm, 20 cm oder 22 cm hoch sein.
Untersuche, welche Stufenhöhen möglich sind.

17 Gib an, was man für ▢ einsetzen kann, damit die Zahl die angegebenen Teiler hat.
a) 16▢6; Teiler: 2, 3 b) 578▢; Teiler: 2, 5 c) 6▢88; Teiler: 4, 3

18 Begründe die folgenden Regeln.
a) Teilbarkeitsregel für 6: „Eine Zahl ist durch 6 teilbar, wenn ihre letzte Ziffer eine 0, 2, 4, 6 oder 8 ist und ihre Quersumme durch 3 teilbar ist."
b) Teilbarkeitsregel für 15: „Eine Zahl ist durch 15 teilbar, wenn ihre letzte Ziffer eine 0 oder eine 5 ist und ihre Quersumme durch 3 teilbar ist."
c) Teilbarkeitsregel für 8: „Eine Zahl ist durch 8 teilbar, wenn die aus den letzten drei Ziffern gebildete Zahl durch 8 teilbar ist."
d) Findet weitere Teilbarkeitsregeln und überprüft sie an selbst gewählten Beispielen. Vergleicht die Regeln in der Klasse.

19 Ist eine Jahreszahl durch 4 teilbar, so ist das Jahr ein Schaltjahr. Ausnahme: Ist die Jahreszahl durch 100 teilbar, aber nicht durch 400, so gibt es kein Schaltjahr.
a) Leos Mutter wurde am 29. Februar 1988 geboren. Untersuche, in welchen Jahren sie bisher ihren Geburtstag feiern konnte.
b) Bestimme, wie viele Schaltjahre es seit der Einführung der Ausnahmeregelung von Papst Gregor XIII im Jahr 1582 bisher gegeben hat.

Die Ausnahmeregelungen wurden 1582 von Papst Gregor XIII eingeführt. Man nennt daher den Kalender, der die Schaltjahre auf diese Weise berechnet, auch *Gregorianischen Kalender*.

20 Die Zahl 28 hat die Teiler 1, 2, 4, 7, 14 und 28. Die Addition aller Teiler außer der Zahl selbst ergibt wieder die Zahl 28. Man nennt 28 deshalb eine **vollkommene Zahl**.
Untersuche, ob es vollkommene Zahlen gibt, die kleiner als 28 sind.

Teste dein Grundwissen! **Zahlenstrahl**

Merkkasten, Seite 12
Lösungen, Seite 271

G **21** Trage die Zahlen 550, 580, 600, 620, 630 und 650 auf einem geeigneten Zahlenstrahl ein.

3 Primzahlen und Primfaktorzerlegung

Vervollständige das Tafelbild!
Was lässt sich entdecken?

Betrachtet man die natürlichen Zahlen und ihre Teiler, so kann man verschiedene Zusammenhänge entdecken. Zum Beispiel gibt es Zahlen, die genau zwei Teiler haben. Diese Zahlen nennt man **Primzahlen**. Eine Primzahl ist nur durch 1 und sich selbst teilbar. Doch Vorsicht: Die Zahl 1 ist keine Primzahl, denn sie hat nur einen Teiler.

Primzahlen haben auch die interessante Eigenschaft, dass sich jede natürliche Zahl, die keine Primzahl ist, als Produkt dieser Primzahlen aufschreiben lässt. Die Zahl 24 kann man als Produkt schreiben und die Faktoren so klein wie möglich machen:

$24 = 2 \cdot 12$	$24 = 4 \cdot 6$	$24 = 3 \cdot 8$
$= 2 \cdot 2 \cdot 6$	$= 2 \cdot 2 \cdot 6$	$= 3 \cdot 2 \cdot 4$
$= 2 \cdot 2 \cdot 2 \cdot 3$	$= 2 \cdot 2 \cdot 2 \cdot 3$	$= 3 \cdot 2 \cdot 2 \cdot 2$

Die letzte Zeile ist immer gleich, wenn man die Faktoren der Größe nach ordnet:

$$24 = 2 \cdot 2 \cdot 2 \cdot 3 = 2^3 \cdot 3.$$

Die Faktoren sind jetzt nur noch Primzahlen und die Zerlegung der Zahl in Faktoren ist eindeutig. Eine solche Zerlegung heißt daher **Primfaktorzerlegung**.

> Eine natürliche Zahl mit genau zwei Teilern ist eine **Primzahl**.
> Die ersten Primzahlen sind: 2, 3, 5, 7, 11, 13, 17, 19, 23, 29, 31, 37, ...
>
> Jede natürliche Zahl, die keine Primzahl ist, kann auf eindeutige Weise als Produkt von Primzahlen geschrieben werden. Dieses Produkt heißt **Primfaktorzerlegung**.

Man sagt: 140 hat die Primfaktoren 2 (doppelt), 5 und 7.

Mithilfe der Primfaktorzerlegung kann man alle Teiler einer Zahl erhalten.
Zum Beispiel hat die Zahl 140 die Primfaktorzerlegung $140 = 2 \cdot 2 \cdot 5 \cdot 7$.
Wenn man die Primfaktoren zu Produkten kombiniert, erhält man Teiler von 140, z. B.

$2 \cdot 2 \cdot 5 \cdot 7$ → $2 \cdot 7 = 14$

$2 \cdot 2 \cdot 5 \cdot 7$ → $2 \cdot 2 \cdot 5 = 20$

Alle Teiler von 140 erhält man in übersichtlicher Darstellung so:

ein Faktor der Primfaktorzerlegung: 2; 5; 7 zusätzlich: 1	Produkte mit *zwei* Primfaktoren: $2 \cdot 2 = 4$, $2 \cdot 5 = 10$ $2 \cdot 7 = 14$, $5 \cdot 7 = 35$	Produkte mit *drei* Primfaktoren: $2 \cdot 2 \cdot 5 = 20$ $2 \cdot 2 \cdot 7 = 28$ $2 \cdot 5 \cdot 7 = 70$	Produkte mit *vier* Primfaktoren: $2 \cdot 2 \cdot 5 \cdot 7 = 140$

Ein Produkt von mehr als vier Primfaktoren ist bei der Zahl 140 nicht möglich.
Der Größe nach geordnet, sind alle Teiler von 140: 1, 2, 4, 5, 7, 10, 14, 20, 28, 35, 70 und 140.

Um alle Primzahlen in einem Zahlbereich zu bestimmen, kann man das **Sieb des Eratosthenes** nutzen. Dabei werden die Primzahlen durch eine bestimmte Vorgehensweise „ausgesiebt“.
Es sollen alle Primzahlen im Bereich bis 100 bestimmt werden:

1. Schreibe die Zahlen 2 bis 100 wie rechts dargestellt auf.
2. Die erste Zahl ist 2. Streiche alle Vielfachen von 2 (nicht die 2 selbst).
3. Suche die nächste nicht gestrichene Zahl; streiche alle Vielfachen von ihr außer der Zahl selbst.
4. Wiederhole Schritt 3., solange man auf diese Art noch Vielfache streichen kann. Alle übrig gebliebenen Zahlen sind Primzahlen.

Eratosthenes lebte vermutlich von 276 bis 194 v. Chr. in Griechenland. Er war Leiter der Bibliothek von Alexandria. Alexandria besaß die berühmteste Bibliothek der Antike.

Bei der Suche nach Primzahlen bis 100 kann man schon nach dem Streichen der Vielfachen von 7 aufhören. Als Nächstes wären die Vielfachen von 11 an der Reihe. Diese sind aber schon gestrichen, denn bis 100 kann höchstens $9 \cdot 11$ vorkommen. Die Vielfachen von 9 (8, 7 …) sind jedoch bereits gestrichen.

Beispiel 1 Primfaktorzerlegung
Gib die Primfaktorzerlegung von 72 an und schreibe diese in der Potenzschreibweise.
Lösung
$72 = 2 \cdot 36 = 2 \cdot 2 \cdot 18 = 2 \cdot 2 \cdot 2 \cdot 9 = 2 \cdot 2 \cdot 2 \cdot 3 \cdot 3$
In der Potenzschreibweise: $72 = 2^3 \cdot 3^2$

Es ist üblich, die Primfaktoren der Größe nach zu ordnen.

Beispiel 2 Bestimmung aller Teiler
Gib mithilfe der Primfaktorzerlegung alle Teiler der Zahl 99 an.
Lösung
Primfaktorzerlegung: $99 = 3 \cdot 3 \cdot 11$

ein Faktor:	Produkte mit zwei Faktoren:	Produkte mit drei Faktoren:
3, 11 zusätzlich: 1	$3 \cdot 3 = 9$ $3 \cdot 11 = 33$	$3 \cdot 3 \cdot 11 = 99$

Die Teiler von 99 sind 1, 3, 9, 11, 33 und 99.

Aufgaben

○ **1** Zeige durch das Suchen von Teilern, dass die Zahl keine Primzahl ist.
a) 49 b) 28 c) 81 d) 112
e) 99 f) 155 g) 69 h) 144

○ **2** Überprüfe, ob die Zahl eine Primzahl ist.
a) 17 b) 21 c) 27 d) 51
e) 29 f) 41 g) 42 h) 43

○ **3** Zeige mithilfe der Teilbarkeitsregeln, dass die Zahl keine Primzahl ist.
a) 4568 b) 1557 c) 34 115 d) 32 736

○ **4** Gib an, welches die vollständige Primfaktorzerlegung ist.

Üben ○ Seite 192, Aufgabe 3

a) 54
$3 \cdot 3 \cdot 6$ oder $2 \cdot 3 \cdot 3 \cdot 3$

b) 1000
$10 \cdot 10 \cdot 10$ oder $2 \cdot 2 \cdot 2 \cdot 5 \cdot 5 \cdot 5$

○ **5** Ordne jeder Zahl die richtige Primfaktorzerlegung zu.

$2 \cdot 2 \cdot 13$ $3 \cdot 5 \cdot 5$ $3^2 \cdot 7$ $2 \cdot 3^2 \cdot 5$ 2^5

63 90 52 32 75

○ **6** Ergänze in der Primfaktorzerlegung die fehlende Primzahl bzw. den fehlenden Exponenten.

a) $27 = \square^3$	b) $20 = \square^2 \cdot 5$	c) $45 = 3^{\square} \cdot 5$	d) $81 = 3^{\square}$
e) $36 = 2^{\square} \cdot 3^2$	f) $99 = \square^2 \cdot 11$	g) $125 = \square^3$	h) $169 = 13^{\square}$

○ **7** Gib die Primfaktorzerlegung an und schreibe diese auch in der Potenzschreibweise.

Lerntipp Seite 185, Beispiel 1

a) 8	b) 14	c) 18	d) 25
e) 420	f) 50	g) 30	h) 36

Teste dich!

Lösungen, Seite 271

○ **8** Überprüfe, ob die Zahl eine Primzahl ist.

a) 19 b) 38 c) 23 d) 111

○ **9** Gib die Primfaktorzerlegung an und schreibe diese auch in der Potenzschreibweise.

a) 12 b) 100 c) 77 d) 60

◒ **10** Finde mithilfe des Siebes des Eratosthenes alle Primzahlen bis 150.

◒ **11** Untersuche die folgende Fragestellung.

a) Wie viele Primzahlen gibt es zwischen 130 und 140?
b) Wie viele Primzahlen gibt es höchstens zwischen zwei Zehnerzahlen?
c) Wie viele Primzahlen gibt es mindestens zwischen zwei Zehnerzahlen?

◒ **12** Christian Goldbach hat behauptet, dass man alle geraden Zahlen außer 2 als Summe zweier Primzahlen schreiben kann. (Beispiel: $26 = 23 + 3$)
Diese Behauptung ist bis heute nicht bewiesen. Allerdings hat man auch noch keine gerade Zahl gefunden, die sich nicht als Summe zweier Primzahlen schreiben lässt.
Schreibe nun selbst die folgenden Zahlen als Summe zweier Primzahlen.

a) 12 b) 18 c) 20 d) 22 e) 10 f) 30 g) 56 h) 38

◒ **13** Bestimme je fünf Zahlen, bei denen

Anwenden ◒ Seite 192, Aufgabe 1(

a) nur 5 und 7, b) nur 3 und 11, c) nur 5 und 11
als Primfaktoren auftreten.

◒ **14** Die Primfaktorzerlegung von 126 ist $126 = 2 \cdot 3 \cdot 3 \cdot 7$. Beurteile ohne Rechnung, ob die Aussagen wahr oder falsch sind.

a) 3^3 ist ein Teiler von 126.

b) $2 \cdot 3 \cdot 3$ ist ein Teiler von 126.

c) $2 \cdot 2$ ist ein Teiler von 126.

d) $3^2 \cdot 7$ ist ein Teiler von 126.

15 Gerrit bestimmt alle Teiler von 90. Dazu benutzt er die Primfaktorzerlegung
$90 = 2 \cdot 3 \cdot 3 \cdot 5$ und erstellt eine Tabelle mit den Teilern von 90.

ein Faktor:	zwei Faktoren:	drei Faktoren:	vier Faktoren:
2, 3, …	$2 \cdot 3 =$, $2 \cdot 5 =$, …	$2 \cdot 3 \cdot 3 =$, …	

a) Übertrage die Tabelle in dein Heft, ergänze die fehlenden Teiler und schreibe dann alle Teiler von 90 der Größe nach auf.
b) Bestimme auf diese Weise alle Teiler von 84 und 294.

16 Bestimme die Primfaktorzerlegung und berechne dann alle Teiler der Zahl.
a) 50 b) 150 c) 225 d) 567

Lerntipp
Seite 185, Beispiel 2

Teste dich!

Lösungen, Seite 271

17 Bestimme die Primfaktorzerlegung und berechne anschließend alle Teiler der Zahl.
a) 44 b) 64 c) 105 d) 441

18 a) Gib alle zweistelligen Primzahlen an, bei denen die Einerziffer eine 1 ist.
b) Gib eine zwölfstellige Zahl an, die keine Primzahl ist.

19 Wenn zwischen zwei Primzahlen (wie bei 3 und 5) nur eine weitere Zahl liegt, nennt man sie Primzahlzwillinge. Gib mindestens vier weitere Paare von Primzahlzwillingen an.

Man vermutet, dass es unendlich viele Primzahlzwillinge gibt. Man weiß bis heute nicht, ob das stimmt.

20 Untersuche, welche zweistellige Zahl die meisten Teiler hat. Gibt es mehrere Zahlen mit so vielen Teilern?

21 **Wahr oder falsch?**
Begründe bei jeder Aussage, ob sie wahr oder falsch ist.
a) „Eine Summe von zwei Primzahlen ergibt wieder eine Primzahl."
b) „Alle Primzahlen sind ungerade."
c) „Wenn man eine Primzahl mit sich selbst multipliziert und dann 1 addiert, ist das Ergebnis wieder eine Primzahl."
d) „Dreistellige Zahlen, die mit den Ziffern 17 enden, sind Primzahlen."

22 Seit vielen Jahren fährt ein erfahrener Kapitän zur See, der sich auf den langen Routen Knobelaufgaben für seine Besatzung ausdenkt. Eine Aufgabe davon lautet: „Das Produkt aus der Anzahl der Personen der Schiffsbesatzung, der Länge des Schiffes in Metern und dem Alter des Kapitäns beträgt 91 001. Wie alt ist der Kapitän?"
Löse das Rätsel des Kapitäns.

Teste dein Grundwissen! **Überschlagen**

Beispiel, Seite 95
Lösungen, Seite 271

G **23** Führe eine Überschlagsrechnung durch und suche das richtige Ergebnis auf den Kärtchen.
a) $195 \cdot 73$ b) $52 \cdot 3195$ c) $92 \cdot 2379$
d) $475 \cdot 2219$ e) $999 \cdot 5223$ f) $5213 \cdot 42890$

32 145 218 868 5 217 777 166 140 1 054 025 223 585 570 14 235 442 233

4 Größter gemeinsamer Teiler und kleinstes gemeinsames Vielfaches

„Meistens ist nur ein Zug im Bahnhof."
„Stimmt wohl, aber jetzt könnten wir uns einen aussuchen."
„Ach, das ist Zufall. Auch wenn die sich genau nach dem Fahrplan richten, müssten wir stundenlang warten, bis wieder mal beide gleichzeitig hier halten."
„Na, nun übertreib mal nicht gleich!"

Der größte gemeinsame Teiler

Die Zahl 1 ist Teiler von jeder anderen Zahl. Zwei Zahlen haben aber manchmal noch andere gemeinsame Teiler. Man findet sie, wenn man ihre Teilermengen miteinander vergleicht. 20 und 30 haben die gemeinsamen Teiler 1; 2; 5 und 10, denn

$T_{20} = \{1; 2; 4; 5; 10; 20\}$ und $T_{30} = \{1; 2; 3; 5; 6; 10; 15; 30\}$.

Alle gemeinsamen Teiler sind die Teiler von 10, dem größten gemeinsamen Teiler.

Unter den gemeinsamen Teilern zweier Zahlen gibt es einen größten. Man nennt ihn den **größten gemeinsamen Teiler** (kurz: **ggT**) der beiden Zahlen.

Für ggT von 20 und 30 schreibt man auch kurz: ggT(20; 30).
Lies: ggT von 20 und 30.

Wenn man den ggT zweier Zahlen sucht, ist es oft geschickter, zuerst die Teiler der kleineren Zahl oder der Zahl mit besonders wenigen Teilern aufzuschreiben. Dann prüft man, welcher Teiler der größte ist, der auch die andere Zahl teilt.

→ vgl. auch Exkursion, Seite 196

Das kleinste gemeinsame Vielfache

Die Vielfachenmenge von 12 ist $V_{12} = \{12; 24; 36; 48; 60; 72; 84; 96; 108; 120; 132; \ldots\}$. Vergleicht man sie mit $V_8 = \{8; 16; 24; 32; 40; 48; 56; 64; 72; 80; 88; 96; 104; 112; 120; 128; \ldots\}$, so findet man wie bei den Teilermengen gleiche Zahlen. Sie heißen gemeinsame Vielfache. Das kleinste gemeinsame Vielfache ist 24.

Unter den **gemeinsamen Vielfachen** zweier Zahlen gibt es ein kleinstes. Man nennt es das **kleinste gemeinsame Vielfache** (kurz: **kgV**) der beiden Zahlen.

Für kgV von 8 und 12 schreibt man auch kurz: kgV(8; 12).
Lies: kgV von 8 und 12.

Man kann das kgV bestimmen, indem man von der größeren Zahl das 1-Fache, 2-Fache, 3-Fache usw. bestimmt und sofort überprüft, ob es auch ein Vielfaches der kleineren Zahl ist. Die erste solche Zahl ist das kgV.

→ vgl. auch Exkursion, Seite 196

Beispiel 1 Gemeinsame Teiler mithilfe der Teilermengen finden

Bestimme alle gemeinsamen Teiler und den ggT von 36 und 48.

Lösung

Teiler von 36:	1	2	3	4	6		9	12		18		36	
Teiler von 48:	1	2	3	4	6	8		12	16		24		48
gemeinsame Teiler:	1	2	3	4	6			12					

Die gemeinsamen Teiler sind 1, 2, 3, 4, 6 und 12. Es ist ggT(36; 48) = 12.

Zahlen, die nur 1 als gemeinsamen Teiler haben, heißen **teilerfremd**.

Beispiel 2 Den ggT bestimmen
a) Bestimme den ggT von 6 und 140.
b) Bestimme den ggT von 48 und 77.
Lösung
a) $T_6 = \{1; 2; 3; 6\}$. Da 6 und 3 keine Teiler von 140 sind, ist ggT(6; 140) = 2.
b) Es ist $77 = 7 \cdot 11$. Da 7 und 11 Primzahlen sind, hat 77 nur die Teiler 1, 7, 11 und 77. Weder 7 noch 11 sind Teiler von 48. Deshalb ist ggT(48; 77) = 1

Beispiel 3 Gemeinsame Vielfache mithilfe der Vielfachenmenge finden
Bestimme die ersten drei gemeinsamen Vielfachen von 24 und 36.
Lösung

Vielfache von 24:	24	48	72	96		120	144	168		192	216
Vielfache von 36:		36	72		108		144		180		216
gemeinsame Vielfache:			72				144				216

Beispiel 4 Das kgV bestimmen
Bestimme das kgV von 30 und 55.
Lösung
55 ist kein Vielfaches von 30. Ungerade Vielfache von 55 enden auf 5. Sie können deshalb keine Vielfachen von 30 sein.
$2 \cdot 55 = 110$; $4 \cdot 55 = 220$. Die Zahlen 110 und 220 sind keine Vielfachen von 30.
$6 \cdot 55 = 330$. Wegen $330 = 11 \cdot 30$ gilt kgV(30; 55) = 330.

Aufgaben

○ **1** Zerlege beide Zahlen auf möglichst viele verschiedene Arten in ein Produkt mit zwei Faktoren. Schreibe jeweils die Teilermengen auf und finde alle gemeinsamen Teiler. Wie lautet der ggT?
a) 60 und 45 b) 138 und 46 c) 13 und 52 d) 27 und 75

Lerntipp
Seite 188, Beispiel 1

○ **2** Prüfe, ob die Zahlen teilerfremd sind.
a) 15 und 25 b) 15 und 27 c) 15 und 28 d) 24 und 35
e) 38 und 57 f) 42 und 65 g) 182 und 165 h) 178 und 237
i) 345 und 322 j) 370 und 609 k) 231 und 273 l) 204 und 276

○ **3** Bestimme die ersten drei gemeinsamen Vielfachen der beiden Zahlen und schreibe die Vielfachenmengen auf. Bestimme das kgV.
a) 12 und 16 b) 5 und 7 c) 7 und 28 d) 9 und 10
e) 12 und 15 f) 14 und 66 g) 13 und 52 h) 27 und 10

Lerntipp
Seite 189, Beispiel 3

○ **4** Übertrage die Tabelle in dein Heft und fülle sie aus.

a	b	Teiler von a	Teiler von b	gemeinsamer Teiler	ggT	kgV
18	24	1, 2, 3, 6, 9 und 18	1, 2, 3, 4, 6, 8, 12 und 24	1, 2, 3 und 6		
12	16					
30	45					
35	21					
16	81					

○ **5** Bestimme die Zahl.
a) ggT (14; 21) b) ggT (16; 20) c) ggT (36; 45) d) ggT (24; 40)
e) ggT (10; 15) f) ggT (49; 28) g) kgV (6; 9) h) kgV (11; 14)

D33 Anwendungen zu ggT und kgV

Teste dich!

Lösungen, Seite 271

○ **6** Bestimme den ggT und das kgV der Zahlen.
a) 15 und 20 b) 21 und 28 c) 30 und 45 d) 7 und 30
e) 72 und 108 f) 60 und 80 g) 18 und 35 h) 24 und 28

◒ **7** Elke und Marion laufen im Training die ganze Strecke nebeneinander. Elke hat eine mittlere Schrittlänge von 80 cm, die etwas kleinere Marion nur von 70 cm. Sie geraten deshalb sofort „außer Tritt". Nach welcher Strecke sind sie wieder „im Tritt"?
Wie viele Schritte hat Elke bis dahin zurückgelegt?
Wie viele Schritte hat Marion bis dahin zurückgelegt?

◒ **8** Auf einer Spielzeug-Autorennbahn braucht das Auto auf der inneren Bahn 24 Sekunden für eine Runde. Das Auto auf der äußeren Bahn ist deutlich langsamer, es braucht 36 Sekunden für eine Runde. Nach welcher Zeit kommen beide Autos wieder gleichzeitig durch „Start und Ziel", wenn sie dort gleichzeitig gestartet sind? Wie viele Runden sind das jeweils?

◒ **9** Die Antworten kannst du finden, wenn du dir zuerst ein paar Beispiele ausdenkst. Die Lösungen der vorigen Aufgaben können auch helfen.
a) Haben zwei Zahlen immer gemeinsame Teiler?
b) Wie groß können gemeinsame Teiler von zwei Zahlen höchstens sein?
c) Eine der beiden Zahlen ist eine Primzahl, die andere nicht. Wie viele gemeinsame Teiler gibt es dann? Kannst du sie, ohne viel zu rechnen, bestimmen?

◒ **10** a) Gibt es immer gemeinsame Vielfache von zwei Zahlen? Begründe.
b) Eine Zahl ist ein Teiler der anderen. Wie groß ist dann das kgV der beiden?
c) Die beiden Zahlen sind teilerfremd. Wie berechnet man dann das kgV?
d) Wie groß ist das kgV von zwei Zahlen höchstens?
e) Eine Zahl ist eine Primzahl. Wie kann man dann das kgV bestimmen?

◒ **11** Welche Zahlen kann man hier passend einsetzen? Nenne drei Möglichkeiten.
a) ggT (12; ▢) = 4 b) ggT (▢; 18) = 6 c) ggT (▢; 81) = 9 d) ggT (24; ▢) = 1

Bei der Aufgabe 11 a) ist die eine Möglichkeit sofort klar: 4. Aber die anderen?

◒ **12** Warum kann man hier für ▢ keine passende Zahl finden? Finde drei weitere solche Beispiele.
a) ggT (27; ▢) = 33 b) ggT (▢; 64) = 9 c) ggT (9; ▢) = 2 d) ggT (14; ▢) = 3

◒ **13** Welche Zahlen kann man hier passend einsetzen? Nenne drei Möglichkeiten.
a) kgV (9; ▢) = 45 b) kgV (▢; 15) = 30 c) kgV (▢; 9) = 18 d) kgV (8; ▢) = 144

◒ **14** Warum kann man hier keine passenden Zahl finden? Finde drei weitere solche Beispiele.
a) kgV (27; ▢) = 33 b) kgV (▢; 64) = 9 c) kgV (▢; 6) = 15 d) kgV (7; ▢) = 25

◒ **15** Die Oberfläche eines 12 cm langen, 15 cm breiten und 6 cm hohen Quaders soll in lauter gleiche, aber möglichst große Quadrate eingeteilt werden. Welche Seitenlänge haben diese Quadrate? Wie viele Quadrate ergeben sich?

Teste dich!

Lösungen, Seite 271

16 a) Beim Neubau des Hauses der Familie Meige ist jedes Stockwerk 255 cm hoch, der Keller 221 cm. Es sollen überall Treppen mit gleich hohen Stufen eingebaut werden. Wie hoch kann man eine Stufe höchstens machen? Wie viele Stufen sind es im Keller?
b) Frau Meige gefällt die Stufenhöhe der Kellertreppe nicht. Sie will eine andere Stufenhöhe haben. Kannst du ihr einen Tipp geben?

17 a) Nach wie vielen Umdrehungen des großen Zahnrades stehen sich die beiden Pfeile wieder genau gegenüber?
b) Dimitri hat am großen Rad die vorbeilaufenden Zähne gezählt. Es sind pro Minute genau 40. Wie lange muss er warten, bis sich die Pfeile zum ersten Mal wieder treffen?

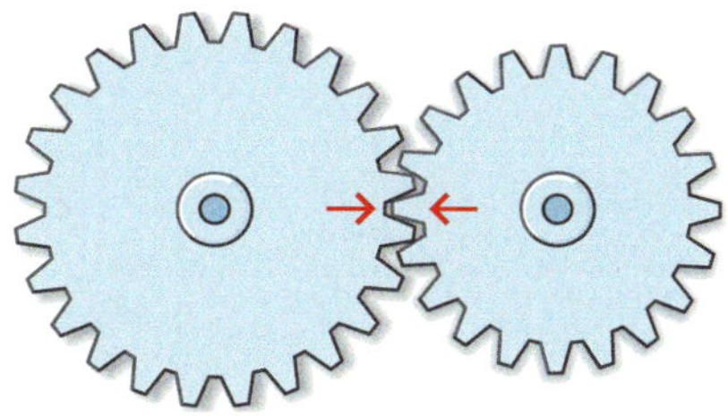

18 Julius kauft sechs Brötchen, drei Packungen Milch, zwei Kopfsalate zu jeweils 51 ct und ein Pfund Kaffee für 4,74 €. Er zahlt mit einem 10-€-Schein und bekommt 3,33 € zurück. Kann das sein?

19 a) Wie viele 24 cm lange, 10 cm breite und 5 cm hohe Ziegelsteine braucht man, um einen Würfel zu schichten?
b) Wie viele Ziegelsteine liegen bei dem Würfel nebeneinander, wie viele hintereinander, wie viele aufeinander?

20 **Zum Knobeln**
Anna-Lena geht mit ihren Eltern an der Nordsee spazieren. Hinter dem Deich treffen sie einen Schäfer. Anna-Lena ist neugierig und möchte gerne wissen, wie viele Schafe er hütet. Der Schäfer möchte aber nicht verraten, wie viele es sind. Er sagt: „Ich habe weniger als tausend Schafe, aber das hast du dir wohl schon gedacht!" Anna-Lena ist nicht zufrieden und fragt: „Können Sie mir nicht wenigstens sagen, wie viele es ungefähr sind?" Der Schäfer antwortet: „Na gut, weil du so nett bist, verrate ich es dir.
Wenn du dieses Rätsel löst, weißt du sogar ziemlich genau, wie viele es sind.
- Angenommen, du würdest immer zwei Schafe wegnehmen, dann wäre am Ende eins übrig.
- Wenn du aber immer drei Schafe wegnimmst, bleiben zwei übrig,
- Nimmst du immer vier Schafe weg, bleiben 3 übrig,
- Wenn du immer fünf Schafe wegnimmst, hast du am Ende noch 4 übrig,
- Wenn du immer sechs Schafe wegnimmst, bleiben 5 übrig,
- Nimmst du aber immer sieben Schafe auf einmal weg, dann bleibt keins übrig.

Und nun wünsche ich euch einen schönen Tag. Vielleicht sehen wir uns ja morgen wieder."
Hinweis: Es gibt mehrere Lösungswege. Gibt es auch mehr als eine Lösung?

Teste dein Grundwissen! Grundrechenarten

Merkkasten, Seite 102
Lösungen, Seite 271

21 Schreibe den Rechenbaum als Term und berechne.

a)
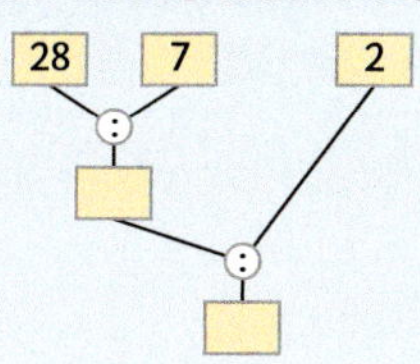

b)
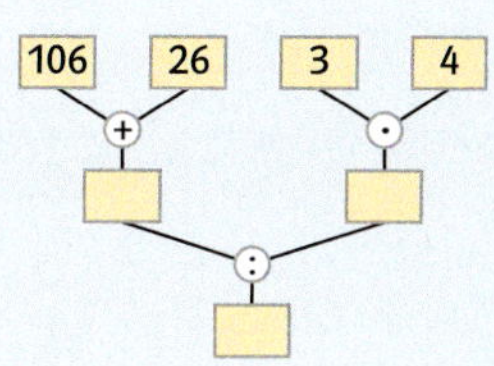

Wiederholen und Üben

○ **1** Schreibe alle Primzahlen bis 30 auf, ohne nachzuschauen.

Lösungen, Seite 272

○ **2** Überprüfe, welche Zahl sich als Produkt von Primzahlen schreiben lässt. Bestimme dieses Produkt gegebenenfalls.
a) 12 b) 23 c) 32 d) 39
e) 144 f) 80 g) 59 h) 93

○ **3** Welche der Zahlen sind zerlegbar? Bestimme ihre Primfaktorzerlegung.
a) 12, 13, 18, 20, 23, 25 b) 32, 37, 104, 250, 330
c) 93, 94, 95, 96, 97 d) 108, 109, 110, 111, 112

○ **4** Zerlege in Primfaktoren und fasse gleiche Faktoren zu Potenzen zusammen.
a) 48 b) 63 c) 100 d) 360
e) 68 f) 225 g) 210 h) 392

○ **5** Die Primfaktorzerlegung von 96 ist $2^5 \cdot 3$.
a) Begründet damit: 36 ist kein Teiler von 96 und 24 ist ein Teiler von 96.
b) Findet weitere Teiler von 96 mithilfe der Primfaktorzerlegung.

○ **6** Dein Gegenüber sagt eine Zahl zwischen 2 und 180. Entscheide mithilfe der Primfaktorzerlegung, ob die genannte Zahl ein Teiler von 180 ist oder nicht.

○ **7** Es ist $1080 = 2^3 \cdot 3^3 \cdot 5$. Bestimme damit die Primfaktorzerlegung von
a) 1080 : 5, b) 1080 : 6, c) 1080 : 40, d) 1080 : 45.

Vertiefen und Anwenden

◒ **8** Welche Produkte sind gleich? Entscheide, ohne die Produkte auszurechnen.
a) $3 \cdot 15 \cdot 25$ und $9 \cdot 125$ b) $27 \cdot 121$ und $5 \cdot 9 \cdot 11 \cdot 11$
c) $9 \cdot 25 \cdot 49$ und $105 \cdot 105$ d) $2 \cdot 3 \cdot 6$ und $6 \cdot 2 \cdot 2$

◒ **9** a) In der Teilermenge T_{20} gibt es nur zwei Primzahlen: die 2 und die 5. Woran liegt das? Findet mindestens drei weitere Zahlen, bei denen in der Teilermenge außer 2 und 5 keine weiteren Primzahlen vorkommen.
b) Sucht dreistellige Zahlen, die von allen Primzahlen nur 3 und 7 als Teiler haben. Welche ist die kleinste Zahl, die von allen Primzahlen nur 3 und 7 als Teiler hat?

◒ **10** Begründe mit der Primfaktorzerlegung.
a) Eine Zahl, die durch 2 und 3 teilbar ist, muss auch durch 6 teilbar sein.
b) Eine Zahl, die durch 3 und 4 teilbar ist, muss auch durch 12 teilbar sein.
c) Eine Zahl, die durch 3 und 8 teilbar ist, muss auch durch 24 teilbar sein.
d) Eine Zahl, die durch 4 und 6 teilbar ist, muss nicht durch 24 teilbar sein.

◒ **11** Die Abbildung zeigt einen Hang mit vier Plateaus auf dem Grundstück der Familie Homberg. Die Plateaus sollen durch Treppen verbunden werden. Über die Höhe der Treppenstufen ist eine Diskussion entbrannt. Jedes Familienmitglied hat einen anderen Vorschlag.
Erkläre, wie hoch die Stufen deiner Meinung nach gebaut werden sollten.

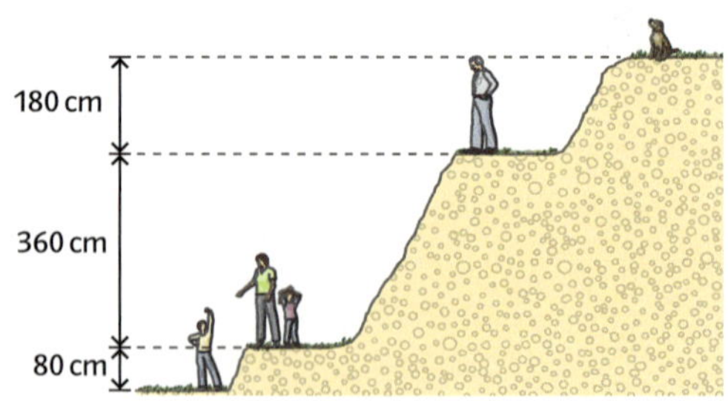

D34 Check-out

12 Benjamin arbeitet im Schichtdienst beim Deutschen Roten Kreuz. Er muss immer drei Tage arbeiten und hat dann einen Tag frei. Heute ist Sonntag und er hat frei. Untersuche folgende Fragestellungen:

a) Wie lange muss er warten, bis er wieder einen freien Sonntag hat?

b) Benjamins Freund Johannes arbeitet auch im Schichtbetrieb. Er muss aber fünf Tage arbeiten und hat dann erst einen Tag frei. Immer wenn beide gemeinsam frei haben, treffen sie sich mit Jan zum Kartenspielen. Wie viele Tage liegen zwischen zwei Spieleabenden? In welchen Abständen findet der Spieleabend an einem Sonntag statt?

Der Umlauf der Erde um die Sonne dauert etwas mehr als 365 Tage. Damit das Jahr möglichst gut zur Dauer dieses Umlaufs passt, hat Julius Cäsar das Schaltjahr eingeführt.

13 Ein Jahr ist ein Schaltjahr, wenn es durch 4 teilbar ist, aber nicht durch 100, es sei denn, es ist auch durch 400 teilbar. Beispielsweise war 1900 kein Schaltjahr, das Jahr 2000 hingegen war ein Schaltjahr. Untersuche folgende Fragestellungen.

a) Welche der Jahre 1564, 1598, 1600, 1742, 1800, 1923, 1996 und 2012 waren Schaltjahre?

b) Tinas Schwester wurde am 29. Februar 2000 geboren. In welchen Jahren bis 2015 konnte sie ihren Geburtstag am „richtigen" Tag feiern?

c) Wie oft gab es zwischen 1898 und 2005 einen 29. Februar?

d) Wie viele Schaltjahre wird es von 2023 bis zum Jahr 3005 geben?

e) Im Jahr 2015 war Christians Uroma 95 Jahre alt. Wie viele Schaltjahre hat sie bis dahin schon erlebt?

f) Elefanten können in einem Zoo bis zu 70 Jahre alt werden. Wie viele Schaltjahre kann es in einem Elefantenleben höchstens geben?

14 a) Ist 89 eine Primzahl? Probiere der Reihe nach alle Primzahlen. Welche ist die letzte Primzahl, die du probieren musst? Probiere der Reihe nach alle Primzahlen als mögliche Teiler.

b) Bodhi behauptet: „401 ist eine Primzahl." Stimmt das? Fasse deine Überlegungen und deine Schlüsse in einem kurzen Text zusammen.

Vernetzen und Erforschen

15 Bestimme für die gegebenen Situationen die Anzahl der Teiler der Zahl.

a) Eine Zahl ist das Produkt aus zwei verschiedenen (gleichen) Primzahlen.

b) Eine Zahl ist das Produkt aus drei verschiedenen Primzahlen.

c) Die Primfaktorzerlegung einer Zahl besteht aus drei Primzahlen.

16 Herr Kinne kauft Latten für einen neuen Zaun um seinen Vorgarten. Der Zaun soll 8,50 m lang werden. Er möchte gerne acht Latten pro Meter einbauen. Der Zaun soll höchstens einen Meter, aber mindestens 40 cm hoch werden. Im Baumarkt gibt es Latten im Sonderangebot. Es sind immer sechs Stück in einer Packung. Jede Latte ist 2,70 m lang. Herr Kinne möchte beim Zerschneiden keinen Abfall produzieren.
Untersuche nun folgende Fragestellung.

a) Welche Zaunhöhen sind möglich?

b) Herr Kinne kauft zwei Packungen. Reicht das für den geplanten Zaun?

c) Bevor er mit dem Zaunbau beginnt, entschließt sich Herr Kinne, doch einen möglichst hohen Zaun zu bauen. Er fährt also noch einmal zurück zum Baumarkt. Dort gibt es aber nur noch Latten, die 4,50 m lang sind. Wie hoch muss er seinen Zaun bauen, wenn er keinen Verschnitt haben möchte?

d) Die 4,50 m langen Latten kann man einzeln kaufen. Wie viele Latten muss Herr Kinne noch kaufen?

e) Herr Kinne fängt beim Zaunbau mit dem Zuschneiden der 2,70 m langen Latten an. Bei der letzten von dieser Sorte hat er sich vermessen. Sie ist nun unbrauchbar. Reicht sein Vorrat trotzdem noch, wenn er beim Zuschneiden der längeren Latten keinen Fehler mehr macht, oder muss er noch einmal zum Baumarkt fahren?

Rückblick

Teiler und Vielfache

Kann man eine Zahl a ohne Rest durch eine Zahl b teilen, dann bedeutet das:

b ist ein Teiler von a oder
b teilt a oder
a ist durch b teilbar oder
a ist ein Vielfaches von b.

Schreibweise: $b \mid a$

$24 \mid 144$,
denn $144 : 24 = 6$

$24 \nmid 148$,
denn $128 : 24 = 5$ Rest 8

Teilbarkeitsregeln

Jeder Teiler zweier Zahlen teilt auch die Summe und die Differenz dieser Zahlen.

Eine Zahl ist teilbar …	wenn …
durch 10,	sie auf 0 endet.
durch 5,	sie auf 0 oder 5 endet.
durch 2,	sie auf 0, 2, 4, 6 oder 8 endet.
durch 4,	die aus den beiden letzten Ziffern gebildete Zahl durch 4 teilbar ist.
durch 3,	ihre Quersumme durch 3 teilbar ist.
durch 9,	ihre Quersumme durch 9 teilbar ist.

7 teilt 7000 und 7 teilt 21, also:
7 teilt $7000 + 21 = 7021$ und
7 teilt $7000 - 21 = 6979$.

14532 ist
teilbar durch 2,
teilbar durch 4,
nicht teilbar durch 10 und 5.

Die Quersumme von 14532 ist 15.

Damit ist 14532 teilbar durch 3, aber nicht teilbar durch 9.

Primzahlen und Primfaktorzerlegung

Eine natürliche Zahl mit genau zwei Teilern heißt Primzahl. Diese Teiler sind 1 und die Zahl selbst.

Die Zahl 2 ist die kleinste Primzahl. Alle größeren Zahlen sind entweder selbst Primzahlen oder sie lassen sich mithilfe der Primfaktorzerlegung als Produkt von Primzahlen schreiben.

Die Zahlen 2, 3, 5, 7, 11, 13, 17, 19, … sind Primzahlen.

$21 = 3 \cdot 7$	*zerlegbar*
$22 = 2 \cdot 11$	*zerlegbar*
23	*Primzahl*
$24 = 2 \cdot 2 \cdot 2 \cdot 3 = 2^3 \cdot 3$	*zerlegbar*
$25 = 5 \cdot 5 = 5^2$	*zerlegbar*
$26 = 2 \cdot 13$	*zerlegbar*
$27 = 3 \cdot 3 \cdot 3 = 3^3$	*zerlegbar*
$28 = 2 \cdot 2 \cdot 7 = 2^2 \cdot 7$	*zerlegbar*
29	*Primzahl*

ggT

Unter den gemeinsamen Teilern zweier Zahlen gibt es einen größten. Er heißt größter gemeinsamer Teiler (ggT).

Den ggT findet man durch Ausprobieren oder mithilfe der Teilermengen.

Der ggT von 24 und 18 ist 6, denn
$T_{24} = \{1, 2, 3, 4, 6, 8, 12, 24\}$ und
$T_{18} = \{1, 2, 3, 6, 9, 18\}$.

kgV

Unter den gemeinsamen Vielfachen zweier Zahlen gibt es ein kleinstes. Es heißt kleinstes gemeinsames Vielfaches (kgV).

Das kgV findet man durch Ausprobieren oder mithilfe der Vielfachenmengen.

Das kgV von 24 und 36 ist 72, denn
36 ist nicht durch 24 teilbar, aber
$2 \cdot 36 = 72$ und
$72 : 24 = 3$.

Runde 1

Lösungen, Seite 273

1 Bestimme jeweils alle Teiler und die ersten drei Vielfachen der Zahlen.
a) 19, 20 und 21 b) 48, 49 und 50 c) 30, 31 und 32

2 Zerlege die Aufgabe zuerst in eine Summe oder in eine Differenz und entscheide anschließend.
a) Ist 25 075 durch 25 teilbar? b) Ist 69 996 durch 7 teilbar? c) Ist 26 010 durch 13 teilbar?
d) Ist 60 060 durch 12 teilbar? e) Ist 17 992 durch 18 teilbar? f) Ist 22 120 durch 11 teilbar?

3 Ergänze die fehlenden Ziffern so, dass die Zahl durch 3 (durch 9) teilbar ist.
a) 7▢82 b) 934▢ c) 7▢632

4 Schreibe als Produkt von Primzahlen. Fasse gleiche Faktoren zu Potenzen zusammen.
a) 99 b) 378 c) 1470

5 a) Gib an, wie viele Teiler die Zahl 25 (27, 35) hat.
b) Bestimme je drei Zahlen mit 2 (3, 4) Teilern.

6 Frau Müller-Diehl geht jeden vierten Tag im großen Stadtpark joggen. Frau Rosenthaler joggt dort jeden sechsten Tag. Heute haben sie sich dabei getroffen.
Untersuche, in wie vielen Tagen die beiden Frauen einander wieder beim Joggen treffen werden.

Runde 2

Lösungen, Seite 273

1 Bestimme zu den Zahlen 2473, 5476, 4029 und 55 482 jeweils die nächstgrößere Zahl, die durch 3 (4, 6) teilbar ist.

2 Enrico und Margitta streiten über die Primfaktorzerlegung.
Enrico behauptet: „Je mehr Primfaktoren eine Zahl hat, desto größer ist sie."
Margitta sagt: „Je mehr Primfaktoren eine Zahl hat, desto mehr Teiler hat sie."
Prüfe beide Aussagen mithilfe geeigneter Beispiele.

3 a) Schreibe aus der Liste diejenigen Zahlen heraus, die
(1) durch 2 teilbar sind, (2) durch 5 teilbar sind,
(3) durch 3 teilbar sind, (4) durch 4 teilbar sind.

6225	51 750	245 140	249 543	333 416	841 213

b) Zeige, dass die Zahlen 183 und 915 keine Primzahlen sind.

4 An die Zahl 564 sollen zwei Ziffern angehängt werden. So entsteht eine fünfstellige Zahl. Ermittle die Ziffern so, dass die entstehende Zahl durch 15 teilbar ist.

5 Berechne möglichst geschickt.
a) ggT(40; 110) b) ggT(40; 48) c) ggT(45; 90)

6 Welche Zahlen kann man passend einsetzen?
a) ggT(33; ▢) = 3 b) kgV(▢; 14) = 12 c) kgV(57; 19) = ▢

Teiler, Primzahlen und gemeinsame Teiler

Algorithmus bedeutet hier Rechenverfahren. Der euklidische Algorithmus ist nach dem griechischen Mathematiker Euklid (um 300 v. Chr.) benannt. Euklid gilt als Verfasser der bedeutendsten Darstellung der griechischen Mathematik, den „Elementen".

Der euklidische Algorithmus

In diesem Kapitel hast du einige Regeln zur Teilbarkeit und zum Finden von gemeinsamen Teilern kennengelernt. Besonders bei großen Zahlen kann das aber sehr mühsam sein. Der griechische Mathematiker Euklid hat sich ein Verfahren überlegt, das auf folgender Regel beruht: Wenn zwei Zahlen einen gemeinsamen Teiler haben, dann teilt dieser auch die Differenz der beiden Zahlen. Jeder gemeinsame Teiler zweier Zahlen, also auch der ggT, ist daher auch ein Teiler der Differenz beider Zahlen. Diesen Gedanken kann man wiederholen. So entsteht eine Rechenkette.

Den ggT von 840 und 1980 kannst du finden, wenn du so vorgehst:

1. Schritt	1980 − 840 = 1140	Subtrahiere immer wieder die kleinere Zahl
2. Schritt	1140 − 840 = 300	(840), solange es möglich ist. Der ggT der
3. Schritt	840 − 300 = 540	roten und der grünen Zahl stimmt mit dem
4. Schritt	540 − 300 = 240	gesuchten ggT überein.
5. Schritt	300 − 240 = 60	Wenn dies nicht mehr geht (hier im 3. Schritt),
6. Schritt	240 − 60 = 180	dann musst du mit dem Rest (300) weiter-
7. Schritt	180 − 60 = 120	machen usw.
8. Schritt	120 − 60 = 60	Der gesuchte ggT ist der ggT von 60 und 60.

Ergebnis: Der ggT von 840 und 1980 ist 60.

Das Verfahren ist recht einfach, aber es kann manchmal lange dauern, bis man den ggT sieht. Du kannst es etwas abkürzen, wenn du die größere Zahl durch die kleinere teilst. Wenn kein Rest bleibt, ist die kleinere der ggT. Andernfalls teilst du die kleinere der beiden Zahlen durch den Rest usw.

1. Schritt	1980 : 840 = 2 Rest 300	Teile die größere Zahl durch die kleinere.
2. Schritt	840 : 300 = 2 Rest 240	Teile die kleinere durch den Rest.
3. Schritt	300 : 240 = 1 Rest 60	usw.
4. Schritt	240 : 60 = 8 Rest 0	Der gesuchte ggT ist 60.

Das von Euklid gefundene Rechenverfahren heißt **euklidischer Algorithmus**.

ggT und kgV mithilfe der Primfaktorzerlegung finden

Wenn man die Primfaktorzerlegung einer Zahl kennt, kann man den ggT auch mithilfe dieser Zerlegungen direkt „ablesen". Die Primfaktorzerlegungen von 1980 und 840 enthalten zwei Zweien, eine Drei und eine Fünf. Also ist $2 \cdot 2 \cdot 3 \cdot 5 = 60$ ein gemeinsamer Teiler. Da es keine weiteren gemeinsamen Primfaktoren gibt, ist 60 auch der ggT von 1980 und 840.

$1980 = 2 \cdot 2 \cdot 3 \cdot 3 \cdot 5 \cdot 11$

$840 = 2 \cdot 2 \cdot 2 \cdot 3 \cdot 5 \cdot 7$

$\text{ggT}(840;\ 1980) = 2 \cdot 2 \cdot 3 \cdot 5 = 60$

Mit der Primfaktorzerlegung kann man auch das kgV finden. Das kgV muss mindestens alle Primfaktoren der größeren Zahl enthalten, denn es ist ja mindestens so groß wie die größere Zahl. Das kgV von 1980 und 840 enthält also $2\cdot2\cdot3\cdot3\cdot5\cdot11$ (= 1980). Wenn man nun noch aus der Primfaktorzerlegung $840 = 2\cdot2\cdot2\cdot3\cdot5\cdot7$ eine 2 und die 7 ergänzt, erhält man die kleinste Zahl, die sowohl 1980 als auch 840 als Teiler hat, also das kgV.
$\text{kgV}(840; 1980) = 2\cdot2\cdot3\cdot3\cdot5\cdot11\cdot2\cdot7 = 27720$ $(= 1980\cdot2\cdot7 = 840\cdot3\cdot11)$

Schreibt man die Primfaktorzerlegungen geschickt untereinander, so kann man das kgV schnell sehen.

kgV von 72 und 120:

$72 = 2\cdot2\cdot2\cdot3\cdot3$
$120 = 2\cdot2\cdot2\cdot3\quad\cdot5$

$\text{kgV}(72; 120) = 2\cdot2\cdot2\cdot3\cdot3\cdot5 = 360$

1 Berechne den ggT der Zahlen mithilfe des euklidischen Algorithmus und der Primfaktorzerlegung. Welche Methode ist schneller?

a) 75 und 250 b) 169 und 144 c) 1717 und 595 d) 15 und 11
e) 3127 und 2491 f) 2911 und 25 543 g) 2048 und 1024 h) 333 und 96

„Seltsame" Teilbarkeitsregeln

Es gibt noch weitere Teilbarkeitsregeln.

Die Regel für die Zahl **11** lautet:
Bilde die „ungerade Quersumme", indem du alle Ziffern an den ungeraden Plätzen addierst, dann berechnest du die „gerade Quersumme". Beide Quersummen ziehst du voneinander ab. Wenn das Ergebnis durch 11 teilbar ist, dann ist die ursprüngliche Zahl auch durch 11 teilbar.

Es geht auch anders:
Streiche die letzte Ziffer und ziehe sie von der übrig gebliebenen Zahl ab. Wiederhole diesen Schritt, bis eine zweistellige Zahl entsteht. Wenn diese durch 11 teilbar ist, dann ist auch die ursprüngliche Zahl durch 11 teilbar, sonst nicht.

365 161 445 ist durch 11 teilbar.
Begründung:
$3 + 5 + 6 + 4 + 5 = 23$ und $6 + 1 + 1 + 4 = 12$
$23 - 12 = 11$.
11 ist durch 11 teilbar.

29 152 ist nicht durch 11 teilbar, denn
$29152 \rightarrow 2915 - 2 = 2913$
$\rightarrow 291 - 3 = 288 \rightarrow 28 - 8 = 20$.
20 ist nicht durch 11 teilbar.

Sogar für die Zahl **7** gibt es eine Regel:
Streiche die letzte Ziffer und ziehe das Doppelte dieser Ziffer von der übrig gebliebenen Zahl ab. Wiederhole das, bis du ein Ergebnis hast, bei dem du sofort weißt, ob es durch 7 teilbar ist.
$25873 \rightarrow 2587 - 6 = 2581 \rightarrow 258 - 2 = 256 \rightarrow 25 - 12 = 13$.
13 ist nicht durch 7 teilbar. 25 873 ist also auch nicht durch 7 teilbar.

2 Suche im Internet nach weiteren Teilbarkeitsregeln.

VI Brüche – das Ganze und seine Teile

Es gliedert sich der Bruch für Kenner
in Zähler oben – unten Nenner.

Der Nenner nennt dir wunderschön
die Teile, die auf's Ganze gehen.
Der Zähler sagt dir klipp und klar
die Anzahl, die zu nehmen war.

Das kannst du bald

- Anteile mit Brüchen beschreiben und vergleichen
- Anteile in Prozent angeben
- Brüche als Zahlen verstehen

Check-in

Schätze dich ein:

☺ ☹

1. Ich kann Summen, Differenzen, Produkte und Quotienten berechnen.
2. Ich kann Divisionen mit Rest ausführen.
3. Ich kann gerechte Aufteilungen vornehmen.
4. Ich kann einfache Alltagsbrüche bei Größenangaben in der nächstkleineren Einheit angeben.

Lerntipps

zu 1. **Merkkasten,** Seite 19
zu 2. **Merkkasten,** Seite 98

Teste dich!

Lösungen, Seite 274

1 Summe, Differenz, Produkt und Quotient
Berechne die Summe, die Differenz, das Produkt und den Quotienten der beiden Zahlen.
a) 24 und 8 b) 42 und 14 c) 225 und 15 d) 1024 und 64

2 Reste beim Teilen
Berechne und mache die Probe. Berücksichtige dabei den auftretenden Rest.
a) 28 : 6 b) 99 : 16 c) 267 : 18 d) 855 : 26

3 Schokoladentafel aufteilen
a) Wie viele Stückchen hat die Schokoladentafel?
b) Wie viele Stückchen erhältst du, wenn du die Tafel halbierst?
c) Wie viele Stückchen dieser Tafel sind ein Viertel?
d) Wie kannst du die Tafel gerecht auf drei Personen aufteilen?

4 Stunden und Minuten
Wie viel Minuten hat
a) eine halbe Stunde,
b) eine Viertelstunde,
c) eine Dreiviertelstunde?

D35 Check-in

Kuchen teilen – Klasse teilen

Bei diesem „Experiment“ soll die Klasse wie ein Kuchen in verschiedene Stücke bzw. Anteile aufgeteilt werden. Geht hierbei folgendermaßen vor:

Lerneinheit 1 Seite 202

1. Alle Kinder der Klasse stellen sich zusammen auf – vielleicht müssen dazu die Möbel umgestellt werden oder alle gehen auf den Schulhof.
2. Stellt fest, wie viele Kinder heute da sind. Einige Kinder der Klasse werden bei dem Experiment als Prüfer eingesetzt, die anderen spielen den Kuchen. Es ist am besten, wenn die Anzahl der Kinder, die den Kuchen spielen, möglichst viele Teiler hat.
   „Gute“ Anzahlen sind zum Beispiel 24, 28 oder 30 Kinder.

Anzahl der anwesenden Kinder	Anzahl der Kinder im „Kuchen“	Anzahl der Prüfer
26	24	2
29	28	1
31	…	…

3. Die Kinder, die den Kuchen spielen, müssen sich nun ohne zu sprechen so aufteilen, wie der Lehrer es vorgibt. Die Prüfer brauchen eine gute Position, um alles sehen zu können.
4. Der Lehrer stellt nun Aufgaben, zum Beispiel:
   - *Ein Drittel der Klasse geht nach links.*
   - *Teilt euch so auf, dass jede Gruppe ein Sechstel „des Kuchens“ ist.*
   - *Drei Viertel der Klasse gehen nach rechts, ein Viertel geht nach links.*

   Er schreibt die Aufgaben (an der Tafel) auch mit.
   Die Prüfer klatschen, wenn „der Kuchen“ sich richtig aufgeteilt hat.
5. Als Abschluss schreibt jedes Kind einen kleinen Bericht oder malt ein Bild zum Spiel.

Du kannst das Spiel auch in Kleingruppen mit Spielfiguren durchführen.

Falten

Lerneinheit 1 Seite 202

Lerneinheit 2 Seite 207

I Zwölftel falten
Faltet ein rechteckiges Blatt Papier so, dass ihr das Papier in zwölf gleiche Teile teilt. Findet möglichst viele unterschiedliche Weisen, das Papier zu falten. Vergleicht eure Ergebnisse untereinander.

II Systematisch falten
Nehmt mehrere Blätter und faltet noch andere Anteile. Beginnt zunächst mit $\frac{1}{2}$. Faltet dann $\frac{1}{3}$, $\frac{1}{4}$ usw. bis $\frac{1}{8}$.
Wie viele verschiedene Faltmöglichkeiten findet ihr? Vergleicht eure Möglichkeiten untereinander.

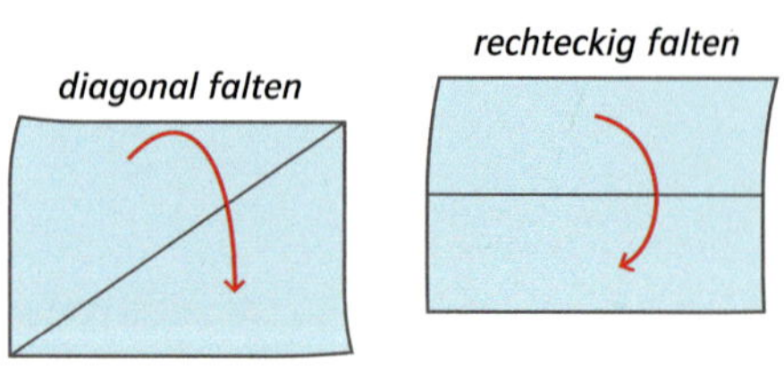

III Faltmöglichkeiten vorhersagen
Arbeitet zu zweit. Welche anderen Anteile könnt ihr falten? Versucht vorherzusagen, welche Anteile ihr gut falten könnt und welche nicht.
Vergleicht in der Klasse die Anteile, bei denen das Falten einfach und präzise funktioniert und erklärt, warum das so ist.

Lebendiges Domino

Jedes Kind braucht zwei Zettel und einen grünen und einen roten Stift.

Lerneinheit 1
Seite 202

Bei einem Stammbruch steht im Zähler eine 1 und im Nenner eine beliebige Zahl.

Domino-Zettel zeichnen
Mit dem grünen Stift wird auf den einen Zettel ein Bild mit einem Anteil gezeichnet, mit dem roten Stift der zugehörige Bruch auf den anderen Zettel.
Damit es möglichst interessante Bilder gibt, solltet ihr nicht nur einfache Stammbrüche wählen.

Domino-Zettel mischen und verteilen
Die grünen und roten Zettel werden jeweils gesammelt, gemischt und neu verteilt, sodass jedes Kind in seiner linken Hand einen mit grüner Schrift und in seiner rechten Hand einen Zettel mit roter Schrift hat. Achtet darauf, dass niemand ein Zettelpaar hat, das zusammengehört.

Domino spielen
Bildet nun eine Kette, sodass jeder Bruch in der rechten Hand eine passende Zeichnung in der linken Hand eines Mitschülers findet.
Lässt sich die Kette sogar zu einem Kreis zusammenführen?

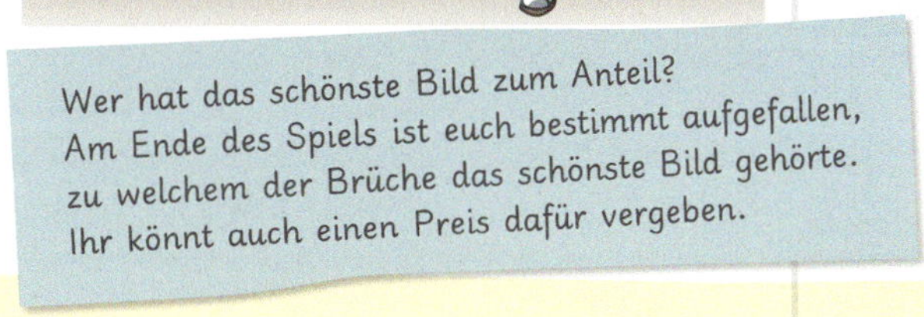

Ein Bruch gewinnt

Lerneinheit 3
Seite 212

Vorbereitung
Es werden 16 Bruchkarten hergestellt. Auf jede Karte wird ein Bruch zwischen 0 und 1 geschrieben, die Rückseite bleibt leer. Dann werden die Karten gemischt und gleichmäßig auf beide Spieler verteilt. Beide Spieler legen ihre Karten verdeckt auf einen Stapel. Einigt euch, bevor ihr mit dem Spiel beginnt, ob der kleinste oder der größte Bruch gewinnt.

Spiel
Nun decken beide Spieler die oberste Karte auf. Wer den größeren bzw. kleineren Bruch hat, gewinnt beide Karten und legt sie unter seinen Stapel. Sind beide Brüche gleich groß, entscheidet die nächste Runde, wer die Karten erhält. Es geht mit den nächsten Karten so weiter. Spielt auf Zeit, zum Beispiel fünf Minuten. Wer am Ende mehr Karten hat, hat gewonnen.

1 Bruch und Anteil

Im Bild ist der Wassergehalt des Menschen dargestellt.
Beschreibe, welchen Wasseranteil der menschliche Körper in den verschiedenen Altersstufen hat.

Im Alltag werden häufig Anteile verwendet: ein halbes Brot, ein Viertel Apfel oder eine Dreiviertelstunde. Jetzt sollen diese Angaben mit Brüchen beschrieben werden. Brüche sind besonders beim Teilen von Bedeutung.

Peter möchte $\frac{3}{4}$ von einer Tafel Schokolade haben. Dazu teilt er die Tafel zuerst in vier gleich große Stücke und nimmt dann drei von ihnen.

Nimm ein **Ganzes**.

Teile durch 4.

Nimm drei Teile davon.

Ein Bruch, bei dem im Zähler eine 1 und im Nenner eine beliebige Zahl steht, heißt **Stammbruch**.

Zur Beschreibung von Anteilen verwendet man Brüche wie $\frac{1}{5}$, $\frac{3}{5}$, $\frac{3}{4}$, …
Die obere Zahl nennt man **Zähler**, die untere **Nenner** des Bruches.

Um den Anteil $\frac{3}{4}$ zu erhalten, zerlegt man ein Ganzes in vier gleich große Teile und nimmt dann drei Teile davon.

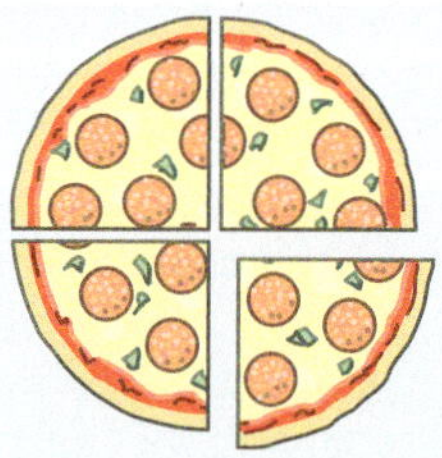

Der Zähler „zählt“ die Teile.
Bruchstrich → $\frac{5}{7}$
Der Nenner „nennt“ die Art eines Teiles.

Beispiel 1 Anteile in Bildern erkennen und darstellen

a) Schreibe den gefärbten Anteil als Bruch und beschreibe deinen Lösungsweg.
b) Zeichne ein passendes Bild zum Bruch $\frac{3}{7}$.

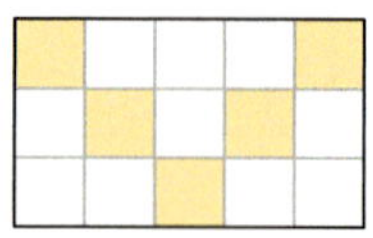

Lösung

a) Es gibt 15 gleich große Kästchen, davon sind 5 gefärbt. Also sind $\frac{5}{15}$ des Rechtecks gefärbt.
b)

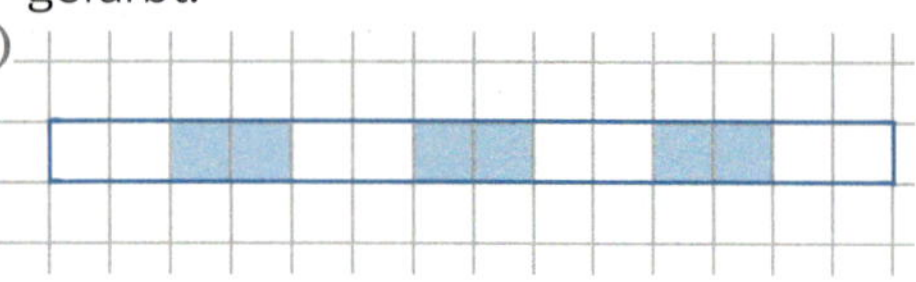

Beispiel 2 Anteile berechnen

Wie viel sind

a) $\frac{3}{4}$ von 10 cm,

b) $\frac{2}{5}$ von 20 Personen?

Lösung

a)

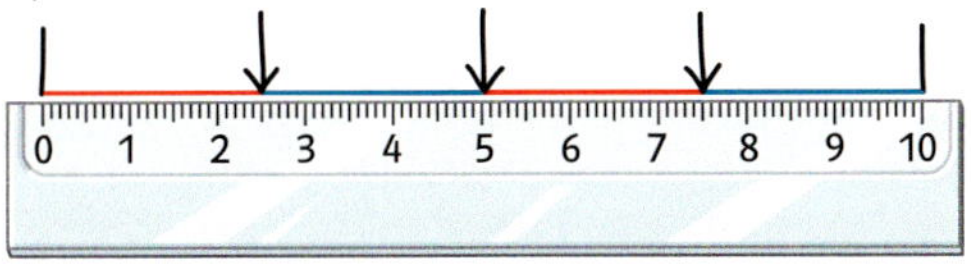

Teilt man 10 cm in vier gleich große Teile, so erhält man Stücke mit einer Länge von 25 mm.
Drei Stücke davon sind $3 \cdot 25\,\text{mm} = 75\,\text{mm}$.

b)

Teilt man 20 Personen in fünf gleich große Gruppen, so entstehen fünf Gruppen von 4 Personen;
$\frac{2}{5}$ von 20 Personen sind zwei Gruppen mit jeweils vier Personen, also 8 Personen.

Beispiel 3 Vom Anteil zum Ganzen

Auf ein Wasserfarbenbild ist versehentlich Wasser getropft. So ist nur noch $\frac{1}{6}$ der Trauben zu sehen. Gib an, wie viele Trauben ursprünglich gemalt waren.

Lösung

Fünf Trauben sind noch zu sehen. Diese sind $\frac{1}{6}$ des Ganzen. Man braucht also sechs Mal so viele, d.h.:
$6 \cdot 5$ Trauben = 30 Trauben.
Auf dem Bild waren ursprünglich 30 Trauben gemalt.

Aufgaben

○ **1** Schreibe den gefärbten Anteil als Bruch und beschreibe kurz deinen Lösungsweg.

a) 

b) 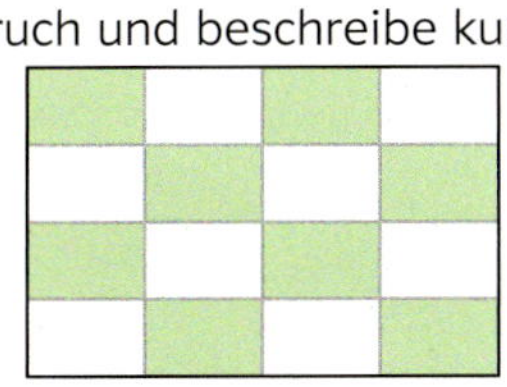

c) 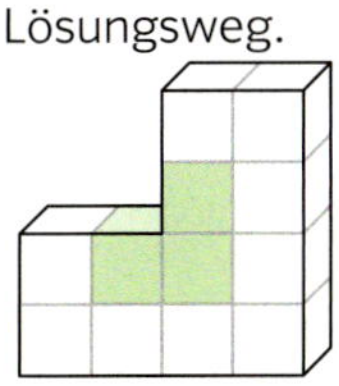

d) 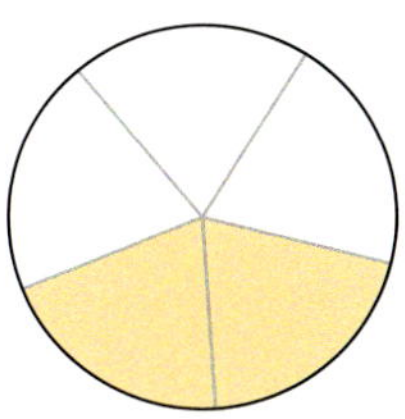

e) 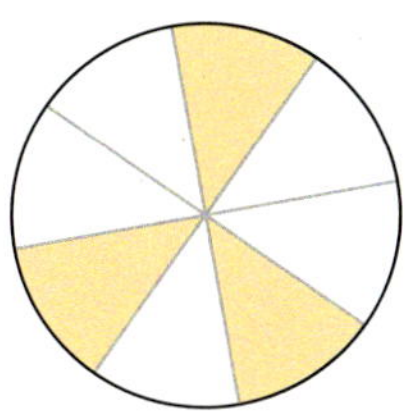

f) 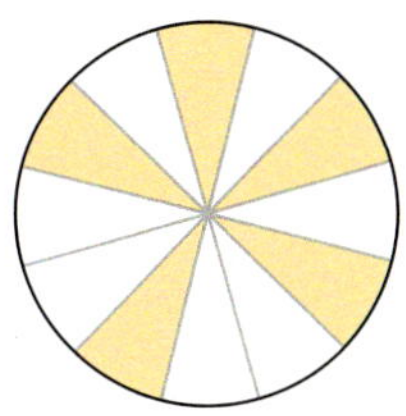

Lerntipp
Seite 202, Beispiel 1

Üben ○
Seite 226, Aufgabe 8

D36 **Brüche in Bildern**

○ **2** Formuliere mithilfe der Textbausteine mindestens sechs richtige Aussagen.

SP

• 2 Äpfel • 3 Äpfel • 6 Äpfel	von	• 30 Äpfeln • 4 Äpfeln • 12 Äpfeln	entsprechen einem Anteil von	• $\frac{3}{30}$ • $\frac{2}{4}$ • $\frac{2}{16}$	• $\frac{2}{12}$ • $\frac{2}{30}$ • $\frac{3}{12}$	• 8 • $\frac{6}{30}$ • $\frac{3}{4}$

○ **3** Finde die richtigen Anteile und schreibe die zugehörigen Buchstaben in der Reihenfolge der Brüche: $\frac{1}{2}$, $\frac{2}{3}$, $\frac{2}{5}$, $\frac{5}{9}$, $\frac{3}{8}$. Welches Wort entsteht?

D37 Anteile darstellen

A

H

D
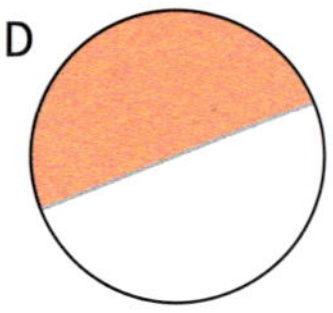

S
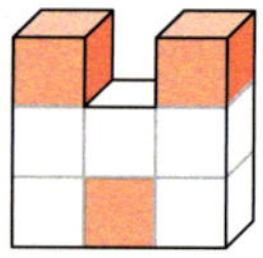

C
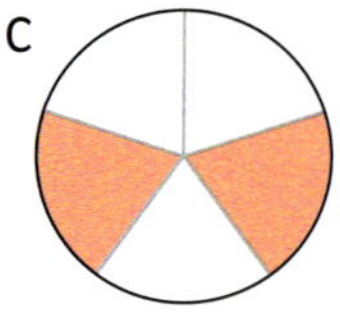

○ **4** Zeichne jeweils ein Bild zum gegebenen Bruch.

a) $\frac{2}{5}$ b) $\frac{3}{6}$ c) $\frac{4}{9}$ d) $\frac{3}{7}$ e) $\frac{4}{8}$

Lerntipp Seite 202, Beispiel 1

○ **5** Welchem Anteil einer Schokoladentafel mit 24 Stücken entsprechen
a) 8 Stücke, b) 10 Stücke, c) 16 Stücke, d) 20 Stücke?

○ **6** Rechts sieht man einen Sack voller Äpfel. $\frac{1}{4}$ davon ist oben zu sehen. Gib an, wie viele Äpfel im Sack sind.

Lerntipp Seite 203, Beispiel 3

○ **7** Gib den Anteil als Bruch an.
a) 8 von 20 Eiern b) 2 von 6 Rosen
c) 3 von 22 Autos d) 9 von 14 Büchern

D38 Anteile als Bruch schreiben

○ **8** Wie viel sind
a) $\frac{1}{4}$ von 8 kg, b) $\frac{2}{3}$ von 60 m, c) $\frac{1}{10}$ von 1 cm,
d) $\frac{3}{100}$ von 8 km, e) $\frac{3}{10}$ von 20 Äpfeln, f) $\frac{1}{2}$ von 5 €,
g) $\frac{7}{8}$ von 40 Eiern, h) $\frac{2}{5}$ von 100 Personen, i) $\frac{5}{6}$ von 30 Schafen?

Lerntipp Seite 203, Beispiel 2

Üben ○ Seite 226, Aufgabe 8

Teste dich!

Lösungen, Seite 274

○ **9** Gib an, welcher Anteil der Legosteine auf dem Foto blau, rot bzw. gelb ist.

○ **10** Zeichne ein passendes Bild zu der beschriebenen Situation.
a) In eine Backform passen 24 Minimuffins. Je $\frac{1}{3}$ der Muffins soll nach dem Backen in rote, gelbe bzw. grüne Papierförmchen gesetzt werden.
b) In einen Messbecher mit einem Volumen von 1 l wird $\frac{1}{4}$ l Milch gefüllt.

○ **11** Wie viel sind
a) $\frac{3}{4}$ von 2 cm, b) $\frac{1}{6}$ von einer Stunde, c) $\frac{1}{5}$ von 15 Hasen, d) $\frac{1}{8}$ von 1 Liter?

Erforschen ●
Seite 229,
Aufgaben 21 und 22

12 Gib an, welcher Anteil des Rechtecks gefärbt und welcher nicht gefärbt ist.

a) 

b) 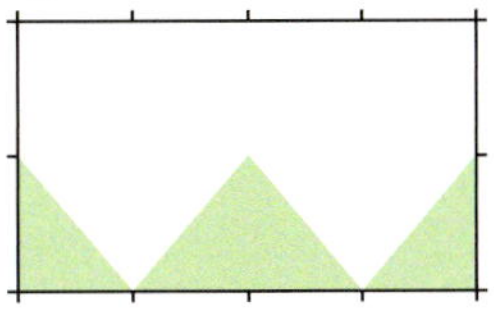

c) 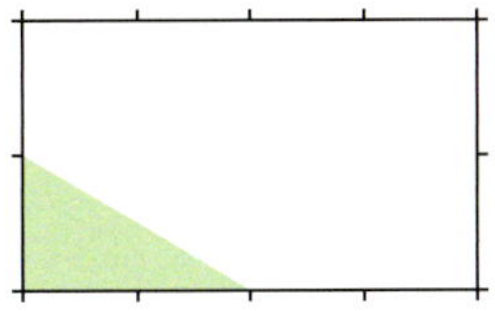

d) 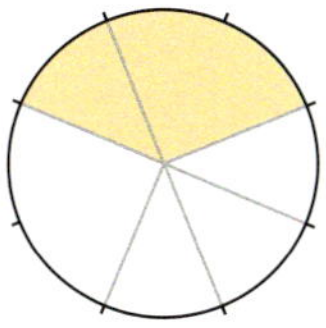

e) 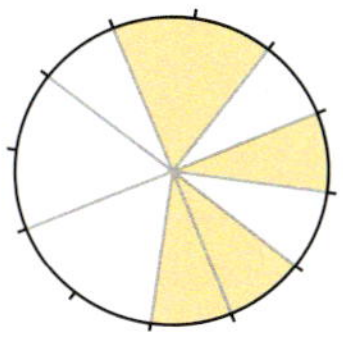

f) 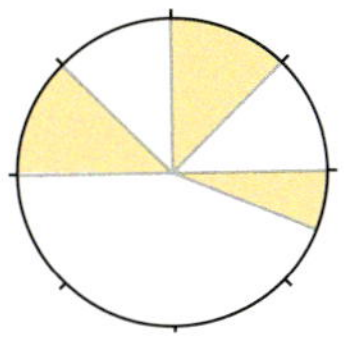

13 In Fig. 1 ist der angegebene Anteil eines Ganzen dargestellt. Übertrage die Figur in dein Heft und ergänze zu diesem Ganzen.

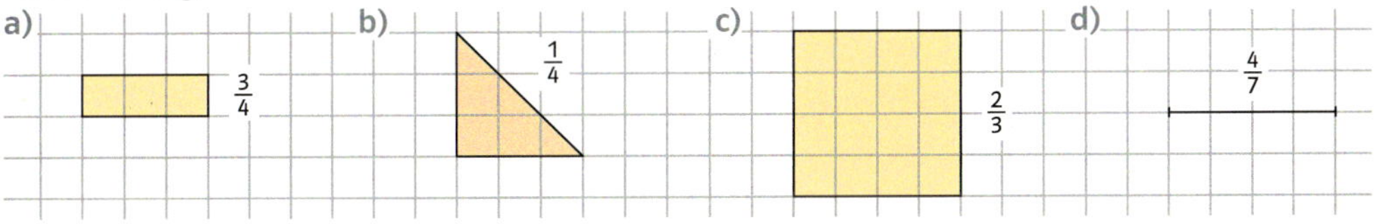

Fig. 1

14 Lara hat Erdbeeren gekauft. Auf dem Bild siehst du ein Zehntel ihres Einkaufs.
Gib an, wie viele Erdbeeren Lara gekauft hat, und erkläre dein Vorgehen.

15 Rothirsche und Impala-Antilopen haben mit 10 m die größte Sprungweite aller Tiere.
Löwen kommen nur auf $\frac{2}{5}$ dieser Weite, Füchse auf $\frac{1}{4}$ und Flöhe auf $\frac{1}{20}$.
Berechne die Sprungweiten dieser Tiere.

16 Wenn die Tankanzeige „voll" anzeigt, sind 80 Liter im Tank. Gib an, wie viele Liter jeweils im Tank sind.

a) 

b) 

c) 

17 Welchen Anteil am Partyrad haben
a) die Mohnbrötchen,
b) die Mehrkornbrötchen?
c) Thorsten sagt: „Eigentlich kann man hier die Anteile gar nicht exakt bestimmen."
Nimm Stellung.

18 SP **Finde den Fehler!**

Beschreibe, was falsch gemacht wurde. Verwende Fachbegriffe. Die Begriffe auf dem Rand können helfen. Bestimme anschließend im Heft die richtige Lösung.

Mara: In dem Kreis sind $\frac{3}{7}$ gefärbt.

Bruno: Die gefärbten Teile sind $\frac{3}{8}$ des Kreises.

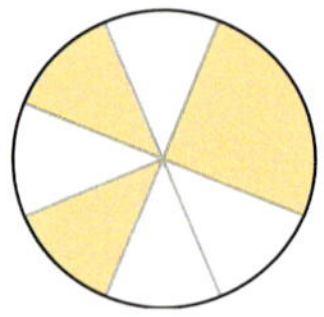

Wortliste
- der Anteil
- der Nenner
- die Größe
- der Zähler

Teste dich!

Lösungen, Seite 274

19 Gib an, welcher Anteil der Figur gefärbt ist und welcher nicht.

a) 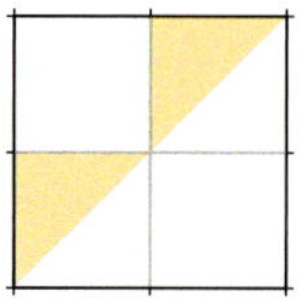

b) 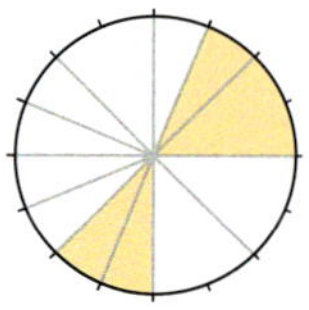

c) 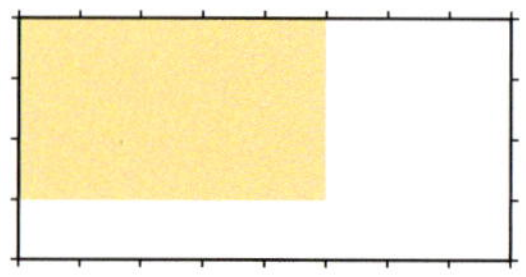

20 Claudia hat eine kleine Packung Schokolinsen. $\frac{1}{3}$ davon hat sie herausgenommen. Gib an, wie viele Schokolinsen insgesamt in der Packung waren.

21 Zeichne ein geeignetes Rechteck und färbe $\frac{2}{5}$ der Fläche rot, $\frac{1}{4}$ blau und $\frac{1}{20}$ gelb. Wie groß ist der Anteil der Fläche, der noch nicht gefärbt ist?

Vertiefen
Seite 227, Aufgabe 15

22 Adrian war in den Ferien zwei Wochen verreist. Nur an sieben Tagen gab es Sonnenschein. Er ist sauer und erzählt es Tina. Sie antwortet: „Bei uns war es noch schlimmer. Wir hatten nur fünf Tage Sonnenschein."
Tinas Behauptung, dass es noch schlimmer war, muss aber nicht stimmen. Woran liegt das? Begründe anhand von Beispielen.

23 Fabians Fruchtcocktail ist der „absolute Renner". Nimmt man genau einen Teil Bananensaft, vier Teile Apfelsaft, einen Teil roten Traubensaft, zwei Teile Waldmeistersirup und zwei Teile Sprudelwasser, dann ist die Mischung kaum noch zu überbieten.

a) Bestimme den Anteil der verschiedenen Säfte in Fabians Cocktail.

b) Fabian hat drei Freunde eingeladen. Dafür sind 2 Liter gerade gut. Dann bekommt jeder ungefähr zwei Gläser. Berechne, wie viel der einzelnen Säfte und Wasser besorgt werden muss.

c) Lukas und Hanno haben von dem großen Erfolg von Fabians Fruchtcocktail gehört. Sie wollen bei einer Wiederholung auch teilnehmen. Berechne, wie viel Saft Fabian dann benötigt.

Teste dein Grundwissen! Grundkörper beschreiben

Merkkasten, Seite 15
Lösungen, Seite 274

G **24** **Wahr oder falsch?**

Ist die Aussage wahr oder falsch? Begründe deine Entscheidung.

a) „Jeder Würfel ist ein Quader."

b) „Eine Pyramide hat immer fünf Ecken."

c) „Bei einem Kegel ist die Grundfläche ein Kreis."

d) „Es gibt Prismen, bei denen die Grundfläche ein Fünfeck ist."

2 Kürzen und Erweitern

„Soll ich die Pizza in acht oder in vier Teile schneiden?"
„Lieber in vier, acht schaffe ich nicht."
Was könnte der Pizzabäcker antworten?

Es gibt Brüche, die sehen verschieden aus, beschreiben aber den gleichen Anteil. Wie man solche Brüche erkennen und bestimmen kann, wird im Folgenden erklärt.

Der abgebildete Papierstreifen ist in 8 gleiche Teile geteilt. Davon sind 6 Teile gefärbt. Der gefärbte Anteil ist $\frac{6}{8}$.
Verfeinert man die Einteilung, werden beim zugehörigen Bruch Zähler und Nenner mit der gleichen Zahl multipliziert. Das nennt man **erweitern**. Der Wert eines Bruches ändert sich beim Erweitern nicht.

$\frac{6}{8}$ / $\frac{12}{16}$

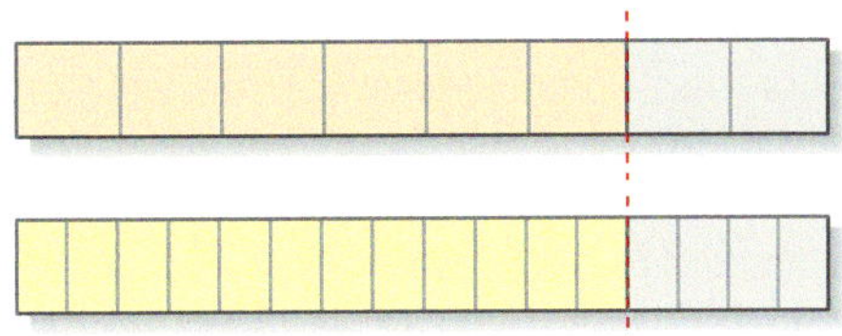

Man erhält hier: $\frac{6}{8} \overset{\cdot 2}{=} \frac{12}{16}$

Umgekehrt kann man von einer feinen Einteilung aus eine gröbere wählen. Beim zugehörigen Bruch werden Zähler und Nenner durch die gleiche Zahl dividiert.
Das nennt man **kürzen**. Der Wert eines Bruches ändert sich beim Kürzen nicht.

$\frac{6}{8}$ / $\frac{3}{4}$

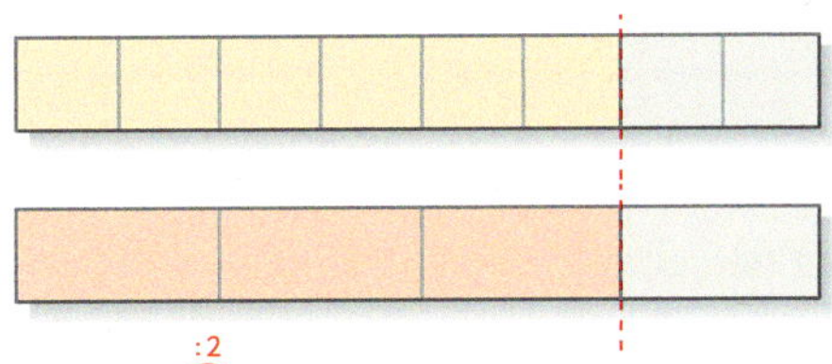

Es ist: $\frac{6}{8} \overset{:2}{=} \frac{3}{4}$

Man kann einen Bruch mit jeder natürlichen Zahl erweitern. Kürzen kann man einen Bruch aber nur mit einer Zahl, die Zähler und Nenner ohne Rest teilt.
Ein Bruch heißt **vollständig gekürzt**, wenn Zähler und Nenner des Bruches keinen gemeinsamen Teiler haben (außer der Zahl 1).
Beim vollständigen Kürzen geht man oft schrittweise vor, z. B. $\frac{48}{72} \overset{:2}{=} \frac{24}{36} \overset{:4}{=} \frac{6}{9} \overset{:3}{=} \frac{2}{3}$

Man **erweitert** einen Bruch, indem man Zähler und Nenner mit der gleichen Zahl multipliziert. Man **kürzt** einen Bruch, indem man Zähler und Nenner durch die gleiche Zahl dividiert. Erweitern und Kürzen ändert den Wert eines Bruches nicht.

Mit Brüchen kann man auch **Verhältnisse** angeben.
Es sind zum Beispiel von 27 Kindern in der Klasse 5 b 18 Mädchen und 9 Jungen.
Das Verhältnis von Mädchen zu Jungen ist dann 18 zu 9. Man schreibt auch 18 : 9.
Pro Junge sind also 2 Mädchen in der Klasse, man kann daher sagen, das Verhältnis ist 2 : 1. Zu jedem Verhältnis kann man die zugehörigen Anteile als Brüche angeben. Diese kann man kürzen: Der Anteil der Mädchen ist $\frac{18}{27} = \frac{2}{3}$ und der Anteil der Jungen ist $\frac{9}{27} = \frac{1}{3}$.

Verhältnis 2 : 1

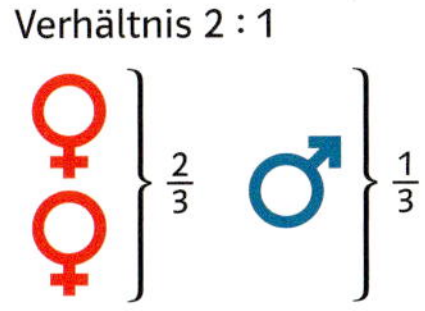

Beispiel 1 **Erweitern und Kürzen**

Erweitere bzw. kürze den angegebenen Bruch und zeichne ein passendes Bild.

a) Erweitere $\frac{3}{7}$ mit 3. b) Kürze $\frac{16}{28}$ mit 4. c) Kürze $\frac{24}{32}$ vollständig.

Lösung

a) $\frac{3}{7} \overset{\cdot 3}{=} \frac{9}{21}$

3-fach verfeinerte Unterteilung

b) $\frac{16}{28} \overset{:4}{=} \frac{4}{7}$

4-fach vergröberte Unterteilung

c) $\frac{24}{32} \overset{:2}{=} \frac{12}{16} \overset{:4}{=} \frac{3}{4}$

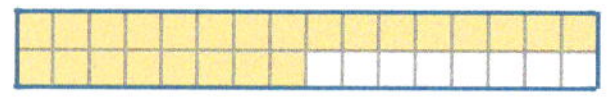

8-fach vergröberte Unterteilung

Beispiel 2 **Verhältnisse angeben**

In der Klasse 5 c ist das Verhältnis von Mädchen zu Jungen 3:4.

a) Gib an, welchen Anteil die Mädchen in der Klasse haben.

b) Wie viele Kinder könnten in der Klasse sein? Entscheide dich für eine Zahl und gib an, wie viele Mädchen es in der Klasse gibt.

Lösung

a) *Man addiert die beiden Verhältniszahlen und erhält 7.*
Die Gesamtanzahl ist in sieben gleiche Teile geteilt. Der Anteil der Mädchen ist $\frac{3}{7}$.

b) Da die Gesamtanzahl in sieben gleiche Teile geteilt ist, sind die Vielfachen von 7 die Zahlen, die für die Klassenstärke infrage kommen. Realistisch ist z. B. die Zahl 28.
$\frac{1}{7}$ von 28 Kindern sind 4 Kinder. $\frac{3}{7}$ sind also 12 Kinder.
Bei 28 Kindern gäbe es 12 Mädchen in der Klasse 5 c.

Aufgaben

○ **1** Erweitere bzw. kürze den angegebenen Bruch und zeichne ein passendes Bild.

a) Erweitere $\frac{3}{5}$ mit 2. b) Erweitere $\frac{1}{4}$ mit 3. c) Erweitere $\frac{2}{3}$ mit 4.

d) Kürze $\frac{6}{9}$ mit 3. e) Kürze $\frac{4}{10}$ mit 2. f) Kürze $\frac{8}{12}$ mit 4.

Lerntipp
Seite 208, Beispiel 1

Üben ○
Seite 226,
Aufgaben 2 bis 5

○ **2** Erweitere.

a) $\frac{2}{3}$ mit 5 b) $\frac{1}{2}$ mit 3 c) $\frac{3}{4}$ mit 2 d) $\frac{3}{10}$ mit 10 e) $\frac{2}{3}$ mit 11 f) $\frac{1}{13}$ mit 3

g) $\frac{1}{12}$ mit 6 h) $\frac{5}{7}$ mit 7 i) $\frac{8}{8}$ mit 8 j) $\frac{1}{4}$ mit 15 k) $\frac{20}{25}$ mit 5 l) $\frac{8}{9}$ mit 7

○ **3** Kürze.

a) $\frac{6}{10}$ mit 2 b) $\frac{8}{10}$ mit 2 c) $\frac{6}{18}$ mit 6 d) $\frac{6}{12}$ mit 2 e) $\frac{6}{9}$ mit 3 f) $\frac{20}{100}$ mit 10

g) $\frac{15}{50}$ mit 5 h) $\frac{14}{28}$ mit 7 i) $\frac{26}{39}$ mit 13 j) $\frac{28}{42}$ mit 7 k) $\frac{18}{42}$ mit 6 l) $\frac{19}{38}$ mit 19

○ **4** Mit welcher Zahl wurde erweitert? Schreibe den Anteil als Bruch. Wie könnte es weitergehen? Zeichne jeweils eine weitere sinnvolle Figur.

a) 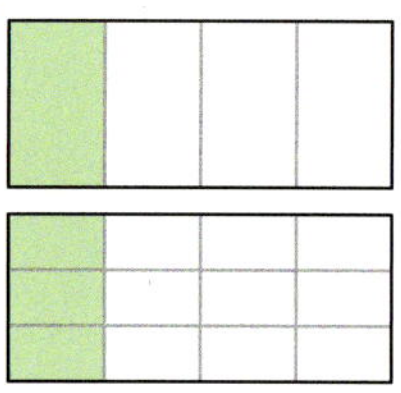

b) 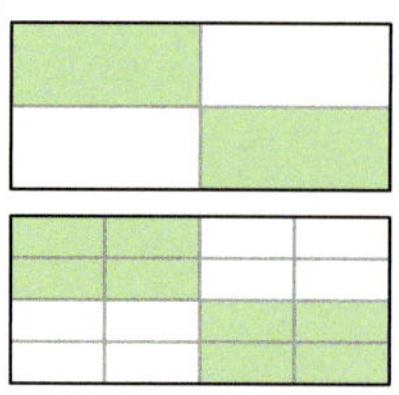

c) 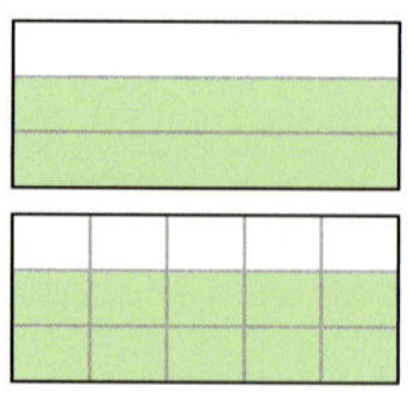

d) 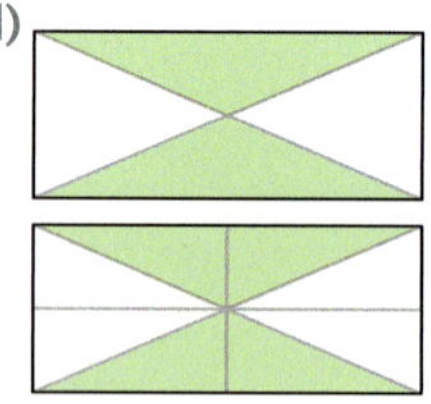

D39 Erweitern und K…

D40 Erweitern und Kürzen

○ **5** a) Welcher Anteil ist gefärbt? Kürze vollständig und untersuche, in welchen Bildern der gleiche Anteil dargestellt ist.

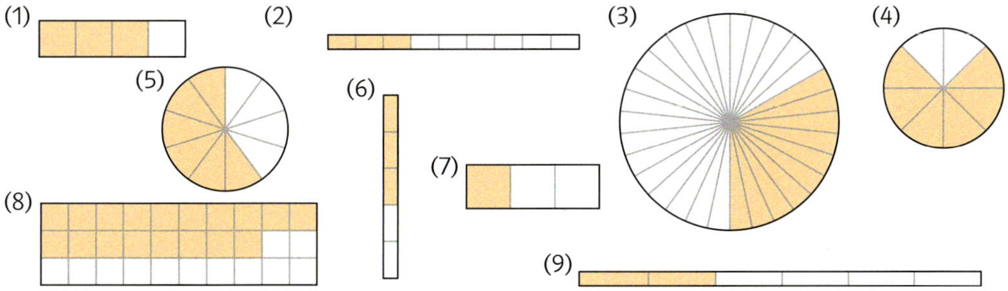

b) Zeichne selbst Bilder von Anteilen, die sich kürzen lassen. Lass deinen Partner herausfinden, welche Anteile dargestellt sind, und welche gleich sind.

○ **6** Übertrage ins Heft und ergänze die fehlende Zahl.

a) $\frac{\square}{12} = \frac{1}{2}$ b) $\frac{35}{42} = \frac{\square}{6}$ c) $\frac{\square}{108} = \frac{5}{9}$ d) $\frac{9}{\square} = \frac{3}{9}$ e) $\frac{45}{\square} = \frac{5}{8}$ f) $\frac{60}{144} = \frac{5}{\square}$

g) $\frac{32}{40} = \frac{\square}{5}$ h) $\frac{\square}{42} = \frac{3}{7}$ i) $\frac{\square}{121} = \frac{8}{11}$ j) $\frac{16}{\square} = \frac{2}{7}$ k) $\frac{91}{\square} = \frac{7}{10}$ l) $\frac{99}{\square} = \frac{9}{13}$

Die in Aufgabe 6 gesuchten Zahlen ergeben ein Lösungswort:

27 M | 12 I | 18 G | 4 N | 60 I | 143 L | 6 S | 72 M | 88 P | 56 O | 130 O | 5 W

○ **7** a) Luka hat ein Quadrat gezeichnet und es in acht gleich große Teile geteilt. Er hat sechs davon gefärbt. Paul hat ein Rechteck in vier gleich große Teile geteilt. Berechne, wie viele Teile er färben muss, damit der Anteil genauso groß ist wie bei Luka.

b) Zeichne zwei Figuren. Unterteile in verschieden viele Teile und färbe in beiden Figuren gleich große Anteile.

Teste dich!

→ **Lösungen**, Seite 275

○ **8** Erweitere bzw. kürze den angegebenen Bruch und zeichne ein passendes Bild.

a) Erweitere $\frac{4}{9}$ mit 3. b) Kürze $\frac{10}{15}$ mit 5. c) Kürze $\frac{28}{32}$ vollständig.

○ **9** Ergänze die richtige Zahl und gib an, mit welcher Zahl erweitert bzw. gekürzt wurde.

a) $\frac{\square}{6} = \frac{2}{12}$ b) $\frac{\square}{8} = \frac{9}{24}$ c) $\frac{15}{25} = \frac{3}{\square}$

10 Gib den gelben bzw. blauen Anteil an und entscheide, in welchen Bildern der gleiche Anteil dargestellt ist.

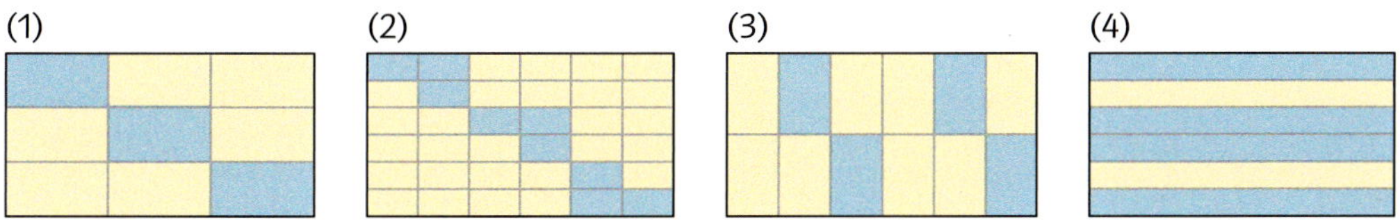

11 Gib den gefärbten Anteil mit einem vollständig gekürzten Bruch an.

a)

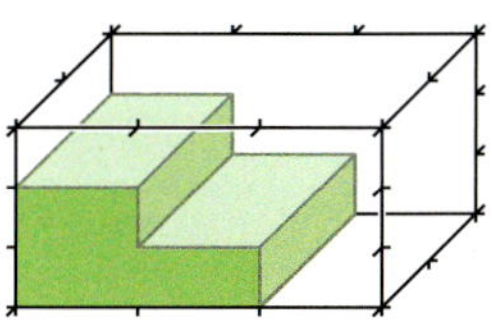

b)

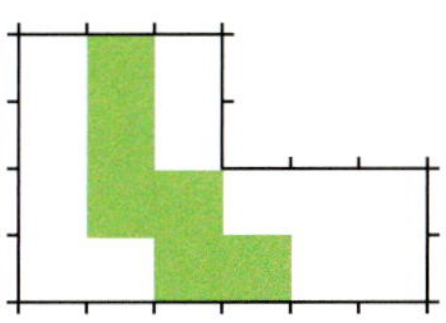

c)

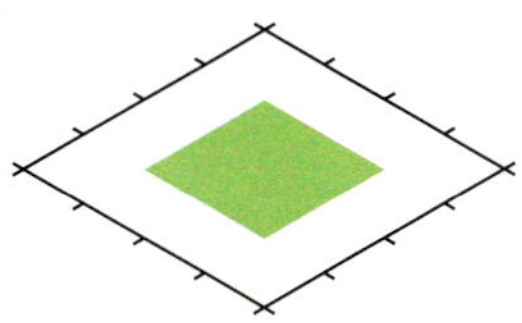

12 Jana kann den Bruch $\frac{2}{5}$ in drei Schritten zu einem Bruch mit dem Nenner 120 erweitern. Tim findet sogar vier Schritte. Erweitere die Brüche

D41 Erweitern

a) mit möglichst vielen Schritten,

$\frac{1}{2} = \frac{\square}{100}$ $\frac{3}{4} = \frac{\square}{120}$ $\frac{2}{3} = \frac{\square}{99}$

b) mit möglichst wenig Schritten.

$\frac{5}{7} = \frac{\square}{63}$ $\frac{7}{8} = \frac{\square}{512}$ $\frac{1}{3} = \frac{\square}{213}$

Jana

$\frac{2}{5} \overset{\cdot 2}{=} \frac{4}{10} \overset{\cdot 3}{=} \frac{12}{30} \overset{\cdot 4}{=} \frac{48}{120}$

Tim

$\frac{2}{5} \overset{\cdot 2}{=} \frac{4}{10} \overset{\cdot 2}{=} \frac{8}{20} \overset{\cdot 2}{=} \frac{16}{40} \overset{\cdot 3}{=} \frac{48}{120}$

13 a) Schreibe die Anteile $\frac{4}{5}, \frac{1}{4}, \frac{18}{60}$ und $\frac{18}{24}$ jeweils als Bruch mit dem Nenner 20.
b) Denke dir selbst mindestens drei Brüche aus, die man so kürzen kann, dass sie den Nenner 20 haben.
c) Gib sechs Brüche mit dem Zähler 20 an, die man nicht mehr kürzen kann.

Vertiefen
Seite 227, Aufgabe 1

14 **Finde den Fehler!**

SP

Beschreibe, was falsch gemacht wurde. Berechne anschließend im Heft die richtige Lösung.

a) Erweitere den Bruch mit 4. $\frac{2}{3} \cdot 4 = \frac{8}{3}$

b) Das Verhältnis 12 Mädchen zu 16 Jungen lässt sich auch schreiben als $\frac{12}{16} = \frac{3}{4}$.

c) $\frac{1}{8}$ von 32 Bonbons sind 8 Bonbons.

d) 6 von 30 Schülern entspricht einem Anteil von $\frac{1}{6}$.

e) Beim Kürzen mit der „3" subtrahiert man vom Zähler und vom Nenner „3".

f) Wenn man einen Bruch mit 10 erweitert, vergrößert man seinen Wert um das 10-Fache.

15 Gib zwei Brüche an, die man nur mit den gegebenen Zahlen kürzen kann. Dabei dürfen Zähler und Nenner nicht Vielfache voneinander sein.

a) 5 b) 2; 4 c) 2; 3; 6 d) 3; 6; 9 e) 2; 5; 9

16 **Gilt immer – gilt nie – es kommt darauf an**

Überprüfe, ob die folgenden Aussagen immer gelten, nie stimmen oder nur in bestimmten Fällen richtig sind. Begründe jeweils.
a) „Wenn Zähler und Nenner gerade sind, dann kann man den Bruch mit einer Zahl kürzen, die größer als 1 ist."
b) „Wenn Zähler und Nenner ungerade sind, dann kann man den Bruch mit einer Zahl kürzen, die größer als 1 ist."

Vertiefen
Seite 228, Aufgabe 1

17 Gib die beschriebenen Anteile jeweils mit einem vollständig gekürzten Bruch und als Verhältnis an.
a) Von 100 Losen waren 90 Nieten und 10 Gewinne.
b) Von 60 Autos fuhren 24 zu schnell, 36 hielten sich an die Geschwindigkeitsbegrenzung.
c) Drei von 72 kontrollierten Fahrgästen fuhren „schwarz", 69 mit Fahrausweis.

Üben
Seite 227, Aufgabe 9
Vertiefen
Seite 228, Aufgabe 1

18 In der Klasse 5 a gibt es 12 Kinder, die mit dem Fahrrad zur Schule kommen. Die anderen 16 Kinder gehen zu Fuß.
a) Wie groß ist das Verhältnis der Kinder, die zu Fuß gehen, zu denen, die mit dem Fahrrad zur Schule kommen?
Gib auch die Anteile an und kürze jeweils vollständig.
b) Wie groß ist das Verhältnis von Mädchen zu Jungen in eurer Klasse?

Lerntipp
Seite 208, Beispiel 2

19 Am Werner-Heisenberg-Gymnasium gibt es 85 Lehrerinnen und Lehrer. Davon unterrichten 15 das Fach Mathematik.
a) Gib das Verhältnis der Lehrerinnen und Lehrer, die das Fach Mathematik unterrichten, zu denen, die es nicht unterrichten, an. Bestimme auch die Anteile und kürze vollständig.
b) Finde heraus, wie groß das Verhältnis von Mathelehrern zu „Nicht-Mathelehrern“ an eurer Schule ist.

Teste dich!

Lösungen, Seite 275

20 Untersuche, welche Brüche den gleichen Anteil beschreiben.
$\frac{3}{5}$, $\frac{2}{3}$, $\frac{1}{3}$, $\frac{9}{15}$, $\frac{4}{12}$, $\frac{54}{90}$, $\frac{7}{12}$, $\frac{63}{189}$, $\frac{35}{60}$, $\frac{30}{45}$

21 Überprüfe mithilfe der Teilbarkeitsregeln, ob sich ein Bruch so kürzen lässt, dass im Zähler 1 steht.
a) $\frac{2}{653}$ b) $\frac{2}{132}$ c) $\frac{10}{7680}$ d) $\frac{3}{450}$ e) $\frac{3}{289}$ f) $\frac{5}{625}$

Die Teilbarkeitsregeln wurden in Kapitel V, Lerneinheit 2 (Seite 180) thematisiert.

22 Rechts ist die Nationalflagge von Lettland abgebildet.
Gib den weißen und den roten Anteil an der Flagge als vollständig gekürzten Bruch an. Notiere auch das Verhältnis „weiß zu rot“.

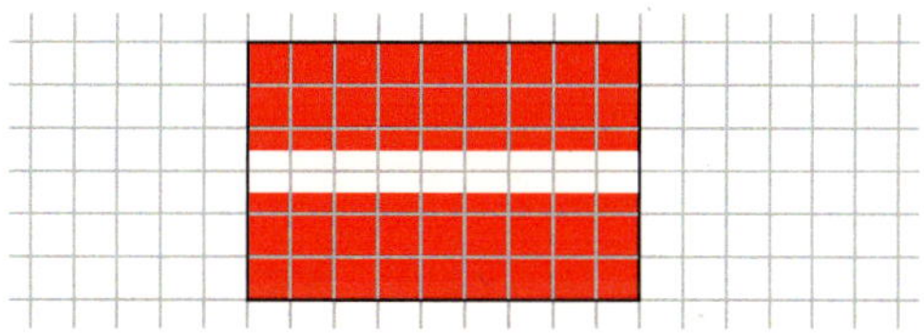

23 Kürze so weit wie möglich.
a) $\frac{235}{240}$ b) $\frac{195}{455}$ c) $\frac{672}{1288}$ d) $\frac{298}{306}$ e) $\frac{488}{832}$

24 Denke dir einen Würfel mit der Kantenlänge 4 cm. Dieser Würfel ist aus roten und grünen Würfeln mit der Kantenlänge 1 cm zusammengesetzt. Alle kleinen Würfel, die man von außen sehen kann, sind grün. Die anderen kleinen Würfel haben die Farbe Rot. Zeige, dass der Anteil der roten Würfel $\frac{1}{8}$ beträgt.

25 **Verhältnisse in Salomons Tempel**
In der Bibel lässt sich lesen, wie der Salomonische Tempel gebaut wurde.
a) Gib die Verhältnisse des Hauses an:
Länge : Breite, Länge : Höhe, Breite : Höhe
b) Skizziere ein Schrägbild der Tempelhalle und ihrer Vorhalle. Zehn Ellen sollen dabei einem Zentimeter entsprechen.

Das Haus aber, das der König Salomo dem HERRN baute, war sechzig Ellen lang, zwanzig Ellen breit und dreißig Ellen hoch. Und er baute eine Vorhalle vor der Tempelhalle des Hauses, zwanzig Ellen lang nach der Breite des Hauses und zehn Ellen breit vor dem Hause her.

Vernetzen ●
Seite 229, Aufgabe 24

Teste dein Grundwissen! Einheiten von Flächeninhalten umrechnen

Merkkasten, Seite 137
Lösungen, Seite 275

26 Gib in der Einheit an, die in der Klammer steht.
a) $3\,m^2$ (dm^2) b) $1000\,cm^2$ (dm^2) c) $13\,500\,mm^2$ (cm^2) d) 67 ha (a)
e) $30\,000\,cm^2$ (m^2) f) $1\,300\,000\,mm^2$ (dm^2) g) $11\,km^2$ (a) h) 5 a (dm^2)

27 Es ist $4\,m^2\ 8\,dm^2 = 408\,dm^2$. Wandle folgende Angaben in gleicher Weise um.
a) $23\,m^2\ 23\,dm^2$ b) $23\,m^2\ 23\,cm^2$ c) $23\,ha\ 230\,m^2$ d) $23\,a\ 2300\,m^2$

3 Brüche vergleichen

Catrin und Elena würfeln um die Wette Sechsen. In je 20 Würfen erzielt Catrin 4-mal und Elena 3-mal die Sechs.
Im zweiten Durchgang mit je 30 Würfen erreicht Catrin 6-mal und Elena 5-mal die Sechs. Sie notieren die Ergebnisse in Bruchschreibweise.
Welche Serie war die beste?
Würfelt selbst Serien und vergleicht.

Bisher wurden Anteile betrachtet und mit Brüchen dargestellt. Es kommt dabei häufig vor, dass man wissen möchte, welcher Anteil bzw. welcher Bruch der größere und welcher der kleinere ist. Im Folgenden werden Möglichkeiten vorgestellt, die beim Vergleichen helfen können.

Es erweist sich als sehr nützlich, wenn man die Brüche mit Rechtecksbildern verdeutlicht:

Haben zwei Brüche den gleichen Nenner, so ist der Bruch mit dem größeren Zähler größer, z. B. $\frac{7}{12} > \frac{4}{12}$.

Haben zwei Brüche verschiedene Zähler und Nenner $\left(\text{z. B. } \frac{2}{3} \text{ und } \frac{1}{2}\right)$, sieht man nicht so schnell, welcher der größere ist. Hier werden beide Brüche so erweitert oder gekürzt, dass sie danach einen gemeinsamen Nenner haben: $\frac{2}{3} = \frac{4}{6}$ und $\frac{1}{2} = \frac{3}{6}$.

Weil $\frac{4}{6} > \frac{3}{6}$ ist auch $\frac{2}{3} > \frac{1}{2}$.

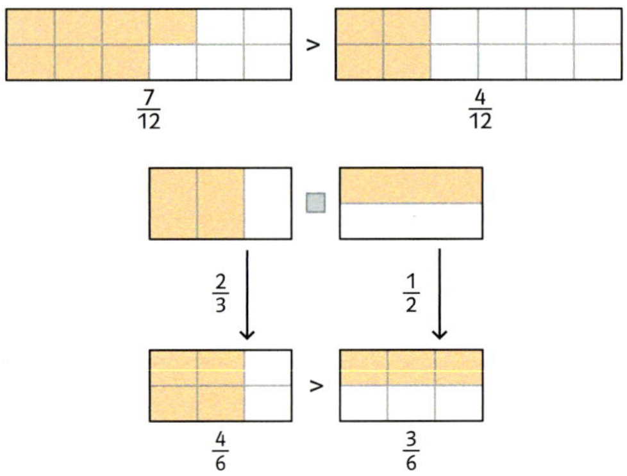

Einen gemeinsamen Nenner zweier Brüche, z. B. $\frac{3}{4}$ und $\frac{5}{6}$, findet man, indem man ein gemeinsames Vielfaches der beiden Nenner bildet. Häufig ist es zunächst am einfachsten, wenn man beide Nenner miteinander multipliziert und die Brüche entsprechend erweitert:
$\frac{(3 \cdot 6)}{(4 \cdot 6)}$ und $\frac{(5 \cdot 4)}{(6 \cdot 4)}$. Es gilt dann $\frac{18}{24} < \frac{20}{24}$.

Für die weiteren Rechnungen ist es aber oft praktisch, ein möglichst kleines gemeinsames Vielfaches oder sogar das **kleinste gemeinsame Vielfache** zu bilden. Dazu schreibt man die Vielfachen beider Nenner auf:
Vielfache von 4 sind 4; 8; 12; 16 usw., Vielfache von 6 sind 6, 12 usw.
Hier ist das kleinste gemeinsame Vielfache, nämlich 12, schnell gefunden.
Es gilt dann $\frac{(3 \cdot 3)}{(4 \cdot 3)} = \frac{9}{12} < \frac{10}{12} = \frac{(5 \cdot 2)}{(6 \cdot 2)}$ und damit $\frac{3}{4} < \frac{5}{6}$.

Zwei Brüche kann man wie folgt vergleichen:
Man erweitert oder kürzt so, dass die **Nenner übereinstimmen**.
Wenn die Nenner gleich sind, dann ist der Bruch mit dem größeren Zähler größer, zum Beispiel $\frac{7}{8} > \frac{3}{8}$.

Haben zwei Brüche den **gleichen Zähler**, dann ist der Bruch mit dem kleineren Nenner größer, z. B. $\frac{5}{6} > \frac{5}{10}$.

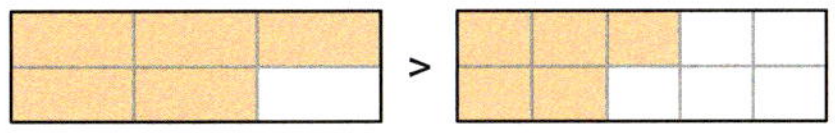

$\frac{5}{6}$ $\frac{5}{10}$

Beispiel 1 Brüche vergleichen

Finde mithilfe von Bildern oder einer Rechnung heraus, welcher Bruch größer ist.

a) $\frac{3}{4}$ oder $\frac{2}{3}$ b) $\frac{3}{24}$ oder $\frac{5}{36}$ c) $\frac{3}{7}$ oder $\frac{3}{5}$

Lösung

a)

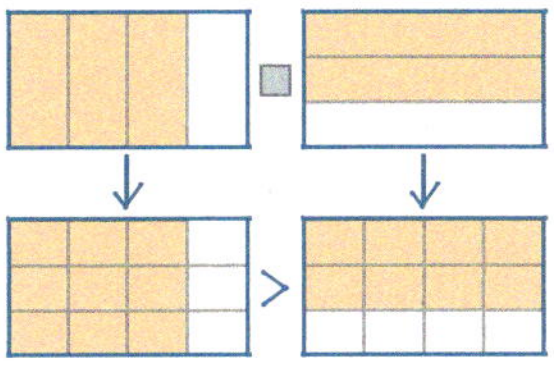

also $\frac{3}{4} > \frac{2}{3}$

b) Vielfache von 24 sind:
24, 48, 72, 96, …
Vielfache von 36 sind:
36, 72, …
Dann ist $\frac{3}{24} = \frac{9}{72}$ und $\frac{5}{36} = \frac{10}{72}$.
Es ist $\frac{10}{72} > \frac{9}{72}$,
also $\frac{5}{36} > \frac{3}{24}$.

c) Da die Zähler gleich sind, ist der Bruch mit dem kleineren Nenner der größere.
Das heißt: $\frac{3}{5} > \frac{3}{7}$

Beispiel 2 Anteile vergleichen

In welchem Gefäß ist der Anteil der Gewinnlose höher?

Lösung

Im linken Gefäß beträgt der Anteil der Gewinnlose 4 von 16, also $\frac{4}{16} = \frac{1}{4}$.
Im rechten Gefäß beträgt der Anteil der Gewinnlose 3 von 10, also $\frac{3}{10}$.
$\frac{1}{4} = \frac{10}{40}$; $\frac{3}{10} = \frac{12}{40}$. Der Anteil der Gewinnlose ist im rechten Gefäß höher.

Aufgaben

1 Welcher Bruch ist größer? Begründe.

Lerntipp
Seite 213, Beispiel 1

a) $\frac{3}{5}$; $\frac{1}{5}$ b) $\frac{1}{3}$; $\frac{1}{2}$ c) $\frac{3}{4}$; $\frac{4}{5}$ d) $\frac{2}{7}$; $\frac{4}{10}$ e) $\frac{5}{6}$; $\frac{7}{9}$ f) $\frac{2}{8}$; $\frac{5}{8}$ g) $\frac{7}{12}$; $\frac{8}{13}$

h) Erfinde selbst Aufgaben, bei denen man besser den Zähler vergleicht, und solche, bei denen man besser den Nenner vergleicht.

2 Welcher Anteil ist größer: blau oder rot? Schätze zuerst und prüfe dann.

a)

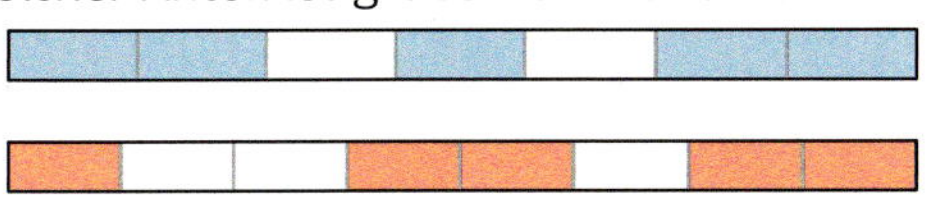

b)

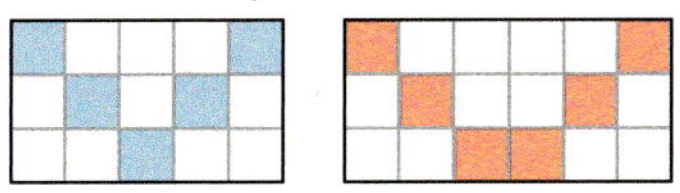

c)

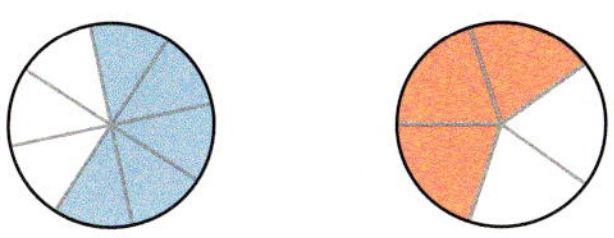

d)

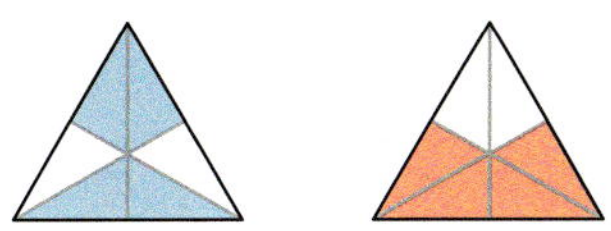

3 Sortiere die Bilder nach der Größe des farbigen Anteils.

(1)

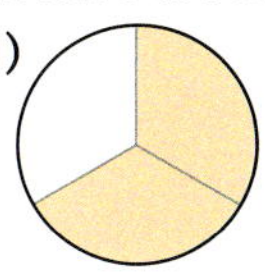

(2)

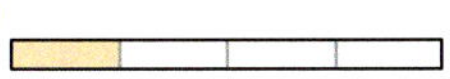

(3)

(4)

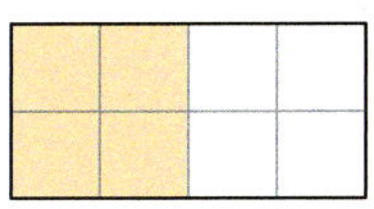

(5)

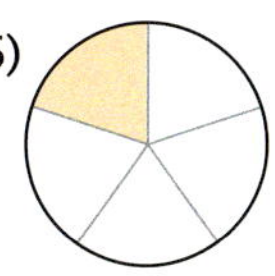

D42 Anteile vergleichen

○ **4** In welchem Gefäß ist der Anteil der Gewinnlose höher?

Lerntipp Seite 213, Beispiel 2

a) 

▬ Niete
● Gewinn

b) 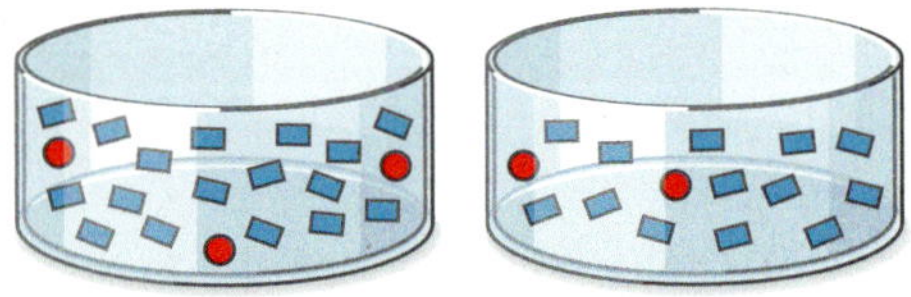

○ **5** a) In den Klassen 5 a und 5 b sind 30 bzw. 24 Kinder. Von diesen singen 12 bzw. 10 im Chor. Gib an, in welcher Klasse der Anteil der Chorteilnehmer höher ist.

b) An einem warmen Sommertag haben in der Klasse 5 c 18 von 26 Kindern eine kurze Hose an. In der Klasse 5 b sind es 20 von 28 Kindern. Gib an, in welcher Klasse der Anteil der Kinder mit kurzer Hose höher ist.

○ **6** Belade die Lkw.

(1) 
(2) $\frac{59}{90}$
(3) $\frac{43}{80}$
(4) 
(5) $\frac{7}{13}$
(6) $\frac{3}{7}$
(7) 
(8) 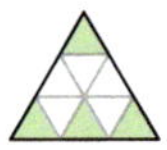
(9) $\frac{21}{43}$

Teste dich!

Lösungen, Seite 275

○ **7** Welcher Bruch ist größer? Welche Teilaufgabe ist am einfachsten zu lösen? Begründe.

a) $\frac{3}{8}$ oder $\frac{5}{8}$ b) $\frac{3}{8}$ oder $\frac{3}{9}$ c) $\frac{3}{4}$ oder $\frac{5}{6}$ d) $\frac{4}{5}$ oder $\frac{41}{50}$ e) $\frac{3}{12}$ oder $\frac{1}{4}$ f) $\frac{9}{10}$ oder $\frac{89}{90}$

○ **8** Von zwei Torten wird eine in 12 Stücke und die andere in 16 Stücke geschnitten. Gib an, welcher Anteil größer ist: 4 Stücke der ersten oder 6 Stücke der zweiten Torte?

◒ **9** Erkläre, welcher Bruch größer ist: Der, der den gefärbten Anteil des Kreises beschreibt, oder der, der den gefärbten Anteil des Dreiecks beschreibt?

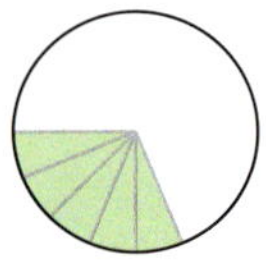
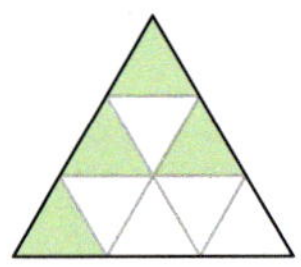

◒ **10** Oskar und Jasper mischen sich einen Fruchtcocktail. Oskar nimmt 100 ml Ananas-, 100 ml Orangen- und 50 ml Kirschsaft. Der Fruchtcocktail von Jasper besteht zu $\frac{1}{5}$ aus Ananassaft, zu $\frac{2}{5}$ aus Orangensaft und der Rest aus Kirschsaft und Sprudelwasser zu gleichen Teilen. Vergleiche, bei wem der Anteil von einer Saftsorte im Cocktail jeweils höher ist.

◒ **11** Ordne der Größe nach. Beginne mit dem kleinsten Bruch.

Üben ○ Seite 227, Aufgabe

a) $\frac{50}{200}$, $\frac{5}{200}$, $\frac{5}{20}$, $\frac{1}{2}$, $\frac{20}{500}$, $\frac{2}{50}$ b) $\frac{1}{80}$, $\frac{18}{30}$, $\frac{11}{80}$, $\frac{3}{8}$, $\frac{3}{18}$

◒ **12** **Finde den Fehler!**
SP
Beschreibe, was falsch gemacht wurde. Verwende Fachbegriffe. Die Begriffe auf dem Rand können helfen. Berechne anschließend im Heft die richtige Lösung.

a) $\frac{1}{4} < \frac{1}{5} < \frac{1}{3}$ b) $\frac{1}{8} < \frac{3}{8} < \frac{5}{8}$ c) $\frac{2}{5} < \frac{9}{15} < \frac{4}{5}$ d) $\frac{4}{5} < \frac{4}{6} < \frac{4}{7}$

Wortliste
- der Zähler
- erweitern mit
- der Nenner
- kürzen mit
- der Wert

13 Gilt immer – gilt nie – es kommt darauf an

Überprüfe, ob die folgenden Aussagen immer gelten, nie stimmen oder nur in bestimmten Fällen richtig sind. Begründe jeweils.

a) „Bei einem Bruch gilt: Addiert man im Zähler und im Nenner die gleiche Zahl, so ändert sich der Wert des Bruches nicht."

b) „Beim Vergleichen zweier Brüche gilt: Ist der Nenner kleiner, so ist der Bruch größer."

c) „Beim Vergleichen zweier Brüche gilt: Ist der Zähler größer, so ist der Bruch größer."

14 In der Klasse 5 c sind 16 Mädchen und nur 12 Jungen. Von den Jungen spielen acht Fußball, von den Mädchen spielen nur vier Fußball. Piet meint: „Der Anteil der Jungen ist größer." Anika wundert sich: „Es sind doch mehr Mädchen in der Klasse, also ist ihr Anteil größer." Formuliere die Aussagen der Kinder so, dass beide Kinder recht haben.

15 Anna schwört auf eine gekaufte Konfitüre, die nur Früchte und Zucker enthält. Sie ist besonders lecker, da 100 g Konfitüre 80 g Frucht enthalten. Paul isst zu Hause nur selbst gemachte Konfitüre, die mit Gelierzucker 3 : 1 gekocht wird. Dabei kommen drei Teile Frucht auf einen Teil Zucker. Ermittle, wessen Konfitüre einen höheren Fruchtanteil hat.

Vertiefen Seite 228, Aufgabe 18

Teste dich!

Lösungen, Seite 275

16 Ordne der Größe nach. Beginne mit dem kleinsten Bruch.

a) $\frac{1}{2}, \frac{3}{4}, \frac{3}{8}, \frac{4}{6}$

b) $\frac{12}{15}, \frac{23}{30}, \frac{4}{5}, \frac{2}{3}$

c) $\frac{7}{8}, \frac{8}{16}, \frac{5}{24}, \frac{26}{48}$

d) $\frac{9}{50}, \frac{3}{25}, \frac{4}{10}, \frac{2}{5}$

17 Gib an, bei welchem Muffin der Anteil der roten Perlen am größten und bei welchem am kleinsten ist.

18 Die Tabelle zeigt die Geburtenzahlen einer Klinik während einer Woche.

a) Berechne, ob in der Woche mehr Jungen oder mehr Mädchen geboren wurden.

b) Ermittle, an welchem Tag der Anteil der Jungengeburten am größten war.

	Mo	Di	Mi	Do	Fr	Sa	So
Jungen	40	45	56	36	48	24	35
Mädchen	60	45	42	44	42	36	25

19 Stammbrüche sind Brüche, bei denen eine 1 im Zähler steht, zum Beispiel $\frac{1}{2}, \frac{1}{5}, \frac{1}{23}$ usw.

Überlege und erkläre: Wie viele Stammbrüche gibt es, die kleiner sind als $\frac{1}{10}$?

20 Betrachte die folgenden Brüche: $\frac{1}{2}, \frac{2}{3}, \frac{3}{4}, \frac{4}{5}, \frac{5}{6}, \ldots$

a) Beschreibe, nach welchem Muster die Zahlenfolge der Brüche entsteht.

b) Begründe, dass die Brüche zwar immer größer werden, dass es aber keinen dieser Brüche gibt, der gleich 1 ist.

Teste dein Grundwissen! Sachaufgabe zu Flächen

Merkkasten, Seite 142
Lösungen, Seite 275

21 Ein quadratisches Grundstück hat eine Seitenlänge von 40 m.

a) Berechne den Flächeninhalt des Grundstücks.

b) Berechne, wie lang der Zaun um das Grundstück wird, wenn 1 m Platz für ein Tor frei bleiben muss.

4 Prozente

Im Alltag werden Anteile oft in Prozent angegeben.
Worin liegt der Vorteil von Prozentangaben?

Oft werden Anteile in Prozent geschrieben. Vergleiche werden dadurch leichter. Wie man Anteile in Prozent notiert und aus Prozentangaben Anteile in Bruchschreibweise erhält, wird im Folgenden erklärt.

Am Montag und am Dienstag wurden bei einer Kontrolle Lkw auf Mängel untersucht. Montags wurden 200 Lkw kontrolliert, davon hatten 40 Lkw Mängel. Dienstags wurden 150 Lkw kontrolliert und 33 Lkw davon hatten Mängel. Der Anteil der bemängelten Lkw beträgt am Montag $\frac{40}{200}$ und am Dienstag $\frac{33}{150}$.
Hier kann man beide Brüche so kürzen, dass man den gemeinsamen Nenner 100 erhält: $\frac{40}{200} = \frac{20}{100}$ und $\frac{33}{150} = \frac{11}{50} = \frac{22}{100}$.
Prozent bedeutet von Hundert, sodass man schreiben kann:
$\frac{20}{100} = 20\,\%$ und $\frac{22}{100} = 22\,\%$.
Also hatten am Montag 20 % der Lkw Mängel, am Dienstag waren es 22 %.

Lkw mit Mängeln	Montag	Dienstag
Anzahl	40	33
Anteil als Bruch (mit Nenner 100)	$\frac{40}{200} = \frac{20}{100}$	$\frac{33}{150} = \frac{22}{100}$
Anteil in Prozent	20 %	22 %

pro cento (lat.): von Hundert

Anteile werden häufig in der **Prozentschreibweise** angegeben.
1 % (gesprochen „ein Prozent") ist dabei eine andere Schreibweise für $\frac{1}{100}$.
Der Anteil $\frac{1}{4}$ entspricht in Prozent $\frac{1}{4} = \frac{25}{100} = 25\,\%$.

Dieses Verfahren kann man nicht auf jeden Bruch anwenden: Etwa der Bruch $\frac{1}{3}$ lässt sich nicht auf den Nenner 100 erweitern. Für eine ungefähre Vorstellung kann man die Prozentangabe näherungsweise ermitteln: $\frac{1}{3} = \frac{11}{33} = \frac{33}{99} \approx \frac{33}{100} = 33\,\%$.
$\frac{1}{3}$ liegt sehr nah bei 33 %. Wie man den genauen Prozentwert erhält, wird im nächsten Schuljahr erklärt.

Beispiel 1 Anteile als Bruch oder in Prozent schreiben

a) Schreibe den Anteil als Bruch. Kürze vollständig.
5 %, 75 %, 20 %, 95 %

b) Drücke den Anteil in Prozent aus.
$\frac{1}{2}, \frac{1}{10}, \frac{1}{4}, \frac{3}{12}$

c) Drücke den gefärbten Anteil der Fläche des Hauses in Fig. 1 in Prozent aus.

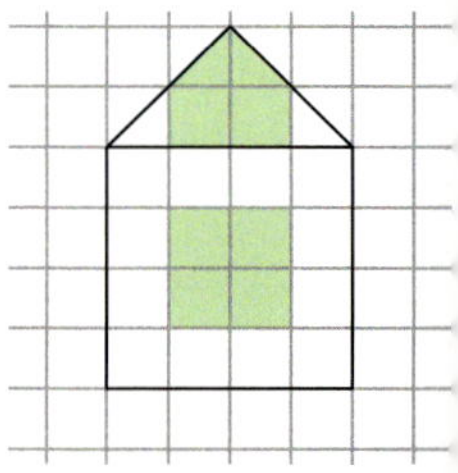
Fig. 1

Lösung

a) $5\,\% = \frac{5}{100} = \frac{1}{20}$

$75\,\% = \frac{75}{100} = \frac{3}{4}$

$20\,\% = \frac{20}{100} = \frac{1}{5}$

$95\,\% = \frac{95}{100} = \frac{19}{20}$

b) $\frac{1}{2} = \frac{50}{100} = 50\,\%$

$\frac{1}{10} = \frac{10}{100} = 10\,\%$

$\frac{1}{4} = \frac{25}{100} = 25\,\%$

$\frac{3}{12} = \frac{1}{4} = 25\,\%$

c) Der Anteil ist $\frac{7}{20}$.

$\frac{7}{20} = \frac{35}{100} = 35\,\%$

35 % der Fläche des Hauses sind gefärbt.

Beispiel 2 Prozente in Sachaufgaben verwenden

In der Klasse 5 a isst jedes vierte Kind gerne Lakritz, in der Klasse 5 b sind es 5 von 25 Kindern.

a) Drücke diese Aussagen durch einen gekürzten Bruch und in Prozent aus.
b) Gib an, in welcher Klasse der Anteil der Lakritzliebhaber größer ist.

Lösung

a) Klasse 5 a: „Jedes vierte Kind" bedeutet „eins von vier Kindern" $= \frac{1}{4} = \frac{25}{100} = 25\,\%$.
Also: Ein Viertel oder 25 % der Kinder aus der Klasse 5 a essen gerne Lakritz.
Klasse 5 b: $\frac{5}{25} = \frac{20}{100} = 20\,\%$.
Also: Ein Fünftel oder 20 % der Kinder aus der Klasse 5 b essen gerne Lakritz.
b) $20\,\% < 25\,\%$. Der Anteil der Lakritzliebhaber ist in der Klasse 5 a größer.

Aufgaben

○ **1** Schreibe als Bruch. Kürze, wenn möglich.

a) 2 % b) 6 % c) 10 % d) 5 % e) 50 % f) 8 %
g) 20 % h) 3 % i) 40 % j) 80 % k) 12 % l) 60 %
m) 25 % n) 75 % o) 90 % p) 95 % q) 30 % r) 33 %

Lerntipp Seite 216, Beispiel 1
Üben ○ Seite 226, Aufgabe 7

○ **2** Schreibe in Prozent.

a) $\frac{1}{2}$ b) $\frac{1}{5}$ c) $\frac{3}{5}$ d) $\frac{1}{4}$
e) $\frac{2}{25}$ f) $\frac{3}{50}$ g) $\frac{3}{10}$ h) $\frac{1}{20}$

○ **3** Drücke den gefärbten Anteil der Fläche in Prozent aus.

a) 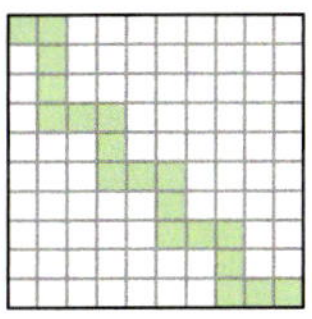
b) 
c) 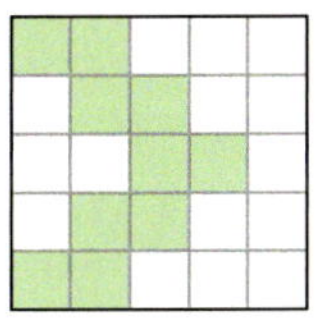
d) 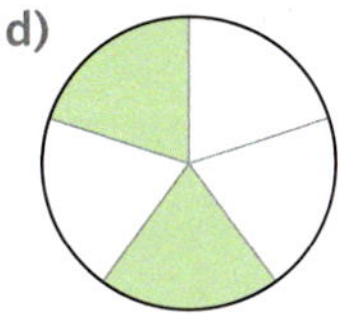

○ **4** SP Drücke mit einem Bruch und in Prozent aus.

a) Jedes zwanzigste Los gewinnt.
b) Bei dem Unwetter wurde jedes vierte Haus beschädigt.
c) Am letzten Samstag fielen vier von fünf Bundesligaspielen aus.
d) Im Mittelalter verlangten die Grundherren von den Bauern den Zehnten.

Lerntipp Seite 217, Beispiel 2

○ **5** MK a) Finde die Prozentangaben, die hier versteckt sind. Die Zahlen stammen aus der im Jahr 2016 durchgeführten KIM-Studie.
(1) 33 von 100 Kindern besitzen ein eigenes Smartphone.
(2) 9 von 50 Kindern können vom eigenen Zimmer aus das Internet benutzen.
(3) 2 von 40 Kindern besitzen einen eigenen Tablet-PC.
b) Reflektiert in der Klasse die Vor- und Nachteile der aufgeführten Medien.

Anwenden ◒ Seite 227, Aufgabe 14

Die KIM-Studie untersucht den Stellenwert der Medien im Alltag von Kindern (6 bis 13 Jahre). Sie wird seit 1999 regelmäßig durchgeführt.

○ **6** Die Tabelle zeigt das Ergebnis einer Umfrage der Klasse 5 c.

Von 50 Ferientagen waren		
langweilig	gelungen	durchwachsen
30	15	5

Von 200 Schultagen waren		
langweilig	gelungen	durchwachsen
80	70	50

Gib die Anteile in Prozent an. Finden die Schüler der 5 c die Ferien oder die Schule besser?

Lerntipp Seite 217, Beispiel 2

Teste dich!

Lösungen, Seite 275

○ **7** a) Schreibe als Bruch und kürze.
2 %; 25 %; 70 %; 4 %; 44 %

b) Schreibe in Prozent.
$\frac{1}{5}$; $\frac{6}{10}$; $\frac{35}{100}$; $\frac{4}{20}$; $\frac{7}{50}$

○ **8** Die Tabelle zeigt, wie die 80 Kinder der Klassenstufe 5 und die 90 Kinder der Klassenstufe 6 zur Schule kommen.
a) Bestimme die Anteile in Prozent.
b) Gib an, in welcher Klassenstufe ein größerer Anteil Kinder mit dem Fahrrad kommt.

	zu Fuß	Fahrrad	Bus	Auto
Stufe 5	8	28	40	4
Stufe 6	9	36	45	0

◒ **9** Vergleiche und entscheide, welche Angabe nicht zu den anderen passt.

a) jeder Fünfte; 20 %; 3 von 15; $\frac{1}{4}$

b) jeder Zehnte, 6 von 60; $\frac{1}{6}$; 10 %

c) 40 %; 2 von 5; $\frac{4}{10}$; jeder Achte

d) $\frac{5}{125}$; jeder 25.; 6 von 150; 25 %; $\frac{1}{25}$

◒ **10** Gib an, wie viel Prozent der Fläche gefärbt sind.
Bei welcher Fläche ist der gefärbte Anteil am größten bzw. am kleinsten? Ordne.

Vertiefen ◒
Seite 227, Aufgabe 1

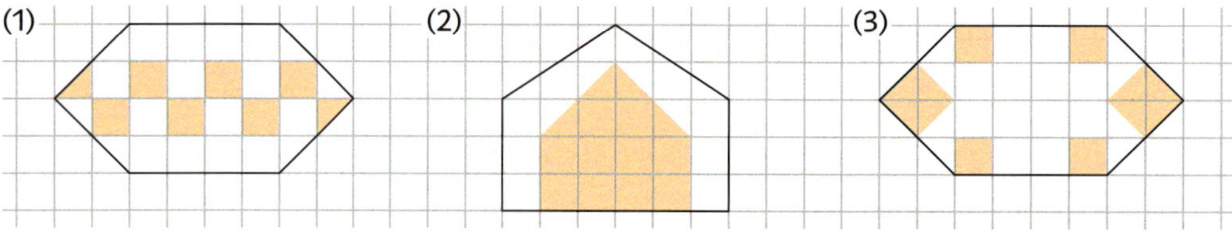

◒ **11** Gib die Anteile mit einem vollständig gekürzten Bruch, in Prozent und als Verhältnis an.
a) Von 50 Fünftklässlern hat ein Kind rote Haare und 49 sind hell- oder dunkelhaarig.
b) Von 60 Erwachsenen sind 45 Kaffeetrinker, 15 mögen keinen Kaffee.
c) 3 von 20 Familien halten eine Katze, die anderen haben ein anderes oder gar kein Tier.

Üben ○
Seite 227, Aufgabe 1

◒ **12** Martha backt ein Blech Zitronenkuchen. Der Kuchen wiegt etwa 1,5 kg, davon sind 600 g Zucker. Ihr Marmorkuchen wiegt nur ca. 1200 g und enthält 300 g Zucker.
a) Gib die Zuckeranteile beider Kuchen in Prozent an.
b) Ida meint: „Wenn ich zwei Stücke Marmorkuchen esse, habe ich genauso viel Zucker wie bei einem Stück Zitronenkuchen." Hat Ida recht? Nimm Stellung.

Vertiefen ◒
Seite 228, Aufgabe 2

◒ **13** **Finde den Fehler!**
SP
Beschreibe, was falsch gemacht wurde. Berechne anschließend im Heft die richtige Lösung.

a) Wird der Preis einer Ware um 15 % reduziert, kostet sie 15 € weniger.

b) $\frac{1}{20}$ entspricht 20 %.

c) 30 % von 150 entspricht einem größeren Anteil als 30 % von 90.

d) Ist das Verhältnis von Mädchen zu Jungen 4 : 1, sind 40 % der Kinder Mädchen.

Teste dich!

Lösungen, Seite 276

14 Eine normale Kinokarte kostet 8 €. Die Werbung dauert 10 Minuten. Wegen Überlänge wird ein Aufschlag von 20 % verlangt. Berechne, wie hoch der Aufschlag ist.

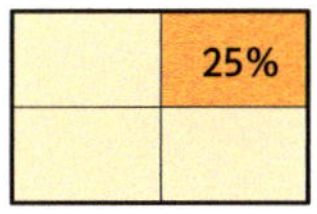

15 Stelle den Anteil wie rechts auf unterschiedliche Arten dar.
a) 10 % b) 20 % c) 30 %
d) 40 % e) 60 % f) 100 %

16 Förster erstellen in regelmäßigen Abständen eine Bestandsaufnahme der von ihnen betreuten Wälder. Um einen Überblick darüber zu gewinnen, wie viele Bäume der verschiedenen Arten vorhanden sind, zählt der Förster ein Waldstück aus. Die Tabelle zeigt das Ergebnis.

Fichte	Kiefer	Buche	Eiche	Sonstige
160	80	100	40	20

Bestimme die Anteile der Baumarten jeweils in Prozent und stelle das Ergebnis in einer Tabelle und in einem Diagramm dar.

17 In dem nebenstehenden Bericht kommen viele Angaben darüber vor, wie Jugendliche Bücher nutzen.
a) Berechne, wie viele Jugendliche in den Jahren 2011, 2012 und 2013 regelmäßig Bücher gelesen haben.
b) Wie hoch ist der Anteil der regelmäßigen Leser bei der Betrachtung eines längeren Zeitraums?
Schreibe diese Angabe in Prozent.
c) Anna sagt: „Der Anteil der regelmäßigen Leser ist leicht rückläufig."
Erkläre, was sie damit meint.
d) Der Bericht informiert auch über das Leseverhalten von Mädchen und Jungen. Schreibe diese Angaben jeweils als Verhältnisse.

Rund 1200 Jugendliche zwischen 12 und 19 Jahren haben Mannheimer Forscher 2013 für ihre Jugend, Information, (Multi-)Media, kurz: JIM-Studie befragt. 40 Prozent der Jugendlichen lesen regelmäßig Bücher in ihrer Freizeit. Zwar ist die regelmäßige Nutzung in den letzten zwei Jahren etwas gesunken (2012: 42 %, 2011: 44 %), doch bei der Betrachtung eines längeren Zeitraums bewegt sich der Anteil der regelmäßigen Leser seit Erhebung der JIM-Studie in einer Größenordnung von etwa zwei Fünfteln. Mit gut vier Fünfteln liest der Großteil der Jugendlichen zumindest selten Bücher in der Freizeit. Die hohe Affinität der Mädchen zu Büchern zeigt sich nicht nur in der Einschätzung der Wichtigkeit, sondern auch in der Häufigkeit der Nutzung. Jedes zweite Mädchen aber nur knapp jeder dritte Junge liest regelmäßig Bücher.

18 Sammle Formulierungen und Redewendungen zu Prozenten aus deinem Umfeld, wie zum Beispiel „Ich bin mir 100-prozentig sicher" oder „20 % auf alles" oder „Es steht fifty-fifty". Ordne sie und erkläre, was sie bedeuten sollen.

Teste dein Grundwissen! Flächeninhalt eines Rechtecks

Merkkasten, Seite 142
Lösungen, Seite 276

19 Berechne den Flächeninhalt A des Rechtecks mit den Seitenlängen
a) a = 7 dm, b = 1,2 m, b) a = 2,5 m, b = 8 mm.

5 Brüche als Quotienten

Die fünf Kinder Mia, Evi, Kai, Max und Conny wollen zwei Herzwaffeln (eine dunkle und eine helle) gerecht untereinander aufteilen.
Welchen Anteil bekommt jedes Kind?

Bisher wurden Brüche als „Teile vom Ganzen“ gedeutet und in Bruch- oder Prozentschreibweise dargestellt.
Man kann Brüche aber auch nutzen, um das Aufteilen mehrerer Ganzer zu beschreiben und als Ergebnis einer Division deuten.

Julia, Tim, Lene und Fabian möchten sich drei Pizzen teilen, eine mit Spinat, eine mit Paprika und eine mit Salami.

Dazu wird jede Pizza in Viertel geschnitten und auf die vier Kinder verteilt.

Auf diese Weise bekommt jedes Kind insgesamt drei Viertel $\frac{3}{4}$.

Teilt man also drei Ganze in vier gleiche Teile, erhält man $\frac{3}{4}$.
Die Division $3:4$ hat als Ergebnis $\frac{3}{4}$, d.h. kurz: $3:4 = \frac{3}{4}$.

> Wenn man zwei Zahlen dividiert, kann man das Ergebnis als **Bruch** darstellen: $3:4 = \frac{3}{4}$.

Es bleibt dabei:
Die Division durch 0 hat kein Ergebnis.

Anstatt drei Pizzen könnten die vier Kinder auch fünf Pizzen untereinander aufteilen. Jeder könnte dann ein Viertel von jeder Pizza, also $\frac{5}{4}$ Pizza bekommen. Es gilt also auch $5:4 = \frac{5}{4}$. Insbesondere gilt auch: $20:5 = \frac{20}{5} = \frac{4}{1} = 4$.

Beispiel 1 Brüche als Ergebnis von Divisionen
Schreibe das Ergebnis als Bruch. Kürze vollständig.

a) $12:15$ b) $10:7$ c) $18:12$

Lösung

a) $12:15 = \frac{12}{15} = \frac{4}{5}$ b) $10:7 = \frac{10}{7}$ c) $18:12 = \frac{18}{12} = \frac{3}{2}$

Beispiel 2 Divisionen mit Bildern darstellen
Zeichne ein passendes Bild zur beschriebenen Situation.
Drei unterschiedliche Schokoladenriegel sollen auf fünf Kinder verteilt werden.

Lösung
Die Schokoriegel lassen sich mit Rechtecksbildern darstellen.
Man nimmt drei Rechtecke, markiert ein Fünftel von jedem Rechteck und fasst zu $\frac{3}{5}$ zusammen.
Somit bekommt jedes Kind drei Fünftel Schokoriegel.

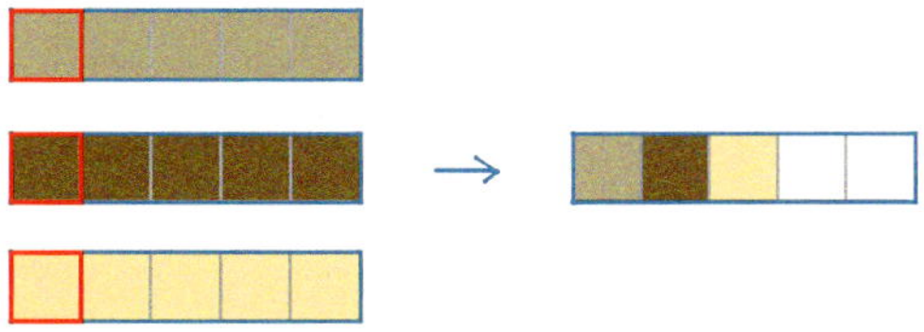

Aufgaben

○ **1** Schreibe das Ergebnis als vollständig gekürzten Bruch.
a) 5:2 b) 2:7 c) 15:5 d) 12:7 e) 16:9 f) 1:15
g) 20:30 h) 10:100 i) 18:12 j) 50:20 k) 22:55 l) 88:11

Lerntipp Seite 220, Beispiel 1

○ **2** Sortiere die Divisionen in die Ergebniskisten ein.

Vertiefen Seite 228, Aufgabe 19

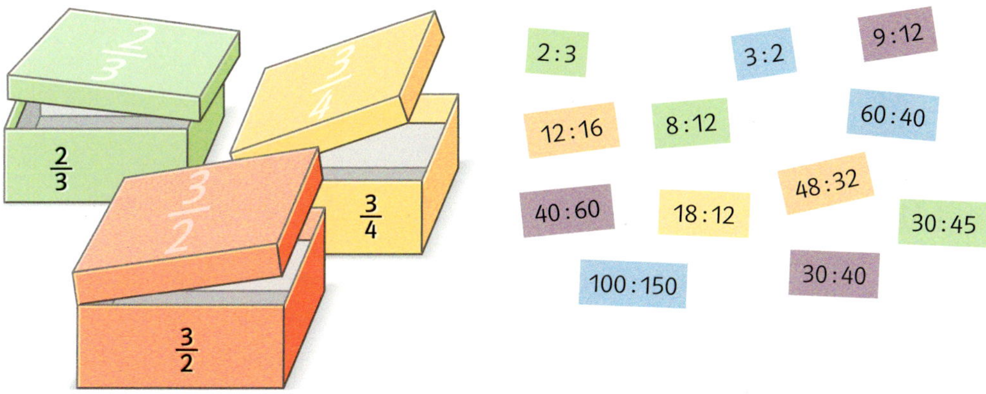

○ **3** Zeichne ein passendes Bild zur beschriebenen Situation.
a) Die drei Kinder der Familie Süßmayer teilen sich zwei Donuts.
b) Titus, Raphael, Felicia und Livia haben drei verschiedenfarbige Blätter (ein rotes, ein blaues und ein gelbes). Sie möchten die Blätter in gleich große Stücke aufteilen und jedes Kind möchte ein Stück von jeder Farbe haben.

Lerntipp Seite 221, Beispiel 2

Tipp:
Um Donuts zu zeichnen, kannst du zwei verschieden große Gläser mit dem Stift umranden.

○ **4** Bei einem Grillabend gibt es sechs Spieße mit Backpflaumen.
Sie sollen auf fünf Personen aufgeteilt werden. Jeder bekommt auch eine Portion Salat.
Wie viel von den Spießen bekommt jeder? Gib die Anteile als Bruch an.

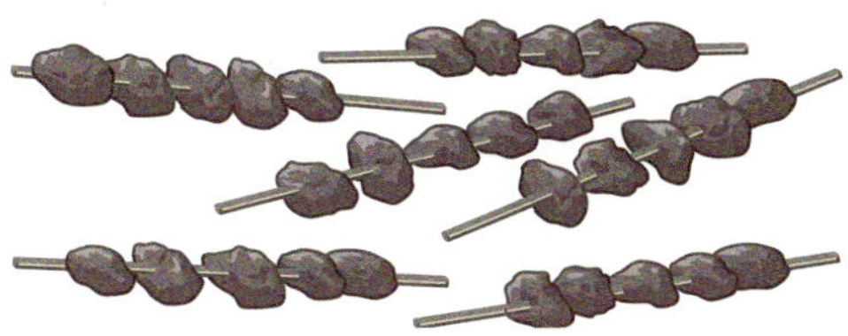

Teste dich!

Lösungen, Seite 276

○ **5** Schreibe das Ergebnis als Bruch. Kürze vollständig.
a) 30:40 b) 20:25 c) 27:18 d) 6:8 e) 15:13 f) 54:81

◒ **6** Finde passende Zahlen für das Kästchen und das Dreieck. Veranschauliche dein Ergebnis durch ein Bild.

a) $3 : \square = \frac{9}{\triangle}$ b) $\square : 4 = \frac{\triangle}{24}$ c) $\square : 25 = \frac{\triangle}{5}$ d) $4 : \square = \frac{8}{\triangle}$

◒ **7** **Finde den Fehler!**
SP Beschreibe, was falsch gemacht wurde. Verwende Fachbegriffe. Die Begriffe auf dem Rand können helfen. Berechne anschließend im Heft die richtige Lösung.

a) $8 : 5 = \frac{5}{8}$

b) In der 5 b ist das Verhältnis von Mädchen zu Jungen 3 : 6. $\frac{3}{6} = \frac{1}{2}$, also sind die Hälfte der Kinder Mädchen.

c) Der Quotient aus 8 und 8 ist gleich $\frac{8}{8} = 0$.

Wortliste
- kürzen mit
- der Nenner
- die Summe von
- der Anteil von
- der Zähler
- dividieren durch

◒ **8** Zwei Gruppen von Kindern kommen in eine Pizzeria. In der einen Gruppe teilen sich fünf Kinder vier Pizzen gerecht auf, in der anderen teilen sich acht Kinder sechs Pizzen. Pizza Salami schmeckt allen am besten. Bekommt in der Fünfer- oder in der Achtergruppe jedes Kind mehr Pizza?

◒ **9** a) Fig. 1 zeigt einen Fünfvierteltakt. Gib an, wie viele Achtelnoten maximal in einen solchen Takt passen.
b) Fig. 2 zeigt einen Zwölfachteltakt. Gib an, wie viele Viertelnoten maximal in einen solchen Takt passen.
c) In welchen der beiden Takte aus a) und b) passen mehr Viertelnoten hinein?

Fig. 1

Fig. 2

Teste dich!

Lösungen, Seite 276

◒ **10** Elena behauptet, dass sie bei den Brüchen $\frac{11}{15}$ und $\frac{24}{13}$ ohne Rechnen erkennen kann, welcher den größeren Wert hat. Wie ist das möglich? Erkläre.

◒ **11** Laura hat noch drei Stücke Butterkuchen übrig und möchte sie mit ihrer Schwester teilen. Isabelle hat für sich und ihre vier Freundinnen noch acht Stücke Donauwellenkuchen. Ermittle, bei welchem Kuchen der Anteil pro Person größer ist.

● **12** Um wie viel ist der Bruch größer als ein Ganzes?

a) $\frac{6}{5}$ b) $\frac{15}{8}$ c) $\frac{117}{100}$ d) $\frac{120}{50}$

● **13** Das Luftschiff „Schwaben“ hat insgesamt 150 000 km zurückgelegt, das Luftschiff „Graf Zeppelin II“ sogar 1 690 000 km. Berechne, wie viele Erdumrundungen von 40 000 km dies jeweils sind.

Teste dein Grundwissen! **Flächeninhalt eines Rechtecks**

Merkkasten, Seite 14
Lösungen, Seite 276

G **14** Ein Rechteck hat einen Flächeninhalt von $24\,cm^2$. Bestimme mögliche Seitenlängen, wobei nur natürliche Zahlen als Maßzahlen gewählt werden sollen.

6 Brüche auf dem Zahlenstrahl

Den Zahlenstrahl kennt ihr schon lange.
Jetzt sollen auch noch die Brüche dort untergebracht werden.
Könnt ihr den Brüchen helfen?

In diesem Kapitel wurden Brüche als Anteile und als Ergebnis von Divisionen kennengelernt. Jetzt sollen sie als Zahlen auf dem Zahlenstrahl angeordnet werden.

Jeder Bruch entspricht einer bestimmten Stelle auf dem Zahlenstrahl. Dabei werden Brüche wie $\frac{1}{2}$ und $\frac{4}{8}$, die den gleichen Anteil beschreiben, an derselben Stelle auf dem Zahlenstrahl eingetragen.
Diese Brüche bezeichnen dieselbe Zahl.

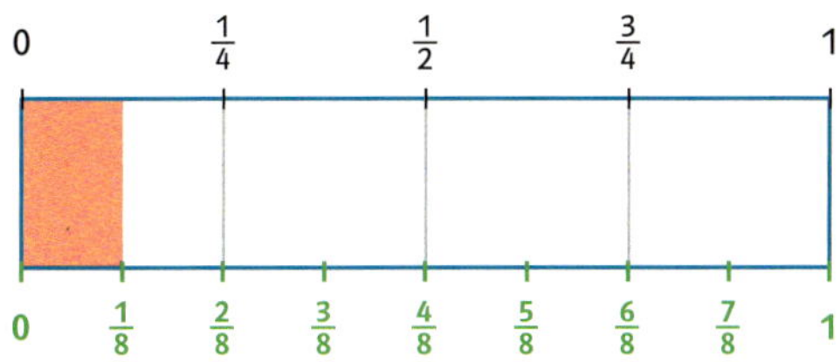

Natürliche Zahlen kann man auch als Brüche schreiben. So ist zum Beispiel $5 = 5:1 = \frac{5}{1} = \frac{10}{2}$.

0	$\frac{1}{4}$	$\frac{1}{2}$	$\frac{3}{4}$	1	$\frac{3}{2}$	2
$\frac{0}{1}$	$\frac{2}{8}$	$\frac{2}{4}$	$\frac{6}{8}$	$\frac{1}{1}$	$\frac{6}{4}$	$\frac{2}{1}$
⋮	⋮	⋮	⋮	⋮	⋮	⋮
$\frac{0}{2}$	$\frac{3}{12}$	$\frac{3}{6}$	$\frac{9}{12}$	$\frac{2}{2}$	$\frac{9}{6}$	$\frac{4}{2}$
⋮	⋮	⋮	⋮	⋮	⋮	⋮

Wie bei den natürlichen Zahlen ist der Bruch, der auf dem Zahlenstrahl weiter links steht, der kleinere.

Man kann jeden **Bruch auf dem Zahlenstrahl** eintragen. Brüche, die durch Kürzen oder Erweitern auseinander hervorgehen, werden an derselben Stelle eingetragen.
Sie bezeichnen dieselbe Zahl.

$\frac{8}{5}$ kann man zerlegen in $\frac{5}{5}$ und $\frac{3}{5}$. Dies entspricht 1 und $\frac{3}{5}$. Daher schreibt man auch $\frac{8}{5} = 1\frac{3}{5}$.
Verwendet man die Schreibweise $1\frac{3}{5}$, nennt man die Zahl einen **gemischten Bruch**.

Man spricht auch oft von gemischter Schreibweise.

Beispiel Brüche auf dem Zahlenstrahl anordnen
Zeichne auf einem Zahlenstrahl die Brüche $\frac{1}{3}$; $\frac{1}{2}$; $\frac{5}{6}$; $\frac{4}{3}$; $\frac{2}{6}$; $\frac{4}{2}$ ein.
Lösung
Man muss überlegen, wie lang die Strecke von 0 bis 1 sein soll. Bei diesen Brüchen eignet sich eine 6 cm lange Strecke, da alle Nenner Teiler von 6 sind.

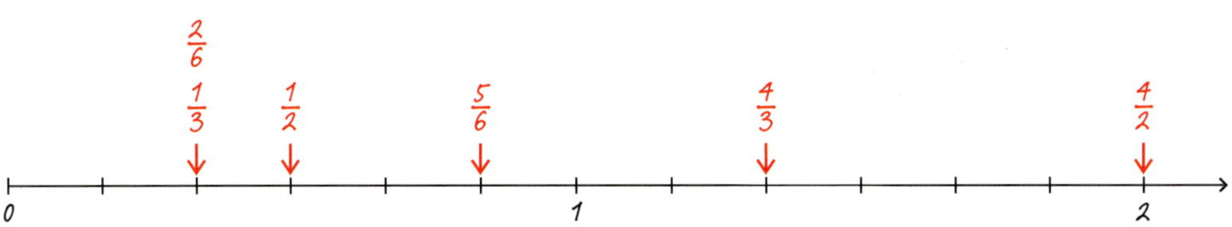

Aufgaben

○ **1** Zeichne auf einem Zahlenstrahl die Brüche $\frac{2}{5}$; $\frac{1}{5}$; $\frac{4}{10}$; $\frac{8}{10}$; $\frac{80}{100}$; $\frac{1}{4}$; $\frac{6}{5}$; $\frac{6}{4}$; $\frac{22}{11}$ und $\frac{13}{26}$ ein. Wähle für die Strecke zwischen 0 und 1 die Länge 5 cm.

Lerntipp Seite 223, Beispiel

○ **2** Schreibe für jeden Buchstaben einen vollständig gekürzten Bruch.

Üben ○ Seite 226, Aufgabe 8

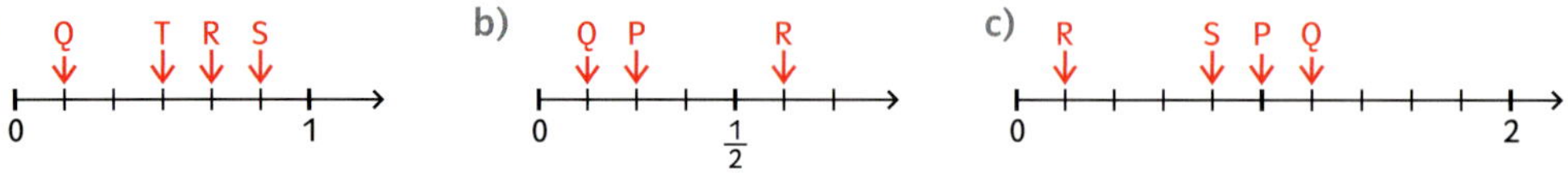

○ **3** Finde jeweils 4 Brüche, die auf dem Zahlenstrahl
a) links von 3 liegen,
b) rechts von 4 liegen,
c) zwischen 3 und 4 liegen,
d) zwischen 0 und $\frac{1}{2}$ liegen.

○ **4** SP Welche Zahlen sind auf dem Zahlenstrahl markiert? Ordne das richtige Kärtchen zu.

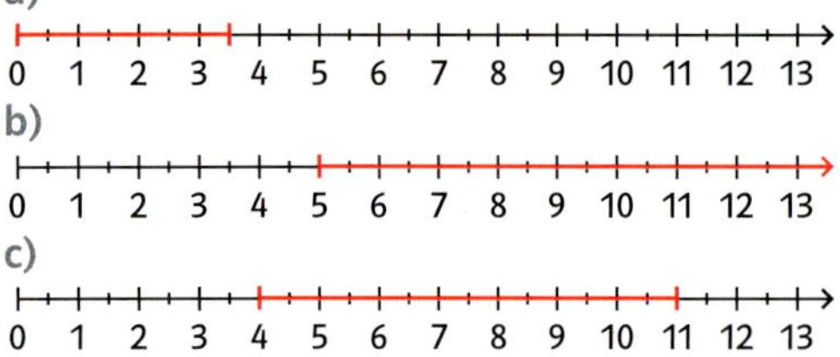

A Markiert sind alle Zahlen, die größer oder gleich 0 und kleiner oder gleich $\frac{7}{2}$ sind.

B Markiert sind alle Zahlen, die kleiner als 4 sind.

C Markiert sind alle Zahlen, die kleiner als $\frac{7}{2}$ sind.

D Markiert sind alle Zahlen, die größer oder gleich 5 sind.

E Markiert sind alle Zahlen, die größer 3 und kleiner $\frac{23}{2}$ sind.

F Markiert sind alle Zahlen, die größer oder gleich 4 und kleiner oder gleich $\frac{55}{5}$ sind.

Teste dich!

Lösungen, Seite 277

○ **5** Schreibe für jeden Buchstaben einen vollständig gekürzten Bruch.

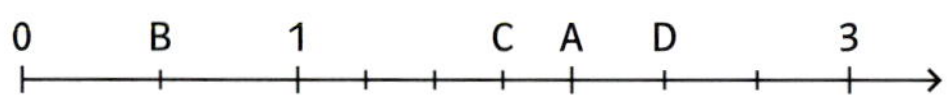

◒ **6** Finde passende Zahlen für das Dreieck. Trage die Zahlen jeweils auf dem Zahlenstrahl ein.

a) $\frac{\triangle}{6} < \frac{2}{3}$
b) $\frac{3}{\triangle} < \frac{3}{4}$
c) $\frac{1}{6} < \frac{\triangle}{14}$
d) $\frac{14}{25} < \frac{7}{\triangle}$

◒ **7** Mit einem weißen und einem roten Würfel kann man Brüche würfeln. Die Würfel auf dem Rand zeigen den gewürfelten Bruch $\frac{3}{5}$.
a) Schreibt alle Brüche auf, die man mit den Würfeln werfen kann.
b) Wie viele Brüche mit unterschiedlichen Werten sind dies? Gebt sie, wenn möglich, als gemischten Bruch oder als natürliche Zahl an.
c) Würfelt auf die oben beschriebene Weise 20 Brüche und stellt die Ergebnisse am Zahlenstrahl dar.
d) Beschreibe, wie sich die Brüche auf dem Zahlenstrahl verteilen.

◒ **8** Nenne jeweils zehn mögliche Brüche mit den Eigenschaften. Erkläre, wie du vorgehst.
a) Alle Brüche können auf dem Zahlenstrahl zwischen 0 und 1 eingetragen werden und haben verschiedene Nenner.
b) Alle Brüche liegen auf dem Zahlenstrahl zwischen 1 und 2 und haben gleiche Nenner.
c) Alle Brüche liegen auf dem Zahlenstrahl zwischen 1 und 2 und haben gleiche Zähler.

9 Finde den Fehler!
Beschreibe, was falsch gemacht wurde. Korrigiere anschließend im Heft.

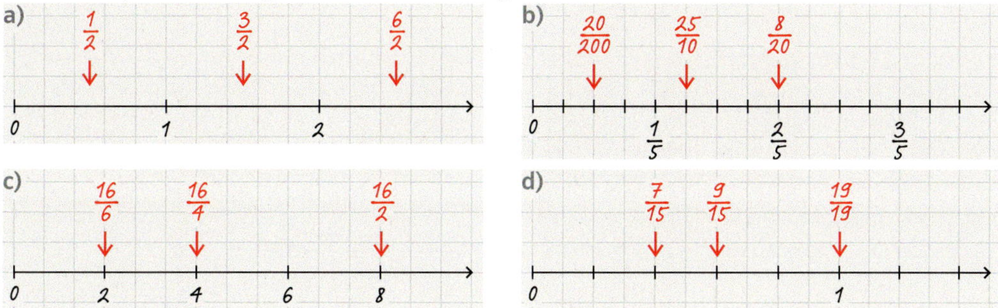

10 Schreibe die Brüche in gemischter Schreibweise und beurteile, ob sie auf dem Zahlenstrahl an derselben Stelle stehen.

a) $\frac{15}{10}$ und $\frac{60}{40}$ b) $\frac{3}{2}$ und $\frac{9}{6}$ c) $\frac{42}{10}$ und $\frac{66}{15}$ d) $\frac{400}{50}$ und $\frac{8}{1}$

11 Zeichne einen Zahlenstrahl von 0 bis zehn. Trage die Brüche $\frac{3}{2}$; $2\frac{1}{2}$; $1\frac{1}{4}$; $\frac{8}{10}$ und $7\frac{4}{5}$ ein.

Teste dich!

Lösungen, Seite 277

12 Trage die Brüche auf einem Zahlenstrahl ein. Überlege vorher, wie lang du die Einheitsstrecke (das ist die Strecke zwischen den Zahlen 0 und 1) zeichnest.

a) $\frac{1}{5}$; $\frac{2}{10}$; $\frac{5}{10}$; $\frac{4}{5}$; $\frac{2}{20}$; $\frac{7}{20}$ b) $\frac{5}{8}$; $\frac{3}{4}$; $\frac{9}{8}$; $\frac{3}{8}$; $\frac{1}{4}$ c) $\frac{4}{12}$; $\frac{7}{12}$; $\frac{1}{6}$; $\frac{12}{12}$; $\frac{11}{12}$

Diese Einheitsstrecken können in Aufgabe 12 sinnvoll sein.

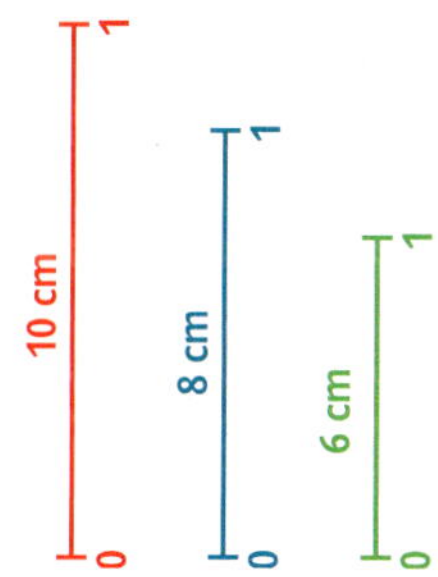

13 Schreibe die Brüche $\frac{13}{2}$ und $\frac{133}{10}$ in gemischter Schreibweise und beurteile, ob sie auf dem Zahlenstrahl an derselben Stelle stehen.

14 Auf dem Zahlenstrahl liegen zwischen 132 und 134 fünf Brüche, die man mit dem Nenner 3 schreiben kann.
Wie viele Brüche zwischen 132 und 134 kann man mit dem Nenner 100 schreiben?

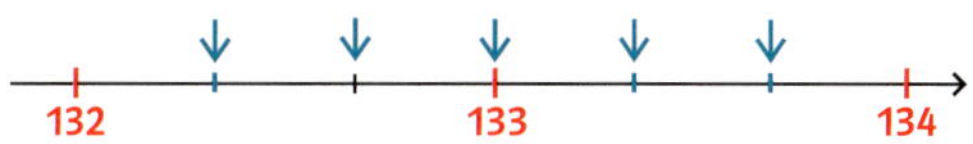

15 a) Zeichne einen Zahlenstrahl von 0 bis 1 und trage dort die Zahlen 0, $\frac{1}{2}$ und 1 ein.
b) Nenne einen Bruch, der zwischen 0 und $\frac{1}{2}$ liegt. Suche dann einen Bruch, der zwischen 0 und dem neuen Bruch liegt. Führe das Verfahren mit mindestens vier weiteren Schritten fort.
c) Nenne einen Bruch, der zwischen $\frac{1}{3}$ und $\frac{1}{2}$ liegt. Suche dann einen Bruch, der zwischen dem neuen Bruch und $\frac{1}{2}$ liegt. Fahre weiter so fort (mindestens vier weitere Schritte).
d) Vergleicht eure Ergebnisse aus den Teilaufgaben b) und c). Wie oft lässt sich das Verfahren aus den Teilaufgaben b) und c) wohl fortführen? Begründet.

Vernetzen
Seite 229, Aufgabe 23

Teste dein Grundwissen! **Rechnen mit Größen**

Merkkasten, Seite 34
Lösungen, Seite 277

16 Yasmins Familie möchte über das Wochenende verreisen. Der ICE fährt um 10:55 Uhr in Köln los und kommt um 12:13 Uhr in Frankfurt am Main an. Wie lange ist die Familie mit dem Zug unterwegs?

Wiederholen und Üben

Lösungen, Seite 277

○ **1** Gib den gefärbten Anteil der Fläche jeweils als vollständig gekürzten Bruch und in Prozent an.

a) 
b) 
c) 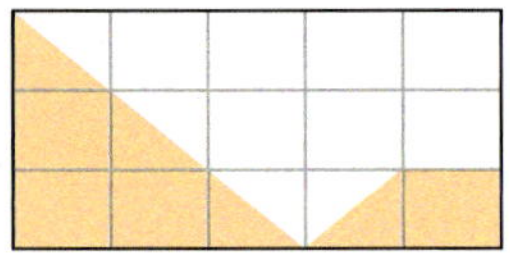
d) 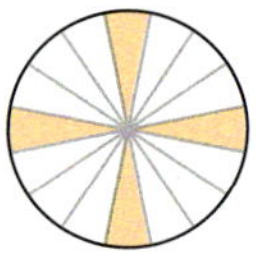
e) 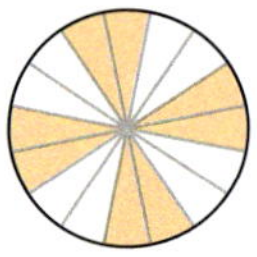
f) 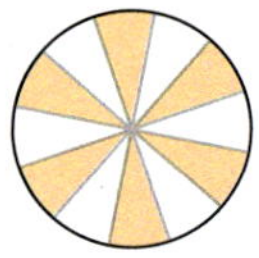
g) 
h) 
i) 

○ **2** Erweitere bzw. kürze den Bruch und zeichne ein passendes Bild.
a) Erweitere $\frac{3}{4}$ mit 3. b) Erweitere $\frac{1}{2}$ mit 5. c) Erweitere $\frac{3}{8}$ mit 2. d) Erweitere $\frac{2}{5}$ mit 3.
e) Kürze $\frac{3}{6}$ mit 3. f) Kürze $\frac{6}{8}$ mit 2. g) Kürze $\frac{8}{12}$ mit 4. h) Kürze $\frac{5}{10}$ mit 5.

○ **3** Mit welcher Zahl wurde erweitert? Schreibe den Anteil als Bruch.

a) 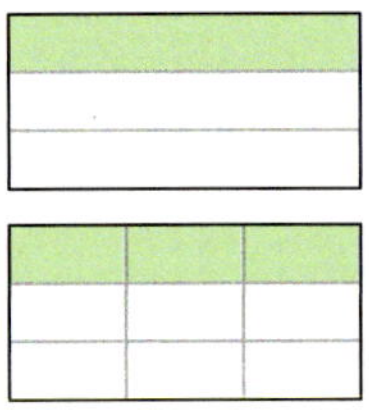
b) 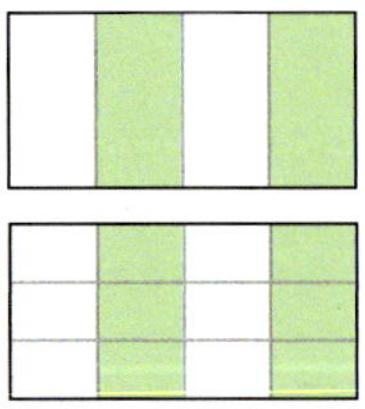
c) 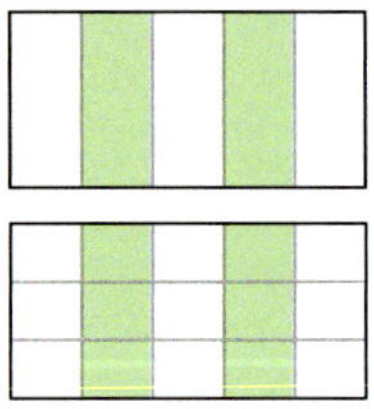
d) 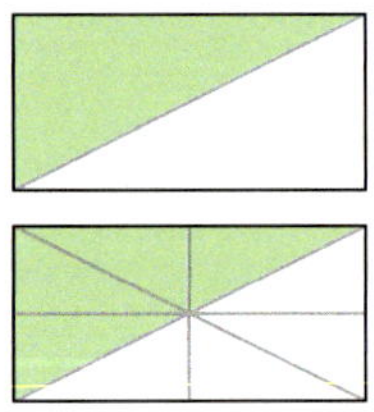

○ **4** Gib an, mit welcher Zahl erweitert oder gekürzt wurde.
a) $\frac{3}{5} = \frac{9}{15}$ b) $\frac{15}{20} = \frac{3}{4}$ c) $\frac{6}{8} = \frac{60}{80}$ d) $\frac{14}{35} = \frac{2}{5}$ e) $\frac{7}{11} = \frac{84}{132}$ f) $\frac{25}{75} = \frac{1}{3}$

○ **5** Kürze vollständig.
a) $\frac{12}{24}, \frac{12}{18}, \frac{30}{40}, \frac{25}{100}, \frac{50}{60}, \frac{50}{75}$ b) $\frac{15}{18}, \frac{16}{18}, \frac{6}{30}, \frac{40}{56}, \frac{75}{100}, \frac{120}{200}$ c) $\frac{8}{12}, \frac{35}{42}, \frac{13}{65}, \frac{80}{100}, \frac{125}{1000}, \frac{34}{51}$

○ **6** Wie viel sind
a) $\frac{2}{10}$ von $2\,cm^2$, b) $\frac{1}{2}$ von 7 m, c) $\frac{2}{7}$ von 84 km, d) $\frac{2}{5}$ von 8 h,
e) $\frac{2}{5}$ von 1 kg, f) $\frac{5}{6}$ von 2 h, g) $\frac{19}{21}$ von $42\,m^3$, h) $\frac{3}{5}$ von 3 € ?

○ **7** Schreibe als vollständig gekürzten Bruch.
a) 50 % b) 1 % c) 30 % d) 24 %
e) 70 % f) 99 % g) 88 % h) 23 %

○ **8** Zeichne einen geeigneten Zahlenstrahl in dein Heft und trage die Brüche ein.

D43 Check-out

$\frac{1}{2}$ $\frac{2}{2}$ $\frac{1}{4}$ $\frac{2}{4}$ $\frac{3}{4}$ $\frac{4}{4}$ $\frac{1}{5}$ $\frac{2}{5}$ $\frac{3}{5}$ $\frac{4}{5}$ $\frac{5}{5}$ $\frac{1}{8}$ $\frac{4}{8}$ $\frac{5}{8}$ $\frac{1}{10}$ $\frac{2}{10}$ $\frac{5}{10}$ $\frac{7}{10}$ $\frac{9}{10}$

9 Für eine Apfelschorle wird das Verhältnis 2:1 von Wasser und Apfelsaft empfohlen, damit das Getränk nicht zu viel Zucker enthält.
a) Gib jeweils den Anteil von Wasser und Apfelsaft an.
b) Gib an, wie viel Wasser und wie viel Apfelsaft man braucht, wenn man eine Karaffe mit 1,5 Litern Apfelschorle füllen möchte.

10 Gib die beschriebenen Anteile jeweils mit einem vollständig gekürzten Bruch, in Prozent und als Verhältnisse an.
a) Von 100 Zügen kommen 95 pünktlich und 5 zu spät.
b) Von 180 Kindern der Stufe 5 wählen 99 Französisch und 81 Latein.
c) 35 von 50 Deutschen essen lieber braune Eier, 15 essen lieber weiße Eier.

11 Versuche durch Nachdenken und ohne Rechnung die größere Zahl anzugeben. Beschreibe deine Überlegung.
a) $\frac{5}{11}$; $\frac{5}{12}$ b) $\frac{8}{20}$; $\frac{8}{30}$ c) $\frac{15}{18}$; $\frac{19}{16}$ d) $\frac{7}{5}$; $\frac{19}{22}$ e) $\frac{13}{14}$; $\frac{8}{9}$ f) $\frac{25}{24}$; $\frac{7}{6}$

Vertiefen und Anwenden

12 Enio hat eine interessante Entdeckung gemacht:
„Ich kann dem Bruch $\frac{31}{341}$ sofort ansehen, dass man ihn kürzen kann, denn 341 ist gleich 310 + 31 und deshalb durch 31 teilbar."
Überprüfe mithilfe von Enios Überlegung, ob man die folgenden Brüche kürzen kann.
a) $\frac{17}{187}$ b) $\frac{23}{483}$ c) $\frac{11}{1109}$ d) $\frac{43}{4386}$ e) $\frac{17}{153}$

13 Lies den nebenstehenden Artikel sorgfältig durch.
a) Fertige ein geeignetes Rechteck an, in dem du die angegebenen Bruchteile veranschaulichen kannst.
b) Schreibe einen kritischen Leserbrief an die Zeitungsredaktion.

In Bruchdorf ist $\frac{1}{6}$ der Fläche mit Wohnhäusern, $\frac{1}{30}$ mit öffentlichen Gebäuden und $\frac{1}{5}$ mit Scheunen und Ställen bebaut. Gärten und Wiesen nehmen den Anteil von $\frac{8}{15}$ ein. Der Rest, das ist ein Anteil von 10 %, wird von Straßen, Wegen und Plätzen beansprucht.

14 **Prozentangaben kritisch verwenden**
Bei einem Fernsehkanal wurde an sieben aufeinanderfolgenden Tagen die Zeitdauer (nicht die Anzahl der Sendungen) verschiedener Sparten aufgeschrieben. Die Tabelle zeigt das Ergebnis. Welche Aussagen sind durch die Tabelle belegt?

Sparte	Anteil an der Sendezeit
Information	12 %
Unterhaltung (ohne Musik)	53 %
Natursendungen	8 %
Musiksendungen	5 %
Sport	14 %
Sonstiges	8 %

a) Mehr als die Hälfte der Sendezeit ist Unterhaltung.
b) Etwa jede zweite Sendung ist eine Unterhaltungssendung.
c) Pro Stunde Sendezeit sind im Schnitt drei Minuten Musiksendungen.
d) Von 100 Sendungen waren 14 Sportsendungen.
e) Unterhaltung (ohne Musik) und Sport machen etwa 3 von 4 Sendungen aus.

15 In Zeitungen und Prospekten werden Anteile oft bildlich dargestellt. Dabei kann es passieren, dass die bildliche Darstellung nicht zu den angegebenen Zahlen passt. Beschreibe, warum die Darstellung in Fig. 1 irreführend ist.

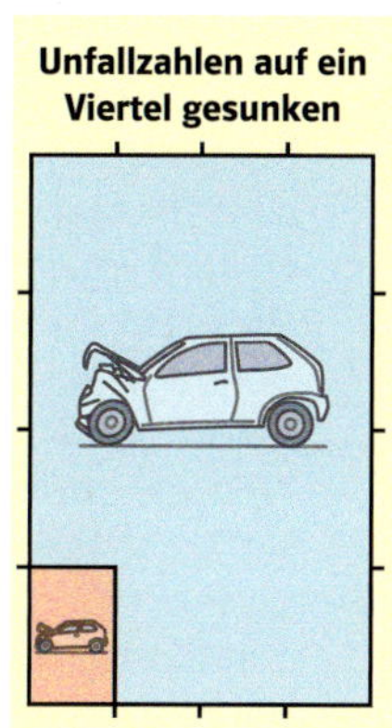

Fig. 1

16 Mareike behauptet: „Brüche erweitern kann man immer. Kürzen ist aber nicht so einfach." Nimm dazu Stellung und begründe an Beispielen.

17 a) Überprüfe, ob bei den Schokoladentafeln links und in der Mitte der gleiche Anteil an hellen Stückchen ist. Gib auch jeweils das Verhältnis von den hellen zu den dunklen Stückchen an.

b) Lässt sich bei der rechten, quadratischen Schokoladentafel jeweils der gleiche Anteil an weißen Stückchen wie bei den anderen beiden Schokoladentafeln herstellen? Begründe deine Antwort.

18 a) In Fig. 1 ist die Nationalflagge der Schweiz vereinfacht dargestellt. Gib den weißen und den roten Anteil an der Flagge jeweils als vollständig gekürzten Bruch an. Notiere auch das Verhältnis „rot zu weiß".

b) Auch die Nationalflagge Dänemarks besteht nur aus den Farben Weiß und Rot (vgl. Fig. 2). Gib die Anteile jeweils als vollständig gekürzten Bruch an. Bei welcher der beiden Flaggen ist der rote Anteil größer?

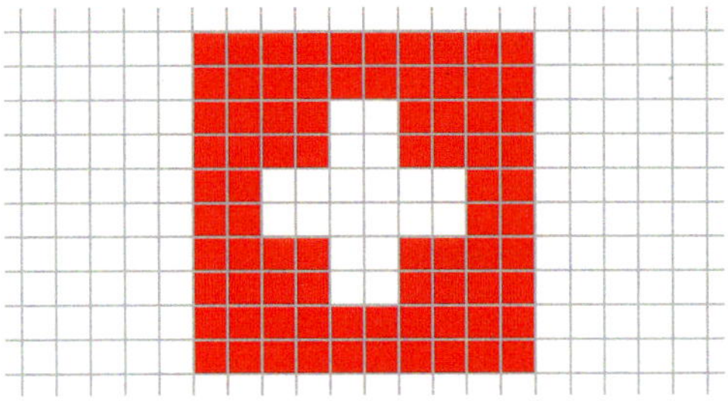

Fig. 1

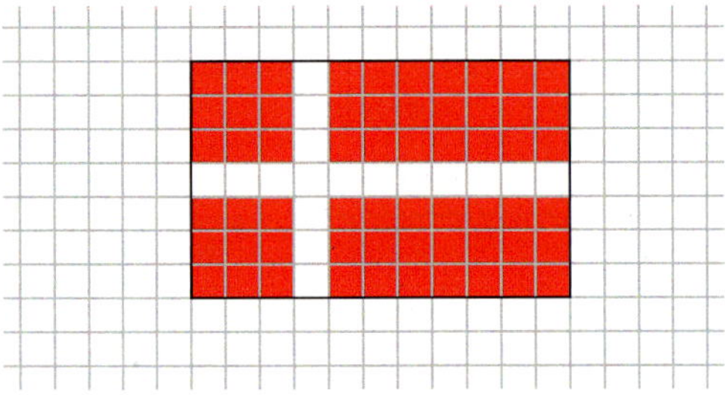

Fig. 2

19 Welche Brüche wohnen in der Bruchbude? Lies den Text sorgfältig durch.
Im 1. Stock wohnt ein Bruch mit dem Nenner 8. Im 2. Stock und 3. Stock wohnen Brüche, die dieselbe Zahl bezeichnen. Bei den Brüchen im Dachgeschoss und im 4. Stock sind Zähler und Nenner vertauscht. Im 4. Stock wohnt ein Bruch, dessen Zähler dem Flächeninhalt und dessen Nenner dem Umfang eines Quadrats mit der Seitenlänge 3 entspricht. Der Zähler des Bruches im 1. Stock ist ein Viertel von seinem Nenner. Beim Bruch im 2. Stock sind Zähler und Nenner gleich und ihre Summe entspricht der Stocknummer. Beim Bruch im 3. Stock ist die Summe aus Zähler und Nenner 10.

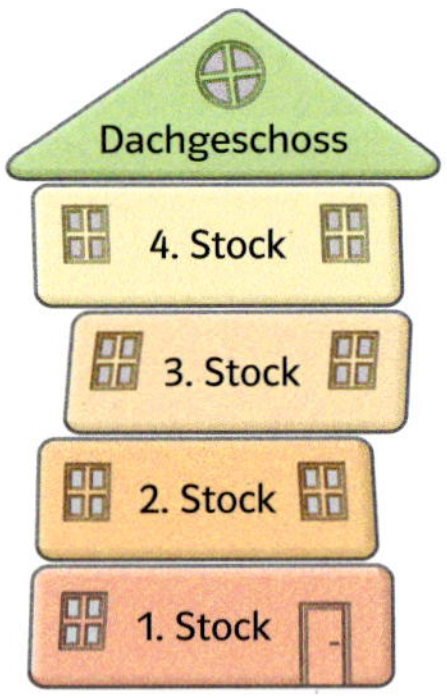

20 Mathilda und Niklas mischen sich ihr Müsli selbst. Mathilda nimmt je 20 g Roggen-, Hafer- und Gerstenflocken. Dazu 10 g Kerne, 10 g Nüsse und 20 g Trockenobst. Niklas nimmt die Hälfte Flocken, je 10 % Kerne, Rosinen und Schokostückchen und den Rest Cornflakes.

a) Vergleiche jeweils das Verhältnis der Flocken zu den restlichen Zutaten.

b) Vergleiche den Anteil der Kerne bei den beiden Müslimischungen.

Vernetzen und Erforschen

21 a) Gib an, welcher Anteil des Quadrats weiß ist.
b) Berechne den Flächeninhalt der gesamten weißen Fläche in m^2.
c) Zeichne das Quadrat in dein Heft. Ein Meter soll dabei einem Zentimeter entsprechen. Setze das Muster der weißen Quadrate fort.
Wie viele kannst du zeichnen? Wie viele gibt es? Begründe.

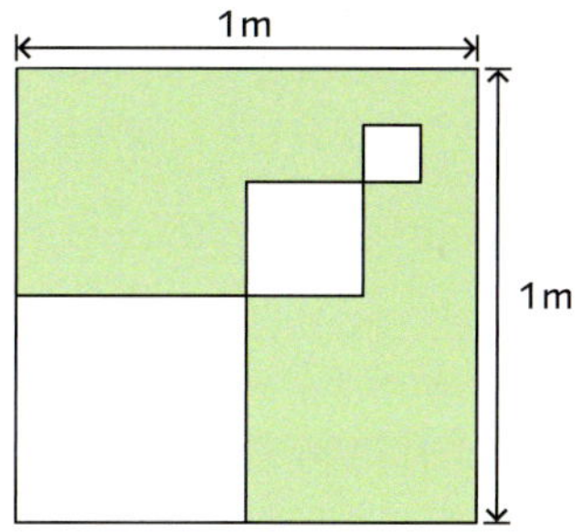

22 a) Welcher Anteil an der Fläche des großen Dreiecks ist jeweils gefärbt? Gib den Anteil mit einem vollständig gekürzten Bruch an.

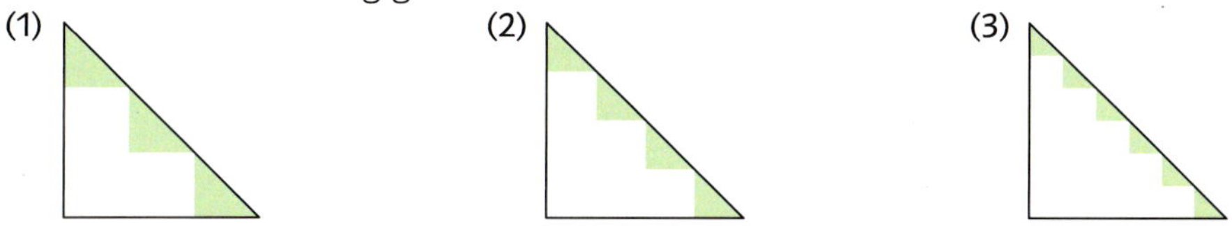

b) Angenommen, bei einem großen Dreieck sind auf dieselbe Art 100 kleine Dreiecke gefärbt. Welcher Anteil ist dies vermutlich?

23 **Zahlenstrahl und Symmetrie**
Spiegelt man den Punkt A an der Stelle $\frac{1}{4}$ an der blauen Geraden durch die Stelle $\frac{1}{2}$ des Zahlenstrahls, so erhält man den Punkt B an der Stelle $\frac{3}{4}$.

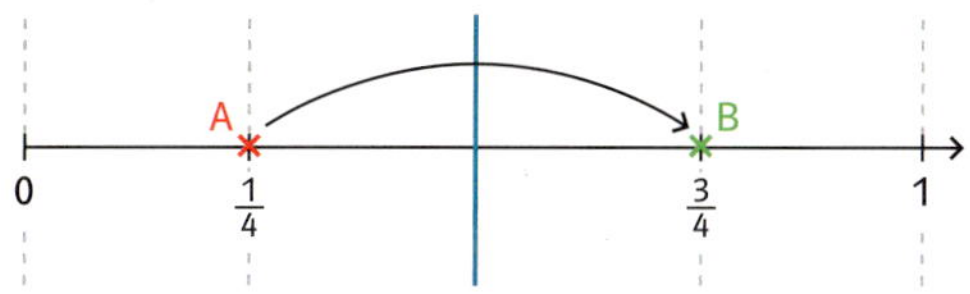

Führe folgende Spiegelungen am Zahlenstrahl durch und gib die Stelle des gespiegelten Punktes an.
a) Punkt B an der Stelle $\frac{3}{2}$ an der Geraden durch die Stelle 2.
b) Punkt C an der Stelle $\frac{5}{8}$ an der Geraden durch die Stelle 1.
c) Punkt D an der Stelle $\frac{1}{2}$ an der Geraden durch die Stelle $1\frac{1}{2}$.
d) Punkt E an der Stelle $\frac{3}{10}$ an der Geraden durch die Stelle 1.

24 **Verhältnisse beim Zeichnen**
Rechts ist eine Grafik abgebildet, die beim Zeichnen eines Gesichtes helfen kann. Fertige eine Beschreibung dieser Grafik an, bei der du zum Beispiel folgende Merkmale nutzt:
- das Verhältnis der Seiten des äußeren Rechtecks,
- die Anteile der kleineren Rechtecke und Quadrate am äußeren Rechteck,
- die Positionen der beiden Kreise.

Versuche, die Position der Nasenunterkante und des Mundes (roter Querstrich im kleinen Kreis) zu beschreiben.

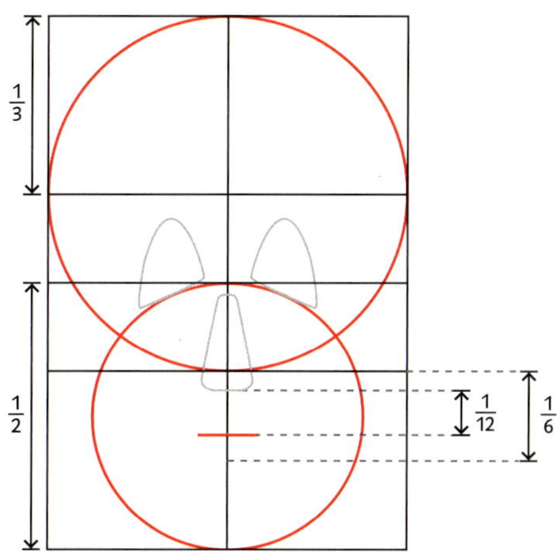

Rückblick

Brüche als Anteile
Zur Beschreibung von Anteilen verwendet man Brüche.
Die obere Zahl nennt man Zähler, die untere Nenner des Bruches.
Um den Anteil $\frac{3}{4}$ zu erhalten, zerlegt man ein Ganzes in vier gleich große Teile und nimmt dann drei Teile davon.
Ein Bruch, bei dem im Zähler eine 1 und im Nenner eine beliebige Zahl steht, heißt Stammbruch.

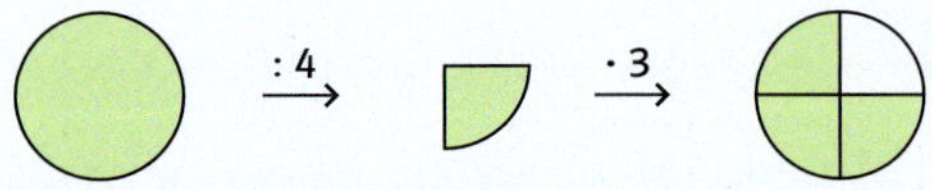

Brüche erweitern und kürzen
Man erweitert einen Bruch, indem man Zähler und Nenner mit der gleichen Zahl multipliziert.

$\frac{8}{12}$ mit 3 erweitert ergibt $\frac{24}{36}$.
$\frac{8}{12} = \frac{8 \cdot 3}{12 \cdot 3} = \frac{24}{36}$

Man kürzt einen Bruch, indem man Zähler und Nenner durch die gleiche Zahl ($\neq 0$) dividiert.

$\frac{8}{12}$ mit 4 gekürzt ergibt $\frac{2}{3}$.
$\frac{8}{12} = \frac{8:4}{12:4} = \frac{2}{3}$

Erweitern und Kürzen ändert den Wert eines Bruches nicht.

Ein Bruch heißt vollständig gekürzt, wenn Zähler und Nenner des Bruches keinen gemeinsamen Teiler haben (außer der Zahl 1).

Brüche vergleichen
Zwei Brüche kann man wie folgt vergleichen:
Man erweitert oder kürzt so, dass Zähler oder Nenner übereinstimmen.

$\frac{3}{4} < \frac{5}{6}$ *denn* $\frac{3}{4} = \frac{9}{12}$ *und* $\frac{5}{6} = \frac{10}{12}$

Wenn die Nenner gleich sind, dann ist der Bruch mit dem größeren Zähler größer.

$\frac{7}{8} > \frac{3}{8}$

Wenn die Zähler gleich sind, dann ist der Bruch mit dem kleineren Nenner größer.

$\frac{3}{4} > \frac{3}{8}$

Prozente
Anteile werden häufig in Prozent angegeben.
1% ist eine andere Schreibweise für $\frac{1}{100}$.

$\frac{1}{4} = \frac{25}{100} = 25\,\%$

Brüche als Quotienten
Wenn man zwei Zahlen dividiert, erhält man als Ergebnis einen Bruch.

$3:4 = \frac{3}{4}$

Brüche am Zahlenstrahl
Man kann jeden Bruch auf dem Zahlenstrahl eintragen.
Brüche, die durch Kürzen oder Erweitern auseinander hervorgehen, werden an derselben Stelle eingetragen.
Sie bezeichnen dieselbe Zahl.

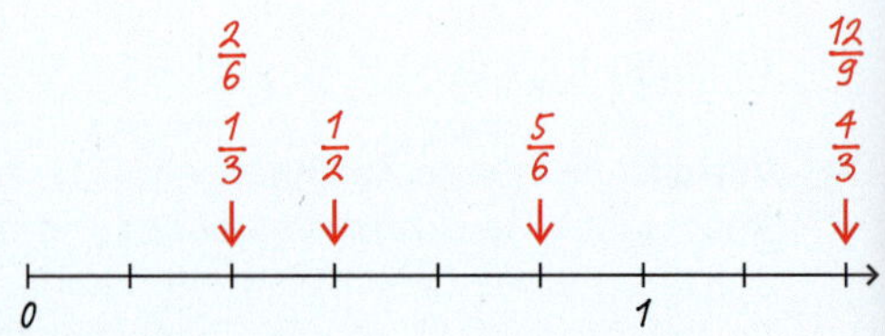

Runde 1

Lösungen, Seite 279

1 Von einer Figur ist nur der angegebene Anteil dargestellt. Zeichne den Anteil ins Heft und ergänze zu einem Ganzen.

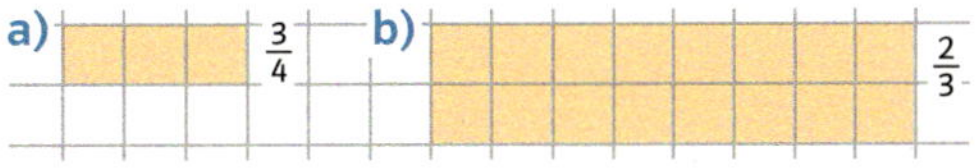

2 Schreibe als Bruch und kürze vollständig.
a) 4 % **b)** 60 % **c)** 35 % **d)** 41 %

3 Schreibe in Prozent.
a) $\frac{7}{10}$ **b)** $\frac{4}{5}$ **c)** $\frac{230}{1000}$ **d)** $\frac{22}{200}$

4 Schreibe ohne Bruch und Prozent in einer anderen Einheit.
a) $\frac{3}{5}$ von 1 kg **b)** $\frac{1}{20}$ von 4 km **c)** 25 % von 80 € **d)** 3 % von 1 Liter

5 Mit einem Wurfpfeil wird auf die schnell rotierenden Scheiben in Fig. 1 geworfen. Rot zählt als Treffer. Sind die Zielscheiben bei einem Wettkampf gleichwertig? Begründe.

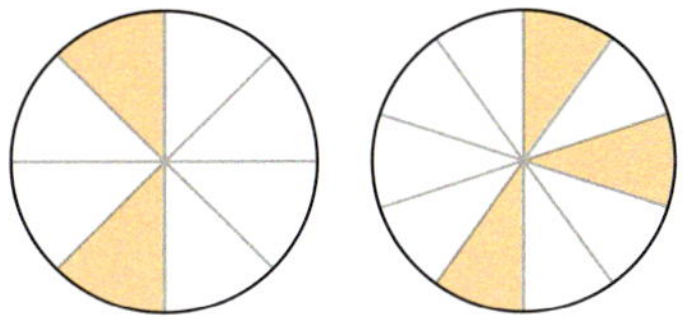
Fig. 1

6 Familie May gibt von 3300 € Monatseinkommen $\frac{1}{3}$ für Miete und $\frac{2}{5}$ für Essen und Bekleidung aus. Berechne die angegebenen Anteile und den Betrag, der noch übrig bleibt.

Runde 2

Lösungen, Seite 280

1 Welcher Anteil in Fig. 1 ist jeweils grün gefärbt? Schreibe mit einem vollständig gekürzten Bruch und in Prozent.

2 Ordne die folgenden Zahlen nach ihrer Größe und beginne mit der kleinsten.
25 %; $\frac{50}{200}$; $\frac{50}{2}$; $\frac{1}{4}$; 20 %

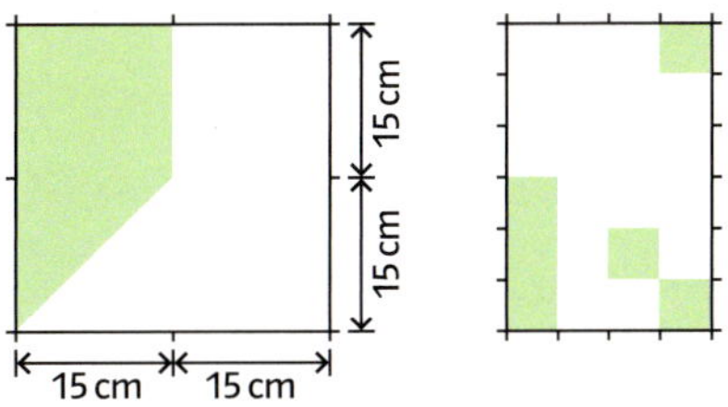

Fig. 1

3 Schreibe jeweils die zu einem Buchstaben in Fig. 2 gehörende Zahl als Bruch.

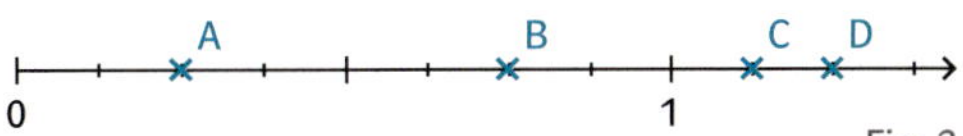

Fig. 2

4 Setze im Heft passend < oder > ein.
a) $\frac{3}{5}$ ▢ $\frac{3}{7}$ **b)** $\frac{5}{16}$ ▢ $\frac{7}{16}$ **c)** $\frac{7}{9}$ ▢ $\frac{8}{12}$

5 Im Zoo zahlen Erwachsene für eine Jahreskarte 75 €, Kinder zwischen 4 und 12 Jahren 50 €. Eine Familienjahreskarte für zwei Erwachsene mit einem Kind kostet 180 €. Wie viel kann man durch den Kauf einer Familienjahreskarte gegenüber den Einzelpreisen sparen? Gib den Anteil als Bruch und in Prozent an.

6 In der Klasse 6 a sind 14 Mädchen und 12 Jungen, in der 6 b sind 12 Mädchen und 10 Jungen und in der 6 c sind 13 Mädchen und 13 Jungen.
a) Gib die Verteilung der Mädchen und Jungen in den drei Klassen als Verhältnisse an.
b) In welcher Klasse sind anteilig die meisten Mädchen bzw. die meisten Jungen?

Nachgehakt und neu durchdacht

Die folgenden Kärtchen enthalten Denkanstöße zu zentralen Themen der zurückliegenden Jahrgangsstufe. Sie eignen sich, um auf Gelerntes zurückzuschauen. So können übergreifende Zusammenhänge entdeckt und gesichert werden. Man kann über die Anstöße alleine nachdenken, um sie dann in kleinen Gruppen miteinander zu diskutieren. Erklärungen werden in der Klasse über Vorträge, Diskussionen, schön gestaltete Plakate oder selbst angefertigte Erklärvideos miteinander verglichen und gegebenenfalls ergänzt. Auch ein Erklärwettbewerb mit einer Jury kann spannend sein.

Natürlich darfst du beim Argumentieren und Erklären alle Regeln und Beispiele aus diesem Buch nutzen. Durch Nachschlagen im Inhaltsverzeichnis oder im Register kann man herausfinden, wo sich passende Regeln befinden.

Zehnersystem

1 Niclas & Nina

Niclas: Ich bin Linkshänder. Deswegen rechne ich diese Aufgaben von links nach rechts so: Beim Addieren: 5 plus 3 gibt 8, 5 plus 4 gibt 9, 7 plus 1 gibt 8. Beim Subtrahieren: 3 und **2** gibt 5, 4 und **1** gibt 5, 1 und **6** gibt 7.

Nina: Da hast du bei deinen Zahlen nur großes Glück gehabt. Dein Rechnen von links nach rechts klappt aber immer, wenn du auch die Zahlen umdrehst, also 557 als 755 und 341 als 143 schreibst...

Nehmt Stellung zum Dialog und findet heraus, wie Nina denkt und ob sie recht haben könnte.

2 Lisa

Lisa: (a) Bei 12 mal 14 rechne ich 10 mal 14 plus 2 mal 14, also 140 plus 28.
(b) Bei 14 mal 12 rechne ich 10 mal 12 plus 4 mal 12, also 120 plus 48.
Das ist das Distributivgesetz und es erklärt, warum man schriftlich multiplizieren kann, wie wir das gelernt haben:

Erläutere, was Lisa mit Distributivgesetz meint und wie (a) und (b) mit den beiden schriftlichen Rechnungen zusammenhängen.
Gib ein weiteres Beispiel mit größeren Zahlen an.

Maßeinheiten

3 Simon, Hyssein & Heiko

Simon: Ich finde die vielen Maßeinheiten ärgerlich. Das haben sich die Mathematiker nur ausgedacht, um uns mit dem Umrechnen zu quälen. Ich würde immer mit Millimetern rechnen.

Hyssein: Du hast recht. In Millimetern kann man alle Längen schreiben.

Heiko: Ich finde, das ist noch viel mehr Quälerei. Das Rechnen in den anderen Maßeinheiten hat auch große Vorteile.

Gib einige Zahlenbeispiele an und nimm Stellung zu diesem Dialog.

Volumen – Fläche – Länge

4 Nadja, Saskia & Laura

Nadja: Die gelben Steine sind falsch.
Ich habe rechteckige bestellt, so wie die orangen, keine quadratischen.
Ich schicke die gelben zurück.
Saskia: Du wirst mit der Reklamation keinen Erfolg haben, die gelben sind doch rechteckig.
Laura: Ihr seid beide Schlafmützen. Nur Flächen können rechteckig sein, die Steine sind aber keine Flächen.

Nimm Stellung zu den unterschiedlichen Ansichten der drei Mädchen.

Brüche und Zahlen

5 Sandro

Sandro: Wenn ich mir den Nenner von Brüchen oder das Zeichen % als Einheit denke, dann kann ich Brüche nicht nur auf dem Zahlenstrahl anordnen, sondern sogar addieren und subtrahieren. Dann werden Brüche richtige Zahlen.

Erkläre, was Sandro meint. Fertige einige Skizzen an, die erklären, wie man Bruchzahlen addieren und subtrahieren kann.

6 Heike, Sandro & Tina

Heike: Zählen ist einfach: nach 3 kommt 4, nach 4 kommt 5, halt immer die nächste Zahl.
Sandro: Das geht bei Brüchen genauso, nach $\frac{3}{20}$ kommt $\frac{4}{20}$,
nach $\frac{4}{20}$ kommt $\frac{5}{20}$, deswegen heißt das über dem Bruchstrich ja auch Zähler.
Tina: Als ich in der Klassenarbeit geschrieben habe, dass nach $\frac{3}{20}$ $\frac{4}{20}$ kommt, hat Frau Sonntag das angestrichen. Ich weiß aber immer noch nicht, warum.

Erkläre Tina, warum Frau Sonntag recht hat.

7 Benni & Thea

Benni: Die Hälfte ist immer mehr als ein Viertel.
Thea: Du spinnst! Ein Viertel kann auch doppelt so viel sein wie die Hälfte. Du musst immer sagen, wovon du die Anteile nimmst.

Finde Beispiel dafür, dass Benni recht hat, und andere Beispiele dafür, dass auch Thea recht hat. Erläutere.

8 Anke

Anke: Es gibt Menschen, die in Rätseln sprechen, wenn es um die Uhrzeit geht. In Mathe ist $\frac{3}{4}$ von Zwölf doch Neun. Das ist logisch. Aber meine Oma sagt „drei viertel 12“ sei 11 Uhr 45.

Versuche zu erklären, wie Ankes Oma denkt und was dann „zwei zwölftel Acht“ sein müsste, obwohl Ankes Oma das noch nie gesagt hat.

Zahlen und Operationen

Natürliche Zahlen (Aufgabe 1)

Beim Zählen verwendet man die natürlichen Zahlen 0, 1, 2, 3, 4 usw.
Zu jeder natürlichen Zahl gibt es eine um 1 größere Zahl, ihren Nachfolger. Ebenso gibt es zu jeder natürlichen Zahl außer der 0 eine um 1 kleinere Zahl, ihren Vorgänger.

0 1 2 3 4 5 6 7 8 9 10

2 ist kleiner als 5. Man schreibt $2 < 5$.
5 ist größer als 2. Man schreibt $5 > 2$.

Stellenwerttafel (Aufgabe 2 und 3)

In unserem Zahlensystem hängt die Bedeutung einer Ziffer von der Stelle ab, an der sie steht.

M	HT	ZT	T	H	Z	E
3	4	2	9	7	6	5

3 000 000 + 400 000 + 20 000 + 9000 + 700 + 60 + 5
= 3 429 765

In Worten:
drei Millionen vierhundertneunundzwanzigtausendsiebenhundertfünfundsechzig

Rechnen (Aufgaben 4 und 5)

Es gibt vier Grundrechenarten

Addition

	3	7	8
+	2	1	6
	5	9	4

Subtraktion

	8	6	3
−	4	2	1
	4	4	2

Multiplikation

$8 \cdot 24 = 192$
$8 \cdot 20 = 160$
$8 \cdot 4 = 32$

Division

$96 : 4 = 24$
$80 : 4 = 20$
$16 : 4 = 4$

Teste dein Grundwissen! → **Lösungen**, Seite 280

1 Gib zu jeder Zahl ihren Vorgänger und ihren Nachfolger an.
a) 2337 **b)** 1569 **c)** 3000 **d)** 4360

2 Zähle fünf Schritte vorwärts und fünf Schritte rückwärts.
a) in Einerschritten von 17 aus
b) in Zehnerschritten von 240 aus
c) in Hunderterschritten von 2720 aus

3 Schreibe die Zahlen in eine Stellenwerttafel. Ordne die Zahlen der Größe nach.

zweitausenddreihundertvier 55 896 22 500 4001 achtzehntausenddreihundertneun 793

4 **a)** Gib an, welche Zahlen nicht zur 3-er-Reihe gehören.

30 9 21 16 12 27 19 24 15 23

b) Gib an, welche Zahlen nicht zur 7-er-Reihe gehören.

28 43 14 35 65 21 42 63 53 49

c) Gib an, welche Zahlen nicht zur 8-er-Reihe gehören.

62 48 24 42 72 32 40 65 64 56

5 Berechne im Kopf.
a) $12 + 22$ **b)** $26 - 8$
c) $7 \cdot 12$ **d)** $96 : 8$

Raum und Form

Grundfiguren (Aufgaben 1 und 2)

Dreieck

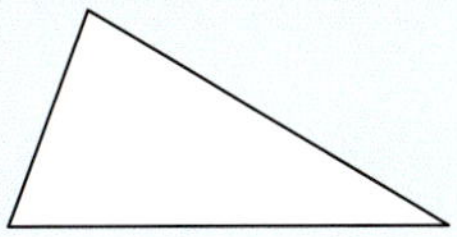

Viereck

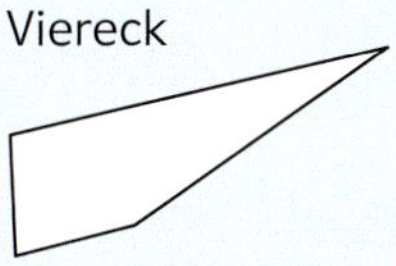

Fünfeck

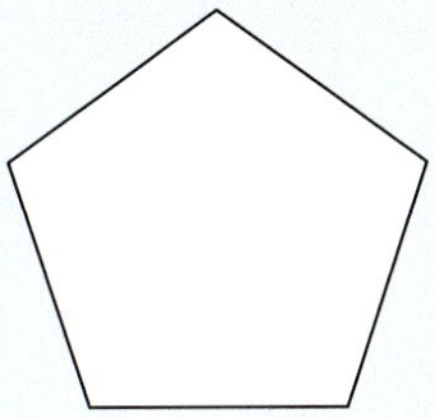

Sechseck

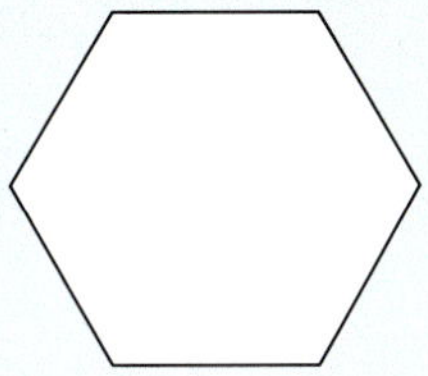

Rechteck

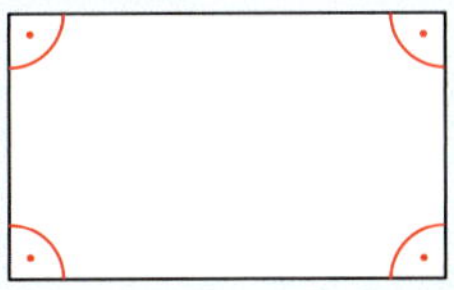

Parallelogramm

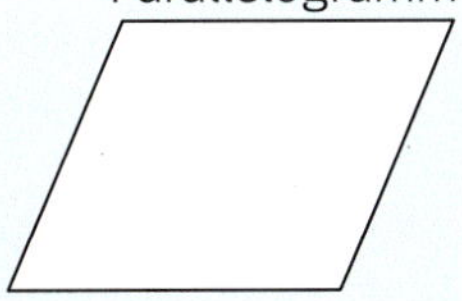

Quadrat

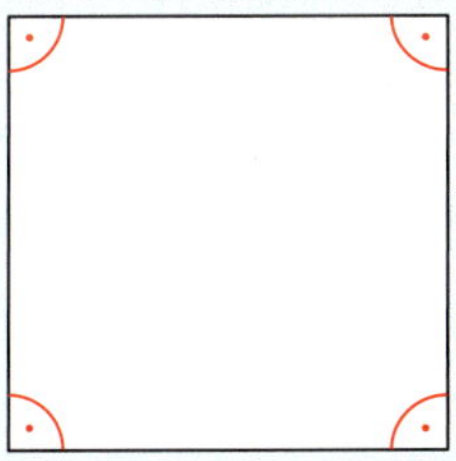

Umfang (Aufgabe 3)

Die Länge des Randes ist der **Umfang** einer Figur.

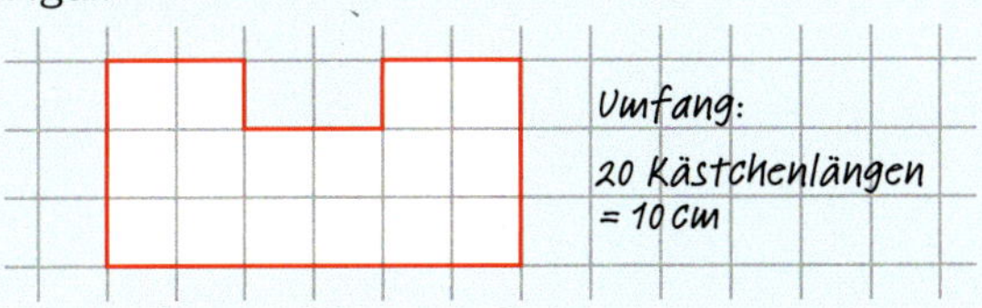

Teste dein Grundwissen!

Lösungen, Seite 280

1 a) Zeichne ein Quadrat mit einer Seitenlänge von 4 cm.
b) Zeichne ein Rechteck mit den Seitenlängen 3 cm und 5 cm.

2 Übertrage das Muster in dein Heft und setze es drei Schritte fort.

a)

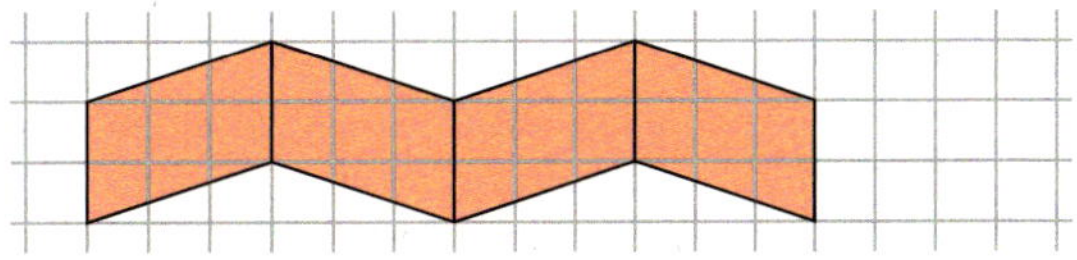

b)

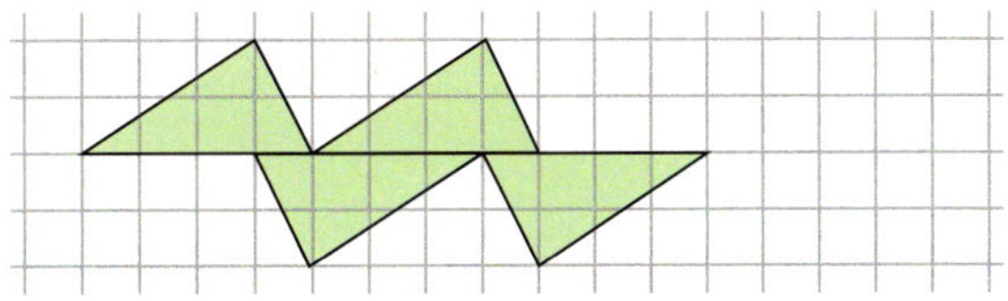

3 Bestimme den Umfang der Figur. Gib in der Einheit „Kästchenlänge“ an.

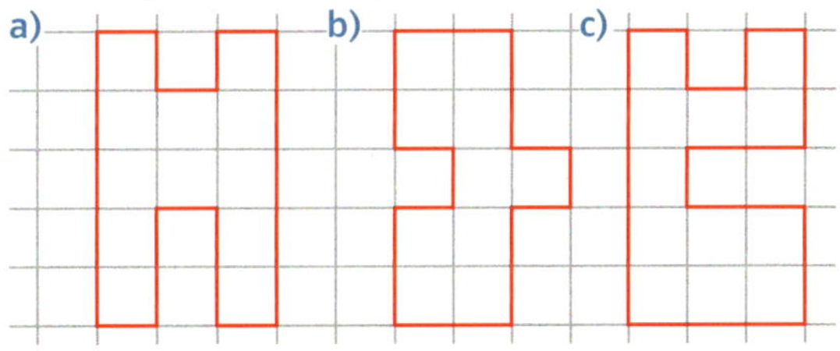

Größen und Messen

Längen und Gewichte (Aufgaben 1 und 2)

Längen werden in den Einheiten km, m, dm, cm und mm angegeben.

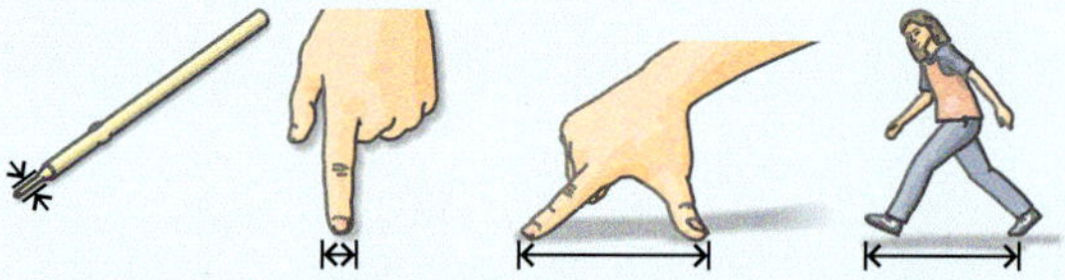

1 mm | 1 cm, 10 mm = 1 cm | 10 cm | 1 m, 100 cm = 1 m

2 $\frac{1}{2}$ Runden

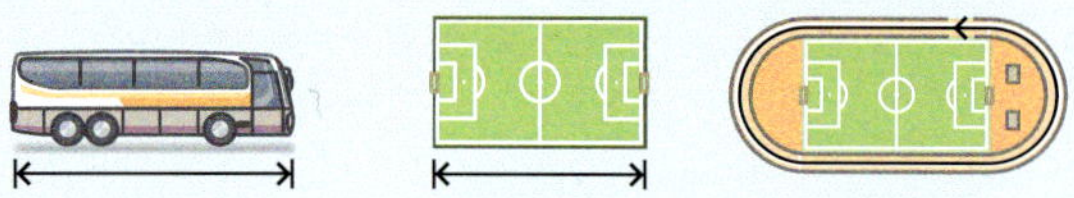

10 m | 100 m | 1 km, 1000 m = 1 km

Gewichte werden in den Einheiten g, kg und t angegeben.

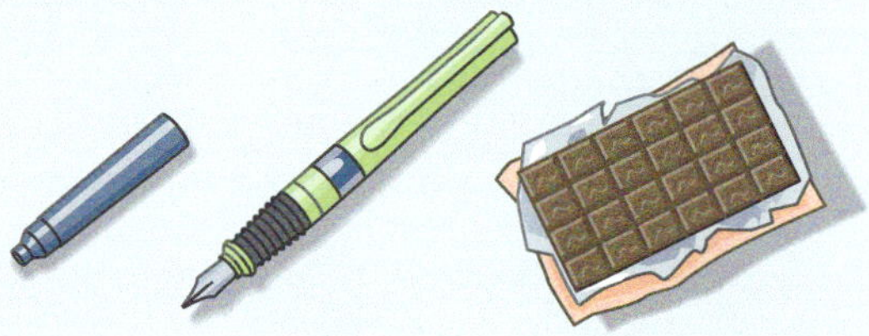

1 g | 10 g | 100 g

1000 g = 1 kg | 10 kg | 1000 kg = 1 t

Geld (Aufgabe 3)

Geld wird in Deutschland in den Einheiten Euro (€) und Cent (ct) angegeben.

1 ct | 1 €, 100 ct = 1 €

Teste dein Grundwissen!

→ **Lösungen**, Seite 281

1 Übertrage das Rechteck mit den Punkten A und B in dein Heft. Zeichne eine Strecke von A nach B. Miss die Strecke mit dem Lineal und gib die Länge in mm und in cm an.

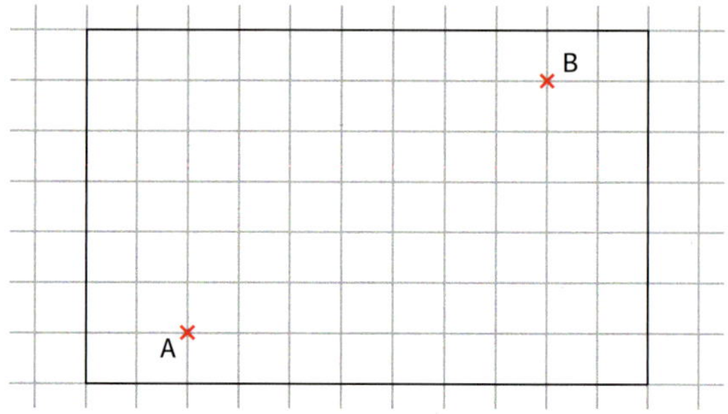

2 Gib einen Schätzwert in einer geeigneten Maßeinheit an.

a) Dicke einer 1-ct-Münze
b) Gewicht deines Mathematikbuches
c) Breite der Tür des Klassenraumes

3 a) Lisa kauft Süßigkeiten für 2,60 €. Sie bezahlt mit einem 5-Euro-Schein. Berechne, wie viel Wechselgeld sie zurück erhält.

b) Mirkos Vater kauft eine Hose für 42,70 € und ein Hemd für 12,00 €. Berechne, wie viel er bezahlen muss.

I Zahlen und Größen

Seite 5

Check-in

1

a) vorwärts: 39, 40, 41, 42, 43
rückwärts: 37, 36, 35, 34, 33

b) vorwärts: 540, 550, 560, 570, 580
rückwärts: 520, 510, 500, 490, 480

c) vorwärts: 5850, 5950, 6050, 6150, 6250
rückwärts: 5650, 5550, 5450, 5350, 5250

d) vorwärts: 28 209, 29 209, 30 209, 31 209, 32 209
rückwärts: 26 209, 25 209, 24 209, 23 209, 22 209

2

a) 32 b) 16 c) 192 d) 3
e) 811 f) 30 g) 1900 h) 12 000

3

a) 2,18 € = 2 € 18 ct = 218 ct
b) 9,95 € = 9 € 95 ct = 995 ct
c) 45,70 € = 45 € 70 ct = 4570 ct
d) 159,27 € = 159 € 27 ct = 15 927 ct

4

a) 1 m = 100 cm b) 3 cm = 30 mm c) 7 km = 7000 m
d) 1 kg = 1000 g e) 7 t = 7000 kg f) 5 t = 5 000 000 g
g) 2 min = 120 s h) 6 h = 360 min

Seite 10

4

a) Das Diagramm gibt Auskunft darüber, zu welchen Uhrzeiten die Kinder der Klasse 5 d vor den Schultagen, also von Sonntag bis Donnerstag, schlafen gehen.

b)

Schlafenszeiten in der Klasse 5 d (Sonntag bis Donnerstag)				
Schlafenszeit	19–20 Uhr	> 20–21 Uhr	> 21–22 Uhr	später
Anzahl der Schüler	2	19	6	0

5

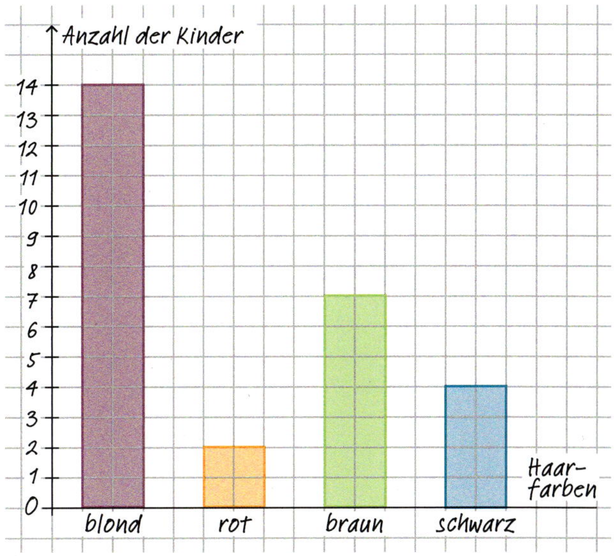

Für die Einteilung der Hochachse ist es sinnvoll, für einen Schüler ein Kästchen zu verwenden.

Seite 11

11

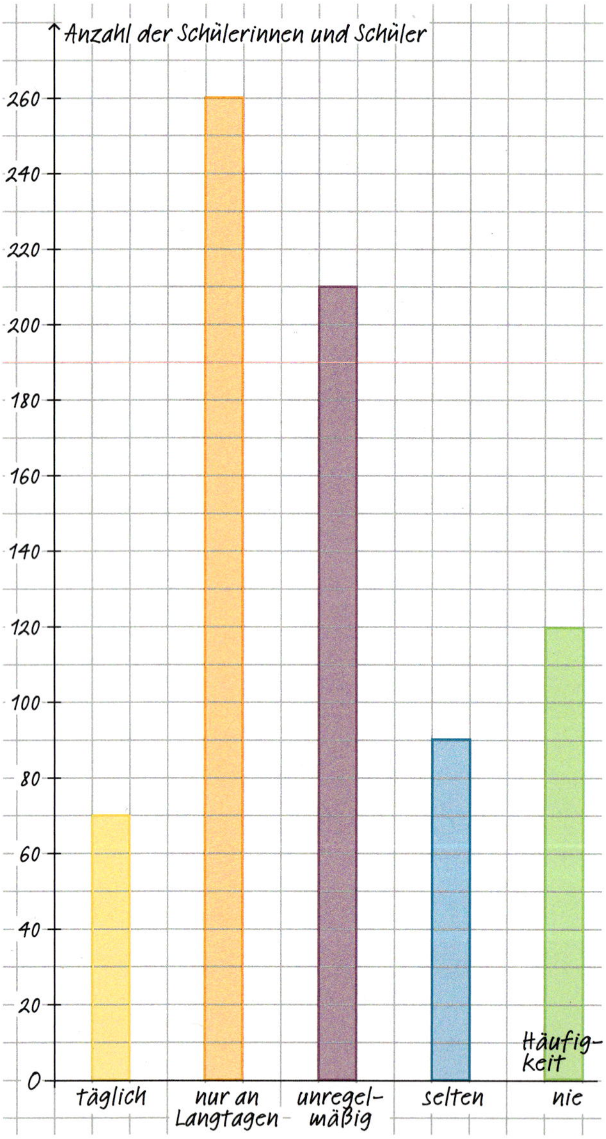

Da die größte Anzahl 260 beträgt, ist es sinnvoll, für 20 Schüler 1 cm auf der Hochachse zu wählen, also für 10 Schüler 1 Kästchen. Die längste Säule ist dann 13 cm hoch, das lässt sich im Heft gut zeichnen.

G **13**

a) 28 **b)** 45 **c)** 72 **d)** 72 **e)** 105 **f)** 198
g) 56 **h)** 52 **i)** 156 **j)** 96 **k)** 96 **l)** 154

Seite 14

5

siehe Grafik 1 unten

6

a) 12 < 21 < 38 < 83 < 131 < 234 < 404 < 423
b) 55 < 450 < 506 < 556 < 565 < 605 < 655 < 656

11

a) siehe Grafik 2 unten
b) Da 82 um 54 größer ist als 28, muss die Zahl in der Mitte von 28 und 82 um 54 : 2 = 27 größer sein als 28. Die Zahlen in der Mitte ist also 28 + 27 = 55.

G **14**

a) 7, 14, 21, 28, 35, 42, 49, 56, 63, 70
b) 9, 18, 27, 36, 45, 54, 63, 72, 81, 90, 99, 108, 117, 126, 135, 144, 153, 162, 171, 180
c) 13, 26, 39, 52, 65, 78, 91, 104, 117, 130, 143, 156, 169, 182, 195, 208, 221, 234, 247, 260

Seite 17

6

22 007 217

7

		auf Zehner	auf Hunderter	auf Tausender
a)	672	≈ 670	≈ 700	≈ 1000
b)	1051	≈ 1050	≈ 1100	≈ 1000
c)	4994	≈ 4990	≈ 5000	≈ 5000
d)	99 500	= 99 500	= 99 500	≈ 100 000

Seite 18

14

a) 27 500 ≈ 28 000 und 28 499 ≈ 28 000
Es können mindestens 27 500 € und höchstens 28 499 € erlaufen worden sein.
(Centbeträge wurden hier nicht betrachtet.)

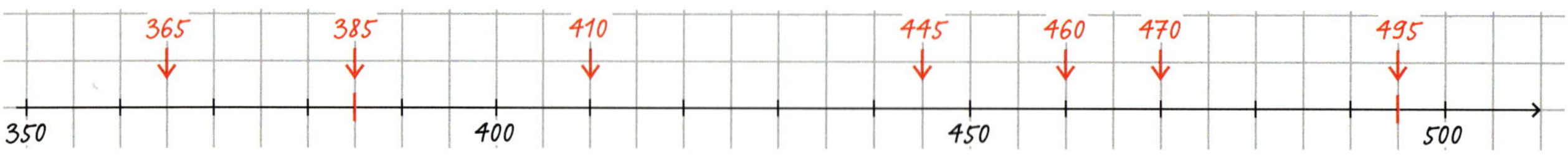

Grafik 1

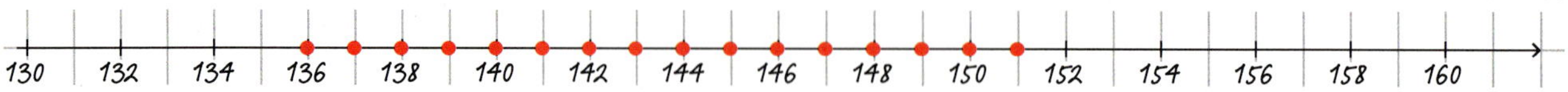

Grafik 2

15

a) 5246 > 4245 > 2250 > 849 > 827 > 769 > 611 > 602

b) Angaben auf Hunderter gerundet und der Größe nach angeordnet:

Fußball	Turnen	Tennis	Leicht-athletik	Hand-ball	Tisch-tennis	Schwim-men	Reiten
5200	4200	2300	800	800	800	600	600

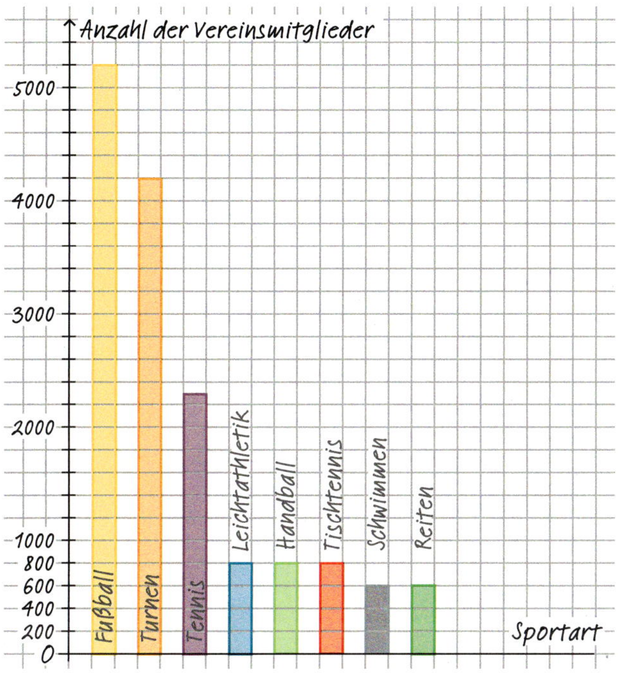

Da die größte Anzahl 5200 beträgt, ist es sinnvoll für 200 Mitglieder 1 Kästchen zu wählen. Die längste Säule ist dann 26 Kästchen, also 13 cm, hoch.

G **18**

a) Dargestellt ist die 14er-Reihe.
Es gehören nicht dazu: 32, 80, 108, 156, 172
Fortsetzung: 182, 196, 210, 224, 238, 252, 266, 280

b) zum Beispiel: 24, 48, 72

Seite 21

7

a) 161 : 7 = 23

b) 45 + 45 + 45 = 3 · 45 = 135

c) 321 − 213 = 108

d) 16 · 9 = 144

8

a) 8 · 14 = 112, da 112 : 14 = 8

b) 90 + 234 = 324, da 324 − 234 = 90

c) 880 : 20 = 44, da 44 · 20 = 880

d) 133 − 85 = 48, da 48 + 85 = 133

Seite 22

15

a) Multipliziere die Zahl 84 mit 2 und dividiere das Ergebnis durch 12.
84 · 2 : 12 = 168 : 12 = 14

b) Subtrahiere von der Zahl 740 die Zahlen 74 und 148.
740 − 74 − 148 = 666 − 148 = 518

c) Addiere zu der Zahl 100 das Fünffache der Zahl 23.
100 + 5 · 23 = 215

d) Dividiere die Zahl 540 durch 9 und dividiere das Ergebnis durch 12.
540 : 9 : 12 = 60 : 12 = 5

16

3 · 4 · 5 = 60
6 · 8 · 10 = 480 = 8 · 60
Wenn man alle Faktoren verdoppelt, erhält man das 8-Fache.

G **20**

a) 2,2 cm b) 1,3 cm c) 4,1 cm d) 2,7 cm e) 3,9 cm

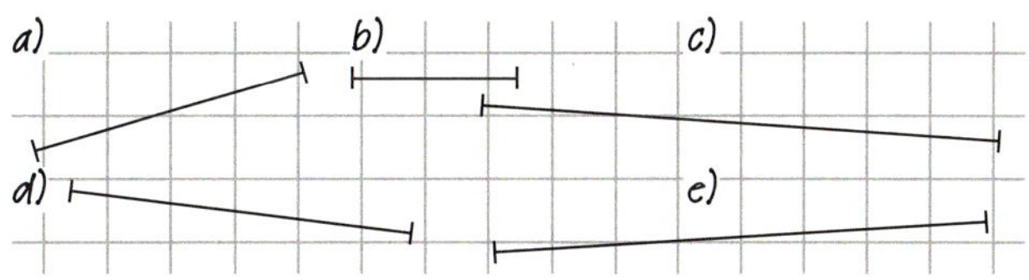

Seite 24

5

a) 2,55 € + 81 ct = 255 ct + 81 ct = 336 ct = 3,36 €

b) 3,45 € + 1,22 € = 345 ct + 122 ct = 467 ct = 4,67 €

c) 3 · 5,40 € = 3 · 540 ct = 1620 ct = 16,20 €

d) 4,60 € − 1,95 € = 460 ct − 195 ct = 265 ct = 2,65 €

6

Gesamter ausgegebener Betrag: 75 € + 45 € = 120 €
Beitrag für 1 Kind: 120 € : 30 = 4 €
Jedes Kind muss einen Beitrag von 4 € bezahlen.

Seite 25

12

Wichtige Informationen:
Preis für das Fahrrad: 499 €; gespartes Geld: 257 €;
geschenktes Geld: 50 €; Sparbetrag pro Monat: 12 €

Marcel hat jetzt zur Verfügung: 257 € + 50 € = 307 €
Er muss noch sparen: 499 € − 307 € = 192 €
So viele Monate muss er warten: 192 € : 12 € = 16

Marcel muss noch 16 Monate warten, bis er sich das Fahrrad kaufen kann.

G **15**

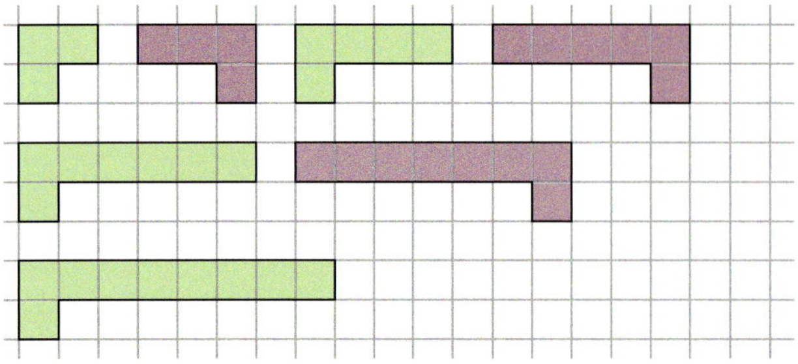

Seite 28

7

a) 6800 cm = 680 dm
b) 320 dm = 32 m
c) 70 000 m = 70 km
d) 900 km = 900 000 m
e) 3 m 5 dm = 30 dm + 5 dm = 35 dm
f) 4 km 50 m = 4000 m + 50 m = 4050 m
g) 60 cm 9 mm = 600 mm + 9 mm = 609 mm
h) 19 dm 1 cm = 190 cm + 1 cm = 191 cm

8

Länge eines Autos: 4 m 50 cm = 400 cm + 50 cm = 450 cm
Länge von acht Autos: 8 · 450 cm = 3600 cm = 36 m
Der Waggon ist mindestens 36 m lang.

Seite 29

16

a) 11 km − 1 km 300 m = 11 000 − 1300 m = 9700 m
= 9 km 700 m = 9,7 km
b) 4 km + 3300 m = 4000 m + 3300 m = 7300 m = 7 km 300 m
= 7,3 km
c) 2 m − 12 dm = 20 dm − 12 dm = 8 dm = 80 cm = 0 m 80 cm
= 0,8 m
d) 4 cm 7 mm + 80 mm = 40 mm + 7 mm + 80 mm = 127 mm
= 12 cm 7 mm = 12,7 cm

17

a) 60 cm : 3 mm = 600 mm : 3 mm = 200
Ein Floh kann das 200-Fache seiner Körpergröße überspringen.
b) 1,80 m · 200 = 1 m 80 cm · 200 = 180 cm · 200 = 18 dm · 200
= 3600 dm = 360 m
Er könnte 360 m hoch springen.

G **21**

a)

b)

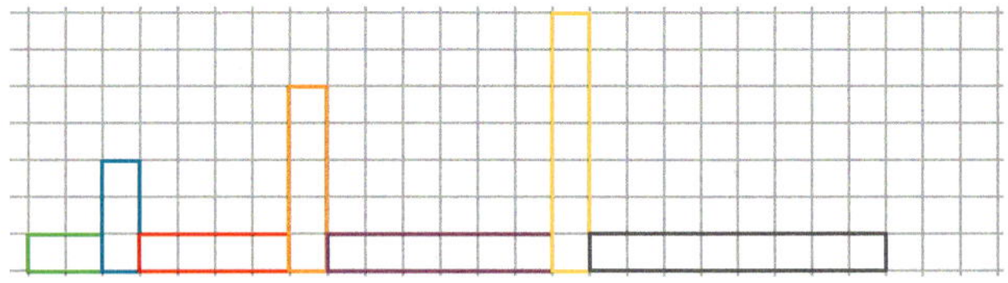

Seite 32

7

a) 31 000 kg = 31 t
b) 7000 g = 7 000 000 mg
c) 5 t 60 kg = 5000 kg + 60 kg = 5060 kg
d) 50 kg 6 g = 50 000 g + 6 g = 50 006 g

8

a) 750 g + 8 kg = 750 g + 8000 g = 8750 g
b) 7500 mg − 5 g = 7500 mg − 5000 mg = 2500 mg
c) 1 t 2 kg − 5 kg = 1000 kg + 2 kg − 5 kg = 1002 kg − 5 kg
= 997 kg
d) 45 000 mg : 50 = 900 mg

Seite 33

17

a) 3 kg 500 g + 2700 g = 3500 g + 2700 g
= 6200 g = 6 kg 200 g = 6,2 kg
b) 4 kg 100 g · 7 = 4100 g · 7 = 28 700 g = 28 kg 700 g = 28,7 kg
c) 4 kg : 5 = 4000 g : 5 = 800 g = 0 kg 800 g = 0,8 kg
d) 0,5 t − 150 kg = 500 kg − 150 kg = 350 kg = 0 t 350 kg = 0,35 t

18

a) Pro-Kopf-Konsum pro Jahr: 6,5 kg = 6500 g
In Paketen Butter je 250 g:
6500 g : 250 g = 26 (pro kg 4 Pakete)
Eine Person isst pro Jahr etwa 26 Pakete Butter.
b) 40 Personen essen pro Jahr:
6500 g · 40 = 260 000 g = 260 kg
260 kg sind so viele Eimer: 260 kg : 20 kg = 13
In dem Mehrfamilienhaus werden pro Jahr etwa 13 Eimer Butter je 20 kg gegessen.

G **22**

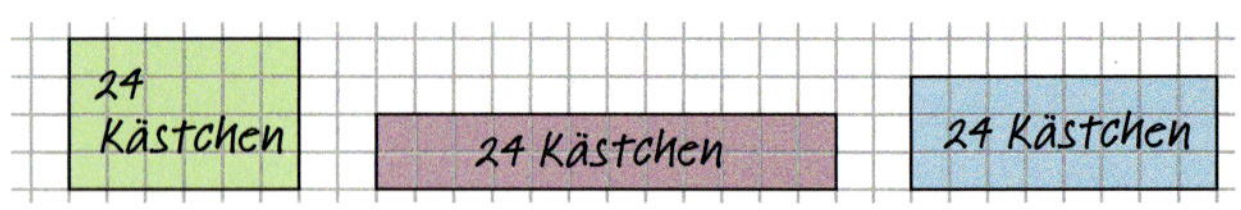

Seite 35

5

a) 5 min = 5 · 60 s = 300 s
b) 480 s = 8 · 60 s = 8 min
c) 300 min = 5 · 60 min = 5 h
d) 96 h = 4 · 24 h = 4 d

6

a) 13:15 Uhr $\xrightarrow{+2\,h}$ 15:15 Uhr $\xrightarrow{+15\,min}$ 15:30 Uhr

b) 13:15 Uhr $\xrightarrow{+6\,h}$ 19:15 Uhr $\xrightarrow{+45\,min}$ 20:00 Uhr $\xrightarrow{+5\,min}$ 20:05 Uhr

c) 13:15 Uhr $\xrightarrow{+8\,h}$ 21:15 Uhr $\xrightarrow{+22\,min}$ 21:37 Uhr

d) 13:15 Uhr $\xrightarrow{+7\,h}$ 20:15 Uhr $\xrightarrow{+45\,min}$ 21:00 Uhr $\xrightarrow{+14\,min}$ 21:14 Uhr

Seite 36

11

6 Schulstunden sind so lang:
6 · 45 min = 270 min = 4 h 30 min
Die Pausen sind zusammen so lang:
5 min + 5 min + 5 min + 25 min + 25 min = 65 min = 1 h 5 min
Der Schultag ist insgesamt so lang:
4 h 30 min + 1 h 5 min = 5 h 35 min

8:10 Uhr $\xrightarrow{+5\,h}$ 13:10 Uhr $\xrightarrow{+35\,min}$ 13:45 Uhr

Johns Schultag endet um 13:45 Uhr.

12

20.03. $\xrightarrow{+11\text{ Tage}}$ 31.03. $\xrightarrow{+30\text{ Tage}}$ 30.04. $\xrightarrow{+31\text{ Tage}}$ 31.05. $\xrightarrow{+21\text{ Tage}}$ 21.06.

11 d + 30 d + 31 d + 21 d = 93 d

Zwischen Frühlingsanfang und Sommeranfang liegen 93 Tage.

22.09. $\xrightarrow{+8\text{ Tage}}$ 30.09. $\xrightarrow{+31\text{ Tage}}$ 31.10. $\xrightarrow{+30\text{ Tage}}$ 30.11. $\xrightarrow{+21\text{ Tage}}$ 21.12.

8 d + 31 d + 30 d + 21 d = 90 d
Zwischen Herbstanfang und Winteranfang liegen 90 Tage.

G **15**

a) 1, 5, 4, 8, 7, 11, 10, 14, 13, 17, 16, 20 …
+4 −1 +4 −1 +4 −1 +4 −1 +4 −1 +4 −1 +4

b) 0, 1, 3, 6, 10, 15, 21, 28, 36, 45, 55, 66, …
+1 +2 +3 +4 +5 +6 +7 +8 +9 +10 +11

c) 1, 3, 4, 12, 13, 39, 40, 120, 121, 363, 364, 1092
·3 +1 ·3 +1 ·3 +1 ·3 +1 ·3 +1 ·3

Seite 37

1

a) Die Tabelle gibt Auskunft darüber, wie viele Minuten Valerie an jedem Tag einer Woche gelesen hat.

b)

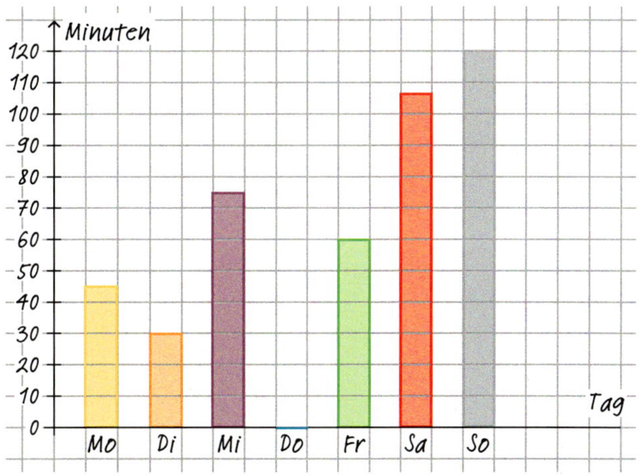

c) Zum Beispiel:
1. Valerie hatte am Wochenende viel mehr Zeit zu lesen.
2. Am Donnerstag hatte Valerie gar keine Zeit zu lesen.
3. Am Samstag und Sonntag hatte Valerie insgesamt mehr Zeit zu lesen als in der gesamten Schulwoche.

2

a) 2,46 € ≈ 2 €; 8,50 € ≈ 9 €; 11,93 € ≈ 12 €; 101,11 € ≈ 101 €; 99,39 € ≈ 99 €

b) 34,80 € ≈ 30 €; 88,12 € ≈ 90 €; 140,50 € ≈ 140 €; 396 € ≈ 400 €; 2005,40 € ≈ 2010 €

c) 423 € ≈ 400 €; 649,50 € ≈ 600 €; 2900,99 € ≈ 2900 €; 43 999 € ≈ 44 000 €; 9960,75 ≈ € 10 000 €

3

Es gehört jeweils nicht dazu:
a) 640 g b) 1 m 5 mm c) 3,78 m d) 10 000 dm

4

a) 70 dm = 700 cm b) 5 d = 120 h
c) 4 t = 4000 kg d) 13 min = 780 s
e) 20 kg = 20 000 g f) 55 km = 55 000 m
g) 12 g = 12 000 mg h) 400 m = 4000 dm

5

a) 3400 g < 40 kg b) 30 dm > 294 cm
c) 1 d > 21 h d) 50 mm < 6 cm
e) 305 mm < 4 dm f) 2 h < 200 min
g) 4 km < 20 000 m h) 11 mg < 1 g
i) 2 km > 21 000 cm j) 20 000 g < 1 t
k) 4 min > 200 s l) 1 h < 6000 s

6

a)

Datum	16.01.	27.02.	03.04.	22.05.	10.07.	29.08.	10.10.
Sonnenscheindauer	8 h 20 min	10 h 46 min	13 h 7 min	16 h 2 min	16 h 26 min	13 h 48 min	11 h 1 min

b) 10.07.; 22.05.; 29.08.; 03.04.; 10.10.; 27.02.; 16.01.

c)

Datum	16.01.	27.02.	03.04.	22.05.	10.07.	29.08.	10.10.
Oslo SA	9:03 Uhr	7:33 Uhr	6:38 Uhr	4:27 Uhr	4:13 Uhr	6:05 Uhr	7:43 Uhr
SU	15:50 Uhr	17:37 Uhr	20:03 Uhr	22:01 Uhr	22:30 Uhr	20:29 Uhr	18:23 Uhr
Dauer	6:47	10:04	13:25	17:34	18:17	14:24	10:40
Rom SA	7:35 Uhr	6:49 Uhr	6:51 Uhr	5:45 Uhr	5:45 Uhr	6:33 Uhr	7:17 Uhr
SU	17:03 Uhr	17:56 Uhr	19:36 Uhr	20:28 Uhr	20:45 Uhr	19:48 Uhr	18:36 Uhr
Dauer	9:28	11:07	12:45	14:43	15:00	13:15	11:19
Berlin SA	8:09 Uhr	6:59 Uhr	6:38 Uhr	5:02 Uhr	4:56 Uhr	6:12 Uhr	7:23 Uhr
SU	16:22 Uhr	17:40 Uhr	19:42 Uhr	21:04 Uhr	21:26 Uhr	20:01 Uhr	18:22 Uhr
Dauer	8:13	10:41	13:04	16:02	16:30	13:49	10:59

Vergleiche: individuelle Lösung, zum Beispiel:
Am 16.01. ist die Sonnenscheindauer in Oslo am kürzesten und in Rom am längsten. Sie unterscheidet sich um fast drei Stunden. Zwischen Berlin und Bielefeld beträgt der Unterschied nur sieben Minuten. Allerdings geht in Berlin die Sonne 16 Minuten früher auf als in Bielefeld.
Am 10.07. ist die Sonnenscheindauer in Oslo am längsten und in Rom am kürzesten. Der Unterschied beträgt 3 Stunden und 17 Minuten. Der Unterschied zwischen Berlin und Bielefeld beträgt bloß vier Minuten. In Berlin geht die Sonne jetzt 22 Minuten früher auf als in Bielefeld und fast eine Stunde früher als in Rom.
Am 10.10. ist die Sonnenscheindauer in Berlin und Oslo fast gleich lang.

7

	Vorgänger	Nachfolger
3 830 000	3 829 999	3 830 001
4 002 000	4 001 999	4 002 001
6 000 080	6 000 079	6 000 081
8 000 000	7 999 999	8 000 001
1 000 100	1 000 099	1 000 101
9 900 909	9 900 908	9 900 910

Seite 38

8

a) 12:15 Uhr $\xrightarrow{+40\,\text{min}}$ 12:55 Uhr
Der TGV fährt in 40 min ab.

b) 14:11 Uhr $\xrightarrow{+2\,\text{h}}$ 16:11 Uhr $\xrightarrow{+24\,\text{min}}$ 16:35 Uhr
Der TGV braucht von Straßburg nach Paris 2 h 24 min.

c) IRE: 12:59 Uhr $\xrightarrow{+1\,\text{min}}$ 13:00 Uhr $\xrightarrow{+53\,\text{min}}$ 13:53 Uhr
IC: 12:57 Uhr $\xrightarrow{+3\,\text{min}}$ 13:00 Uhr $\xrightarrow{+1\,\text{h}}$ 14:00 Uhr $\xrightarrow{+1\,\text{min}}$ 14:01 Uhr
Der IRE braucht 54 min, der IC 1 h 4 min, man kommt also mit dem IRE schneller nach Karlsruhe als mit dem IC nach Ulm.

9

	Beginn	Ende	Dauer
a)	6:15 Uhr	8:24 Uhr	2 h 9 min
b)	5:22 Uhr	11:11 Uhr	5 h 49 min
c)	2:51 Uhr	23:56 Uhr	21 h 5 min
d)	16:41 Uhr	21:23 Uhr	4 h 42 min

	Beginn	Ende	Dauer
e)	12:51 Uhr	23:14 Uhr	10 h 23 min
f)	11:49 Uhr	22:03 Uhr	10 h 14 min
g)	22:17 Uhr	5:03 Uhr	6 h 46 min
h)	2:02 Uhr	0:13 Uhr	22 h 11 min

10

a) Die Entfernung zwischen New York und Münster beträgt ca. 6000 km. Bei großen Entfernungen rundet man sinnvollerweise auf 1000 km.

b) Lou hat berechnet, dass ca. 95 000 Heliumballons alle Schüler der Klasse hochheben können – hier muss sicherheithalber aufgerundet werden.

c) Die Klasse 5 c hat ausgerechnet, dass man mit ca. 142 Millionen Lego-Achtern den Klassenraum vollständig ausfüllen kann. Bei so großen Zahlen sollte man auf 1 Million runden.

11

a) Die Angaben wurden vermutlich auf 10 000 genau gerundet; dies ist sinnvoll, weil die Zahlen beständig variieren, wenn Leute in Vereine eintreten oder sie verlassen.

b) Der Größe nach angeordnet (in Tausend)

Fitness	Fußball	Turnen	Tennis
9080	6850	5020	1450
9100	6900	5000	1500

Leichtathletik	Handball	Reiten	Sportfischen
830	790	700	670
800	800	700	700

gerundet auf Hunderttausender

Wenn man die Angaben auf Hunderttausender rundet, kann man auf der Hochachse für 1 Million 1 cm wählen, also für 100 000 1 mm.
siehe Grafik 1 auf der nächsten Seite

12

a) A 50 − 46 : 2 = 50 − 23 = 27
B 46 · 2 · 50 = 4600
C 50 + 46 = 96; 50 − 46 = 4; 96 : 4 = 24
D 50 + 46 = 96; 50 − 46 = 4; 96 : 4 = 24 ⟶ C
E 50 · 2 · 46 = 4600 ⟶ B
F 46 : 2 = 23 50 − 23 = 27 ⟶ A

b) individuelle Lösung

Seite 39

13

a) 2,3 m + 5,1 m = 23 dm + 51 dm = 74 dm = 7,4 m
b) 5,2 kg + 1,8 kg = 5200 g + 1800 g = 7000 g = 7 kg
c) 2,5 km + 380 m = 2500 m + 380 m = 2880 m (= 2,88 km)
d) 2,5 t − 1,2 t = 2500 kg − 1200 kg = 1300 kg = 1,3 t
e) 4,7 kg − 900 g = 4700 g − 900 g = 3800 g = 3,8 kg
f) 2,7 m − 6 dm = 27 dm − 6 dm = 21 dm = 2,1 m
g) 450g + 1,2 kg = 450 g + 1200 g = 1650 g (= 1,65 kg)
h) 5,5 m − 120 cm = 550 cm − 120 cm = 430 cm = 4,3 m
i) 3,4 cm + 11 mm = 34 mm + 11 mm = 45 mm = 4,5 cm
j) 120 mm − 7,5 cm = 120 mm − 75 mm = 45 mm = 4,5 cm
k) 4,3 t − 3 t 700 kg = 4300 kg − 3700 kg = 600 kg = 0,6 t
l) 43 g − 1800 mg = 43 000 mg − 1800 mg = 41 200 mg
m) 18,8 km − 9,2 km = 18 800 m − 9200 m = 9600 m = 9,6 km
n) 1,5 t + 2350 kg = 1500 kg + 2350 kg = 3850 kg (= 3,85 t)
o) 30,2 cm − 3,4 cm = 302 mm − 34 mm = 268 mm = 26,8 cm
p) 45 km − 19,8 km = 45 000 m − 19 800 m = 25 200 m = 25,2 km

14

Längen: 6,3 km > 6603 dm > 606,30 m > 63,03 m > 3606,6 cm > 33 066 mm
Gewicht: 6,6 kg > 0,6 kg > 66 003 mg > 66 g > 63 006 mg > 60 g
Zeiträume: 3666 s > 1 h 1 min 5 s > 60 min 6 s

15

a), b)

A: Leni bezahlt für 1-mal Eisessen:
2 · 90 ct + 50 ct = 180 ct + 50 ct = 230 ct = 2,30 €
So oft kann Leni Eis essen:
25,30 € : 2,30 € = 2530 ct : 230 ct = 11
Leni kann 11-mal Eis essen gehen.

B: Kosten für eine Fünferkarte:
4 · 2,5 € = 4 · 250 ct = 1000 ct = 10,00 €
Kosten für 1-mal Schwimmen mit der Fünferkarte:
10,00 € : 5 = 2,00 €
Ersparnis: 2,5 € − 2,00 € = 0,50 €
Peter kann bei Kauf einer Fünferkarte pro Besuch 0,50 € = 50 ct sparen.

C: Kai läuft am 1. Tag: 3 · 400 m = 1200 m
Kai läuft nach 1 Woche:
1200 m + 7 · 400 m = 1200 m + 2800 m = 4000 m = 4 km
Kai schafft nach 1 Woche 4 km.

D: So viel Zeit vergeht bis 17:50 Uhr:
16:35 Uhr $\xrightarrow{+25\,\text{min}}$ 17:00 Uhr $\xrightarrow{+50\,\text{m}}$ 17:50 Uhr
25 min + 50 min = 75 min = 1 h 15 min

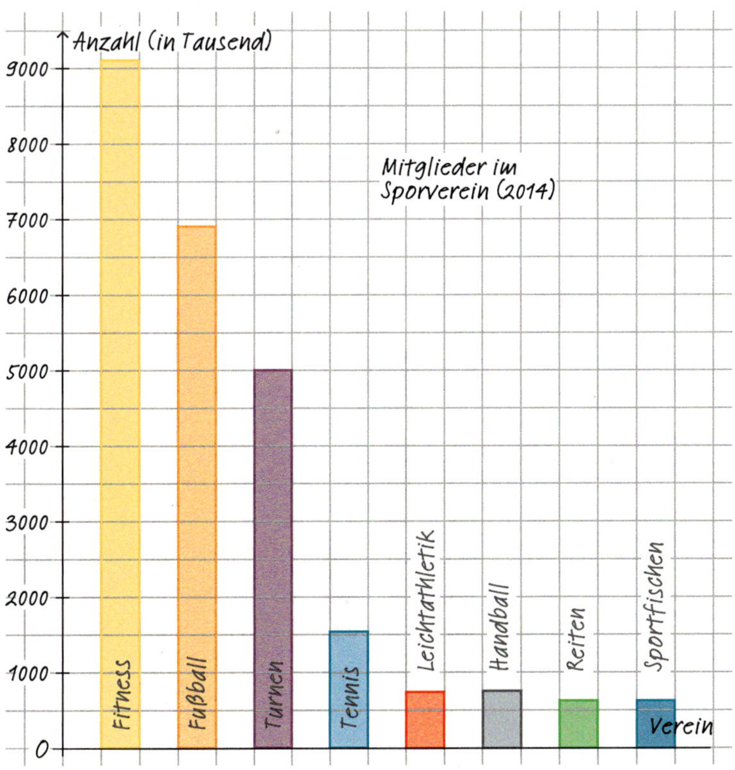

Grafik 1

So viel Zeit macht sie Pause: 2 · 5 min = 10 min
So lange kann sie lernen: 1 h 15 min − 10 min = 1 h 5 min
Sie kann 1 h 5 min lernen.

16
A: „1 Vokabel in 20 s“
Tim könnte gerechnet haben: „3 Vokabeln pro Minute, also in 15 Minuten 45 Vokabeln …“
Das ist keine sinnvolle Überlegung, da man in der Regel für viele Vokabeln insgesamt erheblich mehr Zeit für das Lernen benötigt.
B: „100 m in 13 s“
Tim könnte gerechnet haben: „3 km sind 3000 m, also 30-mal 100 m, also brauche ich 30 · 13 s = 390 s = 6 min 30 s“
Das ist nicht sinnvoll überlegt, da man beim Langlauf erheblich langsamer ist und über diese Strecke nicht das Tempo eines Sprints halten kann.
C: „1,40 m und 32 kg“
Tim könnte gerechnet haben:
„140 cm mit 32 kg, also für 210 cm = 2,10 m
3 · 16 kg = 48 kg …“
Das ist nicht sinnvoll überlegt, da größere Menschen nicht nur „höher“, sondern auch insgesamt kräftiger sind und deshalb deutlich mehr wiegen.

17
a) Der Mann mit dem roten Tuch auf dem Kopf, der vor dem Fuß der Marionette steht, bietet sich als Vergleichskörper an, denn er steht auf etwa gleicher Höhe.
Länge des Mannes ganz links im Bild: ca. 16 mm
Länge der Marionette im Bild: ca. 55 mm
angenommene Größe des Mannes: 1,80 m
Die Marionette ist also etwa 3-mal bis 4-mal so groß wie der Mann: 1,80 m · 3 = 5,40 m; 1,80 m · 4 = 7,20 m.
Die Marionette dürfte etwa 6 m groß sein.
b) Die Marionette „La Petite Géante“ ist 7,50 m groß. Die Schätzung in Teilaufgabe a) war also ziemlich gut.

18
a)

Name	Abstand von der Sonne	Abstand in km
Venus	ca. 6 Lichtminuten	ca. 110 Mill.
Erde	ca. 8 Lichtminuten	ca. 140 Mill.
Mars	ca. 12 Lichtminuten	ca. 220 Mill.
Jupiter	ca. 43 Lichtminuten	ca. 770 Mill.

1 Lichtsekunde entspricht etwa 300 000 km.
1 Lichtminute entspricht etwa
60 · 300 000 km = 18 000 000 km, also 18 Mill. km.

b)

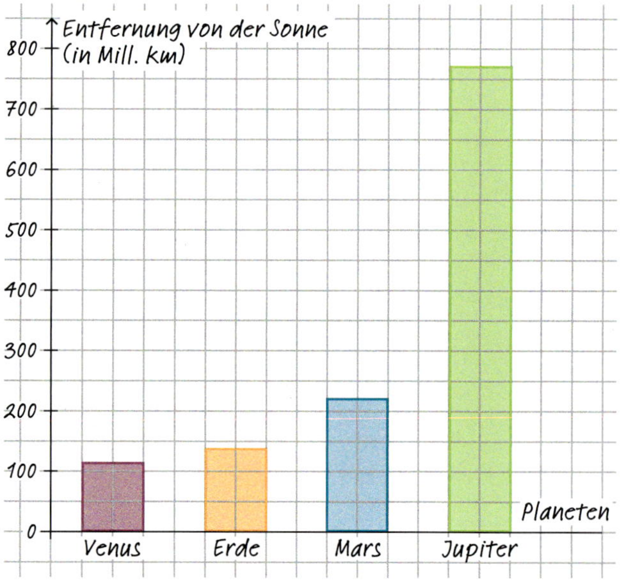

Seite 41

Runde 1

1
a) Die Tabelle gibt an, welche Urkunden die Schüler des Kleist-Gymnasiums in den Jahren 2015 und 2016 bei den Bundesjugendspielen erhalten haben.

b)

	Teilnahme-urkunde	Sieger-urkunde	Ehren-urkunde
2015	315	574	266
gerundet	320	570	270
2016	254	612	289
gerundet	250	610	290

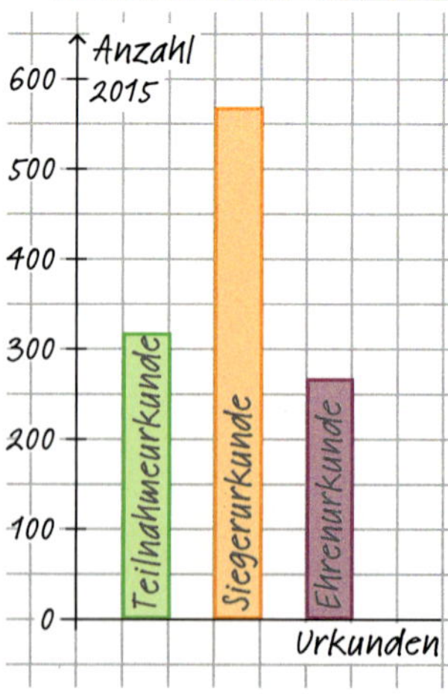

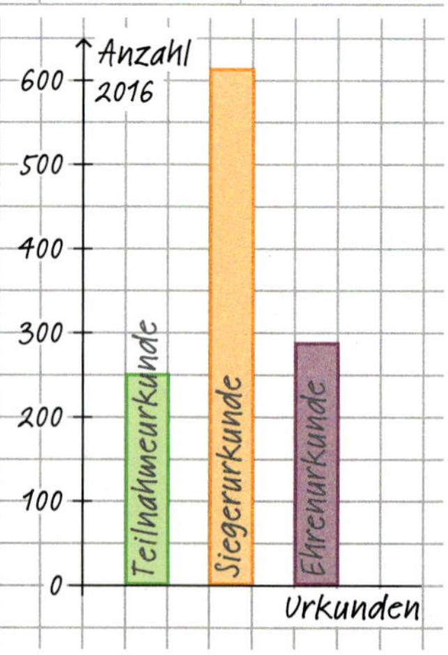

c) Zum Beispiel:
1. Im Jahr 2016 haben mehr Schüler eine Siegerurkunde erhalten als im Jahr 2015.
2. Im Jahr 2016 haben weniger Schüler eine Teilnahmeurkunde erhalten als im Jahr 2015.

2

a) 43 062 Vorgänger: 43 061 Nachfolger: 43 063
11 000 021 Vorgänger: 11 000 020 Nachfolger: 11 000 022

b) 1 544 999 gerundet auf
Zehner: 1 545 000 Hunderter: 1 545 000
Zehntausender: 1 540 000 Millionen: 2 000 000

3

a) 6 kg 220 g = 6220 g = 6 220 000 mg
b) 9,05 m = 9 m 5 cm = 905 cm = 9050 mm
c) 16 h 40 min = 16 · 60 min + 40 min = 960 min + 40 min = 1000 min
d) 335 000 dm = 33 500 m = 33 km 500 m = 33,5 km

4

4 kg 3 g < 4 200 000 mg < 4,3 kg < 2 t 40 kg < 2,4 t < 2 400 400 g < 2440 kg

5

So lange sitzt Hannah im Zug: 16:38 Uhr $\xrightarrow{+22\,\text{min}}$ 17:00 Uhr $\xrightarrow{+2\,\text{h}}$ 19:00 Uhr $\xrightarrow{+23\,\text{min}}$ 19:23 Uhr
2 h + 22 min + 23 min = 2 h 45 min
So viele Hörgeschichten kann sie hören:
2 h 45 min = 120 min + 45 m = 165 min
165 min : 25 min = 6 Rest 15 min
Sie kann 6 Hörgeschichten vollständig hören.

Runde 2

1

a) 12 540 g ≈ 12 500 g = 12 kg + 500 g = 12,5 kg
b) 4552 mm ≈ 4600 mm = 460 cm = 4 m 60 cm = 4,6 m
c) 8990 ct ≈ 9000ct = 90 €
d) 44 444 m ≈ 44 400 m = 44 km 400 m = 44,4 km

2

0,5 km > 17 m 2 cm > 10 m > 18 dm > 1720 mm > 22,1 cm > 212 mm

3

a) 9.7.2004 $\xrightarrow{+9\ \text{Monate}}$ 9.4.2005 $\xrightarrow{+21\ \text{Tage}}$ 30.4.2005 $\xrightarrow{+2\ \text{Tage}}$ 2.5.2005
Der Altersunterschied beträgt 9 Monate und 23 Tage.

b)

	1.1.2014	3.6.2015	19.08.2016
Klara	9 Jahre	10 Jahre	12 Jahre
Johann	8 Jahre	10 Jahre	11 Jahre

4

a) z.B. 20 − 15 = 5
b) 3 · 25 = 75
c) z.B. 20 : 10 = 2
d) 15 + 25 = 40

5

2 ct Münzen:
Anzahl der 2-ct-Münzen: 900 kg = 900 000 g
900 000 g : 3 g = 300 000
Wert der 2-ct-Münzen: 300 000 · 2 ct = 600 000 ct = 6000 €
10-ct-Münzen:
Anzahl der 10-ct-Münzen: 100 m = 100 000 mm
100 000 mm : 2 mm = 50 000
50 000 · 10 ct = 500 000 ct = 5000 €
Man sollte sich für die 2-ct-Münzen entscheiden.

II Symmetrie

Seite 47

Check-in

1

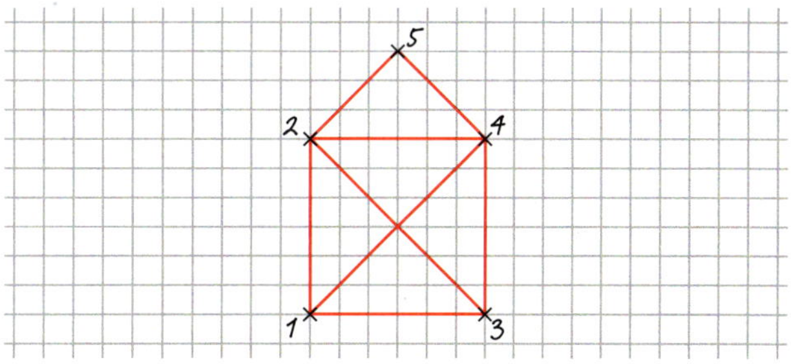

2

a)

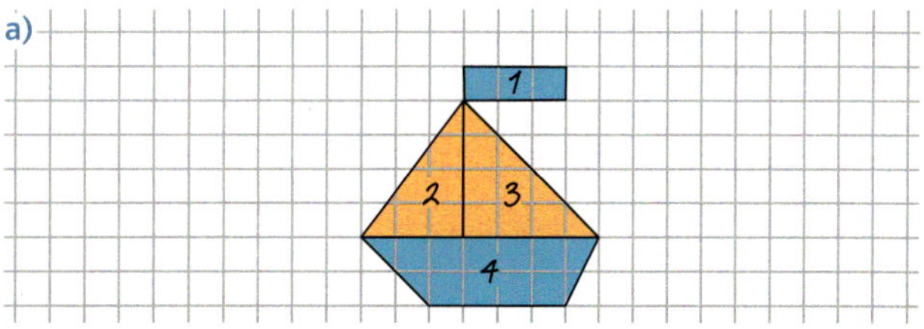

b) Fig. 1 ist ein Rechteck. Die lange Seite ist dreimal so lang wie die kurze Seite.
Fig. 2 ist ein Dreieck. Die beiden kürzeren Seiten schließen einen rechten Winkel ein.
Fig. 3 ist ein Dreieck. Die beiden kürzeren Seiten sind gleich lang. Sie schließen einen rechten Winkel ein.
Fig. 4 ist ein Viereck, bei dem zwei Seiten parallel zueinander liegen.

3

a)

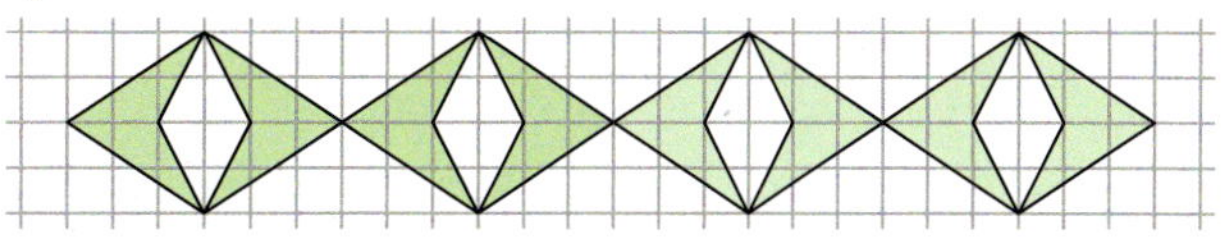

b)

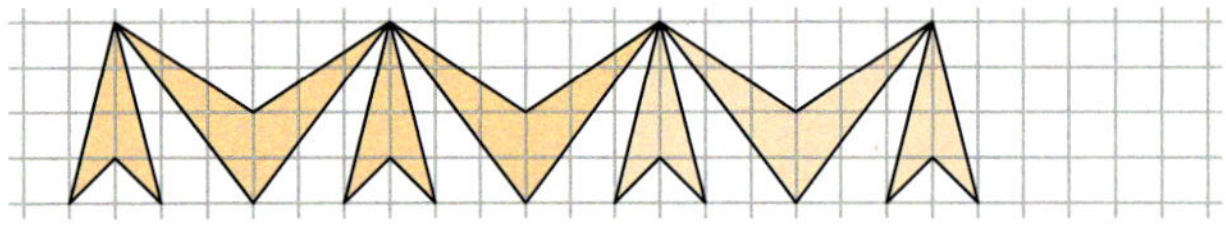

4
2,5 cm + 2 cm + 3,5 cm + 1,5 cm + 3 cm = 12,5 cm
Der Weg von A nach B beträgt 12,5 cm oder 125 mm.

Seite 53

7
Senkrecht sind

h und k (h ⊥ k) f und g (f ⊥ g)
f und i (f ⊥ i) j und h (j ⊥ h)

Parallel sind

g und i (g ∥ i) k und j (k ∥ j)

8
a), b), c)

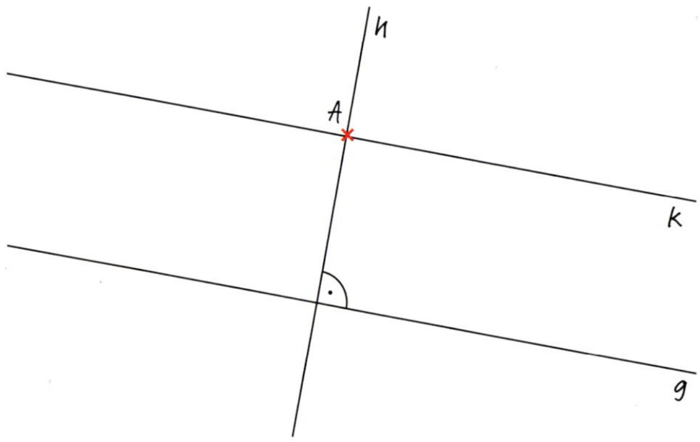

Seite 54

14

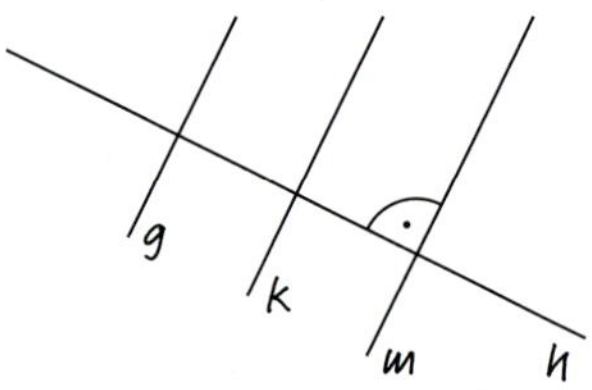

Also g ⊥ h
Begründung siehe Skizze oder:
Da g ∥ k und k ∥ m ist, muss auch g ∥ m gelten. Da m ⊥ h gilt, und g ∥ m, muss auch g ⊥ h gelten.

15

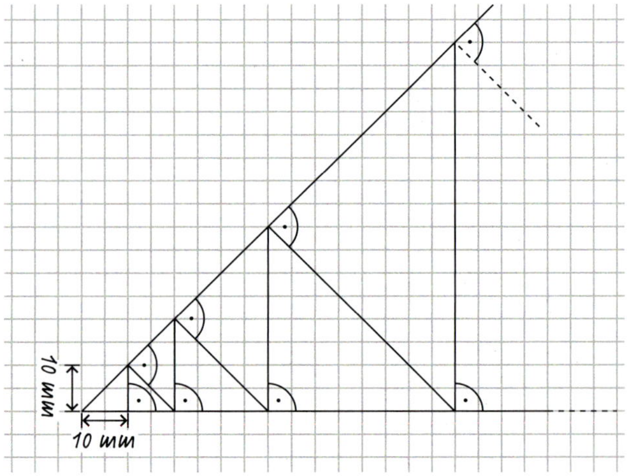

G **19**
a) 99 999 **b)** 102 **c)** 8642

Seite 56

5

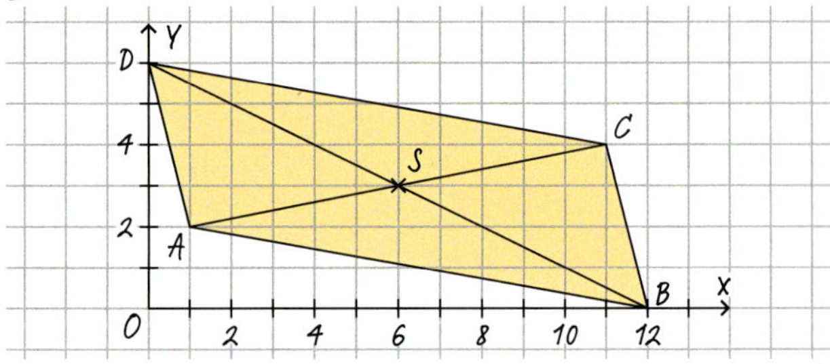

Schnittpunkt S(6 | 3)

6

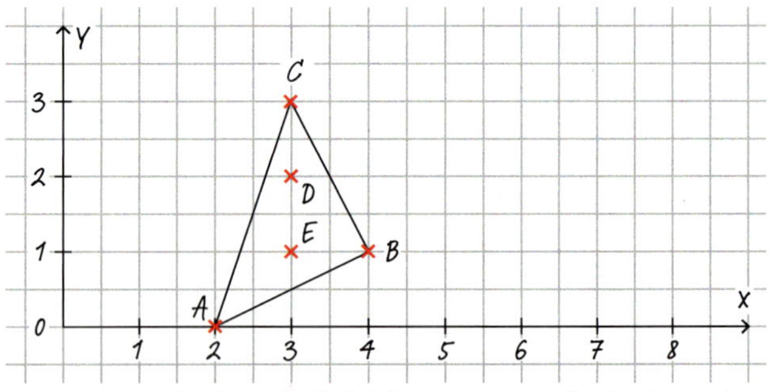

Die Punkte D(3 | 2) und E(3 | 1) liegen innerhalb des Dreiecks mit den Eckpunkten A, B und C und besitzen natürliche Koordinaten.

Seite 57

12

a)

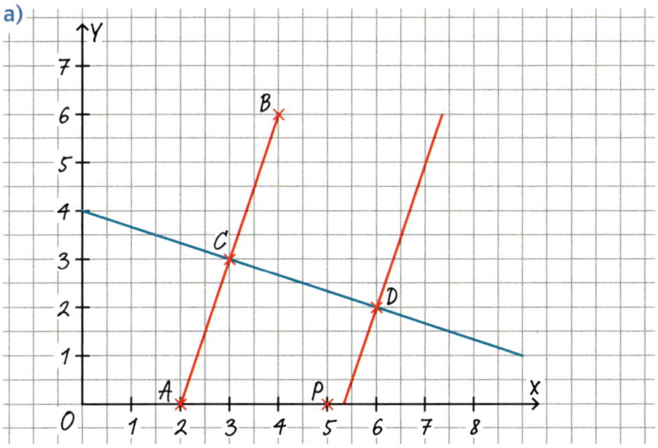

b) Die Gerade durch die Punkte D und C ist senkrecht zur Strecke $\overline{AB}$.

c) Der Punkt P liegt nicht auf der Parallelen.

G **14**

a) (3) 4451

b) (1) 4599; (4) 4551

Seite 61

8

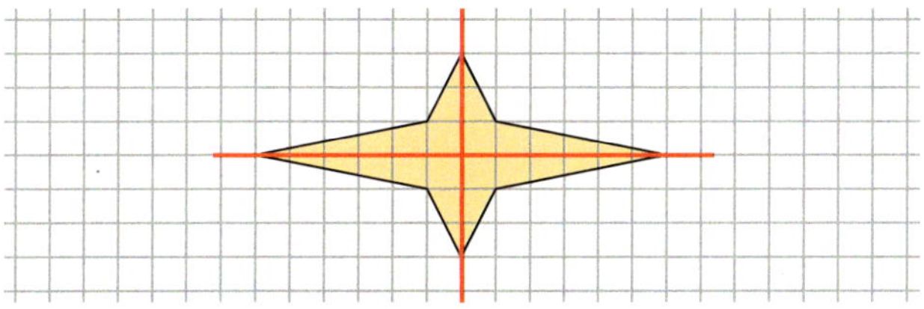

9

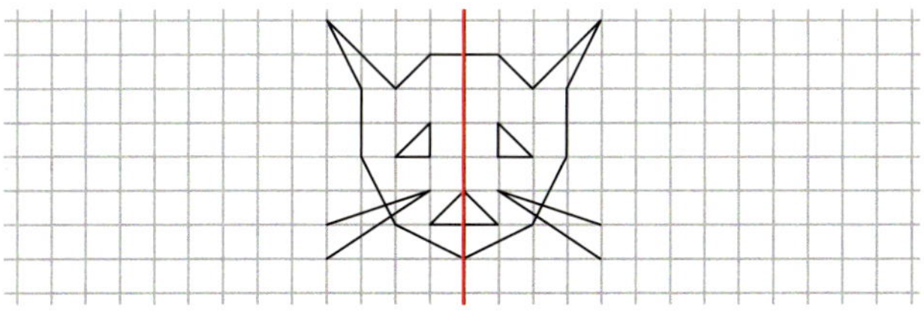

Seite 62

16

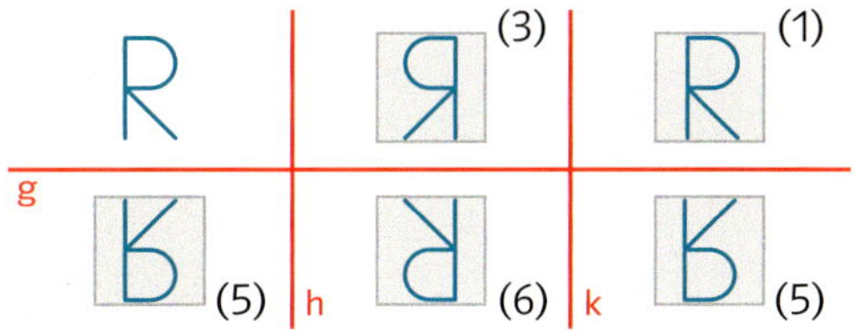

(1) entspricht den Gänsen
(3) entspricht der Katze
(5) entspricht dem Schwein und der Kuh
(6) entspricht dem Hund

17

a), b)

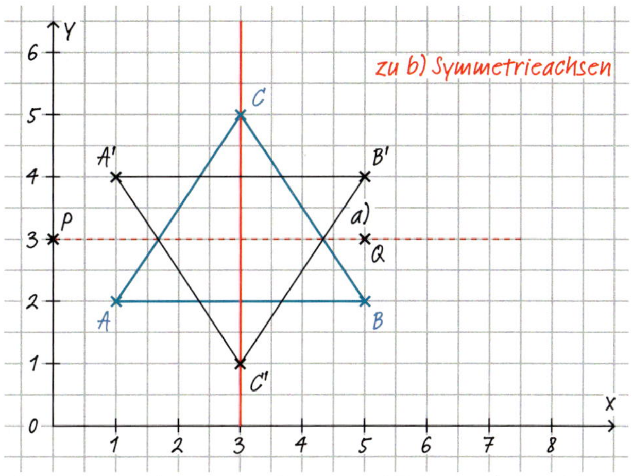

c) Die Gesamtfigur ist ein Stern mit 6 Ecken und zwei Symmetrieachsen durch die Punkte P(0|3) und Q(5|3) bzw. C(3|5) und C′(3|1).

G **20**

a) 5 m = **500** cm

b) 2 km = **2000** m

c) **800** mm = 8 dm

d) **200** cm = 20 dm

e) 30 dm = 300 **cm**

f) 400 mm = 4 **dm**

g) 20 **km** = 20 000 m

h) **1000** mm = 1 m

Seite 65

7

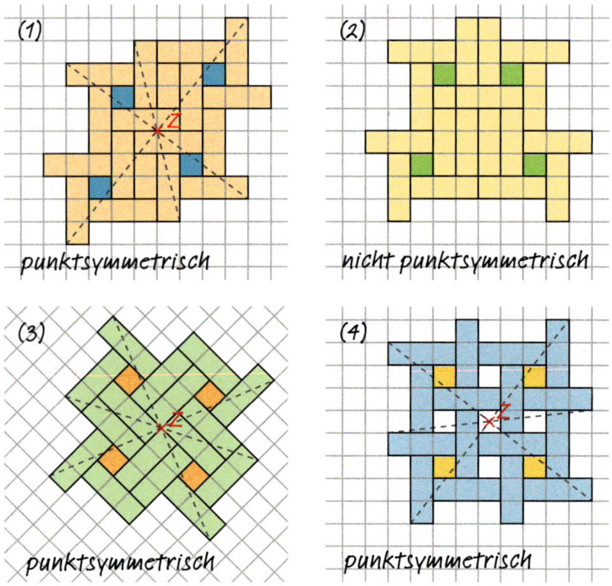

8

a)

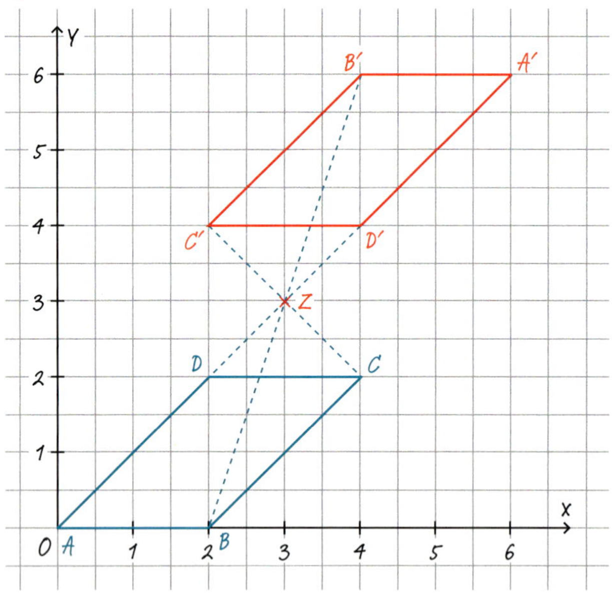

A′(6 | 6), B′(4 | 6), C′(2 | 4), D′(4 | 4)

b)

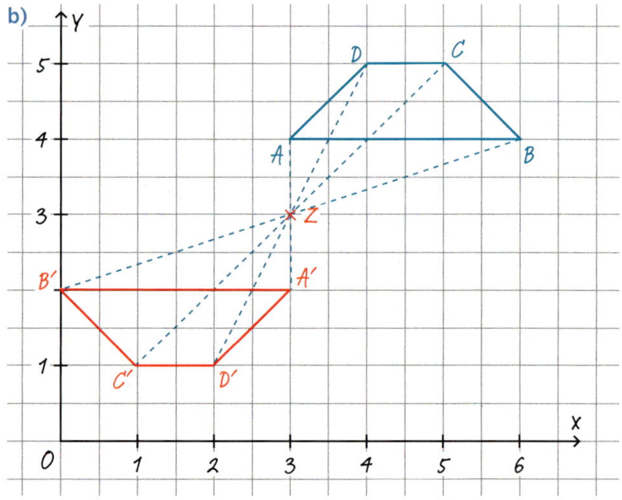

A′(3 | 2), B′(0 | 2), C′(1 | 1), D′(2 | 1)

Seite 67

16

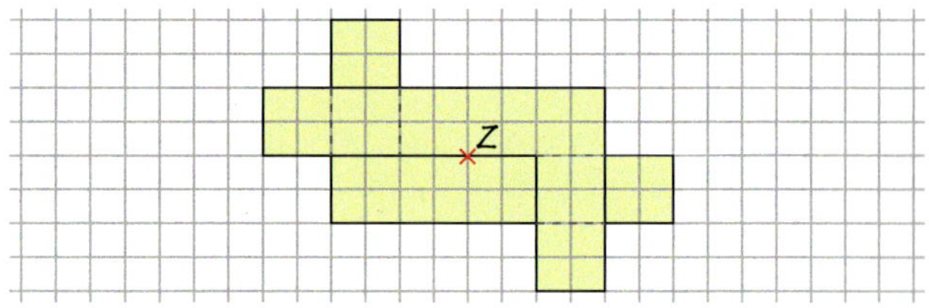

17

a), b)

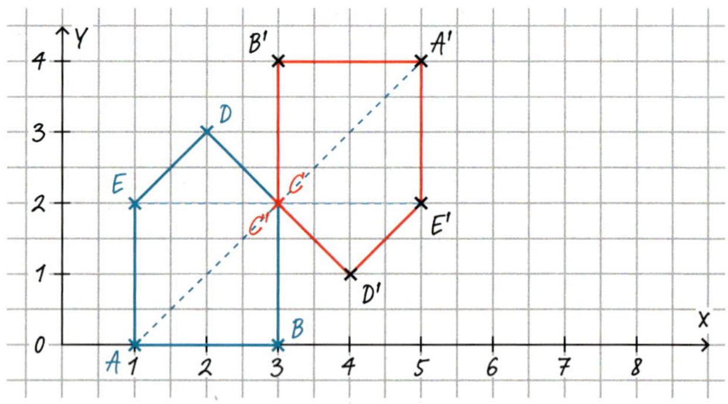

G **21**

a) 8 kg = **8000** g
b) 80 t = 80 000 **kg**
c) **20 000** mg = 20 g
d) 5000 **g** = 5 kg
e) 10 g = 10 000 **mg**
f) 30 000 g = **30** kg
g) 95 kg = 95 000 **g**
h) **260 000** kg = 260 t

Seite 71

9

a)

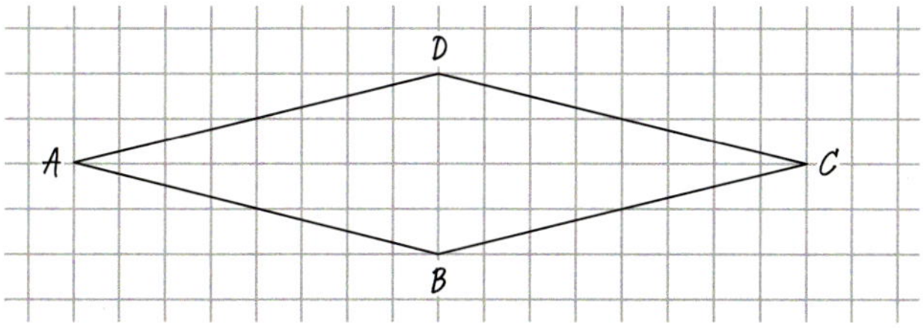

b) Es handelt sich um eine Raute, da alle vier Seiten gleich lang sind.

c)

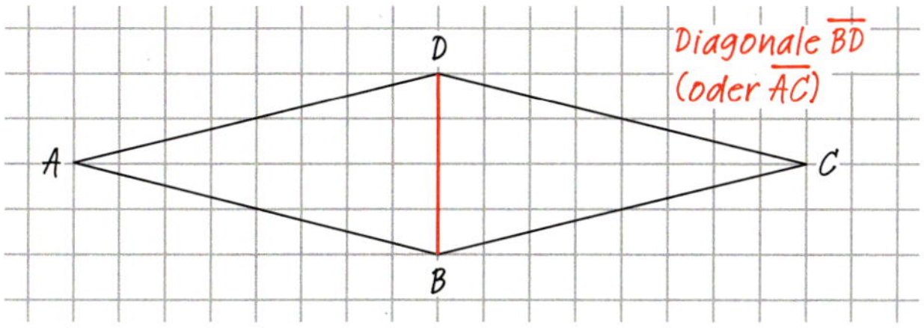

Es handelt sich um zwei gleichschenklige Dreiecke; sie besitzen jeweils zwei gleiche Seiten.

10

a)

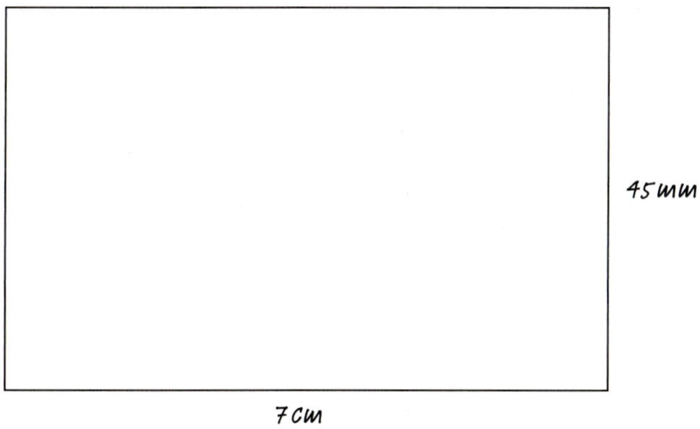

b)

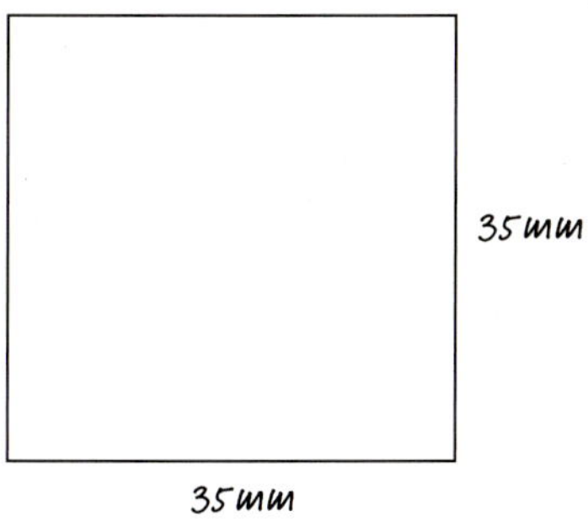

c)

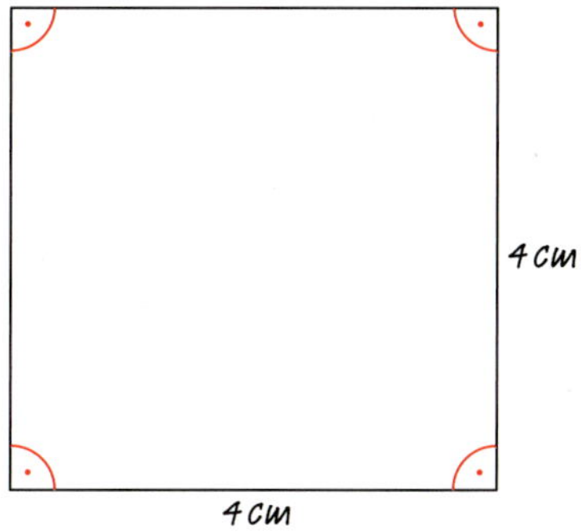

weitere Namen für das obige Parallelogramm: Trapez, Raute, Rechteck, Quadrat

Seite 72

17

a)

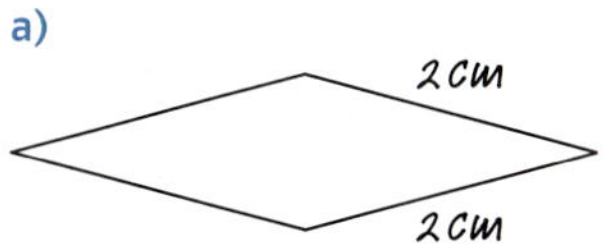

b)

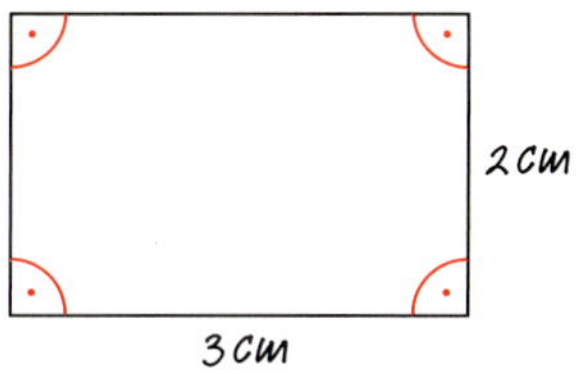

18

a) falsch, Gegenbeispiel:

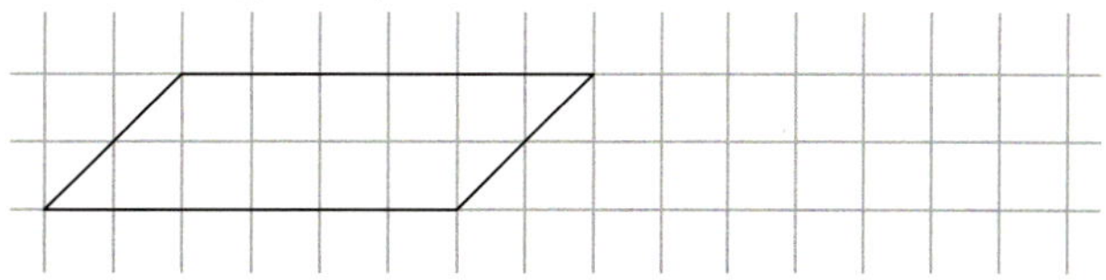

Kein Winkel ist ein rechter Winkel.

b) Wahr, denn die gegenüberliegenden Seiten eines Rechtecks sind stets parallel zueinander.

G **21**

a) 1 h 45 min

b) 16 h 25 min

Seite 73

1

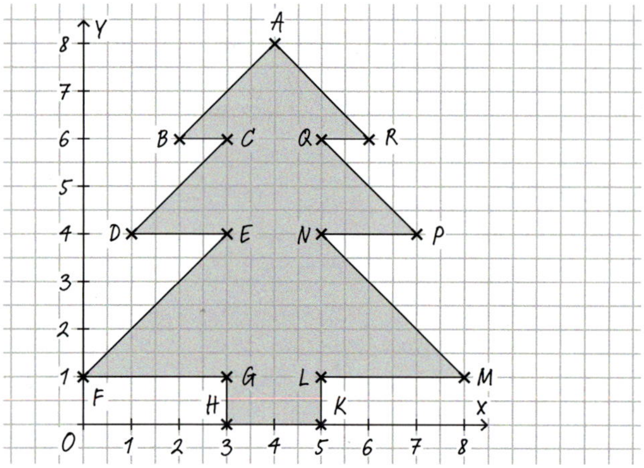

2

a), b)

(1) A(0 | 2), B(1 | 1), C(4 | 1), D(5 | 2), E(3 | 1), F(3 | 5), P(3 | 2)
$\overline{AD} \perp \overline{EF}$, $\overline{BE} \perp \overline{EF}$, $\overline{CE} \perp \overline{EF}$, $\overline{BC} \perp \overline{EF}$, $\overline{AD} \parallel \overline{BC}$, $\overline{AD} \parallel \overline{BE}$, $\overline{AD} \parallel \overline{CE}$
Für $\overline{AP}$ und $\overline{PD}$ gelten die selben Beziehungen wie für $\overline{AD}$, für $\overline{EP}$ und $\overline{PF}$ gelten die selben Beziehungen wie für $\overline{EF}$.

(2) G(6 | 4), H(6 | 3), I(11 | 4), J(11 | 5)
$\overline{GH} \parallel \overline{IJ}$, $\overline{HI} \parallel \overline{GJ}$

(3) K(13 | 1), L(15 | 2), M(13 | 6), N(12 | 3)
$\overline{KL} \perp \overline{KN}$, $\overline{KL} \perp \overline{LM}$, $\overline{LM} \parallel \overline{KN}$

c) □ ABCD: Trapez
□ KLMN: Trapez
□ CDOE: Trapez
□ HIJG: Parallelogramm
□ ABEP: Trapez
△ PDF: rechtwinkliges Dreieck

d) individuelle Lösung

3

Untersuchung auf Symmetrie

Achsensymmetrisch: a), b), c), d)

Die Vierecke in den Teilaufgaben a), c) und d) sind symmetrisch zu zwei Symmetrieachsen.

Das Viereck in Teilaufgabe d) ist symmetrisch zu vier Symmetrieachsen.

Punktsymmetrisch: a), c), d)

Namen

a) Rechteck (vier rechte Winkel), Parallelogramm (jeweils gegenüberliegende Seiten parallel), Trapez (zwei gegenüberliegende Seiten parallel)

b) Trapez (zwei gegenüberliegende Seiten parallel)

c) Raute (vier gleich lange Seiten), Parallelogramm (jeweils gegenüberliegende Seiten parallel), Trapez (zwei gegenüberliegende Seiten parallel)

d) Quadrat (vier gleich lange Seiten und vier rechte Winkel), Rechteck (vier rechte Winkel), Parallelogramm (jeweils gegenüberliegende Seiten parallel), Raute (alle vier Seiten gleich lang), Trapez (zwei gegenüberliegende Seiten parallel)

4

a) A falsch gespiegelt, B richtig gespiegelt

b) C falsch gespiegelt, D richtig gespiegelt

c) A falsch gespiegelt, B richtig gespiegelt

d) C falsch gespiegelt, D falsch gespiegelt

5

a)

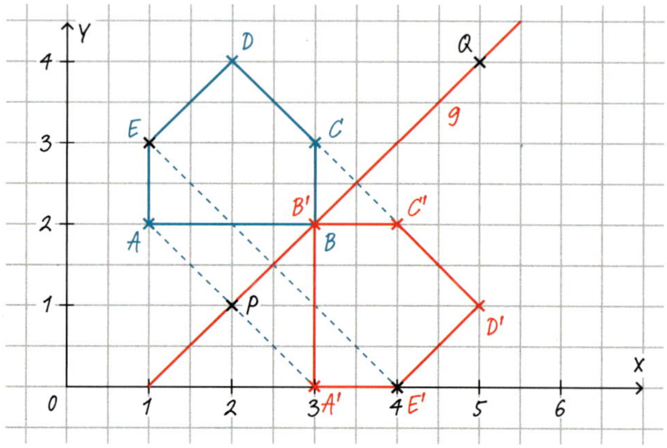

b) A′(3 | 0), B′(3 | 2), C′(4 | 2), D′(5 | 1), E′(4 | 0)

Seite 74

6

a), b) und **d)**

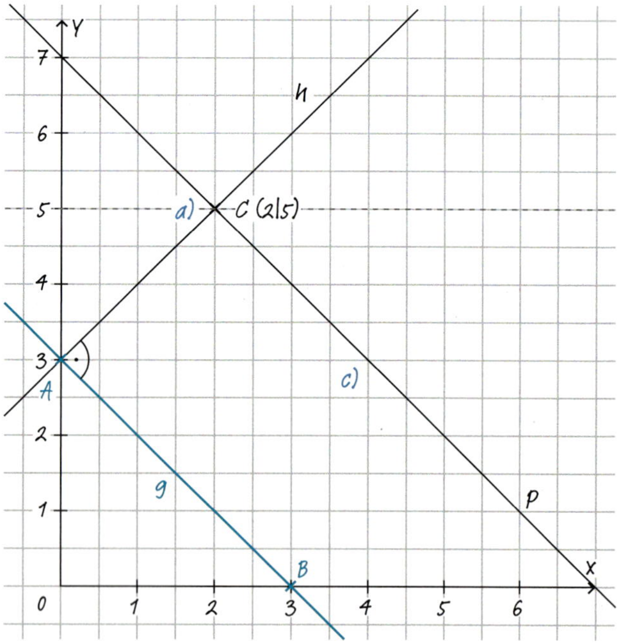

c) Der Abstand von Punkt C zur Geraden g beträgt 2,8 cm.

7

0 Symmetrieachsen: (6)
1 Symmetrieachse: (1)
2 Symmetrieachsen: (2), (3), (4)
4 Symmetrieachsen (5)
individuelle Lösungen, zum Beispiel:

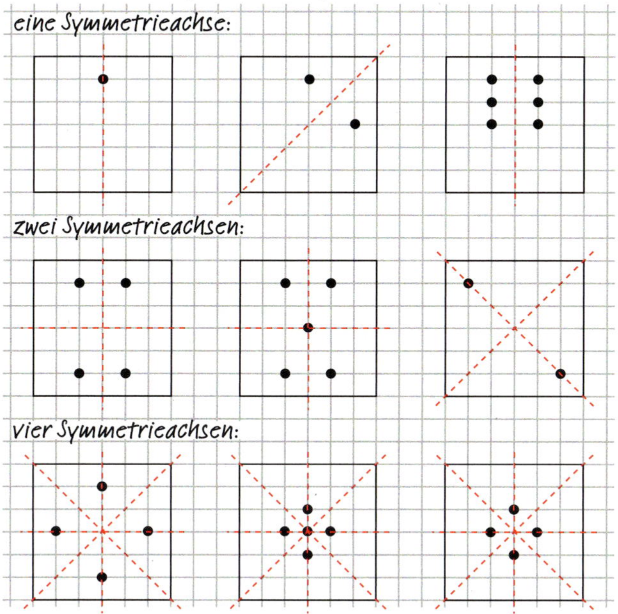

8

a) Ein gleichschenkliges Dreieck, denn drei Ecken hat nur ein Dreieck und ein Dreieck mit einer Symmetrieachse muss gleichschenklich sein.

Skizze

b) Ein gleichseitiges Dreieck, denn drei Ecken hat nur ein Dreieck und drei Symmetrieachsen hat nur ein gleichseitiges Dreieck mit drei gleich langen Seiten.

Skizze

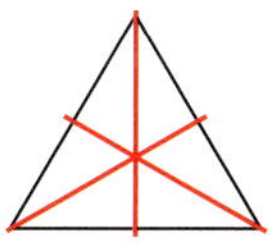

c) Ein Parallelogramm, da die gegenüberliegenden Seiten jeweils parallel sind.

d) Ein Rechteck, da hier alle benachbarten Seiten senkrecht aufeinanderstehen.

e) Ein Quadrat, …
Skizze

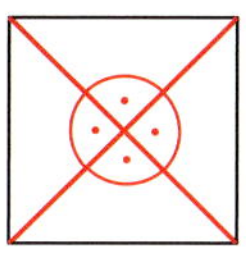

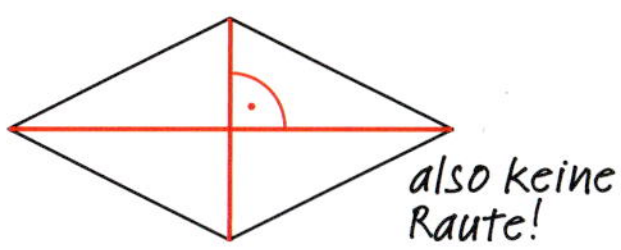

9

individuelle Lösung
Weg mit den wenigsten Punktangaben:
Start – A(2 | 1) – B(9 | 4) – C(10 | 1) – D(11 | 1) – E(16 | 5) – F(19 | 3) – G(26 | 6) – Ziel

10

a)

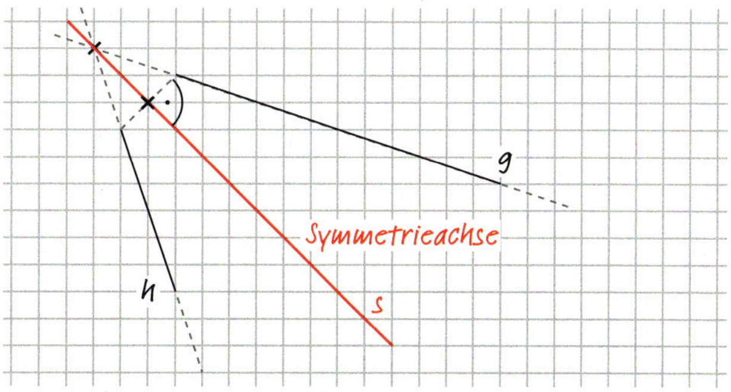

b) individuelle Lösung, zum Beispiel:

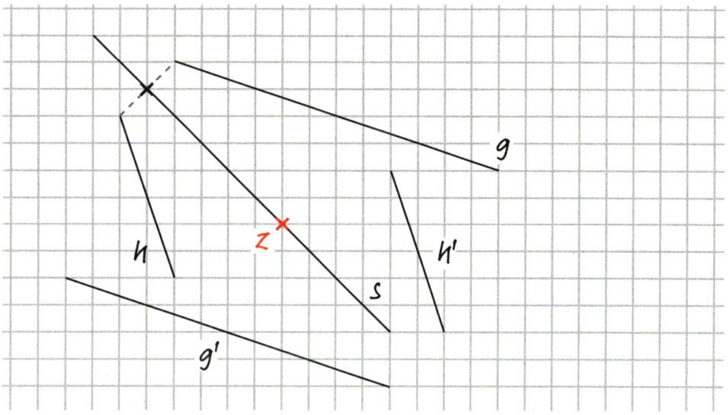

Seite 75

11

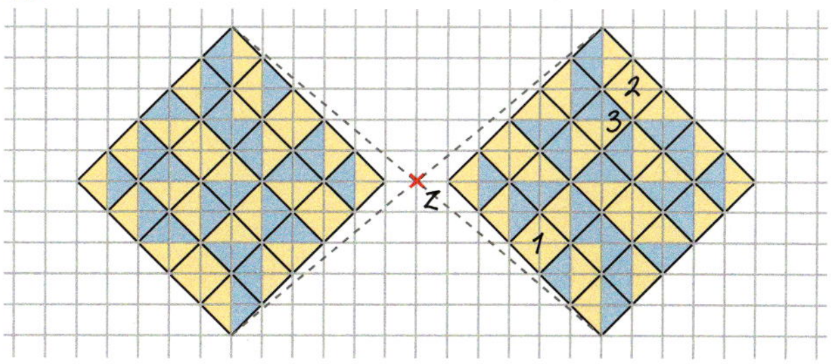

12

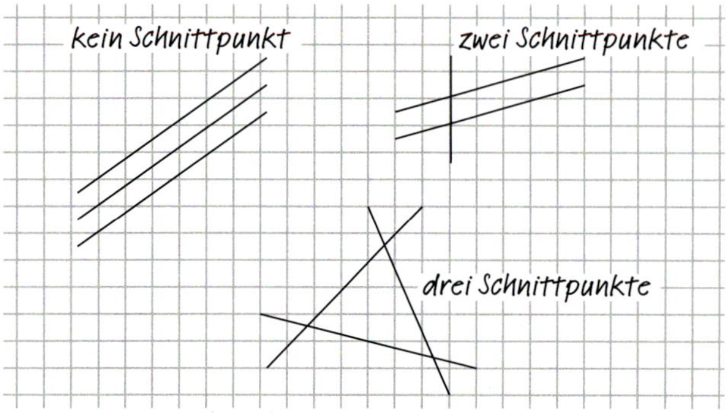

Die Aussage von Paula stimmt nicht. Drei Schnittpunkte entstehen nur, wenn die Geraden untereinander nicht parallel sind.

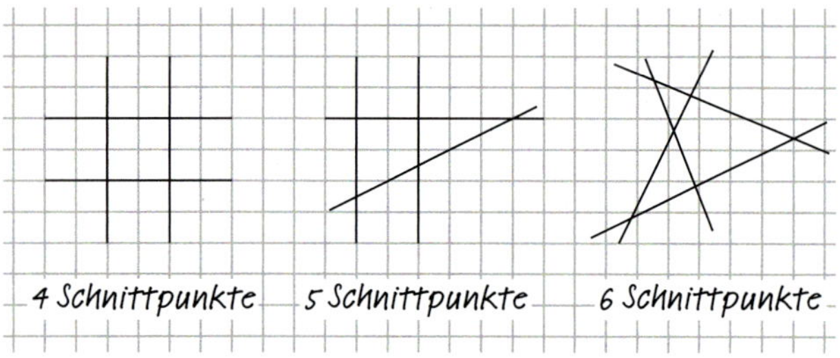

Vier Schnittpunkte entstehen bei vier Geraden nur, wenn jeweils zwei Geraden parallel zueinander sind.

13

a) 2 Trapeze oder 1 gleichschenkliges Dreieck (+ 1 Fünfeck); Begründung siehe Skizze

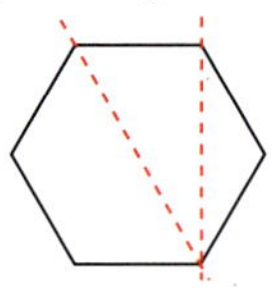

b) **gleichseitiges Dreieck:** Trapez und gleichseitiges Dreieck oder 2 rechtwinklige Dreiecke; Begründung siehe Skizze

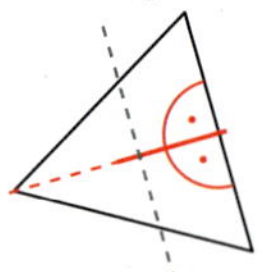

Quadrat: 2 gleichschenklige, rechtwinklige Dreiecke oder 2 Rechtecke oder 2 Trapeze; Begründung siehe Skizze

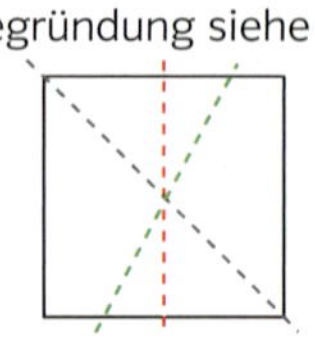

regelmäßiges Fünfeck:
gleichschenkliges Dreieck und Trapez oder Trapez und (unregelmäßiges) Fünfeck; Begründung siehe Skizze

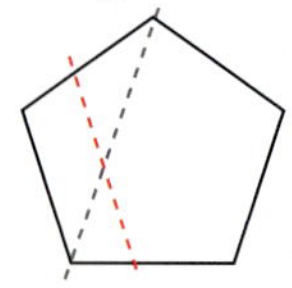

c) individuelle Lösung

14

a)

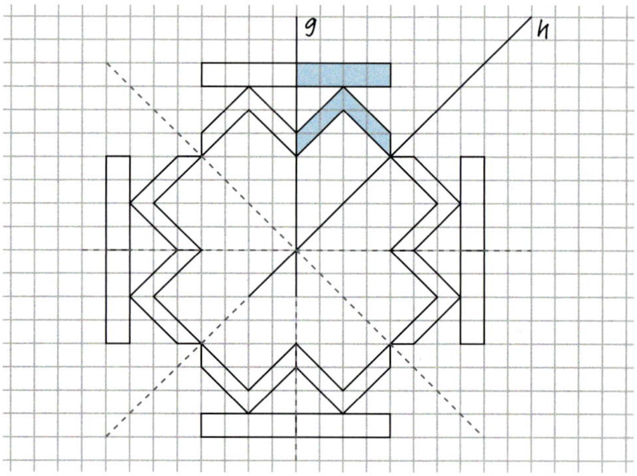

b)

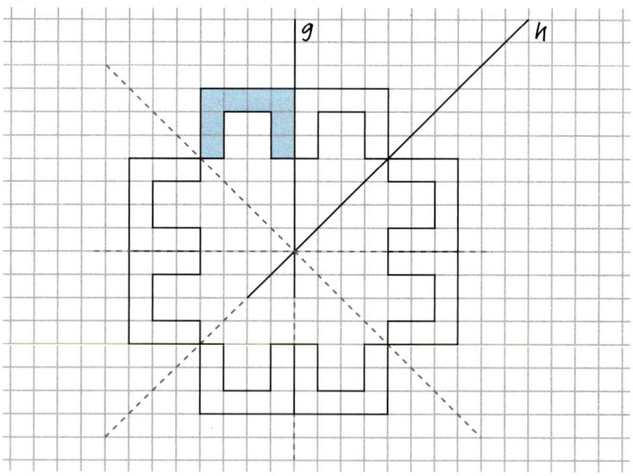

15

a) Gilt immer, denn ein gleichschenkliges Dreieck hat drei gleich große Winkel (60°), die keine rechten Winkel sind.

b) Gilt nur bei Rechtecken und Quadraten

Aus Trapezen, Parallelogrammen und Rauten erhält man in der Regel Sechsecke (s. Skizzen).

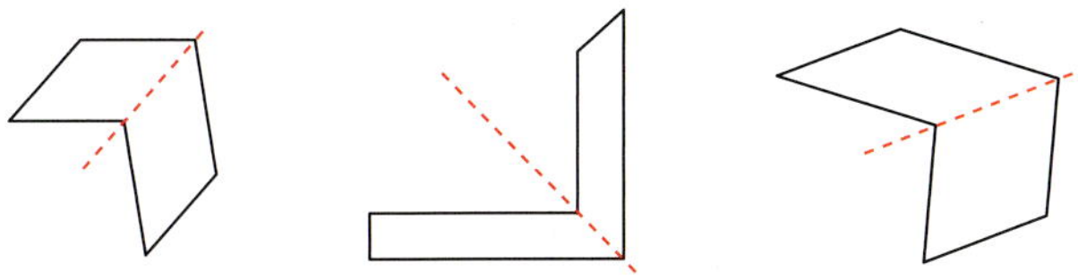

c) Gilt immer, denn man erhält ein Viereck mit vier gleich langen Seiten (s. Skizze).

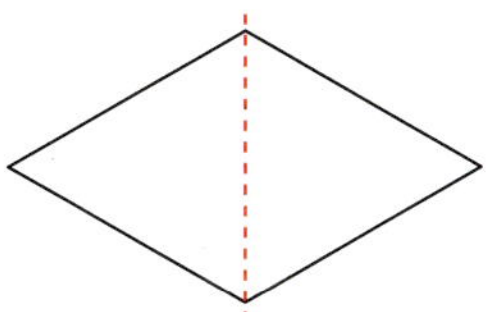

d) Gilt immer, diese Gerade a ist ebenfalls parallel zu g und h und liegt genau zwischen g und h.

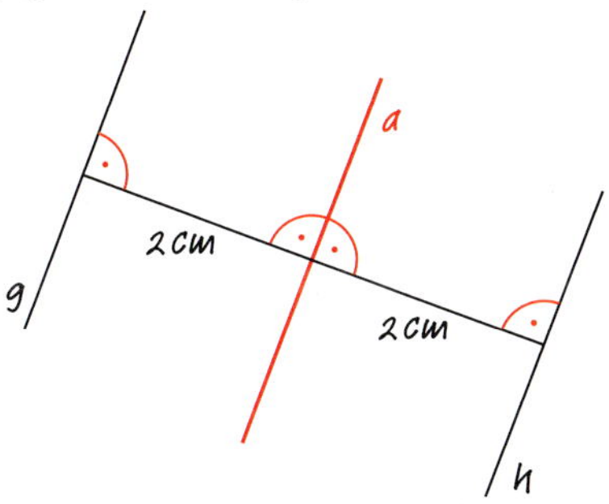

Seite 77

Runde 1

1

a) siehe Grafik 1 unten

b) a ∥ c; a ⊥ b; b ⊥ c (d hat keine besondere Lage zu den anderen Geraden)

c) Der Abstand von Punkt G zur Geraden a beträgt ca. 2,5 cm.

2

Parallelogramm

punktsymmetrisch zu Punkt P(3 | 2)

Stern

achsensymmetrisch zu 1. Achse (7 | 0) und (7 | 3)
2. Achse (5 | ≈ 0,8) und (7 | 2)
3. Achse (5 | ≈ 3,2) und (7 | 2)

Quadrat

punktsymmetrisch zu Punkt P(11 | 2)

achsensymmetrisch zu 1. Achse (11 | 0) und (11 | 4)
2. Achse (9 | 2) und (13 | 2)
3. Achse (13 | 0) und (9 | 4)
4. Achse (9 | 0) und (13 | 4)

3

a)

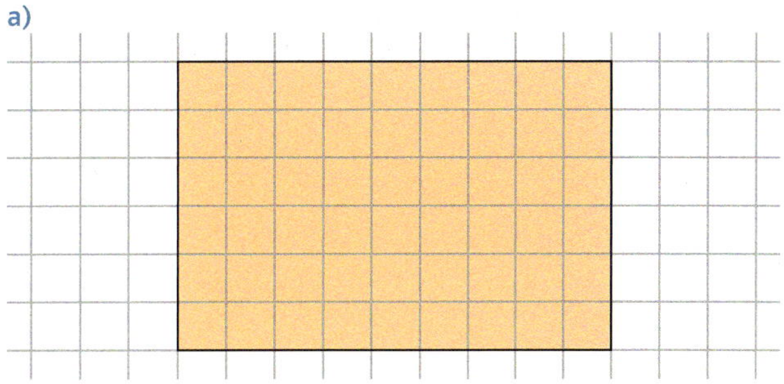

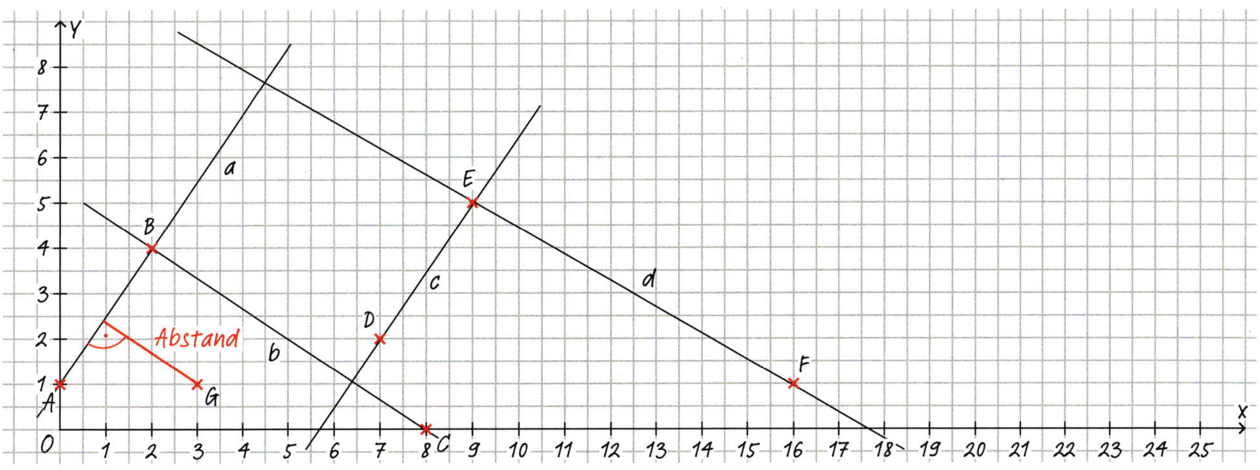

Grafik 1

b)

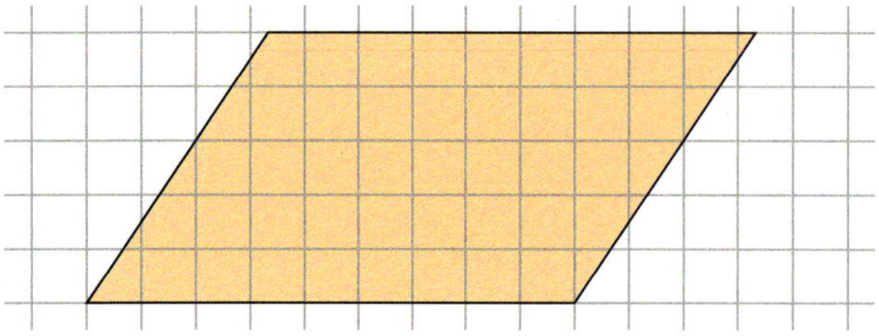

4

a) Falsch, es kann auch eine Raute sein.
b) Wahr, denn gegenüberliegende Seiten sind parallel und alle Seiten sind gleich lang.
c) Wahr, denn wenn zusätzlich benachbarte Seiten jeweils senkrecht zueinander stehen, ist es ein Quadrat.

5

Gemeinsamkeiten von Parallelogramm und Quadrat:
- gegenüberliegende Seiten sind parallel,
- Diagonalen halbieren einander,
- Figuren sind punktsymmetrisch

Unterschiede zwischen Parallelogramm und Quadrat:
- Seiten sind im Parallelogramm nicht unbedingt gleich lang,
- Parallelogramm muss keine rechten Winkel haben,
- Parallelogramm muss nicht achsensymmetrisch sein

Runde 2

1

a) Die Figur ist achsensymmetrisch mit der Symmetrieachse durch die Punkte A und B mit A(0|1) und B(4|1).
b)

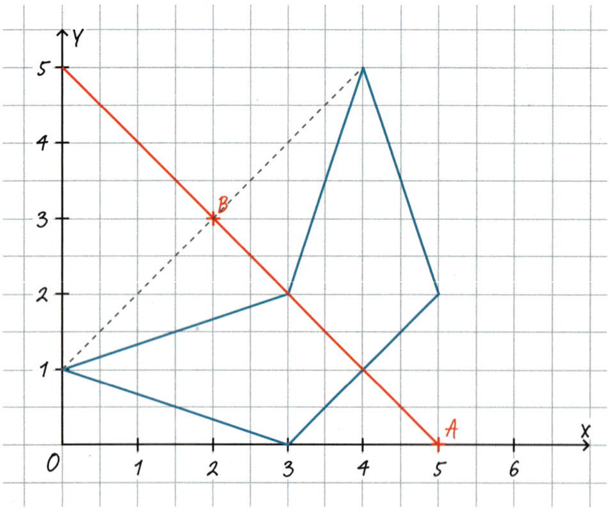

c)

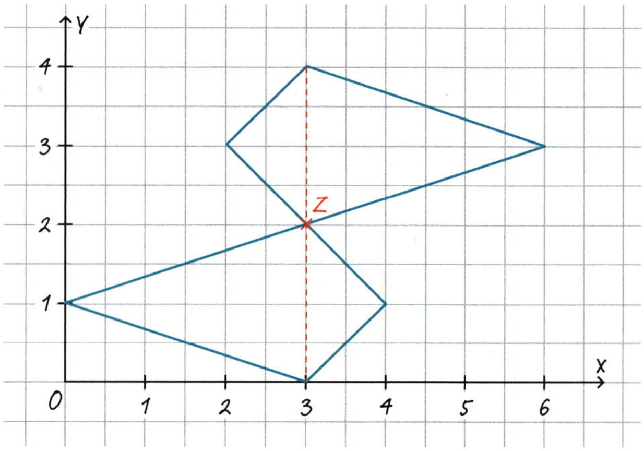

2

a) b ∥ d, b ∥ e, d ∥ e, c ∥ f
a ⊥ g, b ⊥ c, b ⊥ f, c ⊥ d, c ⊥ e, d ⊥ f, e ⊥ f
b) Abstand b – d: 13 mm
Abstand d – e: 6 mm
Abstand b – e: 19 mm
Abstand c – f: 17 mm

3

a) Achsensymmetrie zu einer Symmetrieachse
b) Achsensymmetrie zu zwei Symmetrieachsen und Punktsymmetrie
c) Da der Buchstabe „O" nicht kreisrund ist, gibt es zwei Symmetrieachsen.
d) Punktsymmetrie

4

a) Quadrat; weitere Namen: keine
b) Parallelogramm; weitere mögliche Namen: Raute, Rechteck, Quadrat

III Rechnen

Seite 83

Check-in

1
a) 743 ≈ 740
b) 541 257 ≈ 541 300
c) 54 489 ≈ 54 000
d) 627 417 ≈ 630 000

2
a) (1) 38 – 9 = 29
(2) 7 · 12 = 84
(3) 23 + 14 = 37
(4) 42 : 6 = 7
b) Addition – (3)
Subtraktion – (1)
Multiplikation – (2)
Division – (4)

3
a) etwa 7 mm
Eine Bleistiftmine ist ungefähr 1 mm dick. Damit sie geschützt ist und nicht so leicht bricht, liegen um die Mine herum ungefähr 3 mm Holz oder ein anderes Material.
b) etwa 2 h 30 min
Bei gemütlichem Fahrtempo schafft man etwa 15 km in der Stunde. Je nach Anzahl der Pausen kann sich auch eine abweichende Fahrzeit ergeben. Durch Gegenwind oder Anstiege in den Bergen kann sich die Fahrzeit deutlich verlängern.
c) etwa 250 kg
Ein Motorrad ist deutlich schwerer als der Fahrer mit Beifahrer, jedoch sehr viel leichter als ein Pkw, der fast eine Tonne wiegt. „Leichte" Motorräder können sehr viel leichter sein als 250 kg, besonders schwere Maschinen auch deutlich schwerer.
d) etwa 12 m
Je Geschoss kann man etwa 3 m rechnen. Wenn das Haus kein Flachdach hat, kommen zu den 12 m noch einige Meter für das Dach dazu.

4
a) 8 km = 8000 m
b) 4 min = 240 s
c) 12 t = 12 000 kg
d) 180 mm = 18 cm
e) 4200 g = 4,2 kg
f) 11,5 km = 11 500 m
g) 29,3 g = 29 300 mg
h) 2,9 dm = 0,29 m

5
a) 24 cm = 2,4 dm
b) 5,2 kg = 5200 g
c) 1 min 8 s = 68 s
d) 8,7 cm = 0,087 m
e) 2,8 t = 2800 kg
f) 0,3 m = 300 mm
g) 5 km = 50 000 dm
h) 5 t 85 kg = 5,085 t

Seite 88

10
a) Überschlag: 70 000 + 25 000 = 95 000; exakt: 96 689
b) Überschlag: 3500 + 8000 = 11 500; exakt: 11 961
c) Überschlag: 27 000 + 900 = 27 900; exakt: 28 023
d) Überschlag: 320 dm + 80 dm = 400 dm;
exakt: 320 dm + 82 dm = 402 dm
e) Überschlag: 3000 kg + 300 kg = 3300 kg; exakt: 3284 kg
f) Überschlag: 2 h + 1 h = 3 h = 180 min;
exakt: 124 min + 57 min = 181 min

11
exakt: 50 000; Überschlag: 42 000 + 8000 = 50 000

Seite 89

21
a) exakt: 142 532;
Überschlag: 27 000 + 78 000 + 38 000 = 143 000
b) exakt: 2 470 335;
Überschlag: 280 000 + 10 000 + 2 180 000 = 2 470 000
c) exakt: 120 772;
Überschlag: 70 000 + 41 000 + 9000 = 120 000
d) exakt: 29 888;
Überschlag: 21 000 + 5000 + 4000 = 30 000

22
Gewicht der Personen:
8 kg + 69 kg + 29 kg + 86 kg = 192 kg
Gewicht der Ladung:
98 kg + 28 kg + 135 kg + 7500 g + 14 500 g = 283 000 g = 283 kg
Gesamtgewicht: 1640 kg + 283 kg + 192 kg = 2115 kg
Das zulässige Gesamtgewicht von 2100 kg wird um 15 kg überschritten.

G **25**

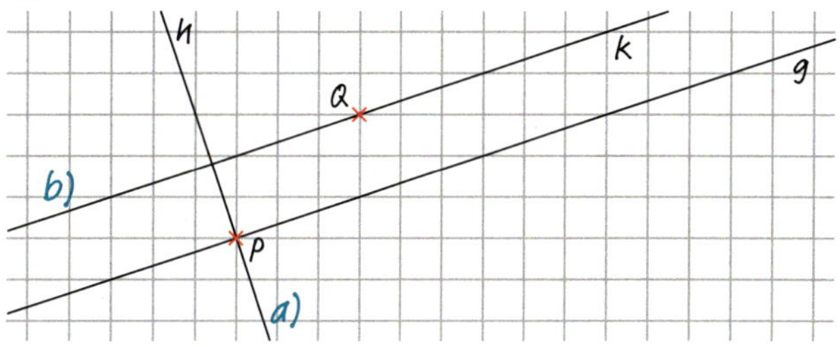

Seite 92

11
a) 5511
b) 289 004
c) 3121 ct = 31,21 €
d) 1740 m = 1,74 km

12
1. Anhänger: 0 kg
2. Anhänger: 564 kg
3. Anhänger: 781 kg
4. Anhänger: 1671 kg

Seite 93

19

a) exakt: 185 951;
Überschlag: 278 000 – 8000 – 85 000 = 185 000

b) exakt: 19 936;
Überschlag: 70 000 – 41 000 – 9000 = 20 000

c) exakt: 12 112 m;
Überschlag: 21 000 m – 5000 m – 4000 m = 12 000 m

20

a) Die Ladung der Gondel darf höchstens 9 t 600 kg wiegen.

b) Die erste Gondel könnte neben der Maschine mit dem Gewicht mit 6000 kg nur noch die Maschine mit dem Gewicht mit 2650 kg und zwei Monteuren beladen werden; die Gesamtladung der Gondel würde dann 8810 kg betragen. Da die beiden verbleibenden Maschinen mit den Gewichten 4100 kg und 3600 kg sowie den zwei Monteuren ein Gesamtgewicht von 7860 kg hätten, würden sie das maximal zulässige Gewicht nicht überschreiten. Es ist also möglich, zwei Gondeln mit den vier Maschinen und den vier Monteuren zu beladen.

G **22**

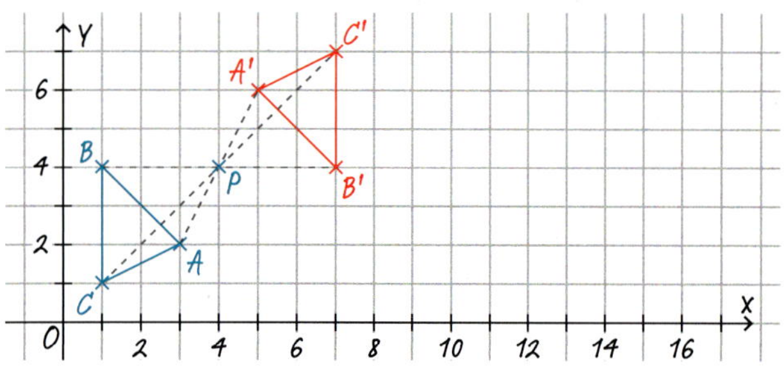

Seite 96

8

a) Exaktes Ergebnis: 123 165;
Überschlagsergebnis: 153 · 805 ≈ 150 · 800 = 120 000.

b) Exaktes Ergebnis: 4 251 903 656;
Überschlagsergebnis: 707 707 · 6008 ≈ 700 000 · 6000 = 4 200 000 000.

c) Exaktes Ergebnis: 106,02 €;
Überschlagsergebnis: 38 · 279 ct ≈ 38 · 280 ct = 10 640 ct = 106,40 €.

d) Exaktes Ergebnis: 102 360 m;
Überschlagsergebnis: 4265 m · 24 ≈ 4300 m · 24 = 103 200 m.

9

Der Festsaal hat 432 Sitzplätze.

Seite 97

15

a) Klaus trinkt 730 l Cola im Jahr. Das sind 78 kg 110 g Zucker bzw. 26 280 Zuckerwürfel innerhalb eines Jahres. Ein erwachsener Mann wiegt etwa so viel.

b) Klaus müsste täglich 1 h 40 min, wöchentlich 11 h 40 min und jährlich 608 h 20 min joggen. Das wären im Jahr ungefähr 6692 km, die Klaus joggen müsste.

G **18**

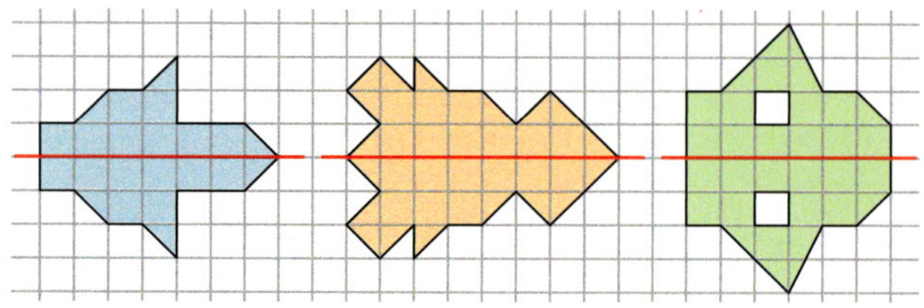

Seite 100

7

a) exakt: 2417;
Überschlag: 10 000 : 4 = 2500
Probe: 4 · 2417 = 9668

b) exakt: 5124;
Überschlag: 45 000 : 9 = 5000
Probe: 9 · 5124 = 46 116

c) exakt: 6879;
Überschlag: 34 400 : 5 = 6880
Probe: 5 · 6879 = 34 395

d) exakt: 4530;
Überschlag: 54 000 : 12 = 4500
Probe: 12 · 4530 = 54 360

8

Es können 166 Kästen gefüllt werden, 4 Flaschen bleiben übrig.

Seite 101

18

a) Überschlag: 325 : 25 ≈ 300 : 30 = 10

```
 325 : 25 = 13        Probe:  13 · 25
-25                           26
  75                        +  65
 -75                          325
   0
```

b) Überschlag: 8910 : 135 ≈ 9000 : 100 = 90

```
 8910 : 135 = 66      Probe:  66 · 135
-810                           66
  810                        + 198
 -810                        +  330
    0                          8910
```

c) Überschlag: 33 661 : 382 ≈ 30 000 : 400 ≈ 70

```
 33661 : 382 = 88 Rest 45   Probe:  88 · 382
-3056                                264
  3101                             + 704
 -3056                             +  176
    45                              33616
```

33 616 + 45 = 33 661

d) Überschlag: 27 531 : 253 ≈ 30 000 : 300 = 100

```
 27531 : 253 = 108 Rest 207      Probe:  253 · 108
-253                                     2530
  2231                                 + 2024
 -2024                                  27324
   207                       27 324 + 207 = 27 531
```

19
Sauerstoffverbrauch des Flugzeugs in einer Stunde: 60 · 600 = 36 000; 36 000 kg
Anzahl der benötigten Buchen: 36 000 : 2 = 18 000

G **22**
a) 136 872 054
b) 136 872 054 ≈ 136 870 000
c) Die größte Zahl, die auf Zehntausender gerundet 136 870 000 ergibt, ist 136 874 999.

Seite 104

9
a) 35 **b)** 26 **c)** 31

10
12 · 9 + 3 · 12 = 108 + 36 = 144
Kim hat nach einem Jahr 144 € gespart.

Seite 106

22
a) 18 **b)** 39

23
Die Schnecke kommt nach 17 Tagen oben an der Mauer an.

G **27**
a) 23 000 m **b)** 42 g **c)** 7200 s
d) 23 m **e)** 4500 g **f)** 3 h

Seite 108

4
a) 190 **b)** 1190 **c)** 1100
d) 800 **e)** 2100 **f)** 14 000

Seite 109

10
a) 2040 **b)** 4000 **c)** 10 511

11
a) 99 + 271 + 283 = 653
b) 25 · 17 · 8 = 3400

G **15**
a) Wählt man auf der Hochachse für 1000 km 1 cm, so lässt sich die längste Säule mit knapp 7 cm gut zeichnen.

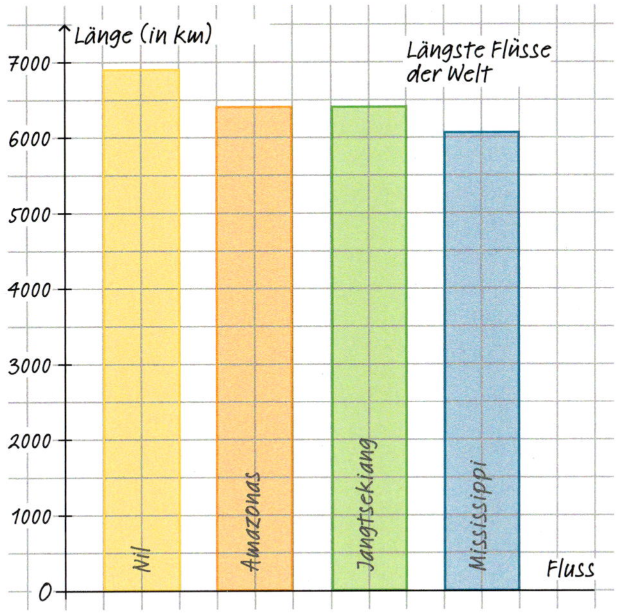

b) Da nur auf 1 mm genau gezeichnet werden kann, ist es sinnvoll die Längen auf 100 km zu runden.
1 cm im Diagramm entspricht 1000 km Flusslänge.

Seite 111

7
a) 8 · 20 + 8 · 3 = 160 + 24 = 184
b) 30 · 11 − 4 · 11 = 330 − 44 = 286
c) 3 · 200 − 3 · 20 − 3 · 1 = 600 − 60 − 3 = 537

8
a) 9 · (27 + 3) = 9 · 30 = 270
b) (44 − 4) · 7 = 40 · 7 = 280
c) 12 · (56 − 6) = 12 · 50 = 600

9
a) 75 · 99 = 75 · (100 − 1) = 75 · 100 − 75 · 1 = 7500 − 75 = 7425
b) 102 · 17 = (100 + 2) · 17 = 100 · 17 + 2 · 17 = 1700 + 34 = 1734
c) 198 · 42 = (200 − 2) · 42 = 200 · 42 − 2 · 42 = 8400 − 84 = 8316
d) 39 · 41 = (40 − 1) · 41 = 40 · 41 − 1 · 41 = 1640 − 41 = 1599

Seite 112

15
a) Beim Ausklammern wurde der letzte Summand vergessen.
61 · 8 − 8 · 8 + 8 = (61 − 8 + 1) · 8 = 54 · 8 = 432
b) Beim Ausmultiplizieren wurde der Faktor 2 übersehen.
4 · 2 · (12 + 18) = 8 · (12 + 18) = 8 · 30 = 240

16

a) $20 \cdot (19 - 12) + 20 \cdot 12 = 20 \cdot (19 - 12 + 12) = 20 \cdot 19$
$= 20 \cdot (20 - 1) = 20 \cdot 20 - 20 \cdot 1 = 400 - 20 = 380$

b) $28 \cdot 8 + 7 \cdot 28 - 7 \cdot 2 \cdot 28 = 28 \cdot (8 + 7 - 7 \cdot 2) = 28 \cdot (8 - 7)$

G **18**

a)

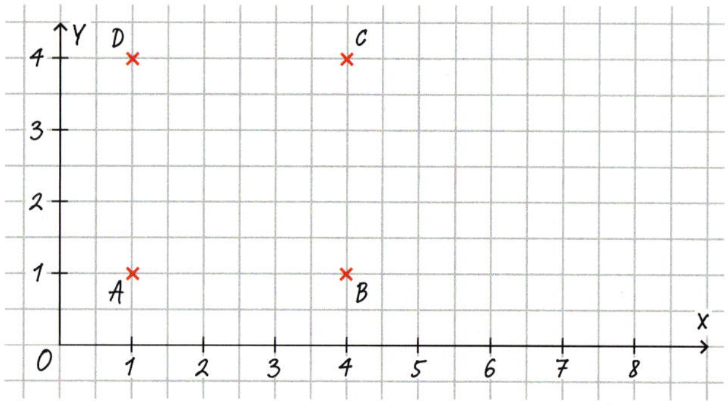

b) D(1|4)

Seite 114

8

a) $2 \cdot 2 \cdot 2 \cdot 2 \cdot 2 = 32$ **b)** $10 \cdot 10 \cdot 10 \cdot 10 = 10\,000$
c) $3 \cdot 5 \cdot 5 = 75$ **d)** $5 \cdot 3 \cdot 3 = 45$

9

a) 4^5 **b)** $5^3 \cdot 2^3$ **c)** $13 \cdot 11^3$ **d)** $3^3 \cdot 7^4$

Seite 115

15

a) 29 **b)** 15 **c)** 760

16

Beim einmaligen Falten erhält man 2 Lagen, beim zweimaligen 4 Lagen, beim dreimaligen 8 Lagen, beim viermaligen 16 Lagen und beim fünfmaligen Falten 32 Lagen Papier.

G **19**

a) 6700 kg **b)** 3500 mg **c)** 1800 m
d) 0 m **e)** 6 min **f)** 1 h

Seite 118

6

Anzahl der Wassertropfen pro Jahr: $60 \cdot 60 \cdot 24 \cdot 365$
$= 31\,536\,000$.
Berechnung des Volumens in Liter: $31\,536\,000 : 30\,000 = 1051$ Rest 6000.
Mit dem Wasser des tropfenden Wasserhahns können also etwas mehr als 1051 Literflaschen gefüllt werden.

Seite 119

12

Anzahl der Personen im alten Gebäude:
Erdgeschoss: $7 \cdot 3 = 21$
1. Obergeschoss: $3 \cdot 4 + 6 \cdot 5 + 5 \cdot 6 = 72$
2. Obergeschoss: $15 \cdot 2 = 30$
3. Obergeschoss: 4
Gesamtanzahl: 127
Anzahl der neuen Büros: $(127 - 4) : 3 = 123 : 3 = 41$
Damit erhält man für Anzahl der Büros: $4 + 41 = 45$

G **14**

a) Es sind sechs Trapeze (1–6), fünf Parallelogramme (1–4 und 6), drei Rauten (2, 4 und 6), drei Rechtecke (1, 2 und 6) und zwei Quadrate (2 und 6).

b) und **c)**

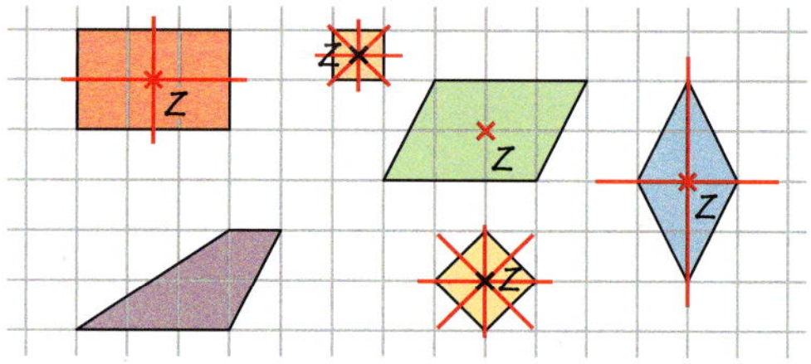

Seite 120

1

a) Überschlagsergebnis: $541 + 144 \approx 540 + 140 = 680$; exaktes Ergebnis: 685.

b) Überschlagsergebnis: $5215 + 4571 \approx 5200 + 4600 = 9800$; exaktes Ergebnis: 9786.

c) Überschlagsergebnis: $13\,210 + 66\,437 \approx 13\,000 + 66\,000 = 79\,000$; exaktes Ergebnis: 79 647.

d) Überschlagsergebnis: $40\,146 + 14\,975 \approx 40\,000 + 15\,000 = 55\,000$; exaktes Ergebnis: 55 121.

e) Überschlagsergebnis: $751 - 520 \approx 750 - 520 = 230$; exaktes Ergebnis: 231.

f) Überschlagsergebnis: $87\,543 - 23\,201 \approx 88\,000 - 23\,000 = 65\,000$; exaktes Ergebnis: 64 342.

g) Überschlagsergebnis: $3421 - 1984 \approx 3400 - 2000 = 1400$; exaktes Ergebnis: 1437.

h) Überschlagsergebnis: $40\,141 - 14\,275 \approx 40\,000 - 14\,000 = 26\,000$; exaktes Ergebnis: 25 866.

i) Überschlagsergebnis: $452 \cdot 4 \approx 500 \cdot 4 = 2000$; exaktes Ergebnis: 1808.

j) Überschlagsergebnis: $1452 \cdot 7 \approx 1500 \cdot 7 = 10\,500$; exaktes Ergebnis: 10 164.

k) Überschlagsergebnis: $7452 \cdot 9 \approx 7500 \cdot 9 = 67\,500$; exaktes Ergebnis: 67 068.

l) Überschlagsergebnis: $39\,415 \cdot 12 \approx 40\,000 \cdot 12 = 480\,000$; exaktes Ergebnis: 472 980.

m) Überschlagsergebnis: $1623 : 3 \approx 1500 : 3 = 500$; exaktes Ergebnis: 541.

n) Überschlagsergebnis: $38\,268 : 6 \approx 39\,000 : 6 = 6500$; exaktes Ergebnis: 6378.

o) Überschlagsergebnis: $5175 : 5 \approx 5000 : 5 = 1000$; exaktes Ergebnis: 1035.

p) Überschlagsergebnis: $487\,840 : 8 \approx 480\,000 : 8 = 60\,000$; exaktes Ergebnis: 60 980.

2
Überschlagsrechnung: 4,20 € + 2,70 € + 7,50 € + 0,75 € ≈ 4 € + 3 € + 8 € + 1 € = 16 €. 20 € – 16 € = 4 €. Mit einer exakten Rechnung erhält man, dass man 4,85 € als Wechselgeld herausbekommt.

3
Anzahl der Beine der 27 Spinnen: $8 \cdot 27 = 216$
Anzahl der Beine der 206 Fliegen: $206 \cdot 6 = 1236$
Anzahl der Beine der 6 Frösche: $6 \cdot 4 = 24$
Gesamtanzahl der Beine: $216 + 1236 + 24 = 1476$
Anzahl der Bienen: $1476 : 6 = 246$

4
a) Hummel: 3600 : 20 = 180; 180-mal in 1 Sekunde
Arbeitsbiene: 245-mal in 1 Sekunde
Die Arbeitsbiene bewegt ihre Flügel schneller.
b) 10 min = 600 s
Hummel: $600 \cdot 180 = 108\,000$ Flügelschläge
Arbeitsbiene: $600 \cdot 245 = 147\,000$ Flügelschläge

5
123 km + 12 968 km + 507 km + 172 km + 3 km = 13 773 km

6
a) 302 b) 6 c) 30
d) 65 e) 20 f) 280

7
a) $(134 + 16) + (15 + 85) = 150 + 100 = 250$
b) $(4 \cdot 25) \cdot 7 = 700$
c) $331 + 29 + (55 + 145) = 360 + 200 = 560$
d) $(50 \cdot 2) \cdot (125 \cdot 8) = 100 \cdot 1000 = 100\,000$
e) $7 \cdot 102 = 7 \cdot 100 + 7 \cdot 2 = 700 + 14 = 714$
f) $99 \cdot 13 = 100 \cdot 13 - 1 \cdot 13 = 1300 - 13 = 1287$

8
754 km + 688 km + 547 km = 1989 km
Die Gesamtstrecke ist 1989 km lang.

9
3056 km 200 m – 2978 km 800 m
= 3 056 200 m – 2 978 800 m
= 77 400 m = 77 km 400 m
Die Tante wohnt 77 km 400 m entfernt.

Seite 121

10
a) $6 + 4 \cdot 3 = 6 + 12 = 18$
b) $(6 + 4) \cdot 3 = 10 \cdot 3 = 30$
c) $6 \cdot 4^3 = 6 \cdot 64 = 384$
d) $(6 \cdot 4)^3 = 24^3 = 13\,824$
In den Teilaufgaben a) und b) wurde jeweils die Vereinbarung „Punkt- vor Strichrechnung“ verwendet, in Teilaufgabe c) „Potenzieren vor Punktrechnung“ und in Teilaufgabe d) „Klammer zuerst“.

11
a) 231 b) 72 c) 279
d) 43 e) 0 f) 1

12
a) 1156 b) 111 556
c) 11 115 556 d) 1 111 155 556

13
Yvonne hat recht. Arkan hat recht. Carlo hat falsch gerechnet. Moritz hat nicht recht.

14
Frau Meier: $3 \cdot 15$ min $\cdot 52 = 2340$ min.
Tochter: 20 min $\cdot 365 : 5 = 1460$ min.
Sohn: $20 \cdot 10$ min $\cdot 12 = 2400$ min.
Gesamtzeit: 2340 min + 1460 min + 2400 min = 6200 min.
Berechnung der Energiekosten fürs Haare föhnen:
$6200 : 5 \cdot 2 = 2480$.
Die jährlichen Energiekosten für das Haare föhnen betragen für Familie Meier 24,80 €.

15
1. Angebot: $63\,€ + 2 \cdot 70 \cdot 0{,}50\,€ = 133\,€$
2. Angebot: 149 €
Das 1. Angebot ist um 16 € günstiger. Elisabeth hat recht.
Mit den 16 € kann man mindestens 2 Kugeln Eis pro Person kaufen (bei 8 Personen und einem maximalen Preis pro Kugel Eis von 1 €).

16
a) zum Beispiel: $((1 + 3) \cdot 5 + 7) : 9 = 3$; $1 \cdot 3 + 5 + 7 - 9 = 6$
$1 + 3 + 5 + 7 - 9 = 7$; $1 \cdot (3 + 5) - 7 + 9 = 10$
b) zum Beispiel: $1 + (5 - 3) - (9 - 7) = 1$
$(9 - 3) : (7 - 5) - 1 = 2$
$9 : 3 + 7 - 5 : 1 = 5$; $9 - 5 + (7 - 3) : 1 = 8$
$7 \cdot 9 : (5 + 3 - 1) = 9$

17

	Einzelpreis	Anzahl	Kosten pro Sorte
kleine Pizza mit 3 Zutaten	6,50 €	8	8 · 6,50 € = 52 €
kleine Pizza mit 2 Zutaten	5,80 €	5	5 · 5,80 € = 29 €
große Pizza mit 2 Zutaten	7,30 €	10	10 · 7,30 € = 73 €
große Pizza mit 4 Zutaten	8,70 €	2	2 · 8,70 € = 17,40 €
Summe			171,40 €

Gesamtkosten: 171,40 €
Kosten pro Lehrer: 171,40 € : 2 = 85,70 €
Jeder Lehrer muss 85,70 € bezahlen.

Seite 122

18

a) 462; 176; 880
Die mittlere Ziffer ist die Quersumme von Zehner- und Einerziffer.

b) Teilt man beispielsweise bei der Multiplikation $11 \cdot 23$ den Faktor 11 in die Summe $10 + 1$ auf, so erhält man $11 \cdot 23 = (10 + 1) \cdot 23 = 10 \cdot 23 + 1 \cdot 23 = 10 \cdot (20 + 3) + 1 \cdot (20 + 3) = 10 \cdot 20 + 10 \cdot 3 + 2 \cdot 10 + 3 = 2 \cdot 100 + (3 + 2) \cdot 10 + 3 \cdot 1$. Die Zehnerstelle des Produktes ergibt sich also als Summe der Ziffern 2 und 3 des zweiten Faktors 23. Die Hunderterstelle ist die Zehnerstelle des Faktors 23 und die Einerstelle deren Einerstelle.

c) 869; 528; 847 Die Quersumme ist hier zweistellig; der „Übertrag 1" wird zur Hunderterziffer addiert.

19

Einnahmen: $415 \cdot 21{,}90\,€ + 277 \cdot 24\,€ = 15\,736{,}50\,€$
Gesamtanzahl der Plätze: $88 + 415 + 277 = 780$
$780 : 3 = 260$ Karten an der Abendkasse;
$780 - 260 = 520$ Karten im Vorverkauf
Gesamteinnahmen: $520 \cdot 21{,}90\,€ + 260 \cdot 24\,€ = 17\,628\,€$
Einheitspreis: $17\,628\,€ : 780 = 22{,}60\,€$

20

a)
```
4 2 1 · 6 3 4
  2 5 2 6
    1 2 6 3
      1 6 8 4
        1 1
  2 6 6 9 1 4
```

Teile der Rechnung sind im Schema wiederzufinden. So erkennt man zum Beispiel in der Kästchenreihe, die sich von unten schräg nach oben rechts erstreckt, die Zahl 1684. In der parallelen Kästchenreihe nach links die Zahl 1263. Die Zahl 2526 ist aufgrund des Übertrags nur in Teilen zu finden (vgl. Kästchenreihe ganz links, von der Mitte nach ganz oben).

b) In dem Schema werden die einzelnen Ziffern der beiden Zahlen miteinander multipliziert und in das entsprechende Kästchen (Schachbrettmuster) eingetragen. Abschließend werden alle Zahlen einer Spalte addiert.

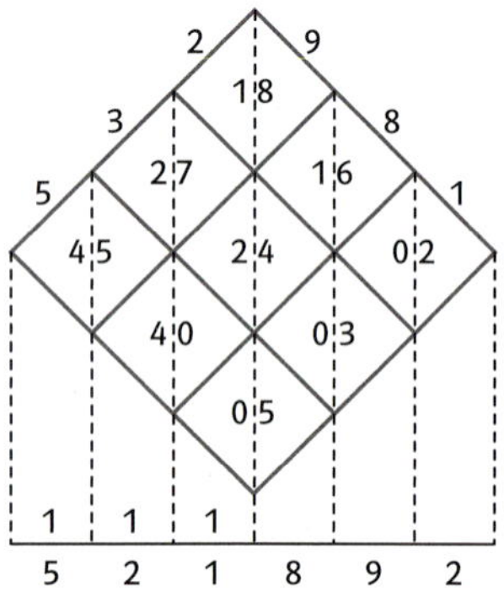

Probe:
```
5 3 2 · 9 8 1
  4 7 8 8
    4 2 5 6
        5 3 2
  1 1 1
  5 2 1 8 9 2
```

Das Schema aus dem Mittelalter und das schriftliche Multiplizieren sind sehr ähnlich. Beim schriftlichen Multiplizieren multipliziert man jede einzelne Ziffer der zweiten Zahl mit der kompletten ersten Zahl und addiert die Teilergebnisse. Dabei notiert man eventuelle Überträge und addiert sie dazu. Bei der mittelalterlichen Methode werden diese Überträge notiert, weil hier jeweils nur die Ziffern der beiden Zahlen miteinander multipliziert werden und das Ergebnis direkt notiert wird. Durch das spaltenweise Addieren werden dann alle Ziffern einer Stelle wieder zusammengezählt. Dies ist bei der schriftlichen Multiplikation genauso. Auch die Überträge beim Addieren sind in beiden Methoden zu finden.
Somit hat Tom recht.

21

Damit bei 3er-, 4er-, 5er- und 6er-Reihen jeweils eine Person übrig bleibt, muss die Division der Anzahl aller Schülerinnen und Schüler durch 3 bzw. 4 bzw. 5 bzw. 6 jeweils den Rest 1 ergeben. Die um 1 erniedrigte Anzahl ist damit ohne Rest durch 3 bzw. 4 bzw. 5 bzw. 6 teilbar. Dies sind die Zahlen 60, 120, 180, 240 … Wenn man nur die Bedingung mit den 3er-, 4er-, 5er- und 6er-Reihen berücksichtigen würde, kämen somit die Zahlen 61, 121, 181, 241 … infrage. Die Gesamtanzahl muss aber zudem ohne Rest durch 7 teilbar sein.
Es gibt verschiedene Zahlen, die die genannten Bedingungen erfüllen. Da es um die Schüleranzahl einer Schule geht, sind die Zahlen 301, 721 und 1141 im sinnvollen Rahmen (301 ist die kleinste mögliche Zahl, die nächstmögliche nach 1141 ist 1561).
$301 = 3 \cdot 100 + 1$
$301 = 4 \cdot 75 + 1$
$301 = 5 \cdot 60 + 1$
$301 = 6 \cdot 50 + 1$
$301 = 7 \cdot 43$
$721 = 3 \cdot 240 + 1$
$721 = 4 \cdot 180 + 1$
$721 = 5 \cdot 144 + 1$
$721 = 6 \cdot 120 + 1$
$721 = 7 \cdot 103$
$1141 = 3 \cdot 380 + 1$
$1141 = 4 \cdot 285 + 1$
$1141 = 5 \cdot 228 + 1$
$1141 = 6 \cdot 190 + 1$
$1141 = 7 \cdot 163$
Die Schule könnte 301 oder 721 oder 1141 Schüler haben (bei einer sehr großen Schule wären auch 1561 Schüler denkbar).

22

a) $6 \xrightarrow{+5} 11 \xrightarrow{\cdot 4} 44 \xrightarrow{-20} 24 \xrightarrow{:2} 12$ (14; 16; 20)
Man erhält also das Doppelte der Ausgangszahl.

b) $42 : 2 = 21$

c) individuelle Lösung, zum Beispiel:
Denke dir eine Zahl. Addiere 10, multipliziere das Ergebnis mit 6, subtrahiere nun 60, dividiere danach durch 2.

Seite 123

23
a) Denkbare Lösung für die unterste Reihe (von links nach rechts): 21; 19; 11; 20.
b) Unterste Reihe (von links nach rechts): 19; 21; 22; 20. Die Zahlen der äußeren und inneren beiden Steine können jeweils getauscht werden. Ergebnis im obersten Stein: 168.
c) Unterste Reihe (von links nach rechts): 13; 11; 12; 14. Die Zahlen der äußeren und inneren beiden Steine können jeweils getauscht werden. Ergebnis im obersten Stein: 96.
d) Denkbare Lösung für die unterste Reihe (von links nach rechts): 13; 11; 12; 18. Ergebnis im obersten Stein: 100.

24
a) Unterste Reihe (von links nach rechts): 25; 100; 50; 15. Die Zahlen der äußeren und inneren beiden Steine können jeweils getauscht werden. Ergebnis im obersten Stein: 46 875 000 000 000.
b) Unterste Reihe (von links nach rechts): 3; 1; 2; 4. Die Zahlen der äußeren und inneren beiden Steine können jeweils getauscht werden. Ergebnis im obersten Stein: 96.
c) Denkbare Lösung für die unterste Reihe (von links nach rechts): 5; 1; 2; 12. Ergebnis im obersten Stein: 480.
d) Die Primfaktorzerlegung der obersten Zahl enthält nur die Zahlen aus der untersten Reihe der Zahlenmauer als Faktoren. Die beiden äußeren Zahlen kommen jeweils mit der Potenz 1 vor, die beiden mittleren Zahlen jeweils mit der Potenz 3.

25
a) Man erhält die nächste Zahl, indem man von der davor liegende jeweils 13 abzieht. Die nächsten beiden Zahlen sind 48 und 35.
b) Man erhält die nächste Zahl, in dem man abwechselnd zu der davor liegende jeweils 3 addiert und dann 1 abzieht. Die nächsten beiden Zahlen sind 11 und 14.
c) Man erhält die nächste Zahl, in dem man zu der davor liegende eine immer höhere Zweierpotenz addiert: $1 + 2^2 = 5$; $5 + 2^3 = 13$; $13 + 2^4 = 29$. Die nächsten beiden Zahlen sind 61 ($= 29 + 2^5$) und 125 ($= 61 + 2^6$).
d) Man erhält die nächste Zahl, in dem man die davor liegende Zahl mit sich selbst multipliziert und dann 1 addiert. $1^2 + 1 = 2$; $2^2 + 1 = 5$; $5^2 + 1 = 26$. Die nächsten beiden Zahlen sind 677 ($= 26^2 + 1$) und 458 330 ($= 677^2 + 1$).

26
a) Lisa liest in einer Stunde 15 Seiten. Für 736 Seiten benötigt sie ca. 49 Stunden.
b) Sie müsste jeden Abend ca. 3 h 30 min lesen.
c) Bei 10 Stunden durchlesen, könnte Lisa einen Roman von 150 Seiten lesen.

Seite 125

Runde 1

1
a) exakt: 62 758;
Überschlagsergebnis: 12 457 + 45 784 + 4517 ≈ 12 000 + 46 000 + 5000 = 63 000
b) exakt: 422 736;
Überschlagsergebnis: 514 214 − 91 478 ≈ 510 000 − 90 000 = 420 000
c) exakt: 7 132 968;
Überschlagsergebnis: 264 184 · 27 ≈ 260 000 · 27 = 7 020 000
d) exakt: 81 609;
Überschlagsergebnis: 734 481 : 9 ≈ 720 000 : 9 = 80 000

2
zulässige Ladung: 7500 kg − 2800 kg − 75 kg − 88 kg = 4537 kg
4537 kg : 25 kg = 181 Rest 12
Es können 181 Steinplatten geladen werden.

3
(1,50 € + 0,90 € + 0,50 €) · 8 = (150 ct + 90 ct + 50 ct) · 8
= 290 ct · 8 = 2320 ct = 23,20 €
25 € − 23,20 € = 2500 ct − 2320 ct = 180 ct = 1,80 €
Hansi kann sich für 1,80 € etwas kaufen. Beispielsweise könnte er sich einen Leuchtstab oder zwei Notizblöcke oder einen Notizblock und einen Stift kaufen.

4
a) 18 b) 26 c) 12

5
a) 9 · 200 − 9 · 30 = 1530 b) 7 · (188 + 12) = 1400

6
a) 10 b) 50 c) 2 d) 16

Runde 2

1
a) exakt: 15 351
Überschlagsergebnis: 8210 + 7141 ≈ 8000 + 7000 = 15 000
b) exakt: 5784
Überschlagsergebnis: 9241 − 3457 ≈ 9200 − 3500 = 5700
c) exakt: 37 947
Überschlagsergebnis: 5421 · 7 ≈ 5000 · 7 = 35 000
d) exakt: 40 108
Überschlagsergebnis: 320 864 : 8 ≈ 320 000 : 8 = 40 000

2
a) Wenn für jede Person eine Einzelkarte gekauft wird, kosten die Karten insgesamt 33 · 2,80 € = 92,40 €. Bei sieben Tageskarten beträgt der Gesamtpreis 7 · 9,60 € = 67,20 €. Am günstigsten ist es, wenn man sechs Tageskarten und drei Einzelkarten kauft: 6 · 9,60 € + 3 · 2,80 € = 66,00 €.

b) Wenn der Gesamtpreis auf alle Kinder und die Lehrerin aufgeteilt wird, beträgt der Gesamtpreis
66,00 € : 33 = 2,00 €.

3
a) 18 + 7 + 9 = 34; 34 Höhenmeter wurde bergab gelaufen.
b) 520 − 18 − 7 + 11 − 9 + 3 = 500; das Ziel liegt auf 500 m Höhe.
c) 520 + 11 + 3 − (18 + 7 + 9) = 500; das Ziel liegt auf 500 m Höhe.

4
a) 29 + 21 + 17 = 67
b) 8 · 125 · 13 = 13 000
c) 41 + 5 + (18 + 22) = 46 + 40 = 86
d) 2 · 5 · 4 · 25 · 3 = 3000

5
6 · 2998 = 6 · (3000 − 2) = 18 000 − 12 = 17 988

6
a) Berechne das Produkt der Differenz der Zahlen 31 und 6 mit dem Quotienten der Zahlen 20 und 5. Ergebnis: 100
b) Ziehe von der Zahl 64 das Doppelte der Summe der Zahlen 3 und 19 ab. Ergebnis: 20
c) Addiere zum Produkt der Zahlen 2 und 3 die Summe der Zahl 4 mit dem Produkt von 5 und 6. Ergebnis: 40
d) Subtrahiere von der Zahl 29 das Fünffache der Differenz der Zahlen 9 und 5. Ergebnis: 9
(Summanden vertauschen und ausmultiplizieren)

7
a) (32 + 68) + 25 = 100 + 25 = 125
(Summanden vertauschen und Klammern setzen)
b) (4 · 25) · 17 = 100 · 17 = 1700
(Faktoren vertauschen und Klammern setzen)
c) 478 € · (7 + 8 + 5) = 20 · 478 € = 9560 € (ausklammern)
d) (365 m − 275 m + 110 m) · 6 = (90 m + 110 m) · 6 = 1200 m
(Summanden vertauschen und ausmultiplizieren)

IV Flächen und Körper

Seite 131

Check-in

1
individuelle Lösung, zum Beispiel:

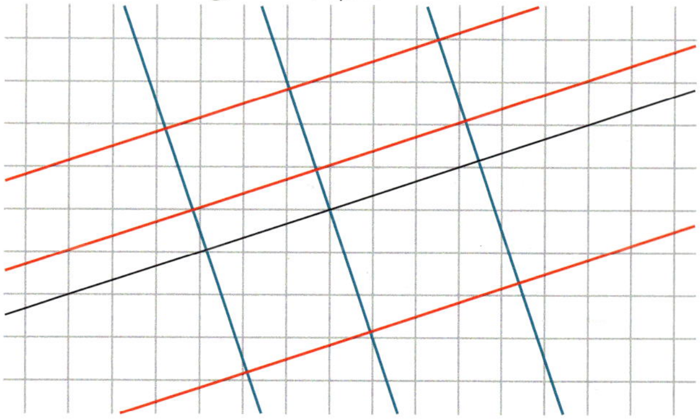

2
Man erkennt folgende geometrischen Figuren: Dreieck mit einem rechten Winkel, Dreieck ohne rechten Winkel, Rechteck, Quadrat, Viereck mit zwei parallelen Seiten, Fünfeck, Sechseck, Achteck, das wie ein T aussieht.

3
a)

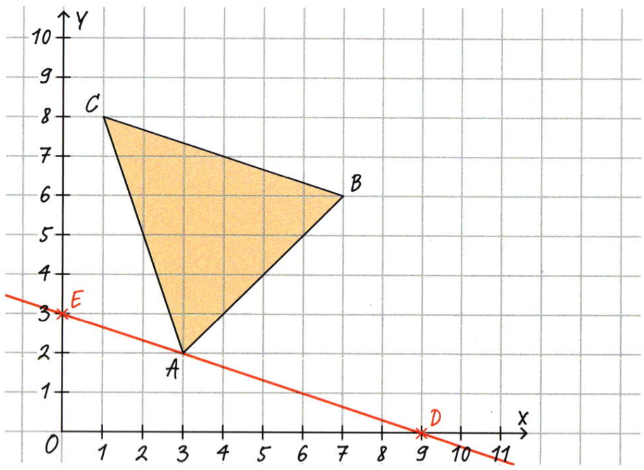

b) Der Punkt D hat die x-Koordinate 9 und die y-Koordinate 0.
Der Punkt E hat die x-Koordinate 0 und die y-Koordinate 3.

4

a)

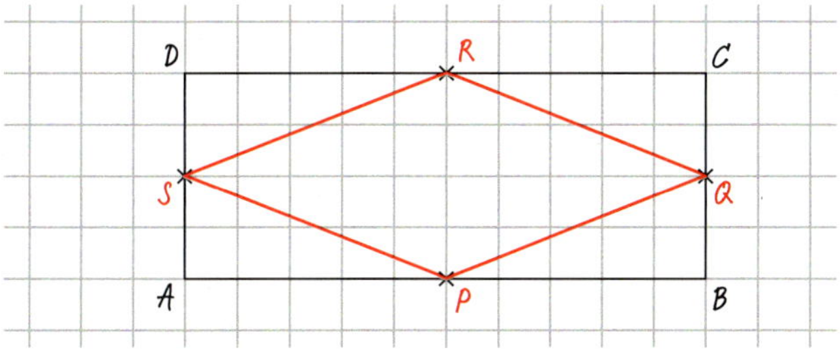

b) Die Seiten des Vierecks PQRS sind etwa 27 mm lang.

5

a) 420 mm = 42 cm = 4,2 dm = 0,42 m
b) 0,85 km = 850 m = 8500 dm = 85 000 cm

Seite 136

6

Figur A besteht aus 9 Kästchen, Figur B besteht aus 12 Kästchen, Figur C besteht aus 16 Kästchen, Figur D besteht aus 16 Kästchen.
Somit ist Fläche A < Fläche B < Fläche C = Fläche D.

10

a) Grundstück 1: 18 Kästchen, Grundstück 2: 18 Kästchen, Grundstück 3: 18 Kästchen.
Somit sind die Grundstücke gleich groß.
b) Mögliche Lösung:

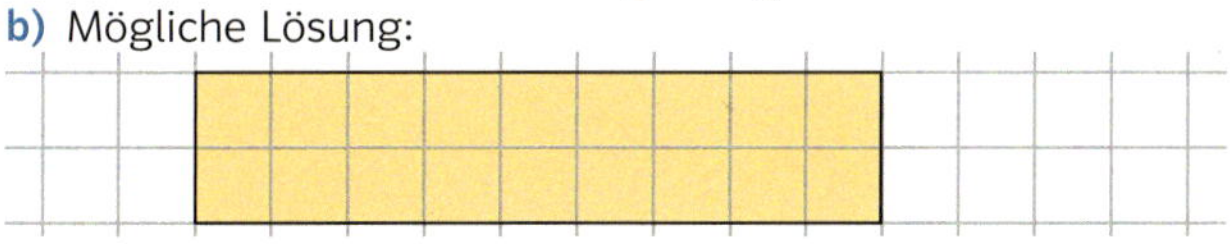

c) Mögliche Lösung:

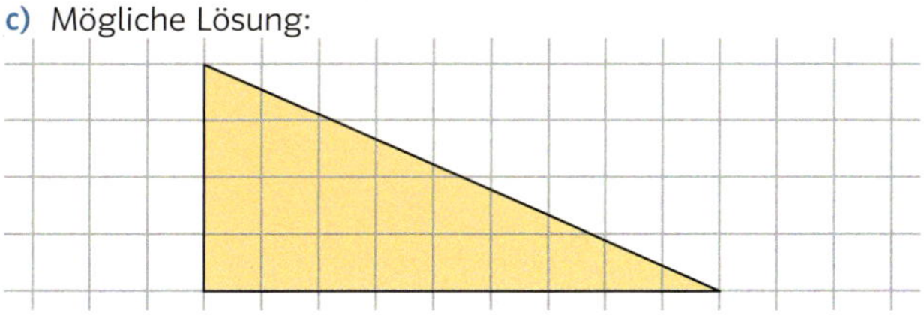

G **13**

a) 48 + 169 + 52 + 31 = 169 + 31 + 52 + 48 = 200 + 100 = 300
b) $4 \cdot 23 \cdot 25 = (4 \cdot 25) \cdot 23 = 100 \cdot 23 = 2300$
c) $11 \cdot 12 + 11 \cdot 34 + 11 \cdot 54 = 11 \cdot (12 + 34 + 54) = 11 \cdot 100$
= 1100

Seite 140

11

individuelle Lösung, zum Beispiel:
Werte zur Orientierung:
a) Basketballfeld: 420 m^2 (ungefähr 4 a)
b) Spielkarte: ungefähr 54 cm^2
c) Tischtennisplatte: ungefähr 4 m^2
d) Schachbrett: ungefähr 9 dm^2 bzw. 900 cm^2

12

a) $5\,m^2 = 500\,dm^2 = 50\,000\,cm^2$
b) $170\,000\,m^2 = 1700\,a = 17\,ha$
c) $30\,000\,ha = 3\,000\,000\,a = 300\,000\,000\,m^2$
d) $3\,dm^2 = 300\,cm^2 = 30\,000\,mm^2$
e) $10\,000\,mm^2 = 100\,cm^2 = 1\,dm^2$
f) $30\,000\,a = 300\,ha = 3\,km^2$

Seite 141

23

a) $5\,dm^2 + 205\,cm^2 = 500\,cm^2 + 205\,cm^2 = 705\,cm^2$
b) 3 ha − 125 a = 300 a − 125 a = 175 a
c) $125\,cm^2 + 2\,m^2 = 125\,cm^2 + 20\,000\,cm^2 = 20\,125\,cm^2$
d) $5\,ha\ 20\,m^2 + 230\,m^2 = 50\,020\,m^2 + 230\,m^2 = 50\,250\,m^2$

24

$2\,m^2 = 200\,dm^2$
$200\,dm^2 : 40 = 5\,dm^2$
Jedes Brett hat einen Flächeninhalt von 5 dm^2 (bzw. 500 cm^2).

G **28**

Überschlag: 250 € + 1200 € + 100 € + 100 € = 1650 €
Genaue Berechnung:
  249,99 + 1199,99 + 89,99 + 99,99
= 250 − 0,01 + 1200 − 0,01 + 90 − 0,01 + 100 − 0,01
= 250 + 1200 + 90 + 100 − 0,04
= 1640 − 0,04
= 1639,96
Er muss 1639,96 € zahlen.

Seite 144

9

a) $A = 120\,dm \cdot 4\,dm = 480\,dm^2$
b) $A = 7\,cm \cdot 5\,mm = 70\,mm \cdot 5\,mm = 350\,mm^2$
c) $A = 8\,cm \cdot 3\,dm = 8\,cm \cdot 30\,cm = 240\,cm^2$

10

$A = 32\,m \cdot 15\,m = 480\,m^2$
$480 \cdot 225 = 108\,000$
Der Bauplatz kostet 108 000 €.

Seite 145

20

Berechnet wird der Flächeninhalt des großen Rechtecks und dann wird der Flächeninhalt der beiden kleinen Rechtecke subtrahiert.
$A = 4\,cm \cdot 8\,cm - 1\,cm \cdot 2\,cm - 4\,cm \cdot 2\,cm$
$= 32\,cm^2 - 2\,cm^2 - 8\,cm^2 = 22\,cm^2$

21

a) $2\,m^2 = 20\,000\,cm^2$ (Fläche des Tisches)
$2\,cm \cdot 2\,cm = 4\,cm^2$ (Fläche eines Steinchens)
20 000 : 4 = 5000
Sie benötigt 5000 Steinchen.
b) 20 000 : 80 = 250
Die andere Seite ist 250 cm (bzw. 2,5 m) lang.

G **25**

a) $5612 + 1489 + 951 = 8052 \approx 8100$
b) $5879 + 1578 + 55555 = 63012 \approx 63000$
c) $597 \cdot 562 = 335514 \approx 335500$

Seite 148

9

$U = 40\,m + 40\,m + 14\,m + 30\,m + 50\,m = 174\,m$
Der Zaun muss 174 m lang sein.

10

$U = 2 \cdot (5\,dm + 3\,m) = 2 \cdot (5\,dm + 30\,dm) = 2 \cdot 35\,dm$
$= 70\,dm = 7\,m$
$A = 5\,dm \cdot 3\,m = 5\,dm \cdot 30\,dm = 150\,dm^2$

Seite 149

20

$2 \cdot b = 9\,dm - 2 \cdot 13\,cm = 90\,cm - 26\,cm = 64\,cm$
Also ist $b = 32\,cm$.
(Probe: $2 \cdot (13\,cm + 32\,cm) = 2 \cdot 45\,cm = 90\,cm = 9\,dm$)
$A = 32\,cm \cdot 13\,cm = 416\,cm^2$

21

Notwendig sind 2-mal 30 m Zaun, also 60 m.

G **25**

a) eintausendfünfhundert
Vorgänger: 1499; Nachfolger: 1501
b) einhundertneunzigtausend
Vorgänger: 189 999; Nachfolger: 190 001
c) fünf Millionen
Vorgänger: 4 999 999; Nachfolger: 5 000 001
d) sechsundzwanzig Milliarden:
Vorgänger: 25 999 999 999; Nachfolger: 26 000 000 001

Seite 152

5

$35\,cm \cdot 100000 = 3500000\,cm = 35000\,m = 35\,km$
Die Städte sind ungefähr 35 km voneinander entfernt.

6

$3{,}5\,km = 3500\,m = 350000\,cm$
$350000 : 25000 = 14$
Die Strecke ist auf der Karte etwa 14 cm lang.

Seite 153

13

Flächeninhalt des Ölteppichs: ca. $30\,km \cdot 60\,km = 1800\,km^2$
$1800\,km^2 = 180000\,ha$
Flächeninhalt eines Fußballfeldes $\approx 100\,m \cdot 70\,m = 7000\,m^2$
$= 70\,a \approx 1\,ha$
Die Fläche ist ungefähr so groß wie 180 000 Fußballfelder.

G **16**

a) $4 + 3 \cdot (2 + 5) = 4 + 3 \cdot 7 = 4 + 21 = 25$
Man berechnet zuerst die Klammer und führt dann die Punktrechnung vor der Strichrechnung durch.
b) $4 + 3 \cdot (4 + 3) \cdot (10 + 5) = 4 + 3 \cdot 7 \cdot 15 = 4 + 21 \cdot 15$
$= 4 + 315 = 319$
Man berechnet erst die Klammern, dann führt man die Punktrechnung durch. Man kann hierbei von links nach rechts nacheinander die Faktoren miteinander multiplizieren. Am Ende führt man die Strichrechnung durch.
c) $4 \cdot 2^3 + 2 \cdot 3^2 = 4 \cdot (2 \cdot 2 \cdot 2) + 2 \cdot (3 \cdot 3) = 4 \cdot 8 + 2 \cdot 9$
$= 32 + 18 = 50$
Man berechnet zuerst die Potenzen, führt dann die Punktrechnung durch und berechnet am Ende die Summe.

Seite 156

6

Turm: Zylinder und Kegel; Haus: Quader und Prisma mit dreieckiger Grundfläche.

7

Aus dem Netz lässt sich ein Prisma mit dreieckiger Grundfläche falten. Der Körper hat 6 Ecken, 9 Kanten und 5 Flächen.

Seite 157

13

mögliche Lösung:

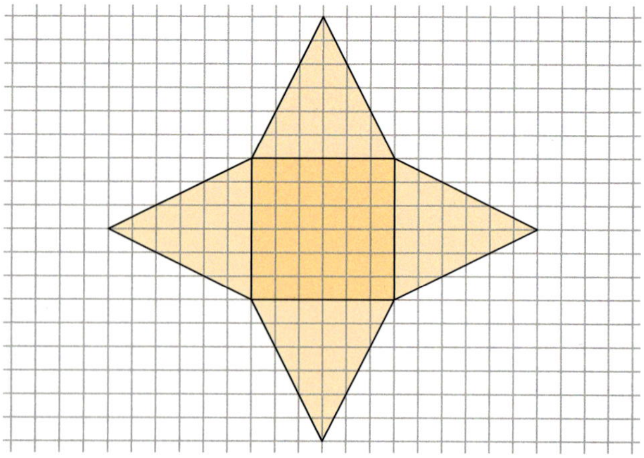

14
(1) kann nicht das Netz eines Körpers sein, denn zu der quadratischen Fläche passen nur weitere Vielecke.
Mögliche Korrektur:

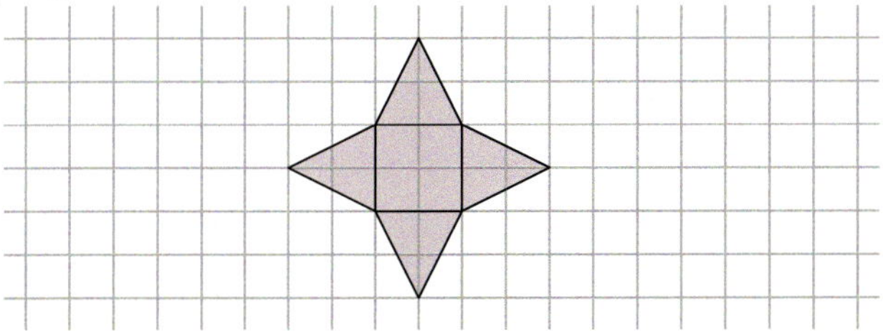

(2) ist nicht das Netz eines Körpers: der obere Teil könnte zu einer quadratischen Pyramide gehören, als weitere Fläche gibt es aber nur noch ein Dreieck.
Mögliche Korrektur:

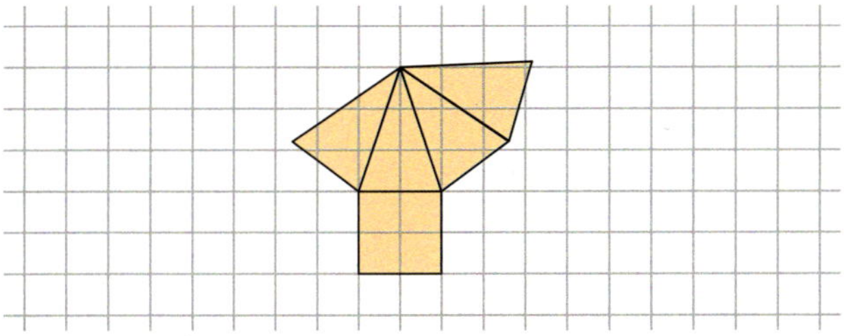

G **18**

a) 8 + 7 = 15
b) 13 − 9 = 4
c) (21 − 9) · 3 = 36
d) 3 · 15 = 45
e) 60 : 4 = 15
f) 50 : 5 = 10
g) 9 · 5 = 45
h) 44 : (19 − 8) = 44 : 11 = 4
i) 52 − 11 = 41
j) 12 : 3 = 4
k) 42 : (29 − 27) = 42 : 2 = 21
l) 8 : 8 = 1

Seite 160

5
a)

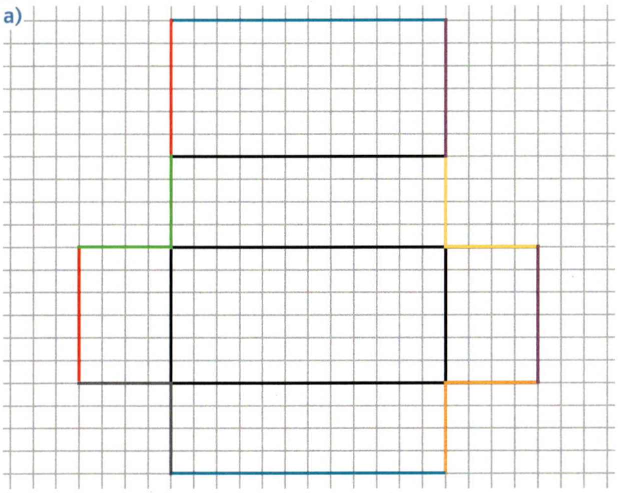

b) Alle Quaderkanten zusammen addiert ergeben eine Gesamtkantenlänge von 4 · 6 cm + 4 · 3 cm + 4 · 2 cm = 44 cm.

6
a) roter Würfel: Kantenlänge 2 cm
grüner Würfel: Kantenlänge 6 cm
b)

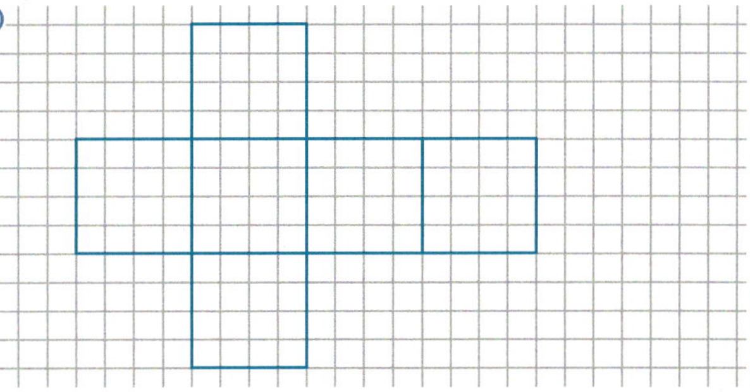

Seite 161

13

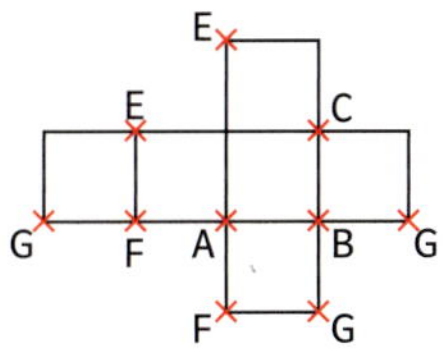

G **17**

a) 3478 + 4055 + 42 787 + 66 666 ≈ 3000 + 4000 + 43 000 + 67 000 = 117 000
3478 + 4055 + 42 787 + 66 666 = 116 986
b) 308 + 34 000 + 12 000 + 55 789 ≈ 0 + 34 000 + 12 000 + 56 000 = 102 000
308 + 34 000 + 12 000 + 55 789 = 102 097
c) 860 860 − 850 849 ≈ 860 000 − 851 000 = 9000
860 860 − 850 849 = 10 011
d) 357 909 − 16 999 ≈ 360 000 − 20 000 = 340 000
357 909 − 16 999 = 340 910

Seite 163

3
a)

b)

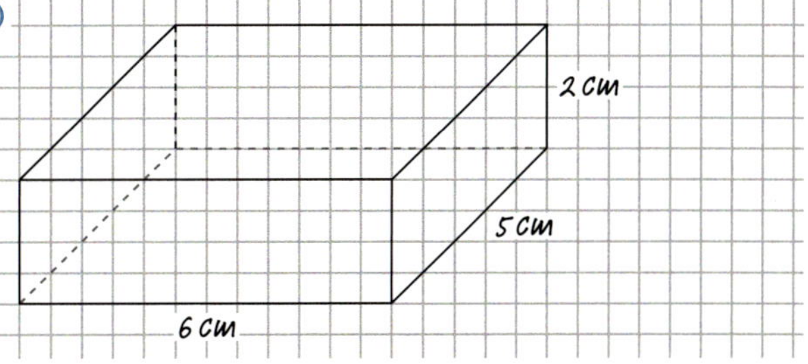

Seite 164

8

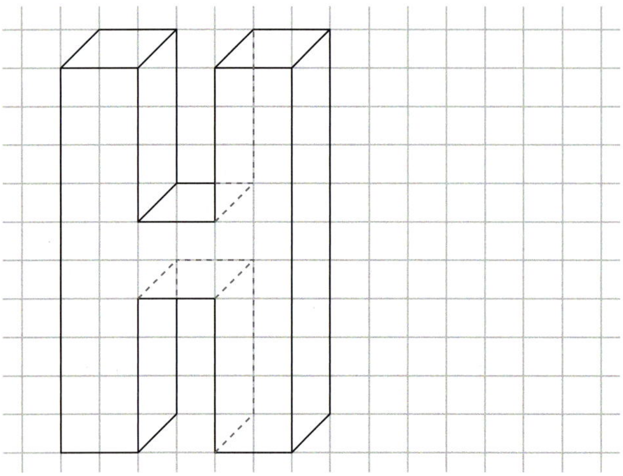

G **11**

a) $234 \cdot 3567 \approx 200 \cdot 4000 = 800\,000$
$234 \cdot 3567 = 834\,678$

b) $3456 \cdot 2034 \approx 3000 \cdot 2000 = 6\,000\,000$
$3456 \cdot 2034 = 7\,029\,504$

c) $13\,858 : 13 \approx 14\,000 : 10 = 1400$
$13\,858 : 13 = 1066$

d) $20\,362\,734 : 49 \approx 20\,000\,000 : 50 = 2\,000\,000 : 5 = 400\,000$
$20\,362\,734 : 49 = 415\,566$

Seite 165

1

a) b) c)

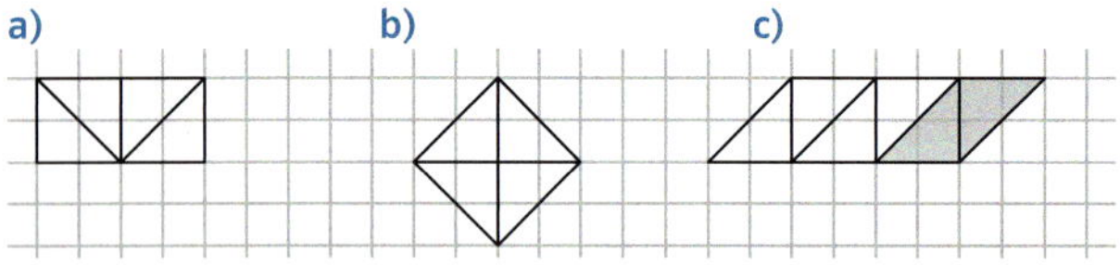

Bei a) und b) ist es möglich, bei c) bräuchte man sechs von den roten Dreiecken.

2

a) $200\,dm^2 = 2\,m^2 = 20\,000\,cm^2$

b) $500\,ha = 5\,km^2 = 50\,000\,a$

c) $1900\,cm^2 = 190\,000\,mm^2 = 19\,dm^2$

d) $7\,m^2 = 700\,dm^2 = 70\,000\,cm^2$

e) $1200\,m^2 = 12\,a = 120\,000\,dm^2$

f) $1700\,a = 17\,ha = 170\,000\,m^2$

3

a) $7\,dm^2 = \mathbf{700}\,cm^2$

b) $29\,ha = 2900\,\mathbf{a}$

c) $3000\,mm^2 = \mathbf{30}\,cm^2$

d) $500\,\mathbf{km^2} = 50\,000\,ha$

e) $34\,m^2\ \mathbf{2}\,dm^2 = 3402\,dm^2$

f) $97\,\mathbf{km^2}\ 12\,a = 970\,012\,a$

g) $99\,m^2 = 990\,000\,\mathbf{cm^2}$

h) $70\,\mathbf{m^2} = 700\,000\,cm^2$

i) $\mathbf{970}\,a = 9\,700\,000\,dm^2$

4

a) $A = (2\,cm \cdot 2\,cm) : 2 = 2\,cm^2$

b) $A = (2\,cm \cdot 3\,cm) : 2 = 3\,cm^2$

c) Man kann die Figur in ein Rechteck und zwei rechtwinklige Dreiecke zerlegen und erhält:
$A = (5\,mm \cdot 10\,mm) : 2 + 15\,mm \cdot 10\,mm + (5\,mm \cdot 10\,mm) : 2 = 200\,mm^2 = 2\,cm^2$

d) Man kann die Figur in ein Rechteck und vier flächengleiche rechtwinklige Dreiecke zerlegen und erhält:
$A = 4 \cdot (5\,mm \cdot 5\,mm) : 2 + 15\,mm \cdot 10\,mm$
$= 50\,mm^2 + 150\,mm^2 = 200\,mm^2 = 2\,cm^2$

5

Wohnzimmer: $3\,m \cdot 5\,m = 15\,m^2$
Bad: $2\,m \cdot 4\,m = 8\,m^2$
Flur: $1\,m \cdot 5\,m = 5\,m^2$
Küche: $3\,m \cdot 3\,m = 9\,m^2$
Zimmer: $3\,m \cdot 4\,m = 12\,m^2$

6

a) $5\,cm \cdot 2500 = 12\,500\,cm = 125\,m$
$6\,cm \cdot 2500 = 15\,000\,cm = 150\,m$
Der Parkplatz ist in der Wirklichkeit 125 m lang und 150 m breit.

b) $A = 125\,m \cdot 150\,m = 18\,750\,m^2 = 187{,}5\,a$

7

a) 18 Würfel b) 13 Würfel c) 17 Würfel d) 19 Würfel

8

a) und b)

(1) 1 H (2) 3 Hs (3) 2 Hs

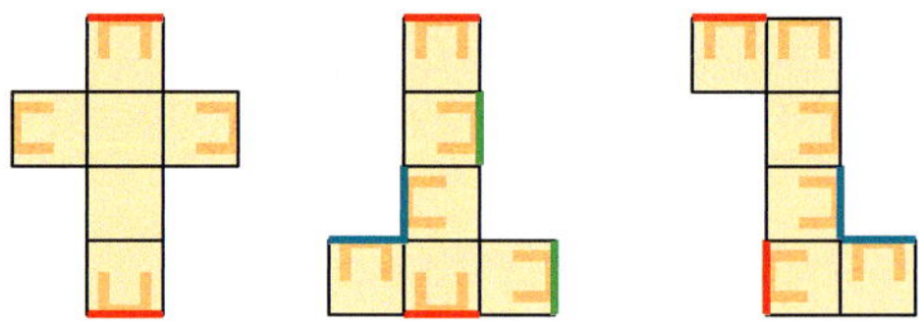

c) z. B.

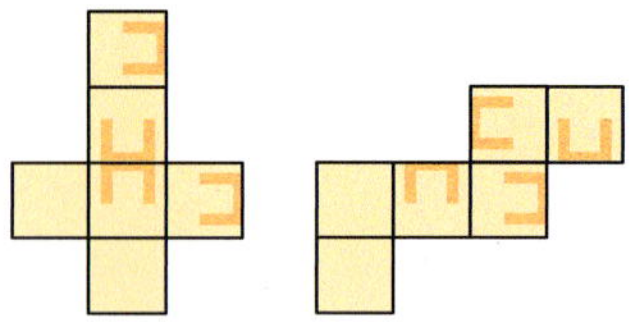

d)

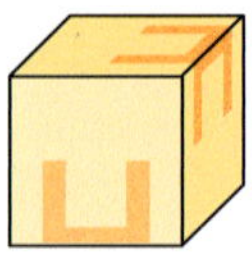

Seite 166

9

a)

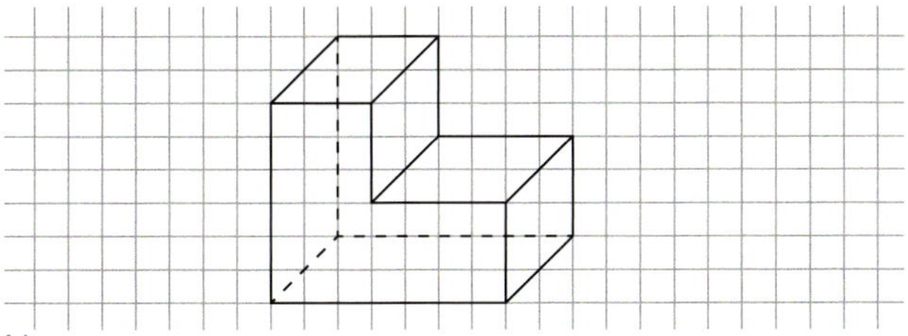

b)

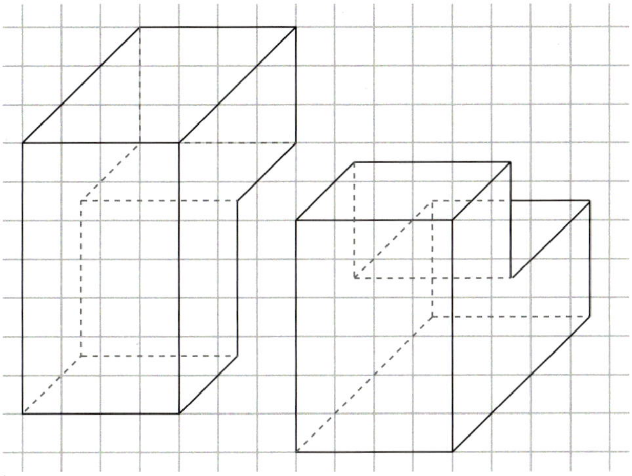

10

a) Ecke – Die drei anderen Begriffe bezeichnen die Seitenlängen eines Quaders.

b) Netz – Die beiden anderen Begriffe bezeichnen Körper. Beide lassen sich zwar auch in einem Netz darstellen, man findet aber keinen gemeinsamen Oberbegriff.

11

a) $A = 15\,m \cdot 260\,m = 3900\,m^2 = 39\,a$

b) $3900 \cdot 1{,}5\,l = 3900 \cdot 1500\,ml = 5\,850\,000\,ml = 5850\,l$
Es wurden 5850 l Farbe benötigt.

12

A: $2\,cm^2$ B: $6\,cm^2$ C: $6\,cm^2$ D: $5\,cm^2$ E: $3\,cm^2$

13

a) $1\,ha - 1\,a = 100\,a - 1\,a = 99\,a$

b) $1\,ha - 95\,a = 100\,a - 95\,a = 5\,a$

c) $1\,ha - 800\,m^2 = 100\,a - 8\,a = 92\,a$

d) $1\,ha - 8000\,m^2 = 100\,a - 80\,a = 20\,a$

e) $1\,ha - 24\,a\,40\,m^2 = 10\,000\,m^2 - 2440\,m^2 = 7560\,m^2$

f) $1\,ha - 1\,m^2 = 10\,000\,m^2 - 1\,m^2 = 9999\,m^2$

14

a) Überschlag: $4000 \cdot 2000 = 8\,000\,000$
exakt: $3840 \cdot 2160 = 8\,294\,400$
Ein Bildschirm mit der Auflösung UHD stellt rund 8 Millionen Pixel dar, exakt sind es 8 294 400.

b) Überschlag:
Anzahl der Pixel pro Zentimeter in der Breite:
$3600 : 120 = 30$
Anzahl der Pixel pro Zentimeter in der Höhe:
$2100 : 70 = 30$
Anzahl der Pixel pro Quadratzentimeter:
$30 \cdot 30 = 900$
exakt:
Anzahl der Pixel pro Zentimeter in der Breite:
$3840 : 121 \approx 31{,}74$
Anzahl der Pixel pro Zentimeter in der Höhe:
$2160 : 68 \approx 31{,}76$
Anzahl der Pixel pro Quadratzentimeter: ≈ 1008
Der Bildschirm zeigt etwa 1000 Pixel pro Quadratzentimeter an.

15

$10\,a = 1000\,m^2$
$1000\,m^2 - 64\,m^2 - 15\,m^2 - 25\,m^2 = 896\,m^2$
Es bleiben $896\,m^2$.

16

Die Fläche, die der Bart bedeckt, ist ca. $2\,dm^2$ groß.
Pro Jahr rasiert er dann $2\,dm^2 \cdot 365 = 730\,dm^2 \approx 7\,m^2$.
Für den Flächeninhalt des Rasens gilt: $15\,m \cdot 8\,m = 120\,m^2$
$120 : 7 \approx 17$
Herr Barth wäre dann vermutlich 34 Jahre alt.

17

Kleinstes mögliches Fußballfeld: $90\,m \cdot 45\,m = 4050\,m^2$
Größtes mögliches Fußballfeld: $120\,m \cdot 90\,m = 10\,800\,m^2$
Peter hat recht. Es wäre aufgrund der Vorgaben sogar möglich, dass ein Fußballfeld mehr als doppelt so groß ist wie das kleinste erlaubte Feld.

Seite 167

18

Für die folgenden Netze gelten die Abkürzungen:
G: Grundfläche, D: Deckfläche, H: hintere Seitenfläche; V: vordere Seitenfläche; L: linke Seitenfläche; R: rechte Seitenfläche.

a)

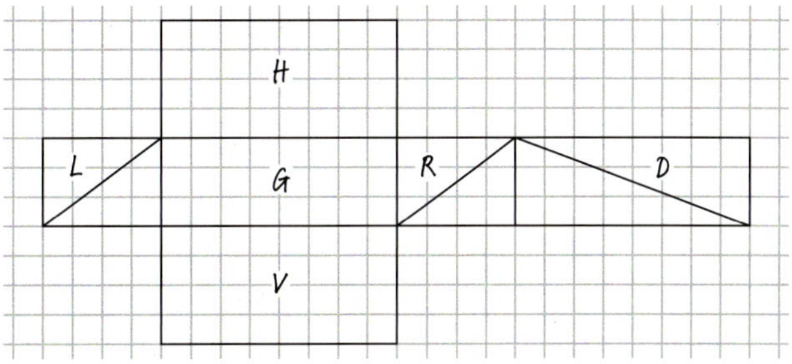

b)

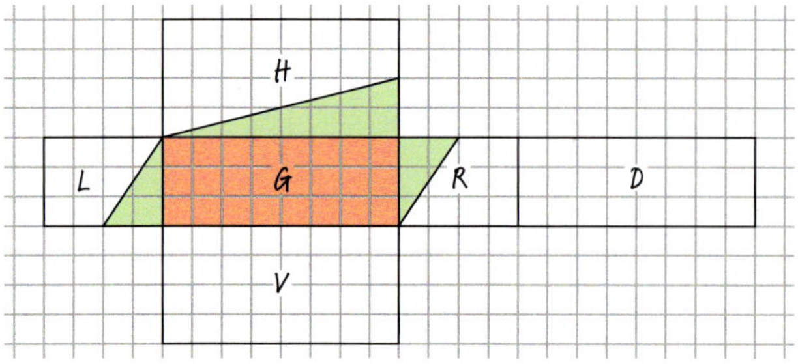

c)

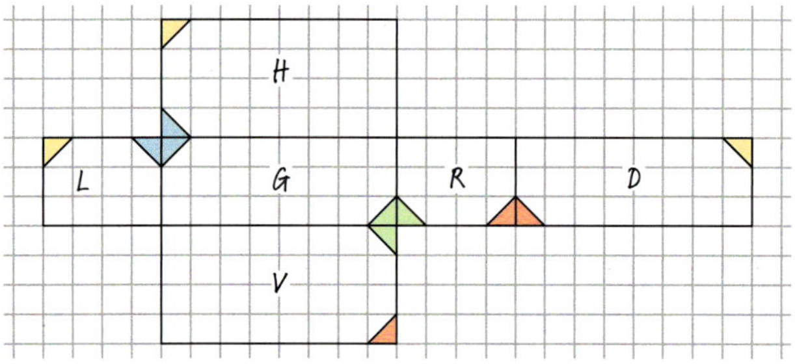

19

individuelle Lösung, zum Beispiel:

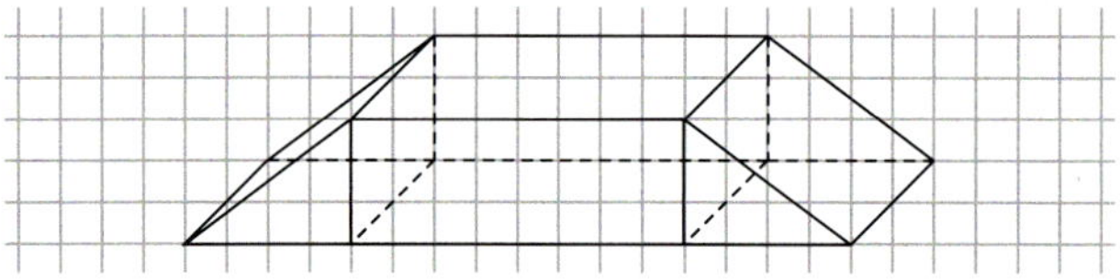

20

Die zwei kleinen Teilkörper bilden zusammen einen Quader. Dieser Quader ist genauso breit und hoch wie der große Teilkörper, aber nur halb so lang. Also passen genau zwei dieser Quader, d.h. vier kleine Teilkörper, in den großen Teilkörper.

21 a)

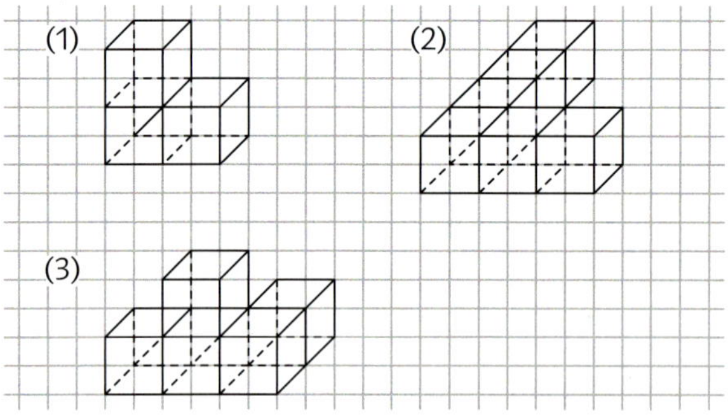

b)

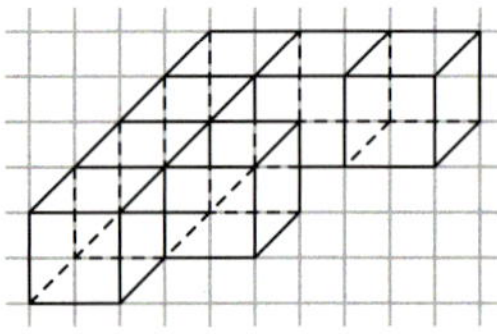

c) individuelle Lösung, zum Beispiel:

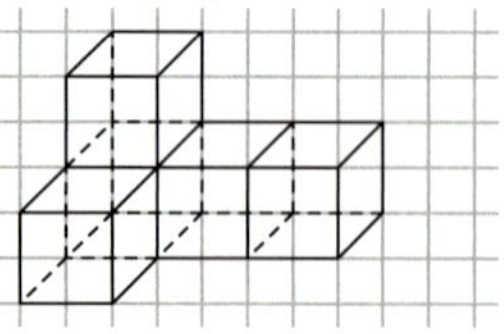

22

a) Länge in der Abbildung 4 cm = 40 mm
Maßstab 5 : 1

b) 64 cm = 640 mm
640 : 8 = 80
Man muss den Maßstab 80 : 1 wählen.

23

a) (A), (C) und (F) bzw. (B) und (E) stellen jeweils den gleichen Vierling dar.

b) Für drei Würfel (Drillinge) gibt es zwei Möglichkeiten:

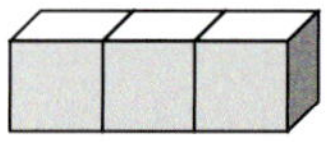 bzw. 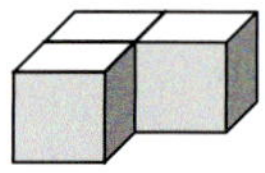

Zum linken Drilling kann man einen vierten Würfel auf drei Arten hinzufügen:

1
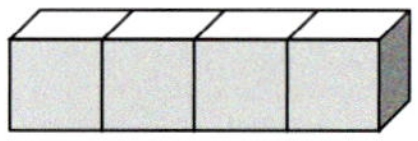

2
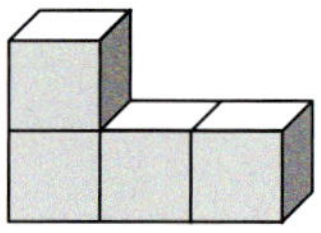

3
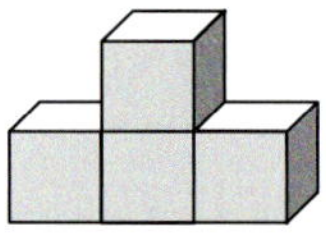

Beim rechten Drilling gibt es fünf weitere Möglichkeiten, insgesamt also acht Möglichkeiten.

4
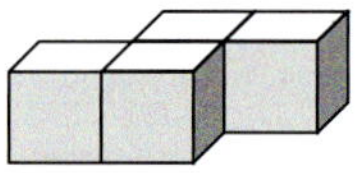

5
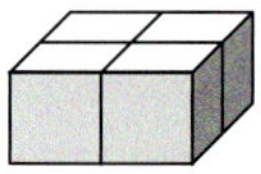

6
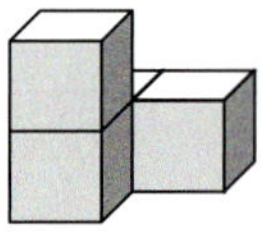

7
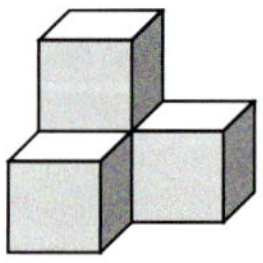

8
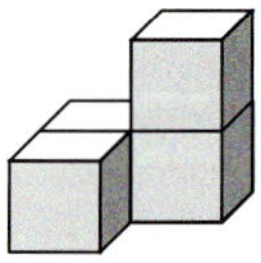

Dabei entspricht Typ 6 den Vierlingen (B) und (E) aus Teilaufgabe a), Typ 7 entspricht (D) und Typ 8 entspricht (A), (C) und (F).

c) Ein Würfel aus zwei Vierlingen hat acht kleine Würfel, also die Kantenlänge 2 Würfellängen. Von den in Teilaufgabe b) angegebenen acht Typen kann man nur die Typen 5 bis 8 zu einem Würfel zusammensetzen. Man sieht, dass dann ein zweiter Vierling vom selben Typ den größeren Würfel ausfüllt: zweimal Typ 5, zweimal Typ 6, zweimal Typ 7 oder zweimal Typ 8 ergibt also den großen Würfel.

Seite 169

Runde 1

1

a) $7\,cm^2 = 700\,mm^2$ b) $3\,m^2\,5\,dm^2 = 305\,dm^2$
c) $12\,km^2 = 1200\,ha$ d) $3\,km^2 = 30\,000\,a$

2

a) $7\,m^2 - 5\,dm^2 = 700\,dm^2 - 5\,dm^2 = 695\,dm^2$
b) $7\,m - 5\,dm = 70\,dm - 5\,dm = 65\,dm$
c) $2\,km^2 + 260\,ha = 200\,ha + 260\,ha = 460\,ha$
d) $4 \cdot 50\,a + 2\,ha = 200\,a + 2\,ha = 2\,ha + 2\,ha = 4\,ha$

3

Die andere Seite ist 2,5 cm lang, denn
$4\,cm \cdot 2{,}5\,cm = 40\,mm \cdot 25\,mm = 1000\,mm^2 = 10\,cm^2$

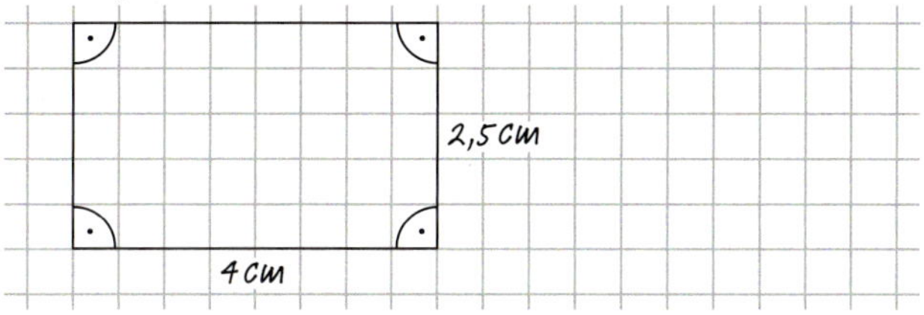

4

a) $A = 60\,m \cdot 40\,m = 2400\,m^2 = 240\,000\,dm^2$
Da ein Pflasterstein $10\,cm \cdot 10\,cm = 1\,dm \cdot 1\,dm = 1\,dm^2$ groß ist, benötigt man 240 000 Pflastersteine.
b) 240 000 Pflastersteine wiegen 360 000 kg = 360 t,
denn $240\,000 \cdot 1{,}5\,kg = 240\,000 \cdot 1500\,g = 360\,000\,000\,g = 360\,000\,kg = 360\,t$
Wenn ein LKW 20 Tonnen laden darf, dann braucht man 18 Ladungen, denn $360\,t : 20\,t = 18$.
c) $60\,m : 1000 = 6000\,cm : 1000 = 6\,cm$
$40\,m : 1000 = 4000\,cm : 1000 = 4\,cm$
Auf der Karte im Maßstab 1 : 1000 ist der Platz mit den Maßen $6\,cm \times 4\,cm$ eingezeichnet.

5

a) Würfelnetz
b) kein Würfelnetz, da 5 Quadrate in einer Reihe liegen
c) Würfelnetz
d) kein Würfelnetz, da die Anordnung kein Falten zu einem Würfel zulässt

Runde 2

1

a) $6\,m^2 + 48\,dm^2 = 600\,dm^2 + 48\,dm^2 = 648\,dm^2$
b) $6\,m^2 - 48\,dm^2 = 600\,dm^2 - 48\,dm^2 = 552\,dm^2$
c) $6\,m - 48\,dm = 60\,dm - 48\,dm = 12\,dm$
d) $5\,ha + 9\,a = 500\,a + 9\,a = 509\,a$

2

Zeichnung zu a) und b)

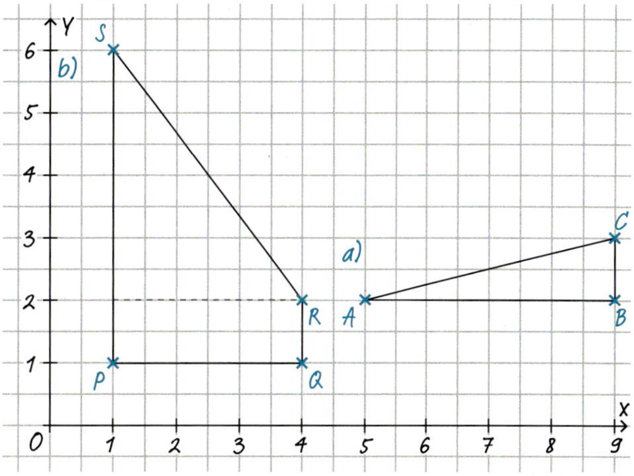

a) $A = (4\,cm \cdot 1\,cm) : 2 = 2\,cm^2$
$U \approx 4\,cm + 1\,cm + 4{,}1\,cm = 9{,}1\,cm$
b) $A = (3\,cm \cdot 4\,cm) : 2 + 3\,cm \cdot 1\,cm = 6\,cm^2 + 3\,cm^2 = 9\,cm^2$
$U = 3\,cm + 1\,cm + 5\,cm + 5\,cm = 14\,cm$

3

a) Mögliche Lösung (Die Figuren sind im Maßstab 1:2 abgebildet.):

(1)
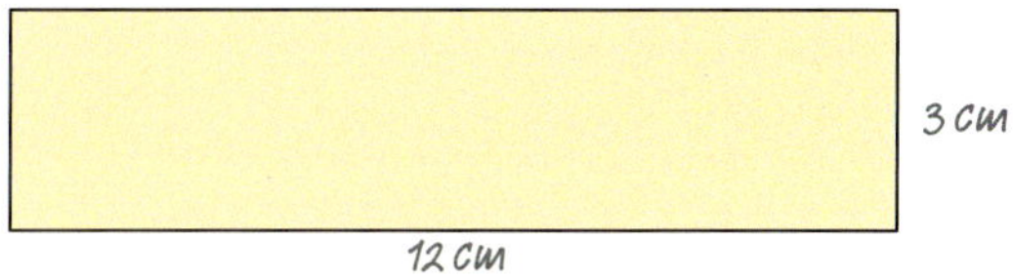

(2)
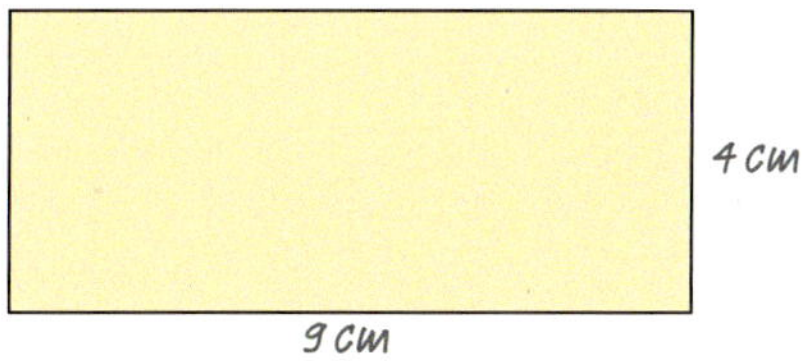

(3)
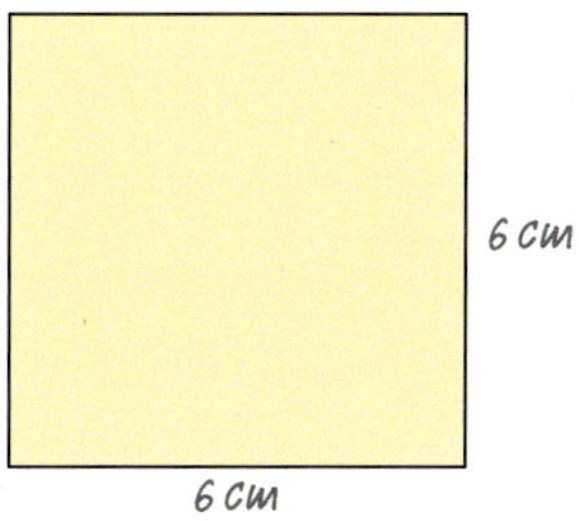

b) Es gilt:
$U_1 = 2 \cdot (12\,cm + 3\,cm) = 30\,cm$
$U_2 = 2 \cdot (9\,cm + 4\,cm) = 26\,cm$
$U_3 = 4 \cdot 6\,cm = 24\,cm$
Das Quadrat hat den kleinsten Umfang.

c) Ein Quadrat mit der Seitenlänge 4 cm hat einen Umfang von 16 cm und einen Flächeninhalt von 16 cm^2.

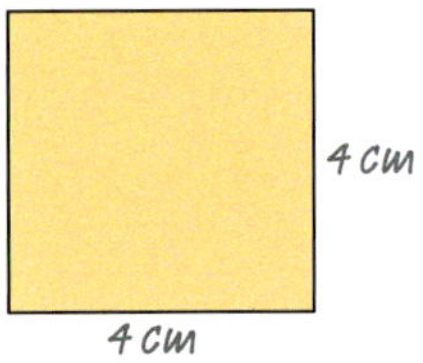

Die Figur ist im Maßstab 1:2 abgebildet.

4

a) Eine Tür (nur eine Seite): A = 2 m · 82 cm = 200 cm · 82 cm = 16 400 cm^2 = 164 dm^2
Sechs Türen (von innen und außen): A = 6 · 2 · 164 dm^2 = 1968 dm^2

b) 12 m^2 = 1200 dm^2
Man benötigt zwei Farbdosen, diese würden für 2400 dm^2 reichen.

5

a) A = 15 m · 8 m = 120 m^2
U = 2 · (15 m + 8 m) = 46 m

b) Die längere Seite muss um 5 m verlängert werden, damit sich der Flächeninhalt um 40 m^2 vergrößert, denn 5 m · 8 m = 40 m^2. Man erhält dann a = 20 m und b = 8 m.
Für den Umfang gilt dann U = 2 · (20 m + 8 m) = 56 m.
Der Umfang vergrößert sich um 10 m.

6

a) Die Aussage ist falsch. Der Flächeninhalt verhundertfacht sich dann.
Beispiel a = 2 cm, b = 3 cm ⇒ A = 2 cm · 3 cm = 6 cm^2
a = 20 cm, b = 30 cm ⇒ A = 20 cm · 30 cm = 600 cm^2

b) Die Aussage ist falsch. Man benötigt viermal so viel Papier. Wenn die Karte zum Beispiel im Maßstab 1:2000 1 m lang und 1 m breit ist, dann ist sie im Maßstab 1:1000 2 m lang und 2 m breit. Man braucht dann 4 m^2 Papier im Maßstab 1:1000 (anstatt 1 m^2 im Maßstab 1:2000).

V Teilbarkeit

Seite 173

Check-in

1

2394 < 2493 < 3249 < 23 984 < 24 883 < 24 893 < 28 394 < 28 439 < 249 834 < 249 843

2

a) 25 · 5 − 1 · 5 = 120
b) 15 · 8 + 1 · 8 = 128
c) 210 : 7 + 35 : 7 = 35
d) 42 · 10 + 42 · 2 = 504
e) 800 : 4 + 12 : 4 = 203
f) 450 : 15 + 90 : 15 = 36
g) 5700 : 3 + 42 : 3 = 1914
h) 60 · 7 + 2 · 7 = 434

3

a) 120 + 24 = 144
b) 320 − 48 = 272
c) 1200 + 60 + 21 = 1281
d) 550 − 33 = 517
e) 360 + 42 = 402
f) 4500 + 72 = 4572

4

a) 6 · 30 = 180
b) 30 · 7 = 210
c) 100 : 5 = 20
d) 40 · 8 = 320
e) 50 · 8 = 400
f) 210 : 7 = 30

5

a) 72
b) 100
c) 225
d) 1024

Seite 177

8

a) 6 teilt 30; 4 teilt nicht 30; 8 teilt nicht 30.
b) 30 teilt 90; 9 teilt nicht 30; 90 teilt nicht 30.
c) 1 teilt 8; 18 teilt 18; 1 teilt 1.
d) 8 teilt nicht 46; 48 teilt nicht 8; 8 teilt nicht 18.

9

a) (Durch Zerlegen)
756 = 720 + 36
Da 720 und 36 durch 9 teilbar sind, ist auch 756 durch 9 teilbar.
757; 758; 759 sind nicht durch 9 teilbar.

b) 333 = 370 − 37; 333 ist durch 37 teilbar, da 370 und 37 durch 37 teilbar sind.
343; 353; 363 sind nicht durch 37 teilbar.

Seite 178

17
Nein, es kann am Ende keine 7 stehen. Denn wenn man etwas mit 15 multipliziert, steht am Ende immer eine 5 oder eine 0.

18
a) 60
b) Die Zahl muss mit 2 multipliziert werden.
c) 180

Seite 179

G **25**
$10^5 < 10^6 < 10$ Millionen $= 10^7 < 10^8 < 1$ Milliarde $= 10^9$

G **26**
a) – c) Die hinzugefügte 2 steht an der Zehntausenderstelle, hat demnach den Wert $2 \cdot 10\,000 = 20\,000$. Somit vergrößert sich die ursprüngliche Zahl um 20 000. Die Aussage in b) ist wahr, die in a) und c) sind falsch.

Seite 182

7
a) 450; 6516; 101 010; 321 000; 22 222
b) 450; 6516; 101 010; 321 000
c) 6516; 321 000
d) 450; 101 010; 321 000

8
Die Quersumme von 1107 ist 9. Da 9 durch 3 teilbar ist, ist auch 1107 durch 3 teilbar. Die Einnahmen können daher stimmen.

Seite 183

16
Die Stockwerke liegen 240 cm auseinander. Möglich sind die Stufenhöhen 16 cm oder 20 cm, da 16 und 20 Teiler von 240 sind.

17
a) Man kann 2, 5 oder 8 einsetzen.
b) Man kann 0 einsetzen.
c) Man kann 2, 5 oder 8 einsetzen.

G **21**

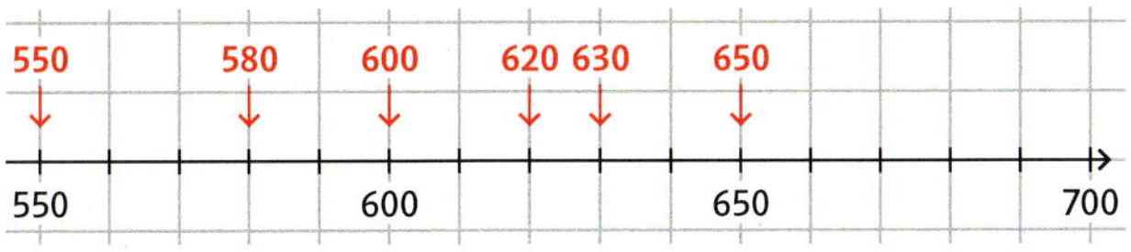

Seite 186

8
a) 19 ist eine Primzahl.
b) 38 ist keine Primzahl.
c) 23 ist eine Primzahl.
d) 111 ist keine Primzahl.

9
a) $12 = 2 \cdot 2 \cdot 3 = 2^2 \cdot 3$
b) $100 = 2 \cdot 2 \cdot 5 \cdot 5 = 2^2 \cdot 5^2$
c) $77 = 7 \cdot 11$
d) $60 = 2 \cdot 2 \cdot 3 \cdot 5 = 2^2 \cdot 3 \cdot 5$

Seite 187

17
a) $44 = 2 \cdot 2 \cdot 11$ Teiler: 1, 2, 4, 11, 22, 44
b) $64 = 2 \cdot 2 \cdot 2 \cdot 2 \cdot 2 \cdot 2$ Teiler: 1, 2, 4, 8, 16, 32, 64
c) $105 = 3 \cdot 5 \cdot 7$ Teiler: 1, 3, 5, 7, 15, 21, 35, 105
d) $441 = 3 \cdot 3 \cdot 7 \cdot 7$ Teiler: 1, 3, 7, 9, 21, 49, 63, 147, 441

18
a) 11, 31, 41, 61 und 71
b) zum Beispiel: 222 222 222 222

G **23**
a) 14 235
b) 166 140
c) 218 868
d) 1 054 025
e) 5 217 777
f) 223 585 570

Seite 190

6
a) ggT (15; 20) = 5 kgV (15; 20) = 60
b) ggT (21; 28) = 7 kgV (21; 28) = 84
c) ggT (30; 45) = 15 kgV (30; 45) = 90
d) ggT (7; 30) = 1 kgV (7; 30) = 210
e) ggT (72; 108) = 36 kgV (72; 108) = 216
f) ggT (60; 80) = 20 kgV (60; 80) = 240
g) ggT (18; 35) = 1 kgV (18; 35) = 630
h) ggT (24; 28) = 4 kgV (24; 28) = 168

Seite 191

16
a) 17 cm bei 13 Stufen
b) $221 = 13 \cdot 17$. Es wäre nur noch eine Stufenhöhe von 13 cm möglich. Das ist aber sehr niedrig und nicht zu empfehlen.

G **21**
a) $(28 : 7) : 2 = 4 : 2 = 2$
b) $(106 + 26) : (3 \cdot 4) = 132 : 12 = 11$

Seite 192

1
2, 3, 5, 7, 11, 13, 17, 19, 23, 29

2
a) $12 = 2 \cdot 2 \cdot 3$
b) –
c) $32 = 2 \cdot 2 \cdot 2 \cdot 2 \cdot 2$
d) $39 = 3 \cdot 13$
e) $144 = 2 \cdot 2 \cdot 2 \cdot 2 \cdot 3 \cdot 3$
f) $80 = 2 \cdot 2 \cdot 2 \cdot 2 \cdot 5$
g) –
h) $93 = 3 \cdot 31$

3
zerlegbare Zahlen (es ist bei mehreren möglichen Zerlegungen nur eine angegeben):
a) $12 = 3 \cdot 4 = 3 \cdot 2 \cdot 2$
$18 = 3 \cdot 6 = 3 \cdot 3 \cdot 2$
$20 = 4 \cdot 5 = 2 \cdot 2 \cdot 5$
$25 = 5 \cdot 5$
b) $32 = 2 \cdot 16 = 2 \cdot 4 \cdot 4 = 2 \cdot 2 \cdot 2 \cdot 2 \cdot 2$
$104 = 2 \cdot 52 = 2 \cdot 2 \cdot 26 = 2 \cdot 2 \cdot 2 \cdot 13$
$250 = 10 \cdot 25 = 2 \cdot 5 \cdot 5 \cdot 5$
$330 = 33 \cdot 10 = 3 \cdot 11 \cdot 2 \cdot 5$
c) $93 = 3 \cdot 31$
$94 = 2 \cdot 47$
$95 = 5 \cdot 19$
$96 = 3 \cdot 32 = 3 \cdot 2 \cdot 16 = 3 \cdot 2 \cdot 2 \cdot 2 \cdot 2 \cdot 2$
d) $108 = 2 \cdot 54 = 2 \cdot 2 \cdot 27 = 2 \cdot 2 \cdot 3 \cdot 9 = 2 \cdot 2 \cdot 3 \cdot 3 \cdot 3$
$110 = 10 \cdot 11 = 2 \cdot 5 \cdot 11$
$111 = 3 \cdot 37$
$112 = 2 \cdot 56 = 2 \cdot 7 \cdot 8 = 2 \cdot 7 \cdot 2 \cdot 2 \cdot 2$

4
a) $2^4 \cdot 3$
b) $3^2 \cdot 7$
c) $2^2 \cdot 5^2$
d) $2^3 \cdot 3^2 \cdot 5$
e) $2^2 \cdot 17$
f) $3^2 \cdot 5^2$
g) $2 \cdot 3 \cdot 5 \cdot 7$
h) $2^3 \cdot 7^2$

5
a) $36 = 2^2 \cdot 3^2$
In 96 müsste 3^2 enthalten sein, was nicht der Fall ist.
$24 = 2^3 \cdot 3$ ist in 96 enthalten.
b) 2, 4, 6, 8, 12, 16, 32, 48

6
individuelle Lösung, zum Beispiel: $180 = 2^2 \cdot 3^2 \cdot 5$

7
a) $1080 : 5 = 2^3 \cdot 3^3$
b) $1080 : 6 = 2^2 \cdot 3^2 \cdot 5$
c) $1080 : 40 = 3^3$
d) $1080 : 45 = 2^3 \cdot 3$

8
a) $3 \cdot 15 \cdot 25 = 3 \cdot 3 \cdot 5 \cdot 5 \cdot 5 = 9 \cdot 125$
b) $27 \cdot 121 = 3 \cdot 3 \cdot 3 \cdot 11 \cdot 11 = 3 \cdot 9 \cdot 11 \cdot 11 \neq 5 \cdot 9 \cdot 11 \cdot 11$
c) $9 \cdot 25 \cdot 49 = 3 \cdot 3 \cdot 5 \cdot 5 \cdot 7 \cdot 7$
$= 3 \cdot 5 \cdot 7 \cdot 3 \cdot 5 \cdot 7 = 105 \cdot 105$
d) $2 \cdot 3 \cdot 6 \neq 2 \cdot 2 \cdot 6$, denn $3 \neq 2$

9
a) In der Primfaktorzerlegung kommen nur die Zahlen 2 und 5 vor. Beispiele: 8, 10, 25, 40, 80, 100
b) individuelle Lösung, z. B.: $3 \cdot 3 \cdot 3 \cdot 7 = 189$
oder $441 = 3 \cdot 3 \cdot 7 \cdot 7$; kleinste Primzahl: $147 = 3 \cdot 7 \cdot 7$

10
a) In der Zerlegung gibt es mindestens eine 2 und eine 3, daher ist auch ein Faktor 6 enthalten.
b) Die Zerlegung enthält mindestens zweimal die 2 und eine 3; und damit auch eine 12.
c) In der Zerlegung gibt es mindestens eine 3 und dreimal die 2; und damit auch eine 24.
d) Die Zerlegung muss nur zwei mal die 2 und eine 3 enthalten; das reicht nicht, um 24 zu bilden.

11
Bei gleicher Stufenhöhe sind nur 20 cm sinnvoll.
Alternativ: unten 16 cm, Mitte und oben 15; 18 oder 20 möglich. Wenn eine möglichst flache Treppe gewünscht wird, dann unten 16 cm und sonst 15 cm.

Seite 193

12
a) 4 Wochen
b) 12 Tage; 12 Wochen

13
a) 1564, 1600, 1996, 2012
b) bis 2015: 3-mal (2004, 2008, 2012)
c) 26-mal
d) In einem Jahrhundert sind, abhängig von der Hunderter-Jahreszahl, 24 oder 25 Schaltjahre enthalten. Zwischen 2023 und 3005 also: $8 \cdot 24 + 2 \cdot 25 = 242$. Bis 3005 sind es 238.
e) Wenn 2015 die Uroma 95 Jahre alt ist, so ist sie 1917 oder 1918 geboren; von 1920 bis 2012 gab es 24 Schaltjahre.
f) 18

14
a) 89 ist eine Primzahl. Die letzte Primzahl, die ausprobiert werden muss, ist die 7, denn die nächsthöhere Primzahl ist 11 und $11 \cdot 11 = 121$, was größer als 89 ist.
b) 401 ist eine Primzahl. Sie endet auf 1 und ihre Quersumme ist 5. Deshalb ist sie weder durch 2; 3 oder 5 teilbar.
$401 = 350 + 51 = 330 + 71 = 390 + 11 = 340 + 51 + 10$
$= 380 + 21$
Sie ist demnach auch nicht durch 7, 11, 13, 17 oder 19 teilbar. $23 \cdot 23 = 529$. Das ist mehr als 401. Deshalb kann man aufhören.

15
a) verschiedene: 4; gleiche: 3.
b) 8
c) drei gleiche: 4; zwei gleiche: 6; drei verschiedene: 8 (wie Teilaufgabe b))

16
a) 45 cm, 54 cm oder 90 cm
b) Er benötigt 68 Zaunlatten.
Es reicht nur, wenn er den Zaun 45 cm hoch macht.
c) 90 cm
d) 7
e) Es reicht.

Seite 195

Runde 1

1

Teilermengen:
a) $T_{19} = \{1; 19\}$
$T_{20} = \{1; 2; 4; 5; 10; 20\}$
$T_{21} = \{1; 3; 7; 21\}$
b) $T_{48} = \{1; 2; 3; 4; 6; 8; 12; 16; 24; 48\}$
$T_{49} = \{1; 7; 49\}$
$T_{50} = \{1; 2; 5; 10; 25; 50\}$
c) $T_{30} = \{1; 2; 3; 5; 6; 10; 15; 30\}$
$T_{31} = \{1; 31\}$
$T_{32} = \{1; 2; 4; 8; 16; 32\}$

Vielfachenmengen:
$V_{19} = \{19; 38; 57 \ldots\}$
$V_{20} = \{20; 40; 60 \ldots\}$
$V_{21} = \{21; 42; 63 \ldots\}$
$V_{48} = \{48; 96; 144 \ldots\}$
$V_{49} = \{49; 98; 147 \ldots\}$
$V_{50} = \{50; 100; 150 \ldots\}$
$V_{30} = \{30; 60; 90 \ldots\}$
$V_{31} = \{31; 62; 93 \ldots\}$
$V_{32} = \{32; 64; 96 \ldots\}$

2

a) 25 075 = 25 000 + 75. Die Zahl 25 075 ist durch 25 teilbar.
b) 69 996 = 70 000 − 4. Die Zahl 69 996 ist nicht durch 7 teilbar.
c) 26 010 = 26 000 + 10. Die Zahl 26 010 ist nicht durch 13 teilbar.
d) 60 060 = 60 000 + 60. Die Zahl 60 060 ist durch 12 teilbar.
e) 17 992 = 18 000 − 8. Die Zahl 17 992 ist nicht durch 18 teilbar.
f) 22 120 = 22 000 + 110 + 10. Folglich ist 22 120 nicht durch 11 teilbar.

3

Die Quersumme muss durch 3 (durch 9) teilbar sein.
a) 7182, 7482 und 7782 sind durch 3 teilbar, 7182 ist durch 9 teilbar.
b) 9342, 9345 und 9348 sind durch 3 teilbar, 9342 ist durch 9 teilbar.
c) 70 632, 73632, 76632 und 79632 sind durch 3 teilbar, 70 632 und 79 632 sind durch 9 teilbar.

4

a) $99 = 9 \cdot 11 = 3 \cdot 3 \cdot 11 = 3^2 \cdot 11$
b) $378 = 2 \cdot 189 = 2 \cdot 3 \cdot 63 = 2 \cdot 3 \cdot 7 \cdot 9 = 2 \cdot 3 \cdot 7 \cdot 3 \cdot 3 = 2 \cdot 3^3 \cdot 7$
c) $1470 = 147 \cdot 10 = 21 \cdot 7 \cdot 2 \cdot 5 = 3 \cdot 7 \cdot 7 \cdot 2 \cdot 5 = 2 \cdot 3 \cdot 5 \cdot 7^2$

5

a) $25 = 5 \cdot 5$, das bedeutet $T_{25} = \{1; 5; 25\}$. 25 hat drei Teiler; $27 = 3 \cdot 3 \cdot 3$, das bedeutet $T_{27} = \{1; 3; 9; 27\}$. 27 hat vier Teiler; $35 = 5 \cdot 7$, das bedeutet $T_{35} = \{1; 5; 7; 35\}$. 35 hat vier Teiler.
b) Zwei Teiler: Primzahl, z. B. 7, 11 und 13
Drei Teiler: Quadratzahlen, z. B. 4, 9 und 16
Vier Teiler: z. B. Produkte aus zwei Primzahlen wie 33, 65 und 21

6

Gesucht ist das kgV von 4 und 6. Es ist kgV(4; 6) = 12.
Die beiden Frauen treffen sich in zwölf Tagen wieder.

Runde 2

1

Zahl	nächstgrößere durch 3 teilbare Zahl	nächstgrößere durch 4 teilbare Zahl	nächstgrößere durch 6 teilbare Zahl
2473	2475	2476	2478
5476	5478	5480	5478
4029	4032	4032	4032
55 482	55 485	55 484	55 488

2

Enricos Behauptung ist falsch, denn $30 = 2 \cdot 3 \cdot 5$ ist kleiner als $35 = 7 \cdot 5$.
Margitta hat auch unrecht, denn 30 hat drei Primfaktoren (2, 3 und 5) und acht Teiler (1, 2, 3, 5, 6, 10, 15 und 30), $16 = 2 \cdot 2 \cdot 2 \cdot 2$ hat vier Primfaktoren, aber nur fünf Teiler (1, 2, 4, 8 und 16).

3

a) (1) 51 750, 245 140, 333 416
(2) 6225, 51 750, 245 140
(3) 6225, 51 750, 249 543
(4) 245 140, 333 416
b) 183 ist durch 3 teilbar, weil die Quersumme 12 durch 3 teilbar ist. 915 ist durch 5 teilbar, weil die letzte Ziffer eine 5 ist. Somit sind die beiden Zahlen keine Primzahlen.

4

Damit die gesuchte Zahl durch 15 teilbar ist, muss sie durch 3 und 5 teilbar sein.
Die Zahl muss daher auf 5 oder 0 enden (Teilbarkeit durch 5), und ihre Quersumme muss durch 3 teilbar sein (Teilbarkeit durch 3).
Die Quersumme von 564 ist 15.
Wenn die letzte Ziffer eine 5 ist, dann kann die vorletzte Ziffer 1, 4 oder 7 sein.
Ist die Endziffer eine 0, dann kann die Zehnerziffer 0, 3, 6 oder 9 sein.
Mögliche fünfstellige Zahlen sind folglich
56 400, 56 415, 56 430, 56 445, 56 460, 56 475 und 56 490.

5

a) 110 ist nicht durch 40 und 20 teilbar, aber durch 10.
ggT(40; 110) = 10
b) Wegen 48 − 40 = 8 kann der ggT höchstens 8 sein.
ggT(40; 48) = 8
c) Es ist $90 = 2 \cdot 45$.
ggT(45; 90) = 45

6

a) individuelle Lösung, z. B. 3, 30 und 36
Weitere Lösungen sind Zahlen, in deren Zerlegung eine 3, aber keine 11 vorkommt (24, 122, 1101 …)
b) Es gibt keine passende Zahl, denn das kgV ist immer mindestens so groß wie die größte der beiden Zahlen.
c) 3, da 57 ein Vielfaches von 19 $(57 = 3 \cdot 19)$ ist.

VI Brüche – das Ganze und seine Teile

Seite 199

Check-in

1

	Summe	Differenz	Produkt	Quotient
a)	24 + 8 = 32	24 − 8 = 16	24 · 8 = 192	24 : 8 = 3
b)	42 + 14 = 56	42 − 14 = 28	42 · 14 = 588	42 : 14 = 3
c)	225 + 15 = 240	225 − 15 = 210	225 · 15 = 3375	225 : 15 = 15
d)	1024 + 64 = 1088	1024 − 64 = 960	1024 · 64 = 65 536	1024 : 64 = 16

2

a) 28 : 6 = 4 Rest 4
Probe: 6 · 4 = 24
24 + 4 = 28

b) 99 : 16 = 6 Rest 3
Probe: 16 · 6 = 96
96 + 3 = 99

c) 267 : 18 = 14 Rest 15
Probe: 18 · 14 = 252
252 + 15 = 267

d) 855 : 26 = 32 Rest 23
Probe: 26 · 32 = 832
832 + 23 = 855

3

a) Die Schokoladentafel hat 24 Stücke.
b) Man erhält 24 : 2 = 12 Stücke.
c) 6 Stücke
d) Jede der drei Personen erhält 8 Stücke.

4

a) 30 Minuten b) 15 Minuten c) 45 Minuten

Seite 204

9

Es gibt insgesamt 7 Legosteine. 2 davon sind gelb, 2 sind rot und 3 sind blau.
Also sind $\frac{2}{7}$ der Legosteine gelb, $\frac{2}{7}$ sind rot und $\frac{3}{7}$ sind blau.

10

a)

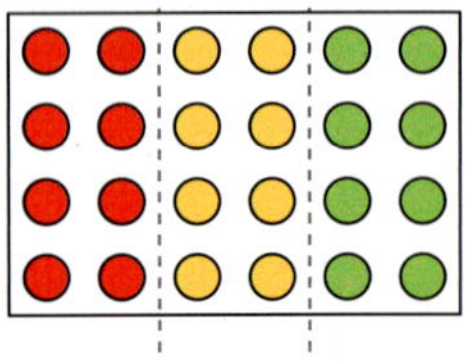

Man teilt die Muffinform in 3 gleiche Teile und markiert je einen Teil rot, gelb bzw. grün.

b)

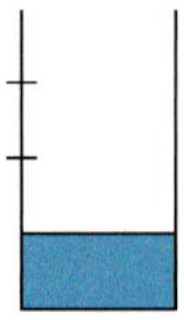

Für den Messbecher kann ein Rechteck gewählt werden. Dieses teilt man in 4 gleiche Teile und markiert einen davon.

11

a) 2 cm = 20 mm
Teilt man 20 mm in vier gleich große Teile, erhält man Stücke von 5 mm.
Drei Stücke davon sind 3 · 5 mm = 15 mm.

b) 1 h = 60 min.
Teilt man 60 Minuten in sechs gleich lange Abschnitte, hat man jeweils 10 Minuten.

c) Teile die 15 Hasen in 5 gleich große Gruppen. Dann besteht eine Gruppe aus 3 Hasen.

d) 1 l = 1000 ml
1000 ml : 8 = 125 ml
−8
20
−16
40
−40
0

$\frac{1}{8}$ von 1 Liter sind 125 ml.

Seite 206

19

a) Es gibt 8 Dreiecke. 2 davon sind gefärbt. Also sind $\frac{2}{8}$ des Quadrates gefärbt.
b) Der Kreis ist in 16 Stücke geteilt. 5 davon sind gefärbt. Also sind $\frac{5}{16}$ des Kreises gefärbt.
c) Das Rechteck ist in 32 Kärtchen geteilt. 15 davon sind gefärbt. Also sind $\frac{15}{32}$ des Rechtecks gefärbt.

20

$\frac{1}{3}$ der Schokolinsen entspricht 6 Schokolinsen. Es fehlen zum Ganzen noch $\frac{2}{3}$, also 2 · 6 Schokolinsen. Insgesamt gibt es also 3 · 6 Schokolinsen = 18 Schokolinsen in der Packung.

G **24**

a) Wahr, ein Würfel ist ein Quadrat mit der zusätzlichen Eigenschaft, dass alle Kanten gleich lang sind.
b) Falsch (Es gibt z. B. auch Dreickspyramiden.)
c) Wahr, nur wenn die Grundfläche ein Kreis ist, handelt es sich um einen Kegel.
d) Wahr, bei einem Prisma kann die Grundfläche ein Dreieck, Viereck, Fünfeck … sein.

Seite 209

8

a) $\frac{4}{9} = \frac{12}{27}$

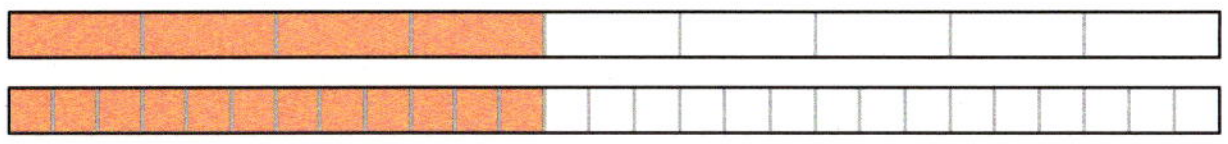

b) $\frac{10}{15} = \frac{2}{3}$

c) $\frac{28}{32} = \frac{7}{8}$

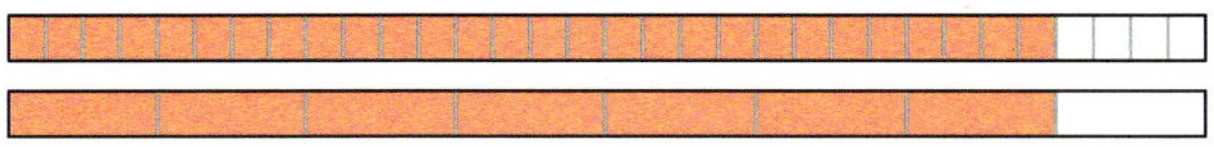

9

a) $\frac{\boxed{1}}{6} = \frac{2}{12}$ b) $\frac{\boxed{3}}{8} = \frac{9}{24}$ c) $\frac{15}{25} = \frac{3}{\boxed{5}}$

10

(1) gelb: $\frac{6}{9} = \frac{2}{3}$; blau: $\frac{3}{9} = \frac{1}{3}$

(2) gelb: $\frac{27}{36} = \frac{3}{4}$; blau: $\frac{9}{36} = \frac{1}{4}$

(3) gelb: $\frac{8}{12} = \frac{2}{3}$; blau: $\frac{4}{12} = \frac{1}{3}$

(4) gelb: $\frac{2}{6} = \frac{1}{3}$; blau: $\frac{4}{6} = \frac{2}{3}$

Gleiche Anteile sind dargestellt in den Bildern (1) und (3) $\left(\frac{2}{3}\right.$ gelb und $\frac{1}{3}$ blau$\left.\right)$.

Seite 211

20

$\frac{3}{5} = \frac{9}{15} = \frac{54}{90}$; $\frac{2}{3} = \frac{30}{45}$; $\frac{1}{3} = \frac{4}{12} = \frac{63}{189}$; $\frac{7}{12} = \frac{35}{60}$

21

Die Brüche aus den Teilaufgaben b), c), d) und f) lassen sich so kürzen, dass im Zähler 1 steht. Bei diesen Brüchen sind die Nenner jeweils durch den Zähler teilbar. Bei den Brüchen aus den Teilaufgaben a) und e) ist der Zähler kein Teiler des Nenners. Deshalb kann man sie nicht so kürzen, dass der Zähler gleich 1 wird.

22

9 Kästchen sind weiß, 45 Kästchen sind rot. Insgesamt gibt es 54 Kästchen. Der Anteil der weißen Fläche ist $\frac{9}{54} = \frac{1}{6}$, der Anteil der roten $\frac{45}{54} = \frac{5}{6}$. Das Verhältnis „weiß zu rot" ist 1 : 5.

G **26**

a) 300 dm² b) 10 dm² c) 135 cm² d) 6700 a
e) 3 m² f) 130 dm² g) 110 000 a h) 50 000 dm²

G **27**

a) 2323 dm² b) 230 023 cm²
c) 230 230 m² d) 4600 m²

Seite 214

7

a) $\frac{3}{8} < \frac{5}{8}$ b) $\frac{3}{8} > \frac{3}{9}$ c) $\frac{3}{4} < \frac{5}{6}$

d) $\frac{4}{5} < \frac{41}{50}$ e) $\frac{3}{12} = \frac{1}{4}$ f) $\frac{9}{11} < \frac{89}{90}$

Mögliche Lösung zur Begründung:
Teilaufgabe a) ist am einfachsten zu lösen, weil hier nur die Zähler verglichen werden müssen.

8

Erste Torte $\frac{4}{12} = \frac{8}{24}$. Zweite Torte $\frac{6}{16} = \frac{9}{24}$.

Der Anteil der zweiten Torte ist größer.

Seite 215

16

a) $\frac{3}{8} < \frac{1}{2} < \frac{4}{6} < \frac{3}{4}$ b) $\frac{2}{3} < \frac{23}{30} < \frac{4}{5} = \frac{12}{15}$

c) $\frac{5}{24} < \frac{8}{16} < \frac{26}{48} < \frac{7}{8}$ d) $\frac{3}{25} < \frac{9}{50} < \frac{4}{10} = \frac{2}{5}$

17

Die Anteile der roten Perlen sind $\frac{1}{16}, \frac{1}{14}, \frac{1}{5}$ und $\frac{5}{16}$.

Es gilt $\frac{1}{16} < \frac{1}{14} < \frac{1}{5}$. Außerdem ist $\frac{1}{5} = \frac{16}{80} < \frac{25}{80} = \frac{5}{16}$.

Bei dem weißen, hinteren Muffin ist der Anteil der Perlen mit $\frac{1}{16}$ am kleinsten, bei dem weißen, vorderen Muffin mit $\frac{5}{16}$ am größten.

G **21**

a) 40 m · 40 m = 1600 m²

b) Umfang des ganzen Grundstücks: 4 · 40 m = 160 m.
Platz für das Tor 1 m
Länge des Zauns: 160 m − 1 m = 159 m.
Der Zaun wird 159 m lang.

Seite 218

7

a) $2\% = \frac{2}{100} = \frac{1}{50}$; $25\% = \frac{25}{100} = \frac{1}{4}$; $70\% = \frac{70}{100} = \frac{7}{10}$

$4\% = \frac{4}{100} = \frac{1}{25}$; $44\% = \frac{44}{100} = \frac{11}{25}$

b) $\frac{1}{5} = \frac{20}{100} = 20\%$; $\frac{6}{10} = \frac{60}{100} = 60\%$; $\frac{35}{100} = 35\%$;

$\frac{4}{20} = \frac{20}{100} = 20\%$; $\frac{7}{50} = \frac{14}{100}$

8

a) In der Stufe 5 sind insgesamt 80 Kinder.

$\frac{8}{80} = \frac{1}{10} = \frac{10}{100} = 10\,\%$ kommen zu Fuß,

$\frac{28}{80} = \frac{7}{20} = \frac{35}{100} = 35\,\%$ kommen mit dem Fahrrad,

$\frac{40}{80} = \frac{1}{2} = \frac{50}{100} = 50\%$ kommen mit dem Bus und

$\frac{4}{80} = \frac{1}{20} = \frac{5}{100} = 5\,\%$ kommen mit dem Auto.

In der Stufe 6 sind insgesamt 90 Kinder.

$\frac{9}{90} = \frac{1}{10} = \frac{10}{100} = 10\,\%$ kommen zu Fuß,

$\frac{36}{90} = \frac{4}{10} = \frac{40}{100} = 40\,\%$ kommen mit dem Fahrrad,

$\frac{45}{90} = \frac{1}{2} = \frac{50}{100} = 50\,\%$ kommen mit dem Bus und

0 % kommen mit dem Auto.

b) In der Stufe 5 kommen 35 % mit dem Fahrrad, das ist ein kleinerer Anteil als in der Stufe 6, wo 40 % der Kinder mit dem Fahrrad zur Schule kommen.

Seite 219

14

Aufschlag = 1,60 €; Die Karte kostet damit nun 9,60 €.

15

a)

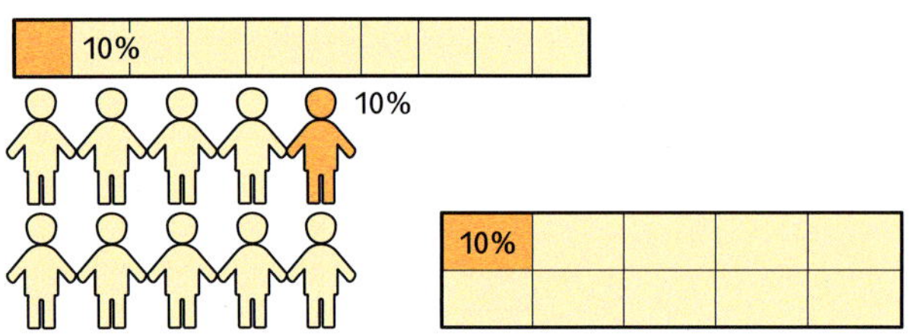

b)

c)

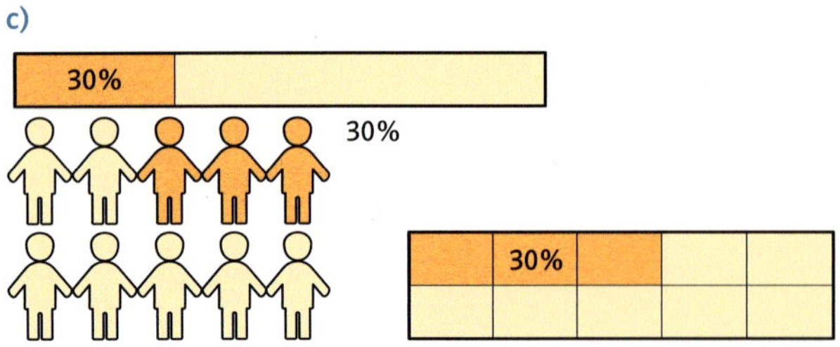

d)

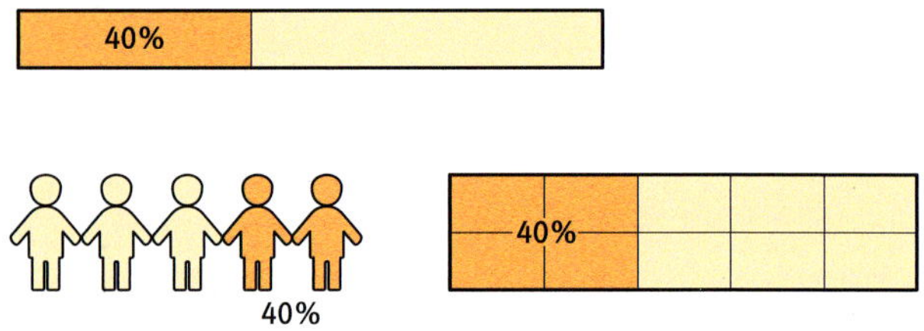

e)

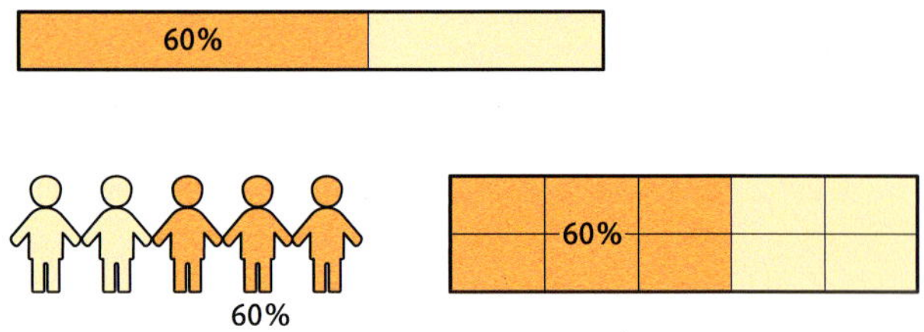

f)

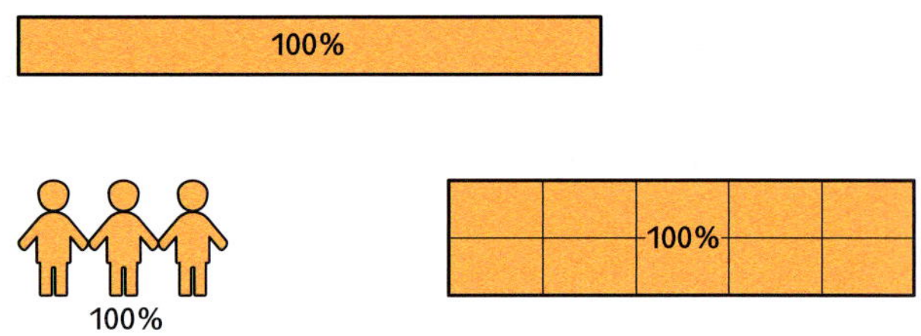

G **19**

a) $A = 7\,dm \cdot 12\,dm = 84\,dm^2 = 0{,}84\,m^2$

b) $A = 2500\,mm \cdot 8\,mm = 20\,000\,mm^2 = 0{,}02\,m^2$

Seite 221

5

a) $30 : 40 = \frac{3}{4}$ b) $20 : 25 = \frac{4}{5}$ c) $27 : 18 = \frac{3}{2}$

d) $6 : 8 = \frac{3}{4}$ e) $15 : 13 = \frac{15}{13}$ f) $54 : 81 = \frac{6}{9} = \frac{2}{3}$

Seite 222

10

Elena erkennt, dass $\frac{11}{15} < 1$ und $\frac{24}{13} > 1$ ist. Deshalb muss $\frac{24}{13}$ größer sein.

11

Laura teilt 3 Stücke durch 2. Der Anteil für jeden ist also $\frac{3}{2}$.

Isabelle teilt 8 Stücke durch 5. Der Anteil für jeden ist also $\frac{8}{5}$.

$\frac{3}{2} = \frac{15}{10}$ und $\frac{8}{5} = \frac{16}{10}$. Beim Donauwellenkuchen ist also der Anteil pro Person höher.

G **14**

1 cm und 24 cm; 2 cm und 12 cm;
3 cm und 8 cm; 4 cm und 6 cm

Seite 224

5

A = 2 B = $\frac{1}{2}$ C = $\frac{7}{4}$ D = $\frac{7}{3}$

Seite 225

12

a) Länge der Einheitsstrecke, z. B. 10 cm.

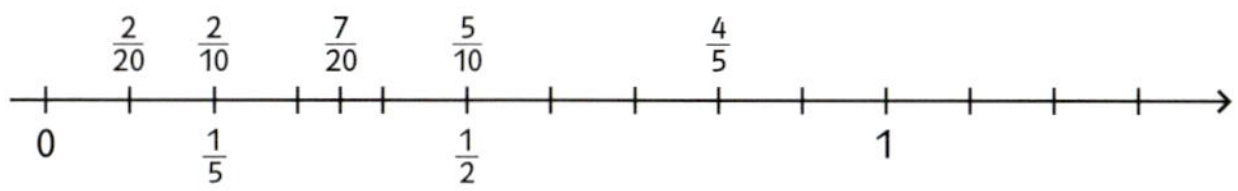

b) Länge der Einheitsstrecke z. B. 8 cm

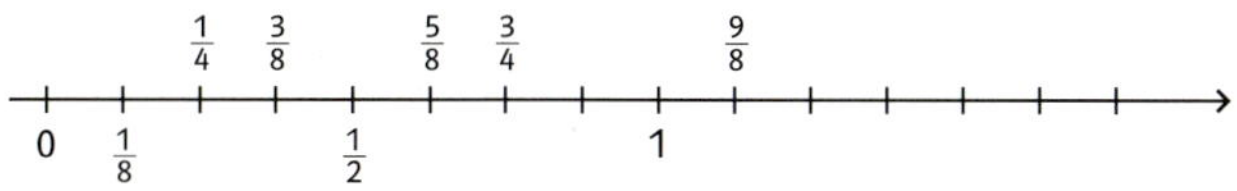

c) Länge der Einheitsstrecke z. B. 6 cm

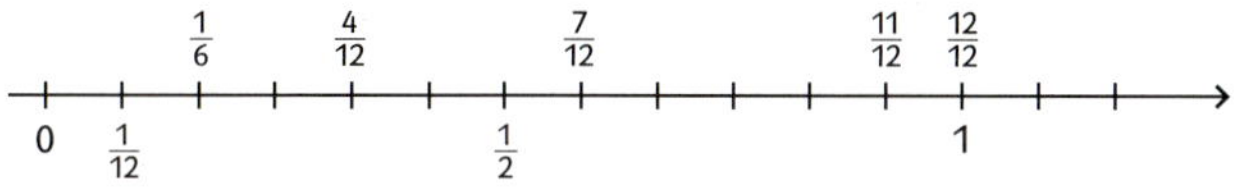

13

$\frac{13}{2} = 6\frac{1}{2}$ und $\frac{133}{10} = 13\frac{3}{10}$.

Bei den beiden Brüchen handelt es sich um unterschiedliche Zahlen. Daher stehen sie auf dem Zahlenstrahl auch nicht an derselben Stelle.

G **16**

Der Zug ist 1 Stunde und 18 Minuten unterwegs.

Seite 226

1

a) $\frac{3}{15} = \frac{1}{5} = 20\,\%$ b) $\frac{9}{15} = \frac{3}{5} = 60\,\%$ c) $\frac{12}{30} = \frac{2}{5} = 40\,\%$

d) $\frac{4}{16} = \frac{1}{4} = 25\,\%$ e) $\frac{8}{16} = \frac{1}{2} = 50\,\%$ f) $\frac{6}{12} = \frac{1}{2} = 50\,\%$

g) $\frac{1}{4} = 25\,\%$ h) $\frac{3}{5} = 60\,\%$ i) $\frac{6}{8} = \frac{3}{4} = 75\,\%$

2

a) $\frac{3}{4} = \frac{9}{12}$

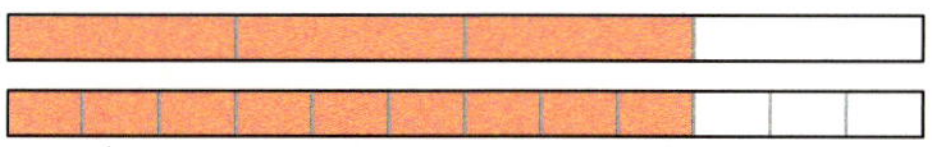

b) $\frac{1}{2} = \frac{5}{10}$

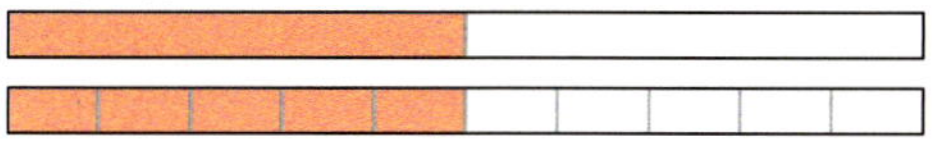

c) $\frac{3}{8} = \frac{6}{16}$

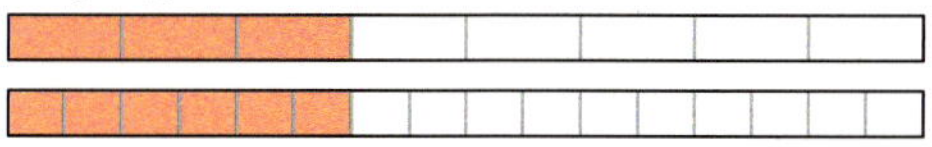

d) $\frac{2}{5} = \frac{6}{15}$

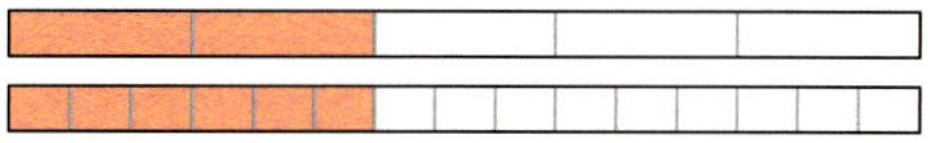

e) $\frac{3}{6} = \frac{1}{2}$

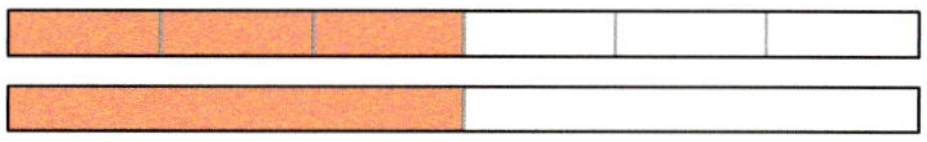

f) $\frac{6}{8} = \frac{3}{4}$

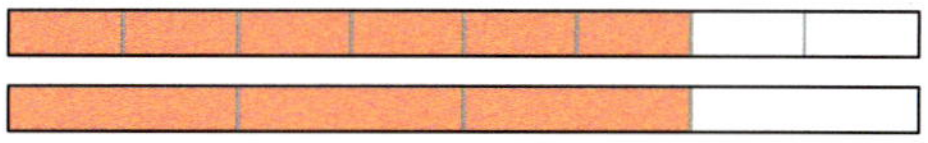

g) $\frac{8}{12} = \frac{2}{3}$

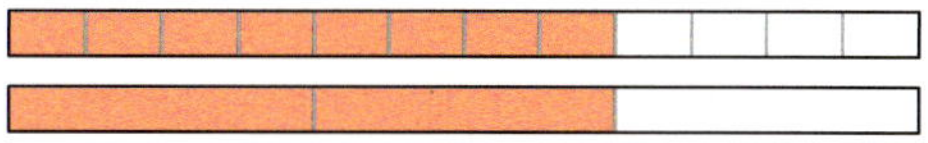

h) $\frac{5}{10} = \frac{1}{2}$

3

a) Es wurde mit 3 erweitert. Anteil $\frac{1}{3} = \frac{3}{9}$.

b) Es wurde mit 3 erweitert. Anteil $\frac{2}{4} = \frac{6}{12}$.

c) Es wurde mit 3 erweitert. Anteil $\frac{2}{5} = \frac{6}{15}$.

d) Es wurde mit 4 erweitert. Anteil $\frac{1}{2} = \frac{4}{8}$.

4

a) erweitert mit 3 b) gekürzt mit 5

c) erweitert mit 10 d) gekürzt mit 7

e) erweitert mit 12 f) gekürzt mit 25

5

a) $\frac{1}{2}$; $\frac{2}{3}$; $\frac{3}{4}$; $\frac{1}{4}$; $\frac{5}{6}$; $\frac{2}{3}$ b) $\frac{5}{6}$; $\frac{8}{9}$; $\frac{1}{5}$; $\frac{5}{7}$; $\frac{3}{4}$; $\frac{3}{5}$

c) $\frac{2}{3}$; $\frac{5}{6}$; $\frac{1}{5}$; $\frac{4}{5}$; $\frac{1}{8}$; $\frac{2}{3}$

6

a) 40 mm^2 b) 35 cm c) 24 km d) 8 h = 480 min

Teilt man 480 min in 5 gleiche Abschnitte, erhält man Abschnitte von 96 Minuten. Zwei solche Abschnitte haben eine Länge von 192 min = 3 h 12 min.

e) 400 g f) 100 min g) 38 m^3 h) 1,80 €

7

a) $\frac{1}{2}$ b) $\frac{1}{100}$ c) $\frac{3}{10}$ d) $\frac{6}{25}$

e) $\frac{7}{10}$ f) $\frac{99}{100}$ g) $\frac{22}{25}$ h) $\frac{23}{100}$

8

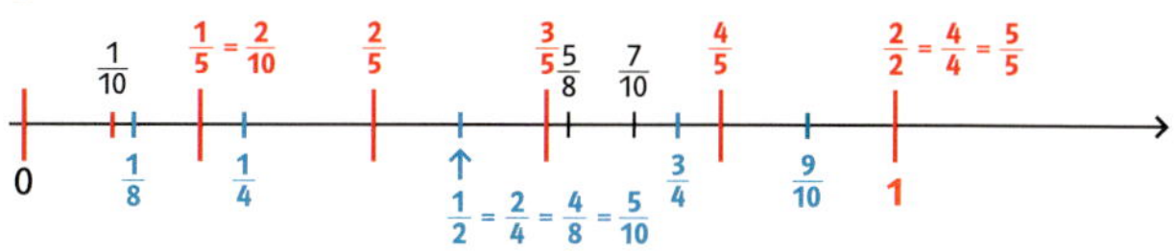

Seite 227

9

a) Wasser $\frac{2}{3}$, Apfelsaft $\frac{1}{3}$
b) Man braucht 1 l Wasser und 500 ml Apfelsaft.

10

a) pünktliche Züge: $\frac{95}{100} = \frac{19}{20} = 95\,\%$
unpünktliche Züge: $\frac{5}{100} = \frac{1}{20} = 5\,\%$
Das Verhältnis „pünktliche Züge : unpünktliche Züge" ist 19 : 1.

b) Französisch: $\frac{99}{180} = \frac{11}{20} = 55\,\%$
Latein: $\frac{81}{180} = \frac{9}{20} = 45\,\%$
Das Verhältnis „Französisch : Latein" ist 11 : 9.

c) braune Eier: $\frac{35}{50} = \frac{7}{10} = 70\,\%$
weiße Eier: $\frac{15}{50} = \frac{3}{10} = 30\,\%$
Das Verhältnis „braune Eier : weiße Eier" ist 7 : 3.

11

a) $\frac{5}{11} > \frac{5}{12}$. Bei gleichem Zähler ist der Bruch mit dem kleineren Nenner der größere.
b) $\frac{8}{20} > \frac{8}{30}$. Bei gleichem Zähler ist der Bruch mit dem kleineren Nenner der größere.
c) $\frac{19}{16} > \frac{15}{18}$. Hier ist ein Bruch größer als 1, der kleinere kleiner als 1.
d) $\frac{7}{5} > \frac{19}{22}$. Hier ist ein Bruch größer als 1, der kleinere kleiner als 1.
e) $\frac{13}{14} > \frac{8}{9}$. Hier fehlt zu einem Ganzen einmal $\frac{1}{14}$ und einmal $\frac{1}{9}$. $\frac{1}{14}$ ist weniger als $\frac{1}{9}$.
f) $\frac{7}{6} > \frac{25}{24}$. Hier wird das Ganze einmal um $\frac{1}{6}$ und einmal um $\frac{1}{24}$ überschritten. $\frac{1}{6}$ ist mehr als $\frac{1}{24}$.

12

a) 187 = 170 + 17, daher ist 187 durch 17 teilbar und man kann den Bruch kürzen.
b) 483 = 460 + 23, daher ist 483 durch 23 teilbar und man kann den Bruch kürzen.
c) 1100 = 100 · 11. 1109 = 1100 + 9, also ist 1109 nicht durch 11 teilbar und man kann den Bruch nicht kürzen.
d) 4386 = 4300 + 2 · 43, daher ist 4386 durch 43 teilbar und man kann den Bruch kürzen.
e) 153 = 170 − 17, daher ist 153 durch 17 teilbar und man kann den Bruch kürzen.

13

a)

b) individuelle Lösung, zum Beispiel:
In dem Brief sollte erwähnt werden, dass ein Rest von 10 % ein Zehntel von 30 Einheiten wäre. Das entspricht 3 Einheiten.
Bei dem Rechteck in Teilaufgabe b) erkennt man allerdings ohne weitere Rechnung, dass als Rest nur zwei Einheiten übrig bleiben. Die Zahlen im Artikel können also nicht stimmen; irgendwo gibt es einen Fehler.

14

a) Die Aussage ist belegt, denn ein Anteil von 53 % der Sendezeit für Unterhaltung ist mehr als die Hälfte.
b) Die Aussage ist belegt, denn „etwa jede zweite Sendung" bedeutet das gleiche wie „etwa die Hälfte". 53 % sind etwa die Hälfte.
c) 3 Minuten von 60 Minuten sind $\frac{3}{60} = \frac{1}{20} = \frac{5}{100} = 5\,\%$. Dies entspricht der Angabe aus der Tabelle.
d) 14 Sendungen von 100 Sendungen sind 14 %. Dies entspricht der Angabe aus der Tabelle.
e) 3 von 4 Sendungen bedeutet $\frac{3}{4} = 75\,\%$.
Aus der Tabelle entnimmt man 53 % für Unterhaltung (ohne Musik) und 14 % für Sport. Das sind zusammen 67 %. Die Aussage ist also etwas zu optimistisch.

15

Die Darstellung in Fig. 1 ist irreführend, weil die Fläche des kleinen Bildes mit dem roten Hintergrund deutlich kleiner ist als ein Viertel der großen Fläche mit dem blauen Hintergrund.

Seite 228

16

individuelle Lösung, zum Beispiel:
Jeder Bruch kann erweitert werden, indem man den Zähler und den Nenner mit der gleichen Zahl multipliziert. $\frac{1}{3}$ kann man z. B. mit 4 erweitern und erhält dann $\frac{4}{12}$. Anschließend könnte man mit 7 erweitern und erhält $\frac{28}{84}$. So kann man dann beliebig oft fortfahren und erhält immer größere Zahlen.
Beim Kürzen jedoch müssen sich der Nenner und der Zähler durch die gleiche Zahl teilen lassen. Irgendwann sind dann Zähler und Nenner so weit gekürzt, dass sie als gemeinsamen Teiler nur noch die 1 haben. Dann ist weiteres Kürzen nicht mehr möglich. $\frac{80}{120}$ kann man z. B. mit 5 kürzen und man erhält dann $\frac{16}{24}$. $\frac{16}{24}$ kann man mit 8 kürzen. Das Ergebnis ist $\frac{1}{3}$. $\frac{1}{3}$ kann nicht mehr weiter gekürzt werden, denn Zähler und Nenner haben als gemeinsamen Teiler nur noch die 1.

17

a) links: $\frac{5}{15} = \frac{1}{3}$, Verhältnis hell zu dunkel: 1 : 2.

Mitte: $\frac{6}{24} = \frac{1}{4}$; Verhältnis hell zu dunkel: 1 : 3.

Der Anteil bei den Tafeln links und in der Mitte ist nicht gleich, der bei der linken Tafel ist größer.

b) Bei der rechten Tafel gibt es 16 Stückchen. 16 ist nicht durch 3 teilbar, deswegen lässt sich nicht der gleiche Anteil herstellen wie bei der linken Tafel.
16 ist aber durch vier teilbar. $\frac{1}{4} = \frac{4}{16}$. Bei der rechten Tafel müssten vier Stückchen hell sein, damit sie den gleichen Anteil helle Stückchen hat wie die mittlere Tafel.

18

a) rot: $\frac{80}{100} = \frac{4}{5}$; weiß: $\frac{20}{100} = \frac{1}{5}$

Das Verhältnis „rot zu weiß" ist 4 : 1.

b) rot: $\frac{60}{77}$; weiß: $\frac{17}{77}$

roter Anteil der Schweizer Flagge $\frac{4}{5} = \frac{60}{75}$. Bei dieser Darstellung des Bruches sind die Zähler der beiden roten Anteile gleich. 75 ist der kleinere Nenner. Also ist der rote Anteil bei der Schweizer Flagge größer.

19

Dachgeschoss: $\frac{12}{9}$ 4. Stock: $\frac{9}{12}$

3. Stock: $\frac{5}{5}$ 2. Stock: $\frac{1}{1}$ 1. Stock: $\frac{2}{8}$

20

a) Mathildas Müsli:
Anteil der Flocken $\frac{60}{100} = \frac{3}{5}$.
Anteil des Restes $\frac{40}{100} = \frac{2}{5}$.
Das Verhältnis „Flocken zum Rest" ist 3 : 2.
Niklas' Müsli:
Anteil der Flocken $\frac{50}{100} = \frac{1}{2}$. Anteil des Restes $\frac{50}{100} = \frac{1}{2}$.
Das Verhältnis „Flocken zum Rest" ist 1 : 1.
Bei Mathilda ist der Anteil der Flocken höher.

b) In beiden Müslimischungen sind 10 % Kerne enthalten.

Seite 229

21

a) großes weißes Quadrat $\frac{1}{4}$; mittleres weißes Quadrat $\frac{1}{16}$;
kleines weißes Quadrat $\frac{1}{64}$ (jeweils des großen Quadrates)
$\frac{1}{4} = \frac{16}{64}$; $\frac{1}{16} = \frac{4}{64}$, also ist der weißes Anteil des Quadrates $\frac{21}{64}$.

b) großes weißes Quadrat 50 cm · 50 cm = 2500 cm²
mittleres weißes Quadrat 25 cm · 25 cm = 625 cm²
kleines weißes Quadrat 12,5 cm · 12,5 cm
= 125 mm · 125 mm = 15 625 mm² = 156,25 cm²
Flächeninhalt der gesamten weißen Fläche:
2500 cm² + 625 cm² + 156,25 cm² = 3281,25 cm²
= 32,8125 dm² = 0,328125 m².

c) Man kann ca. 5 weitere weiße Quadrate zeichnen. Theoretisch kann man das Muster immer weiter fortsetzen, da die weißen Quadrate immer kleiner werden. Es gibt also unendlich viele weiße Quadrate.

22

a) (1) $\frac{3}{9} = \frac{1}{3}$ (2) $\frac{4}{16} = \frac{1}{4}$ (3) $\frac{6}{36} = \frac{1}{6}$

b) $\frac{100}{10\,000} = \frac{1}{100}$

23

a) Durch Spiegeln erhält man B' an der Stelle $\frac{5}{2}$.

b) Durch Spiegeln erhält man C' an der Stelle $\frac{11}{8}$.

c) Durch Spiegeln erhält man D' an der Stelle $\frac{5}{2}$.

d) Durch Spiegeln erhält man E' an der Stelle $\frac{17}{10}$.

24

individuelle Lösung, zum Beispiel sollte enthalten sein:

- Das Verhältnis der Seiten des äußeren Rechtecks ist 3 : 2.
- Die Anteile der kleinen Quadrate am äußeren Rechteck sind jeweils $\frac{1}{6}$; die der Rechtecke sind jeweils $\frac{1}{3}$.
- Die Länge des Durchmessers des großen Kreises ist $\frac{2}{3}$. Sein Mittelpunkt liegt da, wo sich die senkrechte Mittellinie des Rechtecks und Parallele zu seiner kurzen Seite mit Abstand $\frac{1}{3}$ schneiden.
- Der kleine Kreis liegt in der unteren Hälfte des Rechtecks. Die Länge seines Durchmessers ist $\frac{1}{2}$. Sein Mittelpunkt liegt auf der senkrechten Mittellinie des Rechtecks und die Kreislinie berührt dessen kurze Seite.
- Das Rechteck wird durch zwei Parallelen seiner kurzen Seite in Drittel geteilt. Unterhalb der unteren Parallelen liegt die Nasenunterkante und zwar $\frac{1}{24}$ tiefer. Sie verläuft durch die senkrechte Mittellinie. Nochmal ein Zwölftel tiefer verläuft der Mund.

Seite 231

Runde 1

1

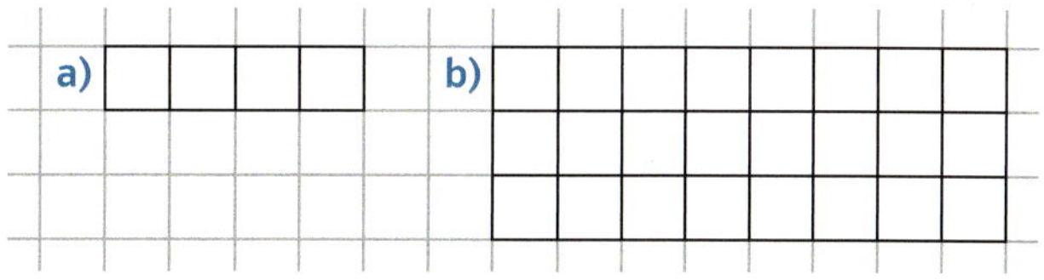

2

a) $\frac{4}{100} = \frac{1}{25}$ b) $\frac{60}{100} = \frac{6}{10} = \frac{3}{5}$ c) $\frac{35}{100} = \frac{7}{20}$ d) $\frac{41}{100}$

3

a) 70 % b) 80 % c) 23 % d) 11 %

4

a) 600 g b) 200 m c) 20 € d) 30 ml

5
Roter Anteil bei der linken Scheibe $\frac{2}{8}$.

Roter Anteil bei der rechten Scheibe $\frac{3}{10}$.

$\frac{2}{8} = 25\,\%$ und $\frac{3}{10} = 30\,\%$.

Die Gewinnchance ist also bei der rechten Zielscheibe höher, die Scheiben sind nicht gleichwertig.

6
$\frac{1}{3}$ von 3300 € sind 1100 € für Miete, $\frac{2}{5}$ von 3300 € sind 1320 € für Essen und Bekleidung. Die Ausgaben betragen also 2420 €. Dann bleiben 3300 € − 2420 € = 880 € übrig.

Runde 2

1
Grüner Anteil am linken Rechteck $\frac{3}{8} = 37{,}5\,\%$.

Grüner Anteil am rechten Rechteck $\frac{6}{24} = \frac{1}{4} = 25\,\%$.

2
$20\,\% < 25\,\% = \frac{50}{200} = \frac{1}{4} < \frac{50}{2}$

3
$A = \frac{1}{4}$; $B = \frac{3}{4}$; $C = \frac{9}{8}$; $D = \frac{5}{4}$

4
a) $\frac{3}{5} > \frac{3}{7}$ b) $\frac{5}{16} < \frac{7}{16}$ c) $\frac{7}{9} > \frac{8}{12}$

5
Zwei Erwachsene und ein Kind zahlen ohne Jahreskarte 200 €. Man spart also 20 €. Das entspricht einem Anteil von $\frac{1}{10} = 10\,\%$.

6
a) Klasse 6 a: Das Verhältnis „Mädchen zu Jungen" ist 7 : 6.
Klasse 6 b: Das Verhältnis „Mädchen zu Jungen" ist 6 : 5.
Klasse 6 c: Das Verhältnis „Mädchen zu Jungen" ist 1 : 1.

b) Klasse 6 a: Anteil Mädchen $\frac{7}{13}$; Anteil Jungen $\frac{6}{13}$.
Klasse 6 b: Anteil Mädchen $\frac{6}{11}$; Anteil Jungen $\frac{5}{11}$.
Klasse 6 c: Anteil Mädchen $\frac{1}{2}$; Anteil Jungen $\frac{1}{2}$.
In der Klasse 6 b sind anteilig die meisten Mädchen und in der Klasse 6 c sind anteilig die meisten Jungen.

Grundwissen

Seite 234

1
a) 2336; 2338 b) 1568; 1570 c) 2999; 3001 d) 4359; 4361

2
a) vorwärts: 18, 19, 20, 21, 22
rückwärts: 16, 15, 14, 13, 12
b) vorwärts: 250, 260, 270, 280, 290
rückwärts: 230, 220, 210, 200, 190
c) vorwärts: 2820, 2920, 3020, 3120, 3220
rückwärts: 2620, 2520, 2420, 2320, 2220

3

Zehn-tausender	Tausender	Hunderter	Zehner	Einer
5	5	8	9	6
	4	0	0	1
1	8	3	0	9
2	2	5	0	0
	2	3	0	4
		7	9	3

55 896 > 22 500 > 18 309 > 4001 > 2304 > 793

4
a) 16, 19, 23 b) 43, 65, 53 c) 62, 42, 65

5
a) 34 b) 18 c) 84 d) 12

Seite 235

1
a)

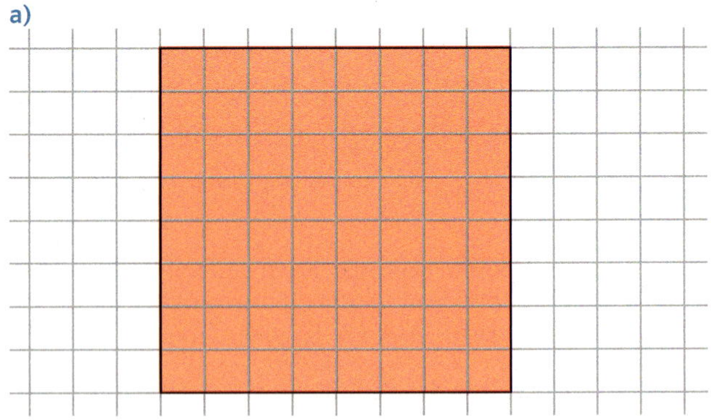

b)

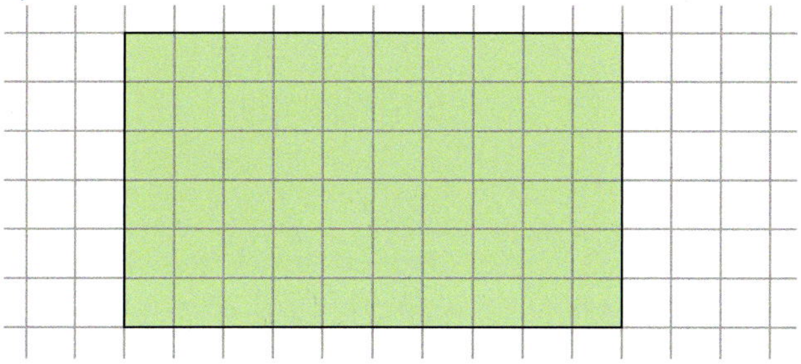

2

a) Siehe unten Grafik a).

b) Siehe unten Grafik b).

3

a) 22 Kästchenlängen

b) 18 Kästchenlängen

c) 22 Kästchenlängen

Seite 236

1

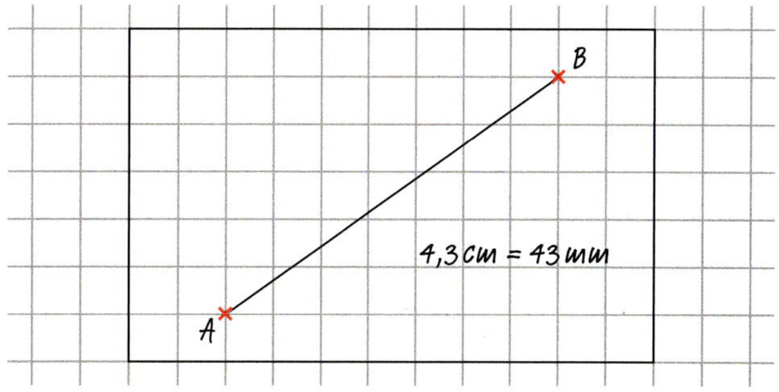

2

a) 1 mm   b) 500 g   c) 1 m

3

a) 5,00 € − 2,60 € = 2,40 €
Lisa erhält 2,40 € Wechselgeld.

b) 42,70 € + 12,00 € = 54,70 €
Mirkos Vater muss 54,70 € bezahlen.

zu Seite 235, Aufgabe 2

a)

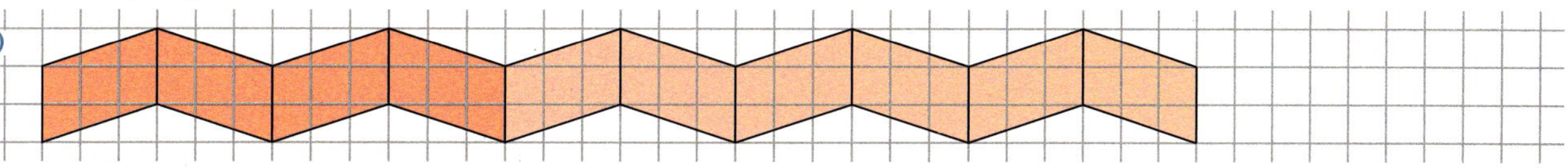

b)

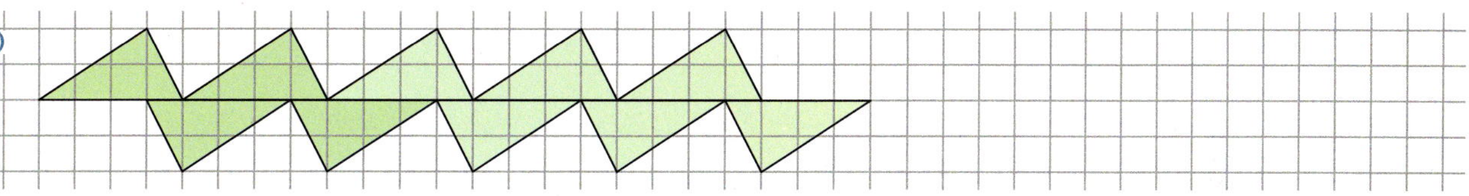

A

abrunden 16
Abstand 50
Achsensymmetrie 58
achsensymmetrisch 58
addieren 19
addieren, schriftlich 86
Addition 19
Algorithmus 81
Anteil 202, 216
Antwort 23, 116
Ar 137
Assoziativgesetz der Addition und Multiplikation 107
aufrunden 16
ausklammern 110
ausmultiplizieren 110

B

Basis 113
Berechnen von Termen 102
Breite 158
Bruch 202, 220
Bruch auf dem Zahlenstrahl 223
Bruch, gemischter 223
Brüche vergleichen 212

C

Cent 23

D

Dezimalsystem 15
Dezimeter 26
Diagonale 69
Diagramm 8
Differenz 19
Distributivgesetz der Multiplikation 110
Dividend 19
dividieren 19
dividieren, schriftlich 98
Division 19
Divisor 19
Dreieck, gleichschenkliges 68
Dreieck, gleichseitiges 68
Dreieck, rechtwinkliges 68

E

Ecke 154
Endstellenregeln für die Teilbarkeit 180
erweitern 207
euklidischer Algorithmus 239
Euro 23

F

Faktor 19
Fermi, Enrico 85
Fermi-Fragen 85
Fläche 154
Flächeneinheit 137
Flächeninhalt 134
Flächeninhalt eines Quadrats 142
Flächeninhalt eines Rechtecks 142
Flächeninhalte vergleichen 134

G

Ganzes 202
Geldangaben 23
gemischter Bruch 223
Gerade 50
Gewichtsangaben 30
ggT 188
gleichnamige Brüche 232
gleichschenkliges Dreieck 68
gleichseitiges Dreieck 68
Gramm 30
größer als 12
größter gemeinsamer Teiler 188
Grundfläche 154
Grundrechenarten 19
Grundzahl 97

H

ha 137
Hektar 137
Hochachse 8
Hochzahl 113
Höhe eines Quaders 154

K

Kante 154
Kantenmodell 155
kgV 188
Kilogramm 30
Kilometer 26
Klammer 102
kleiner als 12
kleinstes gemeinsames Vielfaches 188
Komma bei Gewichtsangaben 30
Komma bei Längenangaben 27
Kommutativgesetz der Addition und Multiplikation 107
Koordinatensystem 55
Koordinatenursprung 55
kürzen 213
Kugel 154

L

Länge 158
Längenangaben 26
Linienbrett 84

M

Maßeinheit 26
Maßstab 150
Maßzahl 26
Meter 26
Milligramm 30
Millimeter 26
Minuend 19
Multiplikation 19
multiplizieren 19
multiplizieren, schriftlich 94

N

Nachfolger 12
natürliche Zahlen 12
Nenner 202
Netz 155
Netz eines Quaders 154
Netz eines Würfels 154

O

orthogonal 50

P

parallel 50
Parallelogramm 69
Potenz 113
potenzieren 113
Primfaktorzerlegung 184
Primzahl 184
Prisma 154
Produkt 19
Prozent 216
Prozentschreibweise 216
Punktrechnung 19, 102
Punktsymmetrie 63
punktsymmetrisch 63
Pyramide 154

Q

Quader 154
Quadrat 69
Quadratdezimeter 137
Quadrat, Flächeninhalt 142
Quadratkilometer 137
Quadratmeter 137
Quadratmillimeter 137
Quadrat, Umfang 146
Quadratzentimeter 137
Quersummenregel für die Teilbarkeit 180
Quotient 19, 220

R

Raute 69
Rechenvorteile 107
Rechenweg 23, 116
Rechteck 69
Rechteck, Flächeninhalt 142
Rechteck, Umfang 146
Rechtsachse 8
rechtwinkliges Dreieck 68
römische Zahlzeichen 42
Rückschau 23, 116
runden 16

S

Sachaufgaben 23
Sachaufgaben systematisch lösen 116
Säulendiagramm 8, 44
Schnittpunkt 50
Schrägbild 162
Schriftliches Addieren 86
Schriftliches Dividieren 98
Schriftliches Multiplizieren 94
Schriftliches Subtrahieren 90
senkrecht 50
Spiegelachse 59
spiegelbildlich 58
Spiegeln an einer Achse 59
Spiegeln an einem Punkt 63
Spiegelpunkt 58
Stammbruch 202
Stellenwerttafel 15
Strecke 50
Strichliste 8
Strichrechnung 19, 102
Subtrahend 19
subtrahieren 19
subtrahieren, schriftlich 90
Subtraktion 19
Summand 19
Summe 19
Symmetrieachse 58
Symmetriezentrum 63

T

Tabelle 8
Tabellenkalkulation 44
teilbar 176
Teilbarkeit 176
Teiler 176
Teiler, größter gemeinsamer 188
Teilproblem 116
Term 102
Terme berechnen 102
Tetraeder 154
Tonne 30
Trapez 69

U

Umfang eines Quadrats 146
Umfang eines Rechtecks 146
Umfang eines Vielecks 146

V

Vergleich von Flächeninhalten 134
Verhältnisse 207
Vieleck 68
Vieleck, Umfang 146
Vielfaches 176
Vielfaches, kleinstes gemeinsames 188
vollständig gekürzter Bruch 207
Vorgänger 12

W

Würfel 158

X

x-Achse 55
x-Koordinate 55

Y

y-Achse 55
y-Koordinate 55

Z

zählen 8
Zahlenstrahl 12, 223
Zähler 202
Zauberquadrate 126
Zehnersystem 15
Zentimeter 26
Zerlegen in Teilprobleme 116
Zylinder 154

Text- und Bildquellenverzeichnis

Quellennachweis

Text:
Aus: Hans Magnus Enzensberger: Der Zahlenteufel (c) Hanser Verlag, München 1997, **172**; Aus: JIM_Studie 2013, http://www.mpfs.de/fileadmin/JIMpdf13/JIMStudie2013.pdf(c) Medienpädagogischer Forschungsverband Südwest, 2013, **219**; Aus: 1. Könige 6, In: Die Bibel nach Martin Luthers Übersetzung, revidiert 2017, © 2016 Deutsche Bibelgesellschaft, Stuttgart, **211**; Christian Morgenstern (1871 - 1914): Die zwei Parallelen, **46**; Donike, Siegwart; Kraneburg, Marcus: Es gliedert sich der Bruch für Kenner ... Quelle: waldorf-ideenpool.de, 2012, **198**

Abbildungen:
Alamy stock photo, Abingdon (Joern Sackermann), **131.2**; Alamy stock photo, Abingdon (Photo-Loci), **196.1**; Aslanidis, Stephanie, Stuttgart, **61.7**; Binder, Thomas, Magdeburg, **207.3**; Blühdorn GmbH, Fellbach, **58.6; 58.7; 58.8; 58.9; 58.10; 65.4; 65.5; 212.2**; Bridgemanimages.com, Berlin, **185.2**; creativ collection Verlag GmbH, Freiburg, **58.4**; David Ausserhofer, Wandlitz, **6.2**; Der Haack Weltatlas, Ausgabe Nordrhein-Westfalen, Ernst Klett Verlag GmbH, Stuttgart 2015, S. 5, ISBN 978-3-12-828631-0, **152.2**; Der Haack Weltatlas, Ausgabe Nordrhein-Westfalen, Ernst Klett Verlag GmbH, Stuttgart 2015, S. 87, ISBN 978-3-12-828631-0, **152.3**; dreamstime.com, Brentwood, TN (Ang Wee Heng John), **43.3**; Elke Behrends, Berlin, **113.1**; Ernst Klett Verlag GmbH, Stuttgart, **69.4; 74.2; 75.2; 174.1; 174.2; 246.2; 260.1; 268.5**; EZB, Frankfurt, **41.3; 41.4**; gemeinfrei (By Siegfried Detlev Bendixen - published in "Astronomische Nachrichten" 1828, Public Domain, https://commons.wikimedia.org/w/index.php?curid=2404149), **109.1**; Getty Images Plus, München (E+/grandriver), **48.8; 48.9; 48.10**; Getty Images Plus, München (iStock/CHAIWATPHOTOS), **120.3**; Getty Images Plus, München (istock/esolla), **34.5**; Getty Images Plus, München (iStock/kirin_photo), **3.1; 130.2**; Getty Images Plus, München (iStock/Wavebreakmedia), **175.1**; Getty Images Plus, München (iStock/_jure), **134.2**; Getty Images Plus, München (Stockbyte / Thinkstock), **122.3**; Getty Images RF, München (Photodisc/Stocktrek), **15.2**; Getty Images, München (Corbis Historical), **85.1**; Getty Images, München (Corbis/Fuse), **2.3; 82.1**; Getty Images, München (Corbis/Klaus Tiedge), **130.1**; Getty Images, München (Corbis/Tomas Rodriguez), **170.1**; Getty Images, München (Corbis/501452), **3.2; 172.1**; Getty Images, München (Image Source), **126.1**; Getty Images, München (Photolibrary/Shanna Baker), **150.1**; Getty Images, München (Stockbyte), **2.1; 4.3**; Heike Spielmans, Köln, **80.2; 81.2; 81.3; 81.4; 81.5**; Holtermann, Helmut, Dannenberg, **66.3; 67.2; 67.5; 74.4; 75.3; 110.2; 178.1**; IMAGO, Berlin (Hoch Zwei/Angerer), **148.2**; IMAGO, Berlin (Horst Rudel), **98.1**; IMAGO, Berlin (Imagebroker / Begsteiger), **190.1**; IMAGO, Berlin (INSADCO), **97.2**; IMAGO, Berlin (Westend61), **85.2**; imprint, Zusmarshausen, **250.1; 251.2; 251.3; 251.6; 252.1; 252.3; 252.4; 252.6; 267.3; 268.1; 268.2; 268.3; 268.4; 268.6; 268.7; 268.8**; iStockphoto, Calgary, Alberta (Brasil2), **141.2**; iStockphoto, Calgary, Alberta (enriscapes), **206.6**; iStockphoto, Calgary, Alberta (ivansmuk), **116.1**; iStockphoto, Calgary, Alberta (KoBoZaa), **99.1**; iStockphoto, Calgary, Alberta (Mark Evans), **58.5**; iStockphoto, Calgary, Alberta (mihairomeob), **205.6**; iStockphoto, Calgary, Alberta (MKucova), **28.3**; iStockphoto, Calgary, Alberta (ptaxa), **2.2; 46.2**; iStockphoto, Calgary, Alberta (robcruse), **59.2**; iStockphoto, Calgary, Alberta (selimaksan), **18.3**; iStockphoto, Calgary, Alberta (Thomas Quack), **182.1**; KD Busch GmbH, Stuttgart, **158.2; 158.2**; KOMA AMOK ®, Stuttgart, **84.1; 84.2; 84.3**; Malz, Anja, Taunusstein, **14.3; 18.5; 21.3; 23.2; 25.3; 26.2; 26.3; 27.2; 27.6; 27.12; 29.2; 30.2; 30.3; 31.7; 31.8; 31.10; 31.11; 31.12; 31.13; 31.14; 31.15; 34.2; 35.3; 36.2; 36.4; 37.3; 37.4; 38.2; 92.5; 101.1; 103.2; 106.1; 106.3; 108.1; 108.2; 108.3; 112.1; 112.2; 112.3; 113.2; 121.6; 123.5; 125.1; 137.1; 137.13; 151.1; 183.1; 186.1; 186.2; 200.2; 201.2; 201.3; 201.4; 202.2; 203.2; 203.4; 204.3; 205.13; 214.3; 220.2; 221.3; 221.4; 222.3; 225.7; 229.5**; Mauritius Images, Mittenwald (Alfonso Vicente/Alamy), **193.1**; Mauritius Images, Mittenwald (André Pöhlmann), **41.2**; Mauritius Images, Mittenwald (Cultura), **197.1**; Mauritius Images, Mittenwald (dieKleinert / Rudolf Schuppler), **42.2**; Mauritius Images, Mittenwald (Masterfile RM / Rommel), **58.3**; Mauritius Images, Mittenwald (masterfile/Aflo Relax), **82.2**; Media Office GmbH, Kornwestheim, **9.4; 10.2; 10.3; 10.4; 10.5; 10.6; 12.3; 16.2; 22.4; 23.4; 25.4; 29.5; 29.7; 40.2; 40.7; 47.4; 47.5; 50.8; 50.9; 52.5; 53.2; 55.4; 55.6; 57.2; 57.3; 61.4; 62.6; 64.2; 64.3; 67.4; 68.7; 68.11; 69.2; 69.8; 69.15; 70.5; 70.6; 71.2; 71.3; 72.2; 73.3; 76.2; 89.1; 89.6; 100.1; 105.1; 119.2; 123.1; 123.2; 123.3; 123.4; 131.1; 133.1; 133.3; 133.4; 133.5; 133.6; 133.7; 133.8; 135.1; 135.2; 135.3; 136.3; 136.4; 137.17; 140.1; 143.1; 149.4; 158.3; 160.1; 160.3; 160.4; 161.4; 161.5; 163.1; 163.2; 163.3; 163.4; 165.5; 165.6; 167.2; 202.3; 202.6; 202.7; 203.5; 204.2; 205.2; 206.4; 207.7; 208.2; 208.3; 208.4; 208.5; 208.6; 208.7; 210.2; 210.3; 211.2; 213.3; 213.4; 213.6; 213.7; 214.4; 216.3; 217.2; 218.2; 218.4; 221.2; 224.3; 225.2; 225.3; 225.4; 225.5; 226.2; 226.3; 228.3; 228.4; 229.2; 229.3; 229.4; 231.2; 231.3; 231.5; 237.1; 238.1; 238.2; 238.3; 239.1; 239.2; 240.1; 240.2; 240.3; 240.4; 241.1; 243.1; 244.1; 244.2; 245.3; 246.1; 246.3; 246.5; 246.6; 247.3; 248.5; 249.1; 249.2; 249.3; 249.4; 249.5; 249.6; 249.8; 250.2; 250.3; 251.1; 251.4; 251.5; 251.7; 252.2; 252.5; 252.7; 252.8; 253.1; 253.2; 253.3; 253.4; 253.6; 257.1; 258.1; 258.2; 263.2; 263.3; 266.1; 266.2; 266.3; 266.4; 267.2; 269.1; 269.2; 274.1; 274.2; 275.1; 275.2; 275.3; 276.1; 276.2; 276.3; 276.4; 276.5; 276.6; 277.1; 277.2; 277.3; 277.4; 277.5; 277.6; 277.7; 277.8; 277.9; 277.10; 277.11; 277.12; 278.1; 279.1; 280.1; 281.1; 281.2; 281.3; 281.4**; Nutzung des Screenshots von Microsoft Excel mit freundlicher Genehmigung der Microsoft Corporation, **44.2; 44.3; 44.4; 44.5**; Oehler, Sandra, Remseck, **77.2; 202.4; 212.3; 213.2; 220.3; 224.5; 230.2; 246.4; 247.1; 247.2; 247.4; 247.5; 248.2; 248.3; 248.4; 253.5; 254.1; 254.2; 254.3; 256.1; 265.4; 267.1**; Patrick Dembski - Auftragsfotograf, Stuttgart, **29.4**; Petra Michel - Gestaltung & Typografie, Amberg, **43.6**; Picture Press, Hamburg (Konrad Wothe), **120.2**; Picture-Alliance, Frankfurt/M. (dpa/Thomas Köhler), **155.6**; Picture-Alliance, Frankfurt/M. (UPI/NASA /Landov), **153.2**; Picture-Alliance, Frankfurt/M. (ZB/Jens Kalaene), **50.2**; Riemer, Dr. Wolfgang, Pulheim, **45.2**; Satzkiste GmbH, Stuttgart, **265.5**; ShutterStock.com RF, New York (Africa Studio), **96.3**; ShutterStock.com RF, New York (Chris Warham), **29.3**; ShutterStock.com RF, New York (Cristi Croitoru), **132.1**; ShutterStock.com RF, New York (Damiano Poli), **97.3**; ShutterStock.com RF, New York (E.G.Pors), **101.3**; ShutterStock.com RF, New York (Fong Kam Yee), **7.2**; ShutterStock.com RF, New York (Inna Astakhova), **33.4**; ShutterStock.com RF, New York (João Seabra), **42.5**; ShutterStock.com RF, New York (kukiat B), **63.4**; ShutterStock.com RF, New York (LaKirr), **96.1**; ShutterStock.com RF, New York (maigi), **219.3**; ShutterStock.com RF, New York (meunierd), **39.2**; ShutterStock.com RF, New York (Monkey Business Images), **172.2**; ShutterStock.com RF, New York (Philip Lange), **225.8**; ShutterStock.com RF, New York (PhotoBarmaley), **56.2**; ShutterStock.com RF, New York (UvGroup), **154.1**; Sonntag, Raphaela, Wachtberg, **19.2**; stock.adobe.com, Dublin (Aamon), **5.2**; stock.adobe.com, Dublin (Adrian Berger), **141.1**; stock.adobe.com, Dublin (alisonhancock), **4.4**; stock.adobe.com, Dublin (Andreas Blakkolb), **7.5**; stock.adobe.com, Dublin (Bill Ernest), **140.2**; stock.adobe.com, Dublin (blantiag), **18.2**; stock.adobe.com, Dublin (Bogdan Mihai), **233.1**; stock.adobe.com, Dublin (bst2012), **171.1**; stock.adobe.com,

Dublin (buffalo792010), **18.7**; stock.adobe.com, Dublin (by-studio), **219.4**; stock.adobe.com, Dublin (cheekylorns), **7.4**; stock.adobe.com, Dublin (contrastwerkstatt), **97.1**; stock.adobe.com, Dublin (Dmitry Lobanov), **18.4**; stock.adobe.com, Dublin (Dmitry Pichugin), **155.4**; stock.adobe.com, Dublin (drubig-photo), **198.2**; stock.adobe.com, Dublin (Elenathewise), **22.2**; stock.adobe.com, Dublin (Esku), **93.1**; stock.adobe.com, Dublin (eyewave), **215.2**; stock.adobe.com, Dublin (Friedrich Hartl), **205.10**; stock.adobe.com, Dublin (janvier), **179.1**; stock.adobe.com, Dublin (kameraauge), **179.3**; stock.adobe.com, Dublin (lamax), **155.7**; stock.adobe.com, Dublin (ld1976), **218.3**; stock.adobe.com, Dublin (Nitr), **32.2**; stock.adobe.com, Dublin (Nobilior), **99.2**; stock.adobe.com, Dublin (nordroden), **46.3**; stock.adobe.com, Dublin (Paul Pirosca), **43.2**; stock.adobe.com, Dublin (Petair), **119.1**; stock.adobe.com, Dublin (Petr Bonek), **U1.1**; stock.adobe.com, Dublin (tesphoto), **48.5; 48.6; 48.7**; stock.adobe.com, Dublin (VRD), **180.1**; stock.adobe.com, Dublin (wira91), **210.5**; stock.adobe.com, Dublin (Wolfisch), **101.2**; stock.adobe.com, Dublin (yasar simit), **155.5**; Storz, Oliver, Stuttgart, **48.2; 48.3; 48.4; 49.2; 49.3; 49.4; 49.5; 134.3; 204.4**; Thinkstock, München (Fuse), **4.2**; Thinkstock, München (iStock/Cristina Ciochina), **23.3**; Thinkstock, München (iStock/g215), **33.3**; Thinkstock, München (iStock/herreid), **7.3**; Thinkstock, München (iStock/michaeljung), **11.3**; Thinkstock, München (iStock/nautilus_shell_studios), **36.3**; Thinkstock, München (iStock/Pitroviz), **58.2**; Thinkstock, München (iStock/Tatsiana Aliakseyeva), **106.2**; Thinkstock, München (Stockbyte/Thomas Northcut), **43.4**; Thomas Weccard Fotodesign BFF, Ludwigsburg, **86.1**; tiff.any GmbH & Co. KG, Berlin, **271.1**; Traub, Till, Leonberg, **216.2; 227.2**; ullstein bild, Berlin (Röhrbein), **166.2**; ullstein bild, Berlin (Süddeutsche Zeitung Photo / Scherl), **222.5**; URW, Hamburg, **64.7; 64.8; 64.9; 64.10**; Uwe Alfer, Kråksmåla, Alsterbro, **6.3; 6.4; 6.5; 6.6; 6.7; 6.8; 6.9; 6.10; 8.2; 8.3; 8.4; 8.5; 8.6; 8.7; 9.2; 9.3; 9.5; 9.6; 11.2; 11.4; 12.2; 12.4; 12.5; 13.2; 13.3; 13.4; 13.5; 14.2; 16.3; 18.6; 19.3; 19.4; 20.2; 21.2; 21.4; 22.3; 25.2; 27.3; 27.4; 27.5; 27.7; 27.8; 27.9; 27.10; 27.11; 28.2; 31.2; 31.3; 31.4; 31.5; 31.6; 31.9; 33.2; 34.3; 35.2; 35.4; 40.3; 42.3; 42.4; 42.6; 43.5; 45.3; 47.2; 47.3; 49.6; 49.7; 49.8; 49.9; 49.10; 49.11; 50.3; 50.4; 50.5; 50.7; 51.2; 51.4; 51.6; 51.7; 51.8; 52.2; 52.3; 52.4; 52.6; 53.3; 53.5; 53.6; 54.2; 54.3; 54.4; 55.2; 55.3; 56.3; 56.4; 56.5; 57.4; 59.3; 59.4; 59.5; 60.2; 60.3; 60.6; 60.7; 60.8; 60.9; 61.2; 61.3; 61.8; 62.2; 62.3; 62.4; 62.5; 63.2; 63.3; 63.5; 64.4; 64.5; 64.6; 65.2; 65.3; 65.7; 65.8; 66.2; 66.4; 66.5; 67.3; 68.3; 68.4; 68.5; 68.6; 68.9; 69.6; 69.10; 69.12; 69.14; 70.2; 70.3; 70.4; 70.7; 71.4; 71.5; 72.3; 73.2; 73.4; 74.3; 76.3; 76.4; 76.5; 76.6; 76.7; 76.8; 77.3; 77.4; 78.2; 78.3; 78.4; 78.5; 78.6; 78.7; 78.8; 78.9; 78.10; 79.2; 79.3; 79.4; 80.3; 87.2; 88.1; 89.4; 89.5; 90.1; 91.2; 91.3; 92.1; 92.2; 93.2; 94.1; 96.2; 97.4; 102.1; 103.1; 105.5; 107.1; 107.2; 107.3; 107.4; 110.1; 111.1; 115.1; 116.2; 118.1; 118.2; 118.3; 118.4; 120.1; 121.1; 121.5; 121.7; 122.1; 122.2; 127.1; 128.1; 128.2; 129.1; 131.3; 134.1; 134.4; 135.4; 135.5; 135.6; 135.7; 136.1; 136.2; 136.5; 137.2; 137.3; 137.6; 137.7; 137.10; 137.11; 137.16; 138.2; 139.1; 142.1; 143.2; 143.3; 143.4; 144.1; 144.2; 145.1; 145.2; 145.3; 146.1; 146.2; 146.4; 147.1; 147.2; 148.1; 149.1; 149.2; 149.3; 149.5; 150.2; 152.1; 153.1; 153.3; 154.2; 154.3; 155.1; 155.2; 155.3; 155.8; 156.1; 156.2; 156.3; 156.4; 157.1; 157.2; 157.3; 157.4; 158.1; 158.5; 158.6; 159.1; 159.2; 159.3; 160.2; 160.5; 160.6; 161.1; 161.2; 161.3; 162.1; 162.3; 162.4; 164.1; 164.2; 164.3; 165.1; 165.2; 165.3; 165.4; 166.1; 166.3; 167.1; 167.3; 167.4; 167.5; 168.1; 168.2; 168.3; 168.4; 169.1; 176.1; 179.2; 182.2; 184.1; 185.1; 188.1; 191.1; 191.2; 192.1; 193.2; 199.2; 199.3; 200.3; 205.3; 205.12; 206.2; 206.3; 206.5; 207.2; 208.8; 209.2; 209.3; 209.4; 210.4; 213.5; 214.2; 214.5; 219.2; 222.2; 223.2; 223.3; 223.4; 223.5; 224.2; 224.4; 225.6; 228.2; 228.5; 230.3; 231.4; 245.1; 245.2; 248.1; 249.7; 255.1; 256.2; 262.1; 262.2; 263.1; 264.1; 265.1; 265.2; 265.3; 265.6; 266.5; 269.3; 270.1**; VISUM Foto GmbH, München (Manfred Goergens), **68.2**; Wolters, Dorothee, Köln, **26.4; 30.4; 34.4; 40.4; 40.5; 40.6; 105.2; 105.3; 105.4; 138.1; 142.2**; 123rf Germany, c/o Inmagine GmbH, Nidderau (gonewiththewind), **U1.2**; 123rf Germany, c/o Inmagine GmbH, Nidderau (Miroslawa Drozdowski), **37.2**; 123rf Germany, c/o Inmagine GmbH, Nidderau (tashka2000), **3.3; 3.3**;

Die Reihenfolge und Nummerierung der Bild- und Textquellen im Quellennachweis erfolgt automatisch und entspricht u. U. nicht der Nummerierung der Bild- und Textquellen im Werk. Die automatische Vergabe der Positionsnummern erfolgt in der Regel von links oben nach rechts unten, ausgehend von der linken oberen Ecke der Abbildung.